石油化工建设工程技术基础知识

翁必生 主编

中国石化出版社
·北京·

内 容 提 要

本书针对石油化工建设工程的特点，涉及石油工程建设的建筑工程、石油化工机器设备、石油化工静设备、炉窑砌筑工程、工艺管道(含给排水)安装工程、防腐蚀、绝热工程、电气设备安装工程、通信设备及线路工程、仪表设备安装与调试、LNG 储罐、焊接、吊装和无损检测等 13 个专业，按各专业编写了专业基础知识内容，浅显易懂。根据各自的特点，每章都编写了质量控制要点、执行的规范和标准，便于使用查阅。

本书适用于非本专业的工程类人员学习参考。可供质量检查、监督人员、工程造价人员以及新入职大学生培训学习之用。

图书在版编目(CIP)数据

石油化工建设工程技术基础知识 / 翁必生主编. 北京：中国石化出版社，2025. 2. —ISBN 978-7-5114-7764-4

Ⅰ. TU745. 7

中国国家版本馆 CIP 数据核字第 2025BS7358 号

中国石化出版社出版发行

地址:北京市东城区安定门外大街 58 号

邮编:100011　电话:(010)57512500

发行部电话:(010)57512575

http://www. sinopec-press. com

E-mail:press@ sinopec. com

北京艾普海德印刷有限公司印刷

全国各地新华书店经销

*

787 毫米×1092 毫米 16 开本 26. 25 印张 558 千字

2025 年 2 月第 1 版　2025 年 2 月第 1 次印刷

定价:108. 00 元

《石油化工建设工程技术基础知识》
编　委　会

主　　编：翁必生

编写人员：（按章节顺序）

洪晓久　许名国　张桂红　高　泽

胡联伟　胡海波　安　蓓　潘吉龙

吉章红　吴忠宪

序言

党的二十大明确提出建设质量强国的战略目标，党中央、国务院颁布的《质量强国建设纲要》把提高工程建设质量作为推进质量强国的重中之重。石油石化行业是关系国计民生的重要行业。进入新时代，中国石化履行“保障国家能源安全、引领我国石化工业高质量发展、担当国家战略科技力量”核心职责，构建“一基两翼三新”产业格局，都需要高质量的工程建设做保障。工程质量管理作为确保工程建设项目本质安全的关键环节，其重要性不言而喻。为建设“大国工程”，迫切需要提高工程建设质量，助力集团公司高质量发展。

质量强则国家强，质量兴则企业兴。集团公司党组对工程战线作出“在打造安全优质高效工程上再上新台阶”的部署要求，工程质量管理工作人员能力提升尤为重要。为加强工程质量队伍建设，提高工程质量管理人员素质，满足石油化工工程质量监督、造价人员和相关企业培训和实际工作的需要，石油化工工程质量监督总站组织编写了《石油化工建设工程技术基础知识》一书。

工程质量管理是一项政策性、技术性和实践性很强的工作，本书定位是石油化工工程质量监督、造价人员的培训教材和工作参考书，按专业共分13章，覆盖了石油化工工程建设从项目开工到交工验收，对各环节、各专业进行了深入解析，力求准确、全面，为读者提供了清晰的基础理论知识。有助于读者把握全局的同时，还能在具体操作中做到有的放矢，确保工程质量管理工作的系统性和有效性。

值此《石油化工建设工程技术基础知识》即将付梓之际，衷心期望此书能成为广大石油化工工程质量管理人员的必备工具书，为提升我国石油化工工程质量管理水平发挥重要作用。同时，也期待本书的出版能够激发行业内更多关于工程质量监督的讨论与研究，推动形成更加科学、规范、高效的工程质量监督体系。

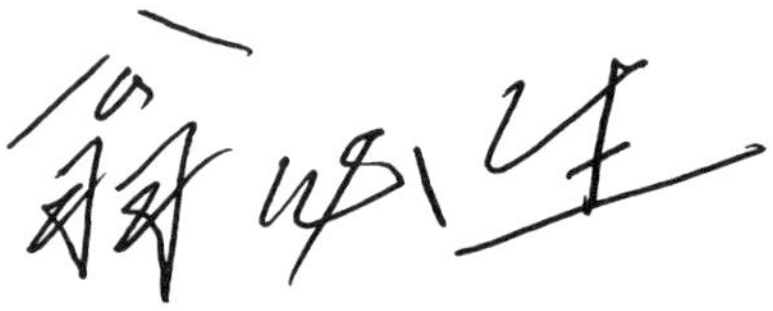

前言

随着近年来工程建设的快速发展，从事工程建设技术人员呈现年轻化趋势。为满足工程建设技术管理的需求，石油化工工程质量监督总站组织编写了《石油化工建设工程技术基础知识》，以便从业人员系统地了解工程建设的全过程，提升其业务水平和管理能力。

石油化工工程建设就是通过工程设计、制造、施工等环节，建成特定装置、实现相应工艺过程的全部活动。《石油化工建设工程技术基础知识》每章介绍了相关专业在工程建设中涉及的主要内容和特点，按照施工工艺编写了安装的要求和验收标准，是工程建设应用型工具书。

参与本书的编写人员有：洪晓久（第一章、第九章）、许名国（第二章）、张桂红（第三章）、高泽（第四章）、胡联伟（第五章、第十三章）、胡海波（第六章）、安蓓（第七章、第八章）、潘吉龙（第十章）、吉章红（第十一章）、吴忠宪（第十二章）。

《石油化工建设工程技术基础知识》适用于非本专业的工程类人员学习参考，可供质量检查、监督人员、工程造价人员以及新入职大学生培训学习之用。

本书编辑出版工作，得到了中国石化出版社的大力支持与配合，在此谨表谢意！由于时间紧、内容多，书中如有疏漏或不妥之处，还请批评指正。

目录

第一章　建筑工程

建筑工程是各类房屋建筑及其附属设施的建造和与其配套的线路、管道、设备的安装活动。通常将建筑工程分为建筑物和构筑物，建筑物一般是指供人们在其中进行生产、生活和其他活动的房屋、场所或其他建筑设施，如厂房、办公楼、住宅、学校、幼儿园等；构筑物指与人们进行生产或生活活动有关，而不是直接使用的建筑设施，如烟囱、水塔、造粒塔、栈桥、水池、桥梁等。二者虽然在外形或构造上有很大的差异，但也有许多共性，即都由基础、结构、围护和装饰几大部分组成，又都由若干个相同的工种工程所组成，因此也将房屋建筑和构筑物合称为建筑工程。建筑工程在整个化工建设投资中占有相当的比例，尤其是构筑物，比一般建筑工程在结构上更复杂，施工难度更大，工程技术、质量上要求也较高，施工中需要采取一些特殊的技术措施才能完成。因此构筑物也将是本章着重叙述的内容。

石油化工工程建设中的生产用建筑物有控制室、变配电室、分析室、车间办公室、综合楼、压缩机房、泵房、水处理厂房、发电机厂房、包装厂房与仓库等；构筑物主要有设备基础、设备框(构)架、管架(电缆桥架)、水池、凉水塔、水塔、烟囱、栈桥、筒仓和防爆墙等。

土石方、地基处理、桩基、道路竖向工程是石油化工土建工程的重要内容。土石方包括装置建设前期场地整平的大型土石方、装置建设期间的场地平土和基坑(槽)开挖，甚至包括装置改扩建的基础破除。地基处理由于地质情况的复杂性和隐蔽性，处理方式多种多样，成为工程建设成败的关键因素之一。桩基既是基础，又是处理、加固软弱和不均匀地基的有效方式，而桩的形式目前已知的不下上百种。道路竖向是工程的脸面，内容繁多，施工难度不大，但精细度和质量标准要求较高。

第一节　建筑工程识图基本知识

工程建设时所用的图样称工程图，它是工程建设中不可缺少的基本文件。在设计阶段要用图纸表达建设意图，据以编制概预算；在施工阶段要据以组织生产，选料放样，制作安装；竣工后据以进行验收，编制决算和经济分析。因此工程图被称为工程的技术语言，工程建设的从业人员必须掌握识读工程图的技能。工程图以画法几何的投影原理为基础，按照国家颁布的制图标准进行绘制。建筑工程图是工程图的一种，遵循着一般工程图的表达原则，又具有专业特点。

一、投影的概念和正投影

投影原理是以物体被光线照射会有影子落到地面或墙上的现象为根源而产生的。在画法几何中，用一组假想的光线，将物体的材料、重量等物理性质撇开，仅将物体所占据的空间几何形体投射到一个平面上去，称为投影法。假想的投射光线落影的平面称为投影面，投影面上物体的影像称为投影。投影可分为中心投影和平行投影两类。

由一点发出的射线所产生的投影称为中心投影，中心投影具有发散性。某些立体图就是用中心投影原理绘制的，如鸟瞰图即为使用一点中心投影原理绘制的。

由相互平行的投射线所产生的投影称为平行投影，平行投影的投射线与投影面垂直产生的投影称为正投影，投射线与投影面不垂直产生的投影称为斜投影。由于正投影投射线垂直于投影面，投射线互相平行，物体的形状和大小不受各部位与投影面之间距离的影响，能够准确、真实地反映平面的形状和大小，所以工程图一般是用正投影法绘制的。

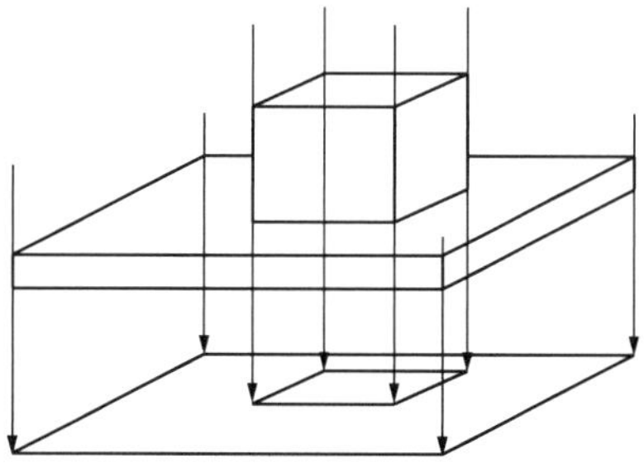

图 1. 1. 1　物体的投影

物体的影子一般是灰黑一片，不能反映物体各部位的形状和大小，因此假设光线能透过物体，使投影能够反映物体各部位的构造。如图 1. 1. 1 所示。

二、点、线、面的正投影

点构成线，线构成面，面构成体，各种形体都可以看成是由点、线、面所组成，所以首先应了解点、线、面的投影规律。

1. 点的投影规律

点的投影是通过该点的投射线与投影面的交点，点的投影仍然是点。

2. 直线的投影规律

直线的投影是直线两端点投影的连线。直线平行于投影面时的投影是直线，反映实长；直线垂直于投影面时的投影积聚为一点；直线倾斜于投影面时的投影为直线，长度缩短；直线上的一点的投影仍在其直线上；平行线的投影仍保持平行；直线上两线段长度之比和两平行线段之比投影后保持不变。

3. 平面的投影规律

平面的投影是平面轮廓线投影所围成的图形。平面平行于投影面，投影反映实型；平面垂直于投影面，投影积聚为直线；平面倾斜于投影面，投影变形，面积缩小；平面上平行直线的投影仍然平行；平面上相交的直线，投影仍然相交，投影的交点也是交点的投影。

4. 投影的积聚性与显实性

垂直于投影面的平面，其投影积聚为一条线，这个平面上的任意点、线、面都积聚于这条线上；垂直于投影面的直线，其投影积聚为一点，这条直线上的任意点都积聚于这一点。投影的这种性质称投影的积聚性，能清楚地反映物体上的线、面位置。

与投影面平行的直线或平面，它们的投影反映实长和实型，能真实地反映物体上线、面的大小，投影的这一性质称投影的显实性。

根据投影的积聚性与显实性可判断物体的形状，是看图和画图所必须掌握的。如图 1. 1. 2所示。

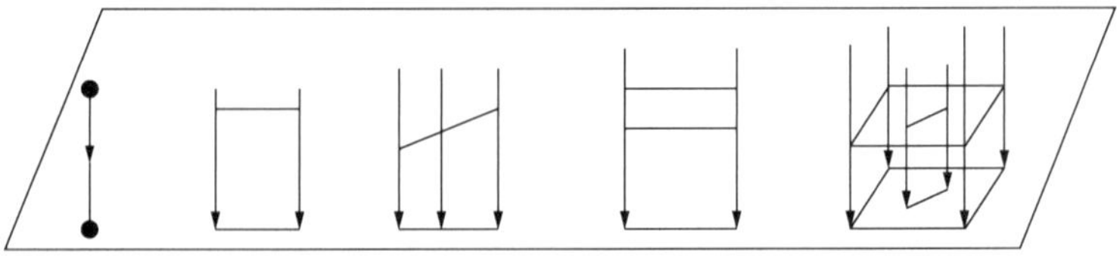

图 1.1.2 点、线、面的投影

5. 三面投影

一个空间物体，一般有正反面、上下面、左右侧面三个方向的形状，因此工程上一般用三面正投影图反映三维物体的投影。即将物体放在三个互相垂直的投影面之间，按照正投影的方法做出物体三个侧面的正投影图，并将水平投影面和侧投影面沿与正立投影面的交线旋转 90°，然后以正立投影面为基准展开平铺。

工程制图时，当建筑物的平面与外形图画在一张图上时，都是按照正立面图放在图幅左上角、平面图放在其下方、左侧立面图放在其旁边的位置排列，省掉物体以外的作图和坐标线。

6. 形体与组合体的投影

正方体、长方体、球体、棱(圆)柱体、棱(圆)锥体、棱(圆)台体、斜面体等简单物体称为形体或基本体，都可按上述作图方法绘制工程图。由形体或基本体组合而成的物体称为组合体，可以采用形体分析作图法绘制工程图。

7. 镜像投影法

又称为仰视投影法，假想在物体的下部放置一面镜子，绘制物体在镜子中的影像。对于吊顶等某些工程构造，当用直接正投影法绘制不易表达时，可用镜像投影法绘制，但应注明“镜像”，有些图纸中直接注明“仰视图”。

8. 剖面图与断面图

剖面图是假想用一剖切平面将物体切开，移去剖切平面与观察者之间的部分物体，画出剩余部分物体和剖切平面的投影，并在切口上注明剖切位置标记符号的投影图。断面图是假想用剖切平面将物体切开后，只画出剖切平面切口形状的投影图，用于反映物体内部断面构造形状。

9. 平面图与立面图

平面图用以表达建构筑物各个层面的具体内容，立面图用以表达建构筑物竖向立面的具体内容。

三、建筑工程图

1. 建筑模数制

为了使建筑制品、建筑构配件和组合件实现工业化大规模生产，使不同材料、不同形式和不同制造方法的建筑构配件、组合件具有较大的通用性和互换性，以加快设计进度，提高工程质量和效率，降低建筑造价，国家建设主管部门组织制定了相关标准，如 GB/T 50002《建筑模数协调标准》，规范了建筑工程的模数化、系列化，极大地推动了我国建筑工业化、标准化的设计、制作与安装。

2. 制图标准

为了做到房屋建筑的制图统一、清晰、简明，保证图面质量，提高制图效率，符合设计、施工、存档及工程建设的需要，国家建设主管部门组织制定了工程制图标准，如GB/T 50001—2017《房屋建筑制图统一标准》对于建筑工程图的图幅、图线、比例、图例、图样的画法以及符号的用法、代表的意义，定位轴线的标注、排列，图样的表示方法，以及字体、尺寸标注、图纸的折叠等给出了统一的规定。其中对图纸的幅面、尺寸规定，见表1.1.1。

表1.1.1　幅面与图框尺寸　　单位：mm

幅面代号	A0(0号图)	A1(1号图)	A2(2号图)	A3(3号图)	A4(4号图)
$b \times l$	841×1189	594×841	420×594	297×420	210×297
a/c	25/10				25/5

注1：表中b为幅面短边尺寸，l为幅面长边尺寸，c为图框线与幅面线间宽度，a为图框线与装订边间宽度。

注2：标准规定图纸的短边不得加长，长边可按标准给定的尺寸加长。

3. 总平面图

总平面图主要表明一个工程的总体布置情况，故亦称总体布置图。表明的具体内容包括：

① 表明新区域的场地范围、原有和拟建建构筑物的位置，新建和原有道路以及管网的布置等。

② 根据原有房屋或道路、建筑坐标或测量坐标确定建构筑物的位置，表明与城市坐标系的关系。

③ 表明室内外地坪，室外整平和道路的绝对标高。

④ 反映场地范围的地物、地貌及交通情况，用等高线表明地面高低变化。

⑤ 用指北针表示朝向，用风向频率玫瑰图(风玫瑰)表示常年风向频率。

石油化工建筑工程中，根据不同的表达需要或不同的情况，总平面图可以分为：

① 厂区总平面图，用以表达一个工厂生产、生活、公用设施等所在的具体位置。

② 装置总平面图，用以表达一个生产装置各个建构筑物所在的位置与平面形状。

③ 区域总平面图，用以详细表达某一个区域大小建构筑物的相互关系与平面形状。

④ 系统总平面图，用以表达某一个系统中各个建构筑物的相互关系与平面形状。

⑤ 竖向布置图，用等高线表达场地建成后的地面高低变化和地面水流向。

4. 建筑施工图

建筑施工图表达建筑物的内部布置、外部形状、装饰装修、构造和施工要求等。包括建筑设计总说明、建筑总平面图、平面图、立面图、剖面图、墙身剖面图等基本图纸和楼梯、门窗、厕所、浴室及各种装饰、装修、构造等详图。一般以“建施-××”标识。

5. 结构施工图

结构施工图表达承重结构布置情况，构件类型、尺寸和构造做法等。包括结构设计总说明、基础图、柱网布置图、楼层结构平面布置图、屋盖结构平面布置图等基本图纸和柱、梁、板、楼梯、雨篷等构件图。一般以“结施-××”标识。

结构施工图平面表示法，主要用于结构施工图绘制，大大减少了结构图的图纸数量，但加大了识读结构施工图的难度。遵循“平面表示法”的绘图方法，混凝土结构施工可以仅用“纵向构件与钢筋图”“横向构件与钢筋图”两幅图将一个现浇混凝土楼层的结构表达出来，用一幅竖向构造图和相应的表格表达所有柱子的结构图，用此三幅图附以特殊节点图、特殊说明和引用相应标准的通用节点即可表达清楚结构要求。混凝土结构平面表示法的具体规定详见22G101《混凝土结构施工图平面整体表示方法制图规则和构造详图》。

6. 基础施工图

基础施工图应绘制平面布置图和结构图，并注明检测要求。平面表示同上。

7. 建筑设备图

属房屋建筑的电气、通信、通风、采暖、空调、电梯、给排水等，在建筑专业统称建筑设备。

8. 标准图

标准图是将建筑工程中建设量大、使用面广、共性多、通用性强的建筑物构配件或建筑物单元，按照建筑设计规模和统一模数制，设计出各种规格的构配件的详细图样。它具有通用性和复用性，故又称通用图。把各种规格的标准图汇编成系列配套的标准设计，称标准图集。标准图一般分为四类，由国家建设主管部门批准、全国通用的国标图；由几个省、市组成的区域内联合编制的区域标准图；由单一地方编制的地方标准图；由各设计部门自行编制的院标图。

9. 竣工图

竣工图是在工程建设施工竣工以后，将施工期间的设计变更补充到原施工图上，反映建设工程实际情况，提供存档的工程图纸，是工程竣工结算、检修、改造、扩建的重要依据。

第二节　建筑材料基础知识

建筑材料是建设工程的物质基础。建筑材料的规格、质量、性能，决定着工程的结构、质量和施工方法。建筑材料在土建工程总造价中占60%～70%的费用，在建筑材料的生产、选择和使用等各个环节中，尽量降低材料费用、延长使用寿命，是节约建设资金的重要途径。施工过程中，大量的工作是材料的搬运、储存与加工。因此，了解和掌握建筑材料的基本性能和使用方法，对于加强概预算管理、提高投资经济效益具有重要意义。建筑材料分类见表1.2.1。

表1.2.1　建筑材料分类

建筑材料	金属材料	黑色金属：生铁、碳钢、合金钢	
		有色金属：铜、锌、铅、铝、锡及其合金	
	非金属材料	无机材料	天然石材（砂石）
			陶瓷材料（砖、瓦、陶器）
			混凝土、砂浆
			胶结材料（石膏、石灰、水玻璃、水泥等）
			隔热、耐磨材料
			玻璃及其制品
		有机材料	木材、竹材
			胶结材料（沥青、树脂）
			隔热材料（有机纤维等）
			涂料、油漆

一、材料的基本性质

1. 材料的物理性质

① 密度是材料在绝对密实状态下单位体积的质量，$\rho=G/V$。

② 比重也称相对密度，固体或液体的比重是该物质(完全密实状态)的密度与在标准大气压，与3.98℃时纯 H_2O 下的密度(999.972kg/m^3)的比值。气体的比重是指该气体的密度与标准状况下空气密度的比值。

③ 密实度是指材料体积内被固体物质充实的程度 $D=V/V_0$，空隙率是指材料体积内空隙体积所占的比例，$P=(V-V_0)/V_0$，空隙率与密实度一般均用百分率表示，二者之间具有 $P+D=1$ 的关系。

2. 材料的力学性质

① 强度是材料承受压、拉、剪和弯曲力的能力，用单位面积上承受力的大小(MPa)表示。

② 弹性是材料在外力作用下产生的变形，当外力取消后能够完全恢复原来形状的性质。

③ 塑性是材料在外力作用下产生的变形，当外力取消后仍保持变形后的形状和尺寸，并且不产生裂缝的性质。

④ 脆性是材料受外力达到一定限度后突然破坏，而破坏时并无明显变形的性质。

⑤ 韧性是材料在冲击、震动荷载作用下，能承受较大的变形而不破坏的性质。

3. 材料与水有关的性质

① 材料的亲水性与憎水性是材料被水浸润程度的性质。固体材料表面在遇水或水蒸气作用时会形成水滴，在材料、空气、水滴的交点处，沿水滴表面的切线与水和固体接触面所形成的夹角(润湿角)θ 越小，其浸润性即亲水性越好，越大憎水性越好。一般认为 $\theta\leq 90°$ 时的材料为亲水性材料，$\theta>90°$ 时的材料为憎水性材料。如图1.2.1所示。

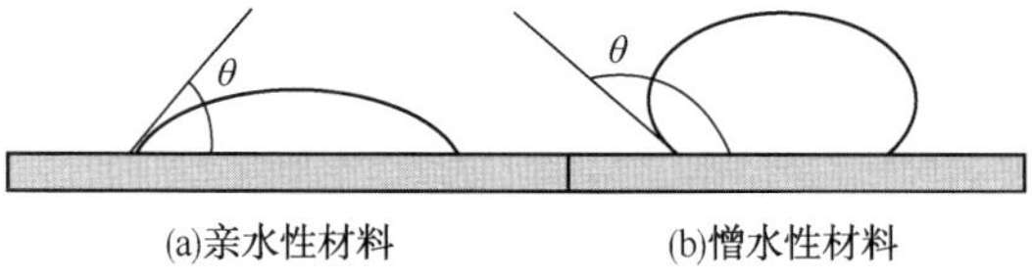

图1.2.1　材料润湿角

② 吸水性是材料能吸收水分的性质，常用吸水率表示吸水能力的大小，$W=\frac{G_1-G}{G}100\%$，G、G_1 分别为材料干燥、吸水状态的质量。

③ 吸湿性是材料在潮湿空气中吸收水分并与空气中的水分达到平衡时吸收水分多少的性质。

④ 耐水性是材料长期在饱和水作用下不破坏，其强度也不显著降低的性质。一般用软化系数表示，软化系数=材料在吸水饱和状态下的抗压极限强度/材料在干燥状态下的极限强度。

⑤ 抗渗性是材料抵抗压力水渗透的性质。材料抵抗其他液体渗透的性质也称抗渗性。

⑥ 抗冻性是材料在吸水饱和的状态下抵抗多次冻结和融化作用(冻融循环)而不破坏，同时也不严重降低强度的性质。

4. 材料的热工性能

① 导热性是材料传导热量的性质。导热性的大小用导热系数(也称热导率)表示。

② 比热及热容量是材料受热时吸收热量、冷却时释放热量的性质，热容量的大小称比热，比热与材料质量的乘积称热容量值。

③ 耐火性是材料在遇火时，能经受高温的作用而不破坏、不严重降低强度的性质。利用材料的耐火性制成防火材料时的性质称为防火性。材料根据耐火性分为不燃烧类、难燃类、燃烧类。不燃烧材料的防火性一般用防护结构在火灾时的耐火时间来表示。

④ 耐熔性是材料在较长时间高温下不熔化并能承受一定荷重的性能。耐熔性用耐火度表示。

二、砖与瓦

素有“秦砖汉瓦”之称的黏土砖瓦是我国很早发明的建筑材料，虽然由于其重量大、强度低、劳动强度高，以及大量使用对环境造成的破坏等原因，国家已经发出了禁用或少用和推广其代用品的政策，但当前仍然是墙体和屋面的建筑材料之一。

1. 砖

① 普通黏土砖是用普通黏土烧制而成的砖。标准尺寸为240mm×115mm×53mm，考虑灰缝的厚度10mm，则4块砖长、8块砖宽和16块砖厚均为1m，每立方米512块。按抗压强度(MPa)的大小分为MU30、MU25、MU20、MU15、MU10、MU7.5等六个强度等级。普通黏土砖具有一定的强度和保温隔热性能，因此大量用于墙体和柱、拱、烟囱、沟及基础的砌筑。

2005年，国务院办公厅印发了《关于进一步推进墙体材料革新和推广节能建筑的通知》(国办发〔2005〕33号)，开展了“城市限黏(限制使用黏土制品)、县城禁实(禁止使用实心黏土砖)”的全国县城城区禁止使用实心黏土砖工作。

② 黏土空心砖将原有单一实心黏土砖尺寸放大或缩小、中间留孔制成的黏土砖称黏土空心砖。通过对其形状用途的改变可以制作竖孔空心砖、水平孔空心砖、拱壳空心砖、花格空心砖等，统称为黏土空心砖或空心砖。

空心砖生产工艺与普通黏土砖基本相同，但原料消耗减少20%~30%；缩短干燥和焙烧时间，并焙烧均匀、烧成率高，可减少焙烧燃料消耗20%~30%、自重减轻30%~35%、砌筑砂浆用量减少约35%、提高工效约40%、降低墙体造价约20%，还可改善墙体隔热吸声性能。

承重的空心砖按抗压强度(MPa)的大小分为MU30、MU25、MU20、MU15、MU10、MU7.5等六个强度等级，按外观质量、强度等级、吸水率等分为优等品、一等品、合格品等三个产品等级。

③ 烧结煤矸石砖与烧结粉煤灰砖是利用工业废料作为主要原料生产加工，是综合利用工业废料的途径之一。这两种砖一般制成与黏土空心砖基本相同的空心砖，其容重一般

为 1400~1650kg/m³、抗压强度 10.0~15.0MPa、抗折强度 2.3~5.0MPa，抗冻性可达 15 次冻融循环不破坏。

④ 蒸压灰砂砖和蒸压粉煤灰砖是在成型后不烧焙，而采用蒸汽加热快速完成水泥强度增长的砖。

2. 砌块

大型砌块与板材推动了建筑业向工厂化、机械化的发展，目前正向高强、轻质、防水、保温等多功能方向发展。其生产工艺简单、成本较低、质量稳定，可以制成 1185mm×380mm×200mm~285mm×385mm×200mm 的系列砌块。

① 加气混凝土砌块是用含钙材料（水泥、石灰）、含硅材料（石英石、尾矿粉、粉煤灰、粒化高炉矿渣、页岩等）和发气剂作为原料，经过磨细、配料、搅拌、浇筑、切割和压蒸养护等工序生产而成的，是一种轻质多孔、保温隔热、防火性能好、可钉可锯可刨和具有一定抗震能力的建筑材料。

加气混凝土砌块按抗压强度分为 A1.5、A2.0、A2.5、A3.5、A5.0（A 后面数字表示 1.5MPa、2.0MPa……）五个级别，强度级别 A1.5、A2.0 适用于建筑保温；按干密度分为 B03、B04、B05、B06、B07 五个级别，干密度级别 B03、B04 适用于建筑保温。按尺寸偏差、外观质量、干密度级别和强度级别分为优等品（A 级）和合格品（B 级）。

② 石膏板是用石膏、废纸浆纤维加黏结剂和适量的水，混合搅拌均匀倒入铺底纸的模型中刮平再碾压上一层表面纸，经硬化而制成的，板内留有许多微孔。

③ 外墙外保温板是由水泥聚合物砂浆、玻璃纤维和阻燃型聚苯乙烯泡沫板等材料复合而成，具有集保温、防水、饰面等功能于一体的新型外墙外保温材料。

3. 瓦

瓦用于铺设在钢筋混凝土或木基层上作为防水层，适用于防水等级为Ⅱ、Ⅲ、Ⅳ级的屋面防水。分脊瓦和平瓦，平瓦种类较多，主要用黏土、水泥、炉渣、硅酸盐、炭化灰砂、煤矸石等材料制成。

三、胶凝材料

在建筑工程上，用来将散状材料（如砂、石）或块状材料（如砖、石块）黏结成整体的材料称为胶凝材料。它可分为有机和无机两大类，沥青及树脂属于有机类，无机胶凝材料根据其硬化条件又分为气硬性和水硬性两大类。

1. 气硬性胶凝材料

气硬性胶凝材料是指只能在空气中硬化，也只能在空气中保持与发展其强度的材料。

① 石膏是以天然二水石膏（又称生石膏）或无水石膏（又称硬石膏），或以硫酸钙为主要成分的工业废料为原料，经煅烧后磨细而成的粉末状胶凝材料。

建筑石膏是由二水石膏在 107~170℃ 的温度下煅烧磨细而成，具有重量轻、强度高、导热性能低、防火性能好、表面光滑、成型尺寸准确、膨胀系数小等优点，但有耐水性能差、受潮后颜色由白变黄、强度降低的缺点。石膏掺加轻质填料、纤维材料、防水材料、加气起泡、表面处理等措施，可以制成多种建筑材料，广泛用作各种高级花饰、隔热板、隔墙板、天棚板、外墙板、防水板及建筑零件等。

② 石灰是将以碳酸钙为主要成分的石灰石，在900℃以上高温下煅烧生成的，称生石灰，生石灰直接磨细称生石灰粉，加水消解则生成熟石灰，控制加水至石灰重量60%~80%时生成熟石灰粉，过量加水熟化沉淀成膏状时称石灰膏。电石制乙炔产生的电石渣与熟石灰成分相同。

③ 水玻璃是一种能任意溶于水的硅酸盐矿物胶，最常用的是硅酸钠和硅酸钾水玻璃，具有不燃、抗风化、高度耐酸的特点。可用作耐酸材料，可配制耐酸水泥，也可配制成耐酸、耐热、防水砂浆与混凝土；用于涂刷建筑材料表面，可以提高抗风化能力；与氯化钙溶液混合可用于加固土壤。

2. 水硬性胶凝材料

在建筑工程中，水硬性胶凝材料主要指水泥。水泥呈粉末状，与水混合后，经过一系列物理化学过程能由可塑性浆体变成坚硬的石状体，将散状材料胶结成为整体，与钢材具有相似的变形性能，所以是一种可与钢材良好结合的胶凝材料。

水泥加水拌和成为可塑的水泥浆，水泥浆逐渐变稠失去塑性尚不具有强度的过程，称为水泥的“凝结”。随后产生明显的强度并逐渐发展而成为水泥石的过程，称为水泥的“硬化”。“凝结”与“硬化”是人为划分的，实际上是一个连续复杂的物理化学过程，一般统称为“水化”。

水泥的强度随水化龄期的增加逐渐增长，早期增长快后期增长慢，只要维持适当的温度、湿度，水泥的强度在几十年后还会继续增长，保持湿度、提高温度可以加快硬化，因而在测定水泥及混凝土强度时要规定时间与温度、湿度。水泥的主要性能指标如下。

① 细度表征水泥颗粒粗细的程度，硅酸盐水泥的细度以比表面积表示，要求不低于$300m^2/kg$、但不大于$400m^2/kg$；普通硅酸盐水泥、矿渣硅酸盐水泥、粉煤灰硅酸盐水泥、火山灰质硅酸盐水泥和复合硅酸盐水泥的细度以45μm方孔筛筛余表示，不小于5%。细度对水泥的性质有较大的影响，水泥颗粒越细强度越高，但磨细成本越大。

② 标准稠度用水量是在按国家标准测定水泥的凝结时间和体积安定性时的用水量。

③ 凝结时间分初凝时间和终凝时间。初凝时间为水泥加水拌和至水泥浆开始凝结的时间；终凝时间为水泥加水拌和至水泥浆完全失去可塑性并开始产生强度的时间。标准规定硅酸盐水泥的初凝时间应不小于45min，终凝时间应不大于390min。硅酸盐水泥的初凝时间应不小于45min，终凝时间应不大于390min。普通硅酸盐水泥、矿渣硅酸盐水泥、粉煤灰硅酸盐水泥、火山灰质硅酸盐水泥、复合硅酸盐水泥的初凝时间应不小于45min，终凝时间应不大于600min。

④ 安定性是水泥浆硬化后的体积是否保持稳定的性质。如果水泥硬化后，产生不均匀的体积变化，即安定性不良，就会使混凝土构件产生膨胀性裂缝，降低工程质量，甚至引起严重事故。标准规定用沸煮法、压蒸法检验安定性不合格的水泥，属于废品，不能用于工程中。

⑤ 强度级别是按一份水泥、三份中国ISO标准砂和半份水(水灰比w/c为0.50)胶砂的质量配合比混合，再按规定的方法制作、养护的试件，测定3天、28天的强度，确定硅酸盐水泥的强度等级，分为42.5、42.5R、52.5、52.5R、62.5、62.5R六个等级。

⑥ 水化热是水泥水化过程中所放出的热量。水泥水化放热量与放热速度不仅决定于

水泥的矿物组成，而且还与水泥的细度、水泥中掺入的混合材料、外加剂的品种和数量有关，也因此可以根据不同的工程需要，适当调整水泥的水化放热量和放热速度。

水泥品种很多，常用的包括硅酸盐水泥、普通硅酸盐水泥、矿渣硅酸盐水泥、火山灰质硅酸盐水泥、粉煤灰硅酸盐水泥和复合硅酸盐水泥、白色与彩色硅酸盐水泥等七种。简单介绍如下。

① 硅酸盐水泥 P Ⅰ 、P Ⅱ。是以适当成分的生料烧至部分熔融，所得以硅酸钙为主要成分的硅酸盐水泥熟料，加入适当石膏（P Ⅰ不再掺加任何混合材料的纯熟料水泥、P Ⅱ掺加不超过 5%的混合材料），磨细制成的水硬性胶凝材料。其主要生产工艺流程如图 1. 2. 2 所示。

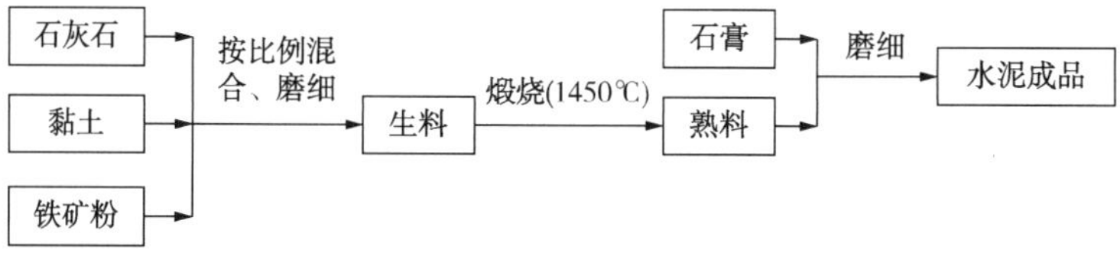

图 1. 2. 2　硅酸盐水泥主要生产工艺

硅酸盐水泥主要由硅酸三钙（C3S）、硅酸二钙（C2S）、铝酸三钙（C3A）、铁铝酸四钙（C4AF）四种熟料矿物成分组成，改变熟料矿物成分可以改变水泥的性质。

② 普通硅酸盐水泥 PO。由硅酸盐水泥熟料、少量混合材料、适量石膏磨细制成。水泥中掺入的混合材料较少，按重量计掺量为 6%～20%，其组成特性和适用范围基本与硅酸盐水泥相同，强度划分为 42. 5、42. 5R、52. 5、52. 5R、62. 5、62. 5R 六个等级。

③ 矿渣硅酸盐水泥 PSA、PSB。由硅酸盐水泥熟料和粒化高炉矿渣，加入适量石膏磨细制成。水泥中粒化高炉矿渣按重量计掺量为 21%～70%。强度分为 32. 5、32. 5R、42. 5、42. 5R、52. 5、52. 5R 六个等级。

④ 火山灰质硅酸盐水泥 PP。由硅酸盐水泥熟料和火山灰质混合料，加入适量石膏磨细制成。水泥中火山灰质混合材料按重量计掺量为 21%～40%。强度等级同上。

⑤ 粉煤灰硅酸盐水泥 PF。由硅酸盐水泥熟料和粉煤灰，加入适量石膏磨细制成。水泥中粉煤灰按重量计掺量为 21%～40%。强度等级同上。

⑥ 复合硅酸盐水泥 PC。由硅酸盐水泥熟料和混合材料，加入适量石膏磨细制成。水泥中混合材料按重量计掺量为 21%～50%。强度分为 42. 5、42. 5R、52. 5、52. 5R 四个等级。

⑦ 白色与彩色硅酸盐水泥。白色硅酸盐水泥是以氧化铁和其他有色金属氧化物含量低的石灰石、黏土、硅石为主要原料，经高温煅烧、淬冷成水泥熟料，再加入适量石膏、少量白色石灰石磨细而成的，故也称白色水泥。白色水泥和耐碱矿物颜料（赭石、铅丹、铬、群青、普鲁士红等）共同磨细，制成各种颜色的彩色水泥。这些水泥价格较高，主要用于建筑的楼地面和墙面装饰。

四、混凝土

1. 混凝土的组成与分类

① 混凝土是由胶凝材料、水和粗、细骨料等材料按适当比例配合、拌制成混合物，

经一定时间硬化而成的人造石材，所以采用人、工、石组合创造“砼”字代表混凝土。

为了改善混凝土的和易性、提高混凝土强度和耐久性、缩短施工工期、节约水泥，广泛采用混凝土外加剂。由于外加剂掺量不多(通常在水泥干重5%以内)，但能明显改变混凝土的性能，提高其技术经济指标，且使用方便，因此，受到国内外普遍重视，已经成为混凝土的第五种成分。

为了响应节约资源、保护环境、大力发展绿色世界的呼吁，美国混凝土学界提出了高性能混凝土(HPC)的概念，中国工程界从我国的国情出发，将绿色与高性能结合起来，提出“绿色高性能混凝土”(GHPC)的概念。以工业废渣为主的细掺料在混凝土中的应用得到快速发展，有成为第六种混凝土成分的趋势。

② 混凝土通常按容重和用途分为以下四类。

a. 普通混凝土容重在2400kg/m^{3}左右，使用天然砂石骨料，简称混凝土。

b. 轻质混凝土容重在1900kg/m^{3}以下，分为轻骨料混凝土和多孔混凝土两种。

c. 特重混凝土容重大于2700kg/m^3，使用特别密实和特别重的骨料制成。如重晶石混凝土、钢屑混凝土等，具有不透X、γ射线的性能。

d. 特种混凝土是为满足不同工程特殊要求而配制成的混凝土。如防渗混凝土、耐热混凝土、耐酸混凝土、喷射混凝土、纤维混凝土、聚合物混凝土、耐磨混凝土，以及近年来发展起来的绿色高性能混凝土等。

2. 普通混凝土

普通混凝土中，碎石起骨架作用，称为粗骨料；砂用以填充碎石的空隙，称为细骨料；水泥与水形成水泥浆包裹在骨料表面并填充其空隙；外加剂和掺合料起改善混凝土的性能、节约水泥作用。经混凝土配合比设计计算、试验检验、调整和开盘检验，确定各种组成材料的数量比例，使普通混凝土以下主要性能指标达到规范和设计要求。

(1) 和易性

和易性是指混凝土混合物能保持混凝土成分的均匀，不致发生离析(混合物分离)现象，易于施工操作(拌和、运输、浇灌、捣实)的性能。它是一项综合技术性质，包括流动性、黏聚性和保水性三方面的含义。混凝土混合物必须具有良好的和易性，以保证良好的浇灌质量。

流动性指标用坍落度筒进行测定：将混凝土混合物按规定方法装满坍落度筒并刮平，垂直向上将筒提起移到近旁，待混凝土混合物在自重作用下坍落完成后，测量向下坍落的尺寸(mm)就叫作坍落度。试验的同时观察混合物的黏聚性、保水性及含砂量，以更全面地评定混凝土的和易性。

根据和易性的不同，可将混凝土混合物分为流动性的(坍落度100~200mm)、塑性的(坍落度30~100mm)、低流动性的(坍落度10~30mm)、干硬性的(坍落度为零)。坍落度为零的干硬性混凝土一般采用工业黏度计测定的工作度(秒)来表示，也可用简易振动台测定工作度。影响坍落度的因素主要有水泥浆的数量和稠度、砂率、水泥的品种、骨料和外加剂等。

(2) 强度等级

立方体抗压强度标准值$f_{cu,k}$为按标准方法制作和养护的边长为150mm的立方体试件，用标准试验方法在28天龄期测得的混凝土抗压强度总体分布中的一个值，强度低于该值的概率应为5%。混凝土的强度等级按立方体抗压强度标准值划分，采用符号C与立方体抗压强度标准值(MPa计)表示，划分为C10、C15、C20、C25、C30、C35、C40、C45、C50、C55、C60、C65、C70、C75、C80、C85、C90、C95和C100等19个等级。如C30表示立方体强度标准值为30MPa的混凝土强度等级，代表30MPa≤$f_{cu.k}$<35MPa。影响强度的因素主要有水泥等级和水灰比、骨料、龄期、养护温度和湿度等。

(3) 混凝土的耐久性

① 抗渗性是指混凝土结构防止渗水的性能，划分为P4、P6、P8、P10、P12和>P12等抗渗等级。混凝土的抗渗性主要与其内部空隙的大小和构造有关，混凝土组成材料本身造成的互相连通的孔隙和毛细管通路，以及施工成型由于振捣不实产生的蜂窝、孔洞都将影响混凝土的抗渗性。

② 抗冻性是指混凝土在耐受冻结、融化循环作用时的性能。一般以龄期28天的试块在吸水饱和后所能承受的反复冻融循环次数表示，抗冻性能划分为F50、F100、F150、F200、F250、F300、F350、F400和>F400等抗冻等级或划分为D50、D100、D150、D200和>D200等抗冻标号。

③ 混凝土的耐久性还包括抗硫酸盐侵蚀、抗氯离子渗透性能、抗碳化性能、早期抗裂性能和碱骨料反应等指标。

3. 轻质混凝土

用比普通砂、石轻的多孔轻质材料作骨料与水泥配制而成。轻骨料的种类繁多，一般以轻骨料的名称命名，如陶粒混凝土、浮石混凝土、陶粒珍珠岩砂混凝土等。轻质混凝土强度等级划分为：LC5.0、LC7.5、LC10、LC15、LC20、LC25、LC30、LC35、LC40、LC45、LC50、LC55、LC60。

轻质混凝土可以降低混凝土结构重量、增大装配式构件的尺寸、改善结构的保温和隔音性能、降低工程造价。主要用于墙体材料，目前梁、板、预应力构件和桥梁中也得到了应用。

4. 耐酸混凝土

耐酸混凝土是由水玻璃作胶凝材料，氟硅酸钠作促凝剂，耐酸粉料和耐酸粗细骨料按一定比例配合的特种混凝土。它能抵抗各种酸(如盐酸、硫酸、硝酸、醋酸、蚁酸和草酸)，大部分腐蚀性气体(如氯气、二氧化硫、三氧化硫等)的侵蚀。但不耐轻氟酸、300℃以上的热磷酸、高级脂肪酸或油酸的侵蚀。

耐酸混凝土采用耐酸坚实的天然石材或人造石材作为粗细骨料，一般耐酸混凝土应在10℃以上和干燥的环境中硬化，多用于储酸罐、酸洗槽、耐酸地坪及耐酸器材等。

5. 绿色高性能混凝土(GHPC)

绿色高性能混凝土是以掺加较多的工业废渣作细掺料，提高混凝土性能，节约水泥，减少环境污染而制成的特种混凝土。配制绿色高性能混凝土的技术措施主要有：选用较小的水灰比，采用高效减水剂，掺用优质矿物细掺料，选用高标号水泥，选用质地坚硬、级配良好、空隙率小、不含活性SO_2的骨料，采用先进的施工工艺等。

6. 混凝土灌浆料

混凝土灌浆料由水泥骨料、外加剂和矿物掺合料等原材料在专业化工厂按比例计量混合，在使用地点按规定比例加水或配套组分拌和而成的灌浆材料。主要用于螺栓锚固、预应力孔道、设备和钢柱底座、预制柱杯口的浇筑。按不同的需要或组成材料可分为普通灌浆料、水泥基高强灌浆料、树脂基灌浆料等。

五、建筑砂浆

建筑砂浆是一类用量大、用途广泛的建筑材料。在砖石结构中，砂浆作为胶结材料；砂浆在大型墙板中作为填缝材料，在墙面、地面、梁柱结构中作为抹面材料，在大理石、面砖等饰面材料镶贴中作为黏结材料。建筑砂浆是由无机胶凝材料(水泥、石灰、石膏、黏土膏等)、细骨料(中细砂)和水组成，不同的胶结材料混合使用时，称为混合砂浆。根据不同用途，建筑砂浆主要可分为砌筑砂浆、抹面砂浆、装饰砂浆，以及保温、防火、防水、吸声、防腐等特殊用途的特种砂浆。

1. 砂浆的主要技术性质

砂浆的技术性质主要是强度和和易性。其中，和易性又包括流动性和保水性两个指标。

① 强度是以边长为 70.7mm 的立方体试块，在标准养护条件下，用标准试验方法测得 28 天龄期极限抗压强度值(MPa)代表。强度等级用“M××”表示，水泥砂浆及预拌砂浆的强度等级可分为 M5、M7.5、M10、M15、M20、M25、M30；水泥混合砂浆的强度等级可分为 M2.5、M5、M7.5、M10、M15。

② 流动性是指在自重或外力作用下流动的性质，也称稠度，大小用砂浆稠度测定仪的圆锥体沉入砂浆深度的毫米数表示。测定的稠度越大，流动性越大。与一般意义上的“稀稠”概念不同。

③ 保水性是指砂浆混合物能够保持水分的能力或各项组成材料不易分离的性质。水泥砂浆用分层度表示，分层度以 10~20mm 较适宜，大于 20mm 易产生离析、小于 10mm 易产生干缩开缝。

2. 砌筑砂浆

砌筑砂浆要根据工程类别及砌体部位的设计要求来选择砂浆的强度等级，再根据强度等级确定配合比。配合比应通过配合比设计和检验，在满足设计要求的前提下，可掺入石灰膏、黏土膏、粉煤灰、有机塑化剂、外加剂等，改善使用性能。

3. 抹面砂浆

凡涂抹在建筑物或建筑构件表面的砂浆，统称为抹面砂浆。按材料分为水泥砂浆、水泥混合砂浆、聚合物水泥砂浆和粉刷石膏等；按功能分为普通抹面砂浆、装饰砂浆和具有某些特殊功能的抹面砂浆(如防水砂浆、绝热砂浆、吸音砂浆和耐酸砂浆等)。对抹面砂浆要求，应具有良好的和易性，容易抹成均匀平整的薄层，便于施工；还应有较高的黏结力，砂浆层应能与底面黏结牢固，长期不致开裂或脱落；处于潮湿环境或易受外力作用部位(如地面和墙裙等)，还应具有较高的耐水性和强度。

4. 预拌砂浆

预拌砂浆是由细集料与无机胶合料、保水增稠材料、矿物掺合料和添加剂等，经工厂准确配料和均匀混合而制成的砂浆半成品。分为预拌(湿)砂浆和混合后不含拌和水的干混(粉、拌)砂浆两大类，用于砌筑、抹面、装饰等，预拌砂浆克服了传统砂浆在施工和质量上的不足，具有产品质量高、生产效率高、对环境污染小、便于文明施工等许多优点，得到迅速的应用与发展。

六、建筑钢材

建筑钢材是指用于钢结构的各种型材(如圆钢、角钢、槽钢、工字钢等)、钢板和用于钢筋混凝土的各种钢筋、钢丝等。钢材的品质均匀、强度高、有一定塑性和韧性，具有承受冲击和振动荷载的能力，可以焊接、栓接和铆接，便于装配。用钢材作建筑结构，安全性大，自重较轻，适用于大跨结构。随着制造成本不断降低，钢材在工程上的应用越来越广泛，是重要的建筑材料之一。

1. 建筑钢材的基本知识

钢材是由许多晶粒组成的，各晶粒中的原子以金属键方式的规则排列和各晶粒之间的不规则聚集，使钢材成为各向同性材料。钢的主要化学成分是铁和碳，含碳量在2%以内，还可能夹杂或加入硅、锰、磷、硫、氧、氮、钛、钒等成分，这些成分在钢中的含量和存在状态均影响钢的性能，其中主要的有害杂质是磷、硫、氧和氮。

钢按化学成分可分为碳素钢和合金钢两类，碳素钢按含碳量分为低碳钢(含碳小于0.25%)、中碳钢(含碳0.25%~0.6%)、高碳钢(含碳大于0.6%)；合金钢则是含有一种或多种特意加入或超过碳素钢限量的化学元素，如锰、硅、钒、钛等，用以改善钢的性能，合金钢按合金元素总含量可分为低合金钢(合金元素总含量低于5%)、中合金钢(合金元素总含量低于5%~10%)、高合金钢(合金元素总含量高于10%)。根据钢中有害杂质的多少分为普通钢、优质钢、高级优质钢；根据用途的不同分为结构钢、工具钢和特殊钢。钢材的种类繁多，但建筑工程中主要使用的是普通碳素钢中的低碳钢和普通低合金结构钢。使用时应根据具体情况判别各成分的含量，以保证工程质量。

2. 钢材的连接

钢材的连接是指将经过成型加工的钢件连成结构整体，常用的连接方法主要是焊接、栓接和铆接，钢筋还常用绑扎、压接、机械连接等。

焊接是钢结构的主要连接方法，是由焊接接头的基体金属和焊缝金属的熔合连接而成。焊接点在很短的时间内达到很高的温度、金属熔化体积小、冷却速度快，焊件中产生复杂、不均匀的反应和变化，存在剧烈的膨胀和收缩，因此易产生变形、内应力和组织的变化。生产中应注意选择适当的焊接工艺、适宜的焊接材料，分析钢材本身的焊接性能。

栓接也是钢结构的主要连接方法，而且随着钢结构加工的工厂化不断提高，栓接在钢结构连接中所占的比例也在不断提高。栓接可以分为普通螺栓连接和高强螺栓连接两种方式。

铆接方式随着焊接和栓接技术的发展，在建筑工程中的应用逐渐减少。

在钢筋工程中，焊接大量应用于钢筋接头、钢筋网、钢筋骨架和预埋件的连接以及装配式结构构件的连接。压接是通过外加的压接套筒经专用压力机械压接而成。机械连接是将钢筋端部加工丝头，通过外加的连接接头(套筒)现场拧紧而成。

3. 常用的建筑钢材

（1）钢筋

按照 GB 55008《混凝土结构通用规范》的规定，钢筋混凝土结构与预应力混凝土结构所采用的钢筋分为热轧钢筋、冷轧带肋钢筋、预应力钢筋。

热轧钢筋应符合 GB/T 1499.1《钢筋混凝土用钢 第 1 部分：热轧光圆钢筋》的 HPB300 和符合 GB/T 1499.2《钢筋混凝土用钢 第 2 部分：热轧带肋钢筋》的 HRB400、HRBF400、HRBE400、HRB500、HRBF500、HRBE500 和 RRB400；冷轧带肋钢筋应符合 GB/T 13788《冷轧带肋钢筋》的 CRB550、CRB600H；预应力钢筋应符合 GB/T 5223《预应力混凝土用钢丝》的中强度预应力钢丝、预应力冷轧带肋钢筋、消除应力钢丝、预应力螺纹钢筋和符合 GB/T 5224《预应力混凝土用钢绞线》的预应力钢绞线。

（2）结构钢

① 依据结构的重要性、荷载情况、连接方法、结构所处的温度和环境、钢材厚度等因素，钢结构常采用低强度的 Q235 钢和中等强度的 16Mn 钢和 15MnV 钢，大型桥梁或超高层建筑的下部柱子可选用高强钢。建筑钢材的截面型式一般有钢板、热轧工字钢、槽钢、角钢、H 型钢和钢管，以及冷弯薄壁型钢以及压型钢板等。国家标准规定的碳素结构钢表示方法为：

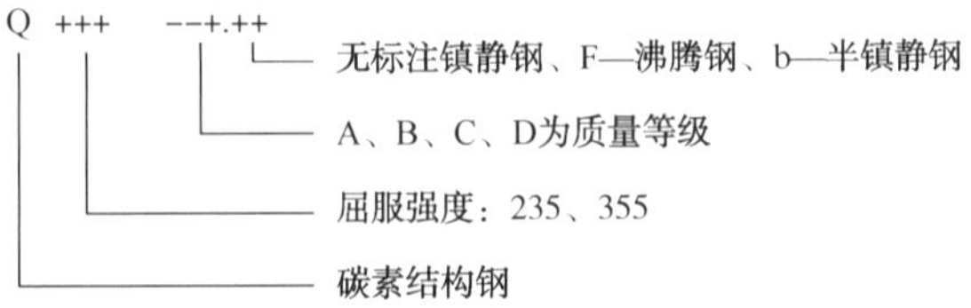

② 连接材料是钢材选用和结构选型时应同时考虑的重要内容，建筑钢结构连接材料分为手工焊接的焊条、自动焊和半自动焊的焊丝和焊剂，以及螺栓和锚栓。

手工焊焊条的型号选择应与构件钢材的强度相适应，国家标准规定的焊条表示方法为：

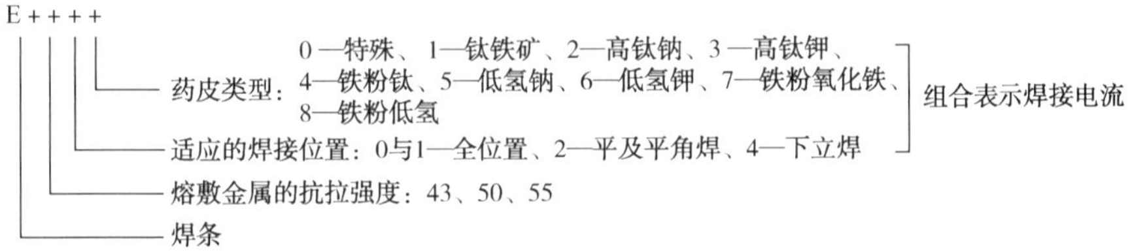

钢结构螺栓连接一般为高强螺栓连接，我国的高强螺栓按性能等级分 8.8 和 10.9 两个级别，小数点以前数字表示螺栓经热处理后的抗拉强度等级不低于 800N/mm^2 和 1000N/mm^2，小数点以后数字表示其屈强比分别为 0.8 和 0.9，具体数据见表 1.2.2。

表 1.2.2 高强度螺栓采用的钢号和机械性能

螺栓种类	性能等级	采用钢号	屈服强度/MPa	抗拉强度/MPa
大六角头	8.8	45 号钢、35 号钢	660	830~1030
	10.9	20MnTiB、40B、35VB	940	1040~1240
扭剪型	10.9	20MnTiB	940	1040~1240

七、木材

木材是建筑工程中一种重要的建筑材料，与水泥、钢材并称为建筑三大材料。它的优点是分布广、质轻、强度高、弹性和韧性好、导热性低、大部分木材纹理美观；缺点是易腐、易燃、易变形、易虫蛀、构造不均匀、天然疵病多。木材来自于树木，树木是最好的绿色自然屏障，工程建设应少用或综合利用木材。为克服木材自身的缺点、节约木材，建筑工程中以人造板材的形式加以综合利用。

① 胶合板是将原木沿年轮切成大张薄片，再用胶黏合而成的板材。木片一般为 3～13 中的奇数层。

② 用较厚的零碎木板胶合成需要形状的大型木构件称胶合木。它变小材为大材、变短材为长材、变薄材为厚材，可充分利用木料，克服木材疵病的影响。

③ 刨花板、木丝板和木屑板是利用刨花碎片、短小废料加工刨制的木丝及木屑等，经过干燥、加胶、压制而成的人造板材。

④ 纤维板是将板皮、刨花、树枝等废料，经破碎浸泡、研磨成木浆，再经湿压成型、干燥处理等工序制成的人造板材。具有利用率高、构造均匀、弯曲强度大、不易开裂、不腐朽、无木节等特点。

⑤ 强化板材是将木材研磨成木浆加胶，经特殊模压和干燥处理成型的人造板材。表面经特殊处理后，可以提高硬度、防水性和耐磨性，可以制成各种花色，用以制造强化木地板等各种板材。

八、沥青及其制品

沥青是由多种极其复杂的碳氢化合物及其非金属衍生物所组成的一种混合物，是一种有机胶凝材料，在常温下为黑褐色或黑色固体、半固体或黏性液体。沥青具有良好的黏结性、塑性、憎水性、不透水性和不导电性，并能抵抗一般酸碱盐类的侵蚀作用，广泛应用于建筑工程。

1. 石油沥青

建筑石油沥青是用于建筑屋面和地下防水的胶结料、制造涂料、油毡和防腐材料等产品的石油沥青，按 GB/T 494《建筑石油沥青》分为 10 号、30 号和 40 号三个牌号。技术性能指标包括针入度、延度、软化点、溶解度、蒸发后质量变化、蒸发后针入度比、闪点等。

2. 煤沥青

建筑工程应用的焦油沥青一般为黏稠或半固体的软煤沥青，按其软化点划分为低温 1 号和 2 号、中温 1 号和 2 号、高温 1 号和 2 号。煤沥青的性质与石油沥青基本类似，但由于成分的不同，与矿物表面的黏附能力好、防腐能力强，建筑工程用作基础、木材的防腐，但塑性、温度和大气稳定性较差。

3. 沥青的应用及制品

① 冷底子油是用汽油、煤油、柴油、苯等有机溶剂与沥青溶合制成的流动性好、便于喷涂的沥青涂料。将冷底子油刷在混凝土、砂浆、木材等表面上，能很快地渗进基面与基面牢固结合，并使基面具有憎水性，为黏结同类材料创造条件。因多用于常温下防水工

程的底层，故称冷底子油。

② 防水卷材是将橡胶或弹性体等改性的沥青浸渍在胎体上，制作成卷材形式，称为改性沥青防水卷材。按胎体分为无胎、纸胎、玻璃纤维胎、玻璃布胎和聚乙烯胎等卷材，具有良好的耐水性、机械强度、延伸性、抗断裂性、柔韧性、温度和大气稳定性，价格低，是建筑工程防水材料中的重要品种。

③ 防水涂料是指以石油沥青为基料，加入改性材料和稀释剂制成的黏稠状材料，主要用于涂刷屋面、墙面、基础、沟槽，起防水、防潮、防碳化的作用。

④ 沥青砂浆和沥青混凝土是用沥青为胶凝材料制成的砂浆和混凝土，用于特殊地面、道路路面和储罐基础上表面，一般采用 60 号或 100 号道路石油沥青热拌或乳化铺敷。

九、建筑塑料

塑料的主要成分是合成树脂。塑料在建筑工程中更多的是与其他材料复合使用，根据树脂的性质和制品的用途，加入不同的添加剂，如稳定剂、增塑剂、增强剂、着色剂和填料等，加工成各种形状和颜色的建筑制品，具有质轻、隔热保温、耐腐蚀、富有装饰性的特点。在建筑工程中主要用途如下。

① 门窗和配件。随着薄壁中空异型材和发泡挤出工艺技术的发展，用塑料异型材制作的门窗框、橱柜组件和室内装修配件，已获得广泛应用，受到许多木材和能源短缺国家的重视。采用硬质发泡 PVC 或 PS 制作的室内装修配件，常用于墙板护角、压缝条、嵌缝条、踢脚板、挂镜线、楼梯扶手等处。

② 壁纸和贴面板。PVC 壁纸可制成多种印花、压花或发泡的美观立体感图案，表面可以用清水刷洗，是室内优质饰面材料。用三聚氰胺甲醛(MF)树脂液浸渍的透明纸，与表面印有木纹或其他花纹的书皮纸叠合，经热压成为一种硬质塑料贴面板；或用浸有聚邻苯二甲酸二烯丙酯(DAP)的印花纸，与人造板叠合，经热压成装饰板，可以用作室内的隔墙板、门芯板、家具板、地板。

③ 泡沫塑料。是一种轻质多孔制品，具有不易塌陷，不因吸湿而丧失绝热效果的优点，是优良的绝热和吸声材料。其板状、块状和特制的形状的产品或现场泡沫的塑料，粘贴、喷涂用于外墙和屋面，是优良的保温、隔热、吸音材料。泡沫塑料夹心层的各种复合外墙板和屋面板可直接用于围护结构。

④ 其他应用。化纤地毯、塑料地板、塑料或塑钢材复合上下水管道、PVC 雨水管道以及用玻璃纤维增强波形瓦、采光天窗、浴盆、整体卫生间等。

十、装饰材料

1. 饰面材料

饰面材料是装修阶段铺设或涂装在建构筑物表面、起装饰效果的材料。选择饰面材料的基本要求有颜色、光泽、透明性、表面组织、形状和尺寸、立体造型，以及强度、耐水性、抗火性、耐侵蚀性等，还应尽量兼具保温隔热、隔声吸声等功能，外墙装饰材料还要具有能够耐大气腐蚀、不易褪色、不易沾污、不产生霜花等性能。装饰材料一般分为饰面砖(板)、涂料、裱糊材料等。

① 常用的饰面砖(板)主要包括陶瓷面砖、玻璃面砖、天然石材、金属饰面板、塑料饰面板、木质饰面板，以及石膏板、碳化板、钙塑板、外墙外保温板、水刷石、干黏石、斩假石等。

② 常用的建筑涂料主要包括装饰油漆、装饰涂料、防锈漆、防火涂料等。

③ 常用的裱糊材料主要包括印花涂塑、压花涂塑、复塑等壁纸类，玻璃纤维、纯棉装饰、化纤装饰、无纺布等墙布类。

④ 饰面材料胶黏剂，包括瓷砖胶黏剂、大理石胶黏剂、建筑胶黏剂、复合胶粉等。

2. 保温隔热材料

① 保温隔热材料的基本性能指标包括导热系数和热阻等。

② 常用的保温隔热材料主要有膨胀珍珠岩类、膨胀蛭石类、玻璃(纤维)棉类、泡沫玻璃类、矿渣棉类、泡沫塑料类，以及泡沫、加气混凝土等。

③ 选择保温隔热材料时，应结合建筑物的用途、构造、施工难易、材料来源和经济合理等因素。

3. 吸声材料

① 吸声材料基本知识。在空旷的室内或在噪声较大的设备附近，需要设置吸音或隔音材料对其进行隔离或吸收。任何材料都能吸收声音，只是吸收的程度不同。吸声系数是材料吸收的声能与传递给材料的全部声能的比值，将吸声系数大于 0.2、0.5 的材料分别称作吸声材料、理想的吸声材料。

② 常用的吸声材料主要包括多孔性吸声材料、薄板共振吸声材料、穿孔板吸声材料。

③ 吸声材料应选用不易虫蛀、腐朽和不易燃烧的材料，注意区分与吸声材料同名的保温隔热材料，两种材料在气孔的特征上有较大区别，功能也相差较大。

④ 吸声材料安装在最容易接触声波和反射次数最多的表面，且应尽量均匀分布。大多数吸声材料强度较低，应安装在不易被碰撞的部位。多孔材料易于吸湿，安装时应注意防潮并考虑胀缩。防止油漆堵塞吸声材料的细孔，降低吸声效果。

第三节　工程测量

测量学是研究地球表面的形状和大小以及确定地面点之间相对位置的科学，它的内容包括测定和测设两个部分。测定是指使用各种测量仪器和工具，通过实地测量和计算，把地球表面缩绘成地形图，作为科学研究、国防建设、经济建设的规划设计使用；测设是将图纸上设计好的建构筑物的位置在地面上标定出来，作为施工的依据。本节仅简单介绍普通工程测量学中施工测量的主要内容。

一、地面点位的确定

为了表示地面上一个点的位置，需要确定这个点距离基准点的高度和两个垂直方向的距离，我国将 1985 国家高程基准和 2000 国家大地坐标系作为国家坐标系。地球测量学将海洋的水面在自由静止时的表面称为水准面，与水准面相切的平面称为水平面，我国在青岛沿海设立的观潮站长期观测的海平面高度的平均值，作为大地水准面的位置，它就是1985年国家高程系统的高程零点，是我国起算高程的基准面。这就是各种工程技术文件引用的1985高程的由来。我国采用高斯投影法，按六度分带建立平面直角坐标系，表示一个地面点的水平位置，称国家坐标系。

由于一个单项工程往往距离基准点较远，坐标表示的数值较大而不方便，因此为了表示的方便，经常设定自己的坐标系统，并在总图中注明自设坐标系与基准坐标系的关系。

二、水准测量

测量地面上各点的高程称为高程测量。高程测量一般是先测出地面点间的高差，根据高差和一点的已知高程，推算其他点的高程。由于所用仪器和施测方法的不同，高程测量分为水准测量、三角高程测量和卫星定位高程测量。水准测量是工程勘测和施工测量测定高程的主要方法，因此本节仅简单介绍水准测量的原理和施测方法。

水准测量的基本原理是利用水准仪所提供的水平视线测得不同点的高差来计算高程。即将水准仪安放在欲测定点之间，利用水准仪提供的水平视线读出垂直立于各点的水准尺上的读数，通过计算各点读数与已知高程点的高程差值，推算各点的高程。实际测量中，一般按测量工作的前进方向，将开始测量点称后视，相应的读数称后视读数；将其后的测量点称前视，相应的读数称前视读数。

水准测量所使用的仪器是水准仪，工具有水准尺和尺垫。水准仪一般由望远镜、水准器、支架等构成，按其精度分有DS0.5、DS1、DS3、DS10等不同精度的仪器，“D”表示大地测量，“S”表示水准仪，0.5、1、3、10是指水准仪每公里水准测量高差中数的中误差，以毫米计。建筑工程测量一般使用DS3、DS10级的水准仪。为了使水准测量更精确精密，出现各种自动的水准仪，如自动安平水准仪、精密水准仪、微倾式水准仪，以及自动综合测量高程与距离的全站仪等。

水准测量的外业包括水准点的设置和测量实施。永久性水准点一般用石料或混凝土制成，深埋在地面冻结线以下，顶面设置半球状的标志；临时水准点可用地面上突出且稳定的坚硬岩石或房屋勒角，也可用大木桩打入地下、桩顶加半球形铁钉；用于沉降观测的水准点根据设计要求设置。测量实施就是利用水准仪和水准测量工具测量出各测点高程的读数，并将每次测量的前、后视读数和高差值分别计入预先设计的水准测量手簿中，经测站检核和成果检核后即完成测量外业。水准测量的内业比较简单，就是根据外业实测的数据，进一步检核手簿，计算各点的高差，经检核无误后，进行闭合差的计算与调整，最后计算各点高程。

水准测量的误差主要有仪器误差、观测误差、外界条件影响等，测量实施时应注意采取措施消除这些误差的影响。

三、角度测量

角度测量是确定地面点位的基本工作之一，常用的测量仪器是经纬仪，经纬仪既可以测量水平角，也可以测量竖直角。测量水平角的原理是通过经纬仪，测量地面不同高度上的两点，分别通过经纬仪站点的两个交叉垂直直面的两面角投影到水平面上的水平角；测量竖直角的原理就是通过经纬仪，测量处于同一垂直面而不同高度的两点，分别通过经纬仪站点的两直线间的竖直夹角，正值代表仰角、负值代表俯角。因此经纬仪应具有竖直和水平两个角度测量度盘。

经纬仪有游标经纬仪、光学经纬仪，以及电子经纬仪和全站仪等，经纬仪一般由基座及基座调平装置、水平度盘、竖直度盘、游标盘、照准部、望远镜、水准管等构成。欲测点位或者利用实物或者用涂有红白相间颜色的圆杆，也称花杆或标杆，进行定位。经纬仪按其精度分有 DJ2、DJ6、DJ15、DJ60 等不同精度的仪器，“D”代表大地测量(有时省略)，“J”代表经纬仪，2、6、15、60 代表水平方向测量一测回方向中的最大误差，以“秒”计。工程测量一般采用 DJ2 或 DJ6 级。

水平角测量一般有测回法、复测法和全圆测回法，实测中称后视读数减前视读数为右角，前视读数减后视读数为左角，前后视点以测站的编号顺序确定。竖直角测量一般采用纵转望远镜两次测量的平均值法，第一次测量读数称盘左读数，纵转后读数称盘右读数。

水平角测量的误差一般有仪器误差、仪器安置误差、标杆倾斜误差、观测误差、外界条件影响等。

四、距离丈量与直线定向

欲测量地面上两点之间的距离，需要先将两点位标志固定，若两点距离较远或地势起伏较大，则应分成数段进行测量。两点位的标志固定称直线定向，直线的分段称定线，由远及近的定线称走近定线，由近及远的定线称走远定线，互不通视的两点间的定线称过山头定线。

按照测量精度的不同，可采用不同的工具、方法。通常的工具有钢尺、皮尺和测绳，精密测距使用因瓦基线尺及电磁波测距仪。普通量距在平坦地区一般沿定线方向往返测距取平均值；倾斜地区一般采用平量法和斜量法；精密量距需用经纬仪与水准仪配合，并经过精密的定线、定点、分段、测高、平差等步骤。

五、控制测量

控制测量是指在测区内，按测量任务所要求的精度，测定一系列控制点的平面位置和高程，建立起测量控制网，作为各种测量的基础。控制网具有控制全局，限制测量误差累积的作用，是各项测量工作的依据，必须遵循“从整体到局部，先控制后碎部”的原则。工程控制网分为平面控制网和高程控制网两部分，前者是测定控制点的平面直角坐标，后者是测定控制点的高程。

控制测量在勘测设计阶段、施工阶段、营运阶段应分别建立测图控制网、施工控制网、变形观测控制网，作为大比例尺测图、施工放样测量、建筑物变形观测的依据。

控制测量分导线测量、小三角测量、经纬仪前方交会、高程控制测量等测量方法以及内业计算。

在全国范围内建立的控制网称国家控制网，区域控制网在可能的条件下应与国家控制网联系起来，在国家控制网下加密，或以国家控制网为起算数据，统一坐标系统。如果测区附近没有国家控制点则可建立测区独立控制网。

控制测量的方法很多，如视距测量法、大小平板仪测量法、小平板仪与经纬仪联合测量法以及绘制地形图等。

六、施工测量的基本工作

施工测量的目的是根据施工的需要把设计的建构筑物的平面和高程位置，按设计要求以一定的精度测设在地面上，并在施工过程中进行一系列的测量工作，以衔接和指导各工序间的工作。施工测量贯穿于整个施工过程，从场地平整、建构筑物定位、基础施工，到建构筑物构件的安装等都要进行施工测量，有些工程为了竣工后便于维修和扩建还需测出竣工图，高大或特殊结构的建构筑物建成后还要进行沉降观测与变形观测等。为了保证各个建构筑物在平面和高程上都能符合设计要求，施工测量也需要遵循“由整体到局部，先控制后细部”的原则，即先在施工现场建立统一的平面控制网和高程控制网，以此为基础测设出各个建构筑物的细部。

施工测量一般是在测量控制网已经建立的情况下进行，因此，在施工测量之前一般应首先与控制网测设部门进行实地踏勘、控制网交接、复验与确认，建立健全施工测量的组织与检查制度，核对设计图纸，检查总尺寸和分尺寸是否一致，总平面图尺寸和大样详图尺寸是否一致，不符之处要向设计部门提出修正。然后根据实际情况编制测设详图，计算测设数据。对施工测量所使用的仪器、工具进行检验校正。施工测量的基本要求是测设图上已知长度和高程的点位在现场的水平距离和高程，测设的方法可采用直角坐标法、极坐标法、角度交汇法、距离交汇法以及高程传递法等。

1. 施工控制测量

由于建筑场地地形测量时测量控制点的分布、密度、精度难以满足施工测量的需要，且大部分会在场地整平时遭到破坏，因此在施工场地上需建立专门的施工控制网。在大中型建筑场地施工控制网多用正方形或矩形格网组成，称建筑方格网；在面积不大又不复杂的建筑场地常布置一条或几条控制基线，称建筑基线。大型石油化工工程厂区一般沿厂区道路建立建筑方格网，小型工程厂区则多采用建筑基线，一般情况下建筑基线和方格网应由具有测量资质的专业测量队伍专门测设。

建筑基线的布置应根据建筑物的分布、场地的地形和原有控制点的状况而定，一般应靠近主要建筑物并与其轴线平行，以便用简单的直角坐标法测设。为了检查复核基线是否变动，基线上的点位一般不应少于3个。建筑基线通常可采用图1.3.1所示的布置方法。

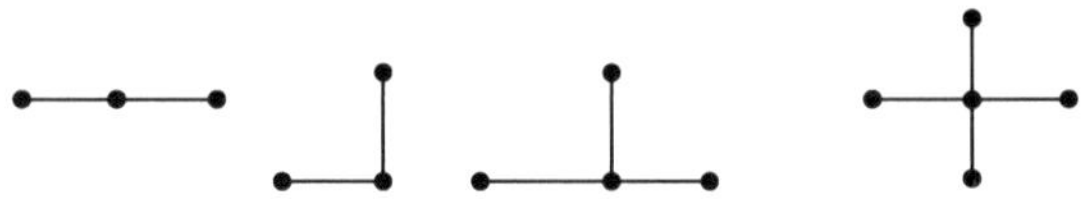

图1.3.1 测量基线的布置型式

建筑方格网布网时应考虑轴线与建筑物基本轴线平行，方格网尽量接近测设对象；方格网的折角应严格呈90°；方格网的边长一般以几十米、几百米的整数倍数；网点之间应保持视线通视，标桩能够长期保存；按照实际地形便于测角、量距，各点高程不要相差太大。当厂区面积较大时方格网常分为两级，首级可采用“十”字形、“口”字形或“田”字形，然后再加密。

2. 基础施工测量

对于大中型工业厂房基础定位是根据建筑方格网与厂房轴线间的坐标关系，用直角坐标法先将厂房的角桩位置用大木(钢)桩钉下来，角桩经复测、调整无误后，再将各轴线控制桩定下来，作为放线、开挖土方、基础混凝土施工的依据。

工业建筑的设备基础地脚螺栓多，因此保证地脚螺栓的平面位置与标高是设备基础施工测量的一个环节。在施测前绘制地脚螺栓位置，按图纸对号复测，确认无误浇筑混凝土。在浇筑混凝土过程中测量人员必须跟踪复测螺栓位置、标高，以免在浇筑混凝土过程中螺栓变动。

3. 道路施工测量

道路施工测量应根据道路施工面大、线路长、作业进度快的特点，在了解设计意图及对测量的精度要求的基础上，在实地找出尚保留在地面上的各转点桩、里程桩和水准点的位置，掌握道路中线位置和各种附属构筑物位置的施测数据及相互关系。施工前应根据设计图对上述各点进行校核，将丢失和碰动过的桩位补齐校正好，加密水准点，测定其高程并将附属构筑物(如涵洞、挡土墙等)的位置一并定出。路基放线要根据设计横断面图和各桩的填、挖深度测设坡脚、坡顶和路中心等点以构成路基的轮廓，作为填、挖土方施工的依据。

4. 施工过程测量控制

布设了准确的测量控制网点、进行了精确的施工放线，只是完成了工程测量的第一步，要保证工程施工的位置、标高准确，更重要的是施工过程中的测量控制。

施工过程中，测量人员主要应随时监测挖土深度，确定垫层施工控制标高。垫层施工完成后复测垫层顶面标高与平整度。钢筋绑扎过程中引测钢筋绑扎标高和轴线控制点，为模板支设、预埋件、预留孔、预埋螺栓等的定位提供控制点。模板支设完成后监测模板垂直度、直线度、高程控制点，为控制混凝土浇筑标高提供控制点。混凝土基础预埋地脚螺栓安装完成后，复测螺栓的平面位置和顶面标高。在杯口基础完成后应测设杯口轴线与杯底标高，为确定预制柱实际长度提供依据。现浇混凝土构(框)架、排架施工中，每层柱浇筑混凝土前复测柱的垂直度，并根据施工定位、标高的控制要求随时引测控制点。竖向结构及高耸设备吊装过程中，根据施工方案要求配合找正。

5. 沉降观测

沉降观测是用测量仪器测定建构筑物在荷载和外力作用下随时间沉降变形量的工作。沉降观测工作要求固定人员观测和整理成果，使用固定的仪器，使用固定的水准点，按规定的日期、方法及路线进行观测。

在沉降观测过程中，按规范、设计要求布设水准点，水准点尽量接近观测点，距离不应超过 100m，也不应小于 25m；水准点埋设深度不得小于 2m，且底部要埋设在冰冻线下 0. 5m。观测点的位置、数量、观测点构造形式应根据设计要求而定。每次观测结束后，应绘制显示出时间、荷载、沉降三者的关系图表。观测频次和终止也应遵循规范规定。

6. 竣工测量

由于各种因素的影响，原设计意图不可能在施工中毫无变动地体现出来，竣工测量是对竣工实际情况的全面反映。这种对建筑物或构筑物竣工验收时所进行的测量工作称为竣工测量。竣工测量的最主要成果是总平面图和高程明细表等。竣工测量是为了反映设计和施工的变更，为企业的改建、扩建、维修提供原始资料。竣工测量成果应反映到竣工图中。

第四节　工程勘察与地基

地面以下看不见摸不着，地质成因的复杂性以及任何建构筑物都将坐落在地基上的特殊性，决定了岩土工程勘察的必要性和重要性。岩土工程勘察必须贯彻国家有关的技术经济政策，认真进行调查研究，充分利用已有资料，针对拟建场地地质条件和工程特点，合理设计勘察要求和勘察工作，提出正确的建筑场地工程地质评价，为工程设计提供依据。

为了提供工程设计各阶段所需的工程地质资料，勘察工作也相应地划分为选址勘察（可行性研究勘察）、初步勘察、详细勘察三个阶段，并在施工阶段进行验证。对于场地条件复杂或有特殊要求的工程，进行施工勘察；场地较小且无特殊要求的工程可合并勘察阶段。当建筑物平面布置已经确定，且场地或其附近已有岩土工程资料时，可根据实际情况，直接进程详细勘察。各勘察阶段的任务和工作内容简述如下。

一、岩土工程勘察

1. 选址勘察

对拟建场地的稳定性和适宜性做出评价，主要内容如下。

① 收集区域地质、地形地貌、地震、矿产、当地的工程地质、岩土工程和建筑经验等资料。

② 分析已有资料和踏勘，了解场地的地层、构造、岩性、不良地质作用和地下水等工程地质条件；当拟建场地的工程地质条件复杂，已有资料不能满足要求时，应进行工程地质测绘和必要的勘探工作。

③ 当有两个或两个以上拟选场地时应进行比选分析。

2. 初步勘察

对场地内拟建建筑地段的稳定性做出评价，主要内容如下。

① 勘察前应具有建筑区范围的地形图和有关工程性质、规模的文件。

② 初步查明地质构造、地层结构、岩土工程特性、地下水埋藏条件、水和土对建筑材料的腐蚀性、场地土的标准冻结深度。

③ 查明场地不良地质作用的成因、分布、规模、发展趋势；判定场地和地基的地震效应。

④ 对可能采取的地基基础类型、基坑开挖与支护、工程降水方案进行初步分析评价。

3. 详细勘察

提出详细的岩土工程资料和设计、施工所需的岩土参数，做出岩土工程评价，对地基类型、基础形式、地基处理、基坑支护、工程降水和不良地质作用的防治等提出建议。主要内容如下。

① 勘察前应具有总平面图，场区的地面整平标高，建筑物的性质、规模、荷载、结

构特点、基础形式、埋置深度、地基允许变形等资料。

② 查明不良地质作用的类型、成因、分布范围、发展趋势和危害程度，提出整治方案的建议。

③ 查明建(构)筑物范围内岩土层的类型、深度、分布、工程特性、分析和评价地基的稳定性、均匀性和承载力。对需进行沉降计算的建(构)筑物，提供地基变形计算参数，预测建(构)筑物的变形特征。

④ 查明埋藏的河道、沟浜、墓穴、防空洞、孤石等对工程不利的埋藏物；地下水的埋藏条件，提供地下水位及其变化幅度；提供场地土的标准冻结深度；判定水和土对建筑材料的腐蚀性。

4. 施工验证

基槽开挖后通过验槽对地质评价进行验证，保证地基的可靠性，主要内容包括：

① 地质条件与勘察资料不符时应进行进一步评价。

② 遇溶洞、土洞、坟墓、边坡失稳等，应进一步查明及处理。

③ 对需进行地基处理、加固的地基进行进一步测试评价。

5. 勘察成果

① 勘察资料，是指地质勘察的原始记录和数据，以及收集到的有关地质资料。

② 岩土物理力学指标。应按区段和层位分别进行一般值和计算值统计，并根据相关规范和当地使用经验提出地基承载力值。

③ 勘察报告的主要内容包括文字和图表两部分，具体如下。

a. 任务要求及勘察工作概况。

b. 场地位置、地形地貌、地质构造、不良地质现象、地层成层条件、岩石和土的物理力学性质、建筑经验等。

c. 场地的稳定性和适应性、岩石和土的均匀性和容许承载力、地下水的影响、土的最大冻结深度、地震基本烈度，以及由于工程建设可能引起的工程地质问题等的结论和建议。

d. 勘探点平面布置图、综合工程地质图或工程地质分区图、工程地质剖面图、地质柱状图或综合地质柱状图。

e. 有关测试图表等。

6. 地质勘探的主要方法

地质勘探的主要方法包括钻探和取样、静力触探和动力触探、物探、室内试验、载荷试验、十字板剪切试验、大型直剪试验和长期观测等。

7. 岩土的地质分类

① 岩石。地质学根据成因分为岩浆岩、沉积岩和变质岩；根据坚固性分为硬质岩和软质岩。硬质岩一般包括花岗岩、闪长岩、玄武岩、石英砂岩、硅质砾岩、花岗片麻岩、石英岩等强度大于3MPa的岩石；软质岩一般包括页岩、泥岩、绿泥石片岩、云母片岩等强度小于3MPa的岩石。

② 土。地质学根据地质成因可分为残积土、坡积土、洪积土、冲积土、淤积土和风

积土等；根据颗粒级配或塑性指数可分为碎石土、砂土和黏性土；根据工程性状和成因划分的软土、红黏土、人工填土、膨胀土、湿陷性黄土、盐渍土等特殊性土。

8. 岩土的工程分类

① 岩石。工程中根据风化程度分为微风化岩、中风化岩、强风化岩、全风化岩、残积土等五类。

② 土。工程中根据软硬程度、坚实系数、密度及适用的开挖方法分为松软土、普通土、坚土、砂砾坚土、软石、次坚石、坚石、特坚石等八类。

二、土石方工程

1. 土石方平衡

建厂地址确定、厂区地形图测量完成后，将地形图划分方格网，以场地平整前后挖填土石方量平衡、尽量减少土石方内外运输为原则，计算厂区设计地面高程。厂内土方平衡调配应选择恰当的运输方向和路线，分区调配与全场调配相协调，避免只顾局部不顾全局，减少重复运输，不符合回填质量要求的土石方应直接运至弃土场。

为适应无土化施工的要求，建(构)筑物基坑开挖前应根据工程总体进度要求制定总体开挖顺序，预先确定临时堆土场，将开挖中欲用于回填的优质土方运至临时堆土场，回填需要时运回。对于弃置不用的土石方，应按照业主或地方主管部门的要求分别处理。

2. 土方开挖

土方开挖包括施工准备、测量放样、开挖和土方外运等工作。

(1) 施工准备

土方开挖前应根据工程总体进度安排和土方平衡要求，制定施工方案，确定土方开挖顺序，尽量减少土方的二次倒运；做好工程范围内的表层杂草、块石、杂物、腐殖土、树根等清理，挖好临时性排水沟；备好开挖机械、人员、施工用电、用水、道路及其他设施；放样定出开挖边线和开挖深度，保护测量基准桩，办理动土许可证。

(2) 开挖顺序

定位放线→设置护栏→挖土→边坡修整→清槽→基坑自检。

(3) 挖土方法

大型基坑采用机械开挖、人工清槽施工方法时，挖掘机械可采用反铲挖掘机挖土，自卸汽车运土。小型基坑宜采用人工开挖，小型翻斗车随装随运或装载机和自卸汽车装运。

开挖时一定要有测量人员配合控制挖土深度，严禁超挖和扰动基土，挖土时应留出约200mm厚，人工清槽时挖出。

基坑的直立壁和边坡，在开挖过程和敞露期间应防止塌陷，必要时应加以保护。在挖方上侧弃土时，应保证边坡和直立壁的稳定。当土质良好时，抛于槽边的土方(或材料)，应距槽边缘0.8m以外，高度不超过1.5m。当受条件限制，挖土坡度达不到放坡要求时，应认真了解地质资料和当地边坡支护实际经验，进行边坡稳定验算，针对具体情况进行边坡支护方案设计、施工，确保施工安全。

土石方开挖过程中如有个别地方超挖时，其处理方法应取得设计单位的同意；在软土地区密集群桩上开挖基坑时，应在打桩完成后间隔一段时间，再对称挖土，防止桩基位移；土方开挖宜先从低处开挖，分层分段依次进行，形成一定坡度以利排水；基坑或管沟的开挖宽度，除结构宽度外，应根据施工需要增加工作面宽度，如排水设施、支撑结构等所需宽度；基坑或管沟的边坡和基底应随挖随修，保证边坡平直和基底平整。

夜间施工时，场地应根据需要设置照明设施，在危险地段应设置明显警告标志。冬期开挖土方时，必须防止基土遭受冻结，若基坑敞露较长时间，应在基底以上预留适当厚度的松土或用其他保温材料覆盖。雨季施工时，挖土边坡应适当放大坡度，沟槽底部四周应挖出排水沟，并在适当位置挖出积水坑，以便用水泵排水，槽顶周边应打好土坝防止地面雨水流进基坑。边坡有塌方危险时，宜在边坡上覆盖彩条布、棚布等防止雨水冲刷造成边坡塌方，必要时用木板、架杆等适当支护。

（4）质量偏差

土石方施工除应满足基底土质、符合设计要求外，尚应满足表 1.4.1 允许偏差的要求。

表 1.4.1　基坑、管沟外形尺寸允许偏差

项目	允许偏差/mm	检验方法
标高	+0、-50	用水准仪检查
长度、宽度	-0	由设计中心线向两边，拉线和尺量检查
边坡偏陡	不允许	用坡度尺检查

（5）相关事项

施工中如发现有文物或古墓等，应妥善保护，并应立即报请当地有关部门处理后，方可继续施工。在敷设有地上地下管道、电线的地段进行堤防施工时，应事先取得有关管理部门的书面同意，施工中应采取措施，以防损坏。

3. *石方开挖与爆破*

爆破施工必须选择具有爆破施工资质的专业施工队伍和施工人员进行，爆破材料的购买、储存、保管、运输、使用应遵守国家对爆炸物品的管理规定。爆破施工前必须熟悉场地地质资料、了解岩石特性、周围环境，编制爆破施工方案，报经当地县、市级以上主管部门批准，并征得公安部门同意后，方可进行爆破作业。划分并确定爆破危险区，设置危险区警戒线和警戒标志，对在危险区内的建构筑物、设备、管线、电缆等采取适当的保护措施。将爆破信号通知当地居民，起爆前督促危险区内人、畜撤离。

爆破施工工艺应慎重选择。刚开工的空旷厂区，可选用浅孔预裂分层松动爆破；周围已建有建构筑物时，可选用浅孔松动覆盖爆破法；周围有对震动反应敏感的建构筑物，或距离生产装置较近，或就在生产装置内时，可选择静态爆破或机械切割。

4. *地基钎探*

建构筑物基础土方挖至基坑(槽)底时，应按设计和规范要求进行钎探。

钎探时，将触探杆竖直打入土中，每打入 300mm，记录一次锤击数。达到钎探深度后，探孔中应灌水检验有否漏水现象。

5. 地基验槽

地基验槽主要用于检验土石方开挖几何尺寸和地基地质承载力是否符合设计要求，并检验基坑放坡、堆土、防护等措施是否符合有关规定，是验证地基能否满足设计要求的重要步骤。

6. 土方回填

建构筑物基础完成，隐蔽验收合格，方可进行土方回填。回填土应根据工程特点、填料种类、设计压实系数、施工条件等合理确定含水率控制范围、碾压遍数、摊铺方式和摊铺厚度，并按照不同的坑槽情况选择压实机械和压实方法。

分层压实的回填土方应按照设计要求检验压实系数，冬期回填土每层铺土厚度应比常温施工时减少20%~25%并连续进行，防止受冻；雨期回填土应有防雨排水措施，夜间施工应合理安排施工顺序并设置足够的照明设施。

三、地基处理

承受由基础传来的荷载而产生应力和应变的土层称地基。地基承受建筑物荷载而产生的应力和应变随着土层深度的增加而减小。地基是房屋和构筑物的坚固耐久和安全使用的保证，作为地基土，其单位面积承受基础传下来的荷载的能力，叫作地基的承载力。

选择地基应尽可能避开暗塘、河沟以及不适宜作天然地基的区域，并选择具有良好承载力的土层或岩层作地基，不仅可以减少地基的处理费用，降低建筑物的造价，还能保证建筑物的安全。

对不能满足承载力要求的地基，在选择处理方案前，应收集工程地质、水文地质及地基基础设计资料。根据工程设计要求和采用天然地基存在的主要问题，确定地基处理的目的、处理范围和处理后要求达到的各项技术经济指标。结合工程情况，了解本地区地基处理经验和施工条件以及其他地区类似场地上同类工程地基处理的经验和使用情况。考虑地基与上部结构、基础的共同工作等，进行综合技术经济比较，选定地基处理方法。常用的地基处理方法主要有换填法、预压法、重夯与强夯法、振冲法、土或灰土挤密桩法、砂石桩法、深层搅拌法、高压喷射注浆法、托换法等。

地基处理过程中和处理后应进行以下检验。

换填法、托换法在处理过程中分层检测压实系数，处理后采用静载荷试验检验垫层承载力。

预压地基、夯实地基在加载不同阶段或每遍进行原位试验和土工试验，处理后采用静载荷试验检验地基承载力。

深层搅拌法、高压喷射注浆法除检验其桩身强度外，还应根据设计要求进行单桩静载荷试验检验，确定其单桩承载力特征值。

振冲法、密桩法、砂石桩法，应检验处理后桩间土的挤密系数。

高压喷射注浆法应根据设计要求测定土体压缩性、强度、加固地层均匀性检测、地基承载力。

第五节 桩　　基

一、桩的分类

桩基础是一种常用的基础形式，当天然地基上的浅基础沉降量过大或地基的承载力不能满足设计要求时，往往采用桩基础。桩基类型多种多样，一般可按桩传力机理、桩身材料、施工方法、使用性能等多种范畴进行分类，见表 1.5.1。

表 1.5.1　桩的分类

<table>
<tr><td rowspan="31">桩的分类</td><td rowspan="2">按受力情况分</td><td colspan="4">端承桩</td></tr>
<tr><td colspan="4">摩擦桩</td></tr>
<tr><td rowspan="24">按施工方法分</td><td rowspan="12">预制桩</td><td rowspan="8">按材料</td><td rowspan="5">混凝土</td><td>普通混凝土方桩</td></tr>
<tr><td>普通混凝三角桩</td></tr>
<tr><td>普通混凝空心桩</td></tr>
<tr><td>预应力混凝土方桩</td></tr>
<tr><td>预应力混凝土管桩</td></tr>
<tr><td rowspan="3">钢材</td><td>钢管桩</td></tr>
<tr><td>钢材异型钢板桩</td></tr>
<tr><td>工字形钢桩</td></tr>
<tr><td rowspan="4">按成桩方法</td><td colspan="2">锤击沉桩(打入桩)</td></tr>
<tr><td colspan="2">振动沉桩</td></tr>
<tr><td colspan="2">预钻孔打入桩</td></tr>
<tr><td colspan="2">静压桩</td></tr>
<tr><td rowspan="12">灌注桩</td><td rowspan="3">无护壁作业</td><td colspan="2">螺旋钻孔灌注桩</td></tr>
<tr><td colspan="2">钻扩孔灌注桩</td></tr>
<tr><td colspan="2">机动洛阳铲成孔灌注桩</td></tr>
<tr><td rowspan="3">泥浆护壁作业</td><td colspan="2">潜水钻成孔灌注桩</td></tr>
<tr><td colspan="2">冲击钻成孔灌注桩</td></tr>
<tr><td colspan="2">旋转钻成孔灌注桩</td></tr>
<tr><td rowspan="4">交替护壁作业</td><td colspan="2">振动成孔灌注桩</td></tr>
<tr><td colspan="2">锤击成孔灌注桩</td></tr>
<tr><td colspan="2">贝诺特桩</td></tr>
<tr><td colspan="2">弗朗基桩</td></tr>
<tr><td rowspan="2">爆扩成孔作业</td><td colspan="2">机扩桩</td></tr>
<tr><td colspan="2">爆扩桩</td></tr>
<tr><td rowspan="5">按功能分</td><td colspan="4">受压桩</td></tr>
<tr><td colspan="4">抗拔桩</td></tr>
<tr><td colspan="4">水平受荷柱</td></tr>
<tr><td colspan="4">锚桩</td></tr>
<tr><td colspan="4">护坡桩</td></tr>
</table>

1. 按桩传力机理分类

（1）端承型桩

端承型桩是指桩顶荷载全部或主要由桩端阻力承担的桩；根据桩端阻力承担荷载的份额，端承桩又分为纯端承桩和摩擦端承桩。

（2）摩擦型桩

摩擦型桩是指桩顶荷载全部或主要由桩侧阻力承担的桩；根据桩侧阻力承担荷载的份额，摩擦桩又分为纯摩擦桩和端承摩擦桩。

2. 按桩身材料分类

（1）混凝土桩

混凝土桩是目前应用最广泛的桩，具有制作方便、桩身强度高、耐腐蚀性能好、价格较低等优点。可分为预制混凝土桩和灌注混凝土桩两大类。

预制混凝土桩多为钢筋混凝土桩，断面尺寸一般为400mm×400mm或500mm×500mm，单节长十余米。若桩基要求用长桩，可将单节桩连接成所需桩长。为减少钢筋用量和桩身裂缝，也有用预应力钢筋混凝土桩，常用的规格为圆形断面、外径为400mm和500mm、标准节长为8m和10m，法兰或焊接连接。

灌注混凝土桩是用桩机设备或人工在施工现场就地成孔，在孔内放置钢筋笼，其深度和直径可根据受力情况由设计确定。

（2）钢桩

常见的有各种规格的钢管桩、工字形钢桩、钢板桩等。由于钢桩桩身材料强度高、表面积大截面积小，所以搬运和堆放方便且不易损坏，截桩容易，在沉桩时贯透能力强而挤土影响小，在饱和软黏土地区为减少对邻近建筑物的影响，多采用此类钢桩。由于此类钢桩价格昂贵，耐腐蚀性能差，故应用受到一定的限制。

（3）组合材料桩

组合材料桩是指一根桩由两种以上材料组成，较早采用的水下桩基，就是在泥面以下用木桩而水中部分用混凝土桩，现在很少使用。

3. 按成桩分类

（1）非挤土桩

在成桩过程中，将与桩体积相同的土挖出，因而桩周围的土很少受到扰动、但有应力松弛现象。这类桩主要有各种形式的挖孔或钻孔桩、井筒管桩和预钻孔埋桩等，采用干作业法、泥浆护壁法和套管护壁法等施工。

（2）部分挤土桩

在成桩过程中，桩周围的土仅受到轻微的扰动，土的原状结构和工程性质没有明显变化，这类桩主要有部分挤土灌注桩、预钻孔打入式预制桩和打入式敞口桩等。

（3）挤土桩

在成桩过程中，桩周围的土被挤密或挤开，因而使桩周围的土受到严重扰动，土的原始结构遭到破坏，土的工程性质发生很大变化，这类桩主要有挤土灌注桩、预钻孔打入式预制桩和打入式敞口桩等。

4. 按桩的功能分类

（1）竖向抗压桩

竖向抗压桩简称抗压桩。在正常工作条件下(不考虑地震作用)，主要承受上部结构的垂直荷载。根据桩的荷载传递机理，抗压桩又可分为摩擦型桩和端承型桩。

（2）竖向抗拔桩

竖向抗拔桩简称抗拔桩，主要抵抗作用在桩上的拉拔荷载，如板桩墙后的锚桩，拉拔荷载主要靠桩侧摩阻力承受。主要用来承受竖向上拔荷载，如地下水池、车库的桩基，其外部上拔荷载主要由桩侧摩阻力承担。

（3）水平受荷桩

主要用来承担水平方向传来的外部荷载，如承受地震或风所产生的水平荷载。基坑支护中的护坡桩等都属于这类桩。桩身刚度是其抵抗弯矩力的重要保证。

（4）复合受荷桩

复合受荷桩是指既承受竖向又承受水平向荷载的桩，如高耸塔形建筑物的桩基，要承受上部结构传来的垂直荷载，还要承受水平方向的风荷载。

5. 按桩的截面形状分类

（1）实腹型桩

有三角形、正方形、六角形、八角形和圆形等，这类桩多由钢筋混凝土制成，具有桩身整体刚度大、重量大等特点，沉桩时挤土较严重。

（2）空腹型桩

有空心三角形、空心正方形、圆环形(管形)、工字形和H形等。这类桩有较大的截面积，重量轻，节省材料，且具有必需的刚度，尤其是圆环形(管形)、工字形和H形的钢桩，截面面积小，又呈空腹形，沉桩时挤土影响小。因此，在饱和软黏土地区，在建筑物密集的情况下，采用此类桩可减少对邻近既有建筑物的影响。

二、桩的选择

桩型选择的基本原则为因荷载制宜，因土层制宜，因施工机械制宜，因环境制宜，因造价制宜及因工期制宜等。

1. 预制、预应力钢筋混凝土桩

材料强度高，桩身混凝土密度大，抗腐蚀能力强，桩的单位面积承载力高，节省钢材，但由于钢筋混凝土预制桩是挤土桩，沉桩时有明显的挤土影响。不易穿透较厚的坚硬地层。可适用于对噪声污染、挤土和振动影响没有严格限制的地区；穿透的中间层较弱或没有坚硬的土层，且持力层埋置深度和变化不大的地区；地下水位较高或水下工程；大面积打桩工程。

2. 灌注桩

与预制桩相比，用钢量少，比预制桩经济，工序简便，使用机具较少，所需工期也较短。根据成孔机械的能力，可做成大直径和大深度的桩，没有接头，具有很大的单桩承载能力。一般不受土质条件限制，适用于各种地层，但桩的质量不易控制和保证，检测工作麻烦，桩身强度比预制桩低，采用泥浆护壁时，废泥浆处理麻烦，一般情况下，不宜用于水下工程。

3. 钢桩

钢桩材料强度很高，贯入土层能力强，沉桩挤土影响最小，桩长接截方便，但价格昂贵，耐腐蚀性差，锤击沉桩时噪声很大。可适用于严格限制沉桩挤土影响的地区；地下无腐蚀性的地区；持力层起伏较大的地区；桩基投资较大的工程。工程桩常用的截面形状是钢管、工字形钢和 H 形钢，钢板桩常被用作临时支挡。

三、桩的施工

1. 锤击沉桩的施工(打入法)

打入法是利用桩锤落到桩顶上的冲击力来克服土对桩的阻力，使桩沉到预定的深度或达到持力层的一种打桩施工方法。锤击沉桩是混凝土预制桩常用的沉桩方法，它施工速度快，机械化程度高，适用范围广，但施工时有冲撞噪声和对地表层有振动，在城区和夜间施工有所限制。

① 打桩设备是打桩机，主要包括桩锤、桩架和动力装置三个部分。桩锤是对桩施加冲击力，将桩打入土中的机具；桩架是支持桩身和桩锤，在打桩过程中引导桩的方向及维持桩的稳定，并保证桩锤沿着所要求方向冲击的设备；动力装置包括驱动桩锤和卷扬机用的动力设备，当采用空气锤时应配备空气压缩机，当选用蒸汽锤时，则要配备蒸汽锅炉和绞盘。

② 打桩施工准备工作，主要包括清除地上、地下障碍物，平整压实场地，设置排水沟；放线、定桩位、设置水准点；确定打桩顺序，减小挤土效应对打桩进度、施工质量和周围环境的影响；接通现场的水、电管线，准备好施工机具；做好对桩的进场检验。

③ 打桩顺序应根据桩的密集程度选择。打桩顺序一般分为逐段打设、自中部向四周打设和由中间向两侧打设三种。当桩的中心距不大于 4 倍桩的直径或边长时，应由中间向两侧对称施打，或由中间向四周施打。当桩的中心距大于 4 倍桩的直径或边长时，可采用上述两种打法，或逐排单向打设。根据基础的设计标高和桩的规格，宜按先深后浅、先大后小、先长后短的顺序进行打桩。如图 1.5.1 所示。

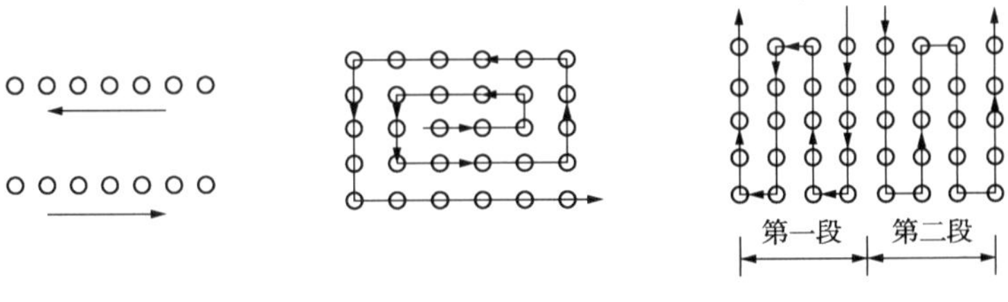

图 1.5.1 打桩顺序

④ 打桩工艺顺序为设置标尺→桩架就位→吊桩就位→扣桩帽、落锤、脱吊钩→低锤轻打→正式打(接桩、截桩、静载试验、动载试验、承台施工)。

⑤ 打桩要点。采用重锤低击，开始要轻打；连续施打，减少回弹固结；注意贯入度变化，做好打桩记录(编号、每米锤击数、桩顶标高、最后三阵贯入度……)；如遇异常情况，如贯入度剧变，桩身突然倾斜、位移、回弹，桩身严重裂缝或桩顶破碎等，应暂停施

打，与有关单位研究处理。

2. 静力压桩的施工

是在均匀软弱土中利用压桩架的自重和配重，由钢丝绳、滑轮和压梁，将整个桩机的重力(800~1500kN)反压在桩顶上，迫使预制桩下沉，将桩逐节压入土中的一种沉桩方法。这种沉桩方法无振动、无噪声、对周围环境影响小，适合在城市中使用。压桩施工一般采取分节压入、逐段接长的施工方法，接桩的方法有焊接法、法兰螺栓连接法、硫黄浆锚法等。

压桩与打桩相比避免了锤击应力，桩的混凝土强度和配筋只要满足吊装弯矩和使用期受力要求就可以，因而桩的断面和配筋可以减小；压桩引起的挤土也较轻，因此压桩是软土地区一种较好的沉桩方法。

3. 振动沉桩的施工

振动沉桩的主要设备为振动器，利用振动器所产生的激振力，使桩身产生高频振动。这时桩在其自重或很小的附加压力作用下沉入土中，或是在较小的提升力作用下而拔出土。

4. 水冲法沉桩(射水沉桩)的施工

与锤击(或振动)法同时使用，具体选择应视土质情况而定。必须注意，不论采取何种射水施工方法，在沉入最后阶段1~1.5m至设计标高时，应停止射水，用锤击或振动沉入至设计深度，以保证桩的承载力。

5. 干作业钻孔灌注桩的施工

干作业成孔一般采用螺旋钻机钻孔。螺旋钻头外径分别为ϕ400mm、ϕ500mm、ϕ600mm，钻孔深度相应为12m、10m、8m。适用于成孔深度内没有地下水的一般黏土层、砂土及人工填土地基，不适于有地下水的土层和淤泥质土。钻机就位后，钻杆垂直对准桩位中心，开钻时先慢后快，减少钻杆的摇晃，及时纠正钻孔的偏斜或位移。钻孔至规定要求深度后，进行孔底清土并检查成孔质量。安放钢筋笼过程中应防止泥土杂物掉进孔内。钢筋骨架就位后，应立即灌注混凝土，以防塌孔。

6. 泥浆护壁成孔灌注桩的施工

泥浆护壁成孔是通过循环泥浆将切削碎的泥石渣屑悬浮后排出孔外，并利用泥浆保护稳定孔壁的机械钻孔方法。成孔机械有潜水钻机、冲击钻机、冲抓锥等。泥浆护壁成孔灌注桩的施工工艺为测定桩位、埋设护筒、桩机就位、制备泥浆、机械(潜水钻机、冲击钻机等)成孔、泥浆循环出渣、清孔、安放钢筋骨架、浇筑水下混凝土。

7. 沉管灌注桩(套管成孔灌注桩)的施工

沉管灌注桩是利用锤击打桩设备或振动沉桩设备，将带有钢筋混凝土的桩基(或钢板靴)或带有活瓣式桩靴的钢管沉入土中(钢管直径应与桩的设计尺寸一致)，造成桩孔，然后放入钢筋骨架并浇筑混凝土，随之拔出套管，利用拔管时的振动将混凝土捣实，便形成所需要的灌注桩。

在沉管灌注桩施工过程中，对土体有挤密作用和振动影响，施工中应结合现场施工条件，考虑成孔的顺序。间隔一个或两个桩位成孔；在邻桩混凝土初凝前或终凝后成孔；一个承台下桩数在5根以上者，中间的桩先成孔，外围的桩后成孔。为了提高桩的质量和承载能力，沉管灌注桩常采用单打法、复打法、翻插法等施工工艺。单打法(又称一次拔管法)：拔管时，每提升0.5~1.0m，振动5~10s，然后再拔管0.5~1.0m，这样反复进行，直至全部拔出。复打法：在同一桩孔内连续进行两次单打，或根据需要进行局部复打，施工时应保证前后两次沉管轴线重合，并在混凝土初凝之前进行。翻插法：钢管每提升0.5m，再下插0.3m，这样反复进行，直至拔出。利用锤击沉桩设备沉管、拔管成桩，称为锤击沉管灌注桩；利用振动器振动沉管、拔管成桩，称为振动沉管灌注桩。

8. 人工挖孔灌注桩的施工

人工挖孔灌注桩是指采用人工挖土成孔，然后安放钢筋笼，浇筑混凝土而成的桩。优点是桩身直径大(一般为800~2000mm)，承载能力大；施工时可在孔内直接检查成孔质量，观察地质土质变化情况；桩孔深度由地基土层实际情况控制，桩底清孔除渣彻底、干净，易保证混凝土浇筑质量。

人工挖孔灌注桩必须采取有效的措施确保孔壁的稳定，常用的护壁措施有现浇混凝土护壁、沉井护壁、喷射混凝土护壁等。

人工挖孔灌注桩井下作业条件差、环境恶劣，施工安全显得尤为重要，施工过程中应设立警戒标志、保证孔内通风、观察护壁异常变化、保持通信畅通、规范用电、及时排水等。

人工挖孔灌注桩在下列区域已被限制使用：地下水丰富、软弱土层、流沙等不良地质条件的区域；孔内空气污染物超标准；机械成孔设备可以到达的区域。

第六节 基　　础

钢筋混凝土基础是石油化工工程中应用最多的结构类别，根据基础的用途和形式，石油化工工程钢筋混凝土可以分为：小型基础、泵类基础、冷换基础、塔罐类基础、大型储罐基础、条形基础、片筏式基础、大块式基础、构架式基础等。基础施工过程见图1.6.1。

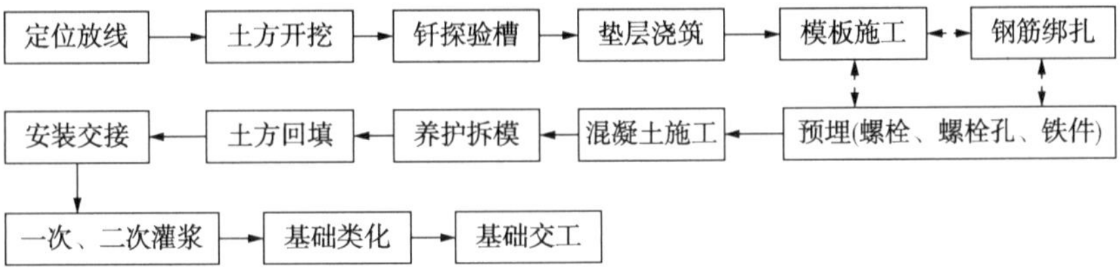

图1.6.1 基础施工过程

一、基础

1. 基础的概念

基础是承受上部结构或设备的全部荷载，并将荷载传给地基的建筑构件。基础构造形式、大小、埋置深度是随上部结构或设备的形式、荷载大小和地基承载力等情况而定。基础应该坚固、稳定，并能抵抗冰冻和地下水的侵蚀。

基础的最底面称“基底”，由室外设计地面到基底的深度称为“基础的埋置深度”或简称基础的“埋深”。为了避免地下水位变化影响地基承载力，同时防止地下水对基础施工带来的麻烦，以及有侵蚀性的地下水对基础的腐蚀，基础应争取埋置在地下水位以上。有腐蚀性的基础，应做好防腐处理。

埋深大于5m的称深基础，小于5m的称浅基础。在保证安全和稳定性的前提下，从经济和施工角度考虑，应尽量设计成浅埋基础，但基础需埋置于地面冰冻线以下，故埋深一般不得浅于0.5m。

2. 基础的类型

(1) 桩基础

由桩和桩承台组成，桩承台是指将桩顶用钢筋混凝土梁或平台连成一个整体的构件，用于连接桩与上部结构，承受其上部结构的荷载，板式承台一般代替独立基础作为柱下基础使用，梁式承台一般沿墙下通长设置代替条形基础使用。

(2) 带形基础(条形基础)

外形呈长条形，其断面形式一般有梯形、阶梯形和矩形。多用于房屋上部荷载较大、地基的承载能力较小或软弱不均时的混合结构(砖混结构)房屋墙下，或柱与柱之间与单独基础相连接的带形结构。按结构的不同又可分为板式带形基础和梁板式带形基础。

(3) 独立基础

按其构造形式不同分为截锥形、阶梯形和杯形基础。结构柱或设备下独立基础做成截锥形和阶梯形。预制柱下独立基础，为了使预制柱能稳定于基础内而做成杯口形式，称为杯形基础。

(4) 满堂基础

当结构或设备荷载较大，而且又集中，采用带形基础或独立基础不能满足设计强度要求时，往往采用板、梁、墙、柱组合浇筑而成大面积的联合基础，称为满堂基础。满堂基础分为筏式基础和箱式基础。满堂基础的施工方法均为现浇。

筏式基础按其结构形式分为板式满堂基础(也称无梁式满堂基础)和梁板式满堂基础，筏式基础多用于荷载大而集中、地基承载力较差的情况。

箱式基础是由顶板、底板和隔墙板组成的连续整体式基础，具有较大的强度和刚度，多用于大型机组、高层建筑。

二、石油化工工程中常用基础

1. 小型基础

小型基础是在石油化工装置中最为常见的一种基础，用于小型设备、钢平台、小型钢框架基础、钢管架基础和管墩等。小型基础一般为规则的矩形台阶式结构，根据使用功能和上部设备或结构的需要，基础顶面一般有预留地脚螺栓孔、预埋地脚螺栓、预埋铁件，也有直接混凝土压光的情况。基础定位应满足与设备的相对位置要求。

小型基础预埋地脚螺栓定位是施工的重点控制项目，宜采用木方或钢板制作定位盘固定，如图1.6.2所示。

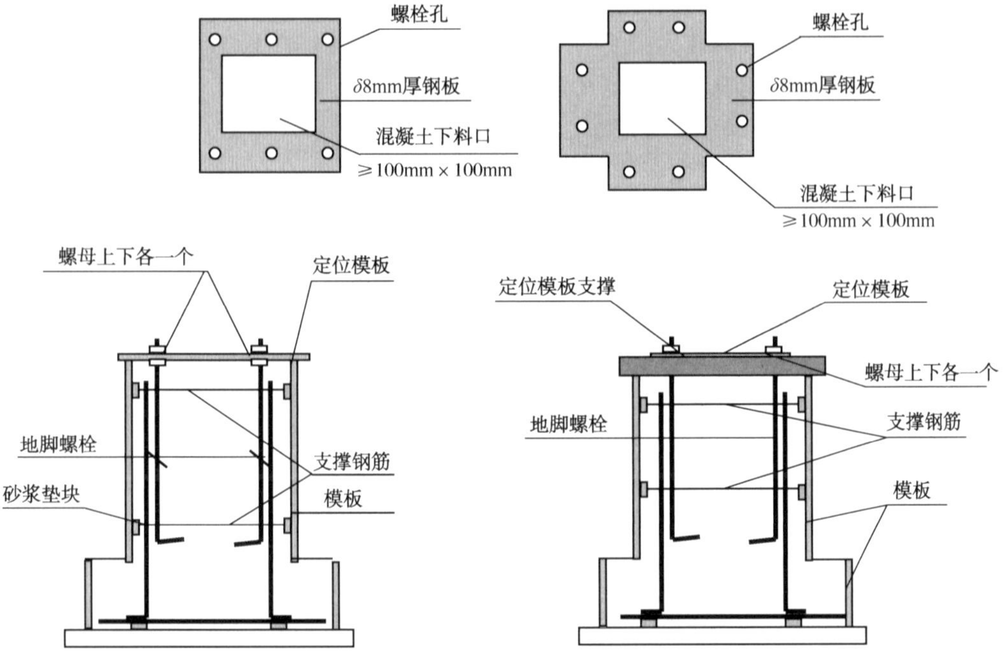

图 1.6.2 小型基础地脚螺栓定位

2. 泵类基础

石油化工装置的各种泵常常以泵的出口位置和泵中心定位，集中成列布置于管廊下，外形简单，体积不大，施工重点应是预留地脚螺栓孔模板的安装。

乙烯装置中立式、埋地低温泵基础是比较特殊的泵基础，由于其操作温度可以达到-40℃左右，埋深一般大于周围基础，因此应尽量在周围基础施工前完成，并可在套筒顶部留置一道施工缝，宜采用内置钢套筒和抗渗混凝土，施工中应采取防止套筒浮起的措施。其基础模板定位加固如图 1.6.3 所示。

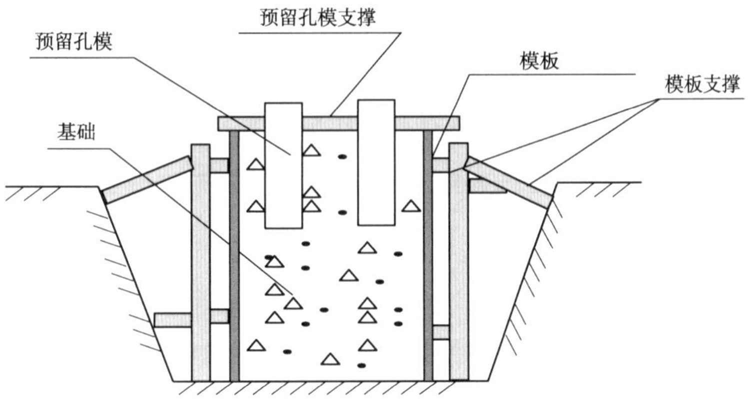

图 1.6.3 泵类基础支模

3. 冷换基础

冷换基础是对石油化工装置中的卧式换热器或卧式罐类型设备基础的简称，一般由两个基础墩组成，一个为设备的固定端，一个为允许设备伸缩的滑动端，每个基础墩上部为板墙式，下部一般为单独的放大脚或两个连成一体的形式。上部露出地面一般在 1m 左右，也有少数高达 3~5m 的情况，如图 1.6.4 所示。

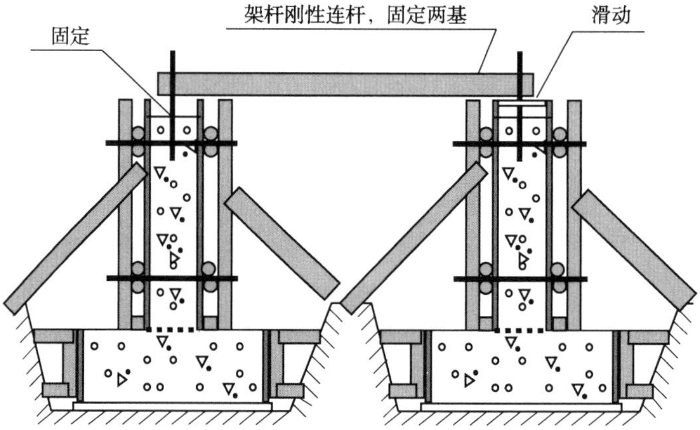

图 1.6.4　冷换基础支模

施工中应注意滑动端与固定端区别，滑动端顶部钢板宜随设备安装调平后固定。

4. 塔、罐类基础

塔及小型立式储罐基础形式多为圆台型底板加上部圆柱或圆环型承台，圆环内部土或砂石加顶面混凝土填平，地脚螺栓一般沿圆周以一定间隔角预埋。大型基础混凝土施工一般在底板与上部圆环(台)之间留置混凝土施工缝，地脚螺栓的定位采用钢结构单层或双层圆形定位盘，其基本形式见图 1.6.5。

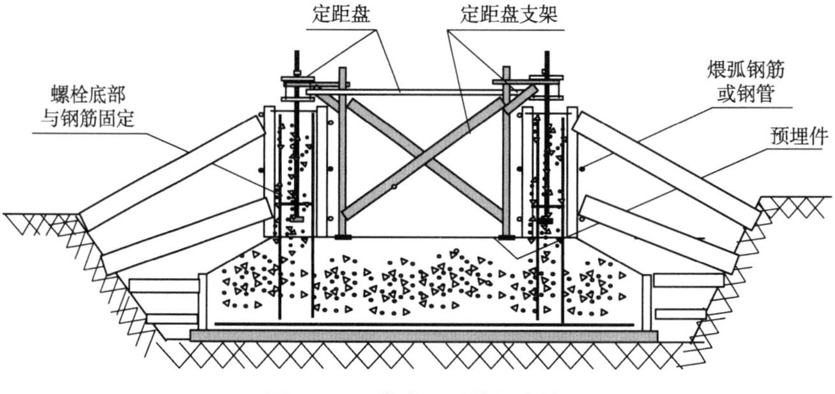

图 1.6.5　塔类基础模板支撑

5. 大型储罐基础

大型立式储罐环墙式基础，是一种由钢筋混凝土环墙和环墙内的垫层、沥青砂绝缘层等共同承载的基础形式，不同于一般建筑的条形基础，环墙式基础对于浮顶罐只承受储罐壁重量；对于固定顶罐只承受罐壁、罐顶和小部分介质的重量，大部分介质重量是由垫层直接承受并传到地基。施工控制重点是保证墙内垫层的均匀和密实、环墙顶面平整和竖向裂缝。其基本形式见图 1.6.6。

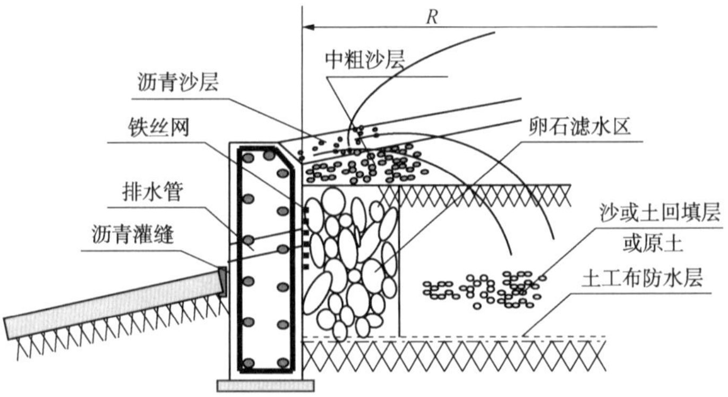

图 1.6.6 大型储罐基础示意

6. 条形基础

条形基础是指基础长度远远大于宽度的一种基础形式，按上部结构分为墙下条形基础和柱下条形基础。石油化工工程中条形基础一般用于多层建筑物、转化炉、设备框架等。施工时，应注意条形基础的横向配筋为主要受力钢筋，纵向配筋为次要受力钢筋或者是分布钢筋，主要受力钢筋布置在下面。其基本形式见图 1.6.7。

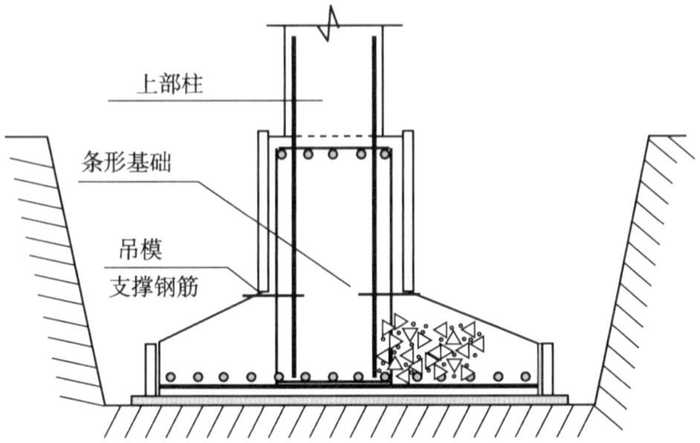

图 1.6.7 条形基础示意

7. 大块式基础

大块式基础广泛用于压缩机、汽轮机、大型泵等振动设备的基础，一般由底板和上部块体两部分组成，施工时在底板与上部结构之间设置施工缝，基础分为底板和上部块体两部分施工。预埋螺栓、预留孔(洞)的尺寸控制是大块式基础施工控制的难点，应专门设计定位支架。大块式基础的基本形式和模板定位加固见图 1.6.8。

8. 构架式基础

由梁、板、柱等构件组成的钢筋混凝土框架基础。用于压缩机、汽轮机、架空的塔罐等设备时，顶面高度一般在 6m 左右，可称单层或低层构架；用于料仓、焦炭塔等设备时，顶面高度可达 13~30m，一般称高层构架。低层构架一般由基础底板、柱或板墙、顶板三部分组成，高层构架一般由底板、中间胖柱薄板的框架、厚度可达 1.5~2m 的上部顶板组成。

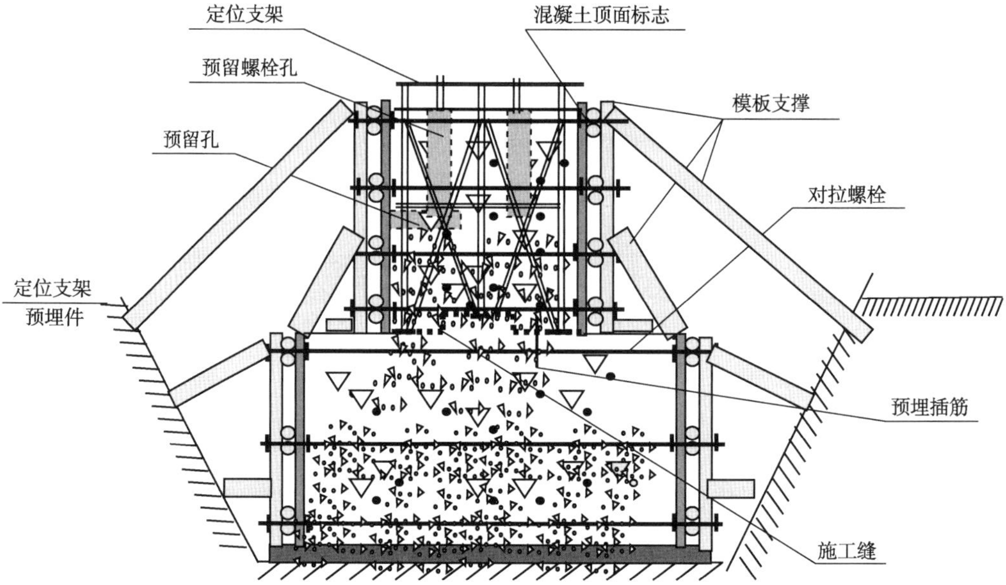

图 1.6.8　大块式基础模板支撑

预埋地脚螺栓、预留孔(洞)的定位是构架式基础施工控制的难点，宜采用刚度较大的型钢定位支架固定。除特殊要求外，低层构架可在底板顶面设置一道施工缝分两次施工，高层构架可按自然分层分段施工，而且为简化高层构架支撑架搭设和保证厚大顶板的施工质量，高层构架的厚大顶板一般在中部留设一道施工缝分两次施工。对于体积较大的底板或顶板应注意按大体积混凝土控制裂缝。低层构架的基础形式见图 1.6.9。

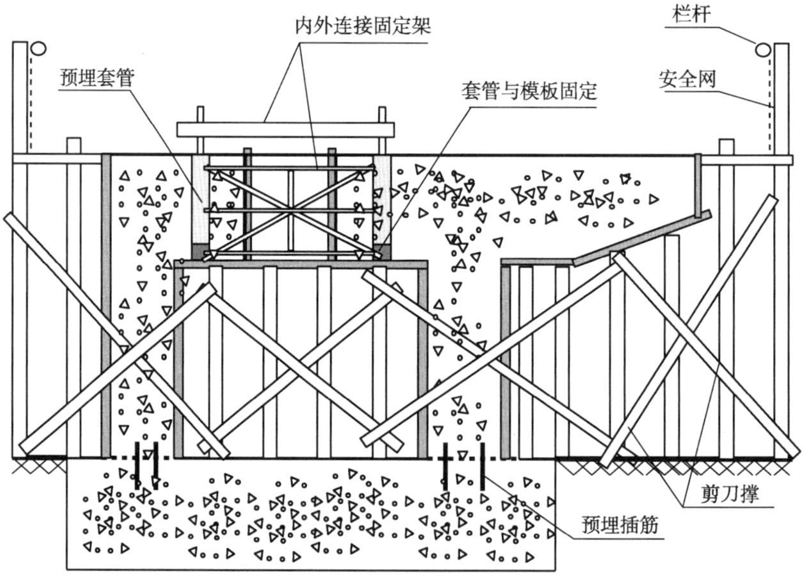

图 1.6.9　构架式基础模板支撑

9. 片筏式基础

无梁板或有梁板做成的基础，用在上部荷载较大而地基较弱的情况，用以增加基础与地基的接触面积，提高承载力。有梁式片筏基础能够较好地利用混凝土的承载特性，应用较多，有正梁式和反梁式两种情况，重要的柱一般布置在梁的交汇处，次要的柱一般布置在梁上。片筏形基础的钢筋较多、面积较大、柱插筋较多，施工重点是控制钢筋位置和防止产生混凝土冷缝。见图 1.6.10。

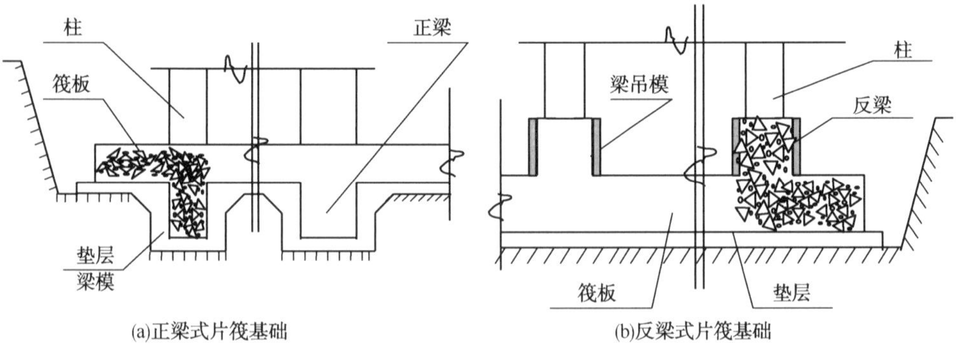

图 1.6.10 片筏式基础示意

10. 杯口基础

其因形式呈杯状而得名，杯内安装预制钢筋混凝土柱，用于带围护结构的厂房的基础顶面可安装钢筋混凝土(预制或现浇)基础梁，用于管廊、框架和不带围护结构的厂房则仅安装预制钢筋混凝土柱。杯口可采用整体或组装芯模成型，施工中注意防止“烂根”。见图 1.6.11。

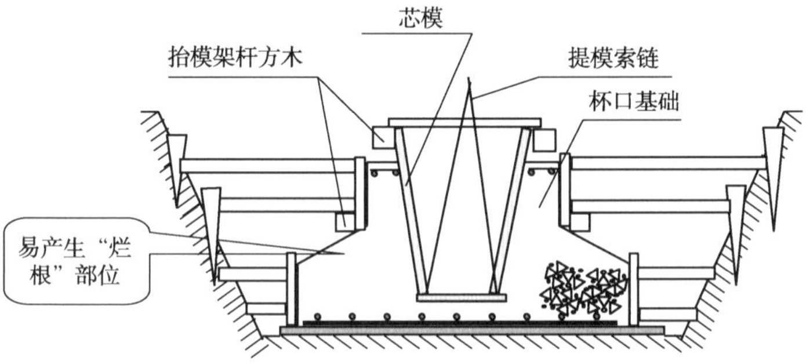

图 1.6.11 杯口基础支模示意

11. 地脚螺栓及基础灌浆

地脚螺栓是固定设备、管道、结构等不可缺少的零件，地脚螺栓主要形式如图 1.6.12 所示。安装方法主要分为预埋式、预留套管式、预留孔式和钻孔后锚式，施工控制重点是定位尺寸和顶面标高，并注意设备安装前的保护。

设备基础地脚螺栓灌浆一般分一次灌浆和二次灌浆。一次灌浆是预留螺栓孔情况下在设备粗平后地脚螺栓孔的灌浆，二次灌浆是在设备安装完毕后底座与基础底面之间的灌浆。一般小型动设备和静设备采用比基础混凝土的强度高一等级的细石混凝土灌浆，大型动设备如压缩机、汽轮机、大型机泵等采用高强度、无收缩灌浆材料灌浆，某些重要的静设备也有要求采用高强度、无收缩灌浆材料灌浆的，施工中应严格按照设计要求选用灌浆材料、灌浆料与基础接合面处理。

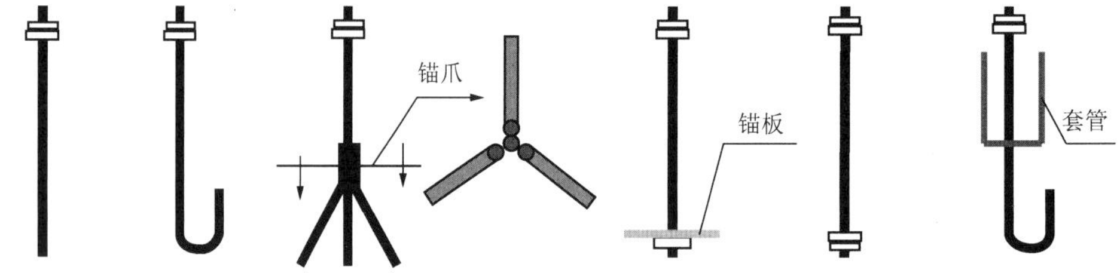

图 1.6.12　螺栓形式示意

12. 混凝土基础美化

基础美化是指混凝土基础施工完成后对露出地面的部分进行的修饰，给工程以优质精美的外观效果。基础露出地面部分应尽量采用光面模板施工，使混凝土表面美观。当表面产生蜂窝、麻面等缺陷时，或设计有特殊要求时可采用刷浆、抹灰、贴面方式进行修饰，应注意基层处理防止空鼓。

第七节　钢筋混凝土结构

钢筋混凝土结构是石油化工装置最重要的建筑结构形式，施工工艺过程主要分为混凝土拌制、混凝土运输、模板支拆、钢筋绑扎、混凝土浇灌与养护、验收等。

一、预拌混凝土的原材料控制

预拌混凝土是由水泥、集料、水以及根据需要掺入的外加剂和掺合料等组分按一定比例，在搅拌站经计量、拌制后采用运输车，在规定时间内运至使用地点出售的混凝土拌合物。加强原材料控制是保证预拌混凝土质量的基础，根据 GB/T 14902、GB 50204 和 GB 50164的规定，各种原材料在进场时应查验其质量证明文件，建立原材料进场验收台账，并按相关标准和规范进行复试，复试合格后方可使用。

二、预拌混凝土的配合比设计

1. 配合比设计的基本要求

配合比设计是预拌混凝土的关键工序，也是保证预拌混凝土质量的重要环节，应根据设计要求的混凝土强度等级、耐久性以及施工要求的混凝土拌合物的工作性能等，合理选用原材料。在进行配合比设计时应对工程进行全面的了解，并收集相关信息，如泵送混凝土的运输距离、气候条件、泵送的垂直和水平距离、弯头设置、泵送设备的技术条件等因素，使设计出的混凝土配合比满足工程要求。

2. 配合比设计的基本原则

配合比设计必须经过计算、试配、调整三个阶段，目的是得到既满足各种性能要求、又经济合理的配合比，预拌混凝土的配合比设计应遵循这一原则。

3. 配合比设计的主要技术指标

混凝土配合比设计的步骤应符合 JGJ 55《普通混凝土配合比设计规程》的规定，配制的混凝土中掺合料、水、水灰比、水泥的用量和砂率，以及和易性、强度、耐久性等技术指标应满足设计和施工的要求。

三、预拌混凝土的生产

1. 生产工艺流程

预拌混凝土的生产工艺因设备的不同而有一些差异，但都大同小异。主要由上料系统、计量系统、搅拌系统、微机控制系统组成。

2. 控制要点

① 计量。生产过程涉及的计量器具应定期进行检定，经中修、大修或搬迁后，应重新检定。各种原材料的计量均应按质量计。微机系统应能逐盘记录各种原材料的实际称量结果。

② 搅拌。混凝土的原材料应充分搅拌，使拌合物质量均匀，色泽一致，不得有离析和泌水现象。混凝土搅拌的最短时间应符合设备说明书和有关标准规范的规定。

四、混凝土输送

1. 输送要求

① 混凝土输送应以最少的转载次数、最短的时间从搅拌地点运至浇筑地点，保持混凝土的匀质性，运输的延续时间符合有关规定。

② 运输道路应尽量平坦以减少混凝土运输振荡，避免混凝土分层离析。

③ 运至搅拌地点的混凝土如发现有离析或初凝现象，必须二次搅拌均匀后方可浇灌。对已经凝结的混凝土应作废品处理，不得用于工程中。

2. 输送设备

① 混凝土运输以混凝土搅拌运输车为主，机动小翻斗车为辅，零星混凝土短距离也可人力推车运输。混凝土垂直输送以混凝土泵为主，也可以塔吊悬挂吊斗或井架输送。

② 运送混凝土容器使用前须用水湿润，运送过程中应经常清除容器内附着的硬化混凝土残渣。

3. 泵送

① 应合理布置泵的位置，泵应尽量靠近浇筑地点，使混凝土能连续不断地供应。

② 混凝土泵送管径应与混凝土骨料粒径相适应，在现有的泵车和地泵的管径已经确定的情况下，应根据管径确定泵送混凝土的骨料粒径。

③ 管道敷设应符合“路线短、弯道少、接头密”的要求，以减少管道的内部阻力。

④ 泵送以前，应先开机用清水湿润整个管道，而后投入水泥浆或水泥砂浆，使管壁处于充分湿润状态，再正式泵送混凝土。

五、混凝土浇筑

1. 浇筑准备

① 混凝土浇筑前应编制混凝土浇筑施工技术方案，做好技术交底，确定施工缝位置。

② 对原材料、人力组织、施工机具和水电供应等情况进行检查，并随时掌握天气变化情况。

③ 对模板的缝隙、标高、尺寸、预留孔以及支架的强度、刚度、稳定性等进行检查验收。

④ 对钢筋与预埋件的规格、数量、位置、尺寸、接头等进行检查验收。

2. 浇筑与振捣

（1）浇筑方式

可根据情况选用混凝土泵车浇筑、吊车或塔吊悬挂吊斗浇筑、罐车直接浇筑、翻斗车与手推车浇筑等。浇筑的顺序、分层、时间应预先根据混凝土的性能、浇筑设备、振捣工具和现场条件进行设计。

（2）振捣工具

一般情况下均采用插入式或行星式振动器，板或大面积基础表面采用平板式振动器，对于钢筋较密的梁、墙或梁柱节点应选用直径较小的插入式振动器。

（3）操作要点

应防止混凝土离析，可采用串筒、斜槽、溜管等下料方式下料；在浇筑与墙和柱连为整体的梁板时，应在柱和墙浇筑完成后停歇1.5~2h，再继续浇筑，以防止接缝处出现裂缝。柱、墙混凝土设计强度等级高于梁、板时，交界区域应采取分隔措施，否则经设计单位确认。

六、混凝土施工缝

1. 施工缝设置

混凝土施工由于施工技术或施工组织上的原因，不能连续将结构整体浇注完成，并且间歇的时间超过混凝土的初凝时间时，应预先选定适当的部位设置施工缝。

施工缝的留置会影响混凝土的整体性，是混凝土结构的薄弱环节，为此施工缝的留置必须严格遵守规范规定，设置在结构受剪力较小的部位。设备基础施工缝尽可能避开地脚螺栓；受力复杂或有防水抗渗要求的结构构件、承受动力作用的设备基础，必须留置时应征求设计单位同意。

2. 施工缝的形式

一般结构的施工缝可做成企口缝、高低阶梯缝、平缝等几种形式。高低不同的施工缝应做成台阶式；垂直施工缝应增加补强钢筋。

3. 施工缝的处理

在施工缝处继续浇筑混凝土时，已浇筑的混凝土抗压强度不应小于1.2N/mm^2，同时应清除浇筑面的浮浆、松动石子、软弱混凝土层，并进行凿毛、湿润等处理。钢筋上油污、水泥砂浆和浮锈等杂物应清理干净，施工缝位置附近回弯钢筋时应防止钢筋周围的混凝土松动或损坏。

七、混凝土养护

混凝土浇筑后的凝固、硬化过程主要由水泥的水化作用来实现。水化作用必须在适当的温度和湿度条件下才能完成。因此为了保证混凝土有适宜的硬化条件，使其在规定龄期内达到设计要求的强度，并防止产生裂缝，必须对混凝土进行养护。

混凝土的养护主要从时间、湿度、温度三方面结合结构类型和环境因素考虑。养护的开始时间不能晚于浇筑后的12h，养护的结束时间对于用硅酸盐、普通硅酸盐或矿渣硅酸盐等水泥配制的混凝土不少于7天，对于掺加缓凝型外加剂、大掺量掺合料、后浇带、抗渗、强度等级C60及以上的混凝土不少于14天，对于大体积及特种混凝土应根据具体情况确定。

混凝土的养护方式主要有洒水、覆盖、喷涂养护三种，覆盖、浇水是最常用的方式，敷膜主要指在混凝土中掺加或在表面喷洒、涂抹成膜类专用混凝土养护液的方式，而覆盖在混凝土表面模板是最好的养护膜，因此，在可能的情况下应尽量延长拆模时间。

八、大体积混凝土

1. 大体积混凝土定义

混凝土结构物实体最小几何尺寸不小于1m的大体量混凝土，或预计会因混凝土中胶凝材料水化引起的温度变化和收缩而导致有害裂缝产生的混凝土。

2. 大体积混凝土裂缝

大体积混凝土由于混凝土数量大，水泥的水化热积聚在混凝土内部不易散发，内部温度峰值常可达到45~70℃，而表面散热较快，使内外产生较大温差，在混凝土升温阶段受混凝土的自约束，易使混凝土产生表面温度裂缝；在混凝土降温阶段由于混凝土本身的收缩和受外部基岩、厚大垫层、桩基等的约束，亦会产生内部裂纹，有的甚至会贯穿整个截面。

3. 常用的防裂技术措施

大体积混凝土浇筑前应专门制定养护方案，在大体积混凝土浇筑时，应根据施工现场的具体条件，采取降低水泥水化热温度、降低混凝土浇筑入模温度、减少地基约束、加强温差控制以及提高混凝土极限拉伸强度等措施，以控制裂纹的出现。具体办法包括选用中低热水泥、掺加减水剂、掺加混凝土膨胀剂、掺加粉煤灰等矿物掺合料、减少水泥用量、降低混凝土初始温度、采用薄层浇筑、用盘管导出混凝土内部热量、做好混凝土的养护、在垫层上设置滑动层和缓冲层减少约束等。

九、模板工程

模板是将混凝土塑造成具有设计规定形状结构件的模具，必须具有规定的强度、刚度、稳定性和密闭性，确保结构构件的几何尺寸和相互位置正确，还应装拆简单、表面达到规定的光洁要求。虽然新型模板、模板体系层出不穷，基于石油化工装置混凝土工程的特点，目前使用较多的还是组合钢模板和胶合板模板，支撑系统仍以木材和钢管脚手架为主。

1. 模板设计

模板安装前均应根据重要性和复杂程度进行设计。模板设计的基本步骤：工况分析、荷载计算、系统分析、配板设计、模板验算、支架验算、稳定设计、施工修正。模板设计的荷载可根据 GB 50666《混凝土结构工程施工规范》取用。

2. 模板安装

模板安装应严格按规范和模板设计方案进行。具体操作应注意：放线准确、材料的检验、脱模剂涂刷均匀、地基坚实、浇的混凝土有足够的强度、大跨度模板起拱、适当设置防倾覆临时支撑、详细核对预留预埋设施、过程检查和完工验收。

3. 模板拆除

混凝土结构的模板及支架的拆除必须符合设计要求和规范规定。具体操作中应注意拆除的顺序、拆除时混凝土强度、混凝土表面的保护、支架及模板的回收等因素。

十、钢筋工程

1. 施工程序

钢筋是钢筋混凝土结构的主要受力材料，对于钢筋的种类、规格、数量、加工、安装、连接和安装位置，都有严格的要求。

2. 钢筋加工场

钢筋应在加工场内统一加工，并应探索采用成型钢筋。加工场应根据业主的指定，统一规划确定。场内应配备钢筋切断机、钢筋套丝机、钢筋弯曲机。钢筋堆场应整平压实，按不大于 2m 的间距摆放混凝土块或木方，用于进场钢筋和成型钢筋堆放。堆放场应备有棚布，用于遇雨、雪时覆盖钢筋。

3. 钢筋质量检验

① 钢筋、机械连接配件、焊条、焊剂等在进场时应查验其质量证明文件，建立原材料进场验收台账，并按相关标准和规范进行复试，复试合格后方可使用。

② 钢筋表面不应带有颗粒状或片状老锈，经除锈后仍留有麻点的钢筋严禁按原规格使用。

③ 钢筋代换必须取得设计单位的同意，并应签署设计变更通知单。

4. 钢筋加工

① 钢筋下料。在钢筋加工场内按照经过审核的钢筋下料表的要求进行。钢筋加工前的表面应洁净、平直、无损伤、无局部曲折，油渍、漆污和铁锈等应在使用前清除干净，带有颗粒状或片状老锈的钢筋不得使用。

② 钢筋切断。用于机械连接时应用带锯、砂轮锯或带圆弧形刀片等专用钢筋切断机切平切断。切断时若发现有马蹄形、起弯、裂纹等缺陷，必须切除。

③ 钢筋弯钩。钢筋弯钩或弯折的形式符合设计要求、弯曲半径符合规范要求。

5. 钢筋连接

钢筋连接的接头形式、连接工艺、接头布置及质量验收应符合现行国家标准的有关规定，钢筋可采用绑扎、焊接、机械连接，条件允许时尽量采用机械连接。钢筋的连接和检验要求见表 1.7.1。

表 1.7.1 钢筋的连接检验要求

连接方式	工艺	特点	设备与材料	接头检验
绑扎	现场绑扎	操作简便、无须专用设备，浪费钢筋	扎丝	搭接长度、间距
电弧焊	按帮条焊、搭接焊、坡口焊、窄间隙焊等形式和焊条型号、钢筋直径选择焊接电流	轻便、灵活、适应性强、应用范围广	直流、交流电弧焊机，施工现场以交流弧焊机为多见	1. 按焊工进行焊接工艺试验 2. 外观质量检查 3. 按检验批进行抗拉强度、断裂位置及特征试验 4. 气压焊还应按检验批进行弯曲试验
电渣压力焊	焊接夹具夹紧上下钢筋，装填焊剂，通电引弧加热，钢筋端面转变为电渣，断电的同时迅速下压上钢筋，挤出熔化金属和熔渣	钢筋竖向连接，质量可靠，需要焊剂	焊接电源、交流弧焊机、焊接夹具和焊剂	
气压焊	熔化气压焊采用中性焊，将两钢筋端面预留间隙 3~5mm 集中加热焊口，消除端面附着物，熔化并调整至炭火焰加压完成焊接	设备轻便，可进行钢筋的水平、垂直、倾斜等全位置焊接	多嘴环管加热器、加压器、焊接夹具、液化石油气或乙炔气供气装置	
机械连接	将钢筋端部在加工厂剥肋、滚压直螺纹一次完成，现场利用套筒进行连接	强度高、抗疲劳性能好、施工方便、适用范围广、质量稳定	钢筋剥肋滚压直螺纹机、管钳，专用标准件内丝套筒	1. 按钢筋厂家、规格进行焊接工艺试验 2. 外观质量检查 3. 按验收批进行抗拉强度、断裂特征试验 4. 拧紧扭矩值检验
冷挤压连接	两钢筋现场穿放套筒，通过超高压液压泵和专用液压钳将套筒冷挤压连接	强度高、性能可靠，操作、检验方便，节约能源	超高压液压泵站、专用液压钳、专用标准件套筒	

6. 钢筋安装

① 钢筋加工配料表。钢筋加工前应编制配料表，应对接头位置的分布进行编排，设计好钢筋绑扎时模板、混凝土施工时钢筋的稳定措施。

② 安装要点。钢筋的牌号、规格、数量、位置、连接方式和位置、锚固方式和长度、保护层厚度和安装偏差应符合设计和规范要求。

第八节 钢 结 构

钢结构由单一人工材料(钢材)做成，钢材组织均匀、接近各向同性、符合力学基本假定、强度与容重之比大、塑性和韧性较好、结构可靠，适用于大荷载、大空间结构和动态下工作。而且钢结构构件可在金属结构厂制作，施工机械化程度高，运输安装较方便，可以缩短建造工期。但是钢结构由于焊接残余应力和其他缺陷的影响，在动力或低温情况下可能发生脆断，如防护不好容易锈蚀；高温下容易变软，必要时需采取防火措施。

钢结构以其独有的特性，可以建造千姿百态的建筑结构，在石油化工装置建筑结构中，以柱、梁、板、桁架、空间网格的形式用于建造管架、设备框架、塔架、厂房、吊车梁(吊车桁架)、屋架、钢平台、柱间支撑等各种结构。轻型钢结构结合压型钢板，可用于建造轻钢厂房、仓库。钢结构在石油化工装置中的应用范围必将越来越广，施工技术必将越来越先进。

一、钢结构施工前的准备

钢结构工程逐渐推行由加工单位负责详图设计，专业钢结构制造厂的计算机系统，已经做到可以根据设计要求，通过与设计单位计算机的联网或设计单位提供的电子版设计图纸，从结构详图的绘制、零部件下料图的绘制、钢板下料排版图的绘制，到板材的下料切割，由计算机指挥控制的切割机一次连续完成。预制加工前由设计单位交底明确设计意图和施工注意事项，施工单位检查图纸设计深度能否满足施工要求、构件的数量尺寸有无矛盾、工艺技术上是否合理、构造上是否便于施工等。

钢结构材料的验收主要包括数量和品种是否与订货单一致，质量保证书是否与钢材上标识的记号符合，几何尺寸是否超差，表面是否有超差缺陷和锈蚀，焊接材料、连接紧固件的品种、规格、性能是否符合产品标准和设计要求，并按规定进行复验。钢结构材料堆放应按规格、型号、批次分别堆放、挂牌标识，避免变形和锈蚀，支垫稳固，节约用地，提取方便。

二、钢结构加工

钢结构的基本加工工艺包括放样、号料、切割、矫正、边缘加工、压型、制孔、除锈等。构件工厂加工制作应采用机械化与自动化等工业化方式，并应采用信息化管理。

钢结构的拼装应在经严格检验合格的拼装胎具上按工艺要求进行，遵循首件必检、样板引路、先小后大、留有余量、适当起拱、编号标识的要求，复杂部位应按工艺规定先拼装和后施焊。

首次使用的钢材、焊接材料、焊接方法、接头形式、焊接位置、焊后热处理制度以及焊接工艺参数、预热和后热措施等各种参数的组合条件，应在钢结构构件制作及安装施工之前按照规定程序进行焊接工艺评定，并制定焊接操作规程，焊接施工过程应遵守焊接操作规程规定。焊接材料应具有焊接材料厂出具的产品质量证明书或检验报告。焊接接头和坡口形式按设计要求和 GB 50661《钢结构焊接规范》执行。焊工在施焊前应进行焊接资格考试并取得合格证书，持证上岗。全部焊缝应进行外观检查，要求全焊透的一级、二级焊缝应进行内部缺陷无损检测，一级焊缝检测比例应为 100%，二级焊缝检测比例应不低于 20%。

使用的高强螺栓扭矩系数和紧固轴力的检验报告等质量保证书应齐全，摩擦型高强度螺栓连接摩擦面应清除飞边、毛刺、焊接飞溅物，保持干燥、整洁，并分别进行抗滑移系数试验和复验。

三、钢结构包装、运输、堆放

钢结构包装应对摩擦面、加工面涂润滑脂、贴油纸或塑料布包裹保护。细长构件可打捆发运，有孔的板型零件可穿长螺栓或用铁丝打捆，较小零件可装箱，海运应采取防腐措施。

钢结构构件运抵现场，应分类、配套堆放，场地应平整、干燥，构件放平、放稳，堆垛间留足装卸、运输道路。可能情况下宜边运输边安装，尽量减少二次倒运。

四、钢结构吊装、安装

安装前应编制施工方案，内容应包含专门的防护、吊装施工内容，或编制专项方案，应明确劳动组织、质量标准、安全措施、特殊施工技术、现场防护施工的操作方法和环境保护措施；吊装机械与吊具、绳索，确定吊装方法和程序，验算构件强度、刚度和稳定性，选择吊点，预备侧向加固材料。做好验收构件尺寸和基础的轴线、标高、地脚螺栓位置尺寸，对支承面进行复测确认。

钢结构安装方法和顺序要保证及时形成稳固的空间刚度单元。吊装作业必须在起重设备的额定起重范围内进行。

钢柱可采用旋转法或滑行法吊装，平稳就位，把紧地脚螺栓后方可脱钩，经经纬仪检验有偏差时可用千斤顶或拉钢丝绳、微调地脚螺栓校正。

桁架吊装要防止侧向失稳，单片吊装时应采用长杆件等绑扎在桁架侧面进行临时加固，并及时安装桁架间的连接及支撑结构，校正垂直度和弦杆平直度，大跨度桁架应测量下弦下挠情况。

门式刚架吊装应严格吊点设置，保证平衡起吊，并在未形成刚架前设置风缆绳或支撑稳定。网架、薄壳等特殊结构吊装应结合设计和施工方案的要求。

多层钢结构吊装在目前大型吊装机具使用较多的情况下，应采用成片、成块模块化安装，减少高空组对、连接工作量，加快施工进度。

五、轻型钢结构和冷弯薄壁型钢结构

轻型钢结构是指采用圆钢筋、小角钢和薄钢板等材料组成的轻型钢结构，具有取材方便、结构轻巧、制作安装设备简单等优点。可用于轻型屋盖的屋架、檩条、支柱和施工用的托架。制作安装应使构件平整、放样准确、机械切割、胎模装配、细焊条小电流焊接。

冷弯薄壁型钢结构是指厚度在 2~6mm 的钢板或带钢经冷弯或冷拔等方式弯曲而成的型钢。其截面形式分开口和闭口两大类，在工厂生产的闭口截面一般为圆管或方管，开口用高频焊焊接。可用于制造屋架、檩条、框架等，具有节约钢材、制造、运输、安装方便等优点，但耐侵蚀、耐振动性能较差，应严格控制质量，对焊缝附近的铁锈、污垢和积水要清除干净。主要受力节点宜用两层焊，第二层应在第一层冷却后再焊，防止热变形、提高焊接质量。

近年来以轻型钢结构为骨架、双面压型钢板间添加保温材料的轻钢与薄壁型钢结合结构轻钢单层厂房及临时生产、生活建筑逐渐推广应用，综合了轻钢与冷弯薄壁型钢结构的特点。

六、空间网格结构

由多根杆件按照一定的网格形式通过节点连接而成的空间结构，具有空间受力小、重量轻、刚度大、抗震性能好等优点；缺点是汇交于节点上的杆件数量较多，制作安装较平面结构复杂。石油化工工程中大跨度厂房、料仓、加油加气站等建筑的屋盖应用较多。

按支承方式分为周边支承、四点支承、多点支承、三边支承、对边支承以及混合支承形式；按组成方式可为交叉桁架、三角锥、四角锥、六角锥等体系。

网格结构的施工安装方法分两类：一类是在地面拼装的整体顶升法、整体提升法和整体吊装法；另一类是高空就位的散装、分条分块就位组装和高空滑移就位组装等方法。

网格结构的选型和安装应遵循安全可靠、技术先进、经济合理、美观适用的原则。

七、钢–混凝土组合结构

钢–混凝土组合结构指由型钢与混凝土组成的结构，主要有钢管–混凝土、内包钢和外包钢组合结构三大类。钢管–混凝土是将普通混凝土填入薄壁圆形钢管内而形成的钢–混凝土组合结构，钢管–混凝土本质上属于套箍混凝土，即钢管借助内填混凝土增加管壁稳定性，混凝土借助钢管约束具有更高的抗压强度和抗变形能力，具有强度高、重量轻、塑性好、耐疲劳、耐冲击等特点，是充分发挥混凝土耐压、钢材耐拉的合理结构形式；内包钢结构又称劲性混凝土或组合混凝土结构，其特征是型钢结构的外面包裹一层混凝土；外包钢结构特征是钢板或型钢包裹在混凝土的外边，钢管–混凝土属于外包钢结构，但通常所指的外包钢结构是指梁板底面和侧面包钢的结构，而非钢管–混凝土结构。钢–混凝土组合结构在石油化工工程中应用逐渐增多。

八、钢结构防火

钢结构的防火层是保证生产安全必不可少的重要措施。防火涂料按防火机理分膨胀型、非膨胀型。防火涂料的防火性能、涂层厚度控制是钢结构防火工程重点内容，应符合设计和规范要求。防火面层空鼓、裂纹是防火涂料施工质量通病，抹面与基层结合不牢、抹面养护不好是主要原因。钢柱增设钢丝网是防裂的重要构造措施，施工中主要做好结合面的处理，抹面完成后采用涂刷薄膜养护剂养护是保证养护效果的重要措施，此外在砂浆中掺加不易燃烧和不会在高温下熔化的短纤维也是重要的防裂措施。

第九节　房屋建筑

房屋建筑包括工业建筑、公用建筑与民用建筑，石油化工工业房屋建筑主要包括操作室类的控制室、变配电室、综合楼，工业厂房类的压缩厂房、发电机厂房、化学水处理厂房、泵房，库房，辅助用房类的车库、门房、在线分析操作室等。

一、石油化工房屋建筑

1. 控制室

控制室是石油化工装置不可缺少的建筑，主要用以放置和操作装置的自动化仪表设备，处于装置的中枢神经地位。根据功能需要室内一般布置操作室、机柜室、变压器室、UPS 室、空调机室、办公值班室，以及配套的门庭、过道、厕所、电缆沟等。

控制室一般为单层混凝土框架结构，在易燃易爆区则采用现浇混凝土框架——防爆墙结构，在寒冷或酷热地区外墙设置保温隔热层，内墙一般为砖或砌块砌筑，部分采用玻璃铝合金等轻质隔断。操作室和机柜室均设置防静电架空活动地板，其他地面一般采用水泥砂浆、水磨石、瓷砖，也有采用大理石、花岗岩板地面的。顶棚大都采用纸面石膏板等架空吊顶，内墙面一般以高级抹灰为内墙涂料，外墙面一般采用外墙涂料、水刷石以及各种面砖，迎爆面设防爆门窗或不设门窗。

控制室由于其设计、安装、调试的复杂性和需要最早投入使用的性质，往往造成建筑施工开工晚却中交早竣工晚，因此标准高、工期紧、变更多、协调难，施工中应高度重视。

2. 变配电室

变配电室用以放置变压器和配电柜，一般为二至三层混凝土框架结构建筑，在易燃易爆区也可能采用现浇混凝土框架——防爆墙结构。一般底层为电缆层，上层为配电柜室，在建筑物一侧设变压器室。楼板一般为现浇混凝土结构和水磨石楼面层。

施工应重点注意配电柜基础的平整和顺直，现浇楼板时先放置预埋件，然后精确调平安装配电柜下槽钢支座的方法，有利于保证质量。

3. 综合楼

办公楼、分析化验楼、维修车间等，根据功能和容量不同为多层混凝土框架结构建筑。

4. 工业厂房

压缩厂房、发电机厂房、化学水处理厂房、泵房等一般为 6m 开间、15m、18m、21m 跨度钢筋混凝土柱——钢屋架排架或门式刚架厂房，内置设备基础安装相应设备，大都配有桥式吊车或电动葫芦。压缩厂房一般以设备基础顶面将内部分为上下两层，近年压缩厂房采用门式刚架的较多。

5. 库房

形式较多，根据功能需要还有与包装厂房连为一体的，亦可能附建铁路或汽车装运站台。库房多为大容量轻型结构，如门式刚架结构、钢筋混凝土柱支撑的网架结构等。

6. 辅助用房

车库、门房、在线分析操作室等，一般为混凝土框架结构。

二、建筑结构

建筑结构是由板、梁、柱、墙、基础等建筑构件形成的具有一定空间功能，并能安全承受建筑物各种正常荷载作用的骨架结构。石油化工工业房屋建筑中的控制室、变配电室、综合楼等多采用混凝土框架结构，大跨度的厂房、仓库等建筑多采用钢结构，而砖混结构、框架剪力墙结构、核心筒结构应用得较少。基础在第六节已作了介绍，板、梁、柱等构件的基本功能如下。

1. 板

板是建筑结构中直接承受荷载的平面构件，具有较大平面尺寸，厚度却相对较小，属于受弯构件，通过板将荷载传递到梁或墙上，在建筑物中起着上下分隔的作用。

房屋建筑中多采用钢筋混凝土板，可分为有梁板、无梁板、平板和预制板。梁和板一起浇捣的称有梁板，直接由柱头、柱帽或墙支承的板称为无梁板，直接支承在四周承重墙或梁上、自身不设梁的称为平板。有梁板、无梁板施工方法均为现浇，平板既可现浇也可预制。预制钢筋混凝土楼板可分为槽形板、肋形板、空心板、V 形折板、拱板、大型屋面板等。

2. 梁

梁是建筑结构中主要承受垂直于其纵轴方向荷载的线型构件，是板与柱之间的支撑构件，属于受弯构件，承受板传来的荷载并传递到柱上。

控制室、变配电室、综合楼等建筑中多采用钢筋混凝土梁，在控制室的控制大厅大跨梁也有采用型钢-混凝土组合梁的，大跨度的厂房、仓库多采用各种形式的钢梁、桁架。梁按断面形式不同分为矩形梁和异型梁，异型梁有 T 形梁、十字形梁、L 形梁、工字形梁等。梁按结构部位不同分为基础梁、圈梁、过梁、单梁、连续梁、吊车梁、悬臂梁、框架梁、迭合梁等。

3. 柱

横截面尺寸小于高度，是建筑结构中的承受轴向压力的承重构件，柱是承受平行于其纵轴方向荷载的线型构件并将荷载传到基础上，同时，柱也承受弯矩和剪力。

柱按材料分为钢柱和钢筋混凝土柱；按施工方法分为现浇钢筋混凝土柱和现场预制钢筋混凝土柱。

三、墙体与门窗

1. 墙的作用及分类

墙是建筑物的重要组成部分，它既可能是承重构件又可能是围护构件。它承受房屋的屋顶、楼层包括人、物、设备的使用荷载及本身自重等荷载，并通过它(或柱)传递给基础，因此它是承重构件。此外，由于墙隔绝了自然界风、雨、霜、雪的侵袭，防止太阳辐射、声音干扰的影响而达到隔热、保温、隔声的目的，同时将房屋内外空间分隔成许多房间，因此起着围护构件的作用。按墙在建筑物中的受力情况、所用材料、构造方式、位置不同可分成不同类型。

按受力不同，分为承重墙和非承重墙。直接承受其他构件传来荷载的墙称承重墙，不承受外来荷载，只承受自重的墙称非承重墙。按所用材料不同，分为砖墙、石墙、土墙、混凝土墙、砌块墙、板材墙等。按构造方式不同，分为实体墙、空体墙和组合墙三种类型。按位置不同，分为内墙和外墙。

房屋内墙，起着把室内房间与房间、房间与走廊隔开的作用，故也称为分隔墙或隔墙。房屋四周的墙为外墙，其中两端侧面的墙称为山墙；框架、排架结构的房屋，荷载由柱子承重直接传到基础，四周的外墙主要用来起遮风挡雨、隔热御寒作用的，称为围护墙。外墙主要由勒脚、墙身及檐口三部分组成，而墙身部分还设有门、窗洞及其过梁、壁柱等构件。

2. 门窗的类型

门和窗是建筑物中起围护、采光、交通作用的建筑构件。按材料分类，有木、钢、铝合金、塑料以及玻璃钢、钢塑、木塑、铝塑等复合材料制作的门窗。按开关方式分类，窗户分为固定窗、平开窗、悬窗、立转窗和推拉窗等；门分为平开门、推拉门、折叠门、双向门。

四、楼地面

楼地面为地面和楼面的俗称，一般将房屋建筑的踢脚线、楼梯、散水、台阶等通归于楼地面工程中。楼地面的构造一般包括面层、结合层、垫层、防潮层等项目。楼地面应具备坚固耐久、平整、防水、防火等性能，以满足使用上的要求。

1. 面层

面层是地面直接承受外力作用和具有装饰作用的表层部分，工业厂房的楼地面的选用应符合生产的特点和要求，分为整体面层和块料面层两种类型。整体面层指现场现浇的大片或大面积水泥砂浆面层、水磨石面层、混凝土面层等。块料面层指用预制好的块料铺设的面层，如瓷砖、石材等。

2. 结合层

结合层是指面层与其下层(或垫层)很好地结合而设置的中间层，有时亦作为面层的弹性底层。结合层分为冷底子油、刷素浆、水泥砂浆找平层等。冷底子油使油毡和垫层很好地结合，用于有防水要求的楼地面；刷素浆使整体面层和基层混凝土很好地结合；水泥砂浆找平层用于保温层或粗糙的结构层表面找平或抹平，使面层和基层很好地结合，因此水泥砂浆找平层亦是构造层。

3. 垫层

垫层是传布地面荷重至地基上的构造层。垫层有刚性(如混凝土)垫层和非刚性(如砂石)垫层之分。刚性垫层的材料一般采用标号为 C20 混凝土，大型或重要地面的刚性垫层还可能配置钢筋；非刚性垫层的材料通常为灰土、砂、炉(矿)渣、毛石、级配砂石、碎(砾)石、碎砖等。

4. 防潮层

防潮层是防止地面或墙体中各种液体或地下水、潮湿气体上下串通而设的隔水层。应采用不透气、无毛细管现象的防水砂浆、石油沥青、卷材等。

5. 踢脚线

踢脚线是用于防止地面污物污染墙面、位于墙底部的特殊墙面，一般采用相同于楼地面面层的材料。

五、屋顶

屋顶是房屋最上层起排水防水、保温隔热、承受屋面荷载作用的覆盖围护结构，又称屋盖，主要由屋面支承结构、保温隔热层、防水层和排水设施组成。根据排水坡度不同分为平屋顶和坡屋顶两大类，根据排水方式不同分为有组织排水和无组织排水两大类。平屋顶又可分为上人和非上人屋顶，以及蓄水养殖和覆土种植屋顶；坡屋顶则有拱形、球形、斜坡型、折线型等多种形式。

屋面面层直接受大自然的侵袭，材料应具有耐大自然长期侵蚀和防水的性能，并且有一定的强度，使其能承受施工和检修过程中的荷载。以改性沥青、防水卷材等柔性材料铺设和黏结屋面防水层的称柔性防水屋面；以现浇混凝土、铺砌块材装饰面层等硬质防水面层的称刚性防水屋面。

保温隔热是屋顶的重要功能之一，是建筑节能的重要环节，保温隔热层应按规范要求施工。

排水设施是屋面的主要配件，无组织排水屋面由屋面挑沿将屋面水直接排除，有组织排水则需设置排水沟或女儿墙、排水斗、落水管、水簸箕、泛水等排水设施。

六、建筑三缝

伸缩缝、防震缝、沉降缝俗称建筑三缝，在建筑结构的安全使用中具有重要作用。

伸缩缝亦称温度缝，是在长度较大的建筑物或构筑物中，设置在基础以上的竖直缝，将建筑物或构筑物分隔成段，借以适应温度变化所引起的伸缩，避免产生裂缝。

防震缝是设置在地面以上将建构筑物分割成若干独立单元的竖直缝，用于避免建构筑物在地震振动中因刚度重心和质量中心不一致而引起扭转振动、碰撞破坏。沉降缝是将整个建构筑物竖向分割设置的竖直缝，用于适应由于建构筑物荷载和地基不均匀产生的不均匀沉降。

沉降缝需贯穿建构筑物的上部结构与基础，而伸缩缝和防震缝则可仅在上部结构设置。三缝可以联合设置，且应符合所有设缝条件和要求。

七、台阶、散水、明沟

台阶主要指室外不同高度区域的竖向通道，可用混凝土、砖、石材做成。沿建构筑物外周处所做的地面称散水，所做的排水沟称明沟，是保护房屋基础的有效措施之一。通常用现浇混凝土做成。

八、楼梯、阳台、雨篷

楼梯是楼层间的主要垂直通道。按所用材料分为钢筋混凝土楼梯、木楼梯和金属楼梯等；按用途分为通勤楼梯、安全疏散楼梯等；按形式分为单跑楼梯、双跑楼梯、三跑楼梯、螺旋式楼梯、剪刀式楼梯等。楼梯由楼梯段、平台、栏杆与扶手组成，楼梯段由连续的一组斜向踏步构成；连接两个楼梯段的部分称为休息平台。钢筋混凝土楼梯因坚固、耐久、防火，使用最普遍。

阳台有外挑阳台、凹阳台和半挑半凹的阳台。由承重结构和栏杆、扶手等组成。

雨篷设置在外门的顶部，以保护外门不受雨水侵蚀，多用钢筋混凝土现浇。

九、装饰装修

1. 抹灰

抹灰按工程部位分为墙面抹灰、顶棚抹灰和地面抹灰，墙面抹灰又可分为内墙抹灰与外墙抹灰；按使用材料和装饰效果分为一般抹灰和装饰抹灰；按构造分为底层、中层和面层，各层施工应分开进行，以便使灰浆间能黏结牢固，并能起到找平的作用；按材料分为水泥砂浆、混合砂浆等；按使用要求、质量标准和操作工序不同，外墙面层有水刷石、干黏石、拉毛灰、喷砂、喷涂、滚涂等，内墙面层分为普通抹灰、中级抹灰和高级抹灰三个等级，其适用范围和做法要求见表 1.9.1。

表 1.9.1 抹灰的使用范围和做法要求

级别	适用范围	做法要求
高级抹灰	适用于大型公共建筑物、纪念性建筑物(如剧院、礼堂、展览馆等)、高级住宅以及有特殊要求的高级建筑物等	一遍底层、一遍中层和两遍面层。抹灰表面应光滑、洁净，颜色均匀，线角平直，清晰美观无抹纹
中级抹灰	适用于一般居住、公用和工业房屋(如住宅、宿舍、教学楼、办公楼)以及高级建筑物中的附属用房	一遍底层、一遍中层和一遍面层。抹灰表面应平整、洁净，线角顺直，清晰
普通抹灰	适用于简易住宅、大型设施和非居住的房屋(如汽车库、仓库、锅炉房)以及建筑物中的地下室、储藏室等	一遍底层或一遍面层(或者不分层，一遍成活)。抹灰表面应平整，线角顺直

2. 镶贴面层

镶贴面层常用马赛克、水磨石板、大理石板、瓷砖等作面层。底层用 1∶3 水泥砂浆打底，用 1∶1 水泥砂浆或素水泥浆作结合层。

3. 油漆

油漆工程主要包括木材面油漆、金属面油漆和抹灰面油漆。木材面油漆分为普通、中级和高级油漆三个等级，金属面油漆分为底漆和面漆两部分，抹灰面油漆用于墙面、墙裙、天棚抹灰面以及装饰线、花饰、栏杆等油漆饰面。

4. 涂料与壁纸

① 涂料。按部位分为外墙涂料、内墙涂料、地面涂料和顶棚涂料；按材质分为有机高分子涂料与无机高分子涂料；按施工工艺分为刷涂、喷涂、滚涂、弹涂、抹涂；按装饰效果分为平面薄质涂料、砂粒状薄质涂料、云母粒状薄质涂料、复层花饰涂料和多彩涂料等。

② 壁纸。按基层材料不同有纸基、布基玻璃纤维、石棉纤维等，国内目前使用较多

的是纸基塑料壁纸和玻璃纤维墙布。

5. 天棚

天棚分为有、无吊顶两大类，无吊顶天棚在楼板底面不设隔离层直接进行装饰甚至不加装饰，有吊顶天棚以在楼板下设吊杆悬挂龙骨和保温、隔热、隔声、装饰等材料而得名。

十、防爆建筑

防爆建筑是指根据爆炸安全性评估结果，需进行抗爆设计的建筑物。目的是保证建筑物内人员、设施的安全，减少爆炸事故对生产运行的影响。

随着 GB/T 50779—2022《石油化工建筑物抗爆设计标准》的实施，扩大了抗爆建筑的范围，由单一的控制室变为全部有抗爆要求的建筑物、由新建工程变为新建和改扩建工程中有抗爆要求的建筑物。

依据爆炸安全评估确定的爆炸荷载，抗爆建筑物可采用钢筋混凝土框架——配筋砌块砌体剪力墙结构、钢筋混凝土框架——组合砖砌体结构或钢结构、钢筋混凝土框架——抗爆墙结构。

防爆建筑由于没有专门的施工及质量验收规范，施工必须严格按设计要求及指定规范施工。

十一、脚手架

由杆件或结构单元、配件通过可靠连接而组成，能承受相应荷载，具有安全防护功能，为建筑施工提供作业条件的结构架体，包括作业脚手架和支撑脚手架。

脚手架是高空施工操作、堆放和运送材料、模板支撑的施工工具，包括外脚手架、里脚手架、满堂红架、悬挑架、落地架、附着架，以及独立斜道、起重平台、运输道、独立安全网等。

钢管脚手架由钢管杆件、连接件、底座和脚手板组成，它具有承载能力大，拆装方便、搭设高度高、周转次数多、摊销费用低等优点，在石油化工工程中得到广泛应用，是使用最普遍的周转材料之一。

随着对施工安全的重视，对脚手架的要求越来越高，操作高度 2m 时就必须设置脚手架，且应构造合理、连接牢固、搭设与拆除方便、使用安全可靠。

第十节　构　筑　物

石油化工建筑工程中，除建筑物、竖向道路地坪之外的工程结构物均可称为构筑物，设备基础在第六节中进行了介绍，本节仅介绍石油化工工程中应用较多的管架（电缆桥架）、水池、冷却塔、烟囱、储罐、筒仓、栈桥、钢筋混凝土设备框架等。

一、管架

支承管道的支架，大多数与电缆桥架、设备支架相连。管架一般由基础、柱和梁组成，横向间距按照管道的直径和数量确定，纵向间距按照管道的受力情况和建筑模数确定，根据管道的数量可为一层或数层。目前石油化工装置中的管架基本上可分为混凝土、钢结构以及混凝土与钢结构组合结构三大类。电缆桥架一般在管架上添加金属支架，没有管架的区域桥架形式与管架类似。

二、水池

水池应用广泛、种类繁多，石油化工工程应用较多的是现浇钢筋混凝土水池、预制装配式钢筋混凝土水池，预应力水池也已经有所应用。

对水池的基本要求是防止池内的水向外渗漏，对处于地下水位变化范围内的水池尚应考虑防止地下水向池内渗漏，SH/T 3535—2012《石油化工混凝土水池工程施工及验收规范》对水池施工进行了规定，并定义了混凝土水池的防水等级及相应的渗漏标准。

三、冷却塔

冷却塔是利用空气降低水温的设备，可以分为机械通风式和自然通风式两大类。

机械通风冷却塔是将风机安装在冷却塔顶部，强制通风冷却，形式较多，主要可以分为框架式和板墙式，一般由风筒、风机机座、布水槽、顶板、墙板、框架、挡风板、塔下水池、基础等构成。框架式冷却塔的布水槽在塔顶，端墙一般为预制装配墙板，侧面为可进风的挡风板，框架则为现浇或预制装配式钢筋混凝土结构，有一种称为横流点滴式的冷却塔，两侧边柱设计成 Y 形，每一孔塔有将近 1000 个预制构件；板墙式冷却塔布水槽在塔内，塔顶除风筒外全部用现浇混凝土板密封，每一孔塔上部四周均为现浇混凝土板墙，冷却风自下部进入。风筒一般由玻璃钢制作，现场安装。

自然通风双曲线冷却塔一般在电厂中应用较多，依靠高耸通风和双曲线的热散射降低水温。其构造自下而上为现浇圆形钢筋混凝土蓄水池、人字柱、环梁、双曲线筒身、刚性环，以及塔芯淋水装置。双曲线筒身有现浇和装配两种形式，下部环梁、上部刚性环与筒壁连为整体，塔芯淋水装置包括中央竖井和安装淋水板的装配式混凝土框架。

四、烟囱

用于排放废弃的烟气，根据空气动力和自身结构特性，烟囱一般为上小下大的高耸空心锥型体。只有当高度、直径较小或特殊造型时才应用直筒型，如高度较小的钢烟囱等。当前应用的烟囱从材料上一般分为砖烟囱、钢烟囱和钢筋混凝土烟囱。烟囱的构造一般可分为筒首、筒壁、环型悬臂(牛退)、基础、隔热层与衬里、烟道口、烟囱附件等部分。一些高度较大的烟囱采用双筒或多筒(集束)式，外筒一般为钢筋混凝土结构，内筒则多为高耐候钢进行内衬外保温，通常制成一筒或多筒，具有综合造价低、自重轻、节省地基处理费、可避免产生筒壁温度裂缝等优点。这些烟囱由混凝土外筒和外保温、内防腐的钢内筒组成，钢内筒同时作为高硫烟气凝结硫黄的回收器，使烟囱一筒多用。

钢筋混凝土烟囱的施工方法主要为移置模板法和滑动模板法，移置模板法可分为移动脚手架法和竖井架法；滑动模板法可分为单滑法、内砌外滑法和双滑法，另外，还有滑框倒模法。

五、储罐

钢储罐之外的储油罐主要有混凝土梁板式平顶盖油罐、无梁顶盖油罐、装配式球壳顶盖油罐、浮顶顶盖油罐和地下油罐等，以外绕高强钢丝施加预应力的预制装配式油罐居多，主要用于储存原油，其施工方法与要求基本与水池类似，但其防止渗漏的要求高于水池。

随着液化天然气(LNG)储罐在国内推广应用，其储罐单台容积270000m^3，由架空的圆形预应力混凝土外罐和9%镍钢内罐组成，外罐底板混凝土架空地面2m、厚1.5m左右，横竖预应力外罐壁板内径99m、总高70m、厚0.8m，罐顶为钢-混凝土组合圆形拱顶并以钢筋吊杆吊挂内罐平顶与玻璃纤维隔热材料，混凝土内壁与底板表面加贴钢板衬里，采用部分低温钢钢筋。内外罐底板之间由泡沫玻璃砖等隔热，内外罐壁之间以膨胀珍珠岩隔热。混凝土外罐采用移置模板法施工，并施加横竖向后张无黏结预应力。罐顶薄壳式钢构在罐内组装，用气顶法顶升就位，上部浇筑500mm厚混凝土。混凝土由混凝土布料机浇灌，其他材料用塔吊运送，施工电梯作人员交通。

六、筒仓

筒仓一般为圆形，由基础、筒壁、仓底、仓壁和仓顶组成。仓底由倒锥形斗、环形坡拱锥和中心柱组成，利用各构件之间的水平与垂直间的缝隙形成内外两圈环形缝隙式卸料口；仓顶多采用空间网格结构，也有采用由辐射状布置的主梁和环形布置的次梁组成的梁板结构；筒仓由筒壳、倒锥壳、圆环形柱和正锥壳组成。

施工方法多采用移置模板法，滑动模板法也有采用，但需要的机械设备、装机电功率、模板、平台等数量较大，成本较高。

七、栈桥

栈桥用于安装皮带机、管带机，水平或坡向运送粉状、颗粒状、块状或袋装材料，一般为钢结构或预制装配式钢筋混凝土结构。小型栈桥可由钢或混凝土独立柱支撑，大型栈桥多为钢筋混凝土门型支架支撑。根据运送物料的不同，独立柱式栈桥皮带机直接在梁上安装，露天运行；门型支架式栈桥一般设置皮带走廊，封闭运行。大型栈桥施工应注意防止长度定位误差向一端积累和门型支架的吊装变形。

八、钢筋混凝土设备框架

钢筋混凝土设备框架指在不同的标高平面上安装设备的现浇钢筋混凝土、钢结构框架，是石油化工工程中应用较多的一种结构形式，增加维护结构即可成为多层生产厂房。该类框架的主要特点是柱、梁、板因设备布置的需要而不规则，因设备荷载差异而截面变化大、配筋量大而复杂，平台面因需布置设备基础、设备留洞、地脚螺栓、预埋件对定位要求较高，层高因需配合设备的高度而不统一、甚至错层布置等。这些特点也是施工控制的重点。

第十一节 厂区竖向与道路

厂区竖向与道路是石油化工装置维持良好生产操作环境的保证。根据 SH/T 3529《石油化工厂区竖向工程施工及验收规范》的界定，工程范围主要包括土石方工程、装置道路、装置地坪、小型构筑物、挡土墙、防火堤等零星工程。

一、土石方工程

包括场地平整、基坑、地面、道路等的开挖、回填与压实等内容。场地平整施工前，应了解当地地形、地貌、工程地质和水文地质条件等，对土石方施工可能产生滑坡或塌方处采取安全措施。分期建设的厂区土石方工程宜一次平整施工，并根据场地整平的挖填量、施工顺序和运距最短、运程最合理进行整体与局部相结合的平衡计算，减少重复运土。土方开挖中发现有文物、古墓，以及永久性测量标桩或地质、地震的长期观测孔及沉降观测点等应妥善保护，并报告有关部门处理。施工区域内应设置临时排水降低地下水位系统，保证排水顺畅、沟槽边坡稳定。爆破工程应根据工程特点选用安全可靠的爆破方法，填方基底、填方土料、填方压实应符合设计规定。

二、装置区道路

应在地基处理基本完成后做成路基，并最好做成 80~100mm 厚低标号混凝土硬化临时路面，允许地下过路工程施工和恢复，有利于施工期间路基的压实，又便利施工交通和现场文明施工。路面层在装置设备、管道安装基本完成、大型重载或履带式车辆较少进入施工现场时施工，有利于工程交工时保持较好的路面状况，为装置生产保留较好的道路交通面貌。

施工过程中应控制路基、基层压实系数，路面混凝土强度和弯拉强度、厚度和沥青混合料面层材料压实度、弯沉值、厚度，以及路面纵断高程、中线、宽度、坡度、平整等。

三、装置区地面

宜分两次完成，即在装置设备安装基本完成、管道安装开始前做临时毛地面，允许少量地下工程继续开挖施工，允许施工吊车或重载车辆进入，但应及时修整被破坏的部位，为设备的解体、管道的安装和单机试车提供无土施工的环境，也有利于消除回填土不实造成地面沉陷；在防腐保温施工后期、地下工程全部施工完成、工程中交之前穿插施工面层，避免过早施工造成地面反复“开膛破肚”的不文明现象和其他工程施工对面层造成损坏和污染。

施工过程中应控制基土、垫层的材质以及面层混凝土强度、不发火性、防腐蚀性能和防渗性能、厚度、坡度、平整度、纵横向缩缝设置、与混凝土基础接合处封堵等。

四、小型构筑物

包括围堰、涵洞、水沟、沟槽、跨越桥、跨越梯、台阶踏步等，是竖向工程中数量多、面广、烦琐的项目，施工重点是控制施工的时机和质量意识。围堰应与地面工程同时施工。管涵施工应使管座混凝土与管身紧密贴合、流水坡度平顺、内壁齐平、接口表面平整、插口平直；倒虹吸管施工接缝应严密、不漏水。水沟的纵向坡度控制在不小于0.2%，沟床应平顺、流水畅通，混凝土水沟应设伸缩缝。有防水抗渗要求的沟槽接缝处应有止水措施，混凝土的抗渗等级、抗裂措施符合要求，沟槽交叉部位应整体浇筑，盖板应平稳整齐、吊环不高出地面。跨越过桥板宜支承在台阶上焊接固定，跨越梯和台阶踏步的高度超过1m时宜设栏杆。

五、挡土墙

地基应挖至老土层，软弱地基时应按设计要求进行处理，墙体应设置泄水孔和变形缝，墙顶应用水泥砂浆或混凝土作压顶。墙背回填应选用非膨胀性土及透水性较好的土或在黏性土中掺入石块作填料，与墙体道随砌随填，当回填为非渗水土时，应在泄水孔处设置反滤层，并在最下一排泄水孔下设置隔水层，以防积水渗入基础。

护坡地基的人工填土应充分夯实，多雨地区的干砌片石护坡应用水泥砂浆勾缝，按要求设置伸缩缝和泄水孔，泄水孔后500mm范围内应设置反滤层。

六、防火堤

包含土堤、砖石堤和钢筋混凝土堤。土堤采用黏性土或粉质黏土堆成，顶宽不应小于0.5m；砖石堤不得出现透明缝、瞎缝和假缝，且应上下错缝、内外搭砌，穿管应按设计规定预埋套管；钢筋混凝土堤宜每隔20~25m留设500mm宽的后浇缝避免收缩裂纹。

第十二节　建筑防腐蚀

一、建筑防腐蚀

腐蚀是指由于酸、碱、盐及有机溶剂介质的作用，使建筑产生不同程度的物理和化学破坏。石油化工装置建筑腐蚀尤为明显，防腐显得较为重要。采用合适的防腐蚀材料和提高防腐蚀工程的施工质量，是提高建筑物抗蚀能力的有效措施。

建筑防腐蚀材料的选择应遵循可靠、耐久、毒性小、造价低、施工方便的原则，常用的防腐蚀材料主要有水玻璃类、硫黄类、沥青类、树脂类、聚氯乙烯类、橡胶类、不锈钢等。施工方法主要有涂刷涂料、玻璃钢裱糊、板材贴面、块材铺砌、整体抹面、浇筑混凝土等。

二、基层处理

基层处理的目的是使防腐蚀胶结材料与基层牢固地黏结，保证防止腐蚀的效果，因此基层处理是保证防腐蚀施工质量的重要环节，施工期间应予以重视。

水泥砂浆或混凝土基层应坚固、密实、平整，无起砂、起壳、裂缝和麻面现象，阴、阳角要做成斜面或圆角。施工前的基层表面必须干燥、洁净、无油污和浮尘，表面宜采用砂轮和钢丝刷等打磨，然后用干净的软毛刷、吸尘器或压缩空气清理干净，有条件时可采用轻度喷砂法使基层形成粗糙面，对蜂窝麻面、凹凸不平处刮腻子找平。已经被腐蚀的局部混凝土或砂浆应凿去，用酸或碱中和清洗，抹新水泥砂浆或混凝土填实，表面的裂缝、蜂窝等应用水泥砂浆修补或刮腻子找平，按新的基层处理。被油脂、化学品污染的表面，可使用溶剂、洗涤剂、碱液洗涤或用蒸汽吹洗等方法处理，但不得损坏基层。

金属表面不应有焊渣、毛刺、铁锈、油污及浮尘，表面的锈剂可用手工、机械或化学方法除去。木制基层表面应平整、光滑、无脂囊和显著裂缝。孔眼、凹陷及细小裂缝可用耐酸碱腻子嵌实刮平，干燥后用砂纸打磨干净，并立即打底和作表面层。

三、涂料防腐

防腐蚀涂料由油料、树脂或天然漆等各类成膜物质与颜料、填料、增韧剂、有机溶剂等按一定比例在生产厂配制而成。常用的防腐蚀材料有沥青类、树脂类、水玻璃类、防腐涂料类(聚氨酯、聚氯乙烯萤丹、氟碳、氯化橡胶、聚硅氧烷、醇酸、环氧树脂等)。防腐蚀施工现场的环境温度以15~30℃、相对湿度以60%~70%为宜，有防尘和防火要求时应进行机械通风。要注意底漆、中间漆、面漆的配套性，不可混用更不可弄错顺序。涂刷应先刷垂直面后刷平面按从上而下的顺序进行，刷子蘸漆不可过多且应用力均匀，大多涂料可纵横涂刷，而个别快干型涂料(如过氯乙烯漆)和某些底漆(如磷化底漆)不允许纵横涂刷，只允许沿一个方向涂刷一次，防止咬底或涂层过厚。喷涂应按照从上而下、先垂直面后水平面的顺序进行，喷枪与基层面应保持垂直，移动速度应均匀一致，喷嘴与被喷表面的距离应控制在250~500mm之间。

四、玻璃钢防腐

玻璃钢是以各种树脂为胶结料、以玻璃布为增强材料，在需防腐结构的表面糊制而成的整体防腐面层，以采用的胶料名称命名，常用的有环氧玻璃钢、酚醛玻璃钢、呋喃树脂玻璃钢、聚酯玻璃钢及煤焦油玻璃钢等。

施工时，先在基层上涂刷薄而均匀的一道打底料，当基层存在凹陷不平时，应用腻子修补填平，24h后涂刷第二道打底料；均匀涂刷一道衬布料，随即粘贴第一层玻璃布，固化(24h以上)至不粘手时，再刷一层衬布料使玻璃布浸透，随后再粘贴第二层玻璃布，如此连续铺贴至规定层数或厚度。在玻璃布铺贴时，搭接宽度不少于50mm，且各层的搭接应错开，阴角和阳角处应增贴1~2层玻璃布。

五、板材贴面防腐

板材贴面防腐蚀是用防腐蚀胶泥或砂浆为胶结料，铺砌耐防腐蚀的砖板块材。可用于建筑工程中的地面、沟槽、基础、水池的防腐蚀面层或衬里。工程中常用的砖板块材主要有耐酸瓷砖、耐酸陶板、缸砖、铸石板、不透性石墨板以及天然的石砖、石板等。各种砖板块材在使用前应按有关规定检查挑选，选出的块材应洗净并干燥，铺砌前应试排和编号。铺砌部位应拉线控制标高、坡度、平整度，铺砌顺序为先里后外，由低到高，先地坑、地沟后地面、踢脚板、墙或墙裙。平面与立面相交，阴角处立面块材应压住平面块材，阳角处平面块材应压住立面块材。两层或多层块材铺砌时，平立面交角处应交错铺砌，并避免出现重叠缝。平面铺砌块材不宜留十字缝，但立面铺砌可留垂直或水平通缝。

聚氯乙烯板具有重量轻、耐腐蚀、施工方便、清洁耐磨、维修简便等优点，有硬板或软板之分，可用于地面、墙面和设备衬里的防腐蚀，接缝可借助热压缩风用焊条焊接，也可采用黏结剂黏结。

六、块材铺砌防腐

块材铺砌防腐是用胶料砌筑天然花岗岩、石英岩、玄武岩、石灰岩、白云岩、大理岩等加工的石材和预制的沥青混凝土块、水玻璃混凝土块等的防腐方法。块材铺砌一般采用做浆填缝法，即先在块材地面铺浆，然后安放固定块材，再在块材与基层间或相邻块材间灌缝，最后勾缝、拆除支撑成活，铺砌顺序与板材贴面相同。

七、整体抹面防腐

整体抹面防腐是在基层上涂抹耐蚀砂浆或胶泥的防腐方法，常用的有呋喃胶泥、酚醛胶泥、氯丁胶泥、硫黄胶泥或砂浆、聚硫橡胶胶泥或砂浆、沥青胶泥或砂浆、环氧胶泥或砂浆、水玻璃砂浆、聚酯砂浆、氯丁胶乳水泥砂浆等，涂抹方式与普通砂浆施工相同，施工重点是应根据材料的使用要求进行拌和并处理好基层。

八、浇筑混凝土防腐

浇筑混凝土防腐是在基层上浇筑耐蚀混凝土的防腐方法，常用的有水玻璃混凝土、硫黄混凝土、沥青混凝土等，施工应按照具体材料的要求进行基层处理、配合比控制、材料拌和、现场摊铺浇灌。

第十三节　建筑工程质量控制要点

一、建筑工程质量要求

建筑工程是为了满足人们的日常生产和生活、工作活动以及各种需要的物质条件，所以必须有一定的使用价值和质量要求，工程技术人员必须对建筑工程质量特性有一个充分的了解和认识，只有这样才可以对工程的质量进行控制。

1. 可靠性

可靠性是要求每一个工程在规定的设计周期内、规定的使用条件下具有完成人们预定功能的能力。对一个建筑工程而言，它必须坚实可靠，足以承担它所负载的重量，抵御风、雨、雪和地震等自然灾害的侵袭，这种可靠性要想得到保证就必须从两方面来分析，一是设计质量充分的保证，二是施工质量以及所用的材料的质量，监督管理工作就是充分地保证建筑工程的可靠性。

2. 适用性

每一个建筑工程，在可以保证可靠性的前提下，还应该满足对它的使用要求，就是建筑工程的适用性。如石油化工建筑工程的适用性，应满足我们生产、工作、学习和休息对建筑面积、空间和环境的要求。

3. 耐久性

建筑工程投资很大，对它要求具有耐久性，其中包括它的工作年限，水、火和自然灾害的侵袭，以及在使用环境，酸、碱、盐等化学物质的侵蚀。其耐久性与设计、建筑材料和施工质量关系极大。耐久性好的建筑工程，社会效益和经济效益就高。

二、建筑工程质量控制要点

1. 桩基工程

① 抽查原材料是否具有合格证和相应批量的复试报告。

② 抽查预制桩和配件的出厂合格证和进场验收记录。

③ 抽查现场计量仪器及检测方法。

④ 抽查原始施工记录等资料。

⑤ 抽查可能造成质量问题的主要施工技术指标及相应的隐蔽工程验收记录。

⑥ 抽查钢筋笼的制作和安放及相应的隐蔽工程验收记录。

⑦ 抽查混凝土试验报告和钢筋接头的连接试验报告。

⑧ 检查桩身完整性、承载力检测报告。

⑨ 抽查桩位竣工图与实际桩位是否吻合。

⑩ 抽查可见部分桩径、桩顶质量是否符合要求。

2. 地基验槽的抽查

① 检查建设、监理、设计、勘察、施工等各责任主体单位的相关人员是否到场。

② 抽查天然地基的轴线、标高、土质是否与地质勘察报告及设计图纸相符。

③ 抽查基坑支护、基坑内排水和降水措施。

④ 检查基槽验收记录有无明确的验收结论和处理意见。

3. 钢筋隐蔽工程的抽查

① 抽查各种原材料的合格证和复试报告。

② 抽查钢筋接头连接的检验报告。

③ 抽查隐蔽验收记录。

④ 抽查钢筋代换的设计变更手续。

⑤ 抽查主要钢筋的制作、连接、安装质量是否符合要求。

4. 地基基础工程的抽查

① 检查建设、监理、设计、施工等各责任主体单位的相关人员是否到场。

② 各种材料的合格证和复试报告。

③ 混凝土、砂浆试块试压报告和钢筋工程连接试验报告。

④ 有关构配件的合格证或检验报告。

⑤ 隐蔽验收记录。

⑥ 防水施工资料。

⑦ 钢结构工程的安装记录和验收报告。

⑧ 抽查基础的轴线、标高、构件裂缝和渗漏情况。

⑨ 地基与基础分部工程质量验收记录。

5. 结构转换层和大跨度钢筋混凝土结构

① 抽查各种原材料和构件的合格证、复试报告。

② 抽查钢筋接头的连接试验报告。

③ 抽查隐蔽验收记录和质量验收资料。

④ 抽查混凝土配合比通知单。

⑤ 抽查模板支撑体系的施工方案和混凝土浇捣方案。

⑥ 现场抽查钢筋制作、连接、安装质量是否符合设计文件和强制性标准的要求。

6. 预应力工程

① 抽查预应力筋和锚具、夹具、连接器的合格证及检验报告。

② 抽查混凝土标准养护和同条件养护的试块强度报告。

③ 抽查预应力筋的冷拉和张拉记录。

④ 抽查张拉设备的校验报告。

⑤ 抽查后张法孔道的留设质量是否符合要求。

⑥ 抽查张拉顺序和张拉工艺是否符合要求。

⑦ 抽查多根钢丝同时张拉时，构件截面的断丝和滑丝数量是否超标。

⑧ 抽查无黏结筋锚固区的密封防护措施是否严密，严禁水汽进入锈蚀预应力筋，外露预应力筋应分散弯折后浇混凝土封头。

7. 钢结构(含网架)工程

① 抽查钢材、焊接材料、高强螺栓及连接、防腐涂料、防火涂料等的合格证、试验报告、焊条的烘焙记录。

② 抽查钢构件出厂合格证和设计要求作强度试验的构件试验报告。

③ 抽查高强螺栓连接摩擦面抗滑移系数厂家试验报告和安装前复验报告。

④ 抽查高强螺栓连接预拉力或扭矩系数复验报告。

⑤ 抽查一、二级焊缝探伤报告。

⑥ 抽查首次采用的钢材和焊接材料的焊接工艺评定报告(含试焊试验报告)。

⑦ 抽查高强螺栓连接抽查记录。

⑧ 抽查焊缝检验记录。

⑨ 抽查焊缝外观质量是否存在明显缺陷。

⑩ 抽查高强螺栓连接摩擦面的平整度和清洁度。

⑪ 抽查地脚螺栓位置、垫板规格与柱底接触情况。

⑫ 抽查焊接球、螺栓球及杆件的表面缺陷。

⑬ 抽查钢结构安装完成后的挠度。

⑭ 抽查钢结构防腐和防火涂层外观质量。

8. 主体工程质量验收

① 检查建设、监理、设计、施工等各责任主体单位的相关人员是否到场。

② 抽查各种原材料的合格证和复试报告。

③ 抽查混凝土、砂浆试验报告和钢筋接头的连接试验报告。

④ 抽查有关构配件合格证和检验报告。

⑤ 抽查钢结构工程的安装记录和验收报告。

⑥ 抽查预应力结构工程的张拉资料。

⑦ 抽查隐蔽验收记录。

⑧ 抽查结构实体检测报告。

⑨ 抽查沉降观测记录。

⑩ 抽查主体分部工程质量验收记录。

⑪ 抽查砌体工程的砂浆饱满度、灰缝厚度、砌筑砂浆强度、组砌方法、轴线、标高和垂直度等。

⑫ 抽查预制构件的外观质量、安装质量和挠度等。

⑬ 抽查现浇混凝土结构或构件的外观质量、几何尺寸、轴线标高、垂直度以及大跨度梁的挠度等。

⑭ 抽查变形缝(伸缩缝、沉降缝、防震缝)的留置位置和尺寸是否符合要求，缝中是否有杂物等。

⑮ 抽查钢结构的安装质量。

9. 幕墙工程

① 抽查幕墙工程设计单位的资质。

② 抽查各种原材料的质量证明文件和复试报告。

③ 抽查玻璃幕墙工程三性试验报告。

④ 抽查结构胶有无相容性试验报告及国家指定的检测单位复试报告。

⑤ 抽查隐蔽工程验收记录。

⑥ 抽查幕墙结构与主体结构之间的连接处理是否符合要求。

⑦ 抽查节点处理、防火、防雷处理是否符合要求等。

⑧ 抽查质量验收资料。

10. 屋面防水工程

① 检查屋面防水等级、防水材料品种、规格等。

② 抽查保温材料和建筑防水材料的质量证明文件、复试报告。

③ 抽查隐蔽验收记录。

④ 抽查屋面坡度、找平层的平整度、分格缝设置和表面质量。

⑤ 抽查屋面保温层的材料、厚度以及排气孔的留设情况。

⑥ 抽查防水层的厚度和施工质量及细部防水节点的处理。

⑦ 抽查屋面工程的雨后或持续淋水或蓄水试验记录。

11. 大型吊顶工程的监督

① 抽查各种原材料出厂质量证明文件、复试报告。

② 吊顶用材是否符合设计和有关标准要求。

③ 各种材质吊杆的间距、规格是否符合要求；金属吊杆应做防腐处理；木质吊杆应抽查有无钉子劈裂现象，钉子是否处于受剪状态，是否按规定进行了防火处理；所有吊顶吊杆均不得与其他吊杆共用，并应与结构连接牢固。

④ 各龙骨的规格尺寸和间距应符合要求，并与吊杆连接牢固，木质龙骨还应做防火处理。

12. 装配式结构的监督抽查

① 检查设计文件的审查、深化设计的确认、设计变更的审批。

② 检查安装施工方案，应根据试安装结果及时调整施工工艺、完善施工方案。

③ 检查建设单位所委托监理范围需要涵盖驻厂预制件制作监理，施工单位或监理单位代表应驻厂监督制作过程。

④ 检查相关参建方对首件测验、现场安装作业首段验收的结果，检验结果符合要求之后才允许批量生产以及后续施工作业。

⑤ 检查预制件生产环节使用的外加剂、掺和料、石、砂、水泥、钢筋与连接套筒等材料的质量证明文件与进场复试相关文件。

⑥ 检查预制件生产环节混凝土、钢筋连接试验文件。

⑦ 检查预制件生产环节钢筋保护层厚度、间距、位置、数量、规格、级别、品种等；纵向受力钢筋的搭接长度、接头质量、连接方式以及接头位置等；横向钢筋、箍筋弯折构造以及弯钩构造等；预留灌浆孔、灌浆套筒位置、数量、规格等；预埋吊环位置、数量、规格与预留孔位置尺寸等；预埋线盒、管线固定措施、位置、数量与规格。

⑧ 检查预制件尺寸与外观质量；预留连接钢筋间距、长度、位置、数量、规格、级别与品种；预留孔、连接套筒位置、数量与规格；后浇混凝土连接位置键槽设置与粗糙面积；构件唯一标识；构件结构性能的检验文件、质量证明文件。

⑨ 检查首层预制件与底部现浇结构的连接位置、纵向受力钢筋外露长度、位置、数量、规格、级别、品种；预制件的吊装记录与吊装就位临时固定方法；后浇混凝土中混凝土强度、预留连接筋锚固措施、连接方式；出浆孔出浆情况；预制件完成安装后，外观质量与位置；偏差灌浆料质量证书与进场复试文件、灌浆料试块的强度试验报告、灌浆过程影像与文档资料等。

第十四节　建筑工程质量监督执行的主要标准规范

建筑工程质量监督执行的主要标准规范如下。

GB 55001—2021《工程结构通用规范》

GB 55002—2021《建筑与市政工程抗震通用规范》

GB 55003—2021《建筑与市政地基基础通用规范》

GB 55004—2021《组合结构通用规范》

GB 55005—2021《木结构通用规范》

GB 55006—2021《钢结构通用规范》

GB 55007—2021《砌体结构通用规范》

GB 55008—2021《混凝土结构通用规范》

GB 55015—2021《建筑节能与可再生能源利用通用规范》

GB 55016—2021《建筑环境通用规范》

GB 55017—2021《工程勘察通用规范》

GB 55018—2021《工程测量通用规范》

GB 55020—2021《建筑给水排水与节水通用规范》

GB 55023—2022《施工脚手架通用规范》

GB 55029—2022《安全防范工程通用规范》

GB 55030—2022《建筑与市政工程防水通用规范》

GB 55031—2022《民用建筑通用规范》

GB 55034—2022《建筑与市政施工现场安全卫生与职业健康通用规范》

GB 55036—2022《消防设施通用规范》

GB 55037—2022《建筑防火通用规范》

GB 55032—2022《建筑与市政工程施工质量控制通用规范》

GB 50300—2013《建筑工程施工质量验收统一标准》

GB 50202—2018《建筑地基基础工程施工质量验收标准》

GB 50203—2011《砌体结构工程施工质量验收规范》

GB 50204—2015《混凝土结构工程施工质量验收规范》

GB 50205—2020《钢结构工程施工质量验收标准》

GB 50207—2012《屋面工程质量验收规范》

GB 50208—2011《地下防水工程质量验收规范》

GB 50209—2010《建筑地面工程施工质量验收规范》

GB 50210—2018《建筑装饰装修工程质量验收标准》

GB/T 50224—2018《建筑防腐蚀工程施工质量验收标准》

GB 50411—2019《建筑节能工程施工质量验收标准》

GB 50141—2008《给水排水构筑物工程施工及验收规范》
GB 50628—2010《钢管混凝土工程施工质量验收规范》
GB 51004—2015《建筑地基基础工程施工规范》
GB 50924—2014《砌体结构工程施工规范》
GB 50666—2011《混凝土结构工程施工规范》
GB 51203—2016《高耸结构工程施工质量验收规范》
GB 50996—2014《地下水封石洞油库施工及验收规范》
GB 50134—2004《人民防空工程施工及验收规范》
GB 50496—2018《大体积混凝土施工标准》
GB 50212—2014《建筑防腐蚀工程施工规范》
GB 50497—2019《建筑基坑工程监测技术标准》
GB 50164—2011《混凝土质量控制标准》
GB 50119—2013《混凝土外加剂应用技术规范》
GB 50755—2012《钢结构工程施工规范》
GB 50661—2011《钢结构焊接规范》
GB 51249—2017《建筑钢结构防火技术规范》
GB 8624—2012《建筑材料及制品燃烧性能分级》
GB 50574—2010《墙体材料应用统一技术规范》
GB 50896—2013《压型金属板工程应用技术规范》
GB 50348—2018《安全防范工程技术标准》
GB 50026—2020《工程测量标准》
GB 50021—2001《岩土工程勘察规范(2009 年版)》
GB/T 50145—2007《土的工程分类标准》
GB/T 50783—2012《复合地基技术规范》
GB/T 51064—2015《吹填土地基处理技术规范》
GB/T 51351—2019《建筑边坡工程施工质量验收标准》
GB/T 50107—2010《混凝土强度检验评定标准》
GB/T 50375—2016《建筑工程施工质量评价标准》
GB/T 14902—2012《预拌混凝土》
GB 14907—2018《钢结构防火涂料》
GB/T 8478—2020《铝合金门窗》
GB/T 50214—2013《组合钢模板技术规范》
GB/T 51231—2016《装配式混凝土建筑技术标准》
GB/T 50080—2016《普通混凝土拌合物性能试验方法标准》
GB/T 50081—2019《混凝土物理力学性能试验方法标准》
GB/T 50082—2024《混凝土长期性能和耐久性能试验方法标准》
GB/T 50934—2013《石油化工工程防渗技术规范》

GB/T 50218—2014《工程岩体分级标准》
GB/T 50266—2013《工程岩体试验方法标准》
GB/T 50269—2015《地基动力特性测试规范》
SH/T 3508—2011《石油化工安装工程施工质量验收统一标准》
SH/T 3510—2017《石油化工设备混凝土基础工程施工质量验收规范》
SH/T 3528—2014《石油化工钢制储罐地基与基础施工及验收规范》
SH/T 3507—2024《石油化工钢结构工程施工及验收规范》
SH/T 3548—2024《石油化工涂料防腐蚀工程施工及验收规范》
SH/T 3528—2014《石油化工钢制储罐地基与基础施工及验收规范》
SH/T 3608—2011《石油化工设备混凝土基础工程施工技术规程》
SH/T 3535—2012《石油化工混凝土水池工程施工及验收规范》
SH/T 3564—2017《全容式低温储罐混凝土外罐施工及验收规范》
SH/T 3529—2018《石油化工厂区竖向工程施工及验收规范》
SH/T 3100—2013《石油化工工程测量规范》
SH/T 3159—2019《石油化工岩土工程勘察规范》
JGJ 360—2015《建筑隔震工程施工及验收规范》
JGJ 107—2016《钢筋机械连接技术规程》
JGJ 18—2012《钢筋焊接及验收规程》
JGJ 94—2008《建筑桩基技术规范》
JGJ 106—2014《建筑基桩检测技术规范》
JGJ 79—2012《建筑地基处理技术规范》
JGJ 120—2012《建筑基坑支护技术规程》
JGJ 476—2019《建筑工程抗浮技术标准》
JGJ 113—2015《建筑玻璃应用技术规程》
JGJ 102—2003《玻璃幕墙工程技术规范》
JGJ 133—2001《金属与石材幕墙工程技术规范》
JGJ 214—2010《铝合金门窗工程技术规范》
JGJ 253—2019《无机轻集料砂浆保温系统技术标准》
JGJ 144—2019《外墙外保温工程技术标准》
JGJ 255—2012《采光顶与金属屋面技术规程》
JGJ 230—2010《倒置式屋面工程技术规程》
JGJ 52—2006《普通混凝土用砂、石质量及检验方法标准》
JGJ 55—2011《普通混凝土配合比设计规程》
JGJ/T 139—2020《玻璃幕墙工程质量检验标准》
JGJ/T 435—2018《施工现场模块化设施技术标准》
JGJ/T 104—2011《建筑工程冬期施工规程》
JGJ/T 492—2023《超长混凝土结构无缝施工标准》

JGJ/T 14—2011《混凝土小型空心砌块建筑技术规程》
JGJ/T 17—2020《蒸压加气混凝土制品应用技术标准》
JGJ/T 235—2011《建筑外墙防水工程技术规程》
JGJ/T 23—2011《回弹法检测混凝土抗压强度技术规程》
JGJ/T 136—2017《贯入法检测砌筑砂浆抗压强度技术规程》
JGJ/T 152—2019《混凝土中钢筋检测技术标准》

第二章　石油化工机器设备

机器设备是基本建设的重要组成部分，其作用就如同人的"心脏"一样，通过转动将各种生产原料、半成品及成品(气体或液体)等源源不断地流经管道，输送到各类静设备中。这些机器设备运转的好坏直接关系着生产工艺设备能否达到安全、稳定、长周期、满负荷地生产，因此保证机器设备高质量的安装是实现装置长、满、优生产的必备条件。

机器设备具有种类繁多、结构复杂、组装精度及自控水平要求高，尤其是大型机器设备具有施工难度大、安装工期长等特点。因此，大型机器设备安装施工必须严密组织，严格执行相关的安装施工规范，认真做好各个环节质量控制。

第一节　机器设备的分类

机器设备是各类传动设备的总称，在运行中需要各种传动装置带动，使其处于机械运转状态。

根据其应用范围和具体作用的不同，通常有以下两种分类方法：

一、按设备的应用范围分类

1. 通用机器设备

在诸多生产工艺中普遍使用的一些类型相同、具有共同特点的设备称通用机器设备。如泵、压缩机、风机、起重运输机械、电动机等。这类设备可以按定型的系列化标准由制造厂进行批量生产，因而又称之为定型机器设备。

2. 专用机器设备

指专门用于某个生产工艺装置或某个操作部分的专用机器设备。如干燥、过滤机器设备，污水处理和橡胶、化肥、医药加工机器设备，炼油机器设备等。这类设备具有特殊的性能，其制造生产过程亦需特殊的工艺条件，因而一般由国家指定专门的制造厂生产供应。

二、按设备的作用分类

1. 输送设备

① 气体输送设备，如风机、压缩机、真空泵等。

② 液体输送设备，如各种水泵、油泵等。

③ 固体输送设备，如皮带运输机、斗式提升机、螺旋输送机、链式输送机、振动输送机械等。

2. 动力设备

动力设备主要包括锅炉、发电机、汽轮机等。

3. 起重设备

起重设备包括各种桥式起重机、门式起重机、电动葫芦等。

4. 冷冻设备

冷冻设备主要有各式冷冻机、结晶机等。

5. 搅拌与分离设备

包括搅拌机、离心机、分离机、过滤机、脱水机、压滤机等。

6. 成型包装设备

如压块机、包装机、缝包机等均属此类设备。

7. 粉碎及筛分设备

如各种破碎机、球磨机、振动筛等。

8. 污水处理机械

如刮油机、刮泥机、污(油)泥输送机等。

9. 其他专用设备

如各种水利除焦机、干燥机等。

第二节　泵类设备

泵是一种通用机械，它用于国民经济建设的各个领域，如化工、石油、矿山、冶金、电力、国防、农田的灌溉或排涝、城市的供水和排水。

泵是液体的一种“增能”机械。泵将原动机(电动机、内燃机等)的机械能转化成被输送液体的静压能和动能，使被输送液体获得能量后，输送至一定压力、高度或距离的场合。

一、泵的分类

泵的种类很多，分类方法也各不相同。按其作用原理可分为以下三大类。其中叶片式泵应用范围较为广泛，离心泵应用最广，往复泵主要用于输送高压液体的场合。

1. 叶片式泵

依靠工作叶片的高速旋转运动将能量传递给被输送液体。如离心泵、轴流泵、混流泵、旋涡泵等。

叶片式泵类中应用最广泛的为离心泵，离心泵具有效率高、流量和扬程范围广、构造简单、操作容易、体积小、重量轻等优点。它是利用泵体内的工作叶轮带动流体以超高速旋转产生离心力，来吸入并压出液体的。由于离心力的作用，液体在从叶轮进口流向叶轮出口的过程中，其速度能和压力能都得到增加，被叶轮排出的液体经过压出室，大部分速度能转化成压力能，然后沿排出管排出。

2. 容积式泵

依靠连续或间歇地改变工作室容积来压送液体。一般使工作室容积改变的方式有往复运动和旋转运动。如往复式活塞泵、柱塞泵、计量泵、隔膜泵属于往复运动的方式；齿轮泵、滑片泵、螺杆泵属于旋转运动的方式。

3. 其他类型泵

如喷射泵、水锤泵、电磁泵等，它们的作用原理各不相同。喷射泵是依靠流体的动能转变为静压能的作用，达到输送液体的目的；水锤泵是利用水流本身的位差能输送液体，而不需其他外界能量；电磁泵则是利用电磁力的作用来输送液体的。

泵按产生的压力还可分为：

低压泵：总水头压力小于 2MPa；

中压泵：总水头压力 2~6MPa；

高压泵：总水头压力 6MPa 以上。

除上述分类方法外，还有其他分类法。按使用部门不同可分为工业用泵和农用泵，而工业用泵又可分为化工用泵、石油用泵、电站用泵、矿山用泵等。按输送液体性质不同，又可分为清水泵、污水泵、油泵、酸泵、液氨泵、泥浆泵和液态金属泵等。按泵的性质、用途、范围宽窄及结构特点，又可分为一般用泵和特殊用泵。

二、各类泵型号表示方法及意义

国产泵类型号表示方法：

离心泵、轴流泵、混流泵和旋涡泵的型号表示方法有两种，一种为：

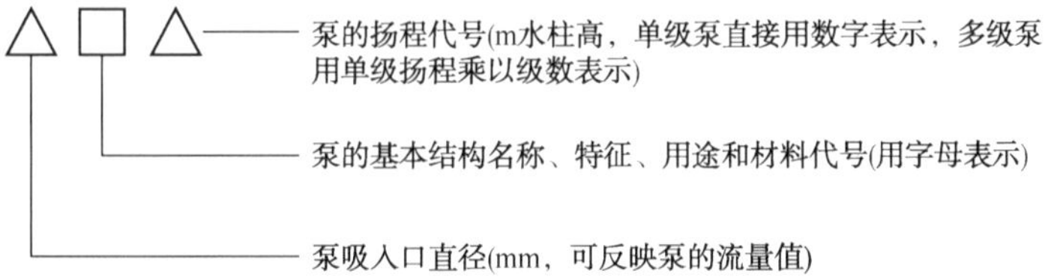

如 100D45×8 表示泵吸入口直径为 100mm，单级扬程为 45m 水柱，总扬程为 45×8 = 360m 水柱，8 级分段式多级离心水泵。

另外一种表示方法如下，其基本结构名称和代号见表 2. 2. 1。

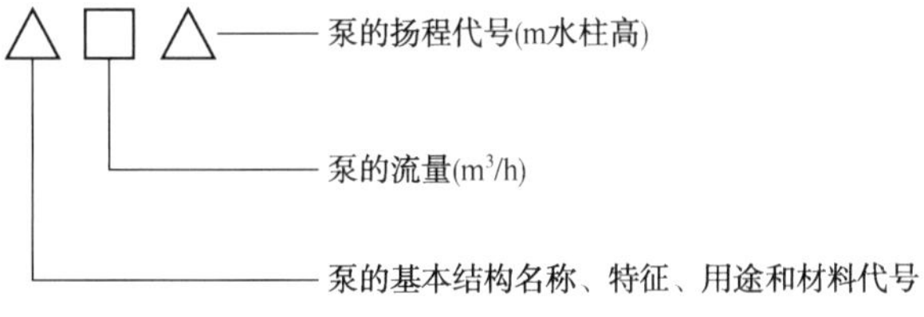

表 2.2.1 泵的基本结构名称和代号

代号	结构名称	代号	结构名称	代号	结构名称
B	单级悬臂式离心泵	FS	塑料耐腐蚀泵	ZLB	半调节式立式轴流泵
S	单级双吸离心水泵	P	屏蔽泵	ZLQ	全调节式立式轴流泵
D	多段式多级离心水泵	Z	自吸离心泵	HB	蜗壳式混流泵
DK	中开式多级离心水泵	ZL	立式轴流泵	HL	立式混流泵
J	离心式深井泵	DG	多级锅炉给水泵	W	一般旋涡泵
N	冷凝水泵	PS	离心式砂泵	WZ	自吸式旋涡泵
YG	离心式管道油泵	PH	离心式灰渣泵	WX	离心式旋涡泵
F	耐腐蚀泵	PN	离心式泥浆泵		
FY	液下式离心耐腐蚀泵	PW	离心式污水泵		

如 B100-50 表示泵流量为 $100m^3/h$，扬程为 50m 水柱，单级悬臂式离心泵。

往复式泵型号表示方法：

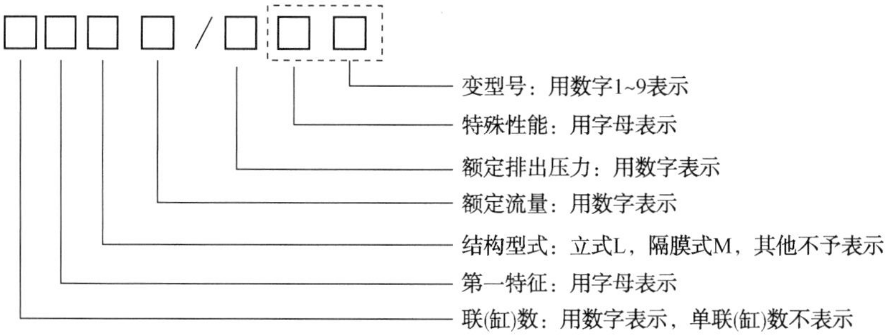

注：①泵的第一特征是指由泵的驱动方式、输送介质、结构特点、功能及主要配套等五类中选出的最能代表泵的一个特征，见表 2.2.2。

② 虚线内为参考内容。

③ 额定流量的单位规定是：计量泵和试压泵：L/h；手动泵：mL/次；其他泵：m^3/h。

④ 参考段，可标注，也可不标注。特殊性能按表 2.2.3 代号表示。

表 2.2.2 泵的第一特征

泵种	类别	第一特征	代号	意义
气(汽)动泵	—	输水	QS	气(汽)水
		输油	QY	气(汽)油
		其他	Q	气(汽)
电动泵		—		
液动泵		液动	YD	液动
试压泵		电动	DY	电压
		手动	SY	手压
计量泵		计量	J	计
手动泵		手动	SD	手动
一般机动泵	杂质泵	隔膜	KM	颗膜
		油隔离	KY	颗油
		水隔离	KS	颗水
		水冲洗	KC	颗冲
		柱塞	KZ	颗柱
		活塞	KH	颗活
一般机动泵	化工泵和清水泵	液氨	A	氨
		氨水	AS	氨水
		催化剂	CJ	催剂
		氟里昂	F	氟
		氨基甲酸铵	JA	甲铵
		硅酸铝胶液	LY	铝液
		去离子水	QZ	去子
		水	S	水
		醋酸铜氨液	TY	铜液
		硝酸	X	硝
		油	Y	油
		蒸汽冷凝液	ZN	蒸凝
	其他泵	船用	C	船
		上充	SC	上充
		注水	ZS	注水
		增压	ZY	增压

表 2.2.3 泵的特殊性能

特殊性能	字母代号	意义
防爆	B	爆
防腐	F	腐
调节流量	T	调
保温夹套	W	温

标记示例：

JM-100/2.5

单缸卧式隔膜式电动计量泵，额定流量 100L/h，额定排出压力 2.5MPa。

2QY-22/3.5

双缸卧式气动往复式油泵，额定流量 $22m^3/h$，额定排出压力 3.5MPa。

3JA-60/1.5-B

三缸卧式电动往复甲铵泵，额定流量 $60m^3/h$，额定排出压力 1.5MPa，有防爆性能。

第三节 压 缩 机

一、压缩机的分类及应用

压缩机是一种消耗机械能，产生气体压力能和输送气体的机械设备，即将机械能转化成压力能的一种设备。它在石油化工行业已成为必不可少的关键设备。

1. 压缩机的分类

压缩机的种类很多，各种型式结构不一，且在不同场合有其不同用途，下面仅对常用的几种分类方法作一简单介绍。

① 按工作原理，常用压缩机可分为容积式和动力式两大类，容积式又可分为往复式和回转式，速度型压缩机又可分为轴流式和离心式。

② 按排气压力等级可分为以下几类：

低压压缩机	$0.3 \leqslant p \leqslant 1.6$	MPa
中压压缩机	$1.6 < p < 10$	MPa
高压压缩机	$10 \leqslant p \leqslant 100$	MPa
超高压压缩机	$p > 100$	MPa

③ 按排气量一般可分为以下几类：

微型压缩机	$Q < 1$	m^3/min
小型压缩机	$1 \leqslant Q \leqslant 10$	m^3/min
中型压缩机	$10 < Q \leqslant 60$	m^3/min
大型压缩机	$Q > 60$	m^3/min

④ 按润滑方式可分为有油润滑、气缸无油润滑和全无油润滑三种方式。

2. 压缩机的应用

(1) 容积式压缩机

容积式压缩机的工作原理是依靠气缸工作容积周期性的变化来压缩气体，以达到提高其压力的目的。按其运动特点不同，又可分为往复式和回转式两种。其中最典型的结构之一是往复式活塞压缩机，由于往复式压缩机效率高、压力范围广、适用性强，除超高压外，其机组部件多为普通材料，因此，在石油化工装置中应用非常广泛。

(2) 动力式压缩机

动力式压缩机的工作原理与容积式截然不同，它是依靠机内做高速旋转的叶轮，使吸进的气流能量头提高，并通过扩压元件把气流的动能头转换成所需的压力能量头。

二、压缩机的基本结构

1. 往复式压缩机的分类及基本结构

往复式压缩机是利用原动机(一般为电动机和柴油机)驱动曲轴做旋转运动，曲轴和连杆组成了曲柄连杆机构，该机构在原动机的驱动下，带动活塞在气缸内做往复直线运动，使机器经过吸气、压缩和排气三个过程，从而达到压缩和输送气体的目的。

(1) 往复式压缩机的分类

往复式压缩机的种类很多，其主要识别标志是气缸的位置。按气缸中心线与地平面的相对位置可分为立式(气缸中心线与地平面垂直)，卧式(气缸中心线与地平面平行)，角度式(气缸中心线与地平面成一角度)等；按传动机构的特点可分为十字头和无十字头。

① 立式压缩机。立式压缩机的优点是主机直立，占地面积小，活塞不支承在气缸上，没有因此而产生的磨损。缺点是大型机很高，操作检修均不方便，管道布置困难，多级时，级间设备占地面积大。所以，一般仅用于中、小型及微型机组。

② 卧式压缩机。卧式压缩机的优缺点恰好与立式相反，它的气缸基本上都布置在机身两侧，级间设备可配置在机组上方，缓冲容器可紧靠气缸布置，所以，中、大型压缩机比较适宜采用卧式结构。特别是相对列活塞相向运动的对动式压缩机，由于相对列的作用力能全部或部分地互相抵消，使主轴承仅受相对列力矩转化的力，从而使轴承受力情况得到改善，所以，其动力平衡性能特别好，现在，这种结构的机组在大型压缩机中应用最为普遍，如常见的 D、M、H 系列。

③ 角度式压缩机。角度式压缩机按气缸排列所呈的形状可分为 V 型、W 型、L 型、T 型、扇型和星型，其主要特点是结构紧凑、运转平稳，每个曲拐上装有两根以上的连杆，使曲轴结构简单，长度较短，并可以采用滚动轴承。缺点是大型机组很高，所以除 L 型外，其他形式的角度式压缩机都只限于中、小型或微型。

(2) 往复式压缩机结构和主要零部件的作用

① 往复式压缩机的基本结构。往复式压缩机的结构形式虽然繁多，但其主要组成部分基本相同。一台完整的压缩机组一般包括两大部分：一为主机，另一为辅机。前者包括机身、中体、气缸组件、传动机构(包括曲轴、连杆、十字头、飞轮等)、活塞组件、气阀、密封组件以及驱动机等。后者包括润滑系统、冷却系统以及气路系统等，其基本结构如图 2.3.1 所示。

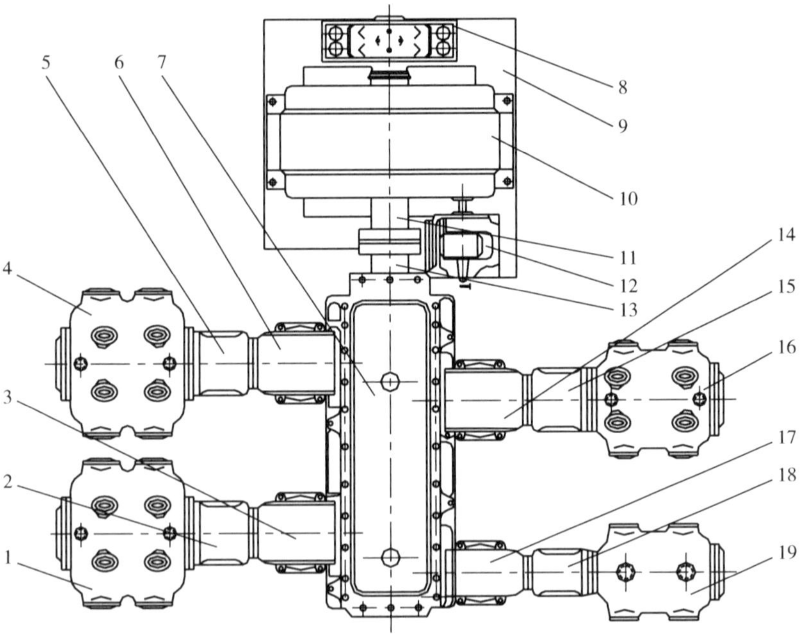

图 2.3.1 往复式压缩机的基本结构

1、4—一级汽缸；2、5、15、18—中间座；3、6、14、17—机身；7—曲轴箱；8—电机轴承；9—电机机座；10—电机定子；11—电机转子；12—盘车装置；13—曲线；16—二级汽缸；19—三级汽缸

② 往复式压缩机主要零部件及其作用。

a. 汽缸。汽缸是构成压缩容积实现气体压缩的主要部件。汽缸结构复杂，材质和加工要求较高。一般低压汽缸采用铸铁制造，带有冷却水夹套和气体通道。中压汽缸采用铸钢制造，冷却水夹套则采用钢板焊接而成。高压缸采用锻钢制成，一般不设冷却水夹套，采用机外冷却。

b. 汽阀。其作用是控制汽缸中气体的吸入和排出。汽阀在汽缸上的布置是汽缸结构设计的重要内容，其要求是：通道截面要大、余隙容积要小、安装和修理要方便。

c. 活塞。活塞由活塞杆带动在汽缸内做往复运动，起吸气、压缩和排气的作用。为了使活塞与汽缸内壁有良好的密封作用，在活塞外圆的环形槽内装有活塞环。

d. 曲轴。曲轴是压缩机的重要运动部件，它将驱动机的圆周运动，通过连杆、十字头等转变成往复运动。曲轴受力比较复杂，不仅要有足够的强度，而且还应有足够的刚性、抗疲劳和耐磨性能。

e. 连杆。连杆一端与曲轴的曲柄销相连，称为大头；另一端与活塞(无十字压缩机)或十字头销相连，称为小头。一般大头装有轴瓦，小头装有衬套。

f. 十字头。十字头是连接连杆和活塞杆的部件，它对活塞组件起导向作用，其运动轨迹与活塞相同，其中心线与汽缸和活塞的中心线重合，在滑道内做往复运动。

g. 填料。填料是用来阻止气体从汽缸内沿活塞杆周围间隙向外泄漏的组件。因活塞杆做往复运动，所以要求填料不仅要有良好的密封性能，而且还要求填料耐磨和具有较小的摩擦系数。

2. 离心式压缩机的基本结构

（1）离心式压缩机的原理

离心式压缩机是利用高速旋转的叶轮使气体受到离心力的作用而产生压力，同时获得速度，离开叶轮后气体经扩压器等扩张通道将动能逐渐转化为压力能，从而使压力得到提高。一级压缩完成后再进入下一级压缩，直到额定压力后排出。

在离心式压缩机中，常用的术语有“级”“段”“缸”和“列”。级是完成压缩循环的基本单元，是由一个叶轮及与其相配合的固定元件所构成。压缩机的“段”，在一台工艺流程用压缩机中，相邻各级的气量和组分相同时，称为段，段以中间冷却器作为划分标志。而压缩机的“缸”，是将一个机壳称为一个缸，多机壳的压缩机就称为多缸压缩机。至于压缩机的“列”，就是将一至几个缸的压缩机排成一列，就称为压缩机的列。离心式压缩机的驱动机除中、小型采用电动机以外，一般采用汽轮机或燃气轮机直接驱动。离心式压缩机一般由机身、气路系统、润滑油系统、冷却水系统、传动系统和自控及负荷调节系统组成。

（2）主要零部件及其作用

① 叶轮。叶轮是离心式压缩机中唯一做功的部件。气体进入叶轮后，在叶片的推动下跟着叶轮旋转，由于叶轮对气流做功，增加了气流的能量，因此气体流出叶轮时的压力和速度均有所增加。

② 扩压器。气体从叶轮流出时速度很高，为了充分利用这部分速度能，常常在叶轮后设置流通截面逐渐扩大的扩压器，以便将速度能转变为压力能。一般常用的扩压器是一个环形通道，其中装有叶片的是叶片扩压器，不装叶片的便是无叶扩压器。

③ 弯道。为了把扩压器后的气流引导到下一级叶轮去进行压缩，在扩压器后设置了使气流由离心方向改变为向心方向的弯道。

④ 回流器。为了使气流以一定方向均匀地进入下一级叶轮进口，所以设置了回流器，在回流器中一般装有导叶。

⑤ 蜗壳。其主要作用是将由扩压器（或直接由叶轮）出来的气流汇集起来引出机器。因此，在蜗壳汇集气流的过程中，由于蜗壳外径及通流截面的逐渐扩大，它也起着降速扩压的作用。

⑥ 吸气室。其作用是将需要压缩的气流，由进气管（或中间冷却器出口）均匀地导入叶轮去进行增压。因此，在每一段的第一级前都置有吸气室。

⑦ 密封件。为了减少机内的气体从高压处向低压处泄漏，在各级叶轮进口圈外径处均设有进口密封，在级与级之间则有级间密封，这种密封通常是非接触式的迷宫式密封（或称梳齿式密封）。此外，转轴与机壳的密封，称为轴端密封，简称轴封。对于低压密封轴封常采用迷宫式密封，对于高压密封则大多采用浮环油膜密封或机械密封。

⑧ 平衡盘。为了平衡或减少离心压缩机转子受机内气体不平衡压力作用而产生的不平衡轴向力，通常在轴上靠近最后一级叶轮处装有一平衡盘。平衡盘外缘和气缸壳之间设有迷宫式密封。平衡盘内侧为高压气体，外侧与低压（或压缩机进气口）相通。转子未被平衡盘完全平衡的剩余轴向力，则由止推轴承来承担。

3. 压缩机的安装施工程序

往复式压缩机安装施工程序参见 SH/T 3544—2022《石油化工往复式压缩机组施工及验收规范》。

离心式压缩机安装施工程序参见 SH/T 3539《石油化工离心式压缩机组施工及验收规范》。

第四节 动设备安装通用要求

一、施工准备

1. 技术资料准备

技术资料是设备安装的依据，主要的技术资料有：

① 施工合同及有关会议纪要。

② 安装平面布置图、基础图、安装图等。

③ 制造厂提供的机器出厂质量证明文件、有关重要零件的质量检测报告、装配记录、试运转记录、装配图纸和安装使用说明书及装箱清单等。

④ 现行的国家及行业有关标准和规范。

⑤ 经审批的施工组织设计或安装施工方案(大型机器设备必须有安装施工方案)，并应进行技术交底。

2. 机器设备检验及管理

开箱检验时应对机器设备、配件、随机文件、专用工具的外观质量、品种和数量依据装箱单进行核实和检验，验收后应进行妥善保管，严防变形、锈蚀、损坏、丢失等。

3. 安装现场动设备开工应具备的条件

① 机器安装前，施工现场土建工程已基本结束，即基础具备安装条件，基础附近的地下工程已基本完成，场地已平整；施工运输和消防道路畅通。

② 施工用的水、电、气、汽与安装用的起重运输设备及零、部件和配件存放设施具备使用条件。

③ 施工现场应具备防火、防风、防雨、防冻等安全防护设施。

④ 具备国家法律、法规规定的施工安全技术和劳动保护措施。

4. 基础验收及处理

① 每台设备都应有坚固的基础，以承受设备的重量和运转时产生的振动和惯性力。

② 基础验收应满足以下要求：

a. 设备基础的位置、几何尺寸和质量要求应符合现行 GB 50204 的规定，并应有验收资料或记录。设备安装前应按要求的允许偏差对设备基础位置和几何尺寸进行复检。

b. 基础上应明显地标出标高基准线、纵横中心线及预留孔中心线。在建筑物上应标有坐标轴线及标高线。重要机器的基础应有沉降观测点。

c. 基础外观不得有裂纹、蜂窝、空洞、露筋等缺陷。

③ 安装前应对基础做以下工作：

a. 铲出麻面，麻点深度宜不小于 10mm，密度以每平方分米内有 3~5 个点为宜，表面不应有油污或疏松层；

b. 放置垫铁或支持调整螺钉用的支撑板处(至周边约 50mm)的基础表面应铲平；

c. 地脚螺栓孔内的碎石、泥土等杂物和积水，必须清除干净；

d. 预埋地脚螺栓的螺纹和螺母表面黏附的浆料必须清理干净，并进行妥善保护。

④ 放线。

a. 机器就位前，应按施工图和有关建筑物的轴线及标高线，画出安装的基准线。

b. 有相互连接、衔接或排列关系的设备，应划定共同的安装基准线。

c. 平面位置安装基准线与基础实际轴线或与厂房墙(柱)的实际轴线，其允许偏差为±20mm。

二、施工工艺

1. 有垫铁安装

(1) 垫铁的作用

① 调整安装位置，调平及找正，确保标高。

② 承受负荷，承受机器设备重量、地脚螺栓拧紧力及其他附加力。

③ 将机器设备的振动载荷传递给基础。

(2) 垫铁组的布置

① 在地脚螺栓两侧各放置一组，应使垫铁靠近地脚螺栓，当地脚螺栓间距小于 300mm 时，可在各地脚螺栓的同一侧放置一组垫铁。

② 相邻两垫铁组的间距，可根据机器的重量、底座的结构形式以及载荷分布等具体情况而定，宜为 500~1000mm。

③ 对于带锚板的地脚螺栓两侧的垫铁组，应放置在预留孔的两侧。

④ 垫铁表面平整，无氧化皮、飞边等。

⑤ 斜垫铁应配对使用，与平垫铁组成垫铁组时，垫铁的层数宜为三层(即一平二斜)，最多不应超过四层，薄垫铁厚度不应小于 2mm，并放在斜垫铁与厚平垫铁之间。斜垫铁可与同号或者大一号的平垫铁搭配使用。垫铁组的高度宜为 30~70mm。

⑥ 垫铁直接放置在基础上，应整齐平稳、接触良好，接触面积应不小于 50%。平垫铁顶面水平度的允许偏差为 2mm/m，各垫铁组顶面的标高应与机器底面实际安装标高相符。

⑦ 每一垫铁组应放置整齐平稳，接触良好，并应露出底座 10~30mm；地脚螺栓两侧的垫铁组，每块垫铁伸入机器底座底面的长度，均应超过地脚螺栓；机器底座的底面与垫铁接触宽度不够时，垫铁组放置的位置应保证底座坐落在垫铁组承压面的中部；配对斜垫铁的搭接长度应不小于全长的 3/4，其相互间的偏斜角 α 应不大于 3°。

⑧ 机器用垫铁找平、找正后，垫铁组应满足以下要求：

a. 用 0.25kg 或 0.5kg 的手锤敲击检查垫铁组的松紧程度，应无松动现象；

b. 用 0.05mm 的塞尺检查，垫铁之间及垫铁与底座底面之间的间隙，在垫铁同一断面处从两侧塞入的长度总和，不应超过垫铁长(宽)度的 1/3；

c. 垫铁组检查合格后应在垫铁组的两侧进行层间定位焊焊牢，垫铁与机器底座之间不得焊接；

d. 安装在金属结构上的机器调平后，其垫铁均应与金属结构用定位焊焊牢。

2. 无垫铁安装

无垫铁安装就是机器设备底座与基础之间没有垫铁，机器设备的自重及地脚螺栓的拧紧力完全由二次灌浆层来承担，并传递给基础。

无垫铁安装的安装过程和有垫铁的安装大致相同。机器设备的调平、找正及调整标高工作，是利用底座上的调整螺钉或设置在机器底座与基础之间的小型千斤顶、临时垫铁组等，当调整工作完成且地脚螺栓拧紧后，用微膨胀混凝土(或无收缩水泥砂浆)灌注并随即捣实二次灌浆层，待二次灌浆层强度达到设计强度的 75%以上时，取出用来调平机器设备的临时垫铁组，用砂浆填实空洞，或者松掉调整螺钉，再次拧紧地脚螺栓，同时复查标高、水平度和中心线的正确性。

无垫铁安装具有调整方便、机器稳定性好及没有垫铁腐蚀、节省钢材等优点，但二次灌浆工作要求严格。

3. 地脚螺栓的安装

① 地脚螺栓的作用是固定机器设备，使机器与基础牢固地连接在一起，以免运转时发生位移或倾斜。

② 放置在预留孔中的地脚螺栓，应符合下列要求：

a. 地脚螺栓的光杆部分应无油污或氧化皮，螺纹部分应涂上少量油脂；

b. 地脚螺栓在预留孔中应垂直；

c. 地脚螺栓不应碰孔底，螺栓上的任一部位离孔壁的距离不得小于 15mm；

d. 拧紧螺母后，螺栓应露出螺母，其露出长度宜为 2~4 个螺距；

e. 螺母与垫圈、垫圈与底座间均应接触良好。

③ 放置带锚板的地脚螺栓，应符合下列要求：

a. 地脚螺栓的光杆部分及锚板，应刷防锈漆；

b. 用螺母托着的钢制锚板，锚板与螺母之间应定位焊固定或采取其他防松措施；

c. 当锚板直接焊在地脚螺栓上时，其角焊缝高度应不小于螺杆直径的 1/2。

④ 预埋的地脚螺栓应符合下列要求：

a. 地脚螺栓的坐标及相互尺寸应符合施工图纸的要求；

b. 地脚螺栓露出基础部分应垂直，机器底座套入地脚螺栓孔后应有调整余量，每个地脚螺栓均不得有卡涩现象。

4. 机器设备就位、调平、找正

机器设备就位是指将机器设备放置到基础上，使机器的中心线与基准线相对应的过程。调平即是将机器设备调整成水平状态的位置。找正又可分为初找正和最终找正，初找正是指地脚螺栓孔一次灌浆或锚固地脚螺栓固定前的机器安装中心、水平和标高的调整；最终找正是在机器的地脚螺栓紧固的情况下对机器安装中心、水平和标高的调整。

调平找正是机器安装中的一道关键工序，是使机器通过调整达到规范要求的质量标准。

5. 灌浆

灌浆分一次灌浆和二次灌浆。一次灌浆工作，必须在机器的初找平、找正后进行。二次灌浆层的灌浆工作，一般应在隐蔽工程检查合格、机器的最终调平、找正后24h内进行，否则在灌浆前应对机器的调平、找正数据进行复测核对。

二次灌浆应满足以下要求：

① 与二次灌浆层相接触的底座底面应光洁无油垢、无防锈漆等。

② 二次灌浆层的高度一般为30~70mm。

③ 在捣实地脚螺栓预留孔中的混凝土时，不得使地脚螺栓歪斜或使机器产生位移。带锚板的地脚螺栓孔内应按规范要求灌入干砂。

④ 二次灌浆的基础表面应用水冲洗干净，并保持湿润不少于2h，灌浆前1h应吸干积水。当环境温度低于5℃时，灌浆层应采取保温或防冻措施。

⑤ 二次灌浆前应安设内外模板，模板距底座外缘值应不小于60mm，灌浆层高度，高出底座底面值应不小于10mm。

⑥ 二次灌浆层的灌浆施工必须连续进行，不得分次浇灌。

⑦ 地脚螺栓预留孔内及二次灌浆层的灌浆用料，一般为细碎石混凝土为宜，其标号应比基础混凝土的标号高一级。当采用无收缩混凝土或微膨胀混凝土进行二次灌浆时，应在施工前对原材料进行复检和配合比试验。对无垫铁安装，应在二次灌浆时同时制备一组试块。

6. 机器设备的清洗、组装及润滑

（1）清洗

机器设备出厂时应有严密封闭措施或充有惰性气保护，并在安装使用说明书中有明确说明，安装时不需要解体清洗的或不准解体的机器设备，可直接整体安装，安装后即可进行试运转。除此之外的机器设备都需在安装过程中进行全面的清洗检查。

机器设备由制造厂出厂时，有的是整体，有的是拆成部件发货的，发运前机器内部或零件上一般都涂有防锈油或黄干油。长途运输或在库房存放时间较长，会造成油质变质、加工件生锈或粘有泥砂、污物等，因此须将机器设备拆开清洗干净后再组装。解体清洗拆卸的方法有多种，清洗时使用的清洗剂类别亦很多，这就要求根据机器设备的类别、加工精度及特殊要求等进行选定。

（2）组装

机器设备组装就是依据机器的装配图纸，将众多的零、部件进行组合、连接或固定，并要保证相互连接的零件有正确的配合间隙，并保证各零件、部件间有正确的相对位置。

（3）润滑

任何机器设备要正常运转，就必须有良好的润滑，因为动、静配合件的相对运动，接触面间存在着摩擦，摩擦结果即造成磨损，会缩短机器设备的使用寿命，所以润滑是减少磨损、延长使用寿命的重要措施。加入润滑油或脂，使两摩擦面脱离，避开直接接触，即称为润滑。

7. 试运转

试运转是机器设备安装最后的施工阶段，试运转的目的是综合检验以前各道工序的安装施工质量，同时通过试运转也能发现机器设备的设计和制造上的问题，进而消除机器设备的故障，改善不合理的设计及安装施工中的缺陷。

一般中小型单体设备如起重类、输送机类设备只进行单机试运转后即可交付生产，对于复杂的大型机组必须进行单机、联动、投料等试运转。机器设备安装工程的试运转即是指单机试运转。

三、质量验收和资料

1. 动设备专业质量验收应按分项工程、分部工程、单位(子单位)工程进行，分项工程是动设备质量验收的基础单位，分项工程质量验收应符合下列规定：

a. 分项工程所含的检验项目应符合合格质量的要求。

b. 分项工程的质量控制资料应齐全。

分项工程质量验收合格后进行分部工程、单位工程质量验收。

2. 资料是证明机器设备安装质量活动已按要求开展，并达到各项规范标准规定的重要依据，也是对工程结构、安全及重要使用功能是否达到预期要求进行认定的主要依据。在安装过程中必须注意对资料的建立、收集和保存，防止丢失损坏。机器设备安装过程中涉及的质量控制资料主要有以下内容：

a. 设备开箱检验记录、机器设备的出厂质量证明书、合格证及设备安装、维护和使用说明书；

b. 机器设备安装施工方案及试车方案；

c. 机器设备基础工程的中间交接证明书；

d. 机器设备安装工程的开工报告；

e. 机器设备安装垫铁隐蔽工程记录；

f. 机器安装检验记录；

g. 轴对中记录；

h. 机器拆检及组装记录；

i. 联轴器组装记录；

j. 无应力配管检测记录；

k. 油系统冲洗鉴定合格的签证记录；

l. 机器单机试运转记录。

第五节　质量控制要点及常用标准

一、质量控制要点

1. 安装前准备过程

① 考察开工条件是否具备，即施工准备情况，重点是现场开工条件和技术资料准备情况。

② 审查安装施工方案的审批是否符合要求，检查方案的科学性、完整性、可行性，特别要考察方案中：

a. 吊装工艺是否科学可靠和实施安全；

b. 质控体系建立情况是否满足施工要求并且已经落实。

2. 安装过程

① 审查检测资料，必要时复测检查动设备就位情况(安装位置、标高、水平度)是否符合设计及技术文件要求。

② 审查机器设备轴对中找正值是否符合控制要求，必要时复测检查。

③ 二次灌浆质量控制情况和灌浆后安装质量复查结果。

④ 对解体清洗的机器设备，监督其组装精度、配合间隙必须符合技术要求。

⑤ 管道与机器连接时是否达到无应力连接要求。

⑥ 油系统必须按技术要求达到干净无异物。

3. 安装后试运转过程

① 试运转方案的审批是否符合规定。

② 试运转过程是否按批准的方案进行。

③ 查看机器设备的振动、各轴承温升、轴位移情况是否符合技术要求，运转中机器有无异常现象。

④ 核查试运转的时间、顺序是否符合施工规范规定的要求。

4. 交工资料

① 核对交工资料的真实性。

② 检查各项记录资料是否齐全、清晰、准确，表格填写是否符合规范要求，认证签字是否齐全及时。

二、动设备安装工程常用标准

GB 50252《工业安装工程施工质量验收统一标准》

GB 50231《机械设备安装工程施工及验收通用规范》

SH/T 3508《石油化工安装工程施工质量验收统一标准》

SH/T 3538《石油化工机器设备安装工程施工及验收通用规范》

GB 50278《起重设备安装工程施工及验收规范》

GB 50270《输送设备安装工程施工及验收规范》

SH/T 3519《乙烯装置离心压缩机机组施工及验收规范》

SH/T 3516《催化裂化装置轴流压缩机-烟气轮机能量回收机组施工及验收规范》

GB 50275《风机、压缩机、泵安装工程施工及验收规范》

SH/T 3544《石油化工往复式压缩机组施工及验收规范》

SH/T 3541《石油化工泵组施工及验收规范》

SH/T 3539《石油化工离心式压缩机组施工及验收规范》

GB 50274《制冷设备、空气分离设备安装工程施工及验收规范》

SH/T 3553《石油化工汽轮机施工及验收规范》

GB 50276《破碎、粉磨设备安装工程施工及验收规范》

第三章　石油化工静设备

通俗来讲，没有驱动机带动的非转动或移动的设备都是静设备。石油化工静设备是指生产中使用的静止的、不会发生运动的设备。主要用于完成换热、加热、分离、混合、储存和实现化学反应。如换热器、塔器、分离设备、储存设备、反应器等。乙烯蒸汽裂解装置内的主要静设备就包含塔器、换热器、容器、反应器、干燥器和储罐等。

静设备是石油化工生产装置的躯干和核心，而且在高温、高压、易燃易爆的工况下运行，一旦发生事故，将是灾难性的，所以静设备的安全运行直接关系到企业的生产效率和经济效益。静设备的制造、安装质量是静设备安全运行的基础，作为一名工程技术人员、质量监督人员，掌握了解静设备的基本知识尤为重要。

第一节　静设备的分类

静设备可分为承压类静设备和传质分离类静设备。承压类静设备用于承受流体压力，如反应器、压力容器；传质分离类静设备则用于实现物资的传质和分类，如塔器、储罐。

分类方式很多，可以按结构特征和用途分为容器、塔器、换热器、反应器(包括各种反应釜、固定床或液态化床)和管式炉等。按结构材料分为金属设备(碳钢、合金钢、铸铁、铝、铜等)、非金属材料衬里设备(衬橡胶、塑料、耐火材料及搪瓷等)，其中碳钢设备最为常用。按受力情况分为外压设备(包括真空设备)和内压设备。

SH/T 3163《石油化工静设备分类标准》是对静设备分类的标准。本节介绍的是常用的分类。

一、按设备形状分类

根据形状，设备主要有圆筒形、球形、矩形三种。其中矩形设备由平板焊成，制造简便，但承压能力差，只用作小型常压储槽。球形设备由数块球瓣板拼焊而成，承压能力好，但由于安置内件不便和制造稍难，故一般用作内有一定压力的大中型储罐。圆筒形设备是由圆柱形筒体和各种成型封头所组成，作为设备主体的圆筒，制造容易，安装内件方便，而且承压能力较好，因此这类设备应用最广。

按照截面可分为圆形和非圆形，非圆形截面设备截面形状主要为矩形、长圆形、椭圆形，GB 150.3《压力容器 第 3 部分：设计》的附录 A 对此作了详细阐述，非圆形截面设备广泛应用于换热器、空冷器、储罐、反应箱等。

二、按设备材质分类

制造设备所用的材料有金属和非金属两大类。

金属设备中，目前应用最多的是低碳钢和普通低合金钢。在腐蚀严重或产品纯度要求高的场合使用不锈钢、复合钢板或铝制造设备；在深冷操作中可用镍和镍合金、铜和铜合金；不承压的塔节或容器可用铸铁。

非金属材料可用作设备的衬里，也可作独立构件。常用的有硬聚氯乙烯、玻璃钢、不透性石墨、化工搪瓷、化工陶瓷以及砖板、橡胶衬里等。

三、按设备的设计压力分类

按设备的设计压力(p)分为常压、低压、中压、高压、超高压五个等级，具体划分如下：

1. 常压设备：设计压力 p 小于 0.1MPa 的设备。
2. 低压设备(代号 L)：$0.1\text{MPa} \leqslant p < 1.6\text{MPa}$ 的设备。
3. 中压设备(代号 M)：$1.6\text{MPa} \leqslant p < 10\text{MPa}$ 的设备。
4. 高压设备(代号 H)：$10\text{MPa} \leqslant p < 100\text{MPa}$ 的设备。
5. 超高压设备(代号 U)：$p \geqslant 100\text{MPa}$ 的设备。

四、按用途分类

根据 TSG 21—2016《固定式压力容器安全技术监察规程》，按压力容器在生产工艺中的作用原理，分为反应设备、换热设备、分离设备、储存设备。具体划分如下：

1. 反应设备

主要是用于完成介质的物理、化学反应的压力容器，如反应器、反应釜、聚合釜、合成塔、变换炉、煤气发生炉等。代号为 R。

2. 换热设备

主要是用于完成介质的热量交换的压力容器，如各种热交换器、冷却器、冷凝器、蒸发器等。代号为 E。

3. 分离设备

主要是用于完成介质的流体压力平衡缓冲和气体净化分离的压力容器，如各种分离器、过滤器、集油器、洗涤器、吸收塔、铜洗塔、干燥塔、汽提塔、分汽缸、除氧器等。代号为 S。

4. 储存设备

主要是用于储存或者盛装气体、液体、液化气体等介质的压力容器，如各种形式的储罐。代号为 C，其中球罐代号为 B。

五、其他分类

根据承压情况，可将容器分为受内压和受外压两类。当容器内部介质压力大于外界压力时为内压容器。反之，则为外压容器。在石油化工生产装置中的压力容器和设备中，大部分是内压容器，但也有不少是承受外压作用的容器，例如连接真空泵的真空罐，多效蒸发器的减压冷凝器，减压蒸馏的减压塔等，这些容器的壳体都承受外压力的作用。对于夹套反应器，如果夹套的压力大于内部压力，那么它的内筒也是外压容器。

按设备的结构特点可分为卧式和立式两种形式。

根据器壁厚度可将容器分为薄壁容器与厚壁容器两种，两者是按其外径 D_o 与内径 D_t 之比 $K(K=D_o/D_t)$ 的大小来划分的，K 值小于等于 1.2 的称为薄壁容器，K 值大于 1.2 的称为厚壁容器。

此外还可按设备到货状态分整体到货设备、分段到货设备、分片到货设备。

六、公称直径

公称直径(nominal diameter)，就是标准化以后的标准直径，容器、管道及其附件的标准化直径系列。采用公称直径有利于实现零部件的标准化，也方便于设计、制造、修配和管理，降低制造成本。

对于容器，公称直径用内径表示；用钢板卷焊制成的筒体，其公称直径指的是内径。若容器直径较小，筒体可直接采用无缝钢管制作。GB 151 中有相应的规定。关于压力容器的公称直径系列可查阅 GB/T 9019—2015《压力容器公称直径》。

对于管道，则用小于外径并大于内径的某个尺寸表示。对于管道的某一公称直径，其外径是一定值，内径随壁厚的不同而变化。关于钢管的公称直径与外径的对应关系可查阅现行标准 SH/T 3405—2017《石油化工钢管尺寸系列》。

第二节　塔类设备

在石油、化工、炼油生产中，气、液两相直接接触进行传质及传热的过程是很多的，如精馏、吸收、气体增湿、冷却等都属此类。这些过程大多是在塔设备内进行的。塔设备为传质过程创造了适宜的外界条件，除了维护一定的压力、温度及规定的气、液流量等工艺条件外，还从结构上保证上升的蒸气与下降的液体有充分的接触空间、接触时间和接触面积，以达到比较理想的传质、传热效果。因此，塔设备是一种重要的化工设备。

在精馏、吸收等工业生产过程中所用的塔设备，大致可分为两类：填料塔和板式塔。关于塔类设备的设计、制造、检验和验收的现行标准是 NB/T 47041—2014《塔式容器》和 SH/T 3098—2011《石油化工塔器设计规范》。

一、填料塔

填料塔是化工生产中常用的一种气、液传质设备。填料塔的结构比较简单，塔内装有填料层，液体自填料层顶部分散后沿填料表面流下而润湿填料表面，气体在压强差推动下，通过填料间的空隙由塔的一端流向另一端。气液两相间的传质通常是在填料表面的液体与气相间的界面上进行的。液体沿填料表面下流，气液两相便得到充分接触，从而达到传质的目的。

填料塔所采用的填料种类很多，通常分为实体填料和网体填料两大类。常见实体填料包括拉西环及其衍生型，如鲍尔环、阶梯环、金属环矩鞍、弧形鞍和波纹填料等；网体填料则包括丝网体制成的各种填料，如鞍形网、Q 网环填料等。

填料塔由塔体、喷淋装置、填料、再分布器、栅板以及气、液的进、出口等部件组成。典型结构如图 3. 2. 1 所示。

二、板式塔

1. 总体结构

在石油化工生产过程中，当生产量较大时，一般都采用板式塔。在板式塔中，塔内设有许多块塔盘，相邻两塔盘间有一定的距离。板式塔的内部一般除装有塔盘、降液管、进料口、产品抽出口、塔底蒸气入口以及回流口等外，尚有许多附属装置，如除沫器、人孔、裙座，有时还有扶梯或平台。总体结构如图 3. 2. 2 所示。

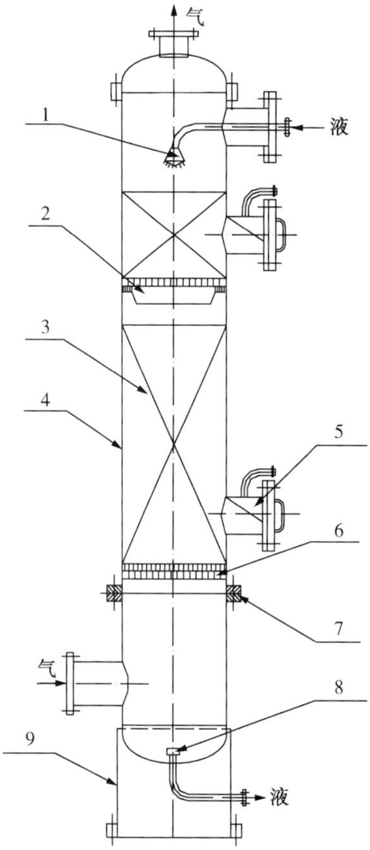

图 3. 2. 1　填料塔结构

1—莲蓬头(喷淋装置)；2—分配器；3—填料；4—塔体；5—卸料口；6—栅板；7—支持圈；8—出料装置；9—支座

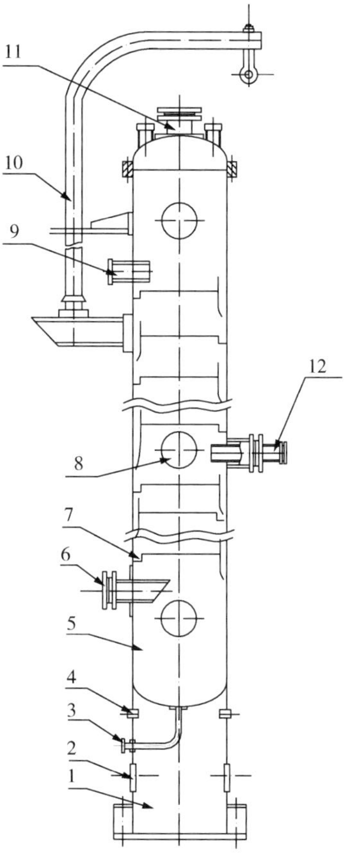

图 3. 2. 2　板式塔结构

1—裙座；2—裙座人孔；3—塔底液体出口；4—裙座排气口；5—塔体；6—蒸汽入口；7—塔盘；8—人孔；9—回流入口；10—吊柱；11—塔顶蒸汽出口；12—进料口

塔的顶部是气液分离部分，由一定的分离空间和除沫装置组成，气体由塔顶出口流出。塔的底部是塔釜，具有较高间距，上部是气体入口，下部釜底用于储存部分液体并不断排出釜液。塔的中部是由塔盘、溢流堰、降液管、受液盘、支承圈等部分组成的。小直径塔的塔盘由整块式塔板组成，大直径塔的塔盘由多块塔板组成。

2. 塔盘结构

塔盘又称塔板，塔盘在结构方面要求有一定的刚度以维持水平。塔盘与塔壁之间应有一定的密封性以避免气、液短路，塔盘应便于制造、安装、维修并且成本要低。

塔盘结构有整块式和分块式两种。当塔径在 800~900mm 以下时，建议采用整块式塔盘。当塔径在 800~900mm 以上时，因塔径较大，整块式塔盘的刚度不良，结构显得复杂，制造也困难，而且人可以在塔内进行装拆，可采用分块式塔盘。对于塔径在 800~900mm 之间的塔盘，上述两类结构均可采用，可根据制造和安装的具体情况而定。

三、化工装置专用塔类

化工装置中主要塔型是泡罩塔、筛板塔及浮阀塔，它们都属于板式塔。

1. 泡罩塔

泡罩塔的主要结构包括泡罩、升气管、溢流管及降液管。液体由上层塔盘通过左侧降液管流入塔盘，然后横向流过塔盘上布置泡罩区段，此处是塔盘气液接触区，接着液体流过出口堰进入右侧的降液管，如图 3. 2. 3 所示，在降液管中，被夹带的蒸气分离出来，上升返回塔盘上，液体则流往下层塔盘。与此同时，蒸气则从下层塔盘上升，进入泡罩的升气管中，通过环形回转通道，再经过泡罩的齿缝分散到泡罩间的液层中去。蒸气从齿缝中流出时，搅动了塔盘上的液体，使液层上部变成泡沫层。气泡离开液面时，破裂成带有液滴的气体，小液滴相互碰撞合成大液滴，又落回液层。蒸气从下层塔盘经泡罩进入液层，并继续上升的过程中，与所接触的液体发生传热与传质。

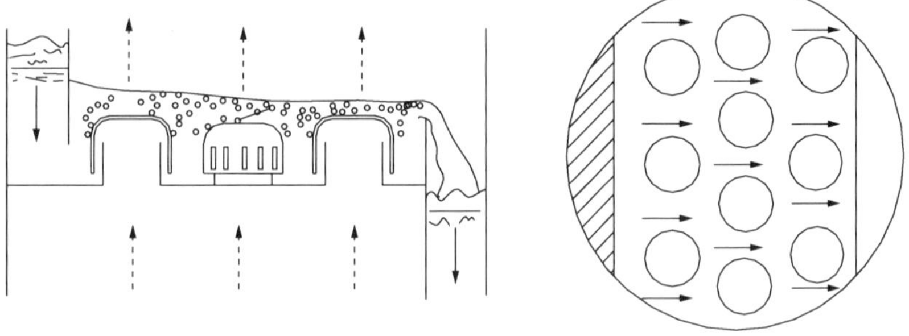

(a)泡罩塔板操作状态示意　　(b)泡罩塔平面示意

图 3. 2. 3　塔盘气液接触区

泡罩塔的优点是不易发生漏液现象，有较好的操作弹性，即当气、液负荷有较大的波动时，仍能保持较高的效率；塔板不易堵塞，能适应多种介质。缺点是塔板结构复杂，金属耗量大，造价高；板上液层厚，气体流径曲折，塔板压降大，兼因雾沫夹带现象严重，限制了气速的提高，故生产能力不大，而且板上液流遇到阻力大，致使液面落差大，气体分布不均，也影响了板效率。因此，近年来泡罩塔已很少建造。

2. 筛板塔

筛板塔是在塔板上开有许多均匀分布的筛孔，上升气流通过筛孔分散成细小的流股，在板上液层中鼓泡而出，与液体密切接触。筛孔在塔板上做三角形排列，其直径为 3~

8mm，孔间距与孔径之比为1.5~4.0。塔板上设置溢流堰，以使板上维持一定深度的液层。在正常操作范围内，通过筛孔上升的气流，应能阻止液体经筛孔向下泄漏，液体通过降液管逐板流下，在此过程中进行相互的传热和传质。

筛板塔突出的优点是结构简单，金属耗量小，造价低廉；气体压降小，板上液面落差也较小，其生产能力及板效率较泡罩塔高。主要缺点是操作弹性范围较窄，小孔筛板容易堵塞，故不宜处理黏性大的和带有固体颗粒的料液。近年来，常用大孔径(直径大于10mm)的筛板，它具有制造容易、不易堵塞等优点，采用气、液错流方式，可以提高气速以及生产能力。

3. 浮阀塔

浮阀塔主要用于石油化工装置加压、常压、减压下的精馏、吸收、脱吸等传质过程。浮阀塔板的结构特点是在带有降液管的塔板上开有若干大孔(标准孔径为39mm)，每孔装有一个可以上下浮动的阀片。由孔上升的气流，经过阀片与塔板的间隙与板上横流的液体接触，进行传热和传质。

浮阀塔广泛应用，是由于它具有下列特点：

① 处理能力大。浮阀在塔盘上可安排得比泡罩塔更紧凑。因此浮阀塔的生产能力可比圆形泡罩塔板提高20%~40%，接近筛板塔。

② 操作弹性大。浮阀可在一定范围内自由升降以适应气量的变化，而气流速度几乎不变，因而能在较宽的流量范围内保持高效率。

③ 塔板效率高。由于气流接触状态良好，且蒸气以水平方向吹入液层，故雾沫夹带较少。因此塔板效率高。

④ 压力降小。气流通过浮阀时，只有一次收缩、扩大及转弯，故压力降比泡罩塔低。

⑤ 液面落差较小。浮阀形状简单，可减低液面落差，因而蒸气分布较均匀。

⑥ 操作周期较长。由于阀盘大多用不锈钢制造，加之阀片不停地浮动，所以不易积垢堵塞，故操作周期较长。

第三节　换热设备

在工业生产中，实现物料之间热量传递过程的一类设备，统称为换热器。它是化工、炼油、动力、原子能和其他许多工业部门广泛应用的一种通用工艺设备。对于石油化工、炼油等工业生产来说，换热器尤为重要。

关于换热器的设计、制造、安装和验收的现行标准是GB/T 151—2014《热交换器》。

一、换热器的分类

在化工生产中，由于用途、工作条件和载热体的特性等的不同，对换热器提出了不同的要求，出现了各种不同形式和结构的换热器。换热器的形式和结构可参考GB/T 28712—2012《热交换器型式与基本参数》，常用的换热器按下列方式进行分类。

1. 按作用原理或传热方式分类

① 混合式换热器：是利用两种换热流体的直接接触与混合的作用来进行热量交换的。

为了获得较大的接触面积，可在设备中放置格栅或填料，有时也可把液体喷成细滴。此类设备通常做成塔状。

② 蓄热式换热器：让两种温度不同的流体先后通过同一种固体填料的表面，首先让热流体通过，把热量蓄积在填料中，然后，当冷流体再通过时，将热量带走，这样在填料被加热和冷却的过程中，进行着热流体和冷流体之间的热量传递。

③ 间壁式换热器：利用固体壁面将进行热交换的两种流体隔开，使它们通过壁面进行传热。这种形式的换热器使用最广泛。

2. 按换热器传热面的形式和结构分类

主要用于区分各种形式的间壁式换热器。其分类有：

① 通过管壁传热的换热器：包括蛇管式换热器、套管式换热器、管壳式换热器(又可分为固定管板式、U形管式和浮头式等)。

② 通过板面传热的换热器：包括螺旋板换热器、板式换热器、伞板式换热器、板翅式换热器、板壳式换热器。

③ 其他形式的换热器：这类换热器一般都是为了满足某些特殊要求而出现的，如回转式换热器和热管等。

3. 按生产中使用目的分类

即分为冷却器、加热器、冷凝器、再沸器和换热器等。

4. 按换热器所用材料分类

一般可把换热器分成金属材料和非金属材料两类。

二、管式换热器

这一类型的换热器，结构紧固，操作弹性大，流体的温度和流量等参数在一定范围内有短时间的波动，对生产不会带来太大的影响，而且使用材料范围广泛，尤其在高温、高压和大型换热器中，占有相当优势。

1. 蛇管式换热器

它是最早出现的一种结构简单和操作方便的换热设备。其传热面是由弯曲成圆柱形或平板形的蛇形管子(称为蛇管)来充当的。蛇管的形状主要决定于容器的形状，按其结构形状又可分为沉浸式和喷淋式两种。

① 沉浸式蛇管换热器：蛇管多以金属管子弯绕而成，或制成适应容器情况的形状，沉浸在容器的另一种液体中，两种液体分别在管内、外进行换热。这种换热器在深冷冷冻和制氧工业中用得较多。

② 喷淋式蛇管换热器：这种形式的换热器多用来冷却管子内的热流体，将蛇管成排地固定在钢架上。被冷却的流体在管内流动，冷却水由管排上方的喷淋装置均匀淋下，在换热器的最下边设有水泥或钢板做成的水槽，以收集与排放流下来的冷却水。

2. 套管式换热器

它是将两种不同大小直径的直管形成一同心套管，两端用U形构件，将它们连接成排，并根据实际需要，排列组合而成。它的特点是：操作可按逆流方式进行，由于内外两管的直径均可取得小一些，以便提高两种流体的流速，使在传热面的两端都可有高的给热系数，但它的单位传热面的金属消耗量和它的紧凑性均不如其他形式的换热器，检修、清洗和拆卸都较麻烦，可拆连接处容易造成泄漏。

三、板面式换热器

板面式换热器的传热性能要比“管式”换热器优越，由于结构上的特点，使流体在较低的速度下就能达到湍流状态，从而强化了传热。

1. 螺旋板换热器

这种换热器是由两张平行的钢板制成具有两个螺旋通道的一个螺旋体，并在其上安有端盖和接管等。其螺旋通道的间距靠焊在钢板上的定距撑来保证。这种换热器的特点是传热效率高，一般比管壳式高40%左右。制造简单，材料利用率高。能精密控制出口温度，并能利用低温热源，不易污塞，适用于处理固体颗粒或纤维的悬浮液以及其他高黏性的流体。

2. 板式换热器

板式换热器是由一组长方形的传热板片和密封垫片以及压紧装置组成。两相邻板片的边缘用垫片夹紧，类似于常用的压滤机。板片通常压制成表面为波纹形和槽形，以增加板的刚度和增大流体的湍流程度。

3. 板翅式换热器

这种换热器的基本结构是在两块金属板之间放置一种波纹状的金属导热翅片(一般称它为“二次表面”)，在其两侧以侧条密封而组成单元体，对各个单元进行不同的组合和适当的排列，并用钎焊将它们焊牢即成。这种换热器具有高的传热效率，在单位体积内的传热面积几乎是管壳式换热器的十几倍。它用铝合金制造，结构紧凑，体积小，重量轻。同时因波形翅片既是主要的传热表面，又是两板的支撑，故强度高。

4. 板壳式换热器

这种换热器主要由板束(相当于管壳式换热器中的管束)和壳体组成，是介于管壳式和板式换热器之间的一种中间产品。其特点是传热系数高，若设计选用得当，它的传热系数约为管壳式的两倍。由于管程和管壳都是直通道，相应的流体流动阻力较小，因而通过换热器的压力降就小。传热面积大，结构紧凑，体积小。污塞倾向小，容易清洗，但焊接技术要求高。

5. 伞板式换热器

它是一种由我国独创的新型高效换热器，由板式换热器演变而来。一方面，它的结构是以伞形板式代替了平板片，从而使制造工艺大为简化，成本降低。另一方面伞形板片结构稳定，板片间容易密封。但由于设备的流道较小，容易堵塞，不宜处理较脏的介质。该设备流道内具有湍流花纹，增加了流体的扰动程度，因而提高了传热效果。

四、管壳式换热器

管壳式换热器是目前应用最为广泛的一种换热器，已作为一种标准换热设备。如图

3.3.1所示，它是由许多管子所组成的管束，管子固定在管板上，而管板与外壳连接在一起。为了增加流体在管外空间的流速，以改善它的给热情况，在筒体内间隔安装了多块折流挡板。可分为下列几类。

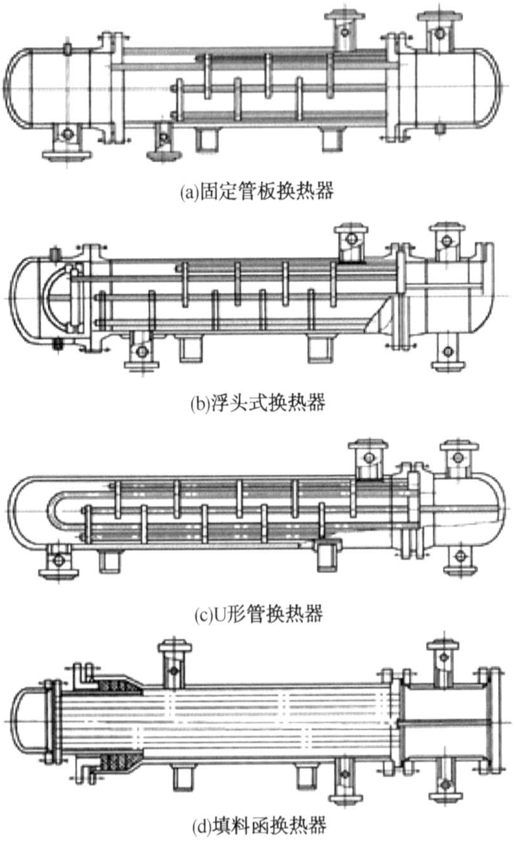

图3.3.1 管壳式换热器

1. 固定管板式换热器

固定管板式换热器的两端管板，采用焊接方法与壳体连接固定，其结构简单、紧凑，没有壳侧密封连接，制造成本低，能得到最小的壳体内径，管程可以分成任何程数，每根管子都能单独清洗和更换，规格范围广，因此在工程中被广泛应用。其缺点是壳侧不能清洗，检查困难，对于含有杂质或有腐蚀性的介质不能采用。

2. 浮头式换热器

浮头式换热器一端管板与壳体固定，而另一端的管板，可以在壳体内自由浮动。壳体和管束的热膨胀是自由的，因此当两种介质的温差较大时，管束与壳体之间不产生温差应力。浮头端设计成可拆结构，使管束易于插入或抽出(也可设计成不可拆结构)，为检修和清洗提供了方便。但其结构较复杂、造价高、笨重、材料消耗大，而且在操作时无法知道浮头端盖有无泄漏，所以安装时要特别注意其密封。

3. U形管式换热器

U形管式换热器是将管子弯成U形，管子两端固定在同一块管板上。它的特点是管束可以自由伸缩，不会因为管子与壳体间的壁温而产生温差应力，结构简单，造价比其他换热器便宜，管束可以从壳体内抽出，便于清洗，但管内清洗不如直管的方便，因此管内的介质必须是清洁的或不易结垢的物料。由于传热管的结构形式关系，管子的更换除外侧一层外，中间的不可能更换，管束中心一带存在间隙，使得流体易走短路，影响传热效果。管板上排列的管子较少，结构不紧凑。U形管的弯管曲率不同，管子长短不一，因而物料分布不如固定管板式换热器均匀。管子因损坏而堵死后，将造成传热面积的损失。U形管式换热器，一般使用于高温高压的场合。在压力较高的情况下，应加厚弯管段的壁厚，以弥补弯管后管壁的减薄。

4. 填料式换热器

填料式换热器有两种形式，一种是在管板上的每根管子的端部都有单独的填料函密封，以保证管子的自由伸缩，当换热器内的管子数目很少时，才采用这种结构，但管距比一般换热器要大，结构复杂；另一种是在列管的一端与外壳做成浮头结构，在浮头处采用整体填料函密封，结构较简单。在一些腐蚀严重、温差较大而经常更换管束的冷却器中应用较多。

五、空气冷却器

空气冷却器简称空冷器。空冷器是在炼油和化工生产中被作为冷凝和冷却用的一种换热器。空冷器是由管束、构架、风机、百叶窗和喷水装置等部件组成。空气冷却器是以风机为动力，以空气为冷却介质，将进入管束的热介质，以吹风来冷却，管子的本身材料采用碳钢(或合金钢)和铝两种，但翅片多为铝制。

空气冷却器按冷却方式不同分为干式空冷器、湿式空冷器、干-湿联合式空冷器三类。其中干式空冷器和干-湿联合式空冷器又分为水平式空冷器和斜顶式空冷器两种。空冷器的通风方式有鼓风式和引风式两种。

空气冷却器是一种既省水又经济的设备。它具有不需要水源，适用于高温、高压的工业条件，使用寿命长，运转费用低等优点。但有空气侧的给热系数小，需安装较大的传热面积，噪声大，物料的被冷却温度受环境温度的影响大等缺点。

第四节　反应类设备

化学反应设备是石油化工装置中的主要设备之一。反应器主要是用来完成介质的物理、化学反应，生成新的物质。原料在反应器内发生化学反应，生成聚苯乙烯的聚合釜、氨合成塔、尿素合成塔、催化再生器等。这些设备根据反应操作条件不同，其结构不尽相同，常分为带搅拌和不带搅拌两类；根据压力又分为高压反应器和中压反应器。

一、反应器的分类

根据反应过程和反应器的不同特征，可以有不同的分类方法。按结构形式可分为釜式、管式、固定床式和流化床式反应器。

1. 釜式反应器

这类反应器在石油、化工中的应用非常普遍，大多数情况设有搅拌装置及传热装置，既可以用于间歇也可以用于连续操作过程，既可以用单釜亦可用多釜连续操作，如丁苯橡胶、聚氯乙烯、高压聚乙烯的聚合釜等。

2. 管式反应器

管式反应器由单根连续管子或由一根以上的管子平行排列构成，如高压聚乙烯和石脑油裂解的反应设备。

3. 固定床式反应器

固定床式反应器将固体物料或催化剂静止地放置在支撑板上，形成一定高度的床层，使气体和固体物料起化学反应，或使气体在静止状态的催化剂的影响下起化学反应的设备，如合成氨、加氢脱硫等反应设备。

4. 流化床式反应器

流化床反应器是使参与化学反应或触媒的固体颗粒物料处于激烈的运动状态，也就是在反应器内装有催化剂或参与反应的固体颗粒，反应流体从反应器底部进入，从顶部引出反应物，如丙烯氨氧化制丙烯腈、萘氧化制苯酐的反应器。

二、高压反应器

通常是指介质压力在 10～100MPa 之间的反应器，压力大于 100MPa 的称为超高压反应器。如合成氨装置中的操作压力为 15～32MPa 氨合成塔、操作压力为 20MPa 的尿素合成塔、30MPa 的甲醇合成塔、高压聚乙烯装置中 150～200MPa 的聚乙烯反应釜等。这些反应器通过高压操作强化介质的化学反应和化学操作的物理过程生成新的物质。

高压反应器的基本结构为筒体、密封件、端盖和筒体端部，以及紧固连接件等。

三、带搅拌装置的反应釜

在一定容积的容器中和一定压力与温度下，借助搅拌器向介质传递必要的能量进行化学反应的容器，称为搅拌反应器，习惯上称为反应釜。

搅拌设备主要由搅拌装置、轴封和搅拌罐三部分组成。

四、炼油化工装置常用反应类设备

1. 炼油厂催化裂化反应器、再生器、旋风分离器

催化裂化反应器和再生器是炼油产品二次加工工艺过程中反应-再生系统的主要设备，也是催化裂化装置的关键设备。

催化裂化反应器的作用是提供原料油与催化剂反应所需要的空间，以保证原油充分裂化，通过控制反应温度和接触时间，得到所需产品，生成汽油、轻柴油、液化石油气、干气、油浆等气相产物，同时生成焦炭覆盖在催化剂表面使其成为待生催化剂。反应器主要由筒体、裙座、反应物进料管与分布集气室与防焦板、汽提段等部分以及各种附件组成，内部安装有若干组旋风分离器，反应油气与待生催化剂在催化裂化反应器出口经旋风分离器分离进入再生器。

催化裂化再生器的作用是通过燃烧，使反应过程中由于积炭而失去活性的催化剂恢复活性。在烧掉催化剂表面焦炭恢复活性的同时，放出大量的热量为催化剂所吸收，带入反应器作为原料油反应所需热量。再生器主要由筒体、分布板、分布管、溢流管、催化剂提升管、集气室、波形膨胀节、辅助燃烧室以及各种附件组成，内部也安装有若干组旋风分离器。

2. 聚丙烯环管反应器

环管反应器是一种在混合物反应中广泛使用的反应器。它的特点是采用循环式混合，将反应物均匀地注入反应器中。反应器内部设置有多个环形管道，使反应物得到充分的混合和溶解，从而提高反应效率和产量。同时，环管反应器还可以控制反应器内部的压力和温度，以确保反应物质量的稳定性和一致性。

环管反应器是一种在聚丙烯生产中应用极为广泛的反应器技术，它可以提高生产效率和质量，降低能耗。未来，随着环管反应器技术的发展，其在聚合物生产中的应用前景值得期待。

3. 丙烯腈反应器

丙烯腈反应器是整个装置的心脏设备。以丙烯、氨和空气等为原料在催化剂作用下，通过流化床催化在反应器中发生反应，然后经冷却精制等一系列工序，生产出合格丙烯腈产品。

在反应过程中，空气压缩机提供热风进行流量调节后，通过反应器下部空气入口进入反应器底部，经空气分布板向上流动。汽化和过热的丙烯、氨气从反应器中部进入丙烯、氨分布器混合，与空气一起向上流动，在催化剂作用下发生化学反应。反应后的生成气通过反应器上部并联的三级旋风分离器，降低催化剂速度以脱掉催化剂，最后由顶部蒸汽总出口离开反应器进入反应气体冷却器冷却。由于生成丙烯腈的反应属于放热反应，为控制反应温度，在反应器中部，设置了散热水管，以吸收反应放出的热量。

反应器主要由筒体、裙座、上下封头、内件等四大部分组成，内件主要由气体分布板、分布板、冷却盘管和旋风分离器组成。介质为丙烯腈、氢氰酸等剧毒物料，所以被列为三类压力容器。

五、现场安装

SH/T 3601—2009《催化裂化装置反应再生系统设备施工技术规程》规定了催化裂化装置反应再生系统设备工厂化制造、现场组焊、安装、检验等过程控制的施工技术和质量要求。

第五节　石油化工工业炉

工业炉是化工、石油化工常见的关键设备之一。许多化工过程都需在工业炉中完成，如合成氨装置的一段转化炉、二段转化炉、汽化炉、乙烯装置的裂解炉，炼油装置的管式加热炉以及化工装置中的蒸汽煅烧炉、电石炉等。

工业炉的类型很多，而且结构多样，本章仅介绍几种常用的石油化工工业炉。

关于工业炉的设计、建造和验收的现行标准是 GB/T 51175—2016《炼油装置火焰加热炉工程技术规范》。

一、分类

按其结构特征大致可分为管式炉和非管式炉两大类。

1. 管式炉

管式炉体一般由钢架及筒体(或箱体)组成，炉内衬有耐火材料和绝热材料，还有炉管系统、烟道和烟囱等部分。按炉子结构形状分为圆筒炉和箱式炉两大类。按辐射管排列形式可分为立式、卧式和盘管式炉。按燃烧器的布置可分为顶烧、底烧和侧烧炉。按工艺要求分为纯辐射型、纯对流型和辐射对流型炉。

① 圆筒炉。圆筒炉具有结构简单紧凑、炉管挂吊支承方便、占地面积小及检修方便等特点。圆筒炉根据炉管形状和工艺分为：纯辐射立管立式炉、纯辐射盘管立式炉、辐射

对流型盘管立式炉、辐射对流型立管立式炉、辐射对流型盘管式炉。

② 箱式炉。箱式炉使用广泛，形式多样，其特点是辐射炉管、燃烧器，对流室的布置比较灵活，随工艺要求设计和布置，结构一般比圆筒炉复杂。根据炉管形式，燃烧器布置和炉体结构形式可分为：卧管立式炉、立管立式炉、辐射墙式炉、梯台炉、顶烧立管箱式炉。

管式炉通常由辐射室、对流室、废热回收装置、燃烧装置和通风装置组成。辐射室内有耐热合金钢的排管或盘管，对流室内装有成组的光管、翅片管或钉头管。采用翅片或钉头管是为了增加受热面积，提高热效率。还有烟道、烟囱、风道、烧嘴、引风机、吹灰器、孔门、废热系统等部分。

2. 非管式炉

按其结构特征可分为以下几类。

① 立式反应炉。这类炉型的炉体大都是圆筒形，基本上是受压容器。钢壳内衬耐火、绝热材料，外部炉架由钢结构组成。如二段转化炉、油气化炉、甲烷化炉等。

② 有升降、传动装置的炉。这类炉型的外部有投料提升装置，炉底等部位装有传动装置。炉体类似容器，炉内有内衬，砌筑耐火和绝热材料。如电石炉、石灰窑等。

③ 卧式旋转炉。这类炉体呈卧式旋转筒体，内部装有螺旋输送器和加热器，外部有传动装置，如蒸汽煅烧炉等。

④ 焚烧炉。这类炉用于焚烧固体、液体、气体工业废弃物。可分为立式和卧式两种。炉体大都类似容器，炉内砌筑耐火材料和绝缘材料。

二、石油化工常用工业炉

1. 一段转化炉

一段转化炉主要用于天然气、油田气、炼油气经转化生产合成氨的原料气或生产氢气。转化炉的生产能力大小是由炉管根数所决定的，同时与转化炉的炉型有关。其结构为立式箱型管式转化反应炉，有钢架结构炉体，炉墙砌筑耐火材料和隔热材料，炉管为立式，炉管内装有催化剂，炉子侧壁安装板式无焰喷嘴，对流室与辐射室有的为水平方向并列，有的设在顶部，预热原料或产生蒸汽，一般对流室炉管均为卧式管束，目前我国30万吨/年合成氨装置多为此类结构。一段转化炉是大型石油化工装置中的典型炉类设备之一。

2. 裂解炉

(1) 裂解炉的形式

裂解炉是石油化工中以烷烃和液态烃(轻油、柴油、减压油等)裂解制取乙烯等烯烃原料的关键设备。炉体分对流段和辐射段，由钢结构构成。炉壁内衬耐火、绝热材料。辐射段内耐热合金钢裂解炉管多组竖管悬挂在顶部外边的弹簧吊架上。对流段炉管为多组卧式管束。根据设计要求有光管、翅片管或钉头管。裂解炉结构庞大，安装工程量大。根据结构可分为：管式裂解炉、砂子炉、方箱形管式裂解炉。其中应用最广泛的是管式裂解炉。

(2) 管式裂解炉

管式裂解炉主要由对流段和辐射段两部分组成。裂解原料和稀释蒸汽先进入对流段炉管内被加热升温，然后进入辐射段炉管内发生裂解反应，生成的裂解气从炉管出来，离开炉子立刻急冷。燃料在烧嘴燃烧后生成高温燃料气，先经辐射段，再经对流段，烟道气从烟囱排空。

由于竖管裂解炉与横管裂解炉比较，有如下优点：热辐射均匀，热强度大，炉管吊架隐蔽在炉顶耐火材料深处，因此，不致因吊架材质而限制炉膛温度的提高；由于炉管自由悬挂，可随温度变化而自由胀缩，因此传热的极限仅取决于炉管本身材质耐温性能；简单的辐射炉膛内可放下任意程数的炉管，而不受炉子支持高度的限制等。因此近代的管式裂解炉都是竖管式。

以美国鲁姆斯公司的竖管裂解炉为例说明其结构。

美国鲁姆斯公司从 1940 年起就从事乙烯工厂的设计和建设。SRT 裂解炉是在长期的试验基础上发展起来的。SRT 炉型的基本结构是对流段在上，辐射室在下，在辐射室内，炉管单排垂直排列于室内中央，在辐射室底部和两侧均安装有烧嘴。两侧壁安装无焰烧嘴，底部安装两排长焰烧嘴。位于中央的裂解炉管受到双面辐射。

如今鲁姆斯公司由 SRT-Ⅰ型炉发展到 SRT-Ⅵ型炉，随着技术的进步，单台裂解炉的乙烯生产能力由(3~6)×10^4t/a 发展到 10×10^4t/a 以上。表 3.5.1 所列为各种 SRT 型裂解炉辐射管的参数。

表 3.5.1　SRT 型裂解炉辐射管参数

炉型	SRT-Ⅰ	SRT-Ⅱ	SRT-Ⅲ	SRT-Ⅳ	SRT-Ⅴ	SRT-Ⅵ
程数	8	6	4	2	2	2
管长/m	80~90	60.6	51.8	21.9	21.9	21
管径/mm	75~133	1 程，2 程，3~6 程 64，96，152	1 程，2 程，3~4 程 64，89，146	1 程，2 程 41.6，116	1 程，2 程 41.6，116	1 程，2 程 >50，>100
停留时间/s	0.6~0.7	0.47	0.38	0.21~0.3	0.21~0.3	0.2~0.3

3. *立式反应炉*

常见的立式反应炉类设备有二段转化炉、蓄热炉、开工加热炉(氮气加热、氧蒸汽预热炉等)、甲烷化炉、中(低)温度炉、汽化炉等，这些炉类设备主要用于石油化工装置中原料气的进一步加热、转化、变化、变换分离及固体焚烧等一系列化学反应。它们的共同特征是：立式钢壳体。一般外壳为受压容器，体内衬耐火耐热材料或内装催化剂以及内衬不锈钢或其他合金钢。

4. *炼油厂管式加热炉*

在石油化工中有许多介质需要加热，以提高温度进行分离和反应，为了提高热效率，必须提高介质的流速，所以一般都是通过管式炉类进行加热，加热炉是炼油装置的重要设备，炼油厂管式加热炉是属于供热源的火焰加热设备。

(1) 管式加热炉的工作原理

炼油管式加热炉由辐射室、对流室和烟囱组成，辐射室与对流室内均装有炉管，烟囱内装有挡板。燃烧经过喷嘴在辐射室燃烧，产生的高温火焰以辐射传热方式，将大部分热量传给辐射室炉管内流动着的介质，温度降低后高温烟气最终进入烟道，通过烟囱排入大气。介质的流向，是先经过对流室炉管，又经过辐射室的炉管，其介质经过流动过程中不断吸入高温烟气传来的热量，逐步升高到所需要的温度成为高温介质流出。为了综合利用能源，常在对流室和烟道与炉体部分增设废热回收器或蒸汽排管，利用传热使管内形成过热蒸汽供生产使用。

（2）炼油装置的管式加热炉的类型

炼油装置常见的管式炉中，有立式加热炉和圆筒加热炉，炉体外形分为立式长方形和立式圆筒形。立式加热炉分为卧管立式加热炉和立管立式加热炉。通常立式加热炉高度为宽度的2~3倍，炉内呈长方形，由型钢组成的立柱支撑。立式加热炉的结构分上、中、下三部分，上部为烟囱，内设挡板调节气流和风量，中部为辐射室。喷嘴在炉底向上放置或水平放置，辐射炉管沿炉墙呈卧式或立式排列，对流段炉管均为卧式安装，用管板固定。

圆筒式加热炉又称圆筒立式加热炉，目前我国几乎所有炼油厂都采用这种炉型。

5. 其他化工炉

（1）沸腾焙烧炉

沸腾焙烧炉是硫酸工业的重要设备，其作用是利用硫铁矿或硫精砂，在炉内形成沸腾床层焙烧反应，产生含量为10%~13%的SO_2炉气，即制取硫酸的原料气。该炉大都采用圆形炉，一般由炉体、空气进风装置、进矿、排渣、炉出气、冷却、内废热锅炉装置等组成。上部为炉体，下部为空气室。圆形炉按原料、操作条件不同分为直筒式（多尔型）、扩散式（鲁奇型）、倒锥式。

（2）蒸汽煅烧炉

该炉是纯碱工业重要炉类设备。其作用是将纯碱生产的中间产品重碱（碳酸氢钠）连续投入炉内，经加热化学分解成为纯碱产品。该炉为卧式回转炉，其加热方式是利用蒸汽排管加热。目前大中型碱厂常用直径为2500mm的蒸汽煅烧炉。

（3）化肥装置加热炉

化肥工业常用的加热炉是管式加热炉，是用来对原料、介质进行加热，以满足工艺要求和生产需要。该炉多为圆筒形，按辐射室炉管的排列分为竖管式和盘管式，按热负荷和工艺条件分为全辐射式和辐射对流式。

由于石油化工生产面较广，专业众多，除上述常用炉类外尚有众多的加热、化学反应炉类。如二段炉、芳烃装置重整炉、沸腾干氨炉等。

三、工业炉施工

施工的现行行业标准有SH/T 3506—2020《管式炉安装工程施工及验收规范》和SH/T 3511—2020《石油化工乙烯裂解炉和制氢转化炉施工及验收规范》。

1. 施工准备

（1）施工准备是所有炉类设备施工前应做并且必须做好的事情，大致有以下几项内容：

① 收集有关技术资料，熟悉图纸及施工方案，参加工程技术交底活动；

② 施工用机具、工器具、材料的准备、搬运与设置；

③ 设备及零部件的出库运输；

④ 设备及零部件的开箱、外观检查、清点、编号、记录、校验、抽检、现场堆放和保管；

⑤ 设备基础的验收、放线、测量、基础处理及垫铁设置；

⑥ 施工现场的清理平整、临时组装平台铺设。

（2）大型散装化工工业炉现场安装程序

化工工业炉的墙、顶、底是按成片到货，炉管按成组散装到货，烟风道、烟囱按分段到货，零部件按成品、半成品到货考虑，均未包括制作工程。现场制作时，可参考炼油厂加热炉制作程序。

（3）炼油厂管式加热炉安装程序

炼油厂加热炉一般为原材料供货，现场制造安装。现场安装程序基本上同化学工业炉施工安装程序。制作部分由制作单位的加工厂或现场加工点预制。

2. 施工方法

（1）施工条件

① 设备、材料、成品、半成品、构件完整无损，符合质量标准和设计要求，并具有齐全的质量证明文件；

② 安装、土建工程交叉作业正常；

③ 正常的气候、地理条件和施工环境；

④ 设备基础及其预留孔符合设计要求和安装要求。

（2）水平运输

根据炉体结构配件、预制构件的规格情况，通常选用拖车、载重汽车、汽车起重机配合装卸。对特殊部件（如炉管等）在运输、检查过程中，应采取有效保护措施，制作专业胎具以防止碰伤和划伤。

（3）现场预制

① 放样。在现场或加工点铺设的平台上，根据图纸以 1∶1 的比例尺寸对炉子结构、部件及节点进行放样。做出下料样板及部件检查样板，并且在平台上利用大样组对部件。制作样板的材料可以用铁皮或油毡纸等。

② 下料。根据排板图和放样得出的实际尺寸及样板，在型钢、管材上截取需要的尺寸和在钢板上号出需要的几何实样。下料切割用的机械有：剪床、氧-乙炔火焰切割机具、砂轮切割机和车床。对于特殊材料（如不锈钢）采用等离子切割机。

③ 坡口加工。部件焊接所需的坡口，一般采用机械（如车床、刨边机等）加工、氧-乙炔火焰加工和手提砂轮机加工。根据需要和规范要求选用。

④ 滚弧。对于圆形部件（如圆筒炉的筒体、烟囱、风管道、圆弧形型钢部件等）用滚床进行加工。

⑤ 煨制。加工不同几何形状的部件，一般方法有机械冷煨和火焰热煨。

⑥ 焊接。结构焊接为手工电弧焊，炉管焊接常用氩弧焊或氩电联焊。氩弧焊一般采用管内局部充氩气保护焊。

（4）安装

按炉子设备的工程规模，部件起吊高度及重量，确定机械配备。

① 对于批量大、炉子布置较集中的，根据基体安装部位和构件情况，可选用一台或数台起重机配合安装；其他现场组对安装的化工工业炉，一般选用自行式起重机配合吊装。对单体吊装重量较大的常用金属抱杆吊装。

② 炉体钢结构，根据规范要求，应在地面的组装平台上组装成片或框架吊装，组装过程中部件结构的翻转，应采取支撑式加固措施，以防止变形。对于成排、成组的炉管，应制作专用的吊装胎具、卡具进行吊装，以防止损伤和变形。

③ 分段的烟囱和小直径的圆筒炉体一般在道木垛或转胎上组对。

④ 炉体结构组装的找平找正，一般采用千斤顶和手拉葫芦(倒链)进行调整。

⑤ 炉体结构的焊接采用对称、分段、倒退焊的焊接工艺，防止焊接变形。

⑥ 炉管和部分管道的热处理多采用电加热法。胀接炉管的管端退火和胀接操作按设计和规范要求进行。

(5) 检验

① 无损检测的方法有：X 射线(RT)、超声波(UT)、渗透(PT)、磁粉(MT)等，无损检测应根据设计规定和规范要求进行。

② 炉管、炉体的各种试验，应按设计和规范要求进行。

第六节 球形储罐

球形储罐作为大容量、有压储存容器，在各工业部门中广泛应用。由于球形容器多数作为有压储存容器，故又称球罐。

球形容器与常用圆筒形容器相比具有下列一些特点：

① 球形容器的表面积最小，即在相同容量下球形容器所需钢材面积最小。

② 球形容器壳板承载能力比圆形容器大一倍，即在相同直径、相同压力下，采用同样钢板时，球形容器的板厚只需圆筒形容器板厚的一半。

③ 球形容器占地面积小，且可向高度发展，有利于地表面的利用。

关于球罐的设计、制造、组焊、检验和验收的现行标准是 GB/T 12337—2014《钢制球形储罐》。

一、球罐的分类、构造

1. 球罐的分类

(1) 按储存温度分类

球罐一般用于常温或低温。只有极少数场合使用温度高于常温，如造纸工业用的蒸煮球罐。

① 常温球罐。设计温度大于-20℃的球罐，如储存液化石油气、氨、煤气、氧、氮等的都属于这类球罐。一般说这类球罐的压力较高，取决于液化气的饱和蒸气压或压缩机的出口压力。

② 低温球罐。这类球罐的设计温度低于-20℃，一般不低于-100℃，如-31℃下储存液态乙烯的球罐。压力属于中等(视该温度下介质的饱和蒸气压而定)。

③ 深冷球罐。设计温度在-100℃以下，往往在介质液化点以下储存，压力不高，有时为常压。由于对保冷要求高，常采用双层球壳。

（2）按壳体层数分类

① 单层壳体最常见，多用于常温高压和高温中压。

② 双层壳体球罐由外球和内球组成，双层壳体间放置绝缘材料，绝热保冷性能好，用于储存低温的液化气。双层壳体球罐采用双金属复合板制造，适用于超高压气体或液化气的储存，目前使用不多。

（3）按支承结构分类

① 柱式支承有赤道正切柱式支承、V形柱式支承和三桩会一柱式支承。其中柱式支承中以赤道正切柱式支承为国内外普遍采用。

② 裙式支承包括圆筒裙式支承、锥形支承，及用钢筋混凝土连续基础支承的半埋式支承、锥底支承。这种结构的特点是支座较低，稳定性好，由钢板制成，可节省钢材。

（4）按结构形式分类

按照GB/T 17261—2011《钢制球形储罐型式与基本参数》的规定分为：桔瓣式球罐和混合式球罐。

2. 球罐的构造

球罐由球壳、支柱、梯子平台及安全附件等组成。球壳一般由赤道带、温带、极板构成。

（1）球壳

球壳结构型式主要分足球瓣式、桔瓣式和混合式三种。国内自行设计、制造、组焊的球罐多为桔瓣式。

足球瓣式球罐的球壳划分和足球壳一样，所有球壳板片大小相同，所以又叫均分法。

桔瓣式球罐的球壳划分就像桔瓣，是一种最通用的型式。

混合式球罐的球壳组成是：赤道带和温带采用桔瓣式，极板采用足球瓣式。该结构国外已广泛采用。随着我国石油、化学、城市煤气等工业的迅速发展，近年来引进了许多混合式结构型式的大型球罐，通过对引进球罐的施工、开发研究，国内已基本掌握了该种结构型式球罐的设计、制造、组装和焊接技术。

（2）支柱与球壳的连接

球罐支座是球罐中用以支承球壳及附件和储存物料重量的结构部件。支座型式有柱式和裙式两大类。柱式支承有赤道正切柱式支承、V形柱式支承和三桩会一柱式支承。裙式支承包括圆筒裙式支承、锥形支承，及用钢筋混凝土连续基础支承的半埋式支承、锥底支承。其中柱式支承中以赤道正切柱式支承为国内外普遍采用。

赤道正切柱式支承的结构特点是：球壳由多根圆柱状的支柱在球壳赤道部位等距离布置，与球壳相切或近似相切（相割）而焊接起来。支柱支承球罐的重量，为了承受风载荷和地震力，保证球罐的稳定性，在支柱之间设置拉杆相连接。

支柱与球壳的连接分有垫板连接和无垫板连接两种结构型式。有垫板连接结构（又称加垫板）可增加球壳板的刚性，但又增添了球壳上的搭接接头，当球罐承受内压膨胀时，由于局部刚度的限制，会引起局部应力的增加，将导致焊接接头产生裂纹，故应尽量避免采用此种结构。目前国内外球罐的设计基本都采用无垫板结构型式。

支柱与球壳连接端部结构分平板式、半球式和椭圆式三种。平板式结构边角易造成高应力状态。半球式和椭圆式结构属弹性结构，不易形成边沿高应力状态，抗拉断能力较强，故多被采用。国家标准 GB 12337—2014 亦选用此两种结构。

（3）支柱

支柱一般采用无缝钢管或卷制焊接钢管制作，U 形柱可采用与球壳板相同材料的钢板制作。低温球罐或容积较大的球罐，应采用分段支柱型式，分段的长度不宜小于支柱总长的 1/3。

支座底板上开设的地脚螺栓孔，应为径向长圆孔，以利于支柱的径向移动，释放支柱施加给球壳的高应力，确保球罐安全。

（4）开孔

球罐开孔应尽量设计在上下极上，便于集中控制，便于在制造厂完成接管的组焊和进行焊后消除应力热处理，保证接管部位的质量。开孔应避开焊缝，当不得不在焊缝上开孔时，则以开孔中心为圆心，1.5 倍开孔直径为半径的圆中所包容的焊缝必须经 100% 无损检测合格。

球罐由于工艺操作需要各种规格的接管。接管部分是强度的薄弱环节，一般采用厚壁管或凸缘来提高强度。与球壳相焊的接管最好选用与球壳相同的材质。低温球罐应选用低温配管用钢管，并保证在低温下具有足够的冲击韧性。

二、球罐的施工

球罐施工的现行标准是 GB 50094—2010《球形储罐施工规范》。

1. 球罐环带法组装

公称容积不大于 1000m^3 的球罐亦可采用环带法组装。采用环带法组装时，各环带均应在平台上进行组装。组装平台在施工过程中不得出现变形或偏沉。

① 赤道带的组装；

② 温带的组焊；

③ 先组装下温带（包括极板）再组装赤道带；

④ 先组装赤道带再组装下温带。

2. 球罐分片法组装

① 球罐组装前，应对每块球壳板和焊缝进行编号。球壳板的编号宜沿球罐 0°→90°→180°→270°→0°进行编排，编号为 1 的球壳板应放在 0°上或与紧靠 0°向 90°方向偏转的位置上。

② 球罐组装时，可采用工卡具调整球壳板组对间隙和错边量，不得进行强力组装。

③ 球罐组装时应对球罐的最大直径与最小直径之差进行控制，并符合技术文件的要求。

④ 分段支柱组对时，支柱和赤道带板的组对宜在平台上进行，并应对球壳板采取防变形措施。

⑤ 支柱和赤道带板的相贯线在现场焊接时，组对后应检查相贯线处支柱与赤道带板

之间的间隙，相贯线焊接应严格按照焊接工艺进行，确保变形量最小，焊后进行渗透检测。

⑥ 拉杆安装时应对称均匀拧紧。

⑦ 赤道带板组装。

⑧ 赤道带板组对成环后，应立即进行找正，并安装支柱间支撑，使装配尺寸达到要求。支柱找正时不得用柱间支撑强拉。

⑨ 设计采用刚性柱间支撑时，支柱找正后应将支撑构件进行预组装，使各焊接接缝的间隙均符合要求后，方可进行焊接，焊接时应对称施焊。

⑩ 赤道带板组装符合要求后，为便于上、下温带板的安装调整，宜在球罐中心位置安装中心柱或伞形架支撑。

⑪ 温带板组装时，宜采用对称吊装，应先组装下温带板后组装上温带板。

⑫ 上温带板的吊装，组对程序与下温带板相同，上温带板上口可利用中心柱上伸出的支撑管或用手拉葫芦同中心柱固定。

⑬ 上、下温带板全部组装完毕，尺寸及接缝偏差调整合格，组装上下极边板和侧板，然后拆除中心柱，组装上、下极中心板。

⑭ 极板的组装应先组对下极板，后组对上极板。吊装组对时应检查上、下极板与温带板的相对位置以及确保管口方位与图样相符。极板吊装就位后，应用卡具与温带板固定。

⑮ 在全部球壳板组装完毕并检查合格后，为了便于焊接时球罐内通风和施工人员的通行，可将下极带中的一块极中板暂时取下，待球壳板焊接完后在此部位重新组对焊接。

⑯ 球罐组装用的吊、卡具可按焊接完成进度随时拆除并做出标记，焊在球壳板上的吊、卡具拆除时应用砂轮打磨、碳弧气刨或气割切除，严禁用锤敲落。切除后，球壳板上的吊、卡具焊接痕迹应用砂轮打磨平滑并进行渗透检测或磁粉检测，切割和打磨均不得伤及球壳板母材。

三、球罐焊缝预热、后热与整体热处理

1. 预热

球罐的材质大多数为高强度的合金钢，在焊接过程中，由于材质焊后冷却收缩，易于产生冷裂纹及发生脆性断裂，所以施焊前应进行预热。预热的目的是防止焊接金属的热影响区产生裂纹，减少应力变形量，防止金属热影响区的塑性、韧性的降低，并且可以除去表面水分。预热温度应按焊接工艺规程执行。

预热时要求整条焊缝都均匀加热，使其达到焊接工艺所规定的温度。预热范围为焊接接头中心两侧各三倍板厚以上且不少于 100mm 的范围内。

接管、人孔等拘束度高的部位及环境气温低于 5℃时应扩大预热范围。

2. 后热

后热处理的主要目的是释放残余应力、改善焊缝塑性和韧性，更重要的是消除焊缝中的氢，改善焊接部位的机械性能。

焊缝后热消氢处理的温度一般为 200~350℃，保温时间为 0.5~1h。

3. 整体热处理

焊后整体热处理是将球罐整体加热到相变点 A_{c1} 下某一合适温度，经一定时间恒温，

而后均匀冷却。它除了消除焊接所造成的残余应力外，还能改善焊接接头的力学性能，降低峰值硬度，提高塑性和断裂韧性，提高耐疲劳强度，进一步释放焊缝金属中的氢，防止延迟裂纹的产生，并防止早期低应力脆性破坏，从而提高球罐的使用寿命。

(热处理方法一)球罐整体热处理有内燃法、热风法、电热法和炉内加热法等。国内一般多采用内燃法，并分为燃油法和燃气法。当施工现场不准使用火焰加热时，宜采用电热法加热。

球罐内燃法热处理的装置主要由雾化器、燃料、空气供给系统组成。雾化器的能力及调节性能应能满足要求。空气压缩机(鼓风机)、油泵的规格应与雾化器相配套，设备数量应包括备用机具，以保证热处理操作的连续稳定进行。

燃料供给系统应有流量调节和监测设备。

内燃法加热装置应在投用前进行试压合格并经吹扫和试烧，试烧 10min。

电加热法的加热装置主要由变压器、电源控制箱和远红外电热板组成，电热板的功率和数量应满足热工要求，其最高使用温度应高于热处理温度 200℃以上。电热板的导线和金属支架应采取可靠的绝缘措施。

电加热板的电源控制系统性能应可靠，便于操作且有自动和手动两种控制方式。

电热法加热装置采用温度自动控制时，控制系统应事先调试合格。

四、球罐的试验及检测

1. 无损检测

为确保球罐的质量，首先应保证球罐的焊接质量，焊接质量的检测包括焊缝表面的目测检测和焊缝内部的无损检测。无损检测的方法有 X 射线检测(RT)、超声波检测(UT)、磁粉检测(MT)、渗透检测(PT)等。

2. 压力试验

为了对球罐的设计、制造和焊接质量进行综合考核，保证球罐能够承受设计压力，不泄漏，球罐制造完成后，要进行压力试验。

3. 气密性试验

气密性试验的主要目的是保证球罐所有焊缝以及接管法兰连接处在设计压力下有可靠的严密性。

第七节 储 罐

储罐是用于储存液体或气体的密封容器。储罐是石油、化工、粮油、食品、消防、交通、冶金、国防等行业必不可少的、重要的基础设施，我们的经济生活中总是离不开大大小小的储罐，目前，我国 $15\times10^4m^3$浮顶油罐、$5\times10^4m^3$的大型拱顶油罐和内浮顶油罐、大型球罐和卧罐、大型轻烃低温储罐等的设计及建造技术已比较成熟。随着储罐行业的不断发展，越来越多的行业和企业运用到了储罐。许多企业没有储罐就无法正常生产，国家战略物资储备等均离不开各种容量和类型的储罐。我国的储油设施多为地上储罐，且以金属结构居多。

由于能源战略，许多原油进口国都增加了原油储备量，如日本在20世纪70年代中期60日的储油量就达到了5010×10^4t，比60年代初期大了许多倍。80年代初期西方一些工业化国家就对本国原油储备量做了政策规定，分别是：英国90天，法国90天，德国70天。

1962年美国芝加哥桥梁公司首建$10\times10^4m^3$浮顶罐，$D=87$m，$H=21$m。1964年Shell公司在欧洲建成$10\times10^4m^3$浮顶罐。1967年委内瑞拉建成$15\times10^4m^3$浮顶罐。日本在1965年首建$10\times10^4m^3$罐，1971年建成$16\times10^4m^3$罐，80年代初期建成$20\times10^4m^3$罐。目前世界上最大的油罐为$24\times10^4m^3$。

一、储罐的种类及结构

1. 分类

按位置分类：可分为地上储罐、地下储罐、半地下储罐、海上储罐、海底储罐等。

按油品分类：可分为原油储罐、燃油储罐、润滑油罐、食用油罐、消防水罐等。

按用途分类：可分为生产油罐、存储油罐等。

按形式分类：可分为立式储罐、卧式储罐等。

按结构分类：可分为固定顶储罐、浮顶储罐、球形储罐等。

按大小分类：$50m^3$以上为大型储罐，多为立式储罐；$50m^3$以下的为小型储罐，多为卧式储罐。

2. 结构

目前我国使用范围最广泛、制作安装技术最成熟的是拱顶储罐、浮顶储罐和卧式储罐。储罐由罐体、附件和配件以及有关防雷、防静电、防液堤安全措施等组成。

罐体包括罐底、罐壁、罐顶，还有内件。附件指焊在罐体上的固定件，如梯子、平台等。配件指与罐体连接的可拆部件，如安装在罐体上的液面测控计量设备、消防设备。

① 拱顶储罐是指罐顶为球冠状、罐体为圆柱形的一种钢制容器。拱顶储罐制造简单，造价低廉，所以在国内外许多行业应用最为广泛。最常用的容积为$1000\sim10000m^3$，目前，国内拱顶储罐的最大容积已经达到$50000m^3$。

② 浮顶储罐由漂浮在介质表面上的浮顶和立式圆柱形罐壁构成。浮顶随罐内介质储量的增加或减少而升降，浮顶外缘与罐壁之间有环形密封装置，罐内介质始终被内浮顶直接覆盖，可以减少介质的挥发。浮顶储罐的容积都比较大，国外已建成容积为$24\times10^4m^3$的巨型储罐，我国最大的储罐容积为$15\times10^4m^3$。

③ 卧式储罐的容积一般都小于$100m^3$，通常用于生产环节或加油站。卧式储罐环向焊缝采用搭接，纵向焊缝采用对接。卧式储罐的端盖分为平端盖和碟形端盖，平端盖卧式储罐可承受40kPa内压，碟形端盖卧式储罐可承受0.2MPa内压。

3. 附件

在各种油罐上通常都装的附件有：

① 扶梯和栏杆：扶梯是专供操作人员上罐检尺、测温、取样、巡检而设置的。有直梯和旋梯两种，小型油罐一般用直梯，大型油罐用旋梯。

② 人孔：人孔是清洗和维修油罐时，供操作人员进出油罐而设置的。立式油罐人孔一般都装在罐壁最下层圈板上，且与罐顶上方采光孔相对。人孔直径多为600mm，孔中心距罐底为750mm。通常3000m^{3}以下油罐设1个人孔，3000～5000m^{3}设1～2个人孔，5000m^{3}以上油罐则应设2个人孔。

③ 透光孔：又称采光孔，供油罐清洗或维修时采光和通风而设，通常设置在进出油管上方的罐顶上，直径一般为500mm。外缘距罐壁800～1000mm，设置数量与人孔相同。

④ 量油孔：量油孔是为检尺、测温、取样所设，安装在罐顶平台附近。每个油罐只装1个直径为150mm的量油孔，一般距离罐壁1m。

⑤ 脱水管：脱水管亦称放水管，是专门为排除罐内水杂和清除罐底污油残渣而设置的。放水管在罐外一侧装有阀门，为防止脱水阀不严或损坏，通常安装两道阀门，冬季为防冻凝或阀门冻裂还应做好脱水阀门的保温工作。

⑥ 消防泡沫室：消防泡沫室又称泡沫发生器，是固定于油罐上的灭火装置。泡沫发生器一端和泡沫管线相连，一端带有法兰焊在罐壁最上一层圈板上。

⑦ 接地线：接地线是消除油罐静电的装置。

⑧ 油罐呼吸阀：是保证油罐安全使用，减少油品损耗的一种重要设备。

⑨ 液压安全阀：液压安全阀是为提高油罐更大安全使用性能的又一重要设备，它的工作压力比机械呼阀要高出5%～10%。正常情况下它是不动的，当机械呼吸阀发生故障或油罐作业异常而出现罐内超压或真空度过大时，它将起到油罐安全密封和防止油罐损坏的作用。

⑩ 阻火器：又称油罐防火器，是油罐的防火安全设施。它装在机械呼吸阀或液压安全阀下面。

⑪ 喷淋冷却装置：喷淋冷却装置是为降低罐内油温，减少油罐呼吸损失而安装的节能设施。

二、储罐建造

涉及储罐的现行设计规范有：GB 50341—2014《立式圆筒形钢制焊接油罐设计规范》，关于低温储罐的设计和建造规范是GB/T 50938—2013《石油化工钢制低温储罐技术规范》。由于储存介质的不同，储罐的形式也是多种多样的。

对于大型储罐，由于其直径和高度较大，壁较薄，需要有许多块薄钢板组合而成。因此钢板的排板、装配和焊接就成为储罐施工的中心问题。

储罐直径大，因此其径向刚度相对要小，这就不能像一般容器那样进行卧式装配和焊接，也不能像一般容器（如塔体等）那样整体起吊或分节起吊，而必须有其独具的安装方案。

常用国外储罐标准有：美国石油学会标准API 650、英国标准BS 2654、日本标准JISB 8501、德国标准DIN 4119。

现行的储罐施工标准有GB 50128—2014《立式圆筒形钢制焊接储罐施工规范》。

目前储罐的安装方法主要有正装、倒装等，分别介绍如下：

1. 正装法

此种方法的特点就是把钢板从罐底部一直到顶部逐块安装起来。它在浮顶罐的施工安装中用得较多，即谓“充水正装法”，它的安装顺序是在罐底及第二层圈板安装后，开始在罐内安装浮顶、临时的支承腿。为了加强排水，罐顶中心要比周边浮筒低，浮顶安装完以后，装上水，除去支承腿，浮顶即作为安装操作平台，每安装一层后，将水上升到下一层工作面，继续进行安装。提前充水和渐渐地增加水量，为的是让罐底下的土壤慢慢地沉降，这种方法比罐建成后再充水试验节约时间。目前国内 $5\times10^4m^3$ 以上的浮顶油罐都是采用此种方法施工安装的。

2. 倒装法

倒装法，就是从罐顶开始从上往下安装。将罐顶和上层第Ⅰ罐圈在地上装配、焊好之后，将第Ⅱ罐圈钢板围在第Ⅰ罐圈的外围，以第Ⅰ罐圈为胎具，对中、点焊成圆圈后，将第Ⅰ罐圈及罐顶盖部分，整体起吊至第Ⅰ、Ⅱ罐圈相搭接的位置(留下搭接压边，且忌脱边)停下点焊，然后再焊死环焊缝。

3. 试验及检测

为保证储罐安装的焊缝质量，应对焊缝的外观和内部进行试验和检测。按照技术文件的要求，采用相应的试验、检测方法和规范。试验包括严密性试验和充水试验。常用的无损检测方法有：射线检测、超声波检测、磁粉检测、渗透检测等。

4. 储罐防腐

为防止金属储罐表面锈蚀，必须在油储罐面涂刷油漆。储罐防腐包括罐本体、附件和钢结构，钢结构一般是先刷一遍樟丹，再刷一遍防锈调和漆即可。罐体则根据设计要求的技术条件来决定油漆的种类和刷油的遍数。常见的有罐底板刷冷底子油和沥青漆，罐壁罐顶与附件外表刷樟丹调和漆(或银粉)，内罐防腐要求高时，通常刷树脂漆。

第八节　火炬及排气筒

火炬及排气筒是石油化工装置中的大型钢结构设备，连续或间断地排放的尾气(可燃气体)，燃烧后成为无害气体，直接排放到大气中。这些可燃气体包括用作燃料后剩余的部分及生产停车、发生事故时需排放的废气。将这些废气送入火炬总管燃烧掉，或由高耸的排气筒排放到大气中。这是保证安全生产的一项重要措施，也是减少化工废气对周围环境污染的重要手段。

一、火炬及排气筒的种类及结构

1. 种类

火炬及排气筒有塔式、拉线式、自立式三种形式。塔式是经常被采用的一种形式。其中，多数是塔架扶直自立式筒体，也有少数是塔架支撑悬挂式筒体的，无论是火炬的塔架还是排气筒的塔架均用型或钢管丝焊制而成。火炬筒及排气筒可用钢板卷制而成，也可以用无缝钢管、不锈钢管制成，固定竖立于塔架中心。火炬筒顶部安装有火炬头，作火炬燃烧排气用。

2. 结构

① 钢管制塔架。钢管塔架结构一般制成截面为三棱体的空间桁架，它由各种规格的无缝钢管焊接的竖杆、横杆、斜杆等组成。塔架高度由设计规定。

几何断面形状为三棱体的塔架，内有爬梯、平台；维修人员可从底部由爬梯通向顶部平台。由于塔架为变截面结构，截面的尺寸随不同高度而改变。

② 型钢制塔架。型钢塔架由工字钢、槽钢、角钢制成，其断面一般为四方形空间桁架结构。高度一般为50~120m。其截面尺寸根据高度不同逐渐变小。为便于维修操作，塔架应安装花纹板或格栅板平台。

③ 风缆绳式火炬、排气筒。风缆绳式火炬排气筒的结构为立式筒体，靠筒体安设引火管、导火管，火炬筒顶部安装有点火头组件。筒体底部固定在混凝土基座上，用6根缆绳固定。这种火炬设两套点火系统：自动点火系统及手动点火系统。

二、火炬设备

乙烯装置在正常操作中会有少量工艺气体从系统安全阀、泄压阀和排放口泄放出来，在停车及事故处理时，有大量易燃、易爆、有毒气体产生，必须将其燃烧为安全、低毒的二氧化碳气体排放至大气，因此设置火炬系统。

火炬由塔架、火炬筒体、火炬底部罐、分子密封器及火炬头等组成。

1. 火炬筒体及分离罐

火炬筒体为碳钢管。底部分离罐的作用是将火炬气中液体分离出来，分离罐内部设有蒸汽加热盘管，使轻烃汽化，并设有底部泵，根据分离罐的液位自动启动该泵将罐内积存尚未汽化的烃液返回乙烯装置急冷水沉降罐内。

2. 分子密封器

材质为碳钢，里面带一个钟罩，进出口分别与火炬筒体及火炬头相连。分子密封器中的凝液，大部分经蒸汽盘管加热蒸发，不能蒸发的凝液，由下部排放管排至底部分离罐。分子密封器的作用是阻止在火炬头部燃烧着的火焰回火。在装置开车以后，火炬部分要始终通以氮气，氮气由底部分离罐来，经火炬筒体、分子密封器和火炬头排入大气。分子密封器内的钟罩，使上升的气体先经钟罩导向，再通过火炬头排至大气。通过不间断地吹扫气体在火炬顶部钟罩内形成一个压力高于大气压的区域，使空气不能进入压力较高的火炬内，从而阻止了火炬头部燃烧着的火焰回火，避免发生内部爆炸事故。

3. 火炬头

日本 John Zink 公司生产的火炬头，上部材质为 SUS310，下部材质和中间锥形部分材质均为 SUS304，火炬可达到更大的消烟能力，它使用蒸汽以吸入燃烧所需的空气，同时作为稀释剂，抑制了聚合反应。火炬头内部分布 16 根 SA 型喷射管，其出口处与火炬头管子在同一平面上，出口管分两层同心圆排列，每层圆周均布 8 根管子，以产生高速气流，使燃烧火焰远离火炬头燃烧。其下部蒸汽环管上有16个带梅花瓣的蒸汽喷嘴，分别与16根SA型喷射管相连，并布置在消音室内，以降低运行时的噪声。消音器内衬硅酸铝纤维毡填斗、消音网和压板均为不锈钢材质。

火炬头的顶端外周，均匀分布4个长明灯和52个蒸汽喷嘴，每个喷嘴上钻有3个喷孔，使气体雾化并以螺旋状的气团上升。蒸汽喷嘴形成的蒸汽幕使火焰与火炬头隔开，并使火炬头得以冷却。

三、建造

火炬及排气筒均包含塔架、筒体、平台梯子三部分，另外在火炬顶部还要装有火炬头。火炬及排气筒的一般制作安装工序为：塔架分片组对焊接；筒体滚圆成型、组对焊接；塔架筒体分段拼装、焊接；火炬及排气筒整体组装、焊接；平台梯子制作安装；火炬头的安装。火炬的施工应执行GB 51029—2014《火炬工程施工及验收规范》。

塔架为火炬及排气筒最重要的支撑部分，一般由塔柱、腹杆、横杆组成。塔架制作属于金属结构工程范围，主要包括钢材检查、焊接、焊缝检查、组对、刷油防腐等内容：

1. 钢材检查

对钢板的要求：材料的质量证明文件中的抗拉强度、屈服点、延伸率、冷弯四项机械性能要符合技术规范的要求，并按照设计规定的检测方法和验收规范对钢板进行无损检测。

无缝钢管的检查按照设计规定的要求进行，圆钢应具备合格证明文件，每批按规定比例做机械性能与化学成分检查。

2. 焊接

焊接应按照图样和焊接工艺文件的要求进行。

① 柱上、下纵向焊缝应错开，间距应符合规定要求。

② 预应力大直径腹杆的对接焊缝，吊点处在塔柱管内的肋板焊缝，须进行热处理，消除内应力后，再进行节点拼装。柱脚底板、铰腕底板等钢板厚度大于60mm者应预热后再施焊。

③ 所有焊缝应根据母材的化学成分和机械性能选择合格的焊接工艺和焊接材料。

3. 焊缝检查

塔柱对接焊缝进行100%超声波检测，如有可疑点，再用X射线检测复查，按焊缝总数的25%检查，根据焊缝质量情况再增减检查比例。柱脚与底板、柱脚肋板与塔柱的垂直焊缝、铰腕轮缘板与底板、轮缘板的加强板与轮缘板的焊缝，第一遍应用5~10倍放大镜作外观检查，成型后再进行整体的外观检查。预应力大直径腹杆的对接焊缝，进行100%超声波检测，合格标准按设计规定的无损检测规范，但应对焊缝的外观进行目测检测，对第一遍和成型后的焊缝都要用5~10倍放大镜做外观检查，对无法检查的焊接部位，应避免焊缝夹渣、气孔等影响焊接质量的缺陷。

4. 组对

组对应符合施工验收规范的要求：

① 塔架各杆件的中心线，应通过一点，误差不大于5mm；塔架腹杆的几何位置，在平面外与设计位置的偏移应小于2mm，在平面内与设计位置偏移应小于4mm。

② 构件的局部或整体弯曲度，不应大于长度的1‰。当长度不大于10m时，长度误差为±5mm；当长度大于10m时，误差为±10mm。

③ 塔架各横截面的中心应在一条垂直线上，安装完成后，垂直偏差应小于1/1500。

④ 顶应力大直径腹杆，施加预应力值如下：塔架下部4个节间，20MPa；塔架上部7节间，15MPa。

5. 钢结构刷油防腐

塔架的防腐蚀通常可通过涂过氯乙烯漆实现，刷油前应将金属表面油污、氧化铁片、毛刺、焊缝焊渣清除干净。涂漆的主要工序为：金属表面涂磷化底漆一遍；过氯乙烯底漆一遍；底漆、磁漆(1∶1)一遍；磁漆两遍；磁漆、清漆(1∶1)一遍。

四、塔架的吊装

塔架的特点是高大，吊装难度较大。近年来施工的吊装方法一般有分节段吊装和整体吊装。为避免繁重的高空作业，一般采取整体吊装。

1. 分节段吊装

根据吊车的吊装能力，将塔架分上、中、下三节段或多节段依次吊装，先将下段塔架吊装就位后，接着起吊中段塔架，最后起吊上段塔架。

2. 整体吊装

整体吊装可采用双抱杆起吊方法或用人字抱杆扳倒法。

双抱杆起吊方法：根据塔架的高度和重量配备适当规格的双抱杆，将塔架吊装就位。

人字抱杆扳倒法：人字抱杆可由一定高度的单抱杆两座加固改制而成。人字抱杆底部与塔架底部球绞腕连接，互呈90°夹角。竖立人字抱杆时，利用塔架一定长度的下段作辅助抱杆，用扳倒法来竖立人字抱杆。

塔架竖立时，根据施工方案要求，在塔架适当标高两处，分别各挂一副滑轮组；相对应的另一侧设置两副滑轮组，分别用绳扣与起扳滑轮的动滑轮连接。起扳滑轮的定滑轮挂结于地锚。开动起扳卷扬机，靠牵引力缩小起扳滑轮组与定滑轮组的间距，便可将塔架慢慢扳起。当扳起到一定角度时，塔架靠自重自动回转(在反向制动力平衡作用下)就位。

第九节 气 柜

气柜是煤气和混合气的储存设备。它可以用来调节煤气高低不均匀的供气负荷。气柜实际上就是储气柜，按储气压力大小可分为低压储气柜和高压储气柜两种。低压储气柜按密封方式分为：湿式和干式两种，湿式有直立式和螺旋式。湿式气柜通常称为低压储气罐，主要由水槽和钟罩组成；干式气柜是利用弹性垫片及油封填充方法，保持密封，目前使用很少。高压气柜通常称为高压储气罐，有圆筒形(立式或卧式)和球形。

一、气柜的种类及结构

低压湿式气柜在石油化工中应用很广泛。下面介绍几种常用的低压湿式气柜结构。

1. 直立式低压湿式气柜

直立式低压湿式气柜由水槽、钟罩、塔节、水封、顶架、导轨立柱、导轮、配重及防真空装置等组成。直立式气柜安设有立柱式导轨，每个塔节靠其侧面的斜导轨与相邻塔节上的导轮相互滑动而缓慢旋转上升或下降如套筒式结构。

2. 螺旋式低压湿式气柜

低压湿式螺旋气柜由水槽、塔节、钟罩、导轨、平台、顶板和顶架、进出气管等部分组成。气柜本体由钢板组焊而成。螺旋式低压湿式气柜则是沿着螺旋式导轨升降，它和直立式低压湿式气柜相比较，可节约钢材 15%~30%，但不能承受强烈风压，故不应在风速太大的地区采用。

3. 低压干式气柜

低压干式气柜同低压湿式气柜一样，是一种压力基本稳定、储气容积可以在一定限度内变化的低压储气设备。它是在低压湿式气柜的基础上发展起来的。低压干式气柜的外形有多角形和圆筒形两种。罐筒由钢板焊接或铆接而成，筒内装有一个可以移动的活塞，其直径和罐筒内径相等。为了使活塞上下移动稳定，设有导架装置。进气时，活塞上升；用气时，活塞下降，借助活塞本身的重量把煤气压出。由于造成煤气压力的设备是活塞，故可使输出煤气的压力基本保持稳定。

二、气柜建造

气柜建造应执行的现行标准有 GB 51066—2014《工业企业干式煤气柜安全技术规范》和 GB/T 51094—2015《工业企业湿式气柜技术规范》。

1. 气柜的预制

气柜的安装速度和质量很大程度上与预制的质量有关，气柜的预制是保证质量、加快安装速度的重要前提。气柜预制包括：底板条板与带板预制，上、下水封预制，角钢圈、槽钢圈、立柱及拱顶骨架的预制，导轨预制。

2. 导轨的安装

导轨的安装分螺旋气柜导轨安装、直升气柜外导轨安装。

3. 气柜安装

低压湿式气柜钟罩、中节和水槽壁的组装有倒装法和正装法。

① 倒装法是从钟罩开始逐节向外安装，最后组装水槽壁。施工时先装最上面的带板，然后由上而下逐圈组装焊接，壁板全部组装焊接后，安装下水封、立柱、上水封环形板和导轨。

② 正装法是由组装焊接水槽壁开始逐节向里安装，最后组装钟罩。中节、钟罩安装时，先将下水封及下带板组装焊接后再装立柱、上带板、上水封顶和螺旋导轨，最后安装预制壁板。

目前常用的施工方法是正装法，根据各单位的施工条件和现场的不同情况，一般气柜的正装法施工分为两种，一种是机械配合正装法，一种是起重机机械配合水浮正装法。

4. 气柜质量检验

气柜质量检验包括施工过程中的和气柜底板的严密性试验。

(1) 焊接质量检验

气柜壁板所有焊缝均外观检查合格，所有对接焊缝均应经煤油渗透试验。下水封的焊缝应进行注水试验，不漏为合格。按设计和规范要求对水槽壁对接焊缝进行局部无损检测。

(2) 气柜底板的严密性试验

底板的严密性试验可采用真空试漏法或氨气渗漏法。

(3) 气柜的总体试验

气柜水槽应进行注水试验，在注水试验期间应对基础进行沉降观察。钟罩和中节应进行气密试验以及快速升降试验。符合下列要求即认为合格。

① 所有焊缝和密封接口处均无泄漏；

② 导轮和导轨在升降过程中无卡轨、脱轨及升降机构安装不当造成的壁板严重变形现象；

③ 气柜各部分无严重变形；

④ 安全限位装置动作准确。

第十节 静设备安装

工程由土建施工进入安装施工的标志是静设备安装的开始。对于一个装置的静设备安装约占整个工期的三分之二，而工业炉、反应-再生设备的安装甚至跨越整个装置的安装期。由于静设备有整体到货、分段到货、分片到货等类型，其安装方法、要求也不尽相同。现行静设备安装的标准有 SH/T 3542—2007《石油化工静设备安装工程施工技术规程》和 GB 50461—2008《石油化工静设备安装工程施工质量验收规范》。

一、整体到货

静设备整体到货是指静设备整体在制造厂全部制造完成并经试验合格，运至现场。

1. 开箱检验和成品保护

SH/T 3542 和 GB 50461 皆有明确的规定。设备开箱检验时，设备的质量证明文件、出厂合格证、安装说明书和发货清单等随机资料应齐全。若有缺少应及时向采购单位提出。应检查设备随机资料、外观质量、设备安装基准的确认及标识、设备内件。设备验收合格后应做好成品保护。

① 不锈钢、钛、镍、锆、铝制设备应与碳钢隔离，并应采取防止铁离子污染及焊接飞溅损伤的防护措施；

② 铝制设备、钛制设备、低温设备应采取防止表面擦伤的措施；

③ 空冷式换热器管束应防止损伤管束翅片；

④ 已进行热处理的设备应防止电弧或火焰损伤；

⑤ 氮封设备应定期检查氮气压力；

⑥ 内壁抛光的设备应检查油脂保护状况；

⑦ 不锈钢、钛、镍、锆、铝制设备在搬运、吊装等作业时，所使用的碳钢构件、索具等不得与设备壳体直接接触。

2. 基础复测及表面处理、垫铁摆放

设备安装前，基础施工单位应提交测量记录及技术资料，安装单位应会同监理、基础施工单位等一起，根据设计文件和标准规范的要求对基础外观和影响设备安装的相关数据进行确认。

混凝土基础表面应进行处理，表面处理完成后放置垫铁组。设备就位前，应根据设备底座的形状、尺寸、地脚螺栓及设备重量、基础混凝土的抗压强度等来确定垫铁的尺寸、组数和摆放位置。

3. 设备吊装、找正和检验

设备安装应在基础验收合格之后进行。设备安装包括设备吊装、找正和检验。设备找正一般与设备吊装同时进行，通过调整垫铁使设备的垂直度、水平度符合设计文件和规范的相关要求。

① 安装前条件确认：基础复测、表面处理和垫铁摆放均已完成；采取“穿衣戴帽”的设备，其梯子平台、附属管线、保温、电气仪表等已安装完毕，附属管线试压结束。

② 设备的标高应以基础上的标高基准线为基准，设备的方位应以基础上的纵横轴线为基准。

③ 设备找正、找平时，应用垫铁或其他专用调整件进行调整；不得用紧固或放松地脚螺栓的方法进行调整；不得用膨胀节来消除安装误差。

④ 设备安装的平面位置和标高，均应以划定的安装基准线为准进行测量，不能以梁、柱、墙的实际中线、边缘线和标高为准。

⑤ 钢结构上的设备允许通过加钢垫板进行找正，找正后垫板与钢结构应焊接牢固。

4. 灌浆

设备找正合格，垫铁组处理、焊接及隐蔽工程完成后，进行二次灌浆；有预留地脚螺栓孔的设备应先进行一次灌浆。

5. 安全附件安装

整体到货设备可在地面将劳动保护、附属管线、电气仪表、防腐保温等工作安装完后再进行整体吊装，做好“穿衣戴帽”工作，减少高空作业。附属管线、劳动保护等可分别预制成单个小单元模块后再整体安装到设备上。

① 栏杆应横平竖直，栏杆扶手的转弯处应圆滑，花纹板平台排水孔应钻孔。平台、梯子的螺栓安装方向应一致，螺栓露出螺母的长度应均匀。

② 平台标高、梁水平度、梯子宽度、踏步间距水平度等应符合 SH/T 3542 的相关规定。

③ 与设备本体相焊的焊缝，其外观质量应符合设备本体焊缝质量要求；其他焊缝外

观质量应符合 SH/T 3542 的要求。

6. 设备内件和填料安装

设备内件主要包括塔类设备的支撑构件和塔盘，反应设备的分布器，吸附设备的格栅，反应器和再生器(简称两器)的旋风分离器、料腿、翼阀、防倒锥、分布管、待生立管、集气室、蒸汽盘管等。填料可分为规则填料、分块填料和散装填料等。

7. 设备试验

设备试验是在设备投用前，用符合要求的介质在设备内部进行的耐压试验和泄漏试验。耐压试验分为液压试验、气压试验及气液组合压力试验；泄漏试验主要是气密性试验。

二、分段到货

分段到货的静设备可采取立式组对法、卧式组对法或混合组对法进行施工。立式组对法是将分段到货设备的下段用起重机吊装到基础上就位，然后用垫铁调整标高并找正合格后紧固地脚螺栓，用起重机吊装其上一段并组对环缝，吊装时根据每段的方位母线找好方位；卧式组对法是将分段到货的设备在地面滚轮架支座或胎具支座上卧置组装成整体，水压试验合格后用起重机整体吊装就位。

1. 分段到货静设备的验收

① 核对设备使用的材料、配件是否具有符合要求的出厂合格证和质量证明文件。

② 检查分段处的椭圆度、外圆周长、板厚度尺寸偏差和坡口表面质量等，不允许存在超差、损伤等质量缺陷。相邻端口的外圆周长差应符合 SH/T 3524 B 类焊接接头对口错边量的要求。

③ 每段设备均应有明显的中心线、标高标识。

④ 裙座底板上地脚螺栓孔位置应与基础的地脚螺栓实际位置相符。

2. 壳体组焊

分段到货设备在现场组焊时应注意场地布置，需考虑分段到货设备摆放位置、地下设施及地耐力、起重机吊装作业空间、组拆空间。SH/T 3524 有相应的规定。

① 立式组对时，在分段处上口内侧或外侧约每隔 1000mm 设置一块定位板和间隙片，间隙片的厚度应以保证对口间隙为原则，再吊放上一圈筒节。上、下两圈筒节的四条方位线必须对正，用调节丝杠调整间隙，用卡子、销子调整对口错边量使其沿圆周均匀分布，符合要求后进行定位焊。

② 卧式组对时，胎具设置应尽量避免地基不均匀沉陷和壳体局部变形；摆放支座处的地基必须坚实，支座的数量应根据分段的长度和重量经计算确定，其位置应避开开孔和接管。

③ 分段到货的筒体，按要求摆放好后，检查分段处圆度、外圆周长以及筒体直线度、筒体长度、同一端面高度差、对口标记线、方位线，管口数量、位置和方位是否符合设计文件及规范要求，并做好记录。

三、分片到货

大直径的静设备大多分片到货，现场进行组焊。分片到货设备的施工工序主要包括施工准备、到货验收、现场预制平台铺设及找平、按照排板图组装成筒节和封头、纵缝焊接及检测、组焊成吊装段及吊装找正。分片到货设备组焊成筒节后按照“分段到货静设备”进行施工。最典型分片到货静设备是催化裂化装置和甲醇制烯烃装置(MTO)中的反应器、再生器。

1. 到货验收

① 材料、零部件材料、焊接材料、附属设备等的检查和验收，应符合 SH/T 3524—2009 和 SH/T 3601—2009 的规定。

② 压力容器产品质量证明文件还应符合 TSG 21—2016 的要求。

③ 制造厂已完成衬里的附属设备，衬里材料质量证明文件、衬里混凝土试块检验报告和衬里烘炉制度与实际衬里烘炉曲线应符合 GB 50474 的规定。

④ 翅片式外取热器、联箱式外取热器、提升管、旋风分离器、翼阀及连接管道的检验要求和质量标准应符合 SH/T 3601 的规定。

⑤ 对于分片进入现场的筒体壁板逐片吊放至平台上，检查单片的弧度、长、宽及对角线尺寸、同一端面高度差、对口标记线、方位线是否齐全，是否符合设计文件及规范要求，并做好记录。

2. 壳体组焊

① 筒节组装平台宜在基础附近铺设，平台尺寸宜根据两器直径确定。筒节用组装卡具调整好纵缝间隙后，检查其圆度和上下口周长差，合格后方可进行焊接。

② 壳体应按排板图所规定的顺序、位置进行组装，且不应强力组装。

③ 按排板图分别进行裙座、筒节、上下封头组装，组焊成型并检查合格后再组焊成吊装段。

④ 筒节对口错边量、总长度等质量标准应符合 SH/T 3601—2009 的规定。

⑤ 封头组焊的胎具、对口间隙、加固措施等应符合 SH/T 3601—2009 的规定。

⑥ 开孔接管、补强圈的安装要求和质量应符合 SH/T 3601—2009 的规定。

⑦ 组焊后壳体圆度应不大于设备筒体内直径的 1%，且应不大于 25mm；壳体直线度、壳体高度允许偏差应符合 SH/T 3601—2009 的规定。

3. 安装

① 基础交安、地脚螺栓、垫铁布置、设备安装、灌浆的要求和质量应符合 SH/T 3601 和 SH/T 3542 的规定。

② 设备热处理前所有焊接接头的焊接和检验工作应全部完成，设备加热区域清理干净；现场组焊设备热处理时应符合 GB/T 150 的规定；沉降器、再生器热处理前与设备器壁相焊接的龟甲网应焊接检测完成。

③ 开孔补强圈应通入 0.4~0.5MPa 的压缩空气并涂刷中性发泡剂进行焊缝质量的检查，无渗漏为合格。无补强圈接管与设备壳体的角焊缝应进行煤油试漏检查。

第十一节　静设备质量控制点及执行的标准

一、质量控制点

1. 施工准备阶段

开箱检验、成品保护。

2. 施工阶段

基础复测及表面处理、设备吊装就位、找平找正、设备内件安装、压力试验。

3. 质量验收

① 审查材料验收内容及程序。

② 塔、容器等内件安装记录齐全，质量符合设计文件和质量验收标准要求。

③ 常压设备、储罐渗漏及沉降观测试验、设备压力试验的程序等符合设计文件的技术要求。

④ 设备衬里烘干后的质量验收应符合设计文件、技术标准要求，否则必须采取措施进行处理。

4. 交工资料

① 核对交工资料的真实性。

② 检查各项记录资料是否齐全、清晰、准确，表格填写符合规范要求，签字应齐全及时。

二、执行的规范和标准

静设备常用的规范和标准如下：

TSG 21—2016《固定式压力容器安全技术监察规程》

GB/T 150.0~150.4—2024《压力容器》

GB/T 151—2014《热交换器》

GB/T 12337—2014《钢制球形储罐》

GB/T 17261—2011《钢制球形储罐型式与基本参数》

GB/T 28712—2023《热交换器型式与基本参数》

GB 50094—2010《球形储罐施工规范》

GB 50128—2014《立式圆筒形钢制焊接储罐施工规范》

GB 50236—2011《现场设备、工业管道焊接工程施工规范》

GB 50341—2014《立式圆筒形钢制焊接油罐设计规范》

GB 50461—2008《石油化工静设备安装工程施工质量验收规范》

GB/T 50938—2013《石油化工钢制低温储罐技术规范》

GB 51029—2014《火炬工程施工及验收规范》

GB 51066—2014《工业企业干式煤气柜安全技术规范》

GB/T 51094—2015《工业企业湿式气柜技术规范》
GB 51175—2016《炼油装置火焰加热炉工程技术规范》
NB/T 47041—2014《塔式容器》
NB/T 47042—2014《卧式容器》
SH 3078—2024《立式圆筒形料仓设计规范》
SH/T 3098—2011《石油化工塔器设计规范》
SH/T 3163—2011《石油化工静设备分类标准》
SH/T 3504—2014《石油化工隔热耐磨衬里设备和管道施工质量验收规范》
SH/T 3506—2020《管式炉安装工程施工及验收规范》
SH 3511—2020《石油化工乙烯裂解炉和制氢转化炉施工及验收规范》
SH/T 3524—2009《石油化工静设备现场组焊技术规程》
SH/T 3542—2007《石油化工静设备安装工程施工技术规程》
SH/T 3601—2009《催化裂化装置反应再生系统设备施工技术规程》

第四章 筑炉工程

工业炉是对工业活动中用于改变物料的形态或物性的特殊热工设备的统称，是工业活动中必不可少的热工设备。石化行业常见的工业炉有裂解炉、蒸馏炉、精制炉、分解炉、合成炉、反应炉以及配套设施的锅炉。广义地讲筑炉工程是根据设计要求把特定的材料构筑成满足工艺需求的炉子结构体的实施过程。这种特定的材料包括耐火材料、金属材料和其他非金属材料以及金属材料与非金属材料的组合体。本章从各类材料的脉络出发简单介绍筑炉工程。

第一节 筑炉衬里常用材料

一、常用耐火材料

耐火材料是服务于高温技术的基础材料，与各种工业窑炉有着极为密切的关系。各种工业窑炉因用途和使用条件不同对构成其主体的耐火材料的要求也就不同。而不同种类的耐火材料也由于化学矿物组成、显微结构的差异和生产工艺的不同表现出不同的基本特性。

1. 耐火材料的基本要求

耐火材料是指耐火度不低于1580℃的无机非金属材料，用作高温窑、炉等热工设备的结构材料以及工业用高温容器和部件的材料，并能承受相应的物理化学变化及机械作用，应具备以下的基本条件。

① 足够高的温度下不软化、不熔融的性能。

② 能够承受窑炉的荷重和在操作过程中所作用的应力并在高温下不丧失强度、不发生软化变形和坍塌。

③ 在高温下体积稳定，不因过大膨胀而崩裂、收缩过大而裂缝。通常用线膨胀系数和重烧收缩(或膨胀)来衡量。

④ 在温度急剧变化和受热不均时具有一定的抗热震性。

⑤ 在液态溶液、气态或固态物质的化学作用下具有一定抵抗侵蚀的能力。

2. 耐火材料分类

① 按化学矿物组成分类可分为硅质制品、硅酸铝质制品、镁质制品、白云石质制品、铬质制品、碳质制品、锆质制品、特殊制品等。

② 按耐火度可分为普通品(1580~1770℃)、高级品(1770~2000℃)、特级品(2000℃以上)。

③ 按照形状和尺寸可分为标准砖、异型砖、特异型砖、大异型砖。

④ 按制造工艺方法可分为泥浆浇注制品、可塑成型制品、半干压型制品、由粉状非可塑泥料捣固成型制品、由熔融料浇注的制品以及由岩石锯成的制品。

⑤ 按照外观进行分类见表 4.1.1。

表 4.1.1　耐火材料的外观分类

分类	种类
耐火砖(具有一定形状)	烧成砖：经过高温烧结过程制成，包括致密砖和隔热轻质砖
	不烧砖：不经高温烧结由耐火骨料和结合剂混合调匀机压成型
	熔铸砖：经熔融、浇铸成型的砖
不定型耐火材料	浇筑料、捣打料、投射料、喷射料、可塑料、耐火泥
耐火纤维材料	耐火纤维棉(毡、毯、板、带、绳、纸、块等)

二、常用耐火材料

1. *耐火砖*

耐火砖是一种由各种不同耐火骨料、粉料按一定比例混合压力成型后形成的耐火材料制品。常用耐火砖的矿物组成参见表 4.1.2。

表 4.1.2　耐火砖材料的矿物组成

分类	类别	化学成分	主要矿物成分
硅质制品	硅砖	SiO_2	磷石英、方石英
	石英玻璃	SiO_2	石英玻璃
镁质制品	镁砖(方镁石砖)	MgO	方镁石
	镁铝砖	MgO、Al_2O_3、Cr_2O_3	方镁石、镁铝尖晶石
	镁铬砖	MgO、Cr_2O_3	方镁石、铬尖晶石
	镁橄榄石砖	MgO、SiO_2	镁橄榄石、方镁石
	镁硅砖	MgO、SiO_2	方镁石、镁橄榄石
	镁钙砖	MgO、CaO	方镁石、硅酸二钙
	镁白云石砖	MgO、CaO	方镁石、氧化钙
	镁碳砖	MgO、C	方镁石、无定形碳
白云石质制品	白云石砖	MgO、CaO	氧化钙、方镁石
铬质制品	铬砖	Cr_2O_3、FeO	铬铁矿
	铬镁砖	Cr_2O_3、MgO	铬尖晶石、方镁石
碳质制品	碳砖	C	无定形碳
	石墨制品	C	石墨
	炭化硅制品	SiC	碳化硅
	锆英石砖	ZrO_2	锆英石

续表

分类	类别	化学成分	主要矿物成分
特殊制品	纯氧化物制品	—	刚玉、高温型 ZrO_2
			氧化钙、方镁石
	碳化物	—	—
	氧化物		
	硅化物		
	硼化物		
	陶瓷		

耐火砖牌号或型号一般是按用途、主要成分和技术指标(或特征)命名。

① 石化工程常用的黏土质隔热耐火砖和高铝质隔热耐火砖牌号。

a. 黏土质隔热耐火砖牌号有：NG140-1.5、NG135-1.3、NG135-1.2、NG130-1.0、NG125-0.8、NG120-0.6、NG115-0.5 共 7 个牌号，牌号中 N、G 分别代表“黏、隔”汉语拼音首字母，数字 140、135 等代表黏土质隔热耐火砖加热永久线变化试验温度的前三位数字，1.5、1.3 等代表砖的体积密度。

b. 高铝质隔热耐火砖的分类及型号见表 4.1.3。

表 4.1.3　高铝质隔热耐火砖的分类及型号

分类	型号					
低铁高铝质	DLG 170-1.3L	DLG 160-1.0L	DLG 150-0.8L	DLG 140-0.7L	DLG 135-0.6L	DLG 125-0.5L
普通高铝质	LG 140-1.2	LG 140-1.0	LG 140-0.8L	LG 135-0.7L	LG 135-0.6L	LG 125-0.5L

② 耐火砖的型号分为：标型、普型、异型、特型、超特型。

a. 标型砖：通常把外形尺寸为 230mm×114mm×65mm 的直形砖称为标型砖。

b. 普型砖：大小尺寸比不大于 4，不带凹角、圆弧、沟、舌、孔、洞及小于 75°的锐角，不多于 4 个量尺，其单重为 2~8kg 的黏土砖，2~10kg 的高铝质砖，2~6kg 硅质砖，4~10kg 的镁质或镁铝质砖称普型砖。

c. 异型砖根据材质不同分为：黏土、高铝质异型砖、硅质异型制品、镁质或镁铝质异型制品。

d. 特型砖和超特型砖应用较少。

2. 不定形耐火材料

不定形耐火材料是由合理级配的粒状和粉状料与结合剂共同组成的不经成型的耐火材料。构成此种材料的粒状料称骨料，粉状料称掺合料，结合剂称胶结剂。这类材料由浆状、泥膏状和松散状制成整体，因而也通称为散状耐火材料或整体耐火材料。不定形耐火材料常见的有耐火浇注料、可塑料。

(1) 耐火浇注料

耐火浇注料是一种由耐火物料制成的粒状和粉状材料加入一定量结合剂和水分共同组成具有较高流动性、适宜用浇注方法施工的耐火材料，可分为水硬性、气硬性和火硬性三种。

① 水硬性耐火浇注料是以水泥为胶结料的浇注料，在硬化过程中需要有水来参与化学反应形成胶凝硬化强度。

② 气硬性耐火浇注料是以水玻璃(硅酸钠)作为结合剂的耐火材料，其硬化机理是通过养护过程中吸收空气中的二氧化碳(CO_2)发生化学反应而逐渐凝固。此类材料在施工时需加入氟硅酸钠或高铝水泥等促凝剂以加速硬化进程。由于具有优异的耐酸腐蚀性和耐磨性能，水玻璃耐火浇注料常被选作化工设备内衬的理想防护材料。

(2) 可塑料

可塑料是由粒状和粉状物料与可塑黏土等，加入结合剂、增塑料和少量水配合、混炼所组成的一种呈泥膏状并在较长时间内保持可塑性的不定形耐火材料。

粒状和粉状料是可塑料的主要组成部分，一般多采用黏土熟料和高铝质熟料，可占总量的70%~85%。制轻质可塑料可采用轻质粒状料。

(3) 捣打料

以粉粒状耐火物料与结合剂组成的松散状耐火材料以强力捣打方式施工。

(4) 喷射料

以喷射方式施工用的不定形耐火材料分湿法施工和干法施工两种。因主要用于涂层和修补其他炉衬还分别称为喷涂料和喷补料。

(5) 投射料

以投射方式施工用的不定形耐火材料。

(6) 耐火泥浆

耐火泥浆是由粉状物料和结合剂调制成的不定形耐火材料，主要用作砌筑耐火砖砌体或其他定形制品的接缝材料。耐火泥浆应具备良好的流动性、可塑性和黏结强度，体积稳定，并应具有与砌体或底层材料相同或相当的化学组成和相近的热膨胀性，并根据不同的砌体种类控制稠度。

耐火泥根据所配结合剂的不同可分为：普通耐火泥、化学结合耐火泥。化学结合耐火泥分为：气硬性耐火泥、水硬性耐火泥和热硬性耐火泥等；根据材质的不同可分为黏土质耐火泥、高铝质耐火泥、硅质耐火泥、镁质耐火泥、磷酸质耐火泥、水玻璃耐火泥等。

3. 隔热耐火材料

隔热耐火材料是指气孔率高(一般为40%~50%)，体积密度低(一般低于1.5g/cm^3)，热导率低[一般低于1.0W/(m·K)]的耐火材料，又称为轻质耐火材料。它包括隔热耐火制品、耐火纤维和耐火纤维制品。

(1) 隔热耐火材料的分类

隔热耐火材料的分类各国标准有所不同，我国轻质耐火材料按密度和使用部位分类如下：

① 按使用温度分为：低温隔热材料(<900℃)；中温隔热材料(900~1200℃)；高温隔热材料(>1200℃)。

② 根据轻质耐火材料的使用方式可分为不直接向火的隔热材料和直接向火的隔热材料。

③ 根据体积密度分为一般轻质耐火材料(0.6~1.0g/cm^3)和超轻质耐火材料(0.3~

0.4g/cm³)。

④ 按生产方法分为可燃加入物法、泡沫法和化学法。

⑤ 按原料可分为黏土质、高铝质、硅质、镁质等轻质砖。

⑥ 隔热耐火材料按显微结构不同分为：颗粒型、纤维-颗粒型、多层反射复合型和轻质散状料五类。

（2）耐火纤维

耐火纤维通常是指使用温度在1000~1100℃以上的纤维状的耐火材料。它既具有一般纤维的特性，如柔软、高强度，可加工成各种带、线、绳、毯、毡等，又具有普通纤维所没有的耐高温、耐腐蚀的性能，并且大部分耐火纤维抗氧化。纤维的分类及使用温度见表4.1.4。

表4.1.4 纤维的分类及使用温度

无机纤维	天然	石棉		600℃
	非晶质	玻璃棉		<400℃
		石棉(岩棉)		<600℃
		渣棉		<600℃
		玻璃质石英纤维		<1000℃
		硅酸铝质纤维	一般	<1200℃
			添加 Cr_2O_3 制品	<1200℃
			高铝质	<1200℃
	多结晶	熔融石英纤维		<1050℃
		高铝纤维		<1400℃
		二氧化锆纤维		<1600℃
		钛酸钾质耐火纤维		<1100℃
		碳化硼质纤维		<1500℃
		碳纤维		<2500℃
		硼纤维		<1500℃
	单结晶	碳化硅		<2000℃
		氧化铝		<1800℃
		氧化镁		<1800℃
	复合纤维(多相)-钨		硼	<1700℃
			碳化硅	1900℃
			碳化硼	<1700℃
	金属纤维	钢		<1400℃
		碳素钢		<1400℃
		钨		<3400℃
		钼		<2600℃
		铍		<1280℃

① 耐火纤维具有耐高温、低导热率、化学稳定性好、抗热震性好、热容低、柔软易加工等特性。

② 耐火纤维可用来制作成喷涂料、可塑料和模块。

三、耐火材料的性质

1. 结构性质

① 气孔率：指耐火材料中的气孔体积与材料总体积之比。对颗粒状堆积体之间的空隙体积与堆积体的外观体积之比常称为空隙率。若气孔体积中包含各种气孔则此种气孔体积与材料总体积之比称为总气孔率或称真气孔率；封闭气孔体积与总体积之比称封闭气孔率；与大气相通的气孔体积与总体积之比称显气孔率也称开口气孔率。

密度：密度是指材料的质量与其体积之比，以 g/cm^3 计。当计量的体积包含的气孔类型不同时则可分为体积密度、视密度、真密度。

体积密度指材料的质量与其含材料的实体积和全部气孔体积之和的总体积之比。

视密度或表观密度指材料的质量与其含材料的实体积和封闭气孔体积之和的体积之比。

真密度指材料质量与其实体积之比。真密度是由材料的矿物组成和其结构决定的。当材料的化学组成一定时，由其真密度可判断其中的主要矿物组成，有时还可据此判断一些晶相的晶格常数。

当材料的化学矿物组成一定时，体积密度和视密度标志着材料的密实程度，即标志着制品中气孔体积含量的多少。它是评定材料质量的一项重要技术指标。其中体积密度是工程中计算材料用量的基本数据。

② 吸水率：指耐火材料中全部开口气孔被水填满时水的质量与干燥材料质量之比。

③ 透气度：透气度是在常温和一定压差下，气体透过材料的能力，通常用透气系数度量。

2. 热力学性质

① 热膨胀性：指材料的线度和体积随温度升降发生可逆性增长或降低的性能。常以线膨胀系数和体积膨胀系数来表示。热膨胀性是耐火材料一项重要的物理性质，直接关系到材料在温度影响下的体积稳定性，热膨胀性大，可能会造成材料在温度变化影响下破裂。

② 热导率：是在单位温度梯度条件下通过材料单位面积的热流速率。

③ 热容：指在常压下加热 1kg 样品升温 1℃所需的热量。

3. 物理力学性质

① 常温力学性质：常温耐压、抗拉、抗折和扭转强度耐磨性(耐火材料抵抗坚硬物料或气体磨损作用的能力)。

② 高温力学性质：高温耐压强度、抗折强度、扭转强度、蠕变性。

③ 弹性模量：耐火材料受外力作用发生变形，在弹性极限内应力与应变成比例，此比值称为弹性模量。它表示材料发生单位应变时所产生的应力，也可认为是材料抵抗变形的能力。

④ 耐磨性：耐火材料的耐磨性是其抵抗固体、液体和含尘气流对其表面的机械磨损作用的能力。在许多情况下，耐火材料表面由机械磨损作用而造成的危害往往是很严重的。它常常是耐火材料在其工作表面出现损耗的直接原因。

4. 高温使用性质

① 耐火度：耐火材料在无荷重时抵抗高温作用而不熔化的性质称为耐火度。

② 荷重软化温度：耐火材料在高温下的荷重变形指标，表示它对高温和荷重同时作用时的抵抗能力，也表示耐火材料呈现明显塑性变形的软化范围。

③ 高温体积稳定性(重烧线变化)：耐火材料在高温下长期使用时，其外形体积保持稳定不发生变化(收缩或膨胀)的性能。通常用重烧线变化来判断制品的高温体积稳定性。

重烧线变化是指耐火制品试样加热到规定温度，保温一定时间冷却到室温后，所产生的残存膨胀或收缩。

④ 抗热震性是指耐火制品对温度迅速变化所产生损伤的抵抗性能，也称为温度急变抵抗性。

⑤ 抗渣性是指耐火材料在高温下抵抗熔渣及其他熔融液侵蚀而不易损毁的性能。

⑥ 抗碱性和抗酸性：抗碱性是耐火材料在高温下抵抗碱侵蚀的能力。抗酸性是耐火材料在高温下抵抗酸侵蚀的能力。

5. 耐火材料作业性

评估耐火材料的施工操作难易程度的性能称为作业性，也称施工性能。作业性能直接影响到施工效率和工程质量。不同状态的材料采用不同的施工方法，有其不同的作业性能要求，如浇注料要求较好的流动性，可塑料要求较好的黏结性等。

可塑性：物料与结合剂或稀释剂调匀到标准稠度，通过揉搓成型后承受外力，虽改变原形状而不开裂的性能。

黏结性：主要是结合剂黏结性。

回弹性：喷涂施工时耐火材料利用率指标。

硬化性：耐火材料与结合剂之间发生物理化学变化后建立的强度。

稠度：表示耐火泥浆或流动耐火材料的可流动性能。

泛浆：指耐火混凝土施工过程中，由于振动捣打而在物料表面泛起一层轻薄浆液的现象。表明耐火浇注料经振捣已达到比较密实的程度。

第二节　炉窑砌筑施工工艺

尊重科学、执行规范、依据图纸、做好记录；横平竖直、灰浆饱满、上下错缝、内外搭接是工业炉砌筑的基本规则。

一、工业炉主要衬体结构

工业炉主要炉衬衬体结构简介见表 4. 2. 1。

表 4.2.1 工业炉主要炉衬衬体结构简介

分类	简介
耐火砖衬体(具有一定形状)	由耐火砖和耐火泥浆组成，主要用于墙体、炉顶、炉底和管道
不定型耐火材料衬体	主要包括浇筑料、捣打料、投射料、喷射料、可塑料、耐火泥，主要用于炉体结构的侧墙、炉顶、管道内衬和外包扎等工作层，也有用于工作层与炉子钢结构(如：炉壳)之间作为保温层
耐火陶瓷纤维衬体	耐火陶瓷纤维作为一种半成品原料呈松散状，可加工成纤维毯、纤维绳、纤维纸、纤维板、纤维扎块(折叠式模块或层叠式模块)等成品，添加结合剂后可以成为纤维喷涂料或纤维浇注料。陶瓷纤维可以松散状直接使用。但在作为一种衬体存在时往往把陶瓷纤维加工成毯、板或扎块等产品使用
混合衬体	几种衬体的结合

二、耐火砖衬体砌筑

1. 直形炉墙砌筑

砌直墙的基本方法是放线、立标杆、挂垂直线、错缝砌筑、吊坠控垂直、拉线控水平、认真砌墙角。拉砖钩置于砖槽中央，砖槽与挂件间留有间隙；托砖板和托砖板上下部砌体之间留间隙。垂直膨胀缝及水平膨胀缝用耐火纤维填满，适当修整砖缝。

2. 圆形墙砌法

圆形墙的砌筑采用以炉壳作导面砌筑和按中心线砌筑两种方法。要求砖缝不得有三层或三环，重缝上下两层与相邻两环的重缝不得在同一位置。

3. 炉底铺砖

① 炉底铺砖应在炉墙及炉顶施工完毕、炉内脚手架拆除、炉底燃烧器及炉管安装并调整完毕后进行。

② 按图砌筑燃烧器内耐火砖，然后将烧嘴砖与炉底相邻处用纤维毯(绳)包严。

③ 分层错缝砌筑炉底隔热层、耐火层。每层铺砖时，先铺砌卡管砖，膨胀缝内即时填塞纤维毯(绳)，上下层之间的砖缝及膨胀缝应错开。炉底最上层砖的长边方向与气流方向垂直或呈一定角度。

④ 炉底干砌时，砖与砖之间应靠紧，砖缝用耐火粉填充，多层砖炉底的砖缝应分层填充。

4. 拱顶的砌筑

炉墙的门和孔洞上部用砖砌筑的起过梁作用使上部砌体不易坍塌的砌体叫作拱。顶是炉膛、燃烧室、蓄热室、烟道、换热器及炉子的其他空间部位上盖的总称。拱形结构可以承受自重和荷重而不下陷。工业炉通常把耐火砖用拱的形式砌成，使承重和维护结构的功能合为一体称为拱顶。

根据拱高的大小可分为弓形拱和半圆形拱。拱高在跨度的 1/12 以上和 1/6 以下的拱或顶叫作弓形拱。如果拱高等于跨度的一半称为半圆形拱。

拱的砌筑应按下列程序进行：

① 制作拱胎，将弧形的拱架片作为支点，表面钉木板条构成弧面，作为施工过程中

承受拱上部砌体和操作人员荷载的临时结构。

② 拱在砌筑前，通过拱砖的预砌确定砖型和数量，确定各种楔形砖搭配砌筑位置、选用错缝砖、确定灰缝大小。

③ 按脚砖、砌拱砖、锁砖、复拱、修整的顺序砌筑。

三、不定形耐火材料的浇注

常用不定形耐火材料的施工方式有三种：现场支模浇注成型、预制成型、手工涂抹。一般按下列程序进行浇注。

1. 加水

加水方式应根据材料的性质确定：对易水化且凝结速度较快的材料在结合剂与瘠性料组成混合料后加入。结合剂应预先制成一定浓度的水溶液或溶胶，因其需预先水解才可具有黏结性。

干震式浇注料不加水，为防止粉尘可混入少量(如0.5%)煤油。

2. 困料

困料是磷酸盐结合耐火可塑料等干式不定形耐火材料施工前的关键预处理工序，指将混合好的干料与部分结合剂预先搅拌后密封静置，使结合剂充分渗透骨料孔隙的过程。困料可有效改善材料施工性能和最终使用性能。

3. 浇注与成型

按照设计尺寸支设模板经浇注振动成型。模板应满足承载强度、刚度和稳定性的要求，模板接缝应对齐、密封、无错边、不漏浆，耐压强度达到设计或规范要求方可拆模。

4. 养护

浇注料成型后，应根据结合剂的特性采取适当的措施进行养护促其硬化。

5. 烘烤

浇注料成型后，一般应在第一次使用前烘烤，排除其中的物理水和结晶水达到使用时的稳定状态。烘烤应依结合剂及构筑物截面尺寸制定严格的烘烤制度。

四、耐火陶瓷纤维衬体施工

1. 耐火纤维(不定形耐火材料)的喷涂

耐火纤维喷涂是专用耐火纤维棉经预处理后，加入喷涂机内用高压风机输送到喷枪中，与喷枪周边雾化喷嘴喷出的雾状专用结合剂均匀、高速混合后直接喷射至作业面，一次成型耐火纤维衬里或保温层。

耐火纤维炉喷涂施工工艺适用于无固体物料直接与炉衬接触、无颗粒气流及燃气流速≤20m/s的各种工业炉窑耐火衬里的施工。

① 耐火喷涂料正式施工前应进行喷涂实验，确定喷涂料的用水量、风量、风压和喷嘴距喷涂表面的距离等技术参数。应将喷涂料的回弹量控制在最低范围。

② 喷涂施工工序：除锈、焊保温钉→喷刷防锈漆→喷涂粘贴剂→分层喷涂至设计厚度→整形。

③ 喷涂施工宜自上而下进行。先喷异面和结构复杂处，后喷平面。特别注意拐角、看火孔周边、炉管出入口等异型部位。喷枪与被喷面的距离始终保持适当、不断做螺旋转动，达到厚度后用木板轻轻拍平养护。

2. 耐火陶瓷纤维制品的施工

耐火陶瓷纤维毡按其结构形式一般分为层铺式、叠砌式、陶瓷纤维模块。

（1）层铺式耐火纤维毡的施工

层铺式耐火陶瓷纤维毡通常以锚固件进行连接和固定。层铺式耐火纤维毡的铺设应符合下列要求：

① 锚固件的焊接。施工前应用钢丝刷清除炉壳钢板的铁锈和油污。锚固钉和螺栓均应垂直焊牢于钢板上。当锚固钉端部采用陶瓷杯固定纤维毡时，锚固钉的断面排列方向应一致。

② 内衬耐火纤维的铺设。由于纤维毡在厚度方向是多层叠合的，在平面方向是多块纤维毡拼接的，因而对接缝处的要求是：内、外层应错缝 100mm 以上；里层可以对缝连接；面层接缝应搭接，其搭接长度以 100mm 为宜，搭接方向应顺气流方向不得逆向，搭接处应用黏结剂粘牢。

③ 耐火纤维毡铺设时的固定。多层纤维毡或设有背衬材料的炉衬施工时各层应贴紧，特别是炉顶纤维毡施工时，为防止纤维毡下坠应采用快速夹子予以临时固定。

④ 锚固件的表面保护。当纤维毡用螺栓、螺母或锁紧压盖或陶瓷杯固定后，表面应做适当的保护性处理，以免锚固件暴露在高温的炉膛中，尤其对含有腐蚀性气体的炉子保护措施更为必要。

（2）叠砌式耐火纤维毡的施工

穿串固定是叠砌式纤维毡施工的一种形式，将纤维毡切割成炉墙等宽的长方形纤维条，将其预压缩(压缩率不小于 15%)，再用耐热钢梢钉穿串固定。

模板固定是叠砌式施工的另一种形式，即将纤维毡(板)折叠压缩后组成模块，一般模块尺寸为 300mm×300mm。模块的固定方法通常有两种：一种为黏固固定法，即将组合模块固定件焊接于炉壳，然后用螺栓或用锚固杆插入纤维模块中，使其固定于炉壳上。另一种为黏结固定法，现已较少使用，即将纤维条折叠压缩后捆扎成 300mm×300mm 的模块，用黏结剂贴于炉衬上。粘贴时，应将纤维模块均匀涂抹黏结剂后立即贴在预定的位置上，并用木镘压紧使之粘牢。粘贴及压紧时不得推动已粘贴好的相邻纤维模块。

（3）陶瓷纤维模块的施工

陶瓷纤维模块是石油化工工程常用的耐火材料制品。陶瓷纤维模块以及其配套使用的混配纤维真空成型预制砖一般由专业工厂进行制作，再由施工人员安装，相比其他陶瓷纤维成型制品，缩短了工期，降低了成本。施工应符合下列要求。

① 耐火纤维模块应按设计要求在车间加工制作，并提供配套模块组装件和焊于炉壁上金属锚固件。模块制作时，耐火纤维毯折叠成风琴状，并按 20%～30%压缩率预压缩。

② 耐火纤维模块安装结构常用中心孔吊装式(见图4.2.1)、插刺式、滑槽式和反卡式等。模块由组合件和炉墙上锚固件连接，炉墙锚固件是支撑结构，一定要焊牢，相邻两个锚固件间距偏差不应大于2mm，才能保证模块安装紧密。

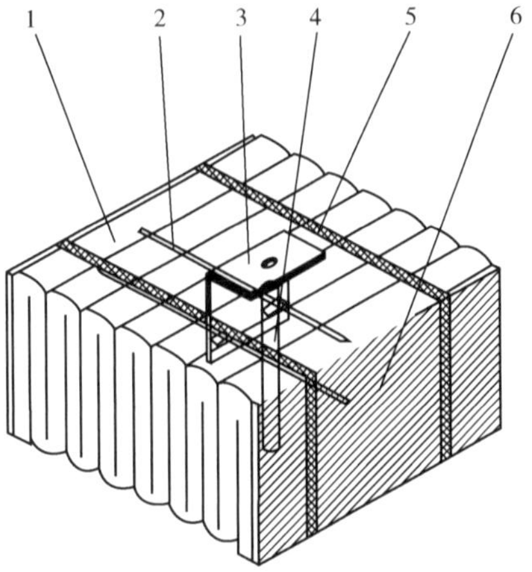

图4.2.1 中心孔吊装式模块

1—耐火陶瓷纤维毯；2—预埋销钉；3—预埋锚固件；4—安装导管；5—捆扎带；6—捆扎板

③ 耐火纤维模块应从下至上进行安装，模块安装前应先按设计要求在壁板上均匀涂刷防腐涂料，涂层厚度一般为0.15～0.2kg/m^2。涂料风干后开始层铺隔热层的陶纤毯，一般至少为两层。前几层以同层对缝，层间错缝铺贴，在背面涂刷黏结剂固定。最后一层错缝搭接，搭接宽度不小于100mm。陶瓷纤维模块与隔热层之间设有铝箔、不锈钢箔作阻汽层时，陶纤毯铺贴完毕再开始搭接铺设阻汽层，铝箔、不锈钢箔接头相互搭接宽度不小于20mm并应紧贴陶纤毯，铝箔、不锈钢箔铺设完毕检查其表面和锚固钉根部，如果有破损和不严的地方需进行修补，然后用快速卡进行适当层间固定，一般1m^{2}固定2～3处。隔热层和阻汽层铺贴完毕即可进行陶纤模块的安装。

④ 耐火纤维模块采用单向排列方法安装时，对于沿折叠方向顺次同向排列形式，相邻两排之间缝隙因耐火纤维在高温状态下产生收缩，应使用与耐火纤维模块材质相同的耐火纤维毯经对折压缩至原厚度的2/3挤紧。用于炉顶时，应用U形钉使纤维毯与折叠模块在1/3厚度处固定。

⑤ 中心孔吊装式模块，需用特制专用扳手，将螺母沿导向管拧于螺栓上固定后，抽出中心衬托管，并在中心孔中填塞相应材质纤维卷。模块安装示意如图4.2.2所示。

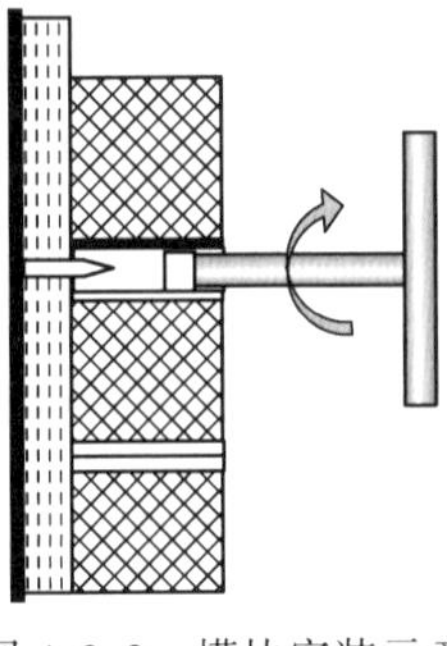

图4.2.2 模块安装示意

⑥ 模块采用拼花式排列安装时，应避免交叉处窜气缝，出现时应用耐火纤维加黏结剂填塞紧密。

⑦ 模块与砌体或其他炉衬连接处，应在直通缝中加装对折压缩至原厚度2/3的材质与耐火纤维模块相同的纤维毯。

⑧ 模块安装时应先装烧嘴砖、视孔砖，安装应从下向上按设计规定位置方向，逐排对号入座，在炉顶安装时，应先安装炉顶模块，再安装炉墙后二排模块。安装炉顶时，应将中间盖板安装就位后与炉顶同时安装，炉顶模块应从炉顶四周向中间逐排安装，不规则的模块可切割加工保证边角平直。

⑨ 模块捆绑带、包装纸，应在全部模块安装完经检查调整符合要求后方可拆除。

⑩ 拆除捆绑带、包装纸后耐火纤维炉衬用木镘拍平“夯实”，使表面平整，模块横平竖直，排列整齐，充分膨胀，挤压密实，接缝严密，拍打前模块表面可喷雾状水润湿，减少粉尘污染。

⑪ 耐火纤维模块表面应均匀平整，模块间应挤压紧密，不得有窜气缝。

五、填充料、涂料及灌浆料的施工

1. 填充料

一般指胀缝内的填料。多用纤维毡(毯)、纤维绳、石棉绳等，也可用耐火粉或硅藻土粉作填料。施工时，按照设计文件要求选用填充料，将需填充部位使用填充料嵌实、塞满，不应有遗漏。

2. 涂料

① 炭砖保护涂料：指为避免炭质炉衬在烘炉过程中遭受氧化侵蚀涂刷的涂料。利用磷酸盐泥浆涂于炭砖表面作保护层取得了良好的效果。

② 密封涂料：对要求气密性高的砌体涂刷半稠泥浆，提高炉子的热效率并可节省能源。

涂料的配制应按照厂家说明书的要求进行，施工应达到设计要求的施工遍数及厚度，不得有漏涂部分。

3. 灌浆料

多用于炉壳与炉衬构件之间间隙和炉子抢修工程。灌浆料一般用粗颗粒黏土耐火泥和胶结剂加适量水调制而成。灌浆料应按照灌浆料厂家提供的配合比进行配制拌和，应随用随拌。施工时应按照设计要求进行，充分灌满设计使用部位。施工完成后，对达不到设计要求的部分进行修整或返工，确保达到设计要求。

第三节　质量控制点及执行的规范

一、质量控制点

① 施工材料的进场验收及复验，施工材料存放应符合相应规范要求，施工材料的使用应在其有效期内。

② 筑炉衬里工程应在炉体基础、炉体钢结构和有关设备安装经检查合格并签订工序交接证明书后，才可进行施工。

③ 砌体施工：砌体材质、砌筑方式、砖缝厚度、耐火泥浆饱满度，砌体垂直度、表面平整度、线尺寸，膨胀缝留设、托砖板处理、孔洞处理。

④ 不定形耐火材料施工：与不定形耐火材料接触的钢结构或设备表面处理，材料的配合比，材料的施工方式，模板安装质量，成型后尺寸偏差。

⑤ 耐火陶瓷纤维施工：材料的技术指标及结构形式，粘接施工时粘接面处理，表面涂料质量；锚固钉的位置、间距、垂直度、焊接；毯、毡、板的接缝形式及处理、陶瓷杯安装、层间固定；叠砌式内衬毯、毡的压缩率，支撑板、固定销焊接，材料固定或粘接紧密、孔洞部位处理，钢板网平整、焊接牢固；折叠式模块体积密度、结构形式，锚固件材质、结构，模块安装排列方向。

二、执行的规范

GB 50211—2014《工业炉砌筑工程施工与验收规范》

GB 50273—2022《锅炉安装工程施工及验收标准》

GB 50309—2017《工业炉砌筑工程质量验收标准》

GB 50972—2014《循环流化床锅炉施工及质量验收规范》

GB/T 3003—2017《耐火纤维及制品》

GB/T 3007—2017《耐火材料　含水量试验方法》

GB/T 15545—2020《不定形耐火材料包装、标志、运输、储存和质量证明书的一般规定》

GB/T 16546—2020《定形耐火材料包装、标志、运输、储存和质量证明书的一般规定》

GB/T 20511—2006《耐火制品分型规则》

GB/T 50252—2018《工业安装工程施工质量验收统一标准》

GB/T 50484—2019《石油化工建设工程施工安全技术标准》

GB/T 51175—2016《炼油装置火焰加热炉工程技术规范》

SH/T 3036—2012《一般炼油装置用火焰加热炉》

SH/T 3086—2017《石油化工管式炉钢结构工程及部件安装技术条件》

SH/T 3115—2024《石油化工管式炉轻质浇注料衬里工程技术规范》

SH/T 3128—2017《炼油装置火焰加热炉陶瓷纤维衬里技术规范》

SH/T 3158—2024《石油化工管壳式余热锅炉》

SH/T 3427—2017《石油化工管式炉高强低导浇注料工程技术条件》

SH/T 3503—2017《石油化工建设工程项目交工技术文件规定》

SH/T 3506—2020《管式炉安装工程施工及验收规范》

SH/T 3508—2011《石油化工安装工程施工质量验收统一标准》

SH/T 3511—2020《石油化工乙烯裂解炉和制氢转化炉施工及验收规范》

SH/T 3534—2012《石油化工筑炉工程施工质量验收规范》

SH/T 3543—2017《石油化工建设工程项目施工过程技术文件规定》

SH/T 3550—2012《石油化工建设工程项目施工技术文件编制规范》

SH/T 3559—2017《石油化工循环流化床锅炉施工及验收规范》

SH/T 3610—2012《石油化工筑炉工程施工技术规程》

HG/T 20683—2005《化学工业炉耐火、隔热材料设计选用规定》

CECS 27—2016《工业炉水泥耐火浇注料冬期施工技术规程》

YB/T 5116—1993《粘土质和高铝质耐火可塑料试样制备方法》

YB/T 5202.1—2003《不定形耐火材料试样制备方法　第1部分：耐火浇注料》

第五章　石油化工管道安装工程

第一节　概　　述

管道是指由管子、管件、法兰、阀门等管道组成件以及支架、吊架等管道支承件组成，用以输送、分配、混合、分离、排放、计量或控制流体的管状设备。其中，输送原料、中间物料、成品、催化剂、添加剂等工艺介质的管道称为工艺管道，除工艺管道外的辅助性管道，包括输送水、蒸汽、压缩空气、惰性气体等介质的管道称为公用工程管道。这些管道分布在石油化工生产装置及辅助设施的，即统称为石油化工管道。

管道的分类方法很多，除前面提到的按介质划分外，按设计温度可分为低温管道、常温管道、中温管道、高温管道；按设计压力可分为低压管道、中压管道、高压管道、超高压管道；按铺设方式可分为架空管道、埋地管道；按许可级别可分为 GA1、GA2、GB1、GB2、GC1、GC2、GCD；按材质可分为金属管道、非金属管道等。石油化工金属管道按照输送介质、设计压力、设计温度分为 13 个级别，并在 GB 50517 中进行了详细的规定。

一、压力管道的定义和分类

传统的压力管道是指最高工作压力大于或者等于 0.1MPa，介质为气体、液化气体、蒸汽或者可燃、易爆、有毒、有腐蚀性、最高工作温度高于或者等于标准沸点的液体，且公称直径大于 50mm 的管道。公称直径小于 150mm，且其最高工作压力小于 1.6MPa 的输送无毒、不可燃、无腐蚀性气体的管道和设备本体所属管道除外。

按照《特种设备生产单位许可目录》，压力管道的许可级别、许可范围和可覆盖情况见表 5.1.1。

表 5.1.1　压力管道设计、安装许可参数级别

许可级别	许可范围	备注
GA1	1. 设计压力大于或者等于 4.0MPa(表压，下同)的长输输气管道 2. 设计压力大于或者等于 6.3MPa 的长输输油管道	GA1 级覆盖 GA2 级
GA2	GA1 级以外的长输管道	
GB1	燃气管道	
GB2	热力管道	

续表

许可级别	许可范围	备注
GC1	1. 输送《危险化学品目录》中规定的毒性程度为急性毒性类别1介质、急性毒性类别2气体介质和工作温度高于其标准沸点的急性毒性类别2液体介质的工艺管道； 2. 输送GB 50160《石油化工企业设计防火标准(2018年版)》、GB 50016《建筑设计防火规范(2018年版)》中规定的火灾危险性为甲、乙类可燃气体或者甲类可燃液体(包括液化烃)，并且设计压力大于或者等于4.0MPa的工艺管道； 3. 输送流体介质，并且设计压力大于或者等于10.0MPa，或者设计压力大于或者等于4.0MPa且设计温度高于或者等于400℃的工艺管道	GC1级、GCD级覆盖GC2级
GC2	1. GC1级以外的工艺管道 2. 制冷管道	
GCD	动力管道	

GB/T 20801.1—2020中GC3级管道是指输送无毒、不可燃、无腐蚀性液体介质，设计压力小于或等于1.0MPa且设计温度高于-20℃但不高于185℃的非压力管道。因GB/T 20801标准名称为“压力管道规范工业管道”且将GC3级管道也定义为压力管道，对压力管道的传统含义造成了一定的冲击，所以在现实执行中只能以受监管的压力管道和不受监管的压力管道来区分。其实将两者统称为承压管道，用压力管道和非压力管道来区分更为确切，让压力管道的定义回归传统的含义。

二、石油化工管道的分类

GB 50517—2010(2023年版)依据输送介质的毒性、可燃性将管道分为有毒、可燃、无毒非可燃3大类，再按照设计压力和设计温度细分为13小类，见表5.1.2。

表5.1.2 石油化工管道分级

序号	管道级别	输送介质	设计条件	
			设计压力p MPa	设计温度t/℃
1	SHA1	(1)《危险化学品目录》中规定的毒性程度为急性毒性类别1的气体或液体、急性毒性类别2的气体或最高工作温度高于其标准沸点的液体[SHA1(1)]	—	—
		(2)除(1)项外的极度危害介质、高度危害介质、中度危害介质或轻度危害介质[SHA1(2)]	$p \geq 10$	—
			$4 \leq p < 10$	$t \geq 400$
			—	$t < -29$
2	SHA2	(3)除(1)项外的极度危害介质、高度危害介质、中度危害介质或轻度危害介质[SHA2(3)]	$4 \leq p < 10$	$-29 \leq t < 400$
		(4)除(1)项外的极度危害介质或高度危害介质[SHA2(4)]	$p < 4$	$t \geq -29$
3	SHA3	(5)中度危害介质[SHA3(5)]	$p < 4$	$t \geq -29$
		(6)轻度危害介质[SHA3(6)]	$p < 4$	$t \geq 400$

续表

序号	管道级别	输送介质	设计条件	
			设计压力 p/MPa	设计温度 t/℃
4	SHA4	(7)轻度危害介质[SHA4(7)]	$p<4$	$-29\leq t<400$
5	SHB1	(8)甲类可燃气体、乙类可燃气体或甲类可燃液体(包括液化烃)[SHB1(8)]	$p\geq 4$	—
			—	$t<-29$
		(9)乙类可燃液体或丙类可燃液体[SHB1(9)]	$p\geq 10$	—
			$4\leq p<10$	$t\geq 400$
			—	$t<-29$
6	SHB2	(10)甲类可燃气体、乙类可燃气体或甲类可燃液体(包括液化烃)[SHB2(10)]	$p<4$	$t\geq 400$
		(11)甲$_A$类可燃液体[SHB2(11)]	$p<4$	$-29\leq t<400$
		(12)乙类可燃液体或丙类可燃液体[SHB2(12)]	$4\leq p<10$	$-29\leq t<400$
7	SHB3	(13)甲类可燃气体、乙类可燃气体或甲$_B$类可燃液体[SHB3(13)]	$p<4$	$-29\leq t<400$
		(14)乙类可燃液体[SHB3(14)]	$p<4$	$t\geq -29$
		(15)丙类可燃液体[SHB3(15)]	$p<4$	$t\geq 400$
8	SHB4	(16)丙类可燃液体[SHB4(16)]	$p<4$	$-29\leq t<400$
9	SHC1	(17)无毒、非可燃介质[SHC1(17)]	$p\geq 10$	—
			$4\leq p<10$	$t\geq 400$
			—	$t<-29$
10	SHC2	(18)无毒、非可燃介质[SHC2(18)]	$4\leq p<10$	$-29\leq t<400$
11	SHC3	(19)无毒、非可燃介质[SHC3(19)]	$1<p<4$	$t\geq 400$
12	SHC4	(20)无毒、非可燃介质[SHC4(20)]	$1<p<4$	$-29\leq t<400$
			$p\leq 1$	$t>185$
			$p\leq 1$	$-29\leq t<-20$
		(21)公称直径等于或大于 DN150 无毒、非可燃气体，以及最高工作温度高于或者等于标准沸点的无毒、非可燃液体[SHC4(21)]	$0.1\leq p\leq 1$	$-20\leq t\leq 185$
13	SHC5	(22)除(21)项外的无毒、非可燃介质[SHC5(22)]	$p\leq 1$	$-20\leq t\leq 185$

其中，SH 代表石油化工行业、A 为毒性介质、B 为可燃性介质、C 为无毒非可燃介质，数字为管道质量检查等级。当输送同时具有毒性和可燃性的介质管道，在按表中 SHA 和 SHB 的规定分别划分管道级别的同时，最终按两者级别的较高者确定；当管道级别相同时，按 SHA 的管道级别确定。输送氧气介质按乙类可燃气体确定。

在确定管道检查等级时，应优先按以下原则执行：钛及钛合金、锆及锆合金、镍及镍基合金、高铬镍钼奥氏体不锈钢管道，以及设计明确规定为剧烈循环工况和高温蠕变工况管道的检查等级不得低于 1 级；铬钼合金钢、双相不锈钢、铝及铝合金管道的检查等级不得低于 2 级；奥氏体不锈钢(无毒非可燃的非压力管道除外)、设计要求冲击试验的碳钢管道的检查等级不得低于 3 级。

三、石油化工管道施工、验收标准规范

目前管道工程的施工、验收标准规范涉及长输管道、海底管道、电力管道、油田管道、市政管道等多方面，有关石油化工管道施工及验收的常用标准规范主要有：

TSG D0001—2009《压力管道安全技术监察规程——工业管道》

GB/T 20801—2020《压力管道规范工业管道》

GB 50517—2010《石油化工金属管道工程施工质量验收规范(2023 年版)》

SH/T 3501—2021《石油化工有毒、可燃介质钢制管道工程施工及验收规范》

SH/T 3533—2024《石油化工给水排水管道工程施工及验收规范》

涉及的标准规范还包括：

GB 50645—2011《石油化工绝热工程施工质量验收规范》

GB 50690—2011《石油化工非金属管道工程施工质量验收规范》

GB/T 51359—2019《石油化工厂际管道工程技术标准》

SH/T 3502—2021《钛和锆管道施工及验收规范》

SH/T 3504—2014《石油化工隔热耐磨衬里设备和管道施工质量验收规范》

SH/T 3518—2013《石油化工阀门检验与管理规范》

SH/T 3520—2015《石油化工铬钼钢焊接规范》

SH/T 3522—2017《石油化工绝热工程施工技术规程》

SH/T 3523—2020《石油化工铬镍不锈钢、铁镍合金、镍基合金及不锈钢复合钢焊接规范》

SH/T 3525—2015《石油化工低温钢焊接规范》

SH/T 3526—2015《石油化工异种钢焊接规范》

SH/T 3545—2020《石油化工管道工程无损检测标准》

SH/T 3547—2011《石油化工设备、管道化学清洗施工及验收规范》

SH/T 3548—2024《石油化工涂料防腐蚀工程施工及验收规范》

SH/T 3554—2013《石油化工钢制管道焊接热处理规范》

SH/T 3558—2016《石油化工工程焊接通用规范》

施工过程中涉及的管子、管件、法兰、阀门等管道组成件标准，以及支架、吊架等管道支承件标准不再一一列出。

从各国历年来石油化工装置发生事故原因分析来看，有许多事故是由管道系统发生问题而引起的。管道设计、施工质量将直接影响管道的使用质量，在管道设计、施工中遗留的任何质量问题都会成为管道运行过程中的安全隐患，有的会引发严重的安全事故，造成巨大损失。经对我国近二十年管道质量造成的事故分析，178 件事故中由设计、施工质量造成的事故占 58.4%，石油化工系统发生的 83 起事故中由设计、施工质量引发的占 79.5%。在加强管道设计质量管理的同时，要对管道的原材料、焊接、检验检测、压力试验进行控制。本章主要介绍管道组成件、管道支承件、管道施工工艺、检测比例控制、压力试验等内容，焊接、无损检测、“两防两保”(防腐防火保温保冷)的基础知识在其他章节中介绍。

第二节　管道组成件

管道组成件是指用于连接或装配成压力密封的管道系统机械元件，常见的管道组成件包括管子、管件、阀门、法兰、补偿器、密封元件、特种元件等管道元件，安全阀、爆破片装置、紧急切断阀等安全附件，以及诸如紧固件、阻火器、膨胀节、挠性接头、耐压软管、过滤器、管路中的仪表和分离器等。

一、管子

1. 金属管

为适应不同工艺状况的石油化工装置，管子的种类也复杂多样。按用途分有液体输送管、石油裂化管、锅炉用管、热交换管等；按形状分有光管、夹套管、翅片管、衬里管等；按材料分有碳钢管、低合金管、合金管、有色金属管、铸铁管、非金属管等。管子的选择一般按照温度、压力、介质腐蚀性等操作环境并结合管子的特性来确定。非金属管的耐腐蚀性强但适应的温度和压力区间比较小；金属管有较高的耐压和耐温性，选择不同的金属材料抵抗介质腐蚀，使得各种类型的钢管被广泛应用于液体输送。常用的石油化工钢管材料适用温度及中美钢管材料对照情况见表 5. 2. 1 和表 5. 2. 2。

表 5. 2. 1　常用石油化工钢管材料适用温度

名称	标准	牌号	适用温度/℃
输送液体用无缝钢管	GB/T 8163	20	-20~425
		Q345	-20~450
石油裂化用无缝钢管	GB/T 9948	20	-20~425
		12CrMo	≤525
		15CrMo	≤550
		12Cr5MoI	≤550
高压锅炉用无缝钢管	GB/T 5310	12Cr1MoVG	≤575
液体输送用不锈钢无缝钢管	GB/T 14976	06Cr13	≤400
		06Cr19Ni10	-196~700
		06Cr17Ni12Mo2	-196~700
		06Cr17Ni12Mo2Ti	-196~500
		06Cr19Ni13Mo3	-196~700
		022Cr19Ni10	-196~425
		022Cr17Ni12Mo2	-196~450
		022Cr19Ni13Mo3	-196~450
低压液体输送用焊接钢管	GB/T 3091	碳素结构钢	0~200
螺旋缝埋弧焊钢管	GB/T 9711 GB/T 12771	L210~L555	≤300
电阻焊碳钢直缝钢管			≤200
电弧焊直缝钢管		022Cr18Ti、12Cr19Ni10	≤425/奥氏体≤600

表 5.2.2 中美常用钢管材料对照表

GB		ASTM	
标准	牌号	标准	牌号
GB/T 9711	L245/B(PSL1)	API5L	B(PSL1)
GB/T 8163	20	A53	B
GB/T 9948	20	A106	B
GB/T 5310	20G、20MnG	A106	B
GB/T 9948	15CrMo	A335	P12
GB/T 5310	15CrMoG	A335	P12
GB/T 9948	12Cr1Mo	A335	P11
GB/T 9948	12Cr2Mo	A335	P22
GB/T 5310	12Cr2MoG	A335	P22
GB/T 9948	12Cr5MoI	A335	P5
GB/T 9948	12Cr9MoI	A335	P9
GB/T 5310	10Cr9Mo1VNbN	A335	P91
GB/T 14976	06Cr18Ni11Ti	A312	TP321
GB/T 14976 GB/T 9948 GB/T 5310	07Cr19Ni11Ti	A312	TP321H
GB/T 14976	06Cr18Ni11Nb	A312	TP347
GB/T 14976 GB/T 9948 GB/T 5310	07Cr18Ni11Nb	A312	TP347H
GB/T 14976	022Cr19Ni11	A312	TP304L
GB/T 14976	06Cr19Ni10	A312	TP304
GB/T 14976 GB/T 9948 GB/T 5310	07Cr19Ni10	A312	TP304H
GB/T 14976 GB/T 9948	022Cr17Ni12Mo2	A312	TP316L
GB/T 14976	06Cr17Ni12Mo2	A312	TP316
GB/T 14976	07Cr17Ni12Mo2	A312	TP316H
GB/T 12771	06Cr18Ni11Ti	A312	TP321-W
GB/T 12771	06Cr18Ni11Nb	A312	TP347-W
GB/T 12771	022Cr19Ni10	A312	TP304L-W
GB/T 12771	06Cr19Ni10	A312	TP304-W
GB/T 12771	022Cr17Ni12Mo2	A312	TP316L-W
GB/T 12771	06Cr17Ni12Mo2	A312	TP316-W

管子规格的表示方法世界各国尚未统一。在管径上有按公称直径表示的，也有按外径尺寸表示的，同时有各自的系列标准。在厚度上常见的有以管表号、管重、壁厚值3种表示方法。

公称直径(DN)是用以表示外径通用的一个数字，一般情况下为圆整的数字，与真实尺寸相近但不相等。公称直径虽然有英制和公制两种表示方法，但它们对应的管子具体外径尺寸是一致的。我国的管子外径尺寸目前存在3个系列，其中Ⅰa系列是优先用系列，它的管子外径等效采用了ISO 4200标准；Ⅰb系列为Ⅰa系列的代用系列，它将Ⅰa系列的管子外径尺寸圆整到整数；Ⅱ系列是国内沿用的老系列，主要考虑老装置检修改造时造成管子外径的不匹配。

管表号常用SchXX表示，其中XX是管子设计压力与设计温度下材料许用应力的比值乘以1000后的圆整数值，我国不锈钢管的管表号有5S、10S、20S、40S、80S共4个等级，其他钢管有10、20、30、40、60、80、100、120、140、160共10个等级。管表号只是表示管子壁厚系列，不能直接表示厚度值，同一管表号在不同公称直径下管子的厚度是不一样的，所以管表号要与公称直径配套使用。

用管重表示管子壁厚系列时是将管子壁厚分为3个等级，分别用STD表示标准重量管、XS表示加厚管、XXS表示双倍加厚管。对于小于DN 250的管子，Sch40相当于STD；对小于DN 200的管子，Sch80相当于XS。

大多标准采取的管子壁厚表示方法是直接标示管子厚度值，也是国际上的通行表示方法，通常表示为管子外径×壁厚，如ϕ88.9×5.49。具体的公称直径与管子外径尺寸各系列以及不同公称直径下管表号的厚度或用管重表示的管子厚度值的对应关系可查阅GB/T 28708和SH/T 3405、HG/T 20553。

2. 非金属管

常见的非金属管有塑料管、玻璃钢管、玻璃钢/塑料复合管、增强聚乙烯复合管等，这些非金属管在石油化工管道工程应用的比例较小，但各有独特的优势和应用场景，分别在耐腐蚀管道、储罐储槽、耐腐蚀输送泵及其附件、耐腐蚀阀门、格栅、通风设施，以及污水和废水的处理设备中占有一席之地。常用石油化工非金属管材适用温度见表5.2.3。

表5.2.3 常用石油化工非金属管材适用温度

名称	标准	牌号	适用温度/℃
硬聚氯乙烯管	GB/T 10002 GB/T 18477 GB/T 20221	PVC-U	-5~45
氯化聚氯乙烯管	GB/T 5836 GB/T 18998 GB/T 24452 GB/T 39380	PVC-C	-5~80
高密度聚乙烯管	GB/T 13663	PE100	-20~40
Ⅱ型耐热聚乙烯管	GB/T 28799	PE-RTⅡ	-20~85

续表

名称	标准	牌号	适用温度/℃
无规共聚聚丙烯管	GB/T 18742	PP-R	10~70
玻璃钢管	HG/T 21663	FRP	-40~120
增强聚丙烯管	HG/T 20539	FRPP	-20~120
玻璃钢管/硬聚氯乙烯管	HG/T 20520	FRP/PVC	-10~80
聚丙烯/玻璃钢管	HG/T 21579	PP/FRP	-15~100

二、管件

管件是管道组成件中的一个重要类别，通常包括弯头、三通、四通、弯管、异径管、管帽、翻边短节和活接头等，金属管件多为无缝钢管、钢板、锻钢、铸钢制作。常用的管件及其用途见表 5.2.4。

表 5.2.4 常用的管件及其用途

用途	管件名称
直管与直管连接	活接头、双承口管箍、双螺口管箍、短节
改变走向	45°弯头、90°弯头、弯管
分支	三通、四通、支管座(台)、单承口管箍、单螺口管箍
变径	异径短节、内外螺纹接头、异径双承口管箍、异径双螺口管箍
封闭管嘴	管帽、丝堵
其他	翻边短节

管件按连接方式可分为对焊连接、承插焊连接、螺纹连接、法兰连接 4 种类型，对焊连接管件主要用于不小于 DN40 的管道上；承插焊连接管件主要用于不大于 DN40 的管道上，大多在锻造后再用机械加工的方法制造；螺纹连接管件主要用于可拆卸的场合，管件螺纹多采用锥管螺纹，有 55°和 60°两种形式；法兰连接管件多用于特殊场合，如衬里管件、翻边短节，这类管件没有标准图集，主要由设计确定形式和规格。

三、法兰及附件

1. 法兰

法兰是石油化工装置中广泛使用的一种连接件。法兰的分类方式主要有 2 种，按照与管子的连接方式分可分为平焊法兰(SO)、承插焊法兰(SW)、对焊法兰(WN)、螺纹法兰(PT)和松套法兰(LJ)等；按照法兰密封面分可分为全平面(FF)、突面(RF)、凹凸面(MFM，凹面 LF/凸面 LM)、榫槽面(TG，榫面 TF/槽面 GF)和环槽面(RJ)等。

平焊法兰与管子连接时，将管子插入法兰内孔中进行焊接，由于在法兰面附近焊接容易损伤法兰面，甚至引起法兰面变形，一般用于压力温度较低，不太重要的管道上，常用于公用工程管道上。承插焊法兰与管子的连接方式与平焊法兰相近，一般用于小口径管道上。对焊法兰与管子的连接，是将法兰颈端与带有坡口的管子端对接组对后焊接连接而成，这种结构刚性比平焊法兰更好，适用于法兰处应力较大、压力温度波动较大和高温、高压及0℃以下的低温管道，常用于工艺管道上。螺纹法兰连接是利用法兰内孔加工好的螺纹与带有螺纹的管子旋合连接而成，主要用于不易焊接或不能焊接，在温度反复波动或高于260℃和低于-45℃的管道上不宜使用。松套法兰连接是将法兰松套安装在已与管子焊接好的翻边短节上与配对法兰连接而成，松套法兰本身可旋转，易于安装，其中密封由翻边和垫片负责；其特点是法兰本体不与介质接触，主要适用于腐蚀性介质的管道上；法兰与翻边短节可采用不同的材料，可以节省不锈钢、有色金属等材料。

法兰最普遍的密封面为光面密封面，在一般操作条件下均能适用。但在高温、高压条件下效果不能令人满意。凹凸面密封面减少了垫片被吹出去的风险，但不能保证垫片不被挤入管道内。榫槽面和环槽面密封面没有这方面的隐患，适用于高温高压工况。

石油化工装置用法兰有PN系列和Class系列两种系列，分别代表欧洲体系和美洲体系。PN系列采用PN值表示公称压力等级，Class系列则采用Class值表示公称压力等级，两种系列之间没有对应关系。SH/T 3406—2022只规定了Class75、Class150、Class300、Class400、Class600、Class900、Class1500、Class2500共8个等级法兰，公称直径大于*DN*600的大直径法兰再分为A系列和B系列，2个系列法兰尺寸完全不同，不能互换。

2. 法兰盖

法兰盖又称盲法兰，与管道、设备上的法兰配合使用。法兰盖的公称压力、密封面形式、厚度与配对法兰应一致。SH/T 3406—2022中罗列出与相应法兰配对的法兰盖尺寸。

3. 法兰垫片

法兰垫片是法兰连接中起密封作用的部件。常见的法兰垫片有非金属垫、半金属垫、金属垫。

非金属垫主要有橡胶垫、无石棉纤维垫、聚四氟乙烯垫、膨胀聚四氟乙烯垫、填充改性聚四氟乙烯垫、聚氯乙烯垫、增强柔性石墨垫、高强云母复合垫等，通常用在操作温度较低、操作压力不高或有腐蚀性介质的管道上。

半金属垫主要由金属材料和非金属材料共同组合而成，常用的有缠绕式垫片和金属包垫片，它比非金属垫所承受的温度、压力范围更广。

金属垫有平垫片、波形、齿形、椭圆形、八角形和透镜垫等。金属平垫片，用于光滑式平焊法兰，承受温度、压力较低；椭圆形及八角形金属垫片，多用于环槽对焊法兰，其密封性能较好，但制造复杂，要求精度高，价格较贵；透镜垫，其密封性好，广泛用于高温、高压的法兰连接。

4. 紧固件

目前螺栓、螺母及垫圈均已标准化，按其制造精度，有精制、半精制、粗制几种，通常工程上采用半精制，半精制螺栓/螺母也是规格表述的默认形式。

工艺管道中应用最为普遍的为单头螺栓(又称六角头螺栓)和双头螺栓(又称螺柱)，低压系统、管道支架经常采用单头螺栓，中高压管道的法兰连接一般采用双头螺栓。螺纹有粗牙和细牙两种，SH/T 3404规定，小于M36的螺栓为粗牙螺纹、M36以上的为细牙细纹，螺距为3。

常用的螺母为六角螺母，螺母的材质通常比螺栓低一个等级并配套使用。例如材质为35CrMoA的螺栓一般配对30CrMoA或35#钢的螺母。螺母有薄型（$m=0.8d$）和厚型（$m=1.0d$）之分，缺省时默认为厚型。

垫圈有时也称为垫片，垫圈是安装在螺母与工件之间用于扩大受力面积或防止螺母松动的器件，有平垫圈、工字钢用方斜垫圈、槽钢用方斜垫圈、弹簧垫圈、圆螺母用止动垫圈等。管道法兰的螺栓连接大多数情况下不使用垫圈。

在双头螺栓的端部、单头螺栓的头部顶面和螺母的支承面或侧面有相应的钢印标志，紧固件材料代号见表5.2.5。

表5.2.5 紧固件材料代号

材料牌号	材料代号	材料牌号	材料代号	材料牌号	材料代号
Q235A	—	06Cr17Ni12Mo2	316	Grade B8	B8D
25	25	06Cr15Ni25Ti2MoAIVB	515	Grade 8	Gr8
35	35	Grade B7	B7	Grade 8M	8M
35CrMoA	2B	Grade B7M	B7M	Grade 2H	2H
25Cr2MoVA	3B	Grade B8Class2	B8	Grade 2HM	2HM
30CrMoA	4B	Grade B8MClass2	B8M		
06Cr19Ni10	304	Grade L7	L7		

四、阀门

阀门是控制管道内介质流动的机械装置，可以用来切断流量、限制控制流量，是最重要的管道组成件，但是狭义的管件并不包括阀门。虽然仪表专业用到的控制阀、调节阀、电磁阀等也称为阀门，但它们属于仪表专业的仪表设备，工程上通常不把它们归为管道专业的阀门。

1. 阀门的种类

阀门的种类很多，按制造材质划分，有铸铁阀、碳钢阀、铬钼合金阀、不锈钢阀、铜阀、塑料阀等；按阀门的驱动方式，可分为手动阀、电动阀、气动阀；按阀门的连接形式，可分为螺纹连接、法兰连接、焊接连接。目前国际、国内最常用的分类方法是按原理、作用和按结构划分，一般分闸阀、截止阀、节流阀、蝶阀、球阀、止回阀、控制阀（调节阀）、隔膜阀、旋塞阀、排污阀、柱塞阀、减压阀、蒸汽疏水阀、排气阀、安全阀、堵阀（电站用）、其他特殊用途的阀（如氧气用阀、加氢装置用阀）等。

2. 阀门型号编制方法

阀门型号的编制方法一般按照GB/T 32808执行，主要包括阀门典型类型代号、驱动操作机构形式代号、阀门端部连接形式代号、阀门的结构形式、密封面材料或衬里材料类型代号、公称压力（压力级或工作温度下的工作压力）、阀体材料类型代号，并按此顺序编制，如图5.2.1所示。阀门的公称尺寸在阀体材料代号后空一格，标注DN或NPS和公称尺寸数值。

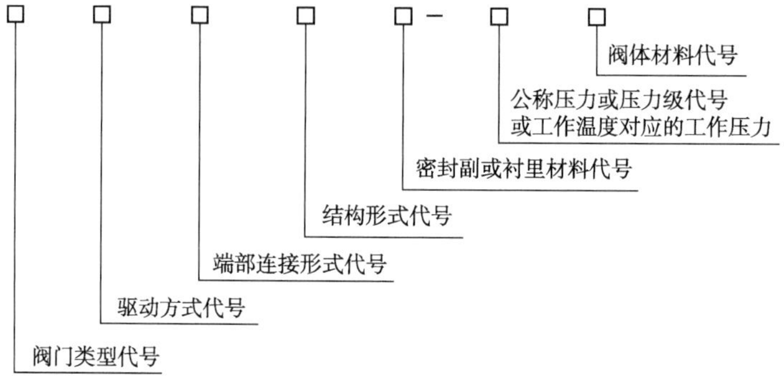

图 5.2.1 阀门型号

(1) 阀门类型代号

阀门典型类型代号用汉语拼音字母表示，见表 5.2.6。

表 5.2.6 阀门类型代号

阀门类型		代号	阀门类型		代号
安全阀	弹簧载荷式、先导式	A	球阀	整体球	Q
	重锤杠杆式	GA		半球	PQ
蝶阀		D	蒸汽疏水阀		S
倒流防止器		DH	堵阀(电站用)		SD
隔膜阀		G	控制阀(调节阀)		T
止回阀、底阀		H	柱塞阀		U
截止阀		J	旋塞阀		X
节流阀		L	减压阀(有力式)		Y
进排气阀	单一选排气口	P	减温减压阀(非自力式)		WY
	复合型	FFP	闸阀		Z
排污阀		PW	排渣阀		PZ

当阀门又同时具有其他功能作用或带有其他结构时，在阀门类型代号前再加注一个汉语拼音字母，典型功能代号见表 5.2.7。

表 5.2.7 同时具有其他功能作用或结构的阀门表示代号

其他功能作用或结构名称	代号	其他功能作用或结构名称	代号
保温型(夹套伴热结构)	B	缓闭型	H
低温型	D[a]	快速型	Q
防火型	F	波纹管阀杆密封型	W

注：a 指设计和使用温度低于-46℃的阀门，并在 D 字母后加下注，标明最低使用温度。

(2) 阀门驱动方式代号

阀门驱动方式代号用阿拉伯数字表示，见表 5.2.8。

表 5.2.8 阀门驱动方式代号

驱动方式	代号	驱动方式	代号
电磁动	0	伞齿轮	5
电磁-液动	1	气动	6
电-液联动	2	液动	7
涡轮	3	气-液动	8
正齿轮	4	电动	9

其中,

① 安全阀、减压阀、疏水阀无驱动方式代号;

② 手轮和手柄直接连接阀杆操作形式的阀门驱动方式代号省略;

③ 具有常开或常闭结构的执行机构，在驱动方式代号后加注汉语拼音下标 K 或 B 表示，如常开型用 6_K、7_K，常闭型用 6_B、7_B;

④ 气动执行机构带手动操作的，在驱动方式代号后加注汉语拼音下标表示，如 6_S;

⑤ 防爆型的执行机构，在驱动方式代号后加注汉语拼音 B 表示，如 6B、7B、9B;

⑥ 对既是防爆型又是常开或常闭型的执行机构，在驱动方式代号后加注汉语拼音 B，再加注括号的下标 K 或 B 表示，如 $9B_{(B)}$、$6B_{(K)}$。

(3) 阀门连接形式代号

阀门连接形式代号以阀门进口端的连接形式确定代号，用阿拉伯数字表示，见表 5.2.9。

表 5.2.9 阀门连接形式代号

连接形式	代号	连接形式	代号
内螺纹	1	对夹	7
外螺纹	2	卡箍	8
法兰式	4	卡套	9
焊接式	6	—	—

(4) 阀门的结构形式代号

阀门的结构形式代号用阿拉伯数字表示，不同的阀门结构形式代号见表 5.2.10~表 5.2.24。

表 5.2.10 闸阀结构形式代号

<table>
<tr><th colspan="3">结构形式</th><th rowspan="2">代号</th></tr>
<tr><th>闸阀启闭时，阀杆运动方式</th><th colspan="2">闸板结构形式</th></tr>
<tr><td rowspan="5">阀杆升降移动
(明杆)</td><td rowspan="2">闸阀的两个密封面为楔式，单块闸板</td><td>具有弹性槽</td><td>0</td></tr>
<tr><td>无弹性槽</td><td>1</td></tr>
<tr><td colspan="2">闸阀的两个密封面为楔式，双块闸板</td><td>2</td></tr>
<tr><td colspan="2">闸阀的两个密封面平行，单块平板</td><td>3[a]</td></tr>
<tr><td colspan="2">闸阀的两个密封面平行，双块平板</td><td>4</td></tr>
</table>

续表

结构形式			代号
闸阀启闭时，阀杆运动方式	闸板结构形式		
阀杆仅旋转，无升降移动（暗杆）	闸阀的两个密封面为楔式	单块闸板	5
		双块闸板	6
	闸阀的两个密封平行，双块闸板		8

注：a 闸板无导流孔的，在结构形式代号后加汉语拼音小写 w 表示，如 3w。

表 5.2.11　截止阀和节流阀结构形式代号

结构形式		代号	结构形式		代号
直通流道	单阀瓣	1	直通流道	平衡式阀瓣	6
Z 形流道		2	角式流道		7
三通流道		3	—		—
角式流道		4			
Y 形流道		5			

表 5.2.12　止回阀结构形式代号

结构形式		代号	结构形式		代号
升降式阀瓣	直通流道	1	旋启式阀瓣	单瓣结构	4
	立式流道	2		多瓣结构	5
	Z 形流道	3		双瓣结构	6
	Y 形流道	5	蝶形（双瓣）结构		7

表 5.2.13　球阀结构形式代号

结构形式		代号	结构形式		代号
浮动球	直通流道	1	固定球	四通流道	6
	Y 形三通流道	2		直通流道	7
	L 形三通流道	4		T 形三通流道	8
	T 形三通流道	5		L 形三通流道	9
				半球直通	0

表 5.2.14　蝶阀结构形式代号

结构形式		代号	结构形式		代号
密封副有密封性要求的	单偏心	0	密封副无密封要求的	单偏心	5
	中心对称垂直板	1		中心垂直板	6
	双偏心	2		双偏心	7
	三偏心	3		三偏心	8
	连杆机构	4		连杆机构	9

表 5.2.15 旋塞阀结构形式代号

结构形式		代号	结构形式		代号
填料密封型	直通流道	3	油封型	直通流道	7
	三通 T 形流道	4		三通 T 形流道	8
	四通流道	5			

表 5.2.16 隔膜阀结构形式代号

结构形式	代号	结构形式	代号
屋脊式流道	1	直通流道	6
直流式流道	5	Y 形角式流道	8

表 5.2.17 柱塞阀结构形式代号

结构形式	代号	结构形式	代号
直通流道	1	角式流道	4

表 5.2.18 减压阀(自力式)结构形式代号

结构形式	代号	结构形式	代号
薄膜式	1	波纹管式	4
弹簧薄膜式	2	杠杆式	5
活塞式	3		

表 5.2.19 控制阀(调节阀)结构形式代号

结构形式		代号	结构形式		代号
直行程单级	套筒式	7	直行程两级或多级	套筒式	8
	套筒柱塞式	5		柱塞式	1
	针形式	2		套筒柱塞式	9
	柱塞式	4	角行程，套筒式		0
	滑板式	6			

表 5.2.20 减温减压阀(非自力式)结构形式代号

结构形式		代号	结构形式		代号
单座	柱塞式	1	双座或多级	套筒式	4
	套筒柱塞式	2		柱塞式	5
	套筒式	3		套筒柱塞式	6

表 5.2.21 堵阀结构形式代号

结构形式	代号	结构形式	代号
闸板式	1	止回式	2

表 5.2.22　蒸汽疏水阀结构形式代号

结构形式	代号	结构形式	代号
自由浮球式	1	蒸汽压力式或膜盒式	6
杠杆浮球式	2	双金属片式	7
倒置桶式	3	脉冲式	8
液体或固体膨胀式	4	圆盘热动力式	9
钟形浮子式	5		

表 5.2.23　排污阀结构形式代号

结构形式		代号	结构形式		代号
液面连接排放	截止型直通式	1	液底间断排放	截止型直流式	5
	截止型角式	2		截止型直通式	6
	—	—		截止型角式	7
	—	—		浮动闸板型直流式	8

表 5.2.24　安全阀结构形式代号

结构形式		代号	结构形式		代号
弹簧载荷弹簧封闭结构	带散热片全启式	0	弹簧载荷弹簧不封闭且带板手结构	微启式，双联式	3
	微启式	1		微启式	7
	全启式	2		全启式	8
	带扳手全启式	4		—	—
杠杆式	单杠杆	2	带控制机构全启式(先导式)		6
	双杠杆	4	脉冲式(全冲量)		9

(5) 阀座密封面或衬里材料代号

密封副或衬里材料代号，以两个密封面中起密封作用的密封面材料或衬里材料硬度值较低的材料或耐腐蚀性能较低的材料表示；金属密封面中镶嵌非金属材料的，则表示为非金属/金属。密封面或衬里材料代号用汉语拼音字母表示，见表 5.2.25。阀门密封副材料均为阀门的本体材料时，密封面材料代号用“W”表示。

表 5.2.25　密封面或衬里材料代号

密封面或衬里材料	代号	密封面或衬里材料	代号
锡基合金(巴氏合金)	B	尼龙塑料	N
搪瓷	C	渗硼钢	P
渗氮钢	D	衬铅	Q
氟塑料	F	塑料	S
陶瓷	G	铜合金	T
铁基不锈钢	H	橡胶	X
衬胶	J	硬质合金	Y
蒙乃尔合金	M	铁基合金密封面中镶嵌橡胶材料	X/H

(6) 压力代号

压力级代号采用PN后的数字。当阀门工作介质温度超过425℃，采用最高工作温度和对应工作压力的形式标注时，表示顺序依次为字母P，下标标注工作温度(数值为最高工作温度的1/10)，后标工作压力(MPa)的10倍，如$P_{54}100$。阀门采用压力等级的，在型号编制时，采用字母Class或CL(大写)，后标注压力级数字，如Class150或CL150。

(7) 阀体材料代号

阀体材料代号用汉语拼音字母表示，见表5.2.26。当阀体材料标注其阀体牌号时，可以写明牌号，如A105、CF8、316L、ZG20CrMoV等。公称压力不大于PN16的灰铸铁阀门和公称压力不小于25的碳素钢阀门的阀体材料代号可省略。

表5.2.26 阀体材料代号

阀体材料	代号	阀体材料	代号
碳钢	C	铬镍钼系不锈钢	R
Cr13系不锈钢	H	塑料	S
铬钼系钢(高温钢)	I	铜及铜合金	T
可锻铸铁	K	钛及钛合金	Ti
铝合金	L	铬钼钒钢(高温钢)	V
铬镍系不锈钢	P	灰铸铁	Z
球墨铸铁	Q	镍基合金	N

3. 各种常用阀门的结构及选用特点

在石油化工装置中，阀门应用的种类繁多，不同的场合，对阀门有不同要求，表5.2.27列举了典型的阀门结构及选用特点。

表5.2.27 典型的阀门结构及选用特点

阀门名称	简图/实物图	结构特征	特点
通用闸阀	 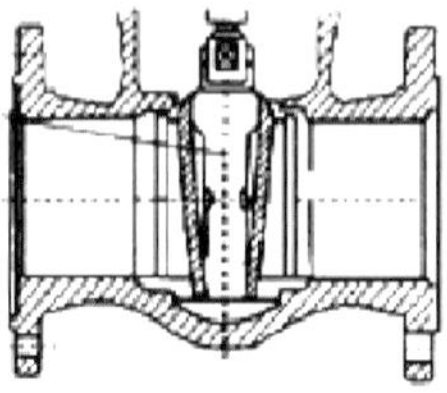	关闭件(楔型、平行型闸板)沿通路中心的垂直方向移动的阀门	1. 流体阻力小，具有一定的调节性能； 2. 可适用于含一定颗粒的物料； 3. 零部件通配，开闭较省力； 4. 结构简单、紧凑、长度短，密封面不易磨损，但磨损后不易修理； 5. 阀体材质可选，规格系列较全； 6. 应用范围广
弹性闸板阀	 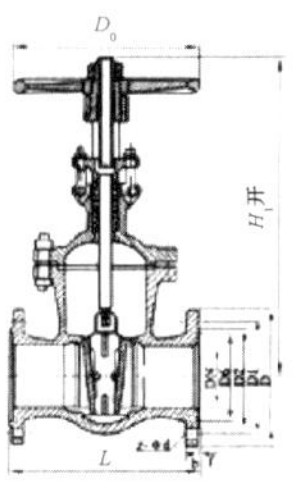	关闭件为中部环状开槽的闸板或两块闸板从背面中间部分组焊而成	闸板具有弹性结构，闸板两面中央周围带有规定弹性槽，闸板具有一定弹性，在使用过程中，阀座两端封圈而楔式闸板封圈面变形，不能完全吻合时，可通过闸板弹性槽起到调节吻合密封作用，达到密封，彻底克服了传统闸阀的缺点

续表

阀门名称	简图/实物图	结构特征	特点
平板闸阀		采用浮动阀座结构，实现进出口密封； 具有金属对软密封和金属对金属双重密封结构	1. 免维护密封机理，无须停机检修； 2. 带导流孔阀门在全开时通道为平滑管线型，可通球清扫管线； 3. 全封闭，防护性能好，适应全天候要求； 4. 根据工程需要，可设置手动、齿轮传动、气动、液动、电动(防爆)等传动方式； 5. 应用场合： 平板闸阀适用于石油、天然气等介质的长/短输送管道，作为控制介质流通和截止的启闭装置，具有大流量，小流阻，启闭轻巧等优点，可用于调节大中口径管道的流量
平行式闸阀	 	关闭件为两块平行的闸板，密封面与通路中心线垂直	1. 闸板及阀座密封面加工及检修相对简单； 2. 密封性能较差；若用铅丝固定闸板时，闸板容易脱落； 3. 新产品一般采用新型平衡浮动式密封结构，可以避免此问题； 4. 本系列产品适用于压力不大于40MPa，温度不高于120℃的水、泥浆、天然气等管线上，作为控制介质的启闭及调节装置
内螺纹、承接焊楔式闸阀	 	密封座面与轴流方向不垂直，闸板呈“楔状”	最新产品大都按国外先进标准生产验收，具有结构紧凑，开启方便，密封性能良好，使用安全可靠等较其他阀门为优的特点，被广泛应用于炼油、化工、电力、冶金等自动控制系统中，是目前应用最为普遍的新一代阀门。压力范围比较宽，适用于 $T\leq 450℃$ 的水、蒸汽、油品或有腐蚀性介质的管路上，作启闭用
低温闸阀	 	为了可靠密封，这类阀门阀盖的颈部长度因阀门的工作温度不同而有所不同	这种密封结构能有效地防止冷损，保证该阀不会泄漏，而手轮处于常温状态。主要用于低温液体储槽对液氧、液氮、液氩以及管道上气态下的截断或接通

续表

阀门名称	简图/实物图	结构特征	特点
截止阀	 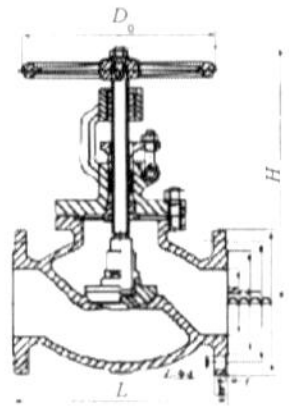	关闭件沿阀座密封面法线移动	1. 与闸阀比较，调节性能好，但因阀杆不是从手轮中升降，不易识别调节量的大小； 2. 密封性能较闸阀差，若介质有机械物质，关闭时容易损伤密封面； 3. 由于流体必须“迂回”流过阀腔，故流体阻力较闸阀、球阀大； 4. 密封面较闸阀小，易于制造和维修； 5. 价格相对低廉；用于截断或接通管路中的介质，选用不同的材质，可分别适用于水、蒸汽、油品、硝酸、醋酸、氧化性介质、尿素等多种介质
针型阀	 	关闭件为针型	1. 通道较小，易堵塞； 2. 通常公称尺寸较小（一般小于DN50）；压力等级较高（一般大于160MPa） 3. 适用仪表的根部阀、轻质油的取样阀等，不适用于介质黏度大、易结焦、含有颗粒的工况
节流阀	 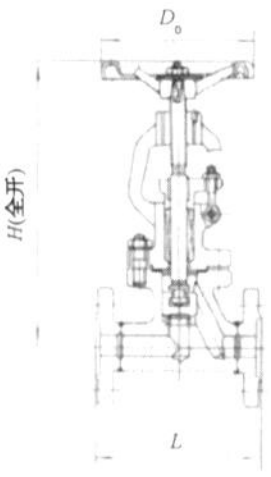	外形有角型阀和同心对称型两种，内部密封结构关闭件为抛物线状	1. 调节性能好，但调节精度不高； 2. 流体通过阀瓣和阀座时，流速较大； 3. 易冲洗密封面； 4. 适用于温度较低、压力较高的介质和需要调节流量和压力的部位； 5. 密封性较差，不宜做隔断阀用
升降式止回阀	 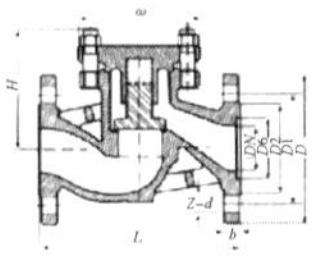	关闭件沿阀座密封面法线移动	1. 密封性能较旋启式止回阀好； 2. 流阻较旋启式止回阀大； 3. 适合安装在水平管线上
旋启式止回阀	 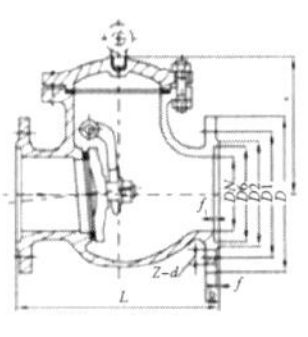	关闭件在阀体内绕固定轴摆动	1. 流阻较升降式止回阀小； 2. 密封性能较升降式止回阀差； 3. 不宜制成小口径； 4. 可以水平、垂直、倾斜安装在管线上，介质自下而上流动

续表

阀门名称	简图/实物图	结构特征	特点
球阀	 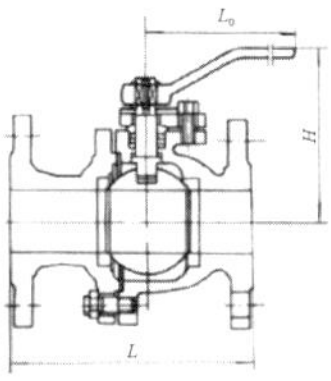 	关闭件为一球体，绕阀体中心线旋转达到开关目的	1. 开关迅速，操作方便，旋转 90°即可开关； 2. 流阻小； 3. 结构相对简单，零件少，重量轻，密封面不易擦伤； 4. 不能做调节流量用； 5. 适用于低温、高压及黏度大的介质和要求开关迅速的部位； 6. 由于目前尚没有耐高温的密封材料，故不能用于高温介质
旋塞阀	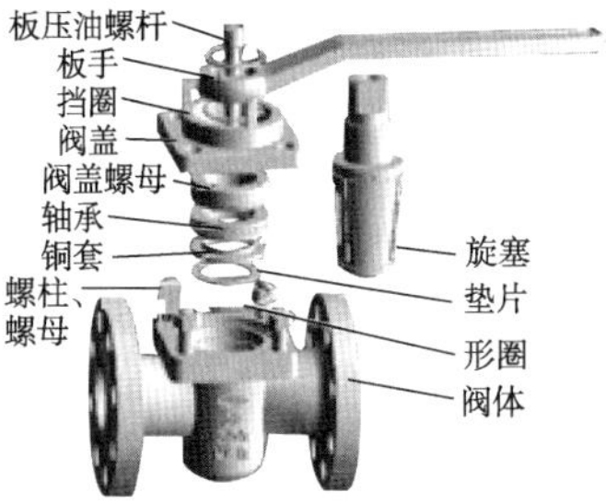	关闭件为一锥体，绕阀体中心线旋转达到开关目的的一种阀门	1. 和球阀一样具有开关迅速、操作方便、旋转 90°即可开关、流阻小、零件少、重量轻等优点； 2. 便于制作成三通或四通路的阀门； 3. 适用于温度较低、黏度较大的介质或要求开关迅速的部位
蝶阀	 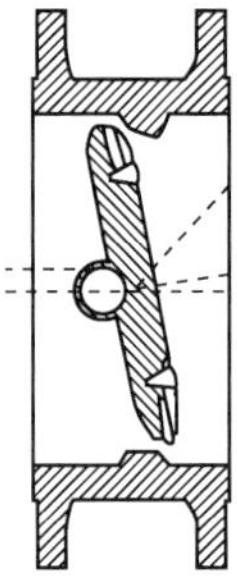	关闭件为一圆盘形，绕固定轴旋转的阀门	1. 相对于同规格同等级的平行式闸阀，尺寸小、重量轻； 2. 开启力小，开关较快，具有一定的调节性能； 3. 当介质不够清洁时，杂物容易卡在蝶片与阀体密封圈之间从而使严密性遭到变坏； 4. 适用于常温、低压等级的水介质，例如工厂循环冷却水
隔膜阀	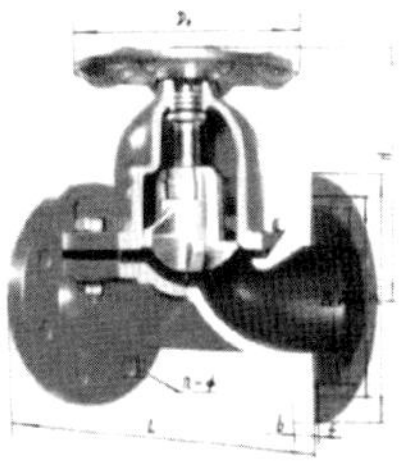	关闭件为橡胶隔膜，夹置于阀体与阀盖之间，隔膜中间凸出部分固定在阀杆上，阀体内衬有橡胶，该种阀门无填料箱	1. 结构简单，密封性能好，便于检修； 2. 开启较小时，隔膜有振动现象； 3. 适用于温度低于 60℃ 的酸性介质或含有悬浮物质的介质，不能用于温度、压力较高的介质。一般结构的隔膜阀不能用于真空系统
蒸汽减压阀	 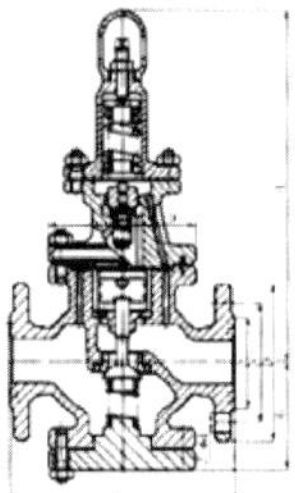	通过弹簧和压力反馈控制阀瓣与阀座之间的开合程度	用于蒸汽、空气等气体管路上。通过减压阀的调节，可使进口压力降至某一需要的出口压力，当进口压力或流量变动时，减压阀依靠介质本身的能量可自动保持出口压力在小范围内波动

续表

<table>
<tr><th>阀门名称</th><th>简图/实物图</th><th>结构特征</th><th>特点</th></tr>
<tr><td>直接作用减压阀</td><td>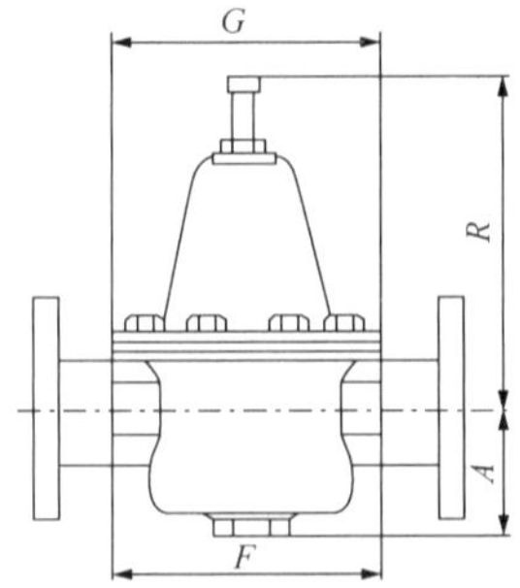

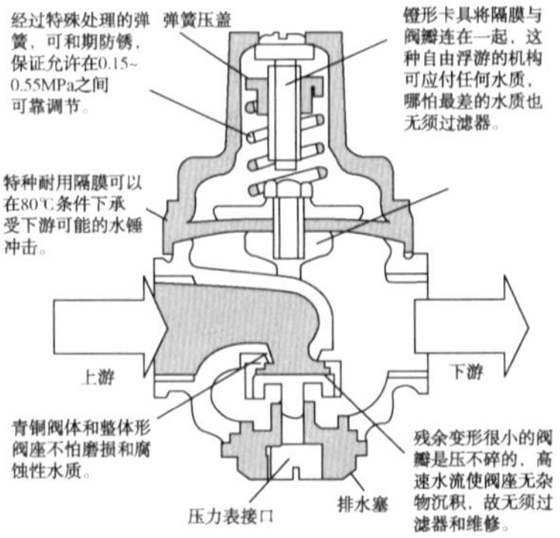
</td><td>通过转动圆筒形阀瓣来改变阀瓣与阀座所形成的窗口面积的大小，从而实现调节流量的目的。调节阀的启闭角度为60°，由安装在调节阀上方的开度指示板来指示</td><td>1. 采用直接作用隔膜结构，内部结构非常简单，无卡阻，性能可靠，经久耐用；
2. 耐脏防水垢，不需过滤器，不需旁通管，配管极其简单，能节省大量空间和配管成本；
3. 出口压力精密可调，在一般场合下，可以认为出口压力不受进口压力的影响（出口压力的变化量是 ΔP_1 的 8%）；
4. 极佳的水力特性，压力损失小，减压比可达 10∶1 以上；
5. 可满足多种减压要求，特点是适用于支管减压系统</td></tr>
<tr><td>疏水阀
疏水器
（热动式）</td><td></td><td>利用蒸汽对圆盘的压力，封闭气体的泄漏，当管道中有水时，圆盘不受压力，可以将水疏出来</td><td>1. 结构简单，使用方便；
2. 器件本身成本较低，但系统效率不高；
3. 不能做成大口径，一般在 DN50 以下；
4. 常用于蒸汽管道的排凝点疏水</td></tr>
<tr><td>弹簧式
安全阀</td><td>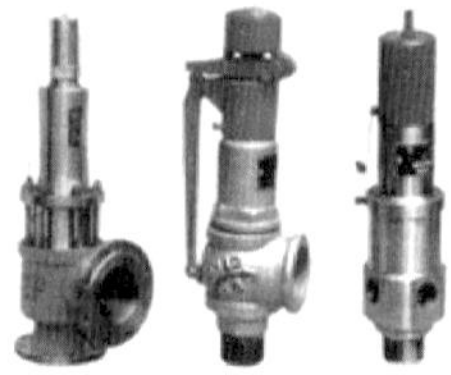</td><td>由弹簧维持阀片对阀座的压力，当压力超过弹簧力时，阀片启动</td><td></td></tr>
</table>

五、特殊管件

1. 过滤器

管道过滤器是工业生产中不可缺少的管道附件，广泛应用于石油、化工生产中的液体和气体物料管道上，对过滤其物料中的杂质及保护其他管路设备安全运行起着决定性作用。通常设置在泵的入口及阀门、喷嘴、流量、仪表等之前。

管道过滤器主要包括：T 形、Y 形、篮式等形式。

2. 阻火器

阻火器是一种设置在可燃气体管道上，用以阻止回火的一种小型装置，适用于石油化工厂、炼油厂、煤气化工厂等储存或输送易燃、易爆介质的设备或管线上，用以防止燃烧着的气体窜入设备或管线内的不可缺少的安全部件。

3. 视镜

视镜在石油、化工、医药、食品等工业生产装置的管道中，能随时观察管道中介质流动情况，起到监视生产，避免生产过程中事故发生的作用，是管道装置上不可缺少的附件。石油化工装置视镜的种类繁多，

(1) 平面视镜

平面视镜有直通、直通异径和三通各种形式。每种形式的最高工作压力为 0.6MPa，有 DN15～DN200 各种规格。通用壳体为碳钢，也有不锈钢壳体视镜。

(2) 球面视镜

球面视镜设有球形浮子，流体正向通过时，浮子浮起，便于人们从各个方向清晰地观察流体流动状态；流体反向倒流时，浮子下沉，堵死阀孔，起到止回作用。所以，该种视镜在一些系统中即可作为视镜，也可作止回阀，起到一镜多用的作用。通常管道视镜工作在中低压工况，规格一般在 DN15～DN50。壳体材料与管道相当，通常为碳钢或不锈钢。

4. 补偿器

为保证管道在热状态下的稳定和安全工作，管道段每隔一定距离应设置热膨胀的补偿装置，以减少并释放管道受膨胀时所产生的应力。

补偿器可分自然补偿器、方形补偿器、Ω 形补偿器、波形管补偿器、填料函式补偿器、球形补偿器。可以根据生产的需要、生产工艺条件、温度、压力、介质，选择不同类型的补偿器。

(1) 自然补偿器

利用管道敷设上的自然弯曲管段(L 形和空立体弯)来吸收管道的热伸长变形称为自然补偿。自然补偿不仅简单，而且可靠，所以应优先考虑。

自然补偿器有 L 形补偿器、Z 形补偿器和空间立体弯补偿器等。如图 5.2.2 所示。

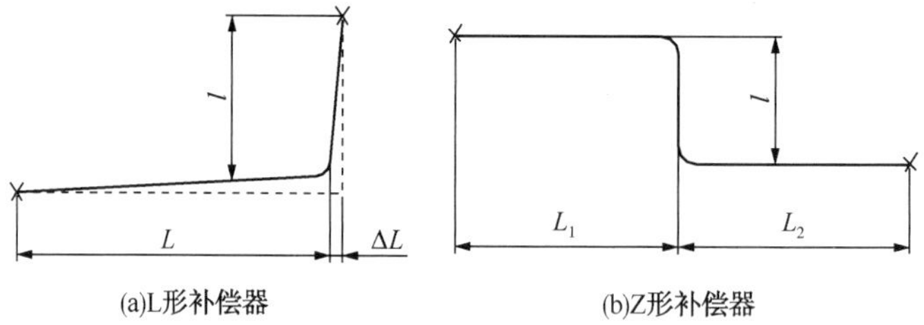

图 5.2.2　自然补偿器

(2) 方形补偿器

方形补偿器由四个弯头和一定长度相连的直管段构成。方形补偿器尽量用一根管子连续煨制而成，当补偿器尺寸较大，用一根管子煨制不够长时，则可用两根或三根管子煨弯制，经焊接成型。

(3) Ω 形补偿器

Ω 形补偿器根据其外形可分为光滑的、皱褶的和波形的三种。Ω 形补偿器的特点和方形补偿器相同，在一般情况下，公称直径 DN<250mm 多用光滑的；公称直径 DN≥250mm 多采用皱褶的和波形的。因为受各种条件限制，所以在施工现场煨弯制时，一般是 DN≤100mm 为光滑的，DN100~DN200mm 为皱褶的这样较易制作。

(4) 波形和波纹管式补偿器

波形补偿器是一种利用凸形金属薄壳挠性变形构件的弹性变形，来补偿管道的热伸缩量并且以金属薄板压制而拼焊起来的补偿器，按其形状可分为盘形、波形、鼓形和内凹形等。

(5) 填料函式补偿器

填料函式补偿器又称套筒补偿器，它以填料函来实现密封，以插管和套筒的相对运动来补偿管道的热伸缩量。

图 5.2.3 为典型填料函式补偿器，根据使用情况，填料材质采用石棉、橡胶、石墨等，管件选用碳钢、铸铁、不锈钢、挂瓷等材料，该填料函特点是结构简单，维修方便，适用于低压、低温的工况。

(6) 伸缩器

伸缩器又名补偿器，是解决热力管道膨胀的一种新型装置(见图 5.2.3)。

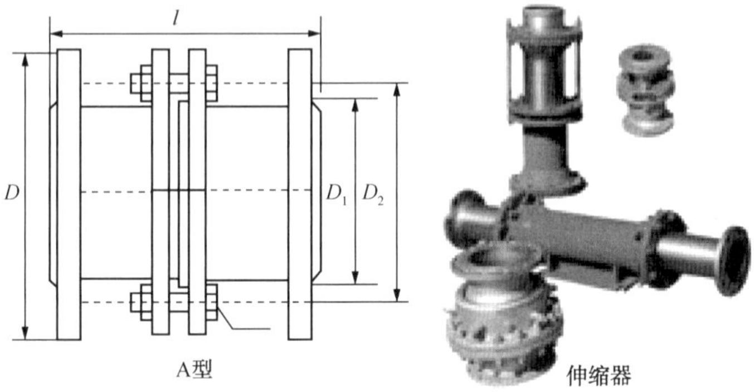

图 5.2.3 填料函式补偿器

5. 夹套管

(1) 夹套管的组成

夹套管在石油化工、化纤等装置中应用较为广泛，它由内管和外管组成，一般工作压力小于或等于 25MPa、工作温度-20℃~350℃，材质采用碳钢或不锈钢，内管的介质为工艺物料，外管的介质为蒸汽、热水、冷媒或联苯热载体等。

夹套管的型式有内管焊缝隐蔽型与外露型两类。

内管焊缝隐蔽型的内管焊缝均被外管所包覆，而内管外露型则将内管的焊缝暴露在外。一般工艺夹套管采用内管焊缝外露型。

(2) 夹套管分类

1) 外管

低压管道：设计压力 p 高于 0，不高于 1.6MPa，工作温度低于 350℃的联苯热载体工

作介质;

中压管道:设计压力 p 高于 1.6MPa,不高于 10MPa,蒸汽工作介质工作温度在 250℃~280℃。

2) 内管

低压管道:设计压力 p 不低于 0,不高于 1.6MPa;工作温度在-20℃~350℃之间,工艺工作介质;

中压管道:设计压力 p 高于 1.6MPa,低于或等于 10MPa;工作温度在-20℃~350℃之间,工艺工作介质;

高压管道:设计压力 p 高于 10MPa,低于或等于 25MPa;工作温度在-20℃~350℃之间,工艺工作介质;

真空管道:设计压力 p 低于 0,工作温度在-20~350℃之间,工艺工作介质。

(3) 夹套管的制作

① 内管预制时,应注意高压管不得有焊缝,中、低压管不宜有焊缝。内管焊接后,按设计或规范要求进行检测。

② 外管制作时,其长度应比内管短 50~100mm,以方便内管的检测和试验,并保证螺栓拆装方便。外管的封闭焊接,应在内管施工完毕、各项检测和试验合格后进行。

③ 夹套管的连接方法有两种:法兰连接和焊接连接。

(4) 夹套管的安装

① 夹套管所用的管子、管件、阀门及各类附件,应具有制造厂的合格证。

② 钢管内表面光洁度应符合订货合同规定的要求,其外表面应无夹渣、折叠、裂纹、缩孔等缺陷,凹陷或锈蚀应不超过壁厚负偏差。

③ 各种压制管件的外观不应有裂纹、折叠、夹渣等缺陷,弯头、异径管、三通的主要尺寸偏差应符合有关技术的规定。

④ 供安装用的法兰应平整光滑,不得有毛刺及径向沟槽,橡胶石棉板等非金属垫片应平整、无老化、皱纹、分层及折损等缺陷。金属垫片加工尺寸、光洁度、精度及硬度等应符合设计规定,不得有裂纹、径向划痕、毛刺、凹槽及锈蚀等表面缺陷。包金属及缠绕垫片的密封面不应有径向划痕、松散、翘曲等缺陷。

⑤ 在施工前应进行阀门外观检查,并按设计或施工规范要求进行试验。

⑥ 夹套管对接焊缝应进行 X 射线检测。

⑦ 安装夹套管时不得强制对口或改变垫片厚度补偿安装误差,不应使管道重量作用于传动设备上。

⑧ 夹套管安装的坐标、标高、水平度、垂直度应符合设计要求。

六、到货验收

管道组成件应按相应标准进行表面质量检查和尺寸抽样检查。压力管道组成件上应有批号和 TS 许可标志。尺寸检查以同炉批号、同材质、同规格为同一检查批,抽检数量应为每批 5%,且不应少于 1 件。

有抗硫化氢要求的管道组成件质量证明书中应有硬度试验结果,硬度值不应超过标准的要求或设计规定值。若设计文件中要求氢致开裂(HIC)和硫化物应力开裂/应力腐蚀开裂(SSC/SCC)试验时，应提供相关的检验结果。

设计文件有低温冲击试验要求的材料，产品质量证明书应有低温冲击试验结果，否则应按 GB/T 229 的规定进行补项试验。

设计文件有晶间腐蚀倾向试验要求的不锈钢材料，产品质量证明书应注明晶间腐蚀试验的结果，否则应按 GB/T 4334 的有关规定进行补项试验。

设计文件有铁素体检查要求的双相不锈钢材料，产品质量证明书应有铁素体含量测定结果，否则应按 GB/T 1954 的规定方法进行补项试验。

1. 管子、管件验收

① 用于 SHA1(1)级管道和设计压力大于或等于 10MPa 的管子，应对管子外表面进行验证性检验，导磁性管子应用磁粉检测，非导磁性管子应用渗透检测。抽检数量应为每批 5%，且不应少于 1 根。

② 铬钼合金钢、含镍低温钢、不锈钢、镍及镍合金、钛及钛合金、锆及锆合金管子，应采用光谱分析或其他方法进行主要合金金属元素验证性检验，检查等级为 1 级的管道抽检数量应为每批 10%，且不应少于 1 件；其他管道抽检数量应为每批 5%，且不应少于 1 件。

③ 管子及管件经磁粉检测或渗透检测发现的表面超标缺陷允许修磨，修磨后的实际壁厚不得小于管子名义壁厚的 90%，且不应小于相应产品标准和设计文件规定的最小壁厚。

④ SHA1(1)级管道管子、管件的质量证明文件中应有超声检测结果。设计压力大于或等于 10MPa 管道的管子、管件，质量证明文件中应有表面无损检测结果。

⑤ 管子及管件经磁粉检测或渗透检测发现的表面缺陷允许修磨，修磨后的实际壁厚不得小于管子公称壁厚的 90%，且不应小于设计文件规定的最小壁厚。

⑥ 有硬度要求的管子、管件应进行硬度验证性检验，抽检数量应为每批 1%，且不应少于 1 件。

2. 法兰验收

① 法兰、法兰盖密封面应平整，不得有锈蚀和径向划痕；锻造表面应光滑，不得有锻造伤痕、裂纹等缺陷。

② 法兰、法兰盖外缘应有标准编号、公称直径、公称压力、法兰连接型式及密封面型式、管子表号或壁厚、材料代号等标志。

③ 铬钼合金钢、含镍低温钢、不锈钢、镍及镍基合金、钛及钛合金、锆及锆合金法兰、法兰盖应对其主要合金元素含量进行验证性检验，每批应抽检 10%，且不应少于 1 件。

④ 有硬度要求的法兰应进行硬度验证性检验，抽检数量应为每批 1%，且不应少于 1 件。

3. 紧固件验收

① 紧固件的螺纹应完整，无划痕、无毛刺等缺陷。加工精度应符合产品标准的要求。

② 紧固件应有标记，内容应包括标准编号、材料牌号、螺纹规格和公称长度、螺母型式代号。

③ 设计压力等于或大于10MPa、设计温度低于-29℃或等于或大于400℃的管道用不锈钢、铬钼合金钢螺柱和螺母应采用光谱分析对其主要合金元素含量进行验证性检验，每批应抽检5%，且不应少于10件。

④ 设计压力等于或大于10MPa管道用的不锈钢、铬钼合金钢螺柱和螺母应进行硬度检测，每批抽检不应少于2件，硬度值应在设计文件或产品标准规定的范围内。

⑤ 设计温度低于-29℃的低温管道用的铬钼合金钢和不锈钢螺柱应进行低温冲击性能检验，每批抽检不应少于2根。

4. 垫片验收

① 缠绕垫片不得有松散、翘曲现象，其表面不应有伤痕、空隙、凹凸不平、锈斑等缺陷；表面非金属带应均匀突出金属带；焊点不应有虚焊和过烧等缺陷。

② 金属环垫和透镜垫的加工尺寸、精度、粗糙度应符合设计文件和产品标准的要求，密封面不得有划痕、磕痕、裂纹、疵点等缺陷。

③ 非金属平垫片的边缘应切割整齐，表面不应有翘曲变形，不应有夹渣、裂缝、气泡、外来杂质及其他影响使用的缺陷。不锈钢管道法兰用的非金属垫片，其氯离子含量不得超过50mg/kg。

④ 金属环垫和透镜垫应逐件进行硬度检测，检验位置应避开密封面。

5. 阀门验收

① 阀体上应有制造厂铭牌，铭牌上应有制造厂名称、阀门型号、公称压力、公称直径、产品编号、阀体材料牌号等标识，且应符合设计文件的规定。

② 阀门不得有损伤、缺件、锈蚀现象。阀体表面应平整光滑、无裂纹、缩孔、粘砂、疏松、夹层、重皮等缺陷。对有介质流向要求或有压力端要求的，阀体上应有明显的标识。阀体为铸件时，其表面应平整光滑，无裂纹、缩孔、砂眼、气孔、毛刺等缺陷；阀体为锻件时，其表面应无裂纹、夹层、重皮、斑疤、缺肩等缺陷。

③ 衬胶、衬搪瓷及衬塑料的阀体内表面应平整光滑，衬层与基层结合牢固，无裂纹、鼓泡等缺陷。用高压电火花发生器逐个检查衬层表面，未发生白色闪光现象，衬层未击穿为合格。

④ 低温阀门、用于SHA1(1)、SHA1(2)中极度危害介质的阀门以及设计压力等于或大于10MPa的阀门，其焊缝或阀体、阀盖等承压部件，应有相应标准规定的无损检测合格证明。设计要求做低温密封试验、低温冲击韧性试验的阀门，制造单位应提供低温密封试验或低温冲击韧性试验合格证明书。

⑤ 止回阀的阀瓣或阀芯动作应灵活准确，无偏心或歪斜现象。旋塞阀的开闭标记应与通孔方位一致。弹簧式安全阀应具有防松装置并加铅封，杠杆式安全阀应有重锤的定位装置。

⑥ 标准抗拉强度下限值大于或等于540MPa钢及铬钼合金钢焊接阀的坡口应进行100%渗透检测，设计温度低于-29℃的非奥氏体不锈钢坡口应进行5%的抽样检测，且不得少于1个。

⑦ 检查等级为1级的管道铬钼合金钢、含镍低温钢、不锈钢、镍及镍合金、钛及钛合金、锆及锆合金阀门应采用光谱分析或其他方法，对阀体、阀盖及连接螺栓的主要合金金

属元素进行10%的验证性检验，其他管道类似阀门应进行5%且不得少于1件的主要合金金属元素验证性检验。

⑧ 阀门在安装前应对壳体进行压力试验，试验压力应为38℃时最大允许工作压力的1.5倍，其数值应加大圆整到0.1MPa。其中到制造厂逐件见证压力试验并有见证试验记录的阀门，可不进行压力试验。

⑨ 具有防静电结构的阀门应进行防静电荷聚集试验。当干燥阀门试验的电源电压不超过12V时，阀杆、阀体和阀芯间防静电电路电阻应小于10Ω，抽检数量应为每批10%，且不得少于1台。

6. 特殊管件验收

① 金属波纹管、膨胀节波纹管和焊缝表面不得有裂纹、气孔、夹渣、凹坑、焊接飞溅物、划痕和机械损伤等缺陷，装有导流筒的膨胀节应有醒目的永久性介质流向箭头，装运固定件应涂有黄色标识。

② 爆破片表面不得有裂纹、锈蚀、微孔、气泡、夹渣、凹坑和划伤等缺陷，衬层、涂(镀)层应均匀、致密。

③ 阻火器各构成部件应无明显加工缺陷或机械损伤，内表面有涂层时防腐涂层应完整均匀；标牌应设置牢固；明显部位应永久性标出介质流动方向；阻火器内部不得有积水、锈蚀、脏污、加工屑及损伤。

第三节 管道支承件

管道支承件是指将管道荷载，包括管道的自重、输送液体的重量、操作压力和温差所造成的荷载以及振动、风力、地震、雪载、冲击和位移应变引起的荷载等传递到管架结构上的元件。管道支承件分为固定件和结构附件两大类，固定件包括悬挂式固定件如吊杆、弹簧吊架、斜拉杆、平衡锤、松紧螺栓、支撑杆、链条、导轨和固定架，以及承载式固定件如鞍座、底座、滚柱、托座和滑动支座等。结构附件是指用焊接、螺栓连接或夹紧方法附装在管道上的元件，如吊耳、管吊、卡环、管夹、U形夹和夹板等。

管道支承件是管道系统中非常重要的一个组成部分，它们不仅支撑管道，还允许管道在特定条件下进行位移，以适应热膨胀和其他机械应力，从而保护管道系统的稳定性和安全性。其中，吊杆和弹簧支吊架允许管道在垂直方向上有一定的移动，适应管道的伸缩和沉降；斜拉杆和链条用于固定和支撑管道，防止其移动；平衡锤和松紧螺栓则用于调整管道的张力，确保系统的平衡；托座和滑动支座允许管道在水平方向上有一定的滑动，减少摩擦和磨损；管吊和卡环则用于固定和支撑小直径的管道，防止其下垂或移动。这些支撑件的设计和使用，根据管道的具体需求和工作环境的不同而有所差异，以确保管道系统的安全和效率。选择合适的支撑件对于维护管道系统的稳定性和延长其使用寿命至关重要。

一、管道支吊架

管道支吊架按结构型式分为固定支架和活动支架，活动支架又可分为滑动支架(双方向移动、摩擦力大)、导向支架(单方向移动，摩擦力大)、摇动支架(双方向移动，无摩擦力)、半铰接支架(单方向移动、无摩擦力)。

按用途分，管道支吊架可分为承重支吊架、限制性支架、防振支架三大类。

根据管道相对于支撑结构的空间位置不同，承重支吊架可分为支架和吊架两大类。支撑件将管道支撑在它的上方时叫作支架；用可以空间摆动的支撑件(吊杆)将管道吊在其下面支撑时叫作吊架。承重支吊架又分为刚性支吊架、可调刚性支吊架、可变弹簧支吊架和恒力弹簧支吊架。

限制性支架以限制和约束因热胀而引起的管系位移为目的。管系受热而发生热胀时，管系中各点将发生位移，在管系中适当设置限位支架，可控制支撑点的位移或某些方向的位移，使管系的变形或各点的位移朝着有利于保护敏感设备或有利于热补偿的方向进行。根据对管系热位移约束的方式不同，限制性支吊架可分为固定支架、限位支架和导向支架。

防振支架专门用于控制管道振动，防振支架常用于控制和缓解往复式机泵进出口管道或由地震、风载荷、水击、安全阀排出反力引起的管道振动场合。常用的防振支架主要有两种，一种是防振管卡，另一种是阻尼器。

1. 承重支吊架

恒力支吊架一般用于需要减少位移应力的地方，如汽、水、烟、风管及燃烧器等悬吊部分，以及石油化工装置中需要此类支承的地方，主要有三连杆、四连杆弹簧式恒力支吊架。其根据力矩平衡原理设计，在许可的负载位移下，采用合适的连杆机构让弹簧侧力矩与载荷力矩相等，同时保证载荷不变或变化很小。三连杆弹簧式恒力支吊架在理论上可以达到完全恒力，而四连杆弹簧式恒力支吊架在理论上是近似恒力。当管道系统内某吊点的热位移大于12mm时，宜选用恒力支吊架来支承，以避免管道系统产生危险的弯曲应力及不利的应力转移。

可变弹簧支吊架主要用于有垂直位移的动力管道或设备的支承。由于其主要依靠弹簧力来支承荷载，因此只适宜用在垂直位移较小的场合。可变弹簧支吊架内装有圆柱螺旋弹簧，在承载的同时，它能适应管道或设备的热位移，也能吸收管道的振动，可以同时起到减振作用，加上它比恒力支吊架经济，因此在应力计算允许的情况下，被设计人员广泛地采用。其按弹簧的形式可分为圆柱螺旋弹簧式和碟形弹簧式两种，按整定方式可分为整定式和非整定式两种。

刚性支吊架对管道垂直方向呈刚性约束，故只能用于管道没有垂直位移或垂直位移很小且允许约束的地方。刚性支吊架能承受较大的载荷，保持管位置不下沉，增强管道系统的刚性和减少管子的振动。

2. 限制性支架

限位支架主要用于管道中需要限制某一方向或某些方向上位移的地方，它不承受管道的重量，但可调整管道的应力分布、减小管道对设备的推力和简化管道支吊架的设计。不同结构型式的限位支架可限制管道某一方向或两个方向的线位移，也可同时限制某一、二个乃至三个方向的角位移，以增加管系的稳定性，合理分配管系的位移。

导向支架主要用于引导管道位移方向或要控制管道沿轴线转动的地方，对于水平管道它一般承受管道的重量，而对于垂直管道它不承受管道的重量。由于导向支架引导管道按一定的方向移动，它同时就具有了限制管道角位移的作用，可以限制管道侧向位移，防止管件承受弯矩，增加管系的侧向稳定性。

固定支架用于管道不允许有任何方向的线性位移和角位移的地方。实际上就是限位支架的一个特例。它可用于承受管件的推力(如波形补偿器)，让管系按较好的方式膨胀。

3. 防振支架

弹簧减振器主要用于限制不希望有的管道振动或晃动位移，通过提供一个使其回复到正常位置的作用力来限制不希望有的管道振动或晃动位移。由一个或多个弹簧适当连接组成，可以是一个或两个弹簧同时作用，用于控制管道不同方向的振动。弹簧减振器分为普通弹吊、单弹簧式和双弹簧式三种。利用普通弹吊作为减振器时只能单方向起作用。

液压阻尼器借助特殊设计的阻尼阀，对管道或设备的位移速度做出灵敏的反应，在管道或设备发生震(振)动时，在1~33Hz频率范围内，阻尼器可以将直接作用在管道或设备上的冲击力转移到建筑结构上去；在管道或设备正常工况下，液压阻尼器允许管道或设备自由位移，不会给管道或设备带来附加的应力。

拉撑杆通常是各类减振器、阻尼器不可分割的组成部分，同时它可用于线性限位。

二、管道支吊架选用原则

管道应力和支架承受荷载的大小可通过设置支吊架加以调整，正确的支吊架能够起到使管道系统适应变形的作用，还可以去限制管道系统某个方向的位移，以减少设备管口的受力。

① 在管道上无垂直位移或垂直位移很小的地方，可设活动支架或刚性吊架，以承受管道重量，增强管道的稳定性，活动支架的型式应根据管道对支架的摩擦作用力的不同来选取。

② 有少量垂直位移的场合，可选用可变吊架或弹簧吊架；在管道具有垂直位移的地方，应装设弹簧吊架，在不便装设弹簧吊架时，亦可采用弹簧支架，在同时具有水平位移时，应采用滚珠弹簧支架。

③ 恒力吊架用于垂直位移较大的地方。

④ 固定支架用于固定点处不允许有线位移和角位移的地方，限制和约束管道系统因热胀冷缩引起的位移。

⑤ 轴向波纹管和套管式补偿器应设置双向限位导向支架，防止横向和竖向位移超过补偿器的允许值。

⑥ 限位支架用于允许管道系统在某一点有角位移，但不允许有横向位移的场合。

⑦ 减振器用于缓和往复式机泵、地震、水击、安全阀提出反力等引起的油压式振动。

三、到货验收

管道支承件的到货验收需要综合考虑质量证明文件、材质规格型号、尺寸外观、性能安全性以及必要的抽查与复验等方面，确保支承件的质量和性能满足使用要求和使用安全。

① 质量证明文件检查：管道支承件必须具备制造厂的质量证明书，其质量不得低于

国家现行标准的规定。质量证明文件应包括产品标识、型号、规格和外观等信息，且内容应符合设计文件规定的材料验收标准及特殊要求。

② 材质、规格、型号检查：管道支承件的材质、规格、型号应符合设计文件的规定，且应进行外观检验，不合格者不得使用。对于合金钢管道支承件，应采用光谱分析或其他方法对材质进行复查，并做相应标记。

③ 尺寸和外观检查：管道支承件的尺寸和外观应符合相关产品标准的规定。支承件应验收产品标识、型号、规格和外观，合金钢件应进行光谱和硬度检查。此外，对于恒力、变力弹性支吊架、弹簧减振器等，还应进行性能试验报告和状态指示检查。

④ 性能和安全性检查：根据管道支承件的类型和用途，可能还需要进行特定的性能和安全性测试，如承受压力测试、耐腐蚀性测试等，以确保其性能和安全性满足使用要求。

⑤ 抽查与复验：对于境外制造的压力管道元件及安全附件，应审查其是否按照安全技术规范要求取得型式试验证书，且制造单位应取得相应的制造许可资质。对于安全技术规范没有明确要求的其他管道组成件，应进行光谱分析、硬度、无损检测和耐压试验等报告的审查，必要时可进行现场抽查复验。

第四节　工业管道通用施工工艺

一、主要施工设备、机具和工装

1. 管螺纹加工机具

(1) 管子绞板

管子绞板又称管子丝板、代丝，是在焊接钢管上加工出管螺纹的工具。

(2) 板牙

管子绞板上用的板牙能加工出 1/2″~4″的牙形角为 55°的圆锥管子外螺纹，每相邻的两种规格使用一种规格的板牙，即：

1/2″~3/4″	1″~1¼″	1½″~2″	2½″~3″	3½″~4″

(3) 管子压力钳

管子压力钳又称龙门台虎钳，也简称管压力，见表 5.4.1。

表 5.4.1　管子压力钳规格适用范围

规格号	1	2	3	4	5	6
能夹持管径 DN/mm	15~50	50~80	80~100	100~150	150~200	200~250

(4) 管螺纹丝锥

管螺纹丝锥用于加工管子内螺纹，有圆柱管螺纹丝锥和圆锥管螺纹丝锥两种，一般采用圆柱管螺纹丝锥。

2. 管道切割机具

切割机分为两种类型。第一种类型是管子转动，刀具固定在刀架上。第二种类型是刀具转动，而管子则固定到虎钳内。第二种切管机大多数属于便携式。

① 型钢切割机也可用于切割各种管材，例如各种圆锯和带锯。但是切割后的管端不太平滑，有毛刺，需要做进一步打磨加工，同时只能用于管子的直角切割。

② 有无齿锯。切割时，把管子平放在支持辊轮上，在切割锯片快速旋转切割下，管子可以自由回转，锯片缓慢压到回转的管子上。该机还装置扩孔钻以除去管端切口的毛刺。中心架可以来回移位，以适应切割管子的不同长度。

③ 另一种高速切管机是切割的管子不转动，以气动夹持器把管子夹牢，这样切割时的噪声较小。切割时利用三个直径为 50mm 的切削辊装在回转切割头上以进行切割，切削辊是径向进刀。

④ 氧-乙炔割管设备可用于切割管子的直口和斜口，切割焊接弯头的扇形管段，在管壁上开孔。切割时可带焊接坡口，也可不带坡口。

⑤ 等离子弧切割分为氮等离子弧切割、空气等离子弧切割和氧等离子弧切割等。是利用等离子弧热能实现金属熔化的切割方法。切割用等离子电弧温度一般在 10000～14000℃之间，远远超过所有金属以及非金属的熔点。因此能够切割绝大多数金属和非金属材料。由最初用于切割氧-乙炔焰无法切割的金属材料，如铝合金及不锈钢等，已经扩大到碳钢和低合金钢。

3. 管道弯曲机具

近年来，随着专业化程度的提高，各种弯管及弯头的加工厂家越来越多，而且质量也不断提高，因此石油化工生产施工中少量的弯管已经实现了外委加工，弯头也有定型厂家供应。

4. 管道施工机具

常用的有管子扳子、链条式管子钳、手动式金属管道钻孔机、钢锯、活扳手、套扳手、梅花扳手、套筒扳手和量具。

5. 量具

有钢卷尺、钢板尺、角尺、水平尺、焊接检验尺、水平磁力线坠等。所有的计量器具必须是经过校验合格的，而且在规定的检定周期内使用。

6. 焊接机械

有交流电焊机、直流电焊机、氩弧焊机。

7. 检、试验设备

（1）试压泵

分手动试压泵和电动试压泵两种，是管道进行压力试验的主要设备。

（2）射线检测设备

射线照相设备可分为：X 射线探伤机、高能射线探伤设备（包括高能直线加速器、电子回旋加速器）、γ 射线探伤机三大类。X 射线探伤机管电压在 450kV 以下。高能直线加速器的电压一般在 2～24MeV，而 γ 射线探伤机的射线能量取决于放射性同位素。

二、主要施工工艺流程

管道预制施工工艺如图 5.4.1 所示。

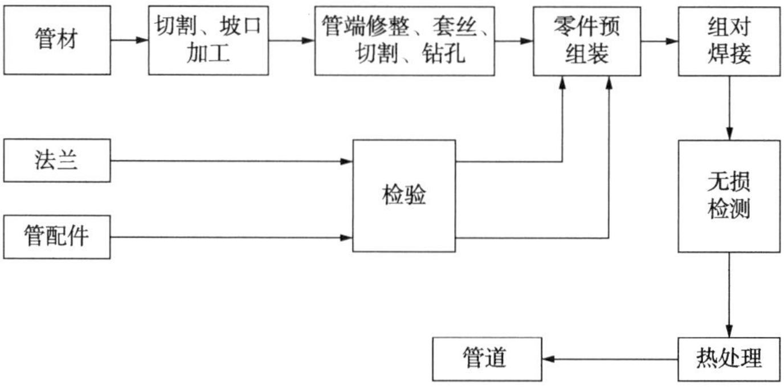

图 5.4.1　管道预制施工的制造工艺

管道安装的一般程序如图 5.4.2 所示。

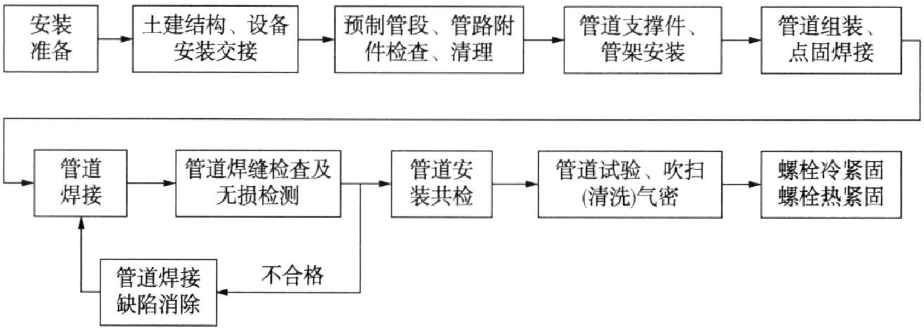

图 5.4.2　管道安装的一般程序

三、主要工序作业内容

1. 施工准备

安装前，施工技术人员应根据设计文件、施工图及标准规范结合装置实际情况编制详细的切合实际的施工方案，并经逐级审批完毕后，向各工种施工人员进行技术交底。

根据施工方案准备工装，搭设平台设置管道预制场地，设置管道、配件存放仓库和场地。

2. 材料检查

管材、管件的材质，应根据管材、管件的质量证明文件和管材、管件上的出厂标识进行核查确认管材、管件。

在进行品种、规格、数量检验和外观质量检验及材质核查的基础上，如设计或标准对管材、管件有进一步的质量检验要求时，应按设计要求或标准规定，对管材、管件进行质量验证。

管材、管件的外径、壁厚和不圆度等尺寸偏差应符合相应标准的规定要求。弯头、异径管和管帽的尺寸偏差，应符合规范规定。

法兰密封面的加工精度及粗糙度应符合制造标准；法兰密封面、金属环垫、缠绕垫片不得有径向划痕、松散、翘曲等缺陷。

螺栓、螺母的螺纹应完整，无划痕、毛刺等缺陷。螺栓、螺母配合良好，无松动或卡涩现象。

阀门内应无积水、锈蚀和脏污，阀门两端应设防护盖保护。阀门外露的螺纹、阀杆和接管部分应有保护措施。

3. 管道预制

管道预制工厂，是面向大型工程和长期市场而建设的真正意义上的工厂，工厂的原料是：管子和管件。产品是：管道预制件。它具有正规的厂房设施、先进的生产设备、完善的物流系统和独立的管理机构，实现了管道预制机械化、自动化、专业化，大大提高了生产效率和质量水准。

工厂化预制的原则是：尽可能加深管道预制深度，需要焊接的管件接头，尽可能多地在工厂内焊接。但产品预制深度的确定，应考虑到运输和安装的方便，因此，单线图需要合理拆解。

在管道加工厂预制的管道组合件，只对有法兰连接的焊缝，以及与阀门、检测仪表与自动装置装配起来的组合件进行水压试验。在其他情况下，管道预制的质量只有整条管线安装后进行试验才做检验。

4. 管道安装

管道安装施工过程中，先安装管廊管道，后进行设备配管；先安装大直径管道，后安装小直径管道；先安装公用工程系统管道，后进行工艺管道安装。应先进行不锈钢管道、合金钢管道及其他特殊管道的安装，然后进行普通碳钢管道的安装。

管道对接接口组对，按焊接要求对管口内外和坡口进行处理，管口组对用平板尺测量，在距管口中心 200mm 处测量平直度。

管道的定位固焊，应等同正式焊接，其焊接工艺、材料和控制应严格执行相应管道的焊接工艺要求。

管道连接时，不得强力组对，法兰、阀门不得用加偏垫、多层垫等方法消除接口端面间隙、偏斜、错口或不同心等缺陷。

管道预拉伸或压缩应在预拉伸或压缩区域内的固定管架安装完毕，需热处理的焊缝处理合格，预拉伸或压缩区域内支、吊架安装完毕，支、吊架弹簧按设计值压缩并临时固定后进行，预拉伸或压缩的数值必须符合设计文件规定。

第五节　常见材质工艺管道施工工艺

一、基本要求

1. 管道安装的一般规定

管道安装一般应具备下列条件：

① 与管道有关的土建工程经验收合格，满足安装要求。

② 与管道连接的机械找正合格，固定完毕。

③ 必须在管道安装前完成有关工序，如清洗、脱脂、内部防腐与衬里等。

④ 管道组成件及管道支承件等已检验合格，并具备有关的技术文件。

⑤ 管子、管件、阀门等已按设计文件要求核对无误，内部已清理干净，无杂物。当设计文件对管道内部有特殊清洁要求时，其质量应符合设计文件规定。

管道的坡度和坡向应符合设计要求。管道的坡度可用支架的安装高度或支座下的金属垫板来调整，吊架可用吊杆螺栓调整。垫板应与预埋件或钢结构进行焊接，不得夹于管道和支座之间。

疏排水的支管与主管连接时，宜按介质流向稍有倾斜。

法兰和其他连接件应设置在便于检修的地方，不得紧贴墙壁、楼板或管架等。

经脱脂处理的管子、管件及阀门等，安装前应严格检查，其内外表面不得有油迹污染。当发现有油污斑点时，应重新进行脱脂处理，检验合格后方可安装。安装脱脂管道时使用的工具、量具等，必须按脱脂件的要求预先进行脱脂处理。操作者使用的手套、工作服等防护用品也必须是无油的。

安装埋地管道，当遇到地下水或管沟内积水时，应采取排水措施。埋地管道试压防腐完毕，应尽快办理隐蔽工程验收，填写隐蔽工程记录，及时回填土，并分层夯实。

管道穿越道路、墙、楼板或其他构筑物时，应加套管或砌筑涵洞保护。管道焊缝不宜置于套管内。穿墙套管长度不得小于墙厚，穿楼板套管应高出楼面 50mm。穿过屋面的管道应有防雨帽和防水肩。管道与套管的间隙用不燃的材料填塞。

连接在管道上的仪表导压管、流量孔板、流量计、调节阀、温度计套管等仪表元件，应与管道同时安装，并符合仪表安装的有关规定。

管道膨胀指示器、蠕胀测点和监察管段，应按设计文件和施工验收规范的规定安装。

埋地钢管的防腐层应在安装前做好，在安装和运输的过程中应注意保护防腐层。焊缝部分的防腐应在管道试压合格后再进行。

管道的坐标、标高、间距等安装尺寸应符合设计要求，其偏差应符合相应规范的规定。

2. 管道螺纹连接

管道螺纹有圆锥形和圆柱形两种。管道螺纹连接主要用于下列情况：

① 镀锌低压流体输送用焊接钢管的连接；

② 设计文件或施工验收规范允许的部分小直径非镀锌低压流体输送用焊接钢管的连接，如给排水、采暖、燃气、压缩空气支管等；

③ 管道与螺纹阀件、仪表等附件以及带螺纹的机械管口的连接。

3. 管道法兰连接

碳素钢管道常用的法兰类型有平焊法兰、对焊法兰、高压管螺纹法兰等。

法兰使用前应进行外观检查，其密封面不得有划痕、斑点等影响密封性能的缺陷。高压管法兰密封面及密封垫片的质量应符合设计文件的要求。高压管道的螺纹部分应清洗干净，表面不得有缺陷。

法兰与管子组装时，应使法兰密封面与管子轴线垂直，法兰与管子应保持同心，并保证螺栓自由穿入。两个法兰密封面应保持平行，其偏差符合技术规定。

法兰垫片的类型和材料，应符合设计文件的规定。设计文件无规定的中、低压管道，可根据管道工作压力、工作温度和介质特性选用合适的非金属软垫片。自制软垫片的周边应整齐，尺寸应与法兰密封面相符。垫片安装前，可根据需要或按设计文件规定，分别涂以石墨粉、二硫化钼油脂或石墨机油。软钢、铜、铝等金属垫片，如出厂前未进行退火，应在安装前进行退火处理。

高压管道法兰密封面及垫片应涂以机油或白凡士林，螺纹部分应涂以二硫化钼(有脱脂要求的除外)。螺纹法兰拧入管端时，应使管端螺纹倒角外露，软金属垫片应准确地放入密封座内，使法兰与金属垫片保持同心。

紧固螺栓应采用合适的扳手，按十字交叉的顺序对称进行，以使垫片各处受力均匀。紧固时用力应适度，不可过猛，宜分做二至三次拧紧。紧固高压管道法兰螺栓宜用力矩扳手。螺栓紧固后应与法兰紧贴，不得有楔缝。需加垫圈时，每个螺栓只加一个。高温或低温管道的螺栓，还应在试运行时按规定进行热态紧固或冷态紧固。

4. 与机器连接的管道安装

与机器连接的管道，应预先将管内的铁锈及其他污物除去，并按设计文件规定进行化学清洗或脱脂处理。安装前应进行复查，确认管道内部已处理干净。

管道的固定焊口应选在尽量远离机器的部位，以避免机器受焊接应力的影响。对不允许承受附加外力的机器，在管道与机器连接前，应在自由状态下检验法兰的平行度和同轴度，其偏差应符合设计文件规定。

管道系统与机器最终连接时，应在机器的联轴节上架设百分表，以监视机器的位移。机器转速大于6000r/min时，位移应小于0.02mm；转速小于或等于6000r/min时，位移小于0.05mm。

管道安装合格后，其重量应由管架承受，不得使机器承受设计以外的附加载荷。管道经试压、吹扫合格后，应对该管道与机器的接口进行复位检验，当超差时，应重新调整，直至合格。

二、合金钢管道

1. 管道组成件的验收

合金钢管道组成件应在安装前对材质进行复查，复查方法一般是做光谱分析。经复查确认其材质后应做出标记。

合金钢阀门的壳体材质应逐个复查，内部零件材质按每批10%(不少于1个)进行抽查。复查方法仍是做光谱分析。

高压合金钢管件必须核对制造厂的金相分析结果或热处理状态说明，应符合国家现行标准的规定。

合金钢管道组成件的其他检验项目与碳素钢管道相同。

2. 管道加工

合金钢管的切割方法与碳素钢管的切割方法相似，常用的有机械、手工和氧乙炔焰切割等方法。其中以机械切割为宜；手工锯割仅适用于小直径管子；大直径管子允许用氧乙炔焰切割，但必须在环境温度高于0℃和管内无穿堂风的情况下进行，切割后应除去熔渣和毛刺，并用手提式砂轮机将凹凸不平处修磨平整。

合金钢管道的弯管，目前已广泛使用压制弯和热推弯等成品管件。在施工现场制作弯管的方法主要是机械冷弯法。公称直径小于或等于100mm的合金钢管一般采用弯管机或手动弯管器制作冷弯弯管，制作方法和质量要求与碳素钢管相同。合金钢管冷弯后应按规定进行消除应力的热处理，有应力腐蚀的管道不论任何壁厚的弯管均应进行热处理。

合金钢管道高压管螺纹及密封面加工的方法和质量要求与碳素钢管相同。

3. 管道安装

合金钢管子、管件等经验收合格后，应与碳素钢制品分开存放，妥善保管。同一施工现场有两种或多种合金钢材质管道时，也应按材质分开存放，不能相互混淆。管子和管件上的供方印记或标牌应放在明显、易察看之处。当管子上的印记被切掉后，应立即补上材质标记。外径小于36mm成捆供货的合金钢管，只在每捆上有标牌，管子上无标记，开捆后宜用色标识别不同的材质。

在安装的过程中，应尽量减少对合金钢管的加热和锤击。在对管子进行局部弯度矫直时，加热温度应控制在临界温度以下。

合金钢管道上不宜焊接临时支撑物。必须焊接时应符合焊接的有关规定。

合金钢管道安装的其他规定和技术要求与碳素钢管道相同。管道系统安装完毕后，应逐段检查管子、管件上的材质标记。当发现无标记时，应进行光谱分析复查钢号，不符时应予返工。

三、不锈钢管道

1. 管道组成件的验收

不锈钢管子、管件、阀门等在安装前必须按设计文件和施工验收规范的规定进行检验，检验的一般规定、检验项目、检验方法、质量要求等与碳素钢管道相同。

设计文件要求进行晶间腐蚀试验的不锈钢管和管件，应检查制造厂的质量证明书上是否注明晶间腐蚀试验结果，当未注明时必须进行补充试验。不锈钢晶间腐蚀试验有多种方法，但一般在施工现场不具备试验条件，可委托有关试验单位或部门进行。

不锈钢阀门在进行壳体压力试验和密封试验时，试验用水应经过分析检验，水中氯离子含量不得超过25mg/L。

2. 管子切割

有机械切割、等离子切割、氩弧切割、手工切割。

3. 坡口加工

公称直径不超过600mm的不锈钢管坡口，可用电动坡口机和气动坡口机加工也可用车床车制。用这些机械加工坡口的方法与管子切割相似，可以参照执行。

公称直径大于600mm的不锈钢管坡口，一般用等离子切割机切割，然后用手提式砂轮机将切割面的毛刺及凹凸不平处打磨平整。

4. 管道安装

不锈钢管子、管件等经验收合格后应妥善保管，不得与碳素钢接触。当同一施工现场有两种或多种材质(钢号)的不锈钢管道时，应按材质分开存放，并做上材质标记。当管子上的材质标记被切掉后，应立即补上。在不锈钢管上做标记不能用打钢印的办法，可涂色加以区分。

不锈钢管道与碳素钢支吊架、松套法兰或蒸汽伴管之间应垫入不锈钢或氯离子含量不超过 50mg/L 的非金属垫片。不锈钢管道与碳素钢套管之间应填塞氯离子含量符合上述要求的非金属材料。不锈钢管道法兰用的非金属垫片，其氯离子含量也应符合上述要求。不锈钢管道试压或冲洗用的水应取样分析检验，其氯离子含量也不得超过 50mg/L。

四、铝及铝合金管道

1. 管道组成件的验收

铝及铝合金管道组成件在安装前应检查制造厂的质量证明书，并按设计文件核对其材质和规格。

管子内外表面应光滑、清洁，不应有针孔、裂纹、起皮、分层、粗糙拉道、夹渣、气泡等缺陷。管子端部应平整无毛刺。管子内外表面不得有超过外径和壁厚允许偏差的局部凹坑、划伤、压入物、碰伤等缺陷。管子的圆度偏差和厚度偏差，不应超过国家现行标准规定的外径和壁厚的允许偏差。

采用胀口或翻边连接的管子，应按设计文件的规定进行试验。当设计文件无规定时，每批管子抽 1% 且不少于两根进行胀口或翻边试验。当有裂纹时，应进行处理，重做试验。如仍有裂纹，则该批管子应逐根试验，不合格者不得使用。

2. 管道安装

在同一施工现场有两种或两种以上不同牌号的铝及铝合金管道时，管子、管件验收合格后应做好涂色标记，分别存放，防止混淆。

在装卸、搬运和安装的过程中，应注意保护表面的氧化膜，轻拿轻放，避免碰撞，防止表面被硬物划伤。

铝及铝合金管道的支架间距应符合设计文件规定。当设计文件无规定时，热轧管的支架间距可按同规格钢管支架间距的 2/3 采用，冷作硬化管的支架间距可按同规格钢管支架间距的 3/4 采用。

碳素钢支架或松套法兰应先涂上油漆，以防止与铝管直接接触。也可以在管子与支架之间垫上橡胶板或软塑料等隔离物。

铝及铝合金管道法兰连接有平焊法兰、对焊松套法兰和翻边松套法兰三种形式。平焊法兰和对焊松套法兰的肩圈应采用与管子牌号相同的材料制造。松套法兰可用碳素钢制造。法兰垫片一般采用橡胶板、橡胶石棉板、耐酸橡胶石棉板等制成的软垫片。连接时应保证管子轴线一致，法兰密封面应平行，避免歪斜和弯曲。拧紧螺栓应均匀适度，不可过紧。

在大管上焊接外径小于 25mm 的薄壁支管时，宜先在大管上焊接一个厚度为 2~3mm 的加强接头，防止小管被烧穿。

铝及铝合金管道绝热，应选用中性绝热材料，不得使用对管道有腐蚀作用的绝缘材料，如硅酸镁、含碱玻璃棉、石棉制品及其他带有碱性的材料。

此外，铝及铝合金管道安装还应遵照碳素钢管道安装的有关规定执行。

第六节　焊接检测

检测是管道焊接质量控制的一种重要手段，检测方法的选择、检测时机的把握对管道工程质量起到至关重要的作用。检测结束后，后续不能有干扰检测结果的工序，否则应进行再检测。铬钼合金钢等有延迟裂纹倾向材料制管道焊接接头应在热处理后或焊接完成24h后进行无损检测，有再热裂纹倾向材料制管道焊接接头应在热处理后进行表面无损检测。

一、检测方法和比例

石油化工管道工程焊接接头的检测方法和比例原则上应执行设计文件的规定；当设计文件无规定时，可按表5.6.1执行。

表5.6.1　管道焊接接头无损检测方法、比例及验收标准

<table>
<tr><th rowspan="3">管道
级别</th><th rowspan="3">检测
比例</th><th colspan="5">验收标准</th></tr>
<tr><th colspan="2">对接接头</th><th>角接接头[a]</th><th colspan="2">支管连接接头[d]</th></tr>
<tr><th></th><th></th><th></th><th></th><th></th></tr>
<tr><td>SHA1
SHB1
SHC1</td><td>100%</td><td rowspan="2">RT Ⅱ级、
PA Ⅱ级、
TOFD
Ⅱ级或
UT Ⅰ级</td><td rowspan="2">MT Ⅰ级[b]或
PT Ⅰ级[b]</td><td rowspan="2">MT Ⅰ级或
PT Ⅰ级</td><td rowspan="2">RT Ⅱ级[c]、
PA Ⅱ级[c]、
TOFD Ⅱ级[c]或
UT Ⅰ级[c]</td><td rowspan="2">MT Ⅰ级或
PT Ⅰ级</td></tr>
<tr><td>SHA2
SHB2
SHC2</td><td>20%</td></tr>
<tr><td>SHA3
SHB3
SHC3</td><td>10%</td><td colspan="2" rowspan="2">RT Ⅲ级、
PA Ⅱ级、
TOFD Ⅱ级
或
UT Ⅱ级</td><td>—</td><td colspan="2">MT Ⅰ级
或
PT Ⅰ级</td></tr>
<tr><td>SHA4
SHB4
SHC4</td><td>5%</td><td>—</td><td colspan="2">—</td></tr>
<tr><td>SHC5</td><td>—</td><td colspan="2">—</td><td>—</td><td colspan="2">—</td></tr>
</table>

注：a 角接接头包括平焊法兰、承插焊、密封焊、半管箍与主管、补强圈与管子连接的焊接接头，以及垫板、支(吊)架与承压件连接的焊接接头等。

b 对碳钢和不锈钢可不进行MT或PT的检测。

c 适用于支管等于或大于DN100的承压焊缝。

d 支管连接接头不包括嵌入式支管连接接头。

对表5.6.1中存在多种检测方法的，可按以下原则选择：所有焊接接头应优先选择射线检测(RT)或相控阵超声检测(PA)，对壁厚大于30mm的碳钢、铬钼合金钢焊接接头可选择超声检测(UT)或衍射时差法超声检测(TOFD)代替射线检测或相控阵超声检测。当采用不可记录的脉冲反射法超声检测时，应对已检焊接接头采取射线检测、相控阵超声检测或衍射时差法超声检测进行抽样检测，检测比例应不低于已检脉冲反射法超声检测数量或长度的10%。对要求进行表面无损检测的铁磁性材料焊接接头应优先选择磁粉检测(MT)。对有色金属制管道焊接接头应优先选择X射线检测。

当选择其他检测方法代替设计文件规定的无损检测方法时，应征得设计单位和建设单位同意。

管道上被补强圈或垫板覆盖的焊接接头应经 100%无损检测，检测方法和合格等级应执行设计文件的要求或表 5.6.1 的规定。对表 5.6.1 中无无损检测要求的被覆盖焊接接头，按以下原则选择检测方法：对于质量检查等级为 5 级的对接接头，要求进行内部无损检测；对于质量检查等级为 4 级、5 级的支管连接接头和质量检查等级为 3 级、4 级、5 级的角接接头，要求进行表面无损检测。被覆盖焊接接头的无损检测要求在覆盖前完成。

嵌入式支管连接接头应进行 100%无损检测，检测方法和合格标准应与原管道中对接接头的要求相一致。所有支管连接接头的无损检测要求在支管座与支管组对前完成。

在焊接接头及其边缘的管道上不宜开孔。若开孔，应对开孔中心 1.5 倍开孔直径范围内的焊接接头进行 100%无损检测，检测方法及合格标准应符合相应的管道级别的检测要求。

焊制管件组对时无法避免十字焊缝或焊缝的错开距离小于 100mm 时，该部位焊缝应经射线检测合格，检测长度不应小于 250mm。

铬钼合金钢、材料标准抗拉强度下限值等于或大于 540MPa 钢材的管子采用热加工方法加工坡口时，应对坡口表面进行 100%的表面无损检测；设计温度低于-29℃的非奥氏体不锈钢管子采用热加工方法加工坡口时，应抽检热加工坡口数量 5%的坡口表面进行无损检测。

焊接在铬钼合金钢、材料标准抗拉强度下限值等于或大于 540MPa 钢材制管道上的组对卡具去除后，应对修磨处表面进行无损检测。

夹套管焊接接头的无损检测当设计文件无明确规定时，内管的对接焊接接头应进行 100%射线检测或相控阵超声检测，角接接头应进行 100%表面无损检测；定位板与内管外壁的角焊缝应进行 100%表面无损检测；外管(套管)的环向焊接接头、剖分的纵向对接接头应分别不少于接头数量 5%的检测比例进行检测。

从表 5.6.1 可以看出，管道焊接接头的检测比例分有 100%、20%、10%、5%四种，但实际执行时一般按照全部检测、局部检测和抽样检测三大类进行控制。

全部检测是指检查等级为 1 或设计文件要求对所有的对接接头、角接接头、支管连接接头进行 100%检测的情形。局部检测是指对每个焊接接头进行相应检测抽检，检测长度各为检测比例乘以此焊接接头长度的情形，主要是指对公称直径等于或大于 DN500 的焊接接头进行检测的情况。抽样检测是指按照规定的检测比例抽取一定数量的焊口(而不是所有的焊口)进行 100%检测的情形，主要是指对公称直径小于 DN500 的焊接接头进行检测的情况。对个别小于 DN500 的焊接接头因条件受限(可以是焊接接头结构的原因或检测单位的客观原因)，如管廊上的一些排列紧密的管道等焊接接头可能无法进行整口检测，经检验人员确认可以按局部检测规则执行，但经局部检测的焊口要从相应的检验批中剔除，不作为抽样检测的检测基数和检测数量。

为保证抽检结果有代表性，要求局部检测的位置除标准规定的之外(如应优先检测交叉焊缝部位等)，其他部位应随机抽取，不得由焊工或施工单位质量检查员等人员指定。抽样检测应按不同的检测方法对对接接头、角接接头、支管连接接头分别按检验批控制检测比例，检测的焊口要随机抽取并符合相应的规则要求，不能事先指定。

二、抽样检测的检验批组批规则

检验批概念只在抽样检测中存在，GB 50517 和 SH/T 3501 规定的检验批组批规则为同一检测比例中上次委托时间至本次委托时间内所焊接的所有焊口，每次执行周期宜控制在 2 周内；每批随机抽取的焊接接头应覆盖此批中的每名焊工或焊工组并均衡到各管线号中，固定焊口的抽检数量不少于此批标准检测数量的 40%，所以抽样检测时要考虑检测方法、检查等级(检测比例)、委托时间(焊接时间)、焊接管理(焊工/焊工组)、焊接位置(固定口)、管线号等因素。每个检验批组得好可以起到事半功倍的作用，达到投资、进度、质量的三丰收。

① 要保证每个检验批中的焊接接头检测方法只有一种，而不是每条管线的检测方法只能一种。这里强调同一检验批中只能有一种检测方法，是为了避免不同检测方法检测出现不合格后，给扩探带来混乱。如在检测比例要求为 20%的同一焊工焊接的一个 20 道焊口的检验批中，假如射线检测和超声检测各检了 2 道焊口，理论上一次检测比例刚好符合要求。但如果射线检测出现 1 道焊口不合格，经扩探 2 道焊口后又出现 1 道焊口不合格，按照 SH/T 3501 就需要对此检验批进行 100%的检测；如果认为前面 2 道焊口超声检测合格，只要再检测剩余的 14 道焊口即可的话，就会与标准要求用发现不合格的原检测方法进行扩探的规定产生不一致。因为前面超声检测的 2 道焊口进行射线检测时并不一定能够合格，就好像用射线检测发现不合格的焊口，返修部位如果用超声检测复查就违背了 NB/T 47013 明确的当对同一检测对象采用两种或两种以上的检测方法时，应按各自的检测方法评定级别，按各自方法评定级别和验收的要求，造成射线检测不合格没有关闭。

② 要尽可能地满足同一检测规则下的每检验批组批时间符合标准要求。标准规定检验批的每次执行周期宜控制在 2 周内，是因为在一个小时间段中影响焊接质量的因素如焊接环境、人员的情绪、焊接设备、焊接材料甚至焊接方法等都是相对稳定的，此时所抽检的焊口质量更能代表这个时间段的其他焊口。当然就质量控制而言，这个时间段是越短越好，但控制的时间段越短，造成检验批数量就越多，实际所抽检的总焊口数也越多，在一定程度上影响了进度和投资；控制时间太长，所抽检焊口的代表性就越差，对质量控制造成一定影响。在 GB 50517—2010 中首次提出的组批时间不宜超过 2 周只是一个经验值，可根据情况酌情调节，如果焊接条件、焊接环境和人员情绪等相对稳定，甚至可以超过 2 周；当施工高峰期焊口产出量较大时，可适当缩短组批设定时间。建议对 20%检测比例管道，其检验批中的总焊口数控制在 60 道左右、尽量不要超过 100 道；对 10%检测比例管道，其检验批中的总焊口数控制在 80 道左右、尽量不要超过 150 道；对 5%检测比例管道，其检验批中的总焊口数控制在 100 道左右、尽量不要超过 200 道。当然以上只是正常情况下的推荐值，具体控制值还要看具体情况，在特殊情况下 10 道焊口左右组成 1 个检验批甚至 3~5 道焊口组成 1 个检验批也未尝不可。

③ 要事先策划好归类。标准中规定“应以同一检测比例完成的焊接接头为计算基数确定该批的检测数量”，就是在确定检验批的焊口总数量时可以不考虑焊工、规格、材质、固定口和管线号等情况，只要是“同一检测比例”的焊口就可以纳入。所以在标准本身对检验批的组批规则是开放式的前提下，我们可结合自身的管理能力、现场的具体情况甚至不

同的施工阶段对检测组批规则进行细化和改变，但组批检测规则在检测委托前要固化下来。常见的检验批组批原则有：

a. 可以将单线号作为组批检测规则，即在同一单线号中检测比例相同的一定时间内焊接完成的焊口作为检测基数（即一个检验批的总焊口数）计算检测数量。这样管理虽然简单了，但因为一定时间内的检测基数相对其他组批规则要少，同一项目下的检验批数量自然会增加，就会造成实际检测总焊口数量大大增加，无形之中会增加施工检测时间和项目的投资，间接影响施工进度和项目投资。

b. 可以将相同检测比例的若干相连以及不相连的管线按照施工情况分为 1～n 个组别（SH/T 3543 表格中叫检测类别），以在同一检测类别下一定时间内焊接完成的焊口作为检测基数计算检测数量。此规则下，虽然检测基数大了，但检验批数量相对减少了，实际检测的总焊口数量也相应减少，缩短了施工检测时间，减少了项目投资，但需要有较高的技术能力和管理水平。

c. 可以按照管道编号（与管线号不是同一概念，这里是指直接相连且输送同一介质的多条管线的组合）作为组批检测规则，即将同一管道编号内相同检测比例的在一定时间内焊接完成的焊口作为检测基数计算检测数量。这里也涉及要将设计给的多条管线号（也叫单线号）组合成一个管道编号，但管道编号下单线的数量要比检测类别中的单线数量少较多，按照直接相连、同介质的思路也比较好归纳，管理难度比检测类别组批要低一些，总的检测数量介于按单线组批和按检测类别组批之间。

d. 可以按照试压包系统作为组批检测规则，即将同一试压包号内相同检测比例的在一定时间内焊接完成的焊口作为检测基数计算检测数量。这样的好处是在试压包组包完成后，找同一试压包内同一检测比例的管线比较容易，管理和技术难度较低，在同一试压包内解决检测、扩探问题能够较好地推进管道的试压进度；但由于管道工程边到图边施工的情况比较多，要在管道刚预制时就完成试压包组包不太现实，要求在管道施工初始阶段就按照此规则进行组批难度很大。

e. 可以根据不同的施工阶段，按照不同的检测规则进行组批，比如在预制阶段按照检测类别或管道编号作为组批检测规则，在现场安装阶段或者管道试压阶段按照试压包或管线号作为组批检测规则，在相应的组批检测规则下进行组批。这时要求在检测规则改变时，以前已经焊接的焊口要按原检测规则进行组批并完成检测委托。

当按照第 b、第 d 种组批检测规则可能会引起检验批的检测基数太大时，可以在此基础上按同区域、同管道级别或同材质再细分，甚至可以按照焊工再细分，但要再次强调的是，相关的检测规则都应该在组批前策划完成。如某装置初定按第 b 种组批检测规则后，检测比例为 20%的管线有 500 条，每次组批的总焊口数（检测基数）可能会在 300～700 道焊口之间，显然不利于发生不合格后的扩探，会造成质量管理和控制的困难。这时可以按材质再分开，如按铬钼钢、不锈钢、碳钢再分 3 类，也可以先按 SHA2、SHB2 分 2 类再按铬钼钢、不锈钢、碳钢共分为 6 类分别组批。如果细分为 6 个检测类别，这样每个检测类别中的管线在 80～100 条，每次组批的总焊口数大概在 60～100 道焊口之间，比较合理。

三、抽样检测检验批的验收

管道焊口抽样检测时分批在工程进展中进行无损检测和验收，能够及时了解当时各焊工的焊接质量情况，可以防止系统性焊接质量问题的发生，是实现过程焊接质量控制的有效措施，也是一种非常经济的方法。检验批的验收强调要在过程中及时报验，相关资料要妥善保存，以备在管道压力试验条件确认时核验。需要再次强调的是，焊接接头的分批验收旨在为验收过的焊接接头提供一个见证，以后检验批的检测结果不构成对前期检验批的验收否定。对检验批的验收，土建专业已经比较成熟，安装专业特别是对焊口的检验批验收标准已经相对成熟，但由于人们的惯性思维，对抽检检测焊口的检验批验收还存在一些误区，主要表现在：

① 错误地认为管道焊口的检测比例应按管线号进行统计和控制，不认可同检测比例的不同管道焊口组合在同一检验批中。其实国内的标准包括《压力管道安全技术监察规程——工业管道》(TSG D0001—2009)、《压力管道规范工业管道　第 5 部分：检验与试验》(GB/T 20801. 5—2020)都没有规定管道焊口的检测比例应按照管线号进行统计，反而在 GB/T 20801. 5—2020 第 5. 1. 2 条对“指定批”的定义注释中允许“相同管道级别、相同材质或者相同检测比例的被检件可组成同一‘批’”，是许可不同的管线可以放在同一批中的。在 SH/T 3501—2021 和 GB 50517—2010(2023 版)中也是强调焊接接头的无损检测比例应按检验批统计，只要同一批中的焊口按照规则抽样检测合格，那么此批中的所有焊口均可按照合格来验收。强调检验批淡化管线号，加强对过程各环节的质量把控，这是符合国际惯例的。

② 当检测过的焊口因设计变更、预制尺寸超差等因素而被割除或者弃用时，错误地认为这个检验批的检测比例不够，要求增加抽检其他焊口后才给予验收；对出现超标缺陷的焊口采用割除重新焊接处理的，错误地要求对重新焊接的焊口进行再检测合格后才予以验收。其实这种观点都是违背了存在过即是事实的道理，就像标准中对低温的铬钼合金钢螺栓进行低温冲击性能检验一样，被抽到做冲击试验的那 2 根螺栓当时是事实存在的，经加工成试件完成冲击试验后这 2 根螺栓就不存在了，但其试验结果代表的是被抽检的批中所有紧固件，试验值合格即代表此批的紧固件低温冲击性能合格，试验值不合格则按本标准要求进行扩检。以上两种情况也是一样，当时被抽到的焊口，就是这个批的样本，其检测合格就代表这个批中所有焊口是合格的，不能因为被抽检焊口弃用或消失来否定当时的结论。对存在超标缺陷的焊口进行割除重新焊接，是消除不合格缺陷的一种方法，主要用于发现较长的连续性缺陷或者小口径管的不合格缺陷处理，这与 GB/T 20801 中累进检查中更换属于同一范畴。所以对将接头焊缝全部割掉且去除热影响区后重新焊接的焊接接头，原则上不作为返修焊口处理，按新焊口参与新检验批的抽检，不必对该焊口进行单独的 100%检测。需要注意的是，对在热处理后割除进行重新焊接的焊口，如果受热处理影响的部分没有去除的话，其热处理次数要累加；在割除不合格焊接接头时，检查员要在现场见证并留存影像资料。

实时的焊接过程质量控制和质量验收，既有利于减少总体验收带来的风险，也可以避免焊口积压到工程后期压力试验前进行集中检测，增加大量不必要、不合理的检测焊口，防止在管道系统试压阶段因检验批未及时报验而延误管道安装工期。

四、抽样检测确定焊口需注意的问题

1. 在确定检验批的抽检焊口时，要正确理解标准规定的“应覆盖施焊的每名焊工/焊工组合”和“宜按比例均衡分配到该批内各管线号”中“覆盖”“均衡”两个词的不同含义

“应覆盖施焊的每名焊工/焊工组合”是指要将该检验批中的每名焊工都抽检到，一个都不能遗漏，特别是当打底焊与盖面焊由两名或多名焊工共同焊接完成时，要把此焊工组合当作一名新焊工看待，抽检到此焊工组合，以解决“人”的代表性问题。当标准检测数量大于此检验批中焊工数量时，分配每个焊工 1 道焊口后剩余的拟抽检数量建议根据每名焊工的质量业绩优劣来确定，而不是按每名焊工的焊接焊口数量多少来确定；对一些合格率一直比较高的焊工可以少抽检甚至不再抽检，多去抽检合格率比较低、质量起伏比较大的焊工。

“宜按比例均衡分配到该批内各管线号”是指在分配此检验批中各管线的检测数量时要尽量保持各管线截至目前的总检测比例相对一致(均衡)，但没有规定检验批中的每条管线都要抽检到；当检验批中某条管线截至目前的检测比例比较高时，可以少抽检甚至不抽检。特别是对那些检测比例为 5%的检验批，当总焊口数(计算基数)较少时，更突显出此条规定的重要性，可以明显地降低检测绝对数量。比如 5%检测的某检验批，共有 80 道焊口由 5 名焊工焊接完成(不涉及焊工组)，涉及 8 条管线，按规定其标准检测数量为 4 道，但因要满足覆盖每名焊工，至少要抽检 5 道，此时可以抽检 8 条线中截至目前已抽检总比例较低的一些管线，尽量使 8 条线的总检测比例均衡。如果其中有 1 条管线是新焊接的且数量较多(如有 60 道)，并且其他 7 条管线截至目前的抽检比例均已超过 5%，那拟抽检的 5 道焊口均抽检此条管线的 5 名焊工所焊接焊口，这种抽检方法也是符合标准要求的。其实此规定对被检焊口的代表性作用不大，也没有科学性，仅仅是为了延续国内对管道检测比例按管线计算的观念而已，相信随着观念的提升，以后的改版中会更弱化此条款的要求，甚至取消此条款。

2. 要正确理解石油化工管道施工标准在检验批验收中提到的“标准检测数量”这个概念

标准检测数量是指在确定检验批的焊口后，将检验批中的所有焊口数量乘以检测比例的值，即这个检验批应该检测的最少焊口数。标准检测数量不考虑管线号、材质、管道等级、焊工和固定焊口数量等因素。当计算出的标准检测数量有小数时，要向上圆整到整数。例如检测比例为 20%的某检验批总焊口数为 99，则以这 99 作为抽检数量的计算基数，计算检测数量为 19.8，标准检测数量应向上圆整为 20。

确定检验批的标准检测数量主要是因为在标准中对固定口的检测数量有一个 40%的规定要求。SH 3501 从 1997 版开始，就提出了在被检测的焊口中固定焊口不得少于检测数量 40%，管规和 GB 20801 都引用了此规定。但在实际执行中，在特定情况下因检测数量不足需补检测时会再引起固定口检测数量不足的问题。如某 20%检测比例的检验批中共有 34 道焊口(其中固定焊口 6 道)、由 6 名焊工焊接完成，最少应检测焊口为 7 道，按规定其中固定焊口检测数量为 7×40% = 2.8，向上圆整应为至少 3 道。监检人员在核查当时抽

检的7道焊口(包括抽检的3道固定焊口)时发现漏覆盖了1名焊工，要求至少补检测该焊工的1道焊口，而此焊工只焊接了1道活动口，如果进行了补检测那实际共检测了8道焊口，按以前的标准固定焊口的检测数量就应该为8×40%=3.2，向上圆整应为4道，就造成补检测后固定焊口的检测比例又不符合要求，要再去补检测1道固定口。为了消除这种循环补检测的情况，标准修订时完善为“该批中焊接接头固定口检测不应少于标准检测数量的40%”。

在执行此规定时，还要注意的是，当此检验批中的固定口数量达不到规定标准检测数量的40%时，固定口进行100%检测即可，没有必要再从其他检验批中补充检测固定口。如以上案例中，如果固定口只有2道，那检测5道活动口、2道固定口，也是符合标准要求的。当该检验批中恰好没有固定口时，则可以全部抽检活动口。

五、扩探(累进检测)

局部检测和抽样检测发现超标缺陷后，应按原检测方法进行扩探和复检，不允许用别的检测方法进行，因为每种检测方法都有其优势和局限性，不同检测方法的检测结果并不一定是一致的，一种方法检测合格的焊口用另一种方法检测时可能会不合格，在这个时候互相替代会产生混乱。

因为局部检测按每个焊接接头焊缝的长度计算且检测长度不小于250mm的控制比例规则与压力容器焊缝的控制方法基本相同，所以对发现超标缺陷后的扩探规则也参考了压力容器的要求。只是考虑到压力容器的直径普遍大于管道，如果在缺陷两端的延伸部位各进行不小于250mm的扩探，扩探比例会大大超过10%，所以DN500的管道焊口扩探对什么情况下要在缺陷的一端或两端进行扩探没有明确的规定。建议对DN1000以下的管道焊口扩探在缺陷延伸的一侧(近侧)进行扩探1张且不少于250mm；当DN1000及以上焊口需要扩探2张时，在缺陷的两端延伸部位各自布片进行扩探。要注意的是，当在返修前进行扩探时，应在不合格缺陷部位(片位)延伸部位(片位)进行检测；当在返修完成后再进行扩探时，应在返修完成部位(片位)延伸部位(片位)进行检测。

当抽样检测出现不合格时，加倍检测的焊接接头应在出现不合格的该焊工所焊同一批焊接接头中选取，并应按同日、同材质、同焊接位置、同规格、同管线号的顺序优先考虑，可以选择在同批、不同管线号的焊接接头。当前有些人员对抽检检测的扩探还是存在一些误区，主要表现在：一是当1个检验批中某焊工只有1道焊口，而这道焊口经检测不合格后，要求在以前已经验收的检验批或者后续的检验批中扩探2道焊口，或者要求对此焊工出现不合格焊口的管线上去扩探2道焊口(不在此检验批中)。二是当1个检验批中某焊工的焊口经检测不合格、按要求再次或2次扩探后也发生不合格后，要求对此焊工在以前已经验收的检验批和后续的检验批中所有的焊口进行100%检测，或者要求对此焊工出现不合格焊口的管线上的所有焊口进行100%检测，包括以前焊接的和以后焊接的。其实这两种情况都违背了检验批验收的原则。当出现第一种情况时，因焊工在此检验批中的焊口已经进行100%检测(因在此批中他只焊接了1道焊口)，就不存在扩探的问题。以前已经验收的检验批是认可他的焊口都是合格的，没有必要再检测一次；以后焊接的焊口会归纳到新的检验批中，会按照新检验批的要求进行检测，也没必要进行额外的检测。出现不合格管线的焊口已经(以后焊接的将来也会)归纳到相应的检验批中进行验收，也没必要进行额外的检测。对于第二种情况，也是根据以上的原则只要对此检验批中该焊工所焊接的所有焊口进行100%检测即可。如果非要对此焊工以前焊接的及以后焊接的焊口都进行100%检测，极有可能造成施工单位篡改焊接记录，将此焊工焊接的焊口改成别的焊工焊接的，有胁迫人弄虚作假之嫌疑，最终造成质量的不可追溯，无法保证后续焊接的焊口按照规定的规则检测。目前在一些项目上出现的每条管线只由1名焊工焊接而成的焊接记录、扩探的焊口不再出现超标缺陷等情况，基本上是与事实不符的，主要由无序扩大扩探行为引起。

需要注意的是，不同的管道施工验收标准对允许中间扩探的次数是不一样的，现场操作时要严格按照设计文件规定的验收标准执行。如SH/T 3501就规定只允许进行1次中间扩探，一经发现扩探不合格就必须对局部检测的该道焊口或者抽样检测的该焊工在此检验批中所焊接的所有焊口进行100%检测，而GB 50517和GB/T 20801则允许2次中间扩探。为便于区别不同的扩探行为，建议检测单位对各次扩探分别用“K1、K2、K3”后缀表示。

第七节 管道系统试验、吹扫和清洗

管道压力试验是管道系统安装完成后的一个重要检验环节，其主要目的是检验管道系统的强度和严密性，确保管道系统在正常操作使用过程中不会发生泄漏，提高管道系统的安全性和可靠性。对SHA1级、SHA2级、SHB1级管道以及设计文件规定的管道系统，在液压试验合格后还应进行泄漏试验。为确保管道系统的清洁和畅通，在管道泄漏试验前要对管道进行吹扫和清理，清除管道内的杂质，避免管道在安装过程中产生的杂质对管道系统造成污染或堵塞、对仪表设备造成损坏、在流动过程中碰撞管壁引起火花，从而造成安全隐患。对内洁要求比较高的管道，需要进行脱脂处理，以去除管道内部的油脂和其他杂质，避免油脂与输送介质发生化学反应或引发爆炸等安全隐患，确保管道系统的安全和使用寿命。

一、管道试压系统(试压包)

在管道工程的设计文件基本收齐时，管道专业工程师应及时策划管道试压包的划分。对已经确定的管道试压包，要及时将原管道焊口抽样检测的检验批规则改为按此试压包系统进行组批，以防止后续由1个检验批未验收造成所涉及的多个试压包通过试压条件确认的尴尬局面。在管道试压包划分时应遵循以下基本原则：

① 应以同试验介质、同压力试验值划分为总原则。当设计文件没有给出明确的压力试验值时，可按设计文件明确的相应验收标准计算此试验方法的压力试验值。相邻管道设计压力试验值较近的(一般相差不超过0.5MPa)，经设计单位同意可划入同一试压包中，并按设计单位同意的压力试验值进行压力试验。

② 对试验介质有特殊要求的，要单独划分。如不锈钢管道对水质有特殊要求，不要与碳钢、铬钼合金钢管道放在同一试压包中。

③ 应尽可能地将直接相连的管道划分到同一试压包中。当不相连的管道需要划入同

一试压包时，以增加临时管道方便为原则。对增加的临时管道，应尽可能地按照正式焊接工艺焊接，对高压管道的试压临时管道焊口，要增加超声检测。

④ 当管道试压系统无法与设备隔离时，应确认设备的试验压力值是否大于管道液压试验压值的77%；当管道试压系统中包含金属波纹管膨胀节时，要确认金属波纹管膨胀节的试验压力值是否与管道试验压力值相匹配。

⑤ 当多个不同压力等级的管道合并在一起进行压力试验时，要考虑各自相同的压力等级是否在1个子系统内、各子系统是否可以做到有效隔离且相邻子系统具备逐级减压的条件。当将阀门作为隔离盲板时，应考虑相邻两子系统之间的压差是否低于阀门的高压密封试验值。

试压包系统大小要适中，以方便操作为原则。试压包划分好以后，要根据现场进度和其他工种人员工程量的情况灵活进行拆包或并包。

二、管道试压系统流程图

石油化工装置的工艺管线系统复杂，单独靠压力试验方案的文字表述无法详细地说明相应压力试验系统的相关技术措施要求，如各系统的试验范围、压力表的安装位置、临时盲析设置位置、上水点、放空点、排水点等，通过试压系统流程图可以清晰地了解以上的各个环节，避免遗漏或错误操作，从而确保了试压工作的准确性和有效性。

试压系统流程图应符合以下要求：

① 应在管道试压系统流程图相应位置上标注各管线号；

② 应在试压系统流程图中标注进水位置、试压用临时盲板位置、放空点位置、试压用压力表位置，并标注各位置的相邻焊口号；

③ 因条件不具备或其他因素不参与本次系统试压的管段应在试压系统流程图中用点划线隔断，并在隔断处标注此位置的相邻焊口号；

④ 在图上或另附表注明试压包各管道设计压力、设计温度、试验压力，按管线号注明不参与本次试压的焊口号或只标明参与本次试压的焊口号；

⑤ 对多个不同压力等级的管道合并在一起试压的，应标明各子系统的隔离位置和各子系统的压力表安装位置。

由于图幅的限制，管道试压系统流程图可以不按试压包内各管道长度进行等比例绘制，只是对试压方案的一个补充。管道系统试压完毕，应根据盲板加置记录及时拆除所用的临时盲板。

三、管道试压条件确认

管道系统的压力试验应在管道系统安装完毕、热处理和无损检测合格，实体和资料均确认符合要求，试压方案已经进行技术交底后进行。这里指的无损检测合格不单是指委托的焊口检测合格，还包括试压包内所有检验批验收合格。对实体和资料的确认，可以在施工过程中及时地检查积累，没有要求在试压前重新进行确认。

1. 施工单位应收集并整理的资料

① 管道组成件、支承件、焊材的制造厂质量证明书；

② 管道组成件的验证性和补充性检查试验记录；
③ 规定应填写记录的弯管加工记录、管端的螺纹和密封面加工记录；
④ 可追溯管道组成件的单线图；
⑤ 无损检测结果(不一定是无损检测报告)；
⑥ 弯管和焊接接头热处理记录及硬度检测报告；
⑦ 设计变更及材料代用文件；
⑧ 经批准的试压方案及试压流程图。

2. 管道实体应符合的要求

① 所涉及的管道系统全部按设计文件安装完毕；
② 管道支吊架的型式、材质、安装位置正确，数量齐全，螺栓紧固，焊接质量合格；
③ 金属波纹管膨胀节两端临时固定牢固；
④ 焊接、无损检测及热处理工作已全部完成；
⑤ 焊缝及其他应检查的部位，除涂刷底漆外(当后续不进行敏感性泄漏试验时)无进行其他防腐和绝热工程施工的现象；
⑥ 试压用的临时加固措施安全可靠；
⑦ 管道系统内的阀门开关状态正确；
⑧ 管道组成件的材质标志明显清楚；
⑨ 应予拆除或隔离的设备、仪表、安全阀、爆破片等均已处理完毕，临时盲板加置正确；
⑩ 气压试验时，焊缝及其他应检查的部位应在中性发泡剂可喷涂以及可目视检测的范围内，否则应搭设架子。

只有 1 个压力试验值的试压包，应安装不少于 2 块的试压用压力表，其中 1 块安装在加压位置、1 块压力表安装于试压包的最高点；当多个不同压力等级的管道合并在一起进行压力试验时，应安装不少于(n+1)块的试压用压力表，其中 1 块安装在加压位置、n 块安装在各自子系统的最高点。压力表的量程应为最大试验压力的 1.5~2.0 倍，精度等级不得低于 1.6 级，并在有效检定(校准)期内。液压试验时以安装于液位最高点的压力表读数为准。

四、临时盲板

临时盲板主要用于管道系统试验时的末端隔断和不同压力级别管道试压子系统间的隔断，以及检修管道与运行中管道的隔离。盲板的强度对于施工安全进行至关重要。选择盲板过程中，一般方法是根据管道压力、盲板外径、材料许用应力等因素来确定盲板选用材料的厚度，原则上盲板厚度不得低于管壁厚度，可采用下列两种方式选取盲板。值得注意的是盲板用材料也应具有质量证明书。

① 按照 GB 50316《工业金属管道设计规范(2008 年版)》进行计算。

夹在两法兰之间的临时盲板，其计算厚度可按下式确定：

$$\delta_m = 0.433 d_c \left[\frac{P}{[\sigma]^t \cdot E_j} \right]^{0.5}$$

式中 δ_m——临时盲板计算厚度，mm；

d_c——法兰垫片的内径或平均直径，mm；

P——设计压力，MPa；

$[\sigma]^t$——在试验温度下材料的许用应力，MPa；

E_j——焊接接头系数，当用整体钢板制作时，取 1。

② 直接从 SH/T 3425《钢制管道用盲板工程技术标准》中对盲板进行选用。

五、液压试验

管道系统压力试验应优先选用液压试验，试验介质应使用洁净水。当生产工艺有特殊要求时，可用其他液体。管道液压试验时的试验介质温度不得低于 5℃。不锈钢管道(包括含不锈钢设备的试压系统)用水试验时，水中的氯离子含量不得超过 50mg/L。

液压试验的压力不应小于设计压力的 1.5 倍，承受外压的管道液压试验压力为设计内外压差的 1.5 倍且应不小于 0.2MPa。当管道系统的设计温度高于试验温度时，管道的液压试验压力应按下式计算，计算后的试验压力不得使管道在试验条件下产生的周向应力或轴向应力超过试验温度下材料屈服强度，且不得超过 1.5 倍管道组成件的额定压力。否则应将试验压力降低，以满足液压试验时管道组成件应力值在安全范围内的要求：

$$P_t = 1.5P_0\frac{[\sigma]_1}{[\sigma]_2}$$

式中 P_t——试验压力，MPa；

P_0——设计压力，MPa；

$[\sigma]_1$——试验温度下管材的许用应力，MPa；

$[\sigma]_2$——设计温度下管材的许用应力，MPa，当$[\sigma]_1/[\sigma]_2$大于 6.5 时取 6.5。

液压试验时应先打开管道各高处的排气阀，然后向管道系统内灌水，待水从排气阀处溢出后，关闭排气阀和进水阀，用手摇试压泵或电动试压泵加压。升压应分级缓慢，压力逐渐升高，加压到一定数值时，应停下来对管道系统进行检查，无问题时再继续加压，一般分 2~3 次升至试验压力。当压力达到试验压力时停止加压，保持 10min，然后把压力降至设计压力，停压 30min，对管道进行全面检查，以不降压、无泄漏和无变形为合格。

当多个不同压力等级的管道合并在一起进行压力试验时，应从压力试验值最高的子系统加压，当加压到最末端(试验压力值最低)的子系统压力达到试验压力时停止加压，保持 10min，然后把压力降至该子系统的设计压力，对该子系统管道进行全面检查，合格后关闭临时盲板或阀门。依次对其他子系统进行加压检查，直至所有子系统均合格为止。

管道系统试压合格后，应缓慢降压。液体试验介质要及时排尽，排放时要打开放空阀，并根据空气入口流量确定排液量，同时要考虑反冲力作用及安全环保要求。

六、气压试验

当液压试验确有困难时，经设计单位和建设单位同意，可用气压试验代替，但试验压力不宜大于 1.6MPa，并应符合下列条件：

① 管道系统内施工焊接接头已检测合格；

② 脆性材料管道组成件经液压试验合格；

③ 试验系统应设置压力泄放装置，其设定压力不得高于试验压力加上 0.345MPa 和 1.1 倍试验压力两者中的较小者；

④ 试压方案中应有切实的安全措施，经施工单位安全部门和技术部门审核，并经技术负责人批准。

气压试验的试验压力为设计压力的 1.15 倍，试验的介质一般为空气，也可以用氮气或其他气体。试验前必须用空气进行预试验，试验压力为 0.2MPa，稳压 10min。正式试验时，压力逐级缓升，当压力升至 0.35MPa 时，稳压 3min，未发现异常或泄漏，继续按试验压力的 10%逐级升压，每级稳压 3min，至试验压力后，稳压 10min，再将压力降至设计压力，涂刷中性发泡剂对试压系统进行检查，无泄漏为合格。

由于气压试验时，系统内储存能量大，气压试验相比液压试验风险大。为降低安全风险，试验时要考虑安全距离，并设置气压试验安全警戒区。

气压试验的系统储能可参照 ASME PCC-2-2018“Repair of Pressure Equipment and Piping”的附录 501-Ⅱ“Store Energy Calculations for Pneumatic Pressure Test”中的方法进行计算，若试验介质采用空气或氮气，系统储能可按下列公式计算。

$$E=2.5\times P_{at}\times V\left[1-\left(\frac{P_a}{P_{at}}\right)^{0.286}\right]$$

$$TNT=\frac{E}{4266920}$$

式中 E——系统储能，J；

P_{at}——试验压力(绝对压力)，Pa；

P_a——大气压(绝对压力)，1.01×10^5Pa；

V——系统容积，m^3；

TNT——当量，kg。

根据 ASME PCC-2 规定，气压试验时，系统储能 E 不宜大于 2.71×10^8J。按 ASME PCC-2 规定，若系统储能 E 小于或等于 1.355×10^8J 时，安全距离不应小于 30m；若系统储能 E 大于 1.355×10^8J 且小于或等于 2.71×10^8J 时，安全距离不应小于 60m。

气压试验虽然对温度没有强制要求，但不得低于气压试验用检查剂(中性发泡剂)的冰点。

七、压力试验免除

① 经建设单位和设计单位同意，且管道系统符合下列条件的，可免除压力试验。

a. 无法进行液压试验的管道系统，如有衬里或内部隔热层管道、不允许存在湿气的管道、火炬线等由于试验载荷而出现管道支撑结构过载的管道等，或由于低温会在试验中出现脆性断裂危险的；

b. 若采用气压试验，其试验压力值大于 1.6MPa 的；

c. 所有与受压元件连接的焊接接头(包括纵向以及螺旋焊接接头、角接头)均经 100%

无损检测合格；

d. 已通过柔性分析的管道系统；

e. 管道系统应通过敏感性泄漏试验，试验时焊缝及其他应检查的部位不得进行任何隐蔽工程施工。

② 除设计文件另有规定外，经建设单位或设计单位同意，SHC4(21)和SHC5级管道系统，可结合试车用管道输送的气体或液体介质进行压力试验，试验压力应为流体操作压力。当进行气压试验时，应进行预试验。

③ 除设计文件另有规定外，安全阀、闸阀、截止阀、旋塞阀、球阀等切断阀后的放空管线或通大气的排污管线，可免除压力试验。

八、泄漏试验

泄漏试验包括气密性泄漏试验和敏感性泄漏试验，建设单位或设计单位可根据实际情况，选择气密性泄漏试验或敏感性泄漏试验。泄漏试验的检查重点应是阀门填料函、法兰或螺纹连接处、放空阀、排气阀、排水阀等。对SHA1级、SHA2级、SHB1级管道以及设计文件规定的管道系统，应进行泄漏试验。泄漏试验应在压力试验合格后进行，经气压试验合格，且在试验后未经拆卸的管道，可不进行泄漏试验。

① 气密性泄漏试验的试验压力应为设计压力，真空管道试验压力应为内压(0.1MPa)，试验介质可用空气。若管道系统中安全泄放装置无法承受设计压力或气源无法解决的，经建设单位或设计单位同意，气密性试验压力值可取管道系统所能达到的最大操作压力，且不小于每个管段的操作压力；也可结合试车一并进行，试验程序按照试车方案进行。气密性试验时，试验压力应逐级缓慢上升，当达到试验压力时，稳压10min后，用涂刷中性发泡剂的方法，检查所有密封点，无泄漏为合格。

② 敏感性泄漏试验一般采用气泡泄漏检测-直接加压技术，也可采用卤素二极管泄漏检测试验、氦质谱仪泄漏检测-吸枪技术试验或氨泄漏检测试验等技术。详细的试验方法、试验压力、灵敏度要求和合格标准等应符合NB/T 47013.8的规定。

九、真空度试验

真空管道在泄漏试验合格后，真空系统联动试运转时，还应进行真空度试验。真空度试验应在温度变化较小的环境中进行。当系统内真空度达到设计文件要求时，应停止抽真空，进行系统的真空度试验。试验时间为24h，增压率不大于5%为合格。增压率按下式计算：

$$\Delta P=\frac{P_2-P_1}{P_1}\times100\%$$

式中 ΔP——24h的增压率,%；

P_1——试验初始绝压，MPa；

P_2——24h时的实际绝压，MPa。

十、管道系统吹扫和冲洗

管道系统压力试验之后，进行泄漏试验之前，按照工序应进行系统吹扫和冲洗，以保证管道内部清洁。吹扫和冲洗方法包括空气吹扫、水冲洗、蒸汽吹扫、人工清理等，输送气体介质管道宜采用空气吹扫，输送液体介质管道宜采用水冲洗，输送气体介质管道应使用蒸汽吹扫，公称直径大于 DN600 的管道可采用人工清理。对一些铁锈、油污等杂质，则可以通过化学清洗等方法处理。

管道系统吹扫前，应将已经安装的孔板、法兰连接的调节阀、节流阀、安全阀、仪表件等拆除，对已焊在管道上的阀门和仪表应采取相应的保护措施，同时隔离不参与系统吹扫的设备及管道系统。吹扫、清洗的顺序应按主管、支管、排放管依次进行。吹出的脏物不得进入已清理合格的设备或管道系统，也不得随地排放污染环境。经吹扫和冲洗合格的管道系统，应及时恢复原状。恢复的管段材料应与原管线一致，焊口应经无损检测合格。

1. 空气吹扫

① 空气吹扫应利用生产装置的大型压缩机和储罐，进行间断性的吹扫。吹扫压力不得超过容器和管道的设计压力，流速不宜小于 20m/s；对于改、扩建工程，则可利用原装置已经投产运行的压缩机；对于新建工程，吹扫作业可和压缩机负荷试车一并或之后进行。

② 吹扫忌油、忌水管道时，气体不得含油或水分。如氧气管道应用不含油的压缩空气或氮气进行吹扫，低温介质管道应用不含油、干燥的压缩空气进行吹扫。

③ 空气吹扫过程中，当目测排气无烟尘时，应在排气口设置贴白布或涂白漆的木制靶板检查，5min 内靶板上无铁锈、尘土、水分及其他杂质即为合格。

2. 水冲洗

① 冲洗用水可根据管道工作介质及材质选用洁净水、饮用水或蒸汽冷凝液等，冲洗不锈钢管道时，水中氯离子含量不得超过 50mg/L。

② 冲洗时宜采用最大流量，流速不得低于 1.5m/s。

③ 排放水应引入可靠的排水井或沟中，排放管的截面积不得小于被冲洗管截面积的 60%。排水时，不得形成负压。

④ 水冲洗应连续进行，以排出口的水色和透明度与入口水目测一致为合格。

⑤ 管道冲洗合格应将水排尽，必要时可用压缩空气或氮气吹干。

3. 蒸汽吹扫

① 蒸汽管道应以大流量蒸汽进行吹扫，流速不应低于 30m/s。吹扫压力尽量维护在管道设计压力的 75%左右，最低不低于 25%。

② 吹扫总管时，用总汽阀控制蒸汽流量。吹扫支管时，用管路中各分支阀门控制流量。蒸汽阀门的开启应缓慢，管道中的凝结水由启动疏水管及时排放，以免形成水锤。

③ 蒸汽吹扫前，应先行暖管，及时排水，并检查管道热位移情况。然后恒温 1h 进行吹扫，每个排汽口吹扫 2 次，每次吹扫 1 根管道，每次吹扫时间为 15～20min。吹扫后自然降温至环境温度，再升温暖管、恒温进行第二次吹扫，如此反复一般不少于 3 次。

十一、化学清洗

化学清洗通常用于已经生锈或有油污的表面，以恢复其原始状态。例如，在管道工程中，管道酸洗的目的是利用酸溶液去除管道表面上的氧化皮和锈蚀物；当管道内壁有明显的油斑时，无论采用何种酸洗方法，均应先进行脱脂处理。化学清洗方法有循环清洗、浸泡清洗和喷淋清洗。成线管道一般采用循环清洗，管段及管件宜采用浸泡清洗，结构简单、无结构死角的管道的表面可采用喷淋清洗。相应清洗方法的基本程序见图 5.7.1~图 5.7.3。

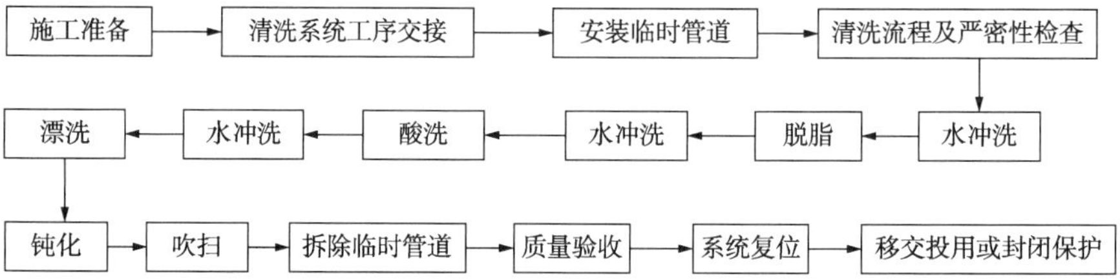

图 5.7.1　循环清洗的程序

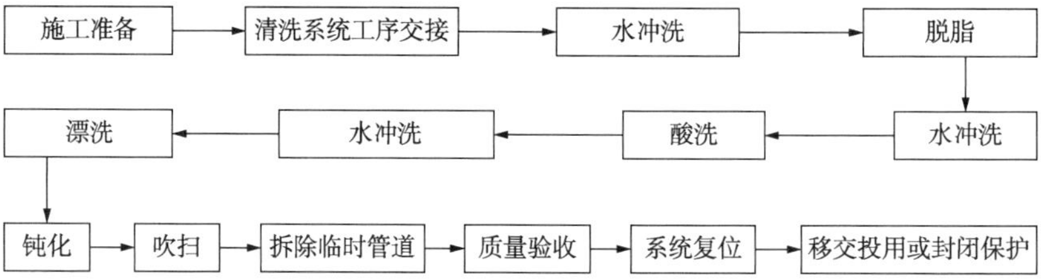

图 5.7.2　浸泡清洗的程序

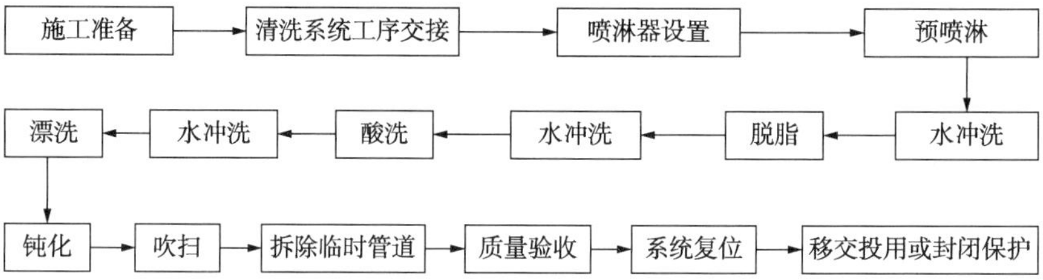

图 5.7.3　喷淋清洗的程序

1. 脱脂

忌油系统管道必须按设计要求进行脱脂处理。根据管道工作介质、材质、管径及脏污情况制定脱脂方案。脱脂前，应对碳素钢的管件和阀门进行除锈，对不锈钢、铜、铝合金管只需将表面污物清扫干净即可。

已安装的管道的表面脱脂：拆卸成管段后，大口径管道采用擦拭法，小口径管道采用浸泡法；构成系统的管道采用系统循环法；管道外表面的脱脂可采用擦拭法。

管子内表面脱脂方法是将管子一端用木塞堵住，把溶剂从另一端灌入，然后用木塞堵住，管子放平，停留 10~15min，在此时间内把管子翻 3~4 次，使管子内表面全部被溶剂洗刷到，然后将溶剂放出；也可直接在有足够脱脂剂的脱脂槽内平放浸泡，浸泡时间均应达到 1~1.5h。对于大口径管道用干净的拖把浸蘸溶剂，在管道内部往返拖数十次，直到将管道内油脂彻底清除。使用的溶剂为四氯化碳或工业酒精时，待溶剂放出后，可利用自然吹干或用无油、无水分并且清洁的压缩空气吹干。若用二氯乙烷作溶剂，因为二氯乙烷易燃易爆性强，则应用氯气吹干管内壁，一直吹到没有溶剂的气味为止，并继续放置 24h

以上。脱脂和吹干后的管道为了防止再次污染，应将管道两端堵住、封闭。管子外表脱脂，可以用浸有溶剂的擦布擦干净，然后放在露天的地方干燥。

管道安装好后，由于污染必须进行内壁脱脂时，应将安装好的管路分卸为没有死端的单独部分，并把这些单独部分，分别充满四氯化碳进行脱脂，随后用清洁干燥的加热空气(流速不小于 15m/s)进行吹洗。吹除干净，将管路组装起来。安装后管子的脱脂工作严禁用其他溶剂。

阀门脱脂时，应在拆卸后浸没在装有溶剂的密闭容器内，浸泡 5~10min，然后取出进行干燥，直到没有气味为止。金属垫片、法兰等采用同样的方法脱脂。

非金属垫片只许用四氯化碳进行脱脂，垫片先放在装有溶剂的密闭容器内 1.5~2h，然后将垫片用铁丝分开串挂在通风良好的地方干燥。

2. 脱脂检验

脱脂完毕后，应按设计规定进行脱脂质量检验。当设计无规定时，脱脂管道可用下列任一方法进行检查：

① 用清洁干燥的白滤纸擦拭管道及其附件的内壁，纸上应无油脂痕迹；

② 用波长 3200~3800Å 的紫外光检查，脱脂表面应无紫蓝荧光为合格；

③ 用蒸汽脱脂时，盛少量蒸汽冷凝液于器皿内，并放入粒度小于 1mm 的纯樟脑，以樟脑不停旋转为合格；

④ 有机溶剂作精脱脂时，取脱脂后的溶液分析，其含油量不大于 350mg/L；

⑤ 浓硝酸脱脂时，脱脂后的酸液中的有机物含量应不大于 0.03%。

3. 酸洗

在施工中，管道内壁有特殊清洁要求的，应进行酸洗。酸洗常用浸泡法和系统循环法进行。酸洗液一般由盐酸(或硫酸)加上一定量的表面活性剂组成。

酸洗工作应严格按设计要求进行。设计无规定时，应按如下要求：

① 蒸汽及循环水管道的化学清洗，应按专门规范或设计文件的规定进行。

② 管道内壁有特殊清洁要求的工艺管道，采用槽浸法或系统循环法进行酸洗时，必须保证不损坏金属的未锈蚀表面，并消除其锈蚀部分；当管道内壁有明显油斑时，不论采用何种酸洗方法，酸洗前均应将管道进行必要的脱脂处理。

③ 采用系统循环法酸洗时，管道系统应作空气试漏或液压试漏，以防发生漏酸现象。

④ 酸洗过程应定期分析酸洗液的成分并及时补充新液。当除锈效果明显下降时，应予以更换。

⑤ 酸洗后的管道以目测检查，内壁呈金属光泽为合格。

4. 钝化

酸洗后的管道，必须迅速进行钝化。钝化系指用提高 pH 值而不产生氢氧化铁沉淀的溶液来中和酸浸期间有可能吸附于管道内壁生成的铁锈，从而在管道内壁表面形成钝化薄膜。钝化结束后，要用偏碱的水冲洗，保护钝化膜，以防管道在空气中再次锈蚀。通常钝化液采用亚硝酸钠溶液。酸洗、中和和钝化是一个连续循环过程。

被清洗设备和管道表面应清洁、无浮锈、无金属粗晶析出的过酸洗现象，并有完整的钝化膜。对含铜材质的清洗系统应无镀铜现象。碳钢材质的钝化膜质量可用酸性硫酸铜点滴液检验(红点法)，点滴液由蓝色变为红色的时间不小于 5s 为合格。奥氏体不锈钢材质的钝化膜质量可用酸性铁氰化钾点滴液检验(蓝点法)，点滴液覆盖面内 10min 内出现的蓝色小点不多于 8 点为合格。

第八节　给排水管道

石油化工给排水管道主要用于满足石油化工企业生产、消防和生活的给水排水要求。除生活给排水管道外，还包括为生产过程提供所需水资源的生产给水管道和循环水管道、处理生产过程中产生的废水等排污管道、以应对可能的火灾情况的消防管道、收集和处理厂区雨水的雨水管道。其所涉及的材料众多，既有钢管、铸铁管等金属材料，还包括硬聚氯乙烯管、无规共聚聚丙烯管、钢筋混凝土管、预应力混凝土管、钢筒混凝土管等非金属材料。这些管道通常埋地敷设，使用周期较长，一旦发生泄漏，较难察觉，还需考虑防止地下水和土壤受到污染，因此合理设置给排水系统及其管材、防腐、阀门等的选择至关重要，必须满足技术先进、经济合理、安全可靠和保护环境的标准。

一、土方工程

1. 测量放线

埋地管道的测量放线是施工过程中的一个关键步骤，在施工前使用测量仪器将图纸上的管道位置准确地标记在实际地面上，以确保管道的铺设符合设计文件要求。测量放线的准确性和精确性对于确保工程质量至关重要。

在进行测量放线时，要注意环境因素、参考点选择、测量精度要求等问题。开挖前应根据建设单位提供的基准点确定施工放线的定位点，并对基准点采用保护措施。在确定管道中心轴线的同时，测出原土标高并确定开挖的深度和宽度，设置便于观测的临时水准点和管道轴线控制桩。临时水准点的间距宜不大于 200m，轴线控制桩距基坑边缘不小于 5m，以留出以后施工需要的工作面。对需要支护的基坑，还要按支护设计图纸定位尺寸放样钢板桩施工位置。

临时水准点、管道轴线控制桩、高程桩应在使用前进行复核确认；当施工管道须与已建构筑物等衔接时，施工前应对两者的平面位置和高程进行校测。在管道线路与原有地下管道、电缆及其他构筑物有交叉时，要在交叉处的地面上设置明显标志。

2. 沟槽开挖和验槽

埋地管道沟槽开挖要严格按照规范进行操作，开挖前应取得地质勘探资料或地下工程施工记录等相关资料，挖土过程中要严格控制基底高程，机械开挖时槽底应预留一定厚度的土层由人工开挖至设计高程，槽底原状地基土不得扰动；槽壁要平顺，边坡坡度应符合施工方案的规定，在沟槽边坡稳固后要设置供施工人员上下沟槽的安全梯；槽底原则上不得受水浸泡或受冻，槽底局部扰动或受水浸泡时，应采用天然级配砂砾石或石灰土回填。挖出的土应妥善堆放，以便于后续使用和场地整洁。一旦发现超挖情况，必须及时处理，以确保沟槽的稳定性。

(1) 开挖宽度

管道沟槽底部的开挖宽度，可按下式计算，当沟槽底部设置排水沟时，应适当加宽。

$$B_H = D_h + 2(b_1 + b_2)$$

式中 B_H——管道沟槽底部的开挖宽度，mm；

D_h——管道结构的外缘宽度，mm(外缘宽度为管道外径+2倍的接口厚度)；

b_1——管道一侧的工作面宽度，可按表5.8.1选用，mm；

b_2——管道一侧的支撑厚度，取150~200mm。

表5.8.1 管道一侧的工作面宽度 单位：mm

管道结构的外缘宽度 D_h	管道一侧的工作面宽度 b_1	管道结构的外缘宽度 D_h	管道一侧的工作面宽度 b_1
$D_h \leq 1000$	500	$1500 < D_h \leq 3000$	800
$1000 < D_h \leq 1500$	600	>3000	800~1000

注：沟槽底需设排水沟时，应适当增加 b_1 值。

(2) 边坡坡度

对地质条件良好、土质均匀，地下水位低于沟底高程，且边坡不加支护的，沟槽深度符合表5.8.2的允许值时，可不设边坡；当沟槽深度超过允许值且在5m以内的，边坡最陡坡度不应超过表5.8.3的规定。

表5.8.2 沟槽不设边坡的允许深度 单位：m

土的类别	允许深度值	土的类别	允许深度值
密实、中密的砂土，碎石类土	1.00	硬塑、可塑的黏土	1.50
硬塑、可塑的粉土、粉质黏土	1.25	坚硬的黏土	2.00

表5.8.3 深度在5m以内不加支撑的沟槽边坡坡度

土的类别	边坡坡度(高：宽)		
	坡顶无载荷	坡顶有静载	坡顶有动载
中密的砂土	1：1.00	1：1.25	1：1.50
中密的碎石类土(充填物为砂土)	1：0.75	1：1.00	1：1.25
硬塑的轻亚黏土	1：0.67	1：0.75	1：1.00
中密的碎石类土(充填物为黏性土)	1：0.50	1：0.67	1：0.75
硬塑的亚黏土、黏土	1：0.33	1：0.50	1：0.67
老黄土	1：0.10	1：0.25	1：0.33
软土(经井点降水后)	1：1.25	—[a]	—[a]

注：a 在软土沟槽坡顶设置静载或动载时，应对土的承载力和边坡的稳定性进行验算。

(3) 分层开挖

人工开挖沟槽深度超过3m时要分层开挖，每层深度不宜超过2m；多层沟槽的层间留台宽度，放坡开槽时应不小于0.8m，直槽时应不小于0.5m。采用机械挖槽时，沟槽分层开挖的深度和留台宽度应按机械设备能力，在施工方案中确定。

(4) 沟槽支护

随着装置规模的不断扩大，相应的雨水管道和给水线、循环水线的直径已经达到2500mm以上，开挖深度要超过5m，并且大多石油化工企业都建在沿江沿海一带，地基多为软弱土层，地下水渗透系数较大，对这类沟槽的开挖，应采用支护和保护措施。对受场地限制不能放坡或开挖区临近运行地下管线，可能会因开挖而造成运行地下管线泄漏的，沟槽的开挖也应采取支护和保护措施。

目前项目上使用最多的支护方式是拉森钢板桩支护，其带有锁扣设计，便于连接和安装，具有隔水性良好、施工过程简单快捷、能够重复使用等特点，在各种地质条件下都能稳定施工，能够根据工程需要进行任意切割和组合，具有良好的互换性，可有效地缩短支护施工工期。

钢板桩施工时应注意垂直度及钢板桩墙面的平整度，钢板桩在轴线方向应尽量保持在同一直线上，如遇障碍物可以适当调整钢板桩位置，但相邻桩之间必须咬合。送桩工程结束，根据围护和支撑设计图纸确定挖土深度，挖土边坡按1∶1放坡，挖至围檩支撑底标高后，立即进行围檩、支撑施工。土方开挖的顺序要严格遵循“开槽支撑，先撑后挖、严禁超挖”的原则。严禁土方一次性开挖到位再实施施工围檩支撑，在管道施工完成、回填达到规定要求高度后，方可拔除钢板桩。为方便钢板桩拔出，桩表面宜涂抹隔离剂，拔桩顺序宜与打桩顺序相反，钢板桩拔除后应及时回填桩孔。

(5) 地基验槽和处理

首段沟槽开挖完成后，施工单位应提请监理单位或建设单位组织勘察、设计等相关单位对沟槽进行检查和验收，以探明沟槽的土质和特殊土情况，确保满足设计要求及地层和勘察报告相符，以保证铺设好的管道不因基础土质的扰动而出现变形泄漏等安全隐患。当后续开挖发现土质与前期不一致时，应重新提请进行验槽。

当验槽未通过时，需要进行地基处理，由勘察单位人员提出，设计单位出具处理意见和做法。施工单位在地基处理完成后，应重新提请勘察、设计单位进行复查，也可由监理单位接受委托进行复查。

沟槽地基处理的方式有换填法、加筋法、灰土挤密桩法、深层搅拌法、高压喷射注浆法等，对软土地基通过抛石、加铺钢筋网片、平铺毛竹片垫底再覆砂垫层等措施来稳定管道基础。

3. 沟槽回填

沟槽回填应在全部的安装工作已经结束、管线的转折点/起止点的坐标及管顶的标高已核验、管道防腐补伤工作已经全部结束并经检查合格、管道的所有悬空点已经处理完毕后进行。回填土前必须将槽底杂物清理干净，回填土时沟槽内不得有积水，并检查回填土的含水量是否在控制的范围内，如含水量偏高，可采取翻松、晾晒或均匀掺入干土等措施。

沟槽回填采用原土分层回填，机械夯实每层虚土厚度应不大于300mm，人工夯实每层虚土厚度应不大于200mm，其压实度应不低于原地基土的密实度。槽底至管顶以上500mm范围内，回填土料中不得含有机质以及大于50mm砖、石块等。沟槽两侧应同时回填夯实，以防管道位移。管道接口工作坑的回填必须仔细夯实，管顶敷土厚度小于700mm时，机械设备不得在管道上方通行。

对于场地地质条件软弱土层的，为避免管线敷设后地基起伏，在管线安装一段后及时将管线回填压实。对公称直径小于 DN600 的管道应留出焊口位置供以后管线试验观察，待管线分段试压完，防腐补口补伤完成后应立即分段回填。

井室外围应围绕井室中心对称回填并分层夯实，不得漏夯。路面范围内的井室周围宜用石灰土、砂砾等材料回填并夯实。

4. 安全监测

沟槽开挖与支护施工应按要求进行监测，监测的内容有：

① 深层土体位移监测，在沟槽两侧每 0.5m 设一监测点，通常使用测斜仪进行测量，观测沟槽侧向变形情况，严防高位桩在挖土期间断桩造成支护体系失稳。

② 围护结构水平、垂直位移监测，通过水平、垂直位移观测，实时监测围护结构的位置变化，及时发现结构变形或移动的趋势，发现潜在的安全隐患，调整施工方案或加固措施，预防结构失稳导致的周边建筑损坏、道路塌陷等灾害。

③ 周边环境监测，通过对周边环境的监测，及时了解土方开挖对周边环境的影响。为避免降水造成的管沟旁边原有管架的不均匀沉降或其他严重后果，在施工过程中要加强对沟槽的水位观测，当有过大水位差出现时应及时通知有关人员处理。钢板桩施工期间加强对周围土体及构筑物(桩基础)的变位观测。若发现异常变位，及时采取相应措施。

④ 轴力监测，轴力的监测采用钢筋应力计预埋在设计的位置上，在测量过程中每次读取频率参数通过公式计算出杆件的受力情况，来判断锚杆、支撑体系的安全状况，以验证设计的合理性、保证施工安全，并及时采取有效措施防止支护结构因内力过大而损坏。

二、混凝土管施工

石油化工装置的混凝土管主要用于排水、污水等管道系统，包括钢筋混凝土管、预应力混凝土管、钢筒混凝土管。

混凝土管各管节敷设前应外观检查合格，并将管内外清理干净。对有裂缝、保护层脱落、空鼓、管端掉角等缺陷的管节，应修补并经重新确认合格后才能使用。管节下沟时，禁止采取钢索穿管吊管的方法，要用拦腰起吊的方式起吊或采用专用吊具，吊点应设在管子的重心处。在吊运管时，要防止管节接口受损。

混凝土管安装前，先将管节的承口内表和插口的外表用钢丝刷把油污杂物清除干净，再按管径规格选用相应的橡胶密封圈套入插口槽内，做到四周均匀、平顺、无扭曲，橡胶圈应均匀滚动到位，放松外力后回弹不得大于 10mm，并在橡胶圈表面和前节管子的内表涂抹防水涂料，以防渗水。

将管节平稳下沟后，平移到排管的接口处，调整管节的标高和轴线，然后用紧管设备将管子的插口慢慢插入承口，同时观察橡胶圈应不出现扭曲、脱槽等现象。在承插管子的过程中，管节仍需悬吊着，以降低紧管时的拉力。管节拉紧后，调整管子的轴线和标高，然后用管枕击实。混凝土管沿直线安装时，管口间的纵向间隙最小宜为 2mm，最大不应大于管子端面对轴线的允许倾斜值加上 5mm，管端对轴线的允许倾斜值见表 5.8.4。预应力钢筒混凝土管插口端面与承口底部的轴向间隙应大于 5mm。

表 5.8.4 管端倾斜偏差 单位：mm

管材种类	公称内径 D_0	允许倾斜值
混凝土管、钢筋混凝土管	<1000	10
	≥1000	D_0/100，且不大于 15
自应力及预应力混凝土管	≤250	2
	>250	4
预应力钢筒混凝土管	400~900	6
	1000~2400	9
	2600~4000	13

预应力混凝土管安装应平直，无突起、突弯现象。沿曲线安装时，管口间的纵向最小处间隙不得大于 5mm，接口转角应符合相应规范要求。预应力钢筒混凝土管安装接口允许转角应执行 GB/T 19685 的规定。

预应力钢筒混凝土管安装后的接头外侧需进行灌浆或人工抹浆，以防止管道根部和保护外漏的钢承插口受腐蚀。砂浆灌满后，灌浆口上部用干砂浆填满抹光。企口应平直，环向间隙应均匀，填料密实、饱满，表面平整不得有裂缝。接头内侧凹槽用聚硫密封胶勾缝并抹平管接头内表面。

三、铸铁管施工

铸铁管主要用于生活污水(重力流)、雨水(重力流)等管道系统，较为常用的有灰口铸铁管和球墨铸铁管。

铸铁管管节及管件铺设前，应清除承接口内部和外端部的油污、飞刺、铸砂及凹凸不平的铸瘤，去除承插部位的保护涂层；柔性接口铸铁管及管件承口的内工作面和插口的外工作面应光滑、轮廓清晰，不得有沟槽、凸脊缺陷；有裂纹的管节及管件不得使用。

管道铺设吊装时，钢丝绳与铸铁管接触处要用废旧橡胶垫等隔离以保护铸铁管和防腐层。起吊和放下时的速度不宜过快，做到小心轻放，避免摔跌、碰撞管道。管子下沟应为“承口流入，插口流出”，即管道从承口连接处流入，从插口连接处流出方向摆放。

滑入式柔性连接的管道，在接口清理干净后，给胶圈内表面和插口接触面涂以润滑油，将随管配套的胶圈捏成 8 字形放入承口内，再用木锤沿管口内周围轻敲打，使胶圈完全安放在承口凹槽内。与前一支管道找好水平、对正中心线定位后，将管道插入接口中，并使用推力将管道连接在一起。

刚性连接的管道，接口填充膨胀性水泥时，应自下而上填塞，分层振打，分层压实，压实后的表面应平整密实，表面凹进承口边缘应不大于 2mm，并及时润湿养护，寒冷季节应有防冻措施。当地下水对填充水泥有侵蚀作用时，应对承接口外表面进行防腐处理。

管道沿直线安装时，宜选用管径公差组合最小的管子组对连接，接口的环向间隙应均匀，插口端部与承口底部的间隙应不小于 3mm。

铸铁管安装完成后，要逐个检查管道下是否有悬空的现象，管道中部立即回填 50cm

厚碎石土，轻夯压实，避免铸铁管在施工时发生偏移。管道回填前，检查管道有无损伤或变形，有损伤的管道应修复或更换。

四、塑料管施工

管材及管件的内、外径偏差、承口深度、有效长度、管壁厚度、管端面垂直度应符合产品标准规定，内、外表面应光滑平整，无划痕、分层、针孔、杂质、破碎等现象，管端面应平齐、无毛刺等缺陷。

1. 溶剂黏结连接

采用平口管扩口制作承口管时，可在现场将管端加热到软化温度，用未加热的管端加润滑剂插入胀大，拔出洗净，再涂黏结剂插入。涂刷黏结溶剂时，应先涂承口内侧，后涂插口外侧。涂刷承口时，应沿轴向由里向外涂刷均匀，不得漏涂或涂抹过厚。

涂刷黏结溶剂后，应立即找正方向，将管子插入承口并用力推挤至所画标识，然后旋转管子使黏结溶剂均匀分布在管子接触面上。在不少于60s时间内，保持施加的外力不变，防止接口脱滑，并保证接口的平直度和位置正确。

黏结作业不得在雨中或水中，黏结作业时，环境温度不宜低于5℃，在炎热的夏季进行黏结操作时，应采取遮阳措施。

2. 电熔连接

电熔连接可用于塑料管及钢骨架聚乙烯复合管的连接。电熔连接机具正常工作的环境温度范围宜为-10~40℃，电熔连接接头部位应保持干燥，不得在潮湿环境或雨雪天气下进行作业，连接前用万用表测量电熔套筒接线柱，应无断路或短路现象，采用手工或机械方法去除接头部位表面的氧化层。连接完成后应使接头自然冷却到常温，在此期间不得移动被连接件或对被连接件施加外力。

3. 热熔连接

热熔连接可用于塑料管道及钢骨架聚乙烯复合管道的连接。热熔连接机具正常工作的环境温度范围宜为-10~40℃，超出此范围不得进行热熔连接作业。热熔连接前后，应保持加热板、加热模头表面洁净无污物，热熔连接完成后，应保持压力至接头完全冷却，在此期间不得移动管道或使接头部位受外力。连接时应对插管外表面和承口内表面同时进行加热，应根据标志线确定插入深度及方位，若发现歪斜应及时校正。

4. 承插式橡胶圈连接

清理干净承口内侧和插口外侧，将橡胶圈安装在承口凹槽内，不得扭曲或装反。管端插入深度确定后，应在插口端外表面画出一圈标记线，连接时将插口对准承口并保持管道轴线平直，缓慢插入，直到标线均匀外露在承口端部，并用塞尺沿管圆周检查橡胶圈位置。

五、管道功能性试验

管道功能性试验包括压力流管道的压力试验和重力流管道的闭水试验。除特殊要求外，在相关的功能性试验未完成前，所有管道接头部位不得进行防腐蚀作业和回填。

1. 压力试验

压力试验一般采用洁净水进行液压试验，钢制管道的水压试验条件确认和试验操作可参照第七节的相关要求进行。对有水泥砂浆内衬的管道，在充满水以后应有一定的浸泡时间；其他管道的水压试验压力和充满水后浸泡时间见表 5. 8. 5。

表 5. 8. 5 水压试验压力和充满水后浸泡时间

管材类型	设计压力 P/MPa	试验压力 P_t/MPa	充满水后浸泡时间(不少于)/h
钢管	全部	1. 5P，且大于或等于 0. 9	—(24)[a]
铸铁管	≤0. 5	2P	24(48)[a]
	>0. 5	P+0. 5	
预(自)应力混凝土管、预应力钢筒混凝土管	≤0. 6	1. 5P	48(72)[b]
	>0. 6	P+0. 3	48(72)[b]
非金属管	全部	1. 5P，且大于或等于 0. 8	24

注：a 充满水浸泡时间栏中，括弧内数字仅用于有水泥砂浆内衬的管道。
b 括弧内数字仅用于内径大于 1000mm 的管道。

对一些直径比较大的管道，因为埋地开挖较深，在管道连接过程中会因为地下水位比较高或者下雨沟槽积水而引起管道上浮，需要及时地回填。标准规定对公称直径大于等于 DN600、焊接接头已经按要求的比例检测合格且所有焊接接头已经 100%煤油渗漏检测或表面检测合格的管道，经建设单位或设计单位同意，可先行回填再进行压力试验。但在压力试验时应延长各压力段的稳压时间，如在试验压力下要保持 4h，检查回填土中有无渗漏、压力表是否有降压等情况，无异常情况后再降至工作压力，同时在工作压力下要保持时间不少于 24h，检查是否有异常情况。

2. 闭水试验

重力流管道的闭水试验应按井距划分，长度不宜大于 1km，且应带井试验。对单口水压试验合格的大口径球墨铸铁管、玻璃钢管及预应力钢筒混凝土管等重力流管道，可免除闭水试验，但相关井室要单独进行试漏。

闭水试验前应封堵预留孔洞，不得渗水。同时将试验段起点及终点井室的管子两端用钢制堵板堵好，将进水管接至上游井堵板的下侧，下游井内管子的堵板下侧设置泄水管。试验段内井室的砂浆强度应符合设计或规范要求。当试验段上游井室的设计水头不超过管顶内壁时，试验水头以试验段上游管顶内壁加 2m 计；当试验段上游井室的设计水头超过管顶内壁时，试验水头以设计水头加 2m 计；当试验水头超出上游井井室口时，以井口高度为准。

向试验段灌水至规定的试验水头，按表 5. 8. 5 的时间要求浸泡后，开始观测管道的渗水情况，观测时间不少于 30min。当发现试验水头下降或渗漏严重时，要不断地向试验段计量补水保持试验段水头恒定，并根据其补水量计算出实测渗漏量。实测渗漏量计算公式如下：

$$q_s = \frac{W_0}{T_0 L_0}$$

式中 L_0——试验管段长度，m；

T_0——实测渗水量的观测时间，min；

W_0——补水量，L；

q_s——实测渗水量，L/(min·m)。

混凝土管闭水试验允许渗水量公式：

$$Q=1.25\sqrt{D_i}$$

式中 Q——允许渗水量，m^3/(d·km)，d 以 24h 计；

D_i——管道当量内径，mm。

塑料管、铸铁管闭水试验允许渗水量公式：

$$Q=0.0046D_i$$

闭水试验以不得有漏水现象，计算的实测渗水量应小于或等于允许渗水量为合格。

六、管道防腐

由于给排水管道大多埋地铺设，受土壤中的水分、酸、碱、盐等各种因素影响，管道表面很容易被腐蚀，特别是沿海建立在滩涂盐碱地上的石油化工企业，对管道表面的腐蚀更为严重；输送污水等介质的管道，其内部也可能会受到酸、碱、盐等各种腐蚀物质的危害；给水、循环水管道由管道本体给水质造成污染而引起设备腐蚀的问题也日益增多。以上问题都要求加强对给排水管道的防腐蚀管理，通过在管道表面涂覆防腐层隔绝不利因素对管道的侵蚀、对水质的污染。

给排水管道的防腐方式主要有水泥砂浆内防腐、液体环氧涂料内防腐、环氧煤沥青外防腐、改性厚浆型环氧涂料外防腐、无溶剂液体环氧外防腐、聚烯烃胶粘带外防腐、挤压聚乙烯胶粘带外防腐、熔结环氧粉末外涂层等。在做好管子、管件防腐质量管理的同时，应更加注重对焊接完成后的补口和在运输、铺设、回填过程中引起防腐层破损的补伤防腐质量管理。常用防腐层材料的适用范围和不宜选用范围见表 5.8.6。

表 5.8.6 常用防腐层材料的适用范围和不宜选用范围

类型	适用范围	不宜选用范围
石油沥青	1. 长期工作温度：-10~80℃。其中低于 51℃时，可采用 10 号建筑石油沥青；不低于 51℃时，应采用管道防腐石油沥青； 2. 土壤条件适宜的管道工程	1. 细菌腐蚀较强的地区； 2. 在水下或沼泽及芦苇等深根作物发达的地带和地形起伏较大、需冷弯的地段
聚乙烯胶粘带	1. 长期工作温度：-30~70℃； 2. 零星管道工程、管件	1. 石方段、碎石土壤、黏质土壤地段； 2. 水下、地下水位高、土壤含水率高的地段
熔结环氧粉末	1. 长期工作温度：-30~100℃； 2. 地形平坦、以土方为主的地段，特别适用于黏质土壤； 3. 双层熔结环氧粉末防腐层可用于高含水或石方段	1. 高含水或地下水位较高地段； 2. 石方段或碎石土壤环境

续表

类型	适用范围	不宜选用范围
聚烯烃	1. 长期工作温度：-30~100℃。其中：t≤60℃时，可采用常温型PE防腐层；60~80℃时，可采用高温型PE防腐层；80~100℃时，可采用PP防腐层； 2. 聚烯烃防腐层可用于各种土壤和水下地段，特别是地形起伏较大、地质状况恶劣的山地、丘陵、水网地区以及腐蚀性强及管道穿越等对机械强度要求高、不易维护的特殊重要地段	—

1. 施工准备

钢管表面预处理之前，必须采取适当的方式除去钢管上的异物、焊渣和毛刺、过高的焊瘤、油脂、积垢、冰霜和水分。严禁使用能使钢管产生毛刺和尖锐划伤的机械设备或清理工具。表面预处理后的钢管必须保持干燥，清理干净，并应及时涂敷防腐层。应防止涂敷前钢管表面返锈或二次污染，表面处理后至底漆涂覆的间隔时间宜控制在4h以内。当钢管表面出现返锈或表面污染时，必须重新进行表面预处理。

涂敷时，钢管表面温度应高于露点3℃以上，环境温度应高于-15℃或空气相对湿度应低于85%。在雨、雪、雾、风沙等气候条件下，不得露天涂敷施工；环境温度低于-8℃时，不宜采用环氧煤沥青涂料；环境温度低于0℃时，未采取措施不应进行挤压聚乙烯防腐层的补口施工。

2. 环氧煤沥青防腐

施工环境温度高于15℃时，宜采用常温固化型；施工环境温度在-8~15℃时，宜采用低温固化型。底漆、面漆、固化剂和稀释剂四种配套材料宜由同一生产厂供应，纤维增强材料可采用丙纶无纺布或玻璃布，玻璃布宜采用经纬密度每平方厘米为10根×10根~12根×12根，厚度为0.14~0.18mm的中碱、无捻、平纹、单边或两边封边、带芯轴的玻璃布卷。

环氧煤沥青涂料的底漆和面漆使用前应搅拌均匀，按产品使用说明书中规定的比例加入固化剂，并搅拌均匀，静置熟化15~30min。配好的漆料，必要时可加入少量稀释剂，面漆稀释剂加入量不得超过5%，超过使用期的漆料不得使用。

底漆应涂敷均匀，无漏涂、气泡、凝块、流坠等缺陷，底漆干膜厚度应不小于25μm，钢管两端应各留100~150mm不涂环氧煤沥青底漆，在涂漆之前，可在留端部位涂刷硅酸锌涂料或其他可焊涂料，干膜厚度宜为15~25μm。有纤维增强材料的防腐层结构，底漆涂装厚度应不小于50μm，底漆实干后，宜在焊缝两侧涂抹腻子使其形成平滑过渡面，腻子表干后、固化前涂敷面漆，随即缠绕纤维增强材料。缠绕纤维增强材料时，应拉紧、表面平整、无皱褶和鼓包，压边宽度为20~25mm，周向接头搭接长度为100~150mm。缠绕后随即再次涂敷面漆，纤维增强材料所有网眼应浸满涂料。也可采用浸满涂料的纤维增强材料进行缠绕，待防腐层实干后，再次涂刷面漆。

3. 改性厚浆型环氧涂料防腐

在施工之前需要将两个组分进行混合，搅拌均匀后在常温下熟化15~30min。根据施工面积大小、使用要求以及条件等因素选择合适的涂刷方式，优先采用高压无气喷涂法进行喷涂，刷涂和滚涂仅适用于小面积的预涂或修补，产生的涂层要均匀且平整。根据产品说明和环境条件确保涂层有充足的时间固化，施工完成后进行适当的后期处理，如打磨、清洁和检查，确保涂层的完整性和性能。

4. 无溶剂液体环氧防腐

高压无气喷涂时，应按照液体环氧涂料厂家的配比要求，设定喷涂机的输送比例，并按要求对涂料预热，确保涂料喷涂雾化良好；喷枪应匀速行走。采用人工涂敷方式时，应按产品说明书的规定进行搅拌、配料、混合及熟化。采用多道涂敷时，应按涂料生产厂推荐的涂装间隔要求进行，可在上道漆表干后涂敷下一道。

5. 聚乙烯防腐

首先将钢管加热到合适的涂敷温度，环氧粉末应均匀涂覆在钢管表面，胶黏剂涂敷应在环氧粉末胶化过程中进行。采用侧向缠绕工艺时，应确保搭接部分的聚乙烯及焊缝两侧的聚乙烯完全辊压密实无空洞，辊压时应避免损伤聚乙烯层表面；采用纵向挤压工艺时，焊缝两侧不应出现空洞。聚乙烯层包裹后应用水冷却至钢管温度不高于60℃，并确保熔结环氧涂层固化完全。防腐层涂敷完成后，应除去管端部位的防腐层。管端预留长度宜为100~150mm，并满足实际焊接和检验要求。聚乙烯层端面应形成不大于30°的倒角，聚乙烯层端部外宜保留10~30mm的环氧粉末涂层。

6. 聚乙烯胶黏带防腐

胶黏带缠绕前，应涂刷底漆，底漆应涂刷均匀，不宜有漏涂、凝块和流挂等缺陷，宜使用专用缠绕机或手动缠绕机进行缠绕施工。胶黏带缠绕时，焊缝两侧宜采用胶黏带配套的填充材料进行填充，螺旋焊缝管缠绕胶黏带时，胶黏带缠绕方向应与焊缝方向一致。采用机具缠绕时，应调节缠绕机具的张紧度，胶黏带始末端搭接长度应不小于1/4管子周长且不少于100mm，两次缠绕搭接缝宜相互错开。搭接宽度不应低于25mm。缠绕时胶黏带搭接缝应平行，不应扭曲褶皱，带端应压贴，不翘起。管件防腐可采用手工缠绕施工，缠绕前宜用配套材料填充。预制场进行聚乙烯胶黏带防腐层施工时，管端应有150mm±10mm的焊接预留段。聚乙烯胶黏带防腐施工时应采取防晒措施，管体温度不宜超过30℃。

7. 水泥砂浆内防腐

水泥砂浆内防腐层可采用机械喷涂、风送挤压、离心成型、人工涂抹等方法施工。单根预制水泥砂浆衬里的端头应满足补口工艺的要求。衬里两端应平整，且应与钢管轴线垂直。补口补伤可采用人工涂抹法施工，但应分层抹压。水泥砂浆内防腐层成型后，应立即将管端封堵，终凝后进行湿养护，普通硅酸盐水泥养护时间应不小于7d；矿渣硅酸盐水泥养护时间应不小于14d。由于水泥砂浆刚性比钢管大，已完成内防腐层的管子在运输、安装、回填过程中应特别注意成品保护，不得有对钢管进行敲击等可能会造成水泥砂浆内防腐层脱层、开裂的行为。

8. 补口补伤

埋地管道焊接完成后，焊缝及附近表面仍裸露在环境中；管道在施工过程中难免会因磕碰等对原防腐层造成破坏。如果在回填前不及时对裸露的焊缝及附近表面进行补口、对破损的防腐层进行补伤，即使其他部位防腐质量做得再好，也会从未补口补伤薄弱部位开始腐蚀，从而影响埋地管道的寿命。因此管道的补口补伤也是埋地管道工程中至关重要的一个环节，直接关系到管道的整体防腐质量和安全性。

补口补伤前，需将焊缝及附近表面、防腐层破损部位清理干净，对于有锈迹、氧化层、剥落的部位进行打磨处理，以达到光洁平整、粗糙度适宜的表面状态。补口前焊接接头余高大于2mm的焊缝两侧应抹腻子使其平滑过渡。防腐层补口及补伤材料应与主体防腐层相容，并保证补口及补伤处防腐层的完整性且满足施工工艺对防腐层补口及补伤处的机械性能要求。

（1）环氧煤沥青防腐

环氧煤沥青补口和补伤处的表面应清理洁净，接茬处的原防腐层应打毛，补伤外包保护层搭接宽度应大于50mm，当操作损伤面积小于100mm^{2}时可直接用沥青修补；补口防腐层与管体防腐层搭接宽度应大于100mm。

环氧煤沥青冷缠带是环氧煤沥青外防腐补口的常用材料，用环氧煤沥青冷缠带施工时一般要求钢管表面温度加热到60~90℃之间，缠绕前要涂刷底漆并在底漆涂刷8h内完成环氧煤沥青冷缠带的缠绕工作。

（2）熔结环氧粉末外涂层

熔结环氧粉末外涂层钢管现场接口补口可采用环氧粉末静电喷涂方式补口。补口前，应以拟定的喷涂工艺，在试验管段进行补口试喷，直至涂层质量符合要求。试验管段应使用与施工管线相同的钢管；补口时，应采用感应式加热器将补口处管体加热到规定温度，加热温度不应超过275℃，然后进行喷涂。喷涂厚度应达到管体涂层厚度要求，并与管体涂层搭接不小于25mm。

直径小于或等于25mm的缺陷部位，应采用环氧粉末涂料生产商推荐的双组分无溶剂液体环氧树脂涂料或热熔修补棒进行局部修补；直径大于25mm且面积小于2.5mm×104mm的缺陷部位，应采用双组分无溶剂液体环氧树脂涂料进行局部修补。

（3）聚烯烃胶黏带外防腐

对于露出基材的漏点或损伤，修补时应先剥除损伤部位的防腐层修整损伤部位，修整后应清理干净，并涂上底漆，宜用与管道相同的胶黏带缠绕修补。缠绕宽度应超过损伤边缘至少50mm；补口应采用胶黏带防腐层，补口胶黏带与原防腐层的搭接宽度应不小于100mm，补口处防腐等级应不低于管体防腐层，焊缝处防腐层厚度应不小于设计厚度的85%。

环氧底漆/辐射交联聚乙烯热收缩带(套)方式是现场补口一种较好的方法。施工前，均匀涂刷底漆至不小于150μm湿膜厚度。热收缩带(套)加热时控制火焰强度，缓慢加热，不应对热收缩带上任意一点长时间烘烤。收缩过程中用指压法检查胶的流动性，手指压痕应自动消失。热收缩带(套)收缩后与聚乙烯层搭接宽度应不小于100mm；采用热收缩带时，应采用固定片固定，周向搭接宽度应不小于80mm。

补伤可采用辐射交联聚乙烯补伤片、热收缩带、聚乙烯粉末、热熔修补棒和黏弹体加外护等方式，对于小于或等于 30mm 的损伤，可采用辐射交联聚乙烯补伤片修补；对于大于 30mm 的损伤，在采用补伤片修补后，应在修补处包覆一条热收缩带，宽度应比补伤片的两边大出不少于 50mm；对于不大于 10mm 的漏点，或不超过防腐层厚度 50%的损伤，宜采用热熔修补棒修补。

（4）水泥砂浆内防腐

水泥砂浆补口补伤方法主要有喷涂法和现场涂抹法。施工前，管内壁要清扫去除泥土、焊渣、污染物等附着物。施工时，管内壁不得有结露和积水。在利用喷涂机对管道内壁进行喷涂时，水泥砂浆要充分搅拌混合，砂浆稠度要适中，并在初验前使用。现场涂抹法主要选用公称直径 DN600、施工人员可以进管道内壁进行人工涂抹的管道。

第六章　防腐蚀、绝热工程

防腐蚀、绝热工程在石油化工建设工程中通常也称为防腐保温工程，是各类设备、管道、结构主体的依附工程，对整个装置投产后能长周期地正常运行有重要的作用，是一项不容忽视的专业工程。

绝热工程是工程建设中一项重要的专业工程。良好的绝热保护不仅可以大量减少能耗损失，而且也是维持生产中的热平衡、保证正常工艺条件的一项重要措施。因而，它广泛地应用于石油、化工、石化、供热、电力等工程领域。在化工石油生产中，绝热的主要作用是：

① 保证装置正常生产时，物料所需要的反应温度，以维持装置的连续化生产；

② 在介质储存、输送过程中减少热损失；

③ 节省能量消耗，降低生产成本，增加企业经济效益和社会效益；

④ 保证操作、维修人员的安全。

绝热工程的材料包括：绝热结构的固定件、支承件；绝热材料及其制品；黏结剂、耐磨剂、密封剂等黏结密封材料等。绝热制品还有硬质、半硬质、软质制品之分。根据绝热材料的不同，其施工方法又分为捆扎、拼砌、缠绕法、充填法、粘贴法、浇注、喷涂法等。

本章重点讲述除锈和刷油、防腐蚀涂料、玻璃钢衬里、橡胶板及塑料板衬里、衬铅及搪铅、喷镀、耐酸砖板衬里等腐蚀工程和绝热工程的基础知识、施工工艺、质量控制要点。

第一节　除锈和防腐涂料工程

一、除锈基础知识

1. 金属表面锈蚀分类标准

金属表面的锈蚀一般分为四个等级，见表 6. 1. 1。

表 6. 1. 1　金属表面锈蚀标准

类别	锈蚀情况
微锈	氧化皮完全紧附，仅有少量锈点
轻锈	部分氧化皮开始破裂脱落，红锈开始发生
中锈	氧化皮部分破裂脱落，呈堆粉末状，除锈后用肉眼见到腐蚀小凹坑
重锈	氧化皮大部分脱落，呈片状锈层或凸起的锈斑，除锈后出现麻点或麻坑

2. 金属表面处理的质量等级及标准

金属表面处理的质量等级有六个级别，每个级别的标准见表6.1.2。

表6.1.2 除锈质量等级及标准

级别	标准
St2	彻底的手工和动力工具除锈，表面应无可见的油脂和污垢，并且几乎没有附着不牢的氧化皮、铁锈、涂料涂层和异物
St3	非常彻底的手工和动力工具除锈，表面应无可见的油脂和污垢，并且几乎没有附着不牢的氧化皮、铁锈、涂料涂层和异物，表面应具有金属底材的光泽
Sa1	轻度喷射处理，表面应无可见的油脂和污垢，并且没有附着不牢的氧化皮、铁锈、涂料涂层和异物
Sa2	彻底喷射处理，表面应无可见的油脂和污垢，并且几乎没有氧化皮、铁锈、涂料涂层和异物。任何残留物应当是牢固附着的
Sa2.5	非常彻底的喷射处理，表面应无可见的油脂和污垢，并且没有氧化皮、铁锈、涂料涂层和异物。任何残留的痕迹应仅是点状或条状轻微色斑
Sa3	使钢材表观洁净的喷射处理，表面应无可见的油脂和污垢，并且没有氧化皮、铁锈、涂料涂层和异物。金属表面应具有均匀的金属光泽

3. 除锈方法及使用范围

金属表面处理方法有人工除锈、动力工具除锈、喷射除锈和化学除锈四种。

(1) 人工除锈

人工除锈是用砂轮片、砂布、铲刀、钢丝刷和手锤等简单工具，以磨、敲、铲、刷等方法将金属表面的氧化物及铁锈等除掉。一般在刷防锈漆和调和漆的设备、管道和钢结构的表面除锈和无法使用机械除锈的场合进行弥补除锈。

(2) 动力工具除锈

动力工具除锈是指人工使用电(风)动砂轮、电(风)动钢丝刷轮等机械进行除锈，适用于小面积或不宜使用喷射除锈的场合。

(3) 喷射除锈

喷射除锈是利用各种机械的机械力去冲击、磨擦、敲打金属表面，达到去除金属表面的氧化物、铁锈及其他异物的目的，适用于对金属表面处理要求较高的大面积除锈。

喷射除锈可分为干法喷砂除锈、湿法喷砂除锈、高压水除锈和抛丸除锈。

(4) 化学除锈

化学除锈又称酸洗除锈，它是利用一定浓度的无机酸水溶液对金属表面起溶蚀作用，以达到除去表面氧化物及油污的目的。化学除锈通常用于形状复杂的设备或零部件的除锈。

二、常用涂料的基本性能及其应用

1. 生漆

生漆又称大漆、国漆，是割取漆树中的生理分泌物获得的，漆酚是生漆中的主要成膜物质。生漆具有优良的物理和化学性能。生漆固化后的涂膜坚硬而富有光泽，耐油、耐水、耐溶剂和化学品，性能十分优良。在150℃的情况下可长期使用。但是生漆的涂膜柔韧性差，冲击强度差，耐碱性差，耐候性也不好，在阳光下易发生龟裂和粉化。

生漆经改性后的常用品种有漆酚清漆，耐蚀性基本上与生漆相同。作为防腐涂料，漆酚清漆可用于金属及混凝土基体，也可用于化肥、氯碱、石化设备和食品工业的各类储槽。

2. 沥青涂料

沥青涂料的主要特性是具有突出的耐水性，很强的附着力，价格低廉，对底材润湿性好，对于未充分除锈的表面仍有很好的润湿性能。但是耐溶剂性差；所含的焦油渗透力极强，对后道漆也有渗色的危险；耐候性差，长时间暴露于阳光下会发软开裂。

在石油和天然气管道的外防腐中，经常采用煤焦油瓷漆。煤焦油瓷漆附着力强，吸水性低、耐腐蚀、抗植根茎物生长，并且价格低廉。但是在施工过程中，煤焦油沥青会产生对环境有害的气体，因此，近年来已逐渐失去了原先的垄断地位，而被防腐蚀性能更好，更环保的熔结型粉末环氧涂料所代替。

3. 油性涂料

油性涂料主要是以动植物油、轻油、合成干性油为黏结剂，它对底材的润湿性、渗透性好，但不耐酸碱，对水、氧气和离子的屏蔽性差。所以油性涂料通常只用于一般大气环境中。常用的油性涂料如油性红丹漆，其渗透性、防锈性优于醇酸红丹漆，但干燥太慢。

4. 醇酸树脂涂料

醇酸树脂是用油料、多元醇和多元酸制备而成的一种聚酯。与油性涂料相比，醇酸树脂涂料的干性、保色性、耐候性、附着力等均有很大程度的提高。醇酸树脂涂料一般用于户内外钢结构的干燥环境。醇酸树脂涂料耐酸碱性、耐水性差，不能用于水下结构。

常用的醇酸树脂漆有以红丹、铁红、云铁和磷酸锌作为防锈颜料的防锈涂料，以及醇酸面漆、有机硅面漆、苯乙烯改性快干醇酸涂料等。

5. 酚醛树脂涂料

酚醛树脂是酚和醛催化剂存在下所缩合得到的产物。该类涂料具有良好的耐水性、耐酸性，但机械强度低，对金属附着力差。所以没有改性的产品应用有限。

常用的酚醛树脂漆有酚醛红丹防锈漆、酚醛铁红防锈漆。在船舶涂料中，有酚醛水线涂料和酚醛甲板涂料。

6. 氯化橡胶涂料

氯化橡胶由天然或合成橡胶经液相氯化反应而得到。该涂膜的水蒸气和氧气透过率极低，仅为醇酸树脂的1/10，因此具有良好的耐水性和防锈性能。氯化橡胶在化学上呈惰性，因此具有优良的耐酸性和耐碱性。氯化橡胶涂料有着很好的附着力，干燥快，可在低温下施工，具有阻燃性。

常用的品种有氯化橡胶防锈漆，如铁红防锈漆、云铁防锈漆、铝粉防锈漆等、各色氯化橡胶面漆及氯化橡胶道路标志漆。船舶应用方面主要用于水下部位的防锈，水上部位的面漆已经全部使用丙烯酸面漆。

7. 高氯化聚乙烯涂料

高氯化聚乙烯涂料以低密度线型低分子聚乙烯经高度氯化而制得，含氯量超过60%，与氯化橡胶有着相似的性能，具有优异的耐水性、耐油性，耐候性良好，附着力强，单组分施工方便。可以在低温下(-150℃)施工作业，能在-20~1000℃的环境下使用。阻燃性和防霉性十分好。高氯化聚乙烯涂料有富锌涂料、防锈漆、中间漆、面漆和清漆等系列产品。

8. 丙烯酸树脂涂料

丙烯树脂通常以丙酸酯或/和甲基丙烯酸酯，以及苯乙烯为主的乙烯系单体共聚而成。它可以单独作为主要成膜物质，也可用来对其他树脂进行改性，构成许多类型的改良型涂料。丙烯酸涂料具有优异的保色保光性能，而且涂膜光亮丰满，耐腐蚀性好。近年来，由于氯化橡胶的生产存在着环境污染问题，其生产得到一定限制，丙烯酸树脂涂料因其具备同氯化橡胶相类似的施工性能，如快干、无涂装间隔，已逐步取代了氯化橡胶涂料。

经改性的丙烯酸聚氨酯涂料是一种高装饰性，高耐候性的保护面漆，在沿海地区和工业地区已广泛应用。

9. 环氧树脂涂料

环氧树脂是指含有2个或2个以上的环氧基团的一类高聚物总称，主要由环氧丙烷和双酚A合成。环氧树脂涂料具有很强的黏结力，对大部分底材附着力良好；有良好的物理力学性能。如硬度、柔韧性好，耐磨性突出，其中无溶剂环氧涂料最好；优异的耐碱性，优良的耐化学品、耐溶剂性能，胺固化涂料最佳。但是环氧涂料的户外耐候性极差，易粉化失光，低温时要注意使用特殊的低温固化剂。

环氧底漆主要有一般的环氧铁红底漆和很重要的环氧富锌底漆。其中环氧富锌底漆因为以锌粉作为防锈颜料，防腐蚀性能优异，附着力强，与后道的中间漆和高性能面漆有良好的附着力。环氧面漆由于其优良的耐化学性能，可以用于化学工业环境中，但是因为它耐候性不好，只能用于室内环境。

10. 聚氨酯涂料

聚氨酯树脂是聚氨基甲酸酯树脂的简称，它是由多异氰酸酯与多元醇聚合而成的。聚氨酯涂料常为双组分产品，与环氧树脂相比，聚氨酯涂料具有低温固化性能(0℃以下)。

以沥青改性的聚氨酯涂料固化迅速，而且混合时间较长。具有优异的防水性，防腐蚀性能，使用于船舶、水利工程等。丙烯酸聚氨酯涂料的涂膜具有很好的硬度又有极好的柔韧性，耐化学腐蚀，突出的耐候性，光亮丰满，干燥性好，表干快而不沾灰等特性。

11. 有机硅树脂涂料

有机硅树脂一般以甲基三氯硅烷、二甲基二氯硅烷等为原料进行水解缩聚而制得。有机硅树脂涂料一般在200℃的高温下才能固化，未固化但已干燥时，不耐机械磨损，耐溶剂性能低；固化后，具有良好的耐水性、耐候性、保色性、耐化学品、耐矿物油和动植物油。加入铝粉，可耐600℃高温。

12. 聚硅氧烷涂料

硅氧烷是由烷氧基硅烷水解缩聚而成的，烷氧基硅烷与超过1个的烷氧基团作用，就形成了聚硅氧烷聚合体。聚硅氧烷涂料有着最佳的耐温、耐化学品和耐紫外线性能。其涂膜对钢材有着超强的润湿和渗透性能及附着力，与其他涂层的相容性比较好，可进行低温低湿固化。常用产品有环氧聚硅氧烷涂料PSK700，适用于石油、化工、桥梁等钢结构、管道、设备的重防腐。

三、常用防腐蚀涂料的品种

防腐蚀涂料有油漆厂生产的定型产品和在施工现场配制两种。随着科技的进步，施工现场配制的产品已逐步淘汰。常见涂料如下。

1. 生漆与漆酚树脂漆

生漆、漆酚树脂漆在涂刷后的养护环境以相对湿度不大于80%，温度20~30℃为宜，防止日晒和雨淋。为加速其干燥可适量加入促干剂，如在配合比中加入生漆量5%~10%的醋酸铵乙醇溶液。

2. 环氧酚醛树脂漆

由环氧树脂和酚醛树脂混合配制成的环氧酚醛树脂漆有较好的黏结力，良好的耐酸碱性能。环氧树脂与酚醛树脂按7∶3配制的环氧树脂漆，在温度20~30℃，相对湿度不大于60%的通风良好环境下可以冷固成型，但有条件时以热处理为好。

3. 环氧呋喃树脂漆

环氧呋喃树脂漆同环氧酚醛树脂漆相比，其耐酸性稍差而耐碱性稍优。环氧树脂与呋喃树脂按7∶3配制的环氧呋喃树脂漆冷固化条件同环氧酚醛树脂漆一样，但需养护30天。有条件时以热处理为好。

4. 酚醛树脂漆

酚醛树脂漆有较好的耐酸性，它有冷固型和热固型两种，冷固型是用苯磺酰氯作固化剂配制而成，其施工方便，但漆膜较脆不宜作底漆使用。钢铁基层表面涂冷固酚醛树脂漆时，为避免酸性固化剂苯磺酰胺对金属面的腐蚀，宜涂环氧树脂漆隔离层。

冷固酚醛树脂漆应在温度20~30℃，相对湿度不大于60%，通风良好的环境下施工及养护，每涂刷一层应自然干燥12~24h后再刷下一遍，刷后养护20天完全固化。

5. 无机富锌漆

无机富锌漆是由锌粉和水玻璃为主配制而成的防腐蚀涂料。它具有良好的耐水性、耐油性、耐溶剂性和耐干湿交替。广泛用于船舶的淡水仓、化工厂受海水及清水腐蚀的冷却设备、管道作防腐涂材。每次涂刷不宜太厚，涂层干燥后才能刷固化剂，一般涂刷两遍。

6. 环氧银粉漆

环氧银粉漆是以铝粉作填料配制而成的冷固环氧树脂漆，一般是作为面漆使用的。常作为喷铝层、无机富锌漆的面漆使用。

四、常用防腐蚀涂料的施工工艺

防腐蚀涂料对金属表面的处理等级要求较高，一般要求进行喷砂处理，除锈等级达到Sa2.0以上。涂刷方法可采用刷涂、辊涂、空气喷涂和无气喷涂。涂刷前一定按照涂料设计要求或产品说明进行调配，正式涂刷前先进行试涂。

防腐蚀涂料的施工工序：

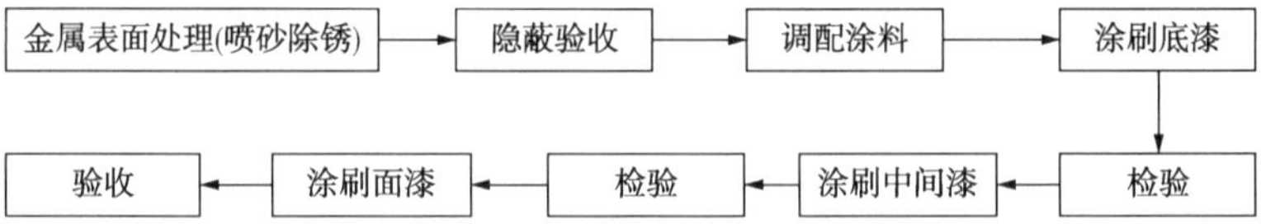

五、工程质量控制要点

1. 防腐涂料

防腐涂料使用前，应检查产品质量证明文件和质量检验报告，其品种、型号、规格、性能指标应符合设计文件或产品技术文件的规定。对产品质量有怀疑时，现场应见证取样，并提交复检。防腐涂料应有使用说明文件。

2. 除锈

对基体表面的除锈方法、除锈等级应符合设计要求和规范规定，对钢材采用喷(抛)射除锈后的表面粗糙度应符合规定。对基体表面除锈质量要进行抽检，检查数量要符合规定。

3. 施工环境

在施工技术方案中，应制定措施确保防腐涂料施工过程中的施工环境条件符合规范和产品使用说明的要求。施工环境温度宜为10～30℃，相对温度不宜大于80%；在大风、雨、雾、雪天或强烈阳光照射下，不宜进行室外防腐涂料施工。

4. 涂层质量

各涂层表面应平整，色泽一致，并应无流挂、起皱、脱皮、返锈、漏涂等缺陷，对涂层厚度应进行随机抽检，检查数量、检验方法和结果应符合设计文件和规范要求。

六、执行的主要标准规范

GB/T 50726—2023《工业设备及管道防腐蚀工程技术标准》
GB/T 8923《涂覆涂料前钢材表面处理 表面清洁度的目视评定》
SH/T 3022—2019《石油化工设备和管道涂料防腐蚀设计标准》
SH/T 3548—2024《石油化工涂料防腐蚀工程施工及验收规范》
SH/T 3043—2014《石油化工设备管道钢结构表面色和标志规定》
SY/T 0407—2012《涂装前钢材表面处理规范》
SY/T 0442—2018《钢质管道熔结环氧粉末内防腐层技术标准》
SY/T 0414—2017《钢质管道聚烯烃胶粘带防腐层技术标准》
SY/T 5918—2017《埋地钢质管道外防腐层保温层修复技术规范》

第二节　玻璃钢衬里

玻璃钢衬里又名玻璃纤维增强塑料，它是以合成树脂为主材掺入固化剂、稀释剂、增韧剂、耐酸粉料配制而成的胶液黏结剂，以玻璃纤维毡、布、带等制品为增强材料制成的一种防腐蚀材料。玻璃钢是一种非金属防腐蚀材料，被广泛应用于碳钢设备的衬里和塑料管加强。

一、玻璃钢的种类及性能

玻璃钢的种类很多，根据胶液中树脂的不同，常用的玻璃钢有：环氧玻璃钢、环氧酚醛玻璃钢、环氧煤焦油玻璃钢、酚醛呋喃玻璃钢、YJ 型呋喃玻璃钢和聚酯树脂玻璃钢等，还有无机玻璃钢。

玻璃钢同其他耐腐蚀材料相比有其独特的特点。

1. 比强度高

整体玻璃钢的相对密度为 1.4~2.2，只有钢铁的 1/5~1/4，但比强度(抗拉强度/相对密度)高，与合金钢相仿。

2. 优良的耐腐蚀性能

玻璃钢的耐腐蚀性能，可通过选择适当的合成树脂和施工工艺，来满足使用要求。

3. 良好的工艺性能

玻璃钢的成型工艺简单，可以根据需要制成任何复杂形状的产品。同基层黏结牢固，防腐蚀层同基层可构成一个完整的坚固整体。用手工贴衬玻璃钢施工方法简单，可在现场施工。

4. 良好的电绝缘性能

除了以石墨为填料的玻璃钢外，玻璃钢为电绝缘体，可避免在使用时由于防腐蚀层导电短路而产生的电化学腐蚀破坏和产生障碍。但玻璃钢的弹性模量低，因刚性不足而变形，存在老化现象、耐磨性差、施工机械化低、毒性大等缺点。

二、玻璃钢衬里的施工工艺

玻璃钢衬里层的质量取决于设备基层的表面处理，玻璃钢胶料的配合比，玻璃布排列是否适当及被树脂渗透程度，气泡是否排除，树脂层的厚薄是否均匀和热处理的好坏等。

玻璃钢衬里时的施工环境温度宜为 15~30℃，相对湿度不宜大于 80%。当低于施工环境温度时，应采取加热保温措施，但不得用明火或蒸汽直接加热。被衬贴的设备、管子及管件和原材料使用时的温度，不应低于最低施工环境温度。

玻璃钢衬里的施工一般采用人工贴衬，有分层间断贴衬和多层连续贴衬两种方法。酚醛玻璃钢必须采用分层间断贴衬。分层贴衬的主要工序为：

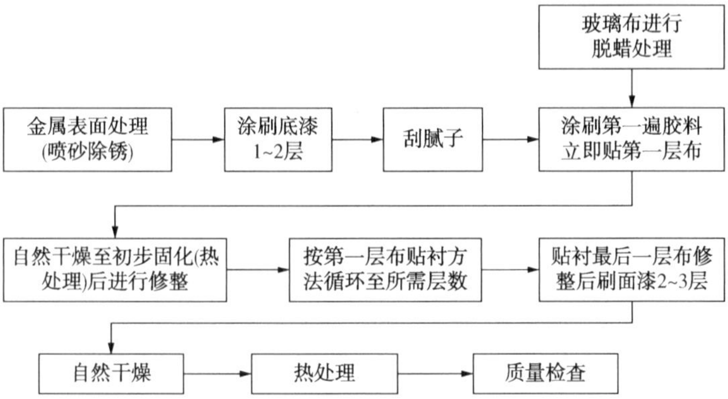

涂底漆后要待干燥至不粘手后进行下道工序，每贴一层玻璃布要自然干燥 12~24h 再进行下一层贴布。

多层连续贴衬与分层贴衬基本相同，不同之处是连续贴衬不待上一层固化后即进行下一层贴布，此方法工作效率高，但质量不易保证。

玻璃布的涂胶除刷涂外，也可采用浸揉法处理。将玻璃布放置在配好的胶料里浸泡揉挤，使玻璃布完全浸透，然后用手挤出多余的胶料，将玻璃布拉平进行贴衬。

玻璃钢衬里的热处理时间应按相应的技术规范执行，进行热处理时应严格控制升降温度的速度。

三、质量控制要点

1. 原料

玻璃钢衬里施工前，应对树脂类原材料和制成品进行抽检，抽检数量和结果应符合规范要求。对纤维增强材料应检查出厂合格证、材料检测报告或现场抽检复验报告，其抗拉强度和弯曲强度应符合规定。

2. 衬里质量

采用玻璃钢衬里时，其玻璃纤维布、玻璃纤维短切毡、玻璃纤维表面毡的含胶量应分别满足设计文件和规范要求。施工结束后，应检查玻璃钢衬里层的外观质量、衬里层厚度和固化度等。衬里表面应平整光滑，并不得出现发白处，衬里表面允许最大气泡直径应为 3mm，每平方米面积大于 3mm 的气泡应少于 3 个。衬里层与其体的黏结应牢固，并应无分层、脱层、纤维裸露、色泽明显不匀等现象。衬里层厚度允许偏差值为-0. 2mm。衬里层针孔检测应无击穿现象；衬里层固化度应符合设计文件或规范要求。

四、执行的主要标准规范

GB/T 50726—2023《工业设备及管道防腐蚀工程技术标准》

GB 51160—2016《纤维增强塑料设备和管道工程技术规范》

GB/T 2577—2005《玻璃纤维增强塑料树脂含量试验方法》

GB/T 3854—2017《增强塑料巴柯尔硬度试验方法》

第三节 橡胶板及塑料板衬里工程

因为橡胶具有较好的耐酸、耐碱和防渗性能，所以被广泛地用于金属设备衬里和其他衬里层的防渗层。目前用于衬里的橡胶有两大类，即天然橡胶和合成橡胶，以天然橡胶为主。由于近年来化工装备趋于大型化，同时常压热硫化法和自然硫化法等衬里技术的推广应用，合成橡胶在衬里方面的用量已有明显增加。

一、衬里橡胶助剂及作用

用于衬里施工的橡胶板大部分是未经硫化处理的生胶板，应按施工工艺要求，在一定温度下进行硫化处理，使橡胶发生化学变化，形成交联的网状结构。这样硫化的橡胶性能稳定，具有良好的防腐蚀性能和机械性能。已经硫化过的胶板，不需要再加热硫化。近年国外已有常温硫化橡胶板如氯丁胶板，胶板粘贴后可自身硫化。要使生胶硫化成熟胶，必须在胶料中加入适量的硫化剂、硫化促进剂、硫化促进助剂、增强剂、软化剂、填充剂、防老剂和增塑剂等。

1. 硫化剂

天然橡胶通常用硫黄作硫化剂，硫黄与橡胶反应，形成交联的网状结构。硫黄理论含量达到32%时，反应完成，而实际上硫黄的加入量可高达65%，此时橡胶的硬度及耐腐蚀性能显著增加。但硫黄含量过高，会降低橡胶的抗拉强度，硫含量在5%~10%时拉伸强度达到最大值。

一般，硫黄含量在3%~4%的橡胶，叫作软胶，有良好的弹性；硫黄含量在30%左右的橡胶叫半硬胶，各方面性能介于软胶和硬胶之间；硫黄含量大于40%的橡胶叫作硬胶，耐腐蚀性能和硬度较好，但弹性差。

2. 硫化促进剂

为了缩短硫化时间、降低硫化温度，提高橡胶制品的物理性能和改善其老化性能，一般在橡胶配方中加入硫化促进剂，如促进剂D(二苯胍)、促进剂M(α-巯基苯并噻唑)、促进剂DM(二硫化二苯并噻唑)和促进剂TMTD(二硫化四甲基秋兰姆)。

3. 硫化促进助剂

在橡胶配方中加入硫化促进助剂，可起增强作用，常用的助剂有氧化镁、氧化锌、氧化铝等金属氧化物和脂肪酸等物质。

4. 增强剂

在橡胶中加入增强剂，可以增加橡胶的弹性、耐磨性和抗拉强度等，常用的增强剂有陶土、炭黑等，炭黑的性能比陶土好一些。

5. 填充剂、软化剂、防老剂

橡胶中加入填充剂，如干燥的滑石粉，可以吸附橡胶中的水分，减少硫化时的起泡现象。加入硫酸钡可提高其耐酸性。

橡胶中加入软化剂(如凡士林、石蜡)和增塑剂(如松节油、硬脂酸)等，可以改善橡胶的塑性。

软橡胶和半硬橡胶板中加入防老剂，可以延长胶板储存时间或成品使用时间，避免橡胶过早硬化、龟裂或发黏。常用防老剂是有机胺类化合物，如防老剂 D(N-苯基 β-萘胺)。

橡胶衬里常用蒸汽加热直接硫化方法。随着科学技术的不断发展，近几年国内外又出现溢水低温硫化和室温硫化新技术，在生产中得到应用。

一般橡胶衬里长期使用温度为 0~85℃，软硬橡胶的复合衬里使用温度为-25~75℃。一般使用压力小于 0.6MPa，真空度小于 80kPa。

二、天然橡胶板衬里

1. 橡胶板

橡胶板分硬橡胶板、半硬橡胶板和软橡胶板三种。由于胶种和硫化方法的不同，它们的使用范围也不相同。进行橡胶板衬里时，应根据介质的性质、浓度、温度和压力来选择橡胶种类和衬里层数。

天然橡胶板的规格一般是：厚度：2.0mm±0.3mm、3.0mm±0.5mm；宽度：不小于 500mm；长度：不小于 5000mm。

2. 橡胶衬里层的选择及对基体金属的要求

(1) 橡胶衬里层的选择

橡胶衬里层按结构可分为单层、双层和三层复合结构。衬胶层一般为 1~2 层，每层厚度为 2~3mm，总厚度为 2~6mm，有时也可选用三层复合结构，但总厚度不超过 8mm。

单层衬里适用于气体介质、腐蚀性较弱和磨损不严重的液体介质中的一般设备和管道。

双层衬里常采取两层为硬质胶或半硬质胶，在有磨损和温差变化时也可选用硬质胶作底层，软质胶为面层的双层结构。双层衬胶是目前最常见的衬里结构。

三层衬里是在物料的腐蚀性较强、磨损情况较严重、温差变化较突出等特殊工况条件时考虑到硬质胶和半硬质胶不能适应的情况下所采取的衬里形式。常见有软质胶为底层，硬质胶或半硬质胶为中间层，软质胶为面层的结构。但也有选用硬-软-硬的三层衬里形式。硬质胶为底层，可发挥硬质胶与金属黏合力较强的优点；中间层的软质胶可为整体衬里的缓冲应变层；而表面层的硬质胶则有提高衬里的耐腐蚀性和抗介质渗透作用。

在同一设备、管道及管件上，选用多层衬胶结构时，必须注意所用的胶板及胶浆的硫化参数要相近，以保证衬胶层达到硫化同步，质量均一。

橡胶衬里设备的硫化应根据设备的形状、大小、操作压力和橡胶品种来选择其硫化方法。一般来说，热硫化衬胶的质量比冷硫化衬胶好，因此，选择硫化方法的原则，首先应选择硫化釜内硫化的方法，如果橡胶衬里设备的设计压力大于或等于 0.3MPa，也可采用本体硫化方法。当衬胶设备的容积小于 $100m^3$，无法进入硫化釜时可选择常压热硫化方法。对于容积大于 $100m^3$ 的大型衬胶设备可根据衬里设备的使用要求选择冷硫化方法或常压热硫化方法。不同的硫化方法需要选用相适应的胶板和胶浆。

(2) 对基体金属的要求

橡胶衬里设备的金属壳体结构应力求简单，被衬胶部位，必须保证衬胶操作时手或工具能接触到和看得见。衬胶设备的基体一般为碳钢，被衬设备的基体金属应符合以下要求：

① 进行衬里的设备必须具有足够的强度和刚度，以免承受载荷后产生变形和破坏橡胶衬里层，且设备表面不应有气孔、砂眼、缩孔、夹杂等缺陷。设备表面不应有大于30mm 的凹凸处，凡是有棱角的部位应呈圆弧过渡。

② 对衬胶金属设备、管道和结构的基层采用机械喷射等方法进行处理，处理后的基层表面质量应达到 Sa3 级标准，即除净金属表面的油脂、锈蚀和氧化皮等一切杂质，使金属表面呈现均匀一致的金属本色，并有一定的粗糙度。

③ 焊缝应均匀平整，并打磨成钝角，形成圆弧过渡，不得有毛刺和棱角，以免刺破橡胶板。

④ 所有设备内部支承、挡板等附件的焊缝处必须打磨成圆角。

⑤ 衬橡胶设备的管道连接、塔节的连接，应采用法兰连接，不得选用丝扣或键销的连接方法。设备上的接管焊缝应圆滑平整，管口不得伸入设备内表面。

3. 天然橡胶衬里施工方法

（1）衬里设备表面处理

衬里设备涂刷胶浆前，应除去金属表面上的粉尘和毛刺，然后用汽油擦洗。金属表面微小的缺陷、砂眼或无法进行修磨的焊缝，以及需填塞胶条的转角处，应在涂抹胶浆前，用刷过胶浆并经干燥的胶条填塞，然后烙成圆滑过渡。

（2）胶浆配制

天然橡胶衬里用胶浆配比见表 6. 3. 1。

表 6. 3. 1　天然橡胶衬里用胶浆配比表

衬里用橡胶板	胶浆用胶板	配比
硬橡胶板牌号 509、402、24、25、27、3001、11002	胶浆板牌号 9066、401、2572-5、S1002	胶片、汽油质量比 1：(5~10)
半硬橡胶板牌号 9071、407、38002	胶浆板牌号 9066、401、2527-5	胶片、汽油质量比 1：(5~10)
软橡胶板牌号 9064、1974-5、1247、403	胶浆板牌号 7038、4508	胶片、汽油质量比 1：(10~20)

软胶板与硬胶板黏接时，在硬胶板上刷 2 道硬橡胶板胶浆，再刷 1 道软胶板用的胶浆；软胶板刷 2 道软胶板胶浆。配制胶浆所用的溶剂为 120#汽油。配制胶浆时要求胶浆中的胶片能全部溶于汽油或苯中。配好的胶浆常温保存期可达 1 年。

（3）衬里胶板的剪裁

① 先检查胶板的质量，将气泡用针刺破，严重缺陷处应做出标记，下料时避开，除去表面杂物。

② 下料应在专用的工作台上进行，画线剪裁过程要保证胶板清洁与干燥。

③ 根据图纸和实物尺寸进行展开下料，下料时要留出胶板搭缝的余量。如果余留量不够，贴衬时禁止用拉伸胶板的方法强行搭接，应再补下块料。

④ 胶板接缝形式。胶板接缝有搭接和对接两种形式。采用对接式时，对接留量 10~22mm。为了增加接缝强度，可在接缝处再贴合一块宽 30~50mm 的同种胶板。搭接和对接时，胶板相接处要削成宽 10~15mm 的坡口，以便两块胶板紧密贴合。

⑤ 涂刷胶浆。金属表面应涂刷 3 遍胶浆，第一遍应在设备喷砂后 8h 涂刷。胶板表面涂刷 2 遍胶浆即可。粘贴胶板时，以手触胶膜微有粘手但不起黏丝为原则。胶浆过干会失去胶浆的粘接性；胶浆溶剂过多，会造成胶板层起泡。

⑥ 贴衬橡胶板。刷完胶浆的设备和胶板，经室温干燥后即可贴衬。贴衬胶板有冷贴热烙法、热贴法和压轮滚压法 3 种方法。

(4) 中间检查

衬完胶板后检查是否有漏烙、漏压部位。将有漏烙、漏压部位重新烙平。用功率不小于 25W 的电火花检验器检查是否有漏电部位。发现有漏电部位立即用涂好胶浆的胶条修复。

(5) 胶板硫化

胶板硫化是橡胶衬里最后一道关键工序。橡胶板的硫化是在一定蒸汽压力和温度下发生物理化学反应的过程，是一种放热反应。硫化后的橡胶板呈不可塑状态，具有良好的弹性、硬度、耐磨性和耐腐蚀性能。

硫化处理方法按加热形式分：蒸汽加热硫化、热水加热硫化、常温硫化。其中蒸汽加热硫化又分为直接加热(本体加热)硫化和间接加热硫化。热水加热硫化的敞口设备，除受现场条件限制外，不宜采用这种方法。其原因是此种方法硫化时间长，质量不稳定，费用高。

(6) 质量检查

用电火花器检查有无穿孔或龟裂，如有则应修补。

三、合成橡胶衬里

目前天然橡胶衬里使用历史较长，用量较多，技术也比较成熟，占橡胶衬里的主导地位。但是，天然橡胶衬里的耐温性能和动态性能比较差，常常因为设备热胀冷缩或受到碰撞变形而不能随其应力产生相应的变形，发生裂纹、裂缝、破碎和脱落。随着科学技术的发展，近年来化工装备趋于大型化，同时常压热硫化法和自然硫化法等衬里技术的推广应用，合成橡胶在衬里方面的用量已有明显增加。

合成橡胶种类较多，目前应用最广泛的是自然硫化氯丁橡胶和预硫化丁基橡胶的衬里。

1. 自然硫化氯丁橡胶衬里

氯丁橡胶一般是由氯丁二烯经乳液聚合制得，由于氯丁橡胶的结构比较规整，极性较大，结晶度高，所以具有优良的化学稳定性，耐酸碱、抗臭氧、耐老化、耐油耐水、耐磨等性能都比天然橡胶好，其适用范围也比天然橡胶广泛。氯丁橡胶自黏性好，和金属及其他材料黏结性好；使用温度比天然橡胶高，可用于常压且温度 90℃以下耐酸碱盐，但耐油性不如丁腈橡胶。

2. 预硫化丁基橡胶衬里

预硫化丁基橡胶冷粘防腐技术是将成型好的橡胶板热硫化后，用常温自然硫化的胶浆衬贴到容器壁上。其优点是可在现场衬胶，胶板便于运输和贮存，衬胶灵活性大，易操作，衬胶后短期内就能达到一定的粘接强度并投入使用；但对衬胶技术要求高，施工难度大，特别是设备的拐角、法兰、进出料口及管件连接处衬胶较困难，接缝和粘接不牢，易造成渗漏，质量难以保证。

丁基橡胶是由异丁烯和异戊二烯(或丁二烯)共聚而成的高分子弹性体。它具有优良的化学稳定性能，耐酸碱盐、耐老化耐热性能好，可在100℃情况下使用；气密性强，与金属附着力强。

四、橡胶板衬里施工工艺

金属设备衬橡胶工艺过程如图6.3.1所示。

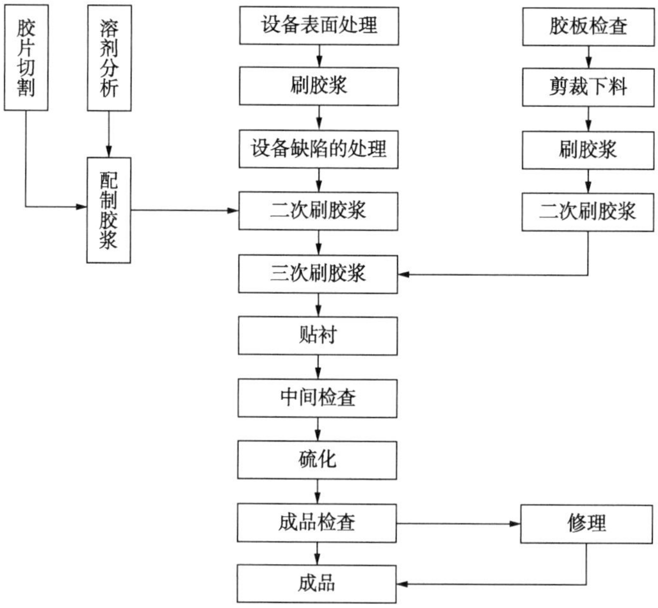

图6.3.1 金属设备衬橡胶工艺过程

五、塑料板施工

塑料在国内外防腐蚀工程中应用十分广泛。用塑料作为衬里材料，可节约大量金属材料，减轻设备重量，延长设备使用寿命。

在防腐蚀工程中常用的塑料有聚氯乙烯、聚乙烯、聚丙烯、氟塑料、氯化聚醚、石棉酚醛塑料等。它们具有优良的耐腐蚀性能，重量轻，比强度和比刚度高，减磨、耐震、绝缘、复合能力强，加工成型方便，成本低。

1. 硬聚氯乙烯衬里施工方法

硬聚氯乙烯衬里设备使用介质温度一般为-15~90℃。硬聚氯乙烯衬里施工方法一般有三种。

(1) 松套衬里

这种结构常用于尺寸较小的设备，衬里和钢壳不加以固定，因此钢壳不限制聚氯乙烯的胀缩。这种方法是以钢壳为主体，里面加衬聚氯乙烯防腐层。

(2) 螺栓固定衬里

当设备尺寸较大时，衬里层(厚度 3~4mm)如不加以固定，就会从钢壳上脱落下来。用焊接螺纹固定的施工程序如下：

① 把螺钉焊在钢壳上，或者在钢壳上钻孔，把螺钉穿在孔内。孔间距取 500mm 左右。

② 把预先开好小孔的衬里层挂在螺钉上。

③ 把钢制压条也套在螺钉上，拧紧螺母，让压条把衬里层紧紧地压在钢壳上。

④ 把聚氯乙烯扁条焊在衬里层上端，让压条通过扁条托住衬里层。

⑤ 为了解决衬里层和钢壳的热膨胀系数相差很大的矛盾，焊上膨胀节，膨胀节还把钢制压条、螺钉、螺母等和介质隔离开来，以避免受到腐蚀。

这种衬里方法对钢壳的表面要求不高，只要把焊缝等突出部分打磨平整就可以了。衬里施工比较简单，施工进度较快。这种结构的缺点是衬里层和钢壳没有紧紧服贴，再加上膨胀节本身使其耐压能力不高。

(3) 粘贴衬里

粘贴衬里就是用黏结剂把硬聚氯乙烯薄板(2~3mm)粘贴在钢壳内，这样衬里层就不会从钢壳上脱落，同时由于衬里和钢壳的间隙被胶填满，衬里设备内的压力就能传给钢壳，因而可以大大提高设备的工作压力，但存在聚氯乙烯和钢的线膨胀系数不同而引起的内应力。不过这种内应力由于胶的作用而平均地分布，不让它集中到某个薄弱环节而造成衬里层的破坏。

粘贴硬聚氯乙烯时，对外壳形状及表面处理的要求和橡胶衬里的要求相同。

黏合剂采用聚氨酯，这种黏合剂比过氯乙烯胶黏剂强度高、韧性好，缺点是固化剂多异氰酸酯极易吸潮而失效，要求现场施工，相对湿度在 70%以下。

这种胶可“冷贴”，也可以“热贴”。“冷贴”在室温下十天基本可达固化；采用“热贴”则在 2~3h 后便能比较充分地固化。

冷贴时，先在钢和硬聚氯乙烯贴面上分别涂两遍胶，隔半小时即可贴合在一起。

热贴法，就是把预热好的砂子堆在已与钢粘合的硬聚氯乙烯衬里上。热砂的作用有三个：一是把聚氯乙烯板加热变软，使之服贴在钢壳上，即加热和成型的作用；二是起到加压的作用；三是对胶起热固化作用。砂预热温度根据施工条件决定，控制聚氯乙烯板表面温度不超过 140℃，在 1.5h 后仍能保持 100℃左右。压砂厚度约为 300mm，其中上层可用冷砂。

2. 软聚氯乙烯塑料衬里的施工方法

软聚氯乙烯塑料衬里的施工方法，主要有螺栓固定法和粘贴法两种，还有空铺法。衬里设备的壳体，有用碳钢或混凝土制作的，也有用木材或其他材料制作的。

(1) 螺栓固定法衬里

① 钢制壳体的准备。螺栓固定法衬里对壳体表面处理的要求较低，只要没有棱角毛刺等就可以。为了便于观察衬里层是否有渗漏，在钢壳底部侧面应钻几个观察孔。固定衬里的螺钉可以焊在钢壳上，也可以在钢壳上钻孔，把螺栓穿在上面，螺栓的分布一般按三角形排列，垂直于器壁，距离可取 400~500mm，盖顶距离可取 300~400mm。对于设备底部是平底的可以不用固定。

② 软聚氯乙烯衬里软片的准备。衬里用的软聚氯乙烯板，不应有小孔、裂纹、划痕

等缺陷，发现缺陷时，应进行修补后再用。板厚一般取 3~4mm，板的长度和宽度不应太小，以免接缝过多。为了保证接缝质量，应尽量把拼焊工作安排在设备外进行，可双面焊接。软聚氯乙烯板的接缝，一般采用搭接，搭边宽度一般为 40~50mm。

③ 衬里层的固定(挂料)。按照壳体形状和尺寸裁剪好的衬片，再按螺栓分布图在衬片上开好螺孔，把衬里层挂在钢壳上。如果单依靠螺栓挂住衬里，在长期使用过程中，特别是温度较高时，会把衬里层上的孔拉长、拉大甚至拉裂，而使衬里层从螺母上脱下来。采用压条或压板来压紧衬里，使用效果良好。压条或压板的宽度一般为 50~80mm。

④ 螺栓的保护。碳钢制的螺栓和压条、压板等，不耐介质的腐蚀，要用软聚氯乙烯把它保护起来，不让它和介质接触。保护方法可以用半球形的保护帽把螺栓和压板逐个盖住，也可以用保护圈把螺栓和压条一排一排盖住。前一种方法适用于顶盖衬里，后一种方法适用于筒壁衬里。

⑤ 软聚氯乙烯板的焊接。板与板衔接，保护帽和衬里层相接处都采用焊接。

衬里完毕要检查是否有渗漏，装满水来进行检查，有渗漏要进行热焊修补。

(2) 粘贴衬里

软聚氯乙烯粘贴衬里在石油化工防腐蚀工程中应用实例不多，施工方法和硬聚氯乙烯粘贴衬里相似。

黏合剂用聚氨酯胶或过氯乙烯胶。过氯乙烯胶由过氯乙烯树脂(10%~20%)、二氯乙烷(80%~90%)组成。衬贴时的加热温度也可以比较低一些，约为 100℃。

(3) 空铺法

软聚氯乙烯塑料衬里的空铺法施工比较常用。它是将软聚氯乙烯板之间加热成熔融状态，用木锤加压密实，搭接宽度 30~40mm。以三氯化铁池内衬软聚氯乙烯为例说明空铺法的过程。

① 将混凝土池清理干净，无灰尘、油污物等；

② 按池的尺寸剪裁软聚氯乙烯板(厚度 3mm)，留出焊接宽度 30~40mm；

③ 空铺用焊枪焊接成熔融状态，用木棒或木锤加压密实；

④ 翻边处用钢卡子固定；

⑤ 涂抹水玻璃耐酸混凝土 20mm；

⑥ 用水玻璃胶泥衬耐酸砖；

⑦ 养护 72h 后，用 40%H_2SO_4进行酸化处理 3~4 次，然后投入使用。

3. 聚乙烯塑料衬里工艺

聚乙烯可作为化工设备和储槽等的耐腐蚀衬里材料，也可用热喷涂衬里层。由于它的刚性小，所以只能用它制造小型的化工设备、管道、阀件、衬套、垫片等。由于它的摩擦性能好，可能用来制造小载荷齿轮、轴承等。聚乙烯的绝缘性能好，作为水底高频电缆或一般电缆的包皮，已得到广泛应用。

衬里工艺：被涂部件除油(需 300℃，2h)、喷砂，涂底漆料要匀，100℃ 干 10min、150℃烧结 30min 后自然冷却。涂聚乙烯第一层 100℃ 干 10min、150℃ 烧结 30min，第二、三、四层涂层与第一层一样。涂第五层涂层 100℃ 干 10min、150℃ 烧结 30~60min 后自然冷却。中间检查针孔，涂第六涂层 100℃ 干 10min、150℃烧结 200min 后，从炉中取出立刻淬火，即为完成。用兆欧表检查，要求通过 2500V 电压，漆膜厚度 1.2mm±0.4mm。

4. 聚丙烯塑料衬里

聚丙烯为无色、无味、无毒的热塑性塑料，具有良好的耐腐蚀性和耐热性，所以常用作化工管道、储槽、衬里等。

聚丙烯衬里板材一般采用 1.5~3mm 薄板，否则不易焊接。对螺栓固定的衬里，可采用 3mm 以上的板材。聚丙烯衬里的方法一般有三种。

（1）松套衬里

以钢壳为主体，壳体内衬聚丙烯防腐层，它适用于尺寸较小的设备衬里。它与钢壳不固定，因此钢壳不限制聚丙烯的胀缩。

（2）螺栓固定衬里

当设备尺寸较大时，就采用螺栓将衬里层与钢壳固定。如聚丙烯-玻璃钢强化复合结构，以聚丙烯为主体，起耐腐蚀性介质作用。玻璃钢外壁主要起加强作用，常用聚酯玻璃钢。

（3）粘贴衬里

聚丙烯是结晶态的非极性塑料，粘合困难，一般表面要氧化处理，使其带有极性，易于粘接。

处理后的聚丙烯板可用环氧胶、环氧聚硫胶、氯丁橡胶、聚氨酯胶、有机硅树脂、丁腈改性酚醛胶来作黏合剂。

六、质量控制要点

1. 橡胶板衬里

衬胶的设备在衬里施工前应完成压力试验且结果合格。橡胶板和胶黏剂的质量应符合设计文件和规范要求，检查其产品出厂合格证、材料检测报告或现场抽样复验报告，胶板出现里期硫化变质的不得使用，超过保质期的胶板应进行复验，胶黏剂不得发生早期交联现象。橡胶衬里的接缝应采用搭接，搭接方向应与介质流动方向一致；接头应采用丁字缝，丁字缝错缝距离应大于 200mm，不得有通缝。胶板贴衬后，不得漏压或漏刮，并应排净粘合面间的空气。衬至法兰密封面上的胶板应平整，并不得有径向沟槽或大于 1mm 的凸起。本体硫化设备法兰面补贴的已硫化胶板应全部压合密实。贴衬工序完成后，衬胶各部位尺寸应符合设计文件的规定，胶层不得有气泡、空鼓等现象，总体检查合格后方可进行胶梳的硫化。对橡胶衬里层应进行针孔检测、硬度检测，并且结果符合相关规范要求。

2. 塑料板衬里

进行塑料板衬里的设备及管道在衬里施工前应完成压力试验且结果合格。塑料板衬里的原材料质量应符合设计文件和规范要求，检查其产品出厂合格证、材料检测报告或现场抽样复验报告。用于压力容器的衬里板材应进行针孔检测和拉伸强度复验。衬里层与外壳贴合应紧密，不得有脱开、空层等现象。塑料板衬里设备内表面应光滑平整，并应无凸瘤凹坑等现象，塑料板衬里管道圆弧、角焊焊缝、钢管和法兰的间隙应符合设计规定；翻边应平整，不宜有波浪面。

七、执行的主要标准规范

GB/T 50726—2023《工业设备及管道防腐蚀工程技术标准》

GB/T 18241《橡胶衬里》

GB/T 7122—1996《高强度胶粘剂剥离强度的测定 浮辊法》

GB/T 1041—2008《塑料 压缩性能的测定》

HG/T 4280—2011《塑料焊接工艺评定》

第四节　衬铅及搪铅工程

衬铅和搪铅是两种覆盖铅的方法。衬铅的施工方法比搪铅简单，生产周期短，相对成本也低，适用于立面、静荷载和正压下工作；搪铅与设备器壁之间结合均匀且牢固，没有间隙，传热性好，适用于负压、回转运动和振动下的工作。

一、铅板

根据 GB 1470—2014，铅板的牌号、规格、化学成分如表 6.4.1 所示。铅板表面应光滑、清洁、平整、不应有分层、气泡、压坑、裂纹和夹杂。

表 6.4.1　铅板牌号、规格、化学成分

牌号	厚度/mm	化学成分/%									
		主成分	杂质								
		Pb	Sb	Cu	As	Sn	Bi	Fe	Zn	Ag	杂质总和
Pb1	0.3~120	99.992	0.001	0.001	0.0005	0.001	0.004	0.0005	0.0005	0.0005	0.008
Pb2		99.90	0.05	0.01	0.01	0.005	0.03	0.002	0.002	0.002	0.10

板材厚度大于 15mm 的应以片状供货，用夹板或包装箱包装，厚度不大于 15mm 的板材以卷状供货，装箱包装。每件板材应具有标签或标牌注明：供方名称、产品名称、规格、重量，并具有合格的质量证明文件。

二、衬铅的施工方法及工艺

1. 衬铅设备的适用范围

① 适用于常压或内压不高的场合；

② 使用温度不大于 140℃，实际应用温度 100~120℃，温度再高，强度耐腐蚀性能下降；

③ 静载荷作用下的设备；

④ 不适用于真空设备；

⑤ 不适用于受到振动冲击和介质含有颗粒的摩擦中使用，因为衬铅在高温下受到冲击载荷时，会发生裂纹和鼓起。

2. 衬铅前的准备

① 检查设备外壳表面应平整、无毛刺，焊缝应光滑平直，没有气孔。焊缝过高应磨平，铆接需用埋头铆钉。

② 打磨设备壳体转角处，加工成圆角，其半径不小于5mm，特殊部位不小于3mm。

③ 衬铅前设备在外壳底部钻直径6~10mm小孔数个，衬铅层检查漏用。

④ 设备外壳上的电焊、气焊焊接工作，应全部完成。

⑤ 为了衬铅施工方便，外壳的两端封头与筒体暂不进行组对焊接时，待筒体、封头分别衬铅后再组装焊接，但应把筒体、封头连接处的铅板撬起，以防焊接时烧坏。

⑥ 混凝土或木结构的设备上衬铅时，应先在其表面涂刷沥青或贴一层石棉板。

3. 衬铅施工方法

衬铅是将铅板敷贴在化工设备内壁表面上作为防腐层。因为铅强度低，常温时即使应力很小也会产生蠕变现象，铅质软，密度大，故衬铅层与外壳必须予以固定。常用的固定方法有下列几种。

① 铅铆钉固定法：此方法铅板应力集中，铅板容易拉脱，而且介质可能渗入夹层，腐蚀壳体，故不推荐用于设备筒体的衬里，一般用于顶盖衬里。如图6.4.1所示。

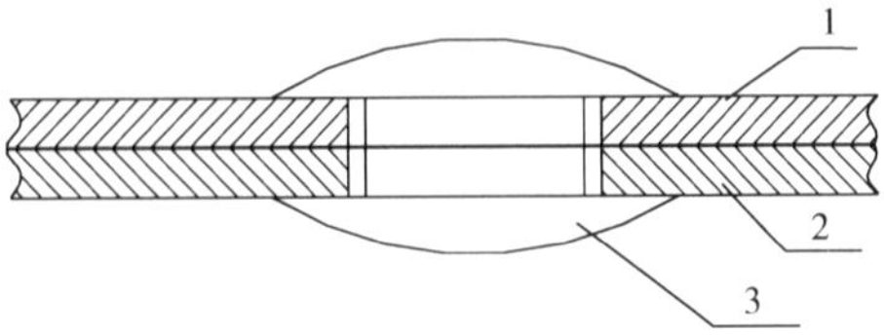

图6.4.1 铅铆钉固定法

1—壳体；2—铅板；3—铅铆钉

② 夹板固定法：用两块钢板焊在壳体上，铅板衬于壳体后，将钢板向两边撬开，用锄头使钢板夹紧铅板。如图6.4.2所示。

③ 搪钉固定法：在设备本体上搪制铅，将铅板焊在搪钉上。搪钉可采用圆形、方形，尺寸100mm左右，厚度应高出铅板3~5mm。如图6.4.3所示。

④ 螺钉固定法：在设备本体上钻孔穿入螺钉或焊接螺钉，铺铅板后用螺钉固定。如图6.4.4所示。

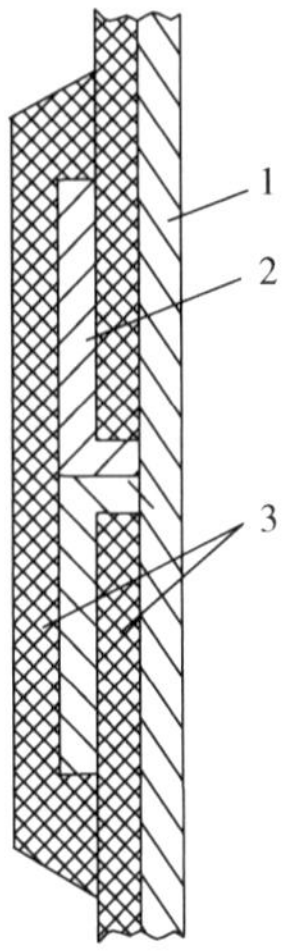

图6.4.2 夹板固定法

1—壳体；2—夹板；3—铅板

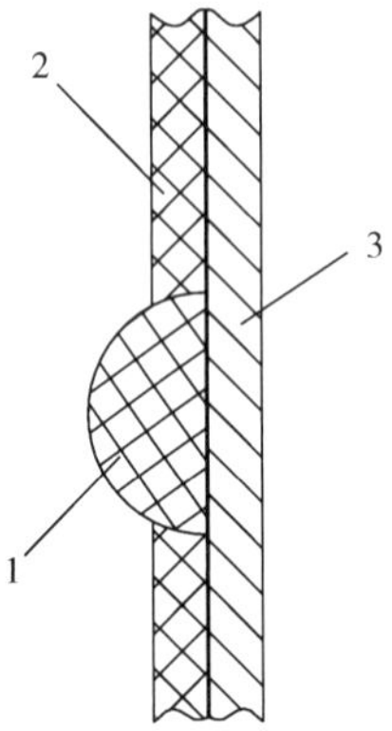

图6.4.3 搪钉固定法

1—搪钉；2—铅板；3—壳体

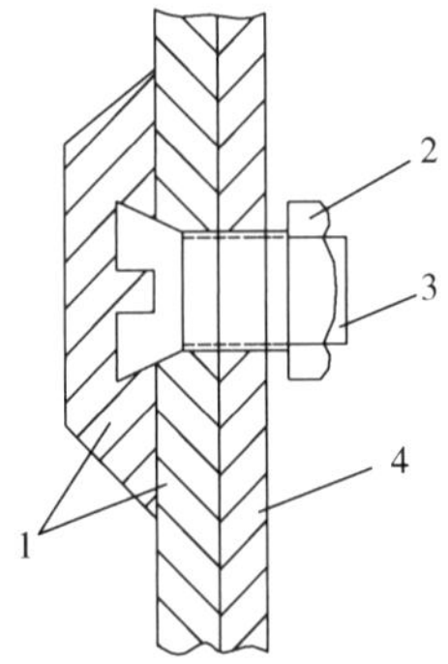

图6.4.4 螺钉固定法

1—铅板；2—螺帽；3—螺钉；4—壳体

4. 检查

① 用目测或放大镜对衬铅层上每条焊缝进行外观检查，不得有未焊透、裂纹、夹渣、砂眼、气孔等缺陷；

② 常压设备灌水试漏；

③ 受压设备按要求进行压水试验。

三、搪铅的施工工艺

搪铅是铅衬里的另一种方法，它能使铅与被衬金属面牢固结合，适用于真空传热设备及受回转振动的场合。搪焊层最常使用的为搪铅或搪焊铅合金，用于复合衬里底层或防腐蚀的保护层。过去搪焊铅是普遍应用的防护方法。目前随着合成材料发展和新的防护方法的使用，搪铅与衬铅仅应用在个别生产系统设备防护上。

1. 搪铅的种类

① 焊接方法：用铅焊条堆焊在金属表面。其优点是效果可靠，铅耗量少。适用范围广泛，尤其是适用于形状复杂的构件。缺点是生产效率低，焊接温度高，设备易变形，焊接环境较差。

② 浇铸方法：将熔铅浇铸在金属表面。其优点是生产效率较高，质量好。缺点是工序复杂操作繁重，搪铅层厚、铅耗量多，一般很少使用。

2. 搪铅前的施工准备

搪铅前对设备本体表面进行喷砂处理或酸洗除锈，喷砂后立即搪铅以防止生锈。应符合下列要求：

① 搪铅设备易变形，特别是平盖底设备与矩形储槽设备刚性加固构件，应在搪铅前焊接。

② 在焊铅时防止铅中毒，设备设计时至少应有 2 个人孔。搪铅设备的封头与筒体不要先焊好，以便封头、筒体分别搪铅，组装后再补搪。

3. 搪铅施工工艺

搪铅一般搪 2~3 层，不可少于 2 层。总厚度一般为 3~6mm，第一层焊后表面必须刮光，再焊第二层。第二层不能使用焊剂，以免焊剂里的锡、锌成分混入铅层，影响耐腐蚀性能。

铅的表面有氧化铅层，不利于焊接，施焊前必须用刮刀将焊口刮净，使之露出金属光泽后方焊接。焊条选用含锑量 6%的焊铅条，但必须低于焊件的含锑量。采用中性焰进行施工焊接。

铅板对接焊接时应将焊件敲平，对齐后点焊固定，点焊间距一般为 200~300mm。铅板厚度如超过 5mm，需铲成 V 形坡口；5mm 以下可不铲坡口。

铅板焊接时，应注意将焊缝错开，避免相距很近和十字交错。

4. 检查

① 用目测或放大镜对搪铅层表面进行外观检查，不得有裂纹、夹渣、砂眼、气孔、缩孔等缺陷。

② 用锤敲击壳壁，检查搪铅层与壳体是否结合紧密；或用超声波探伤器检查结合情况。

四、质量控制要点

1. 原材料

铅板的化学成分及规格应符合设计要求和现行国家标准的有关规定，施工前应检查产品出厂合格证、材料检测报告或现场抽样的复验报告。焊条材质应与焊件材质相同，也可采用母材制作的焊条，焊条表面应干净、无氧化膜和其他污物。

2. 衬铅

衬铅的结构和厚度应符合设计文件要求，厚度允许偏差为0%~25%。铅板焊接前，应用刮刀将焊缝区域刮净，使其露出金属光泽。衬铅板表面不得有机械损伤、凹陷或减薄，焊缝内部不得有夹层、气孔或未焊透等现象。

3. 搪铅

搪铅的结构和厚度应符合设计文件要求。被搪铅基体表面应处理合格。搪铅层与基体表面应结合紧密，并应无脱层或起壳等现象。搪铅层的表面应平整均匀，并应无微孔、裂纹、缩孔、夹渣、鼓包、气孔、焊瘤等缺陷，搪铅层中应无夹层、夹渣和氧化物等杂质。

五、执行的主要标准规范

GB/T 50726—2023《工业设备及管道防腐蚀工程技术标准》

GB/T 1470—2014《铅及铅锑合金板》

第五节 金属热喷涂工程

金属喷涂工程是解决腐蚀问题及机械磨损修补的新工艺。采用热喷涂工艺，将锌、铝及其合金丝喷涂到钢铁构件表面形成金属覆盖层，可以长期保护工业大气区、海洋等严酷腐蚀环境中的钢铁构造物。

在碳钢设备上喷涂铝、锌等能有效地防止某些腐蚀性介质(如工业废水、海水、大气、弱酸、碱和盐等)的腐蚀和高温氧化。

一、金属喷涂的分类及原则

1. 金属喷涂的分类

喷涂工艺，通常按照所使用的热源和设备，并结合所使用的涂层材料的形状进行分类。依据 GB 12607—2003 的规定，热喷涂工艺的分类见表 6.5.1。

表 6.5.1 喷涂工艺的分类

热源	喷涂工艺	代号	热源	喷涂工艺	代号
燃烧火焰	粉末火焰喷涂	F	电热	电弧喷涂	A
	火焰喷焊	H		低压(真空)电弧喷涂	LA
	超音速火焰喷涂	U		可控气氛电弧喷涂	CA
	爆炸喷涂	D		线爆喷涂	E
	线材气喷涂	W		高频感应喷涂	I
	陶瓷棒火焰喷涂	R		激光喷涂	L
	—	—		熔体喷涂	M

续表

热源	喷涂工艺	代号	热源	喷涂工艺	代号
等离子体	气稳等离子喷涂	P	等离子体	真空(低压)等离子喷涂	VP
	水稳等离子喷涂	WP		可控气氛等离子喷涂	CP
	空气等离子喷涂	AP		高频等离子喷涂	FP
	高能等离子喷涂	HP		等离子喷焊	T

2. 喷涂工艺的选择

不同的喷涂工艺，由于使用的热源不同，设备不同，可使用的涂层材料不同，使喷涂出的涂层性能、质量和成本等都存在相当的差别。选择喷涂工艺及装备时，应根据使用功能要求，涂层材料性能，成本及施工条件等综合考虑。

在腐蚀工程中应用喷涂工艺时，一般选择原则是，对于自然环境腐蚀(如水、大气)的大面积防腐蚀喷涂，选择投资小，喷涂速率高，成本低的线材气喷涂或电弧喷涂工艺；而对于耐化工介质腐蚀，高温燃气腐蚀等要求涂层致密的场合，则以采用等离子喷涂、高速氧燃气喷涂和喷焊工艺为宜。

二、金属喷涂的作用及使用范围

利用热喷涂工艺喷涂锌或铝在钢表面形成的涂层，在大气、工业大气、盐雾、水蒸气和风沙的侵蚀条件下，对钢都有较高的保护能力。喷涂的涂层与电涂相比，孔隙率高一些，但是可以得到较厚的涂层，涂层越厚，孔隙率越低。

喷锌涂层在钢铁基体上结合状况好，易于喷涂，涂层内的氧化物和气孔含量低，对钢铁具有良好的阳极保护作用。并且将腐蚀介质与基体隔离开来对钢铁进行机械保护。

喷铝涂层内存在着较多的氧化物和孔隙，抗腐蚀、抗冲能性能优于喷锌涂层，但阴极保护作用差于喷锌涂层。

喷涂主要适用于不易进行电涂的大型零件，采用喷涂方法进行保护，既简便防护效果又好。涂层适用下列范围：

① 大型零件，如铁塔、铁桥、船体、水闸闸门、潜水电机、石油化工设备及食品容器等。

② 高强度钢制零件。

③ 含硫或硫化物的气氛下使用喷铝。

④ 形状复杂不宜进行电涂的零件。

三、金属喷涂(喷铝)的施工工艺

1. 金属喷涂工艺

不同的喷涂工艺，尽管所用的热源、设备、涂层材料、工艺参数和环境气氛等不同，但都必须把涂层材料熔化、雾化，然后以一定速度喷射到基体表面形成涂层。因此，各种工艺的工序流程是大体相同的。喷涂的工艺流程见图 6. 5. 1。

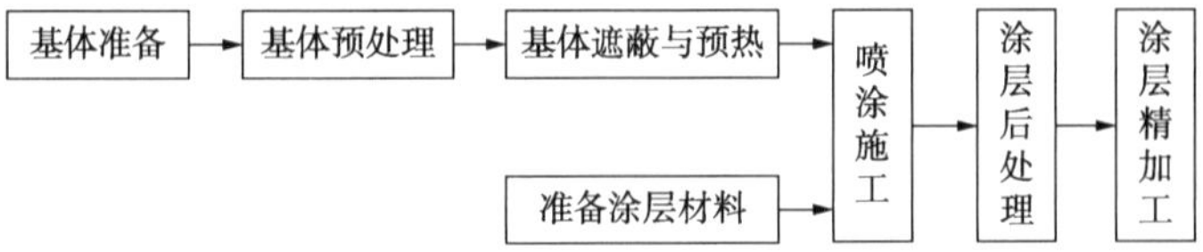

图 6.5.1　喷涂工艺流程

2. 喷涂施工

对于邻近喷涂或喷砂部位的非喷涂部位，为了防止熔融喷射颗粒溅落在此部位，应进行遮蔽保护。

（1）基体表面预处理

基体预处理的目的是获得净化、粗化、活化的表面，以增加与喷射颗粒和涂层的粘结强度。由于喷涂层与基体的粘结以机械嵌合和粘合为主，因此，涂层与基体的粘结强度直接受到基体表面状况即表面预处理的影响和制约。表面预处理的好坏，直接影响涂层的质量。常用的表面预处理方法有清洗、除油、喷砂、车螺纹或滚花、电拉毛等。

（2）喷涂施工

喷涂施工，应使被喷涂的涂层材料颗粒呈熔化或很软的状态，在最大粒子速度下撞击到经过预处理的基体表面上，形成结合牢固的优质涂层。涂层与基体牢固的结合，是保证涂层质量最基本的要求。

金属喷涂施工应按 GB/T 9793—2012《热喷涂 金属和其他无机覆盖层 锌、铝及其合金》进行。

（3）质量检验要求

喷涂的涂层，外观为粗糙形貌的表面。喷涂表面的粗糙度，受粉末粒度、喷涂工艺、喷涂工艺参数等因素的影响，在 Ra 2.5~38μm 的范围内变动，并应符合下列规定：

① 涂层的表面应均匀一致，无气孔或未涂覆区，没有未附着的颗粒和影响涂层使用寿命的缺陷。

② 厚度。热喷涂层厚度的测量方法、测量位置和次数，应由供需双方商定。热喷涂层的厚度由其最小局部厚度确定。

③ 面积为 $1cm^2$ 至 $1m^2$ 之间的涂层。当涂层面积为 $1cm^2$ 至 $1m^2$ 之间时，任何给定点的局部厚度都应大约在 $1cm^2$ 的基准面上测得的涂层厚度。

④ 面积大于 $1m^2$ 的涂层。涂层面积大于 $1m^2$ 时，涂层局部厚度应在约 $1dm^2$ 的基准面上测量。

⑤ 涂层厚度的测量位置。涂层最小局部厚度的确定，应在涂层厚度可能最薄的部位测量涂层的局部厚度。测量的位置和次数，可以由有关各方协商认可，并在协议中规定。当协议双方没有任何规定时，则测量位置和次数按 GB 11374 中的规定选择。

⑥ 测量方法。应采用磁性法测量，并符合 GB 4956 中的规定进行试验，测量的涂层厚度值应使用算术平均值。

结合强度试验应符合 GB/T 9793—2012《热喷涂 金属和其他无机覆盖层 锌、铝及其合金》附录 A 的要求。

（4）涂层后封孔处理

涂层后封孔处理的目的是防止或阻止涂层与基体界面处的腐蚀，延长锌、铝及其合金防护层的使用寿命。

封孔剂的选择取决于部件的最高使用温度和涂层封闭的目的，封孔剂主要有：乙烯、酚醛、改进型环氧酚醛或聚氨酯树脂。在喷涂之后，涂层用蚀洗涂料(通常为磷酸)做预处理，有助封孔剂的粘接。为保证良好的渗透性，应把封孔剂稀释。

(5) 喷涂操作的安全保护

喷涂施工的安全操作，应按 GB 11375—1999《金属和其他无机覆盖层 热喷涂 操作安全》的规定执行。喷涂施工操作人员，应经过有关部门培训，并取得合格证书，方可进行操作。喷涂操作过程中，危害安全的主要因素有：

① 爆炸危险及有害气体；

② 粉尘；

③ 噪声；

④ 弧光与热辐射。

四、质量控制要点

1. 原材料

热喷涂用锌和锌合金线材、铝和铝合金线材的化学成分应符合设计要求或现行国家标准的有关规定。施工前，应检查原材料出厂合格证和产品化学成分报告。

2. 喷涂质量

工件基体表面处理后的粗糙度应符合规定，工件待喷涂时间不应超过4h，待喷涂和喷涂过程中工件表面应干燥、洁净，无可见的氧化变色或任何污染。采用普通喷枪喷涂时，喷涂层遂道平行搭接宽度应为喷幅幅宽的1/3；采用二次雾化喷枪喷涂时，喷涂层遂道平行搭接宽度应为喷幅幅宽的1/4。喷涂层厚度应符合设计要求，涂层最小局部厚度不应小于设计规定值。喷涂层外观应致密、平整、色泽一致，表面应无裂纹、翘皮、起泡、底材裸露和斑点及粗大未熔或附着不牢的颗粒。喷涂层与基体的结合强度应符合规定。

五、执行的主要标准规范

GB/T 50726—2023《工业设备及管道防腐蚀工程技术标准》

GB/T 11373—2017《热喷涂 金属零部件表面的预处理》

GB/T 20019—2005《热喷涂 热喷涂设备的验收检查》

GB/T 12608—2003《热喷涂 火焰和电弧喷涂用线材、棒材和芯材分类和供货技术条件》

GB/T 4956—2003《磁性基体上非磁性覆盖层 覆盖层厚度测量 磁性法》

GB/T 11374—2012《热喷涂涂层厚度的无损测量方法》

GB/T 9793—2012《热喷涂 金属和其他无机覆盖层 锌、铝及其合金》

GB/T 8642—2002《热喷涂 抗拉结合强度的测定》

第六节　耐酸砖、板衬里工程

耐酸砖、板衬里是采用耐腐蚀胶泥将耐酸砖、板贴在金属设备内表面，形成一层较厚的防腐蚀保护层，从而达到对设备的防腐蚀目的。它是化工设备防腐蚀应用较早的技术之一，其适用范围决定于胶泥和砖板的物理、机械性能和耐腐蚀性能。因而在进行化工设备砖板衬里时，应根据设备的工艺操作条件进行胶泥和耐酸砖板品种的选择，并进行合理的衬里结构设计和施工。

一、耐酸砖、板及填料的种类及性能

耐酸砖、板衬里可以作为容器、储槽、塔器、反应罐等设备衬里，此外还可用来衬地面、作地沟的防腐层。

1. 耐酸砖、板衬里的特点

① 耐酸砖、板衬里用于化工设备重防腐条件下，与涂料、玻璃钢相比，具有下列优点：

a. 选用不同材料和性能的砖板、胶泥，采用合理的衬里结构，可以有效地防止多种强腐蚀介质的腐蚀。

b. 可用于高温设备防腐，使用温度可达 380～420℃（如导热水玻璃胶泥衬水玻璃浸渍石墨板）。

c. 能承受腐蚀性物料的冲刷磨损作用，效果比一般防腐方法强得多，如衬辉绿岩板。

d. 可在较高的压力下使用，最高使用压力为 2MPa，也可适用于 0.08MPa 的真空条件。

e. 不透性石墨板衬里适用于防腐蚀传热设备。

f. 施工方法简单、成熟。

② 耐酸砖、板衬里有下列缺点：

a. 整体性差，衬层缝多，易渗漏和腐蚀穿孔。

b. 抗冲击抗振动性差，耐温度急变性差，往往因温度巨变而龟裂，且传热效果不佳。

c. 衬里后质量增大，不便运输吊装，大型设备需现场施工。

d. 手工操作，劳动强度大，在大面积施工中，个别操作者违反操作规程而使质量难以保证，造成设备过早损坏。

2. 耐酸砖、板的种类及性能

耐酸砖、板主要有耐酸瓷砖、板，辉绿岩板、浸渍石墨板、花岗岩板等多种。砖、板按材料的不同分类如图 6.6.1 所示。

- 耐腐蚀砖板
  - 天然岩石
    - 花岗岩
    - 文石
    - 长石
  - 铸石
    - 辉绿岩铸石
    - 玄武岩铸石
  - 陶瓷
    - 陶制块材
    - 瓷制块材
  - 陶瓷
    - 酚醛浸渍石墨板
    - 呋喃浸渍石墨板
    - 水玻璃浸渍石墨板

图 6.6.1 耐酸砖、板的分类

(1) 耐酸陶瓷砖、板材料

耐酸陶瓷砖、板是以黏土为主体，并适当地加入矿物、助熔剂等，经高温煅烧而成的无机耐酸材料。其主要化学成分是二氧化硅和三氧化二铝。一般可分为陶制品、瓷制品和陶瓷制品。

陶制品烧成温度较低，表面呈黄褐色，断面粗糙，孔隙率大，强度低，热稳定性高，多用于制造耐酸陶管、小型容器等；瓷制品烧成温度较高，表面洁白，质地致密，孔隙率小，强度高，耐酸性能优良，一般用的耐酸砖板均属此类；陶瓷制品的性能介于陶制品与瓷制品之间，多用于制造耐酸耐温砖、板材料。

耐酸砖、板也可根据用户要求加工定型砖、板。

(2) 铸石材料

铸石是以辉绿岩、玄武岩等天然岩石为主要原料，并适当地混以工业矿渣，经熔化、浇铸、结晶、退火等工序制成的人造石材，具有耐磨、耐腐蚀、绝缘和较高的机械强度等特点。化工设备防腐蚀用多为辉绿岩铸石。

铸石的耐酸性能优良，除氢氟酸、热磷酸外，对其他各种酸类性能稳定，并可用于100℃以内的稀碱中。常用于塔器、储槽、电解箱、下水沟等衬里。

(3) 天然耐酸石材

天然耐酸石材是由二氧化硅、三氧化二铝以及钙、镁、铁等氧化物所组成。其性能决定于化学组成和矿物组成。常见的天然耐酸石材有花岗岩、安山岩、石英岩、文石等。

(4) 浸渍石墨板

石墨材料耐化学介质性能优良。由于其本身具有多孔性，所以用作化工设备衬里时均以各种浸渍剂进行浸渍，常用的浸渍剂有酚醛树脂、呋喃树脂、水玻璃、聚四氯乙烯乳液等。浸渍石墨板的性能随浸渍剂的性能而异。

3. 耐酸砖、板衬里用胶泥

对衬砖、板用胶泥应符合如下要求：

① 具有优良的耐腐蚀性能；

② 有良好的黏结性能；

③ 有一定的热稳定性能；

④ 有较好的物理机械强度；

⑤ 具有常温固化特点，施工方便；

⑥ 原料易得，成本低。

一般根据腐蚀介质及温度选用胶泥。如强氧化性酸只有水玻璃胶合剂适用，而合成树脂类胶泥不适用。对还原性酸，水玻璃、酚醛、呋喃、环氧胶合剂均具有一定的稳定性，其中酚醛、呋喃系胶合剂能耐沸点以下、浓度70%以下硫酸，优于环氧胶合剂。在醋酸介质中，呋喃胶合剂很稳定。在含氟介质中，水玻璃胶合剂很快遭到破坏。在碱性介质中，水玻璃及酚醛胶合剂不适用，宜用呋喃、环氧或改性酚醛胶合剂。

二、耐酸砖、板衬里施工工艺

1. 衬里设备的结构要求

① 衬里设备要求具备足够的刚度，保证在吊装及负荷作业时不变形，因而在设计中应尽量选用圆筒形结构，避免采用矩形结构。不得已采用矩形结构时，应考虑补强。

② 为了便于施工与检修，对直径大于800mm的不可拆卸设备，应开设两个以上的人孔。对直径小于800mm，但较高的设备，应分节组装，每节长度小于1.5m。对人体不能入内的设备，则必须考虑手工作业时，手能触及设备的各个部位。

2. 衬里层结构的选择

衬里层的结构应根据衬里设备使用的介质组成、温度、压力、砖板与胶泥材料的性能以及生产过程的特点(如温度变化、流速的冲刷、磨损等)，最后从经济效果方面加以综合考虑。

耐酸砖、板衬里的结构可分为单层衬里、双层衬里及复合层衬里 3 种。单层衬里是用胶泥衬一层砖板，双层衬里是用胶泥衬 2 层砖板，复合层衬里在底层(抗渗层)上用胶泥衬 2 层砖板，由不同性能的材料组成。

(1) 单层衬里

单层衬里主要用于介质温度不高、腐蚀性不强的场合，用胶泥衬 1 层砖板，其结构如图 6.6.2 所示。

(2) 双层衬里

双层衬里目前采用较多，用胶泥衬 2 层砖板，层与层之间砖板错缝排列。胶缝与基体不直通，较单层衬里结构更为合理、牢固可靠。适用于腐蚀性强，渗透性强的介质。双层衬里底层与面层可采用同一种砖板、同一种胶泥，也可采用不同种类的砖板和不同种类的胶泥。主要根据结构强度、腐蚀条件和经济成本多方面来决定。双层衬里结构如图 6.6.3 所示。

(3) 复合层衬里

复合层衬里是在设备内表面加 1 层底层(抗渗层)，用胶泥衬上 2 层砖板。主要适用于防止硅质胶泥渗透(强氧化性酸，只能采用水玻璃胶泥)，以及一些尚无理想的胶泥来防止腐蚀的强腐蚀介质。也适用于腐蚀苛刻条件下，而且也可在压力较大、温度较高、渗透性较强的环境中应用，如用在三氯乙醛反应釜、硫酸蒸馏釜等设备中防腐。复合层衬里结构如图 6.6.4 所示。

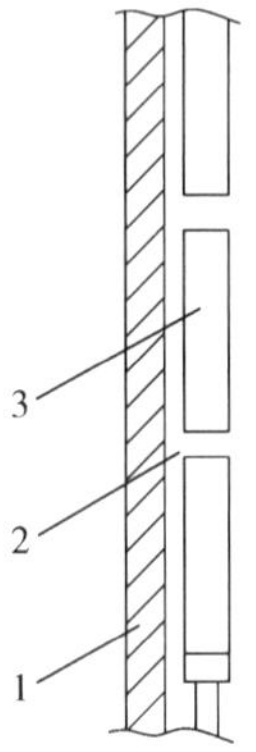

图 6.6.2 单层衬里结构

1—设备；2—胶泥；3—砖板

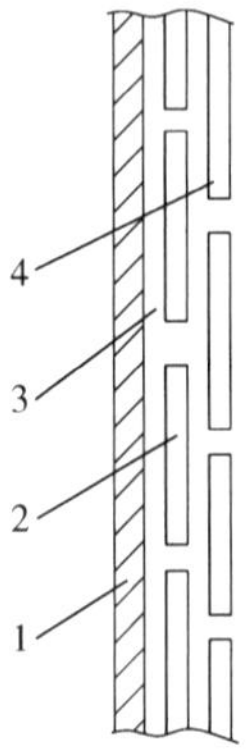

图 6.6.3 双层衬里结构

1—设备；2—第一层砖板；3—胶泥；4—第二层砖板

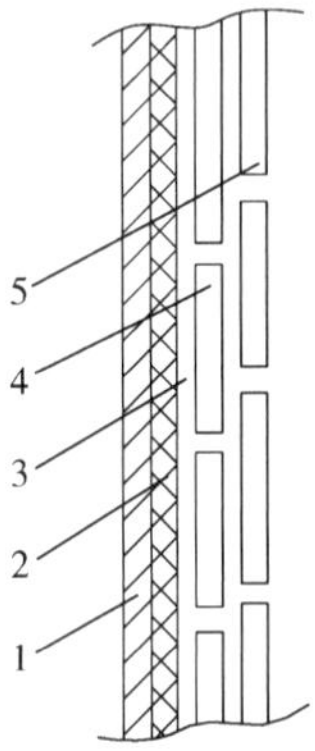

图 6.6.4 复合层衬里结构

1—设备；2—隔离层；3—胶泥；4—第一层砖板；5—第二层砖板

3. 耐酸砖、板衬里施工

(1) 耐酸砖、板衬里施工程序

耐酸砖、板衬里施工程序参见图 6.6.5 所示。

(2) 施工前的准备

① 施工环境。砖板衬里的施工环境温度以 15～30℃ 为宜，相对湿度不宜大于 80%。当施工环境温度低于 15℃ 时，应采取加热保温措施。施工环境内不许接触大量水、水蒸气与火源。室外施工时应搭建防雨、防晒棚。

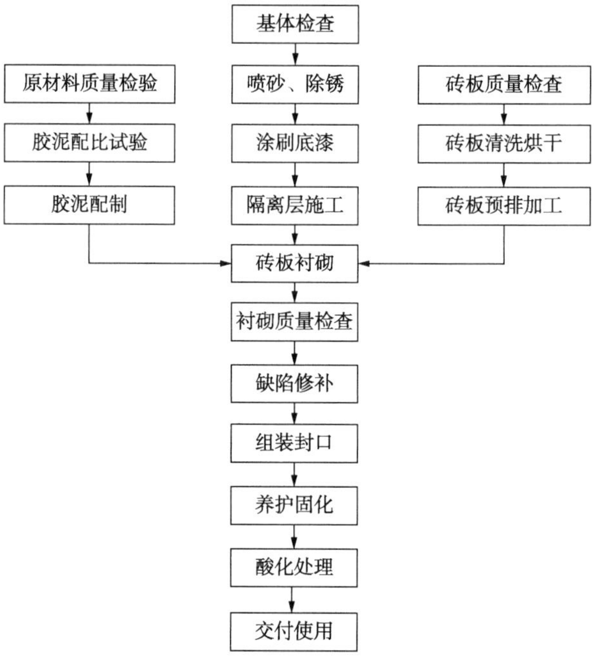

图 6.6.5　耐酸砖、板衬里施工程序

② 原材料的准备。施工前应按施工任务的要求，备足所需的各种原材料，并分别放于指定仓库；对于易燃易爆原料，如丙酮、酒精、甲苯、促进剂、引发剂等，应分别放于防火、防爆仓库内。

③ 施工条件准备。衬砌大型设备或密闭设备时，应于施工前安装低压照明灯、排送风机、升降机与动力电源等。

④ 机具及器具的准备。施工前应备好施工用机具，如和灰机、通风机、瓷砖切割机、手动砂轮等。为控制施工环境温度与湿度，施工现场应备有温度计与湿度计。备好施工用具如台秤、量筒、烧杯、比重计、钢丝刷、手锤、灰刀、扁铲等。

⑤ 安全措施。施工前备足劳保用品与灭火设备。

(3) 衬里设备基体检查与验收

板衬里设备的基体大多数由金属或混凝土制造，这些基体于施工前应按照有关规定或标准进行检查验收，合格后方可进行施工。

① 对钢制基体的检查。

a. 按照设计要求，要有足够的刚度与强度，各部位的尺寸应符合图纸规定。

b. 基体的全部机械加工、焊接、热处理、压力试验应进行完毕。

c. 各部位的接管不应伸出设备的内表面，应与设备内表面平齐。

d. 焊缝的高度不得超过 3mm，不得残留焊渣、焊瘤，不得缺焊或残留空隙。

② 对混凝土制基体的检查。

a. 混凝土的表面必须坚固、密实、平整，不应有起砂、裂缝、蜂窝、麻面等缺陷。

b. 表面的平整度以长 2m 直尺检查、允许空隙不应大于 5mm；坡度应符合设计规定。

c. 混凝土应固化完全，表面 20mm 厚度内的含水量应小于 6%。

d. 施工表面应清洁，不得留有浮灰、水泥渣、钢筋等残留物。

e. 凡穿过砖板衬里层的管道、套管、预留孔、预埋件等均应于砖板衬里施工前完成。

（4）表面处理

为了增加胶泥与基体的黏结强度，基体的施工表面于施工前必须进行处理，以清除油污、灰尘、锈蚀、氧化皮等。

（5）涂刷底漆

表面喷砂处理后，为防止重新生锈，应在8h内涂底漆，底漆要求刷匀，不得漏刷。用树脂胶泥衬砖板时，采用环氧或酚醛树脂底漆；用硅质胶泥衬砖板时，用稀硅质胶泥作底漆。

（6）隔离层的施工

在复合砖板衬里结构中如需加衬隔离层，应按照设计图纸的要求进行隔离层的施工。

各种隔离层的施工应按照各种隔离层的要求进行，如采用石棉板作隔离层，应首先清除石棉板表面的浮灰，然后以水玻璃胶泥的稀浆为黏结剂进行黏结。

各种隔离层施工完毕后，应检查有无孔洞、缝隙、粘贴不牢等弊病，并应清除表面遗留的灰尘、溶剂、杂物等。

以玻璃钢或橡胶作隔离层时，需待玻璃钢充分固化或橡胶硫化后方可进行砖板衬里施工。

（7）砖板衬砌

① 胶泥配制。配制胶泥，应根据防腐蚀设计选择胶泥种类。为了保证胶泥的质量，应在正式衬砌砖板之前做胶泥配料比试验，以验证胶泥配料比是否恰当、固化情况是否正常、施工稠度是否合适。胶泥现用现配，在2~3h内用完，防止自凝固造成浪费。

配制胶泥的容器、工具应清洁、干净，不应残存已固化的胶泥。在配制采用酸性固化剂的酚醛胶泥或呋喃胶泥时，不得选用金属容器与工具，以免与酸性固化剂发生化学作用，延缓固化时间。

② 砖板挑选、清洗、烘干。衬砌用的砖板，经过挑选后应进行清洗与烘干。

③ 衬砌接管。设备接管的衬砌应在设备本体施工前完成，直径小于200mm的接管多用瓷管、铸石管、石墨管或石棉酚醛塑料管。衬砌口径较小的管件时，应先根据接管的长度、衬里层的厚度、衬管与基体的连结形式确定衬管的长度，然后在基体接管的内壁和衬管的外面分别涂抹胶泥。衬管外径应大于接管内径6~10mm，然后在旋转前进的操作下，逐渐将衬管推进到应当固定的位置上，刮去两端挤出的胶泥，并对衬管进行固定，防上衬管偏心或位移。

④ 设备本体的砖板衬砌。正式衬砌砖板之前，应先在衬砌位置进行砖板预排，并编号定位。对应当加工的异型砖板应在预衬砌前加工完毕。

（8）衬砌施工质量检查

砖板衬砌施工应对施工质量进行检查。检查应在胶泥终凝(8h左右)后进行，此时胶泥虽然凝固，但强度尚低，若出现问题可以采取补救措施。主要检查下列内容：

a. 设备表面喷砂后外观应无锈斑、焊渣、油垢、尘土等杂物。

b. 底漆应均匀，无漏刷现象。

c. 检查砖板衬里层的平直度，偏差不得超过 1.6mm/m，局部砖板凸凹偏差小于±2mm。

d. 用锤轻敲检查是否有空声。

e. 检查法兰、接管衬里是否正确，是否有泄漏的可能。

f. 用棉球蘸丙酮检查胶泥是否变色，不变色为合格。

表 6.6.1 是施工中经常出现的问题及原因，可参考。

表 6.6.1 施工中出现的问题及原因

问题	原因分析	处理措施
胶泥流淌	胶泥配比不当，填料量少	调整配料比
砖板移位	1. 胶泥稠度小； 2. 树脂黏度大，填料少； 3. 衬砌位置不合适	1. 调整树脂黏度； 2. 增加填料用量； 3. 调整衬砌位置
胶泥固化后膨胀	1. 填料中含铁、碳酸盐等； 2. 固化剂加入过快，搅拌不匀	1. 改变填料或对填料酸洗； 2. 固化剂加入速度应慢
衬层敲击时呈空音	1. 胶泥用量不足； 2. 胶泥流淌局部无胶泥	1. 胶泥应饱满； 2. 避免胶泥流淌
胶泥固化慢	1. 固化剂用量不足或质量差； 2. 施工温度低	1. 验证固化剂质量，调整固化剂用量； 2. 提高施工温度
衬砌面不平、胶泥缝不匀	1. 砖板厚薄不均； 2. 施工时操作不佳	1. 挑选砖板； 2. 精心操作

（9）固化与热处理

衬砌后的设备应进行充分固化，以满足胶泥性能的要求。固化一般于常温下进行，如衬砖板设备急需投入生产，则可进行热处理。

不同的热处理条件，对胶泥性能的影响下同，介质不同时，加热处理对胶泥性能的影响也不同。

（10）组装封口

固化期满或热处理后的设备，应当进行组装，如反应釜、储槽的顶盖、塔节的连结等。组装时应轻吊轻放，避免撞击，各部位螺栓应受力均匀。组装时的连结面应平整、洁净。选用的法兰、垫片应满足设备生产工艺条件的需要。

三、质量控制要点

1. 原材料

施工前，应检查耐酸砖、耐酸耐温砖、铸石板、防腐蚀炭砖等块材的产品出厂合格证、材料检测报告或复验报告，其品种、规格和等级应符合设计文件和规范要求；应检查钠水玻璃、钾水玻璃等水玻璃类原材料、环氧树脂、乙烯基酯树脂、不饱和聚酯树脂、呋喃树脂、酚醛树脂等树脂类原材料的质量，并应符合设计要求。填料应洁净、干燥，其质量指标应符合设计要求。水玻璃胶泥、树脂胶泥的质量应符合规范要求。水玻璃类材料和树脂类材料的施工配合比应经现场试验后确定。

2. 衬砌质量

胶泥衬砌的砖、板结合层应饱满密实、黏结牢固、固化完全。平面块材砌体无滑移，立面块材砌体无变形。灰缝应挤严、饱满，表面应平滑，应无裂缝、气孔。结合层厚度和灰缝宽度应符合规范要求。胶泥常温养护时间应符合规定。胶泥块材衬里衬砌完毕，当进行热处理时，温度应均匀，局部不得受热，热处理温度应大于介质的使用温度。水玻璃胶泥衬砌的块材衬里工程养护后，应采用浓度为30%~40%的硫酸进行表面酸化处理，酸化处理至无白色结晶盐析出为止。块材衬里面层相邻块材高差不得大于1mm、表面平整度的允许空隙不得大于4mm，块材衬里面层坡度的允许偏差为坡长的±0.2%。

四、执行的主要标准规范

GB/T 50726—2023《工业设备及管道防腐蚀工程技术标准》

GB/T 8488—2008《耐酸砖》

第七节　绝热工程

炼油、化工等装置中介质的运行，都是在一定的温度、压力等参数条件下进行的。为了保证正常生产的最佳温度范围和减少热载体(如蒸汽、热油、热水、烟气等)和冷载体(如液氨、液氮、冷冻盐水、低温水等)在输送、储存和使用过程中热量和冷量的损失，提高热、冷效率，降低能源消耗和产品成本，设备和管道均应进行绝热。

一、绝热的目的

设备、管道的绝热按用途可分为保温和保冷两种。绝热主要有下列目的。

1. 生产工艺的要求

在石油化工产品的生产中，温度是进行反应的一个重要条件，如果不能保持过程中恒定的温度范围，就会影响到反应的速度或变化，直接影响产量、质量和物料的正常输送。因此，某些设备和管道需要进行绝热。

2. 减少热损失、节约燃料

当设备和管道内的介质温度高于周围空气温度时，热量将经过金属壁传到周围空气中造成热损失，这个热损失是相当大的。经测算，当管径DN≥100mm时，经合理保温后的散热量只有裸管散热量的10%左右；当管径DN<100mm时，为15%~20%。也就是说进行保温后热损失可以减少80%~90%，从而节约了大量燃料。

3. 改善劳动环境，保证操作人员安全

对一些车间内部的高温设备，为了改善劳动环境而进行的保温，可以起到室内降温、防暑作用，成为保护性保温。

对于温度高于65℃的设备和管道，从生产工艺上虽不需要保温，但为保证操作人员安全，需在经常走动可能触及的范围内做防烫性保护性保温。

4. 防止设备和管道内液体冻结

在寒冷季节，高凝固点的物质在设备、管道内流动不快或停储时间较长时，将产生冻结、堵塞，通常采用加热保护性保温。室外的给排水管道和水箱，如果是间歇工作就有冻结的可能，也需要做加热性保温。

5. 防止蒸发损失

当设备、管道处于低温条件操作时，周围环境的热量传递给冷介质造成冷损失，为防止介质的蒸发损失应进行冷保温。

6. 防止设备和管道外表面结露

当设备和管道外表面温度低于或等于周围空气的露点温度时，就会产生结露。为防止结露就要进行冷保温。

7. 防止火灾

在生产易燃品的车间，对一些大型设备支腿或钢结构支柱，应进行防火性保温，减少火灾危害。

二、设备和管道绝热范围

设备和管道绝热的范围见表 6.7.1。

表 6.7.1　设备、管道绝热范围表

种类	绝热条件	绝热范围	
		设备	管道
保温	操作温度低于 100℃	按工艺或防烫要求进行	按工艺或防烫要求进行
	温度为 100~250℃	所有的设备应保温，但需要散热的设备除外	全部管线应保温，但阀门、法兰和特殊部位除外
	温度大于 250℃	所有使用蒸汽的嘴子、法兰和人孔应保温	所有的部分包括阀门、法兰和任何其他部件均应保温
	任何温度下	按工艺或防烫要求进行	
	特殊条件	换热器的法兰、容器的群座和支腿不保温，但有时在易燃车间应涂耐火层。过滤器、粗滤器、疏水器不保温	要求散热的管线不保温
保冷	操作温度低于 0℃	设备壳体、嘴子、法兰、人孔、配件均应保冷；支道、梯子等通道的连接处、其保冷长度至少为保冷厚度的 4 倍	所有管线、法兰、阀门及其管件和支架均应保冷，后者的保冷长度至少为保冷厚度 4 倍
	环境温度低于物料冰点防止结冰	但施工说明有规定时同上，否则只对设备壳体进行保冷	当施工说明有规定时，还应包括上述中的阀门，法兰和管件的保冷
	操作温度低于大气平均温度防止大气中水汽冷凝	只对设备壳体，其他部位均不做保冷处理	管线应保冷，但法兰、阀门管线不需保冷

三、绝热材料分类

绝热材料按其软硬程度可分为硬质材料、软质材料、半硬质材料、散棉和散状材料。

① 硬质材料：压缩系数很小的材料或称无压缩性材料，如微孔硅酸钙、硬聚苯乙烯泡沫塑料制品、泡沫玻璃、硬聚氨酯泡沫塑料制品等。

② 软质材料：压缩系数很大的材料，如超细玻璃棉毡、矿棉席、软聚氯乙烯泡沫制品等。

③ 半硬质材料：可压缩，但是压缩系数较小的材料，如岩棉制品、硅酸铝纤维制品等。

④ 散棉：无型材料，使用时可根据设计要求，现场铺絮成型材料，如超细玻璃棉。

⑤ 散状材料：指颗粒状材料，如珍珠岩粉。

四、常用保护层材料种类

保护层按材质可分为金属保护层、抹面保护层和毡、箔、布类保护层三种。

1. 金属保护层

金属保护层的材料可采用镀锌薄钢板、普通薄钢板、薄铝合金板、不锈钢板或波纹钢板。其重量轻，外型美观，但造价较高。

镀锌薄钢板是目前应用最多的一种保护层，厚度 0.35~0.5mm 的用于管道保护层，厚度 0.5~0.8mm 的用于设备保护层。

采用普通薄钢板时，其里外表面应涂刷防锈涂料。

在酸浓度较大的环境中最好使用薄铝合金板或不锈钢板，厚度 0.5~0.7mm 的用于管道保护层，厚度 0.8~1.0mm 的用于设备保护层。

大型储罐及大型平壁设备常用波纹钢板作保护层。

2. 抹面保护层

抹面保护层根据所用材料的不同，分为石棉水泥麻刀抹面、石棉灰麻刀水泥抹面、麻刀白灰抹面、石棉硅藻土水泥抹面和石棉水泥抹面等多种。抹面保护层强度高，使用寿命长，使用于外形复杂的设备保护层。其抹面层厚度管道一般为 10~15mm，设备一般为 15~20mm。

3. 毡、箔、布类保护层

毡、箔、布类保护层采用的材料主要有玻璃布、锡箔、油毡纸等，其造价低、施工快。

锡箔与油毡纸在保温工程中，是作为防水材料被使用的。其中，油毡纸常用 200 号和 350 号两种，其宽度有 915mm 和 1000mm 两种，每卷有效使用面积为 $20m^2$。

玻璃布用在保温结构中，是以螺旋状缠绕在保温层外面，再涂以防腐漆作为保护层。玻璃布根据织纹有中碱平纹和中碱网纹两种，厚度常为 0.1~0.5mm，宽度有 200mm、250mm、300mm、400mm、500mm 等。

五、绝热结构

设备和管道的绝热结构分为保温结构和保冷结构两种。保温结构由防腐层、保温层和保护层构成。保冷结构由防腐层、保冷层、防潮层和保护层构成。

对保温、保冷结构的基本要求是热、冷损失小，有足够的机械强度，对被保温、保冷物件无腐蚀，不受生产操作震动及应力影响，施工维修方便，造价低，结构外表整齐美观。

1. 防腐层

为了防止大气、雨水等对设备、管道表面的腐蚀，以及某些绝热材料对设备、管道的腐蚀，保温(冷)施工前应对设备、管道做防腐处理。对保温的碳钢设备、管道一般刷两遍红丹防锈底漆；对保冷的碳钢设备、管道刷两遍沥青底漆；对高温管道一般刷耐高温漆或不刷漆。

2. 保温(冷)层

有充填式、浇注式、喷涂式、预制块式、包扎式等多种。最常用的有以下三种。

(1) 预制块式

预制块式是目前使用最广泛的一种结构，即将保温(冷)材料的硬质或半硬质成型制品(如管壳、板)用挂钉、铁丝、钢带或专用黏结剂等，固定于设备或管道外壁，管壳或板之间抹缝或填缝，形成绝热层。

预制块主要有：矿棉瓦块，超细玻璃棉管壳，泡沫玻璃板、瓦块，岩棉板、管壳，微孔硅酸钙瓦块，硅酸铝管壳、板，聚苯乙烯泡沫塑料板、瓦块，聚氨酯泡沫塑料板、瓦块和软木板、瓦块等。

(2) 包扎式

包扎式是将软质材料预制成毡、垫、席、绳等，用铁丝或钢带将其包扎于设备或管道外，形成绝热层。

适用于包扎式的材料有：矿渣棉席、超细玻璃棉毡、硅酸铝纤维毡和石棉绳等。

(3) 喷涂式

在施工现场，把配比好的聚氨酯泡沫塑料使用专用喷涂设备，使其喷涂于被保温(冷)物件表面并瞬间发泡形成闭孔型聚氨酯泡沫塑料保温(冷)层。

3. 防潮层

保冷结构应设置防潮层，以防止大气中的水分凝结在保冷层上，从而影响保冷效果。防潮层的结构由三部分组成：第一层为阻燃型沥青玛蹄脂或阻燃型防水冷胶料层，厚度为3mm；第二层为无蜡中碱粗格平纹玻璃布，厚度为0.1~0.2mm；第三层为阻燃型沥青玛蹄脂或阻燃型防水冷胶料层，厚度为3mm。

4. 保护层

在保温结构的保温层外或保冷结构的防潮层外设置保护层。保护层的质量直接影响到绝热结构的外表美观和使用寿命。

保护层有金属保护层、抹面保护层和毡、箔、布类保护层三种。

六、绝热施工

1. 防腐层施工

被保温(冷)设备、管道应按照设计要求进行除锈刷漆，焊缝处的防腐应在设备、管道水压强度试验和气密性试验合格后进行。

2. 绝热层施工

在被保温(冷)设备、管道按规定做了水压或气密性试验，支座、支架和仪表接管等安装工作均已完毕，表面经过除锈刷漆之后，即可进行绝热层的施工。绝热层施工应符合下列要求：

① 立式设备和垂直管道应从支撑件开始由下向上敷设。

② 保温层的厚度大于等于 100mm，保冷层的厚度大于等于 80mm，应分层进行施工，各层的厚度宜接近。

③ 采用分层敷设时，同层错缝，错缝长度不得小于 100mm，上下层压缝，搭接长度不得小于 50mm。水平管道的内层与外层纵向接缝宜分置于两侧。各层均应连续，层间不得有缺肉现象，并应逐层捆扎。

④ 绝热层的对接缝应进行严缝处理，保温缝隙不应大于 5mm，保冷缝隙不应大于 2mm。

⑤ 当采用硬质绝热材料施工时，应留设伸缩缝。设备封头部位，应将绝热制品加工成扇形块拼砌，同时从活动环开始向封头切线处的固定环呈辐射状捆扎，且底封头应加铁丝网。

⑥ 在设备、管道经常拆卸部位的绝热结构应做成 45°斜坡，阀门、人孔及法兰螺栓连接处的绝热施工，应在热(冷)紧合格及其他部位绝热施工完后进行。

3. 防潮层施工

防潮层应在清洁、干燥、平整的绝热层外表面敷设，一般采用冷法施工。应按下列工序施工：

① 保冷层的施工经共检合格后，将阻燃型沥青玛蹄脂或阻燃型防水冷胶料直接涂抹在保冷层外表面，至规定厚度后，将其表面均匀刮平，然后开始贴敷玻璃布。

② 对于小型设备和管道，玻璃布粘贴宜采用螺旋缠绕法。操作时，玻璃布随胶料层边涂边缠绕，缠绕时应把玻璃布用力均匀拉平，搭边要齐，并紧贴密实。当玻璃布出现气泡时，应将它刺破，将空气压出，使玻璃布与胶料紧贴。

③ 玻璃布粘贴干燥后，在其外表面再涂抹一层沥青玛蹄脂或防水冷胶料。至规定厚度后，将其均匀刮平。

4. 保护层施工

绝热层施工完毕并经检验合格后，应及时进行保护层的施工。对于带防潮层的绝热层，应待防潮层干燥后再进行保护层的施工。施工时，保护层应紧贴绝热层或防潮层。

① 金属保护层环向接缝宜采用搭接，纵向接缝宜采用搭接或铰接。搭接长度为 30~50mm。

② 金属保护层搭接缝除活动缝外，可采用抽芯铆钉或自攻螺丝紧固，其间距宜为 150~200mm，但每道缝不得少于 4 个。

③ 保冷施工时，金属保护层纵缝宜采用铰接，若采用抽芯铆钉或自攻螺丝紧固，在钻孔时应使用短钻头或定位钻头，不得破坏防潮层。

④ 立式设备及垂直或斜立管道的金属保护层应自下而上进行敷设，上口搭下口，并应将金属保护层分段固定在支撑件上。

⑤ 设备或管道金属保护层在有热膨胀要求的部位应设置活动接缝，活动接缝不得加钉固定。

⑥ 使用铝皮作保护层时，对铝皮有腐蚀作用的碱性较大的绝热层或防潮层应采取隔离措施，如用塑料薄膜隔离。

⑦ 设备封头采用金属保护层时，应根据绝热结构封头的形状及尺寸下料，分瓣压边后进行安装。接缝处用自攻螺丝或铆钉紧固，专用密封剂密封。

⑧ 缠绕施工的保护层如玻璃布，缠绕材料的重叠部分应为其宽度的1/3；立式设备自下而上缠绕，料的末端和起端应用铁丝捆扎，以防脱落。

⑨ 在捆扎有铁丝网的绝热层上施工石棉水泥等抹面保护层时，应分层涂抹并压平。

七、质量控制要点

1. 原材料

绝热材料及其制品应具有质量证明文件，并应符合产品标准和设计文件规定。绝热材料及其制品的导热系数、密度、温度适用范围应符合现行国家标准或行业标准的规定，并应满足设计文件要求。用于保温的绝热材料及其制品，介质平均温度等于或低于350℃时，导热系数值不得大于0.10W/(m·K)；用于保冷的绝热材料及其制品，其平均温度等于或低于27℃时，导热系数值不得大于0.064W/(m·K)。绝热材料及其制品的化学性能应稳定，对金属不得有腐蚀作用；当用在奥氏体不锈钢设备、管道上时，绝热材料中的氯离子、氟离子、硅酸盐离子及钠离子的含量应符合现行国家标准的有关规定。成型的绝热材料及其制品的外观检查应无断裂、变质、残缺等缺陷。

防潮层材料种类、性能和规格应满足设计文件要求。防潮层材料应具有不燃性或难燃性，并具有抗蒸汽渗透、防水、防潮、不软化、不流淌、不起泡、不脆裂、不脱落等性能，在气候变化与振动情况下能保持完好的稳定性，应无毒、化学稳定性好，使用时不产生有害气体。用于涂抹型防潮材料，其软化温度不应低于65℃，黏结强度不应小于0.15MPa，挥发性不得大于30%。

储存或输送易燃、易爆物料的设备及管道，以及与此类管道架设在同一支架上或相交叉处的其他管道，其保护层应采用不燃性材料。保护层应具有防水、抗大气腐蚀的性能，且化学性能稳定，不腐蚀绝热层及防潮层。

2. 绝热层

设备及管道绝热层支承件、固定件的设置应符合设计文件及规范的要求；支承件、固定件的材质应与设备及管道本体材质相匹配，已进行热处理的设备及管道，热处理后不应再进行支承件、固定件的焊接。绝热层施工前，支承件、固定件的制作和安装位置、间距、宽度等应符合设计文件或规范的规定。

同一种绝热材料及制品，当保温层厚度大于或等于100mm、保冷层厚度大于或等于50mm时，应分层铺设，且分层厚度应接近。

绝热层采用浇注法施工时，浇注材料应均匀、密布于固形层内，不得有发脆、收缩、发软、架桥、蜂窝、空洞等现象。绝热层采用喷涂法施工时，绝热层表面应平整，接茬良好，粘结牢固，厚度一致，无蜂窝、收缩、空洞、开裂和脱落现象。绝热层采用涂抹法施工时，每层涂抹厚度、层数及间隔时间应符合产品技术文件的规定，涂抹后的绝热层应表面平整、外形平顺、厚度均匀一致。当绝热层采用缠绕法施工时，绝热绳的缠绕应互相紧靠，拉紧无松动，表面平整，厚度一致；绝热带应缠绕紧密、牢固，表面平顺、无翻边，搭接一致、压边均匀。

3. 防潮层

防潮层表面应接缝紧密，无翘口、脱层、开裂，无明显的空鼓、褶皱，厚度均匀。防潮层采用胶泥与增强布复合结构时，胶泥与绝热层外表面应结合紧密、无虚粘，涂抹时应厚薄均匀、一致，无流挂、无漏涂现象，施工完的防潮层表面应平整，无翘口、脱层、开裂。防潮层采用弹性体卷材时，接缝环、纵向搭接量不小于20mm，接口搭接不小于100mm。防潮层采用非弹性体卷材时，自黏型卷材施工，层间及接口部位应粘贴紧密，非自黏型卷材施工捆扎应牢固，捆扎接头不影响外保护层施工，捆扎间距合理。

4. 保护层

金属保护层的材质、厚度应符合设计文件要求。露天、潮湿环境中的保温设备、管道和室外的保冷设备、管道与其附件的金属保护层应按规定嵌填密封剂或在接缝外包缠密封带。保冷管道的直管段与其附近的金属保护层接缝部位和管道支架穿出金属保护层的部位应按规定嵌填密封剂或在接缝外包缠密封带。立式设备、垂直管道或斜度大于45°的斜立管金属保护层应自下而上进行敷设，上口搭下口，并应将金属保护层分段固定在支承件上。金属保护层的平整度不应大于3mm。

八、执行的主要标准规范

GB 50126—2008《工业设备及管道绝热工程施工规范》

GB/T 50185—2019《工业设备及管道绝热工程施工质量验收标准》

SH/T 3522—2017《石油化工绝热工程施工技术规程》

SH/T 3010—2013《石油化工设备和管道绝热工程设计规范》

GB/T 17393—2008《覆盖奥氏体不锈钢用绝热材料规范》

第七章　电气设备安装工程

电是我国工农业生产的主要能源之一，它是通过发电机的工作由机械能转换来的；我国目前的发电形式主要有火力发电、水力发电和核动力发电。石油化工企业大都有自备热电厂，集发电、变电、输电、用电为一体，使用了一系列变配电装置和用电设备。我们本章介绍的主要是指变电、配电、用电部分的基础知识。

第一节　变配电工程

一、变配电工程基础知识

1. 变电(站)所

变电(站)所是连接电力系统的中心环节，用以汇集电源、升降电压和分配电力，通常由主变压器、主控制室、高低压配电装置和相应的辅助设施等组成。

2. 电力变压器

(1) 变压器型号的组成

变压器型号的组成，见图 7.1.1。

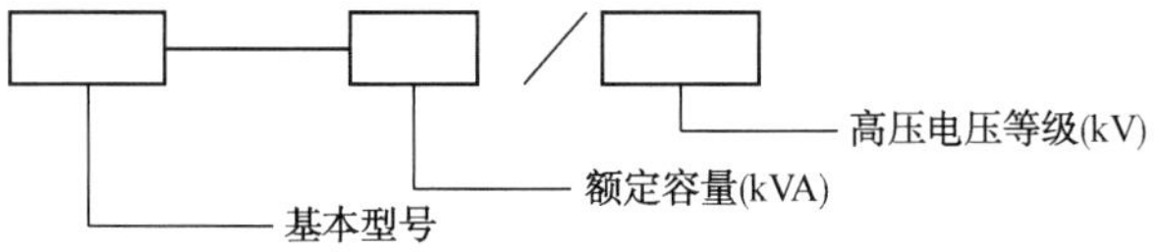

图 7.1.1　电力变压器型号组成图例

SSZ-10000/110 为三相强迫油循环有载调压双线圈(铜线)电力变压器，额定容量 10000kVA，额定电压(高压)110kV。

(2) 变压器额定电压和额定容量

① 变压器额定电压是指变压器长时间正常工作时的最佳电压，也称为标称电压。等级分为：6~10kV，35kV，60kV，110kV，220kV 等。

② 变压器的额定容量是指变压器在规定的整个正常使用寿命期间，如 30 年，所能连续输出的最大容量。额定容量=额定空载线电压×额定线电流，单位是千伏安(kVA)。

(3) 变压器的分类及其代表符号

变压器的分类及其代表符号见表 7.1.1。

(4) 变压器结构

变压器的主要部件有铁芯、绕组、油箱、冷却装置、绝缘套管和保护装置等。大型变压器，除变压器油循环冷却外，还有风冷和水冷系统。小型油浸式变压器结构见图 7.1.2。

表 7.1.1　电力变压器的分类及其代表符号

序号	分类	类别	表示符号	序号	分类	类别	表示符号
1	相数	单相 三相	D S	4	线圈数	双圈 三圈	— S
2	线圈外绝缘介质	变压器油 空气 成型固体	— G(曾用 R) C	5	调压方式	无激磁调压 有载调压	— Z
3	冷却种类	油浸自冷 油浸风冷 油浸水冷 强迫油循环风冷 强迫油循环水冷 干式空气自冷 干式浇注绝缘	—(曾用 J) F S FP SP G C	6	线圈导线材料	铜 铝	— L
				7	线圈耦合方式	自励 分励	Q —(符号未定)

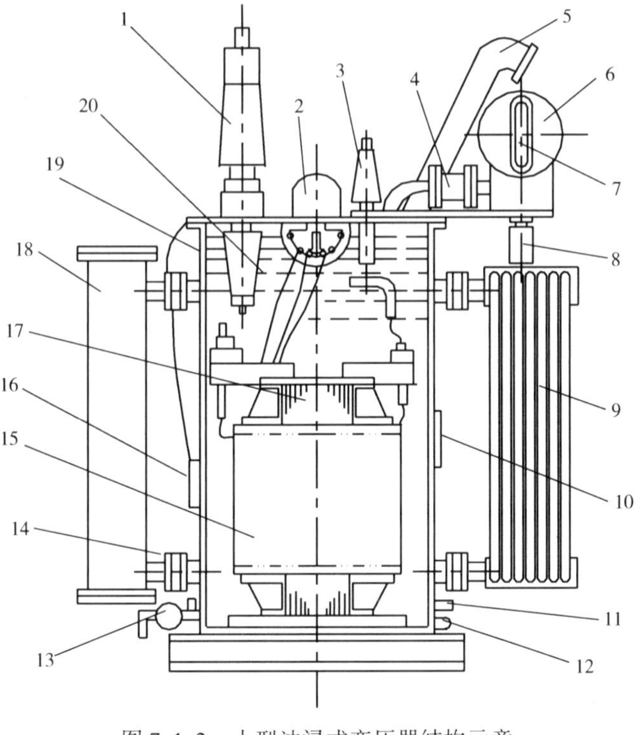

图 7.1.2　小型油浸式变压器结构示意

1—高压套管；2—分接开关；3—低压套管；4—瓦斯继电器；5—安全阀；6—储油柜；7—油表；8—吸湿器；9—散热器；10—铭牌；11—接地螺栓；12—油样阀门；13—放油阀门；14—阀门；15—绕组；16—信号温度计；17—铁芯；18—净油器；19—油箱；20—变压器油

3. 高压开关

高压开关是用于开断与关合额定电压为 1kV 及以上线路的电气设备，包括真空断路器、六氟化硫(SF_6)断路器、隔离开关、负荷开关、熔断器、真空接触器及其辅助操动机构等。

(1) 高压断路器

① 常见断路器按灭弧介质及其作用原理进行分类，见表 7.1.2。

表 7.1.2　常见断路器分类

类别	灭弧原理	特点	主要性能			主要使用场合
			断口电压/kV	开断能力/kA	电寿命	
压缩空气	压缩空气吹弧	零部件数量多，需压缩空气装置	≤145	≤100 ≤250	较长	高压或超高压大容量变电站，发电机保护等
六氟化硫	六氟化硫(SF_6)气体吹弧	零部件数量少，制造精度和装配工艺要求较高	≤363	≤100	长	各电压等级及各种用途均可使用，可频繁操作
真空	利用真空的高绝缘强度和扩散性能熄弧	体积小，重量轻，对材料及工艺要求较高	≤63	≤50	长	330kV 及以下户内变电所，可频繁操作
磁吹	电磁力驱使电弧进入绝缘狭缝中拉长和冷却	无密封要求，体积较大，结构复杂，价格高	≤35	≤20	较长	10kV 及以下户内频繁操作场合

② 用途：是在正常运行或故障情况下，作带负荷接通和切断电路用的高压电器设备，当发生短路时，继电保护装置动作，能自动切断短路电流。

(2) 高压隔离开关和负荷开关

① 型号的组成，见图 7.1.3。

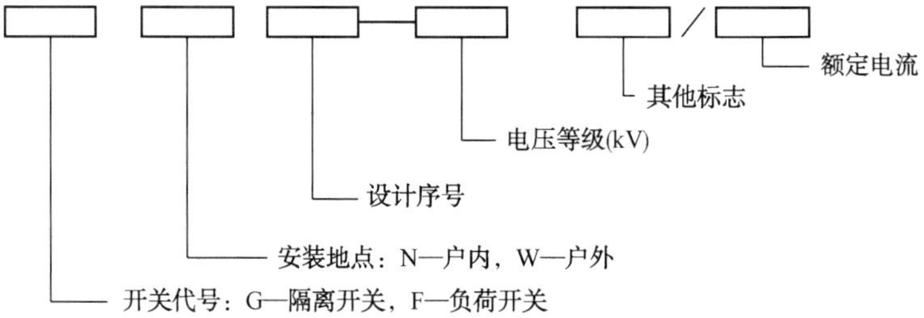

图 7.1.3　高压开关型号组成图例

示例：

a. GW2-60/1000：表示户外高压隔离开关，设计序号 2，额定电压 60kV，带中分装置，额定电流 1000A。

b. FN1-10R：表示户内高压负荷开关，设计序号 1，额定电压 10kV，装有熔断器。

② 用途。

a. 高压隔离开关：供户内(外)高压电气设备和电力线路在有电压无负荷情况下分断和关合电路之用。

b. 高压负荷开关：可以用来分断一般负荷电流，变压器空载电流，长距离空载线路、空载电缆线路和电容器组的电容电流。与熔断器配合使用后，则可开断短路电流。较小的过负荷电流可由负荷开关直接分断。

4. 成套开关设备

高压成套开关设备是以开关为主体，将其他各种电器元件按一定主结线要求组装为一体而构成的成套电气设备，用于发电、输电、配电和电能转换等系统中。成套开关设备有两种主要类型：成套配电装置和组合电器。它们的主要差别在于，成套配电装置除一次电器元件外，还包括控制、测量、保护、调整等装置，通过电气连接将辅件、外壳等有机地结合在一起；而组合电器仅限于两种或两种以上一次电器元件的组合。

① 高压开关柜：是额定电压为35kV以下，除进、出线外，完全被金属外壳包住的高压开关设备。它分为固定式和手车式两种。

② 低压成套开关设备：额定电压为1000V以下，按供电系统的要求一般可分为三类：一级配电设备(动力配电中心)，二级配电设备(动力配电柜和电动机控制中心)和末级配电设备(照明、动力配电屏)。按设备的结构特征可分为固定面板式、封闭式和抽屉式成套开关设备三大类。

③ 低压配电柜：分固定式和抽屉式两种。用于发电厂、变电站及工矿企业交流频率50Hz、电压380V、额定电流1500A以下三相电力系统，作为动力、照明配电用。

④ 配电箱：用于发电厂、工矿企业交流频率50Hz、电压500V以下三相五线电力系统中控制电动机、电气设备及照明。

5. 互感器

互感器是用于高压电网的保护检测的电气设备。原理和变压器相似，利用电生磁磁生电将高压转化为危险性较小，对设备要求较低的低压小电流。互感器与测量仪器配合，对线路的电压、电流、电能进行测量，与继电保护装置配合，对电力系统和设备进行保护；互感器能使测量仪表、继电保护装置与线路高电压隔离，以保证运行人员和二次装置的安全；互感器还可以将线路电压、电流变换成统一的标准值，以利于测量仪表和继电保护装置标准化。

互感器分为电压互感器和电流互感器两大类，在使用过程中，电流互感器的二次侧是绝对不允许开路的(会产生高电压)，电压互感器的二次侧是不许短路的(以防止过大的短路电流损坏电压互感器)。

6. 电力电容器

电容器主要用于提高工频电力系统的功率因数，调整电压。电容器由外壳和芯子组成，外壳用薄钢板焊接而成，外壳盖上有出线瓷套，芯子由若干个元件和绝缘件叠压而成，元件用电容器纸或纯薄膜作介质与铝铂作极板卷制而成，为适应各种电压，元件可接成串联或并联。

7. 绝缘子和穿墙套管

① 绝缘子是安装在不同电位的导体或导体与接地构件之间，能够耐受电压和机械应力作用的器件。绝缘子种类繁多，形状各异。不同类型的绝缘子结构和外形虽有较大差别，但都是由绝缘件和连接金具两大部分组成的。绝缘子按安装方式不同，可分为悬式绝缘子和支柱绝缘子。

② 高压穿墙瓷套管：适用于工频交流电压为110kV及以下电厂、变配电站、高压成套封闭式柜中，作导电部分穿过接地隔板、墙壁及封闭配电装置的绝缘、支持和与外部母线连接之用。套管按安装地点分户内和户外两类。套管由瓷套、安装法兰及导电部分装配而成。户外套管的户外端有较大的伞裙，以提高湿闪电压。

8. 避雷器

避雷器是用于保护电气设备免受雷击时高瞬态过电压危害，并限制续流时间，也常限制续流幅值的一种电器。避雷器有时也称为过电压保护器、过电压限制器。避雷器的主要类型有管型避雷器、阀型避雷器和氧化锌避雷器等。

9. 继电器

继电器是一种电控制器件，是当输入量(激励量)的变化达到规定要求时，在电气输出电路中使被控量发生预定的阶跃变化的一种电器。它具有控制系统(又称输入回路)和被控制系统(又称输出回路)之间的互动关系。通常应用于自动化的控制电路中，它实际上是用小电流去控制大电流运作的一种“自动开关”。故在电路中起着自动调节、安全保护、转换电路等作用，广泛应用于遥控、遥测、通信、自动控制、机电一体化及电力电子设备中，是最重要的控制元件之一。

按工作原理或结构特征，继电器的分类情况见表7.1.3。

表7.1.3　继电器的分类

按继电器的工作原理或结构特征分类	(1) 电磁继电器	利用输入电路内电流在电磁铁铁芯与衔铁间产生的吸力作用而工作的一种电气继电器
	(2) 固体继电器	指电子元件履行其功能而无机械运动构件的，输入和输出隔离的一种继电器
	(3) 温度继电器	当外界温度达到给定值时而动作的继电器
	(4) 舌簧继电器	利用密封在管内，具有触电簧片和衔铁磁路双重作用的舌簧动作来开、闭或转换线路的继电器
	(5) 时间继电器	当加上或除去输入信号时，输出部分需延时或限时到规定时间才闭合或断开其被控线路继电器
	(6) 高频继电器	用于切换高频，射频线路而具有最小损耗的继电器
	(7) 极化继电器	有极化磁场与控制电流通过控制线圈所产生的磁场综合作用而动作的继电器。继电器的动作方向取决于控制线圈中流过的电流方向
	(8) 其他类型的继电器	如光继电器，声继电器，热继电器，仪表式继电器，霍尔效应继电器，差动继电器等

10. 模拟屏

模拟屏是一种应用于配电室、变电所和变电站中的电力设备，属于必配装置之一，其主要功能是用于防止电力误操作。模拟屏上有电气主接线图，有能进行操作前预演的手柄(俗称钮子开关)和能指示设备状态的指示灯等。

模拟屏是由模拟屏架、马赛克拼块、电脑雕刻一次系统图、刀闸钮、开关钮、接地装置、平面灯、电源等组成。根据用户要求可以另外选配有：安全天数、建站日期、电子时钟、周波表、地线防误报警装置等，对于要求严格的用户还可选用带有逻辑预演和报警功能或加装微机闭锁装置。

二、主要变配电设备的安装

1. 电力变压器

(1) 施工程序

施工程序如图 7.1.4 所示。

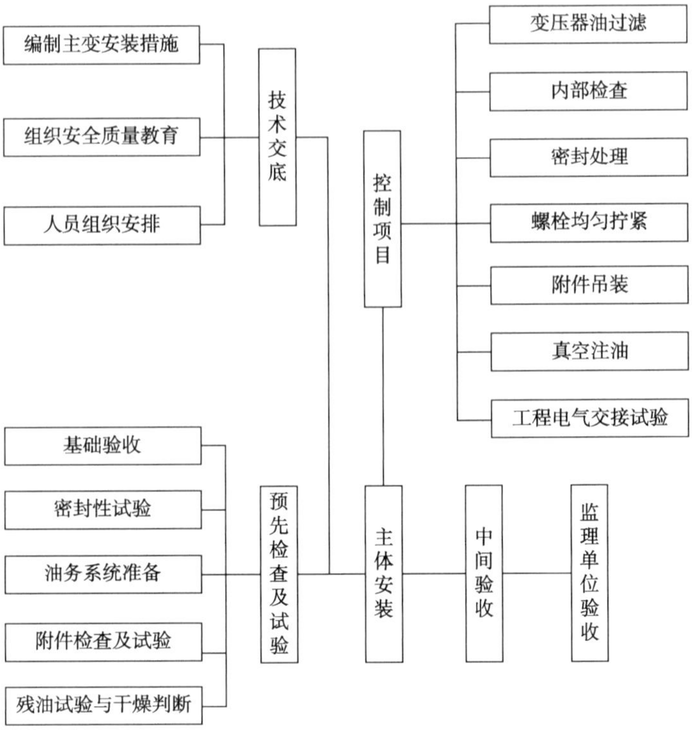

图 7.1.4　施工程序

(2) 变压器安装前的检查

① 变压器到达现场后，应及时进行外观检查；

② 型号、规格是否与设计相符；

③ 外形有无损伤、变形，油漆是否脱落，带油运输的变压器有无漏油现象；

④ 变压器的瓷绝缘子有无损伤、裂纹；

⑤ 变压器的附件检查等；

⑥ 充氮运输的变压器器身压力应为正压。

(3) 器身检查

① 当满足下列条件之一时，可不进行器身检查。

a. 制造厂规定可不进行器身检查。

b. 容量为1000kVA及以下，运输过程无异常情况者。

c. 就地生产仅作短途运输的变压器，如果事先参加了制造厂总装、试验，质量符合要求，且在运输过程中进行了有效的监督，无紧急制动、剧烈振动、冲撞或严重颠簸等异常情况者。

② 器身检查前的准备工作：材料工具的准备，如活扳手、塞尺、绝缘带、白布、道木等；起重设备的准备，如起重机、手拉葫芦等；变压器油的处理，吊芯前应取油样进行耐压及化学分析，如不合格需用滤油机过滤；临时作业架的搭设等。

③ 铁芯吊出前，应将油箱中的变压器油放出一部分，目的是防止顶盖螺丝卸开时油流出来。起吊前油箱应放平，防止铁芯吊出和放入时碰撞箱壁，起吊速度应缓慢。

④ 器身检查应重点检查以下项目。

a. 支架和器身各部件应无移动现象，运输用的临时防护装置及临时支架应予拆除，并经过清点做好记录后存档。

所有螺栓应紧固，并有防松措施；绝缘螺栓应无损坏，防松绑扎完好。

b. 铁芯检查：

铁芯应无变形，铁轭与夹垫间的绝缘应良好。

铁芯应无多点接地，铁芯外引接地的变压器，拆开接地线后铁芯对地绝缘应良好。

打开夹件与铁轭接地片后，铁轭螺杆与铁芯、铁轭与夹件、螺杆与夹件间的绝缘应良好。当铁轭采用钢带绑扎时，钢带对铁轭绝缘应良好。

打开铁芯屏蔽接地引线，检查屏蔽绝缘应良好。

打开夹件与线圈压板的连线，检查压钉绝缘应良好。

铁芯拉板及铁轭拉带应紧固，绝缘良好。

c. 绕组检查：

绕组绝缘层应完整，无破损、变形现象；

各绕组应排列整齐，间隙均匀，油路无堵塞；

绕组的压钉应紧固，防松螺栓应锁紧。

（4）变压器安装

经试验和检查合格后，场地具备安装条件时即可按施工图进行变压器安装。变压器体积大、吨位重，在安装前应将施工场地平整，进行临时道路修筑。

2. 高低压开关柜安装

（1）施工程序（以GIS开关柜为例）

施工程序（以GIS开关柜为例）如图7.1.5所示。

（2）基础安装

开关柜基础的施工应在土建、通风专业施工完，工序交接合格后方可进行。

（3）安装检查

① 开关柜的安装应在基础检验合格后进行；

② 开关柜安装后应及时进行内在质量检查；

③ 导电部分的电气间隙及爬电距离应符合施工规范要求；

④ 电气元件固定牢固，接地良好。

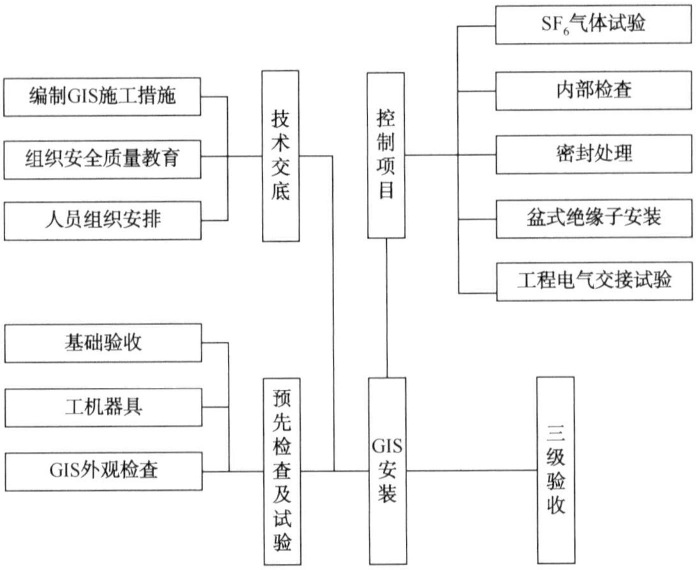

图 7.1.5 施工程序(以 GIS 开关柜为例)

第二节 蓄电池及整流装置

一、蓄电池的分类、构造及工作原理

蓄电池是储蓄电能的一种装置。它能将电能转变为化学能储存起来，使用时再把化学能转变为电能释放出来。变换的过程是可逆的。

根据电极和电解液所用物质的不同，蓄电池一般分为酸性蓄电池和碱性蓄电池。我们常见的是酸性的铅蓄电池和碱性的镉镍蓄电池。蓄电池主要用于发变电和自动化控制系统中，如操作回路、信号回路、自动装置及继电器保护回路，事故照明、厂用通信等。

蓄电池的容量是蓄电池的重要指标之一，一般用安时(Ah)作为单位。所谓安时，就是指蓄电池放电电流(安培 A)与放电时间(小时 h)的乘积。在环境和放电电流相同时，安时数越大的蓄电池持续放电时间越长。

二、蓄电池(组)的安装

安装蓄电池的方式有台架式和箱式两种。台架式是把蓄电池安装在台架上，蓄电池之间用导体连接起来。箱式是把蓄电池安装在铁箱内，蓄电池之间用导体连接起来。

三、整流装置

整流装置广泛地用于电解、电镀、电力拖动机械、通信设备、蓄电池充放电等工作环境。我们在本节介绍的整流装置是指蓄电池(组)的充电装置，它是将交流电转换成直流电并对蓄电池进行充电的一种装置，现在一般采用全自动充电装置。它由硅整流装置、隔离变压器、晶闸管等的恒电压装置以及自动恢复充电装置等构成，在停电恢复后自动对蓄电池进行充电，充电完毕后进行浮充电或涓流充电。另外，在恢复充电时，根据负荷情况，由于存在额定电压以上外施电压的情况，所以，在这种情况下必须附加有硅投载装置的负荷电压补偿装置。

第三节　电缆、电机及配电箱

一、电缆

1. 电缆的用途、分类和结构

电缆主要作为电气设备内部或外部的连接线，也可用于输送电能或传送各种电信号。

电缆通常分为电力电缆、控制电缆、通信电缆。电缆按绝缘层的不同，可分为油浸纸绝缘电缆、橡皮绝缘电缆、聚氯乙烯塑料绝缘电缆、聚乙烯及交联聚乙烯塑料绝缘电缆等。

电力电缆的基本结构由导电线芯、绝缘层和护层三部分组成。为了改善电场的分布情况，减小切向应力，有的电缆加有屏蔽层。多芯电缆绝缘线芯间，还需增加填芯和填料，以便将电缆绞制成圆形。

2. 电缆敷设

① 电缆的敷设形式有沿电缆沟内支架或充沙敷设、埋地敷设、电缆沿支架敷设、电缆穿管敷设(明敷、暗敷)、电缆沿钢索卡设、电缆沿电缆梯形桥或槽型桥敷设等。

② 电缆在运输的过程中应固定牢固，禁止将电缆盘直接从车上推下。电缆敷设前要核对好电缆型号、规格、电压等级、长度。电缆敷设前还要测量电缆绝缘电阻(高压电缆要进行耐压试验)，确认电缆合格后方可敷设，试验时应做好记录。电缆从桥架下引出后至端子排，电缆的排列、固定应整齐、美观，电缆应留有适当余量。电缆的起点、终点、拐弯处均应挂标志牌，标志牌字迹应清晰、持久、内容齐全。动力电缆应在0℃以上敷设，控制电缆可在-10℃以上敷设，否则应采取预热措施。

3. 电缆头制作

① 电缆头分终端头和中间头(户内或户外)。电缆头制作方式有绕包式、热缩式、冷缩式、浇铸型等；要求电缆头导体连接良好，绝缘可靠，密封良好，有足够的机械强度，能适应各种运行条件，还要尽可能考虑到结构简单、体积小、材料省、安装维修简单、造型美观等。

基本消耗材料有绝缘带、保护带、导电带、半导体带、应力带、环氧树脂、热(冷)收缩电缆终端头、电缆终端头、接线端子等。

② 电缆头的制作应严格按规范和产品说明书进行，护套、铠装、屏蔽层、半导体、主绝缘均应留有适当的长度，尤其应力管的位置应安装准确，否则会引起电缆头击穿或爆炸。

电缆头制作完成后必须通过电气试验后方可投入使用。

二、电机

电机是一种用来进行电能与机械能相互转换的电磁机械。其运行原理基于电磁感应定律和电磁力定律两个基本定律。

电机按其功能可分为发电机、电动机、变流机及控制电机。其中变流机包括变频机、升压机、感应调压机、调相机、变相机以及交流电与直流电之间变换的变流机等。

按电机电流类型分为直流电机和交流电机。交流电机又分为同步电机和异步电机。直流电机按励磁方式分为永磁电机、它励电机、自励电机(并励、复励、串励)。

各类电机的结构特点与用途见表 7.3.1。

表 7.3.1　各类电机的结构特点与用途

电机类型		定子	转子	用途
直流电机		包括主磁极及直流励磁绕组。建立励磁磁场	包括电枢铁芯绕组。感应交流电动势，流过负载电流，借换向器和电刷的作用使外电路的直流电与电枢绕组的交流电之间相互变换	常作电动机用，以驱动需要平滑调速的机械设备；也可作发电机用
交流电机	同步电机	包括电枢铁芯及交流电枢绕组，感应交流电动势，流过负载电流	包括磁极及直流励磁绕组。建立励磁磁场	常作发电机用，也可作电动机用，还可用作调相机
	异步电机	包括电枢铁芯及交流电枢绕组。建立励磁磁场，同时感应交流电动势，流过励磁电流及负载电流	包括转子铁芯及自成闭合回路的转子绕组。感应交流电动势，流过负载电流	常作电动机用，广泛用于驱动一般的机械设备

常用的施工验收规范有 GB 50170—2018《电气装置安装工程 旋转电机施工及验收标准》等。

三、配电箱

配电箱是按电气接线要求将开关设备、测量仪表、保护电器和辅助设备组装在封闭或半封闭金属柜中或屏幅上，构成的低压配电装置。配电箱分动力配电箱和照明配电箱，是配电系统的末级设备。

配电箱按结构特征和用途，可以分为以下几类。

1. 固定面板式开关柜

常称开关板或配电屏。它是一种有面板遮拦的开启式开关柜，正面有防护作用，背面和侧面仍能触及带电部分，防护等级低，只能用于对供电连续性和可靠性要求较低的工矿企业，作变电室集中供电用。

2. 防护式(即封闭式)开关柜

指除安装面外，其他所有侧面都被封闭起来的一种低压开关柜。这种柜子的开关、保护和监测控制等电气元件，均安装在一个用钢或绝缘材料制成的封闭外壳内，可靠墙或离墙安装。柜内每条回路之间可以不加隔离措施，也可以采用接地的金属板或绝缘板进行隔离。通常门与主开关操作有机械联锁。另外还有防护式台型开关柜(即控制台)，面板上装有控制、测量、信号等电器。防护式开关柜主要用作工艺现场的配电装置。

3. 抽屉式开关柜

这类开关柜采用钢板制成封闭外壳，进出线回路的电器元件都安装在可抽出的抽屉中，构成能完成某一类供电任务的功能单元。功能单元与母线或电缆之间，用接地的金属板或塑料制成的功能板隔开，形成母线、功能单元和电缆三个区域。每个功能单元之间也有隔离措施。抽屉式开关柜有较高的可靠性、安全性和互换性，是比较先进的开关柜，生产的开关柜，多数是抽屉式开关柜。它们适用于要求供电可靠性较高的区域，作为集中控制的配电中心。

4. 动力、照明配电控制箱

多为封闭式垂直安装。因使用场合不同，外壳防护等级也不同。它们主要作为生产现场的配电装置。

第四节　电缆桥架及桥架内电缆敷设

一、电缆桥架的分类与结构

电缆桥架是一款为保护电缆而衍生的产品，是电缆的保护壳，防止电缆受到外界因素的影响而损坏。主要由支架、托臂和安装附件组成，桥架主要类型可以分为槽式、托盘式和梯架式、网格式等。

电缆桥架可以独立架设，也可以敷设在各种建(构)筑物和管廊支架上，具有结构简单、造型美观、配置灵活和维修方便等特点，全部零件均需进行镀锌处理。安装在建筑物外露天的桥架，如果是在邻近海边或属于腐蚀区，则材质必须具有防腐、耐潮气、附着力好、耐冲击强度高的物性特点。

电缆桥架的接地干线，应沿电缆边架设。直线段每隔 1.5m 固定一次，转弯处应增设固定点。接地干线每隔 25m 应与主接地干线连接一次。当电缆桥架有数层电缆桥时，接地干线只架设在顶层的电缆桥边上(装在桥的哪一侧由工程设计决定)，并每隔 6m 与下面各层跨接一次。

二、桥架内电缆敷设

电缆在桥架内敷设时，应符合下列要求：

① 保持一定的间距。多层敷设时，层间应加隔栅分隔，以利通风。

② 电缆的敷设排列应顺直、整齐。

③ 电缆转弯处的最小弯曲半径应符合规范的规定。

④ 在梯架、托盘或槽盒内大于 45°倾斜敷设的电缆应每隔 2m 固定，水平敷设的电缆，首尾两端、转弯两侧及每隔 5~10m 处应设固定点。

⑤ 电缆出入电缆梯架、托盘、槽盒处应做固定。

第五节 照明工程

一、照明工程概述

照明工程主要包括灯具和照明线路两大部分

1. 灯具

从结构来说，灯具可以分为开启式、封闭式、密闭式三种；从光源来说可以分为白炽灯、荧光灯、金属卤化物灯、卤钨灯、高压汞灯、钠灯、氙灯、混光灯、霓虹灯和紫外线灯等；从使用功能来说，照明灯具的种类大体可分日常照明、事故照明、工作照明、警卫照明、障碍照明。照明所用的电压一般为220V，在特殊情况下采用安全电压(36V)，如车床照明、储罐内工作照明等。

2. 照明线路

照明线路包括用于给灯具供电的线缆和用于线缆敷设的导管。

用于照明线路的线缆按芯线材质分为铝芯和铜芯两种；按绝缘层分为橡皮绝缘线、塑料绝缘线。石化行业普遍采用铜芯聚氯乙烯绝缘线。

从配电箱到灯具的配电线路和控制线路可以通过导管(石化装置一般采用热镀锌钢管)进行敷设，导管的敷设分明配和暗配两种。

明配线是指导管沿着墙壁、天花板、梁、柱、钢结构支架等敷设。

暗配管是指配合土建施工，将管子先预埋在地坪、墙壁、楼板或顶棚内。

3. 灯具和线路的接地与接零

电气设备不带电的金属部分(如灯具金属外壳或穿线钢导管)与接地的中性线实行电气连接的称为接零，而电气设备不带电的金属部分与接地装置实行电气连接的称为接地。为了防止电击而引起人身的伤亡，灯具和线路应采取保护接零(或接地)的措施。

二、照明工程的安装

1. 明配管

钢管配置均应采用丝扣连接，连接处应抹电力复合脂以确保电气管路接地连接，螺纹的啮合不应少于5扣。配管排列应整齐，管内无杂物、毛刺，灯具、接线盒等附件应齐全。

2. 暗配管

暗配管施工前，电气施工人员应和土建专业人员进行详细图纸会审，了解屋顶、楼板、墙以及柱子的布置情况。暗配管应密封良好，穿线盒应及时封堵。暗配管应按图施工，及时进行共检，做好隐蔽记录。水泥墙或楼板内的配管应固定牢固，浇注水泥时电工应密切配合，防止暗配管及穿线盒位置移动造成错位。钢管连接处、钢管与接线盒、照明箱、插座箱、灯具的接地连接应可靠，镀锌钢管连接处的跨接线应采用专用接地卡。暗配管间应采用丝扣连接，暗配管与接线盒、箱连接时应采用锁紧螺母固定，管口上的护线帽应齐全。

3. 接线

接线盒内的导线接头宜采用焊接或压接的方式，防爆区域的接线严禁采用绞接方式。

4. 灯具插座开关

灯具、插座、开关的型号、规格及附件等应齐全、符合设计要求。同一室内或场所成排安装的灯具、插座、开关应美观、便于操作且固定牢固。

常用的施工验收规范有 GB 50617—2010《建筑电气照明装置施工与验收规范》、DL/T 5161. 17—2018《电气装置安装工程质量检验及评定规程 第 17 部分：电气照明装置施工质量检验》、GB 50257—2014《电气装置安装工程 爆炸和火灾危险环境电气装置施工及验收规范》等。

第六节　防雷接地

一、防雷接地概述

防雷接地是电气安装工程中的重要环节，它是保证变配电装置、电气设备防雷击、防触电的重要手段。

1. 防雷

雷是大气中自然放电的一种现象，它会破坏建、构筑物，击穿电气设备绝缘，或伤害人畜等。为了预防雷电的危害，故而采用防雷保护措施进行保护。防雷一般采用装设独立避雷针、架空避雷线、避雷网(带)等。

2. 接地

(1) 接地装置

接地线与接地干线接在一起，而接地干线又与埋在地下的接地体(极)接在一起，总称为接地装置。

接地体(极)是埋入地下并直接与大地接触的金属导体，如铜板、角钢等。

接地线是电气设备金属外壳与接地体相连接的导体，如扁钢、圆钢等。

(2) 接地装置分类

① 功能性接地：为保证电气设备正常运行或电气系统低噪声接地，称为功能性接地。其中将电气设备中性点或 TN 系统中性线的接地称为交流中性点接地。利用大地作导体，在正常情况下有电流通过的称为工作接地。将电子设备的金属底板作为逻辑信号的参考点而进行的接地称为逻辑接地。将电缆屏蔽层或金属外皮接地达到电磁适应性要求的接地称为屏蔽接地。

② 保护性接地：为了防止人、畜或设备因电击而伤亡或损坏的接地称为保护性接地。其中将电气设备的外壳接地或接到 PE、PEN 线的称为外壳保护接地。将建筑物内的金属构架与大地相连接的称为建筑物接地。为引导雷电流而设置的接地称为防雷接地。使静电电流流入大地的称为静电接地。在 PE 或 PEN 线一点或多点接向大地称为重复接地。

二、防雷接地的安装

① 接地工程需要与土建专业密切配合，施工人员应看清图纸，按图施工，施工后还应核对，防止漏埋。确保工艺管道、设备的静电接地和防雷接地不被遗漏。

② 接地极、接地干线、分支线用的镀锌扁钢或铜导线应符合设计要求，接地线连结时应符合 GB 50169—2016《电气装置安装工程 接地装置施工及验收规范》的有关规定。

③ 接地工程的地下部分属隐蔽工程，隐蔽前一定要进行共检，回填土不能掺杂砖头、石块等，回填后及时夯实。

④ 接地装置的焊接应采用搭接焊，扁钢与扁钢的搭接长度不小于其宽度的 2 倍，至少焊三个边；扁钢与圆钢搭接焊时，搭接长度不小于圆钢直径的 6 倍，且应双面焊；圆钢与圆钢搭接不应小于圆钢直径的 6 倍，且应双面施焊。接地极顶部深度应符合设计要求。电气接地电阻值不能大于设计要求。

常用的施工验收规范有 GB 50169—2016《电气装置安装工程 接地装置施工及验收规范》、GB 50601—2010《建筑物防雷工程施工与质量验收规范》等。

第七节 架空线路

一、架空线路的结构

架空线路是电力网的重要组成部分，其作用是输送和分配电能。架空电力线路的构成，主要包括杆塔、绝缘子、导线、横担、金具、接地装置及基础等。

1. 杆塔

杆塔按所用材质的不同可分为木杆、水泥杆和金属杆三种。按在线路中的用途可分为直线杆、耐张杆、转角杆、终端杆、分支杆和跨越杆等。

2. 绝缘子

绝缘子(又称瓷瓶)的作用，是在悬挂导线时，使导线与杆塔绝缘，还承受主要由导线传来的各种荷载。

3. 导线

架空线路导线的结构总的来说可以分为三大类：单股导线、多股绞线和复合材料多股绞线。架空线路导线的材料有铝、铝合金、铜和钢等。

4. 横担

横担用以支持绝缘子、导线、跌落式熔断器、隔离开关、避雷器等设备，并使导线有一定的距离，因此横担要有一定的强度和长度。高、低压配电线路常用的横担有角铁横担、木横担和瓷横担三种。

5. 金具

线路金具主要用于架空电力线路将绝缘子和导线悬挂或拉紧在杆塔上，用于导、地线的连接、防震以及带拉线杆塔中拉线的紧固与调整等。线路金具大致有以下几类：悬垂线夹、耐张线夹、连接金具、接续金具、保护金具和拉线金具。

6. 接地装置

为尽量避免架空电力线路遭受雷击时，发生过电压、绝缘破坏、线路跳闸、设备损坏等事故，一般 35kV 线路要在进、出变电站两端各 750~1500m 段内安装架空避雷线，或在个别特殊雷区装设避雷器或避雷针。10kV 线路一般在配电变压器台装设避雷器作为防雷保护。

以上几种防雷设施，均需依靠接地装置将雷电流迅速引入大地，故合格的接地装置，是保证防雷设施起到应有保护作用的关键。

7. 基础

杆塔埋入地下的部分为杆塔基础。基础的作用是保证杆塔在运行中不发生下沉或在受外力作用时不发生倾倒或变形。

二、架空线路的安装

1. 挖坑

坑有杆坑和拉线坑两种。杆坑分为圆形坑和梯形坑。对不带卡盘和底盘的电杆，通常挖圆形坑；对杆身较高、较重和带卡盘的电杆，挖梯形坑。在坑深 1. 6m 以下者，采用二阶坑；坑深在 1. 8m 以上者，采用三阶坑。

2. 立杆

立杆方法很多，常用的有汽车起重机立杆、三角架立杆、倒落式立杆和架腿立杆等。具体采用哪一种立杆方法，应根据杆的重量、型式、场地情况等确定。

3. 横担组装

一般都在地面上将电杆顶部的横担、金具等全部组装完毕，然后整体立杆。如果电杆竖起后再组装，则应从电杆的最上端开始安装，在杆上将横担紧固好后，再安装绝缘子。

4. 拉线制作

电杆拉线一般采用镀锌钢绞线。制作拉线时，在埋设拉线盘前，应把下把线组装好，然后进行整体埋设。接着做拉线上把，最后做拉线中把，使上部拉线和下部拉线盘连接起来成为一个整体。

5. 架设导线

在检查导线规格符合要求后，可以进行放线。把导线从线盘上放出来，架设在电杆的横担上。放线有拖放法和展放法两种方法，拖放法是将线盘放在放线架上拖放导线；展放法是将线盘架设在汽车上，在汽车行驶中展放导线。

导线放完后，如果接头在跳线处(耐张杆两侧导线间的连接)，可用线夹连接。若接头处在其他位置，则采用压接法连接。

常用的施工验收规范有 GB 50173—2014《电气装置安装工程　66kV 及以下架空电力线路施工及验收规范》等。

第八节　起重机械

一、起重机械概述

本节所阐述的起重机械主要是指起重机、电动葫芦等由电动机拖动的电气起重装置。起重机是工厂和发电厂等起吊重物并在空中行走的搬运设备。其构造是在建筑物两侧设置的轨道上行走的桥架，及装在桥架上能横向移动的起升机构，用起升机构上的吊钩来完成起重行走任务。每台起重机上装有起升电动机、大车运行电动机和小车运行电动机等共3台。

电动葫芦是装在工厂厂房等上空的工字梁上起吊用设备，装有行走电动机和起升电动机，在操作电缆的端部用按钮进行操作。

电动机的电源由设在工字梁上与梁平行的滑触线、滑触线母线槽或绝缘滑触线上引接。

二、起重机械的安装和投用

起重机械安装、改造、维修许可实施分级管理，安装、改造、维修单位必须取得相应的许可方可开展对应的工作。

根据《起重机械安全监察规定》和国家质量监督检验检疫总局令第92号的规定，从事起重设备安装、改造、维修的单位应当按照规定向质量技术监督部门告知，并在施工前向施工所在地的检验检测机构申请监督检验。起重机械在投入使用前或者投入使用后30日内，使用单位应当按照规定到登记部门办理使用登记。

第九节　电气试验

电气试验是保证电力设备安全可靠运行的重要手段，按种类一般分为出厂试验、交接验收试验、预防性试验。

一、出厂试验

出厂试验指的是电力设备生产厂家根据国家有关标准和产品技术条件规定的试验项目，对每台场产品所进行的检查试验。试验目的在于检查产品设计、制造、工艺的质量，防止不合格产品出厂。大容量重要设备(如发电机、大型变压器)的出厂试验应在使用单位人员的监督下进行，每台电力设备制造厂家应出具齐全合格的出厂试验报告。

二、交接验收试验

交接验收试验是指安装部门、检修部门对新投入设备、大修后设备按照有关标准及产品技术条件或《规程》规定进行的试验。新设备在投入运行前的交接验收试验，用来检查设备有无缺陷，在运输、安装过程中有无损坏等；大修后设备的试验用来检查检修质量是否合格等。交接试验的意义在于检查鉴定制造单位生产的电气设备的质量是否合格；检查电气设备运输、保管、安装过程中是否损坏；向使用单位表明电气设备的安装质量状况，以判断设备是否能投入运行；为以后设备使用部门运行监督和检修提供基础性参考技术数据。

常用的施工验收规范有 GB 50150—2016《电气装置安装工程 电气设备交接试验标准》等。

三、预防性试验

预防性试验是指设备投入运行后而进行的电气试验。它以预防为主，电气设备不论运行情况如何，经过一段时间后，都要进行定期试验，通常是结合电气设备大修或小修来进行。电气设备预防性试验是判断设备能否继续投入运行、预防设备损坏及保证安全运行的重要措施。与出厂试验及交接验收试验相比，它主要侧重于绝缘试验，其试验项目较少。通过认真细致的预防性试验，可以尽早发现绝缘缺陷和薄弱环节，电气特性的现状及其变化情况，改进绝缘维护，减少绝缘损坏事故，延长设备使用寿命，配合检修人员分解试验，提高检修质量和设备的可靠性，有利于发、供、用电的安全运行。

第十节　施工图的组成

电气设备的安装位置、配线方式以及其他一些特征，仅用文字一般很难表示清楚，所以，需要用电气施工图来表达。

电气施工图是建筑安装施工图纸中的一个组成部分，它以统一规定的图形符号辅以简明扼要的文字说明，把电气设计内容明确地表达出来，用以指导电气施工，它是电气施工的主要依据，是根据国家颁布的有关电气技术标准和通用图形符号绘制而成的。电气施工图要和其他建筑安装工程施工图相互配合起来看，才能形成一个系统的概念。

电气安装工程施工图按工程性质分类，可分为变配电工程施工图、动力工程施工图、照明工程施工图、防雷接地工程施工图、弱电工程(厂区电话)施工图、架空线路施工图等。

一、施工图按图纸的表现内容分类，可分为基本图和详图两大类

1. 基本图

基本图包括图纸目录、设计说明、系统图、平面图、立(剖)面图(变配电工程)、控制原理图、设备材料表等。

2. 设计说明

在施工图中，设计说明一般包括供电方式、电压等级、主要线路敷设方式及在图纸中未能表达的各种电气安装高度、工程主要技术参数、施工和验收要求及有关事项等。

根据工程规模及需要说明的内容多少，有的可单独编制说明书，有的因内容简短，可写在图面的空余处。

3. 主要设备材料表

设备材料表列出该项工程所需的各种主要设备、管材等器材的名称、型号、规格、材质、数量；是提供订货、采购设备、材料使用的依据。设备材料表上所列的主要材料的数量，由于与工程量的计算方法和要求不同，不能作为工程量编制预算，只能作为参考数量。

4. 系统图

系统图是依据变配电和用电方式绘制出来的。系统图是示意性地把整个工程的配、供、用电方式用单线连接形式表示的图，它不表示空间位置关系。

5. 电气平面图

电气平面图，一般分为变配电平面图、动力平面图、弱电平面图、照明平面图、防雷接地装置平面图，在高层建筑中还有标准层平面图、干线布置图等。

电气平面图的特点是将同一平面上不同安装高度的电气设备及线路都放在同一平面图上来表示。

通过识读电气平面图，可以了解以下内容：

① 生产装置及建筑物的平面布置、尺寸以及图纸比例。

② 各变配电设备的编号、名称，各种用电设备的名称、型号以及它们在平面图上的位置。

③ 各种配电线路的起点和终点、敷设方式、型号、规格、根数，以及走向、平面和垂直位置。

6. 控制原理图

控制原理图是根据控制设备的工作原理，按规定的线段和图形符号绘制成的电路展开图，一般不表示各电气元件的空间位置。

识读控制原理图应掌握图形符号的含义，控制元件和控制线路的连接方式。

7. 详图

电气工程详图是指盘、柜的盘面布置图和某些电气部件的安装样图。大样图的特点是对安装部件的各部位都注有详细尺寸，是在没有标准图可选用并有特殊要求的情况下才绘制。

标准图是指一种具有通用性质的详图，表示一组设备或部件的具体图形和详细尺寸，以便制作安装。但是它一般不能作为单独进行施工的图纸，而只能作为某些施工图的一个组成部分。

二、相关图纸：土建图

土建图分建筑图和结构图，建筑图又分为平面图、立面图、剖面图等。在进行电气安装时，如需了解梁、柱、门、窗、墙的情况，就可以去查土建图纸。建筑物结构形式与电气线路穿层过墙及如何进行预埋有关，不可忽视。土建工程中楼板、墙壁、梁柱等有捣制和预制两种施工方法，不同方法涉及电气安装的预埋情况不同。例如：配合捣制结构施工时，假如是明管敷设，则需预埋管架或管卡；假如是暗管敷设，则需预埋管子。

第十一节　电气设备质量控制点及执行的标准

一、质量控制点

1. 施工准备阶段

特殊工种人员资质、电气检试验设备有效期、电气设备开箱检验、成品保护。

2. 施工阶段

基础复测及表面处理、设备吊装就位、找平找正、设备内件安装调试、电气试验。

3. 质量验收

① 审查电气设备、材料报验资料的完整性和有效性。

② 电气设备安装记录齐全，质量符合设计文件和质量验收标准要求。

③ 电气设备的试验内容和程序等符合规范和设计文件的要求。

④ 电气设备送电试运行正常。

4. 交工资料

① 核对交工资料的真实性和有效性。

② 检查各项记录资料是否齐全、清晰、准确，表格填写是否符合规范要求，签字应齐全及时。

二、执行的规范和标准

电气设备安装常用的规范和标准如下：

GB 50147—2010《电气装置安装工程 高压电器施工及验收规范》

GB 50148—2010《电气装置安装工程 电力变压器、油浸电抗器、互感器施工及验收规范》

GB 50150—2016《电气装置安装工程 电气设备交接试验标准》

GB 50168—2018《电气装置安装工程 电缆线路施工及验收标准》

GB 50169—2016《电气装置安装工程 接地装置施工及验收规范》

GB 50170—2018《电气装置安装工程 旋转电机施工及验收标准》

GB 50171—2012《电气装置安装工程 盘、柜及二次回路接线施工及验收规范》

GB 50173—2014《电气装置安装工程 66kV 及以下架空电力线路施工及验收规范》

GB 50254—2014《电气装置安装工程 低压电器施工及验收规范》

GB 50256—2014《电气装置安装工程 起重机电气装置施工及验收规范》

GB 50257—2014《电气装置安装工程 爆炸和火灾危险环境电气装置施工及验收规范》

GB 50601—2010《建筑物防雷工程施工与质量验收规范》

GB 50617—2010《建筑电气照明装置施工与验收规范》

DL/T 596—2021《电力设备预防性试验规程》

SH/T 3569—2020《石油化工电缆桥架施工及验收规范》

第八章　通信设备及线路工程

随着社会的发展和科学技术的进步，人类社会已逐步步入信息通信时代，信息已深入到当今社会的政治、经济、军事、科技等各个领域，人们的日常生活和工作也需要进行大量的信息交流。而信息的搜集、整理、交流和发布以及信息工程的发展都极大地依赖于通信技术的发展，反过来通信技术的发展又能影响信息工程的发展。由此看来，通信、通信技术、通信工程的发展水平在极大程度制约着信息工程，要大力推动信息工程首先要推动通信技术和通信工程。

通信工程作为信息的载体，社会媒体传播的神经中枢，其工程技术领域涵盖面既广又深，包含了数字数据通信、卫星通信、光纤通信、多媒体通信、网络移动通信等多种通信方式。这些通信方式共同发展逐渐形成了一门独具特点的综合产业和技术领域。伴随着通信工程技术的进步和产业标准化的要求，在通信工程建设中，施工技术、施工组织以及施工管理等方面需要进一步的规范化、标准化。

第一节　线缆槽盒

线槽又名走线槽、配线槽、行线槽(因地方而异)，用来将电源线、数据线等线材规范地整理，固定在墙上或者天花板上的电工用具。根据材质的不同，线槽可划分为环保 PVC 线槽、无卤 PPO 线槽、无卤 PC/ABS 线槽、钢制线槽、铝合金线槽等。

线槽和我们常见的电缆桥架是有所区别的。电缆桥架主要用于铺设电缆线，线槽主要用于铺设电线和数据线。就是同一类型的电缆桥架和线槽的材质也有可能不完全相同，如钢制电缆桥架一般采用冷轧钢板，而钢制线槽却是采用热轧钢板。

电缆桥架的宽度一般在 200mm 以上，线槽的宽度一般都在 200mm 以下。电缆桥架用于电气、电力专业较多，线槽多用于通信、装修专业。

安装线槽应在土建工程基本结束后，与其他管道(如风管、给排水管)同步进行，也可比其他管道稍迟一段时间安装。但尽量避免在装饰工程结束后进行安装，造成敷设线缆的困难。安装线槽应符合下列要求：

① 线槽安装位置应符合施工图规定，左右偏差视环境而定，最大不超过 50mm；水平度每米偏差不应超过 2mm；垂直线槽应与地面保持垂直，并无倾斜现象，垂直度偏差不应超过 3mm；敷设在竖井内的线槽和穿越不同防火区的线槽，按设计要求位置设防火隔堵措施。

② 线槽平整无扭曲变形，内壁无毛刺，接缝处紧密平直，各种附件齐全；线槽连接口处应平整，接缝处紧密平直，槽盖装上应平整，无翘角，出线口位置正确；线槽节与节间用接头连接板拼接，螺丝应拧紧。两线槽拼接处水平偏差不应超过 2mm。

③ 当直线段线槽超过30m或跨越建筑物时，应有补偿装置。线槽经过变形缝时，线槽本身应断开，线槽内用连接板连接，不得固定，保护地线应有补偿余量；线槽CT300×100以下与横担固定1个螺栓，CT400×100以上必须固定2个螺栓。

④ 线槽支吊架应保持垂直、整齐牢固、无歪斜现象；线槽转弯半径不应小于其槽内的线缆最小弯曲半径的最大者。线槽盖板应紧固，并且要错位盖槽板。

⑤ 非金属线槽所有非导电部分均应相应连接和跨接，使之成为一个整体，宜用辫式铜带(最小允许截面积不小于BVR-4mm)把金属线槽连接到其经过的设备间，或楼层配线间的接地装置上，并保持良好的电气连接。金属电缆线槽间及其支架全长应不小于2处与接地(PE)或接零(PEN)干线相连接。

第二节　通信设备

我们通常所说的通信有各种不同的形式，如符号、文字、话音、数据、图片以及画面等。通信按信息的传递媒质不同分为两类：一类为有线通信、一类为无线通信。所谓的有线通信即消息传输使用导线作为传输媒质来进行通信的(如电缆通信、光纤通信、多媒体通信)；无线通信是用无线电波在空间传播来传递信息(如卫星通信、移动通信)。

一、通信设备概述

不同的通信方式就要用不同的通信设备来支持，像移动通信主要的设备有调频与调相、发信机、收信机、收发天线共用器和锁相频率合成器等；多媒体通信涉及的设备如高档微机，附加卡(包括视频卡、语音卡、TVGA或SVGA卡、CDI适配或仿真卡、SCSI界面卡、Modem卡等)，外围设备(如电子调谐电视接收高频头、卫星电视接收天线与接收机、摄像机、录像机、彩色扫描仪、彩色打印机、彩色复印机、彩色传真机、电子照相机等)，多媒体软件等。这里我们主要讲有线通信中常用到的几种设备：中继器、集成器、调制解调器、网卡、网桥、交换机、路由器、网关、防火墙等。

二、主要设备

1. 中继器

中继器(repeater，RP)是连接网络线路的一种装置，常用于两个网络节点之间物理信号的双向转发工作。它是最简单的网络互联设备，主要完成物理层的功能，负责在两个节点的物理层上按位传递信息，完成信息的复制调整和放大功能，以此来延长网络的长度。

由于存在损耗，在线路上传输的信号功率会逐渐衰减，衰减到一定程度时将造成信号失真，因此会导致接收错误。中继器就是为解决这一问题而设计的。它完成物理线路的连接，对衰减的信号进行放大，保持与原数据相同。

一般情况下，中继器的两端连接的是相同的媒体，但有的中继器也可以完成不同媒体的转接工作。从理论上讲中继器的使用是无限的，网络也因此可以无限延长。事实上这是不可能的，因为网络标准中都对信号的延迟范围做了具体的规定，中继器只能在此规定范围内进行有效的工作，否则会引起网络故障。

2. 集线器

集线器(Hub)是中继器的一种形式，区别在于集线器能够提供多端口服务，也称为多口中继器。主要类型有：单中继器网段集线器、多网段集线器、端口交换式集线器、网络互联集线器、交换式集线器。

3. 调制解调器

调制解调器(Modem)是计算机联网中的一个非常重要的设备。它是一种计算机硬件，能把计算机产生出来的信息翻译成可沿普通电话线传送的模拟信号。而这些模拟信号又可由线路另一端的另一调制解调器接收，并译成接收计算机可懂的语言。

调制解调器可以根据其安装在计算机内部还是外部来分为内部调制解调器和外部调制解调器，也可以按其功能、外形、传输速率、使用线路、数据检错即压缩方法等加以分类。

4. 网卡

网卡(Network Interface Card)是OSI模型中数据链路层的设备，是单机与网络间架设的桥梁。它主要完成如下功能：

① 读入由其他网络设备(Router、Switch、Hub或其他NIC)传输过来的数据包，经过拆包，将其变成客户机后服务器可以识别的数据，通过主板上的总线将数据传输到所需设备中(CPU、RAM或Hard Driver)。

② 将PC设备(CPU、RAM或HardDriver)发送的数据，打包后输送至其他网络设备中。

5. 网桥

网桥(Bridge)也称连接器，是连接两个局域网的存储转发设备，用它可以完成具有相同或相似体系结构网络系统的连接。它是数据链路层的连接设备，工作在MAC子层上，在两个局域网的数据链路层(DDL)间按帧传送信息。一般情况下，被连接的网络系统都具有相同的逻辑链路控制规程(LLC)，但媒体访问控制协议(MAC)可以不同。

在种类上网桥有内桥、外桥、远程桥。在功能中它具有对扩展网络的状态进行监督功能，分帧和重组，协议转换，生成树的演绎，帧的转发和过滤，原地址跟踪等功能。

6. 交换机

交换机(Switch)也称交换器，它能经济地将网络分成小的冲突网域，为每个工作站提供更高的带宽。种类有以太网交换机、令牌环交换机、FDDI交换机、ATM交换机等。在选择交换机时应考虑交换机端口的数量、端口的类型、系统的扩充能力、主干线连接手段、交换机总交换能力、是否需要路由选择能力、是否需要热切换能力、是否需要容错能力、能否与现有设备兼容，顺利衔接以及网络管理能力等综合因素。

7. 路由器

路由器(Router)是一种典型的网络层设备。它负责在两个局域网的网络层间按帧传输数据，转发帧时需要改变帧中的地址。

路由器分本地路由器和远程路由器，本地路由器是用来连接网络传输介质的，如光纤、同轴电缆、双绞线；远程路由器是用来连接远程传输介质的，并要求相应的设备，如电话线要配调制解调器，无线要通过无线接收机、发射机。一般说来，异种网络互联与多个子网互联都应通过路由器来完成。

8. 网关

网关(Gateway)是连接两个协议差别很大的计算机网络时使用的设备。它可以将其有不同体系结构的计算机网络连接在一起。

网关可分为核心网关和非核心网关。核心网关(Core Gateway)由网络管理操作中心进行控制，而受各个部门控制的被称为非核心网关。

网关的协议主要有：

网关-网关协议 GGP(Gateway-to Gateway Protocol)，它主要进行路由选择信息的交换。

外部网关协议 EGP(Exterior Gateway Protocol)，它是用于两个自治系统(局域网)之间选择路径信息的交换。自治系统采用 EGP 向 GGP 通报内部路径。

内部网关协议 RIP(Routing Information Protocol)：HELLO 协议、gated 协议是讨论自治系统内部各网络路径信息的机制。

9. 防火墙

防火墙(Firewall)从本质上讲是一种保护装置，保护对象是数据、资源和用户声誉。它服务于多个目的：

① 限制人们从一个特别的控制点进入；

② 防止侵入者接近你的其他防御设备；

③ 限制人们从一个特别的点离开；

④ 有效地阻止对你的计算机系统进行破坏。

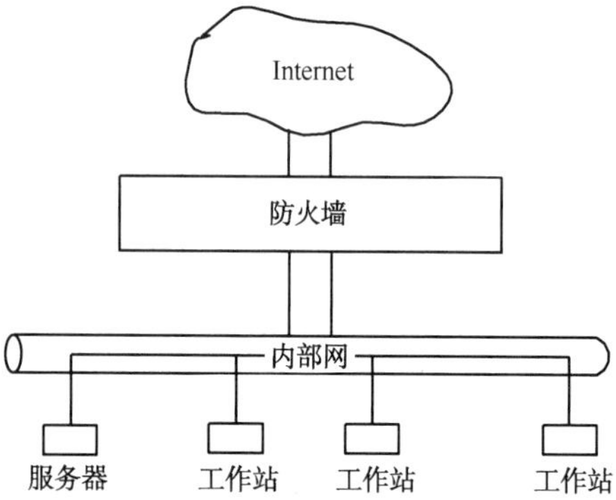

图 8.2.1　防火墙在 Internet 网和内部网中的位置

因特网防火墙常常被安装在受保护的内部网络连接到因特网的点上。如图 8.2.1 所示。

防火墙的优点是：强化安全策略、有效地记录网上活动、限制暴露用户点同时使安全策略的检查站。但是防火墙亦有不足之处，比如它不能防范恶意的知情者，不能防范不通过它的连接，不能防备全部的威胁以及病毒。

防火墙有双重宿主主机体系、被屏蔽主机体系、被屏蔽子网体系等体系结构。在实际中，一般很少采用单一的技术，通常是多种解决不同问题的技术的组合。

第三节　布　　线

在现代的建筑布线中所用的综合布线是传统布线所无法企及的，综合布线是一种高度模块化和灵活性极强的信息传输通道，它因其具有兼容性、开放性、灵活性、可靠性、先进性以及经济性等特点而广泛应用于现代建筑行业的任何建筑。在结构形式上综合布线一般采用星型拓扑结构，其中的每个分支子系统都是相对独立的单元，对每个分支子系统的改动都不影响其他子系统，只要改变节点连接方式就可使综合布线在星型、总线型、环型、树状型等结构之间进行转换。综合布线采用模块化的结构，按每个模块的作用，可把它划分成6个部分。这6个部分可以概括为“一间、二区、三个子系统”，即设备间；工作区；管理区；水平子系统；干线子系统；筑群干线子系统。这6个部分每一个部分都相互独立，可以单独设计，单独施工。

一、主要部分概况

1. 工作区(Coverage Area)

工作区是综合布线系统中的一个重要组成部分，是放置应用系统终端设备的区域。它由终端设备连接到信息插座的连线(或接插软线)组成。终端设备可以是电话、微机，也可以是检测仪表、测量传感器等。工作区的电话机、微机、监视器及控制器等终端设备可以用接插软线直接与工作区的每一个信息插座相连接，有些终端设备需要选择适当适配器或平衡/非平衡转换器才能连接到信息插座上。在选用适配器时应符合下列要求：

① 在设备连接处采用不同信息插座的连接器时，可以用专用接插电缆或适配器；

② 当在单一信息插座上进行两项服务时，应用“Y”型适配器；

③ 在水平子系统中选用的电缆类别(介质)不同于设备所需的电缆类别(介质)时，应采用适配器；

④ 在连接使用不同信号的数模转换或数据速率转换等相应的装置时，应采用适配器；

⑤ 为网络的兼容性，可用适配器；

⑥ 根据工作区内不同的电气终端设备(例如ISDN终端)，可配备相应的适配器。

2. 水平子系统(Horizontal Subsystem)

水平子系统总是处在同一楼层上，线缆一端接在配线间的配线架上，另一端接在信息插座上。水平子系统是综合布线中的另外一个重要组成部分，是将干线子系统经楼层配线间的管理区连接并延伸到工作区的信息插座，水平子系统与干线子系统的区别在于：水平子系统线缆应依据建筑物的类型、容量、带宽和传输速率来定，宜按下列原则选用：

① 普通型电缆宜用于一般场合；

② 填充型实芯电缆宜用于有空气压力的场合；

③ 水平子系统线缆长度宜为90m。

综合布线的信息插座宜按下列标准选用：

① 单个3类线连接的4针信息插座用于基本型低速率信息传输系统；

② 单个5类线连接的8针信息插座用于基本型高速率信息传输系统；

③ 两个3类线连接的4针信息插座用于增强型低速率信息传输系统；

④ 两个5类线连接的8针信息插座用于增强型高速率信息传输系统；

⑤ 光缆连接的多媒体信息插座用于综合型高速率信息传输系统。

水平子系统布线方法一般采用三种类型：直埋管方式；先走吊顶内线槽再走支管到信息出口的方式；适合大开间及后打隔断的地面线槽方式。其余都是这三种方式的改良型和综合型，在此不再详细介绍。

综合布线是一个模块化的、灵活性极高的建筑物之间的信息传输通道，是智能建筑的

“信息高速公路”。它既能使语音、数据、图像设备和交换设备与其他信息管理系统彼此相连，也能使这些设备与外部通信网相连接。

3. 干线子系统(Backbone Subsystem)

干线子系统总是位于垂直的弱电间，并采用大对数双绞电缆或光缆，而水平子系统多为4对双绞电缆。这些双绞电缆能支持大多数终端设备。水平子系统在高速率应用场合，可采用光缆及相关连接硬件，根据整个综合布线的要求，应在配线间或设备间的配线装置上进行连接，以构成语音、数据、图像、楼宇监控等系统并进行管理。

二、产品选型原则

综合布线产品的选型应符合下列原则：

① 结合工程实际：根据智能化建筑或小区的实际需求，选择与工程实际相符的综合布线产品。考虑建筑的性质、地位、使用功能以及环境等因素，确保产品符合实际需求。

② 符合技术标准：选用符合国际标准、国家标准和行业标准的综合布线产品。通过符合标准的检测和鉴定，确保产品的质量和可靠性。

③ 近期和远期相结合：需要考虑当前信息业务和网络结构的需求，并预留一定的发展空间以适应未来的业务增长。在综合布线规划中，采取统筹兼顾、因时制宜、逐步到位、分期实施的原则。

④ 技术先进和经济合理相统一：在选购产品时，应考虑产品的技术性能和经济合理性。选择技术先进、性能稳定的产品，同时要避免过高的成本。

⑤ 掌握前提条件和收集基础资料：例如智能化建筑内部装修标准，各种管线的敷设设备安装要求等，作为考虑选用产品的外形结构、安装方式、规格容量和缆线依据。

⑥ 充分了解使用效果：可以调查或收集产品资料、访问已经使用该产品的单位，充分掌握其使用效果，听取各种反映，以便对产品进行分析，认真筛选2~3个初步入选的产品，为进一步评估考察做好准备。

⑦ 客观公正地进行技术经济比较和评估：对初选产品进行客观公正的技术经济比较和评估，选出理想的产品。

三、综合布线设计要领

1. 总体规划

一般来说，国际通信技术标准是随着科学技术的发展逐步修订完善的。综合布线也随着新技术的发展和新产品的问世逐步完善而趋于成熟。在设计智能化建筑物的综合布线期间，提出并研究近期和长远的需求是必要的。为了投资者的利益可以采取“总体规划，分步实施，水平布线尽量到位”的设计原则。图8.3.1所示为综合布线设计流程图，干线大多数都设置在建筑物弱点间，更换或扩展比较省事；水平布线是在建筑物的吊顶内、天花板或管道里，施工费比初始投资的材料费高。如果更换水平布线，要损坏建筑物结构，影响整体美观。因此，在设计水平布线时，要尽量选用档次较高的线缆及相关连接硬件(如选用100Mbps的双绞线)，缩短布线周期。同时，在设计综合布线时，一定要从实际出发，不可脱离实际，盲目追求过高标准，造成浪费。另外管道、线槽设计要尽量合理，为以后线缆的更换提供好的基础。同时综合布线的设计，应能满足建筑物(群)的通信自动化(CA)、办公自动化(OA)和楼宇自动化(BA)的要求，应能传输语音、数据、图像、监控等应用系统的信息。

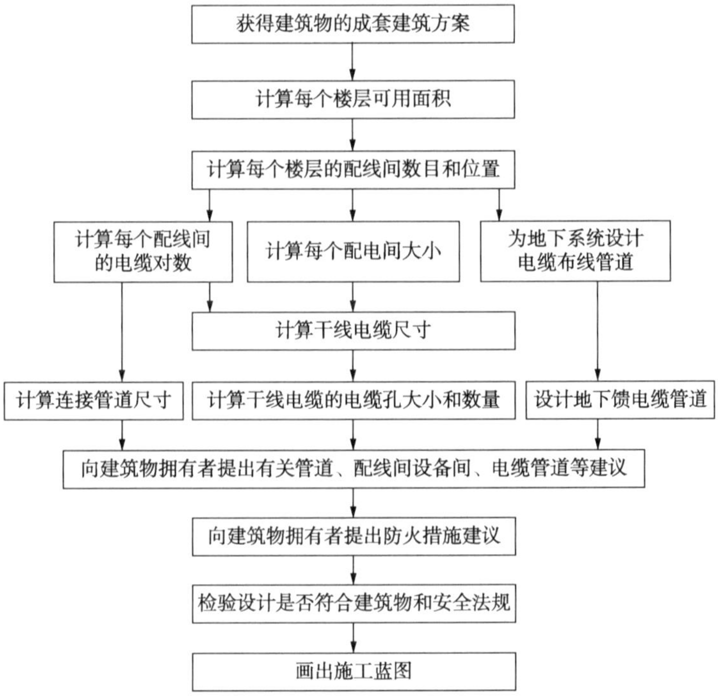

图 8.3.1　综合布线设计流程图

2. 系统设计

设计一个合理的综合布线系统一般有以下步骤：

① 分析用户需求；

② 获取建筑物平面图；

③ 系统结构设计；

④ 布线路由设计；

⑤ 可行性论证；

⑥ 绘制综合布线施工图；

⑦ 编制综合布线用料清单。

四、综合布线的经济分析与工作质量

1. 综合布线的经济分析

综合布线是一种既具有良好的初期投资特性，又具有很高的性能价格比的高科技产品。在原有的传统布线中，所有的布线是相对独立的，每增加一种布线就增加一份投资。综合布线在初期的投资较大，但当应用系统的个数增加时，其投资增加很少，其就在于综合布线的各种布线是相互兼容的，都采用相同的线缆和相关连接的硬件，电缆还可以穿在同一管内。时间愈长，它和传统布线的性能价格的差距愈大。从长远投资考虑，在初期阶段增加一部分必要的综合布线的投资，对将来建筑的运行费用和变更费用有相当的好处。

2. 综合布线工程质量

要将一个优化的综合布线设计方案最终在智能建筑中完美呈现，工程的组织和实施是一个十分重要的环节，综合布线工程质量对于智能建筑各系统的正常运行和运用具有直接影响。影响综合布线工程质量的因素主要包括人员、材料、机械设备、施工方法及环境等。在具体施工过程中，需要遵循相应的技术标准、技术要求及国家标准，如GB/T 50312—2016《综合布线系统工程验收规范》。

五、综合布线工程测试

综合布线的测试，从工程的角度来说可以分为两类：验证测试与认证测试。验证测试一般是在施工的过程中由施工人员边施工边测试，以保证所完成的每一个连接的正确性。通常这种测试只注重综合布线的连接性能，而对综合布线的电气特性并不关心。认证测试是指对综合布线依照某一个标准进行逐项的比较，以确定综合布线是否全部能达到设计要求，这种测试包括连接性能测试和电气性能测试。

1. 测试内容

测试内容主要包括：

① 工作间到设备间的连通状况；

② 主干线连通状况；

③ 跳线测试；

④ 信息传输速度、衰减、距离、接线图、近端串扰等。

2. 链路的验证测试

在现场施工阶段，施工人员的主要工作是穿电缆、连接相关连接硬件。如果在施工的同时，能保证接线的正确，就会减少在认证时由接线错误而返工所造成的浪费，所以施工中的验证测试是十分必要的。

（1）电缆的连接

电缆安装是一个以安装工艺为主的工作。为确保安装满足性能和质量的要求就必须进行链路测试。施工中常见的连接故障有：电缆标签错、连接开路、双绞电缆接线图错（包括：错对、极性接反、串绕）以及短路。

（2）随装随测

施工安装人员可以边施工边测试，这样既可以保证质量又可以提高施工的速度。当所有的连接和终接工作完成时，连通测试也就基本完成了。这种施工与测试结合的方法，为认证节省了大量的时间。

（3）常用于验证的测试仪及使用方法

对速度与质量要求比较高的工程来说，在施工中可以使用单端电缆测试仪来进行“随装随测”。F620是单端电缆测试仪，可以完成全部的综合布线验证测试。

六、电缆传输通道的认证测试

综合布线的通道性能不仅取决于布线的施工工艺，还取决于采用的线缆及相关连接硬件的质量，所以对综合布线必须做认证测试。认证测试并不能提高综合布线的通道性能，只是确认所安装的线缆及相关连接硬件及其安装工艺能否达到设计要求。只有使用能满足特定要求的测试仪器并按照相应的测试方法进行测试，所得到的测试结果才是有效的。

1. 综合布线认证测试的内容

① 定义测试链路、通道结构；

② 定义要测试的传输参数；

③ 为3、4、5类链路的每一链路结构定义参数，通过/不通过的测试极限；

④ 测试报告的最少包含项目；

⑤ 定义现场测试仪的性能要求以及如何验证这些要求；

⑥ 现场测试仪的测试结果与实验室设备的比较方法。

2. 综合布线认证测试的标准

TSB-67比较全面地定义了电缆布线的现场测试内容、方法以及对测试仪器的要求。与此同时国际布线标准ISO/IEC 11801：1995(E)同样对综合布线的测试制定了相应的规定。TSB-67虽然是为测试非屏蔽双绞电缆的链路而制定的，但在测试屏蔽双绞电缆的通道时，也可参考执行。

七、综合布线工程材料

1. 电缆及种类

综合布线使用的电缆主要有：光缆和铜缆。铜缆有双绞电缆(Twisted Pair Cable，TP)和同轴电缆(Coaxial Cable)。双绞电缆又分为非屏蔽双绞(UTP)电缆和屏蔽双绞(STP)电缆。

铜缆按用途又分为室外和室内两个基本部分，其功能一样但结构有所不同。室内电缆主要是阻燃性的，其内部有一个空气芯，外面有一层阻燃套。这种电缆可以在有害气体的环境中使用。室外电缆主要是非阻燃型的，它常用于建筑群之间，可满足安装场地的特殊环境要求。

(1) 同轴电缆

典型的同轴电缆中心有一根单芯铜导线，铜导线外面是绝缘层。绝缘层的外面有一层导电层，金属层可以是密集型的，也可以是网状的。金属层用来屏蔽电磁干扰和防止辐射，电缆的最外层又包了一层绝缘材料。其电气参数有：特性阻抗；衰减；传播速度；直流回路电阻。物理参数中同轴电缆有两种基本类型，基带同轴电缆和宽带同轴电缆。目前基带用的电缆，其屏蔽层是用铜做成网状的，特性阻抗为50Ω，如RG-58(细缆)、RG-8(粗缆)等。这种电缆用于基带或数字传输。宽带常用的电缆其屏蔽层通常是用铝冲压成的，特性阻抗为75Ω，如RG-59等，它既可以传输数字信号也可以传输模拟信号。

计算机网络一般选用RG-8粗缆和RG-58细缆。为了保证同轴电缆的电气特性，同轴电缆的金属层必须接地，同时电缆两端头必须安装端接匹配器来削弱信号的反射作用。无论是粗缆还是细缆，综合布线均采用总线型拓扑结构。

（2）双绞电缆

双绞电缆按其外部包缠的是金属还是塑橡外皮，可分为屏蔽双绞电缆和非屏蔽双绞电缆。它们既可以传输模拟信号，也可以传输数字信号。非屏蔽双绞电缆和屏蔽双绞电缆都有一根用来撕开电缆保护套的拉绳。屏蔽双绞电缆还有一根漏电电线，接到接地装置上可泄放金属屏蔽的电荷，解除线间干扰。

综合布线常用的双绞电缆分 100Ω 和 150Ω 两类。100Ω 电缆又分为 3 类、4 类、5 类及 6 类/E 级几种。每一种电缆又由不同数量的双绞线对组成。150Ω 双绞电缆，目前只有 5 类一种。

2. 光纤及其传输特性

光纤是光导纤维的简称。其是用石英玻璃或特制塑料拉成的柔软细丝，直径在几 μm（光波波长的几倍）到 120μm。按横截面上的折射率分布，光纤可分为两大类，即突变(SI)型(或阶跃型)和渐变(GI)型(梯度型)；按光纤中传输模式的多少，可分为多模光纤和单模光纤两类。

光纤传输系统一般是由许多不同的有源和无源部件组成。如激光器、光纤、连接器、耦合器、光检测器等。按信号传输过程，主要由三部分构成，即光发射机、光纤线路和光接收机。

光纤的选择原则主要有两条。一条是传输距离和容量，短距离小容量的应用系统一般选 850nm 短波长，多模光纤；反之选 1300nm 和 1550nm 的长波长，单模光纤。另一条是能否得到所选波长的光器件和光纤等元器件，且在质量、价格及可靠性等方面都能满足要求。光纤的选择也与光源的类型有关，因发光二极管光源与单模光纤的耦合效率很低，在短波长上一般只用多模光纤，激光二极管光源既能用于多模光纤传输系统，也能用于单模光纤传输系统。

综合布线常用的光纤可以按波长、光纤直径或应用环境来划分，应根据实际需求进行选择。

第四节　通信线路及通信管道工程

一、通信线路工程

通信工程包括了网络、移动、多媒体、光纤等多种通信系统。由于篇幅有限，这里着重介绍光缆线路通信工程中的管道光缆工程。

光缆工程无论其规模大小均以一个中继段为独立的单元。它们所选用的多模或单模光缆，所采用的管道、架空、埋式等敷设方法，从施工技术的角度上讲没有根本的区别。其整个系统分为光缆线路和传输设备两大部分，光缆线路与设备方面的施工是以光纤分配架(ODF 架)为分界，光连接器外侧为线路安装部分，内侧为设备部分。光缆线路部分由不同程式的光缆、光缆连接件以及成端插件(连接器)等构成。

1. 光纤通信系统的基本构成

光纤通信系统和所有的通信系统一样，由发射机、信道和接收机三个部分组成，如图 8.4.1 所示，光纤通信系统是采用光纤作为信道的。电端机是对电信号进行处理的电子设备。在发送端，电端机将欲传送的电信号处理后，发送给光发射机，光发射机将电信号转变成光信号，并将光信号耦合进入光纤中，光信号经光纤传输到接收端，由光接收机将接收到的光信号恢复成原来的电信号，再经电端机的处理，将消息送给用户。

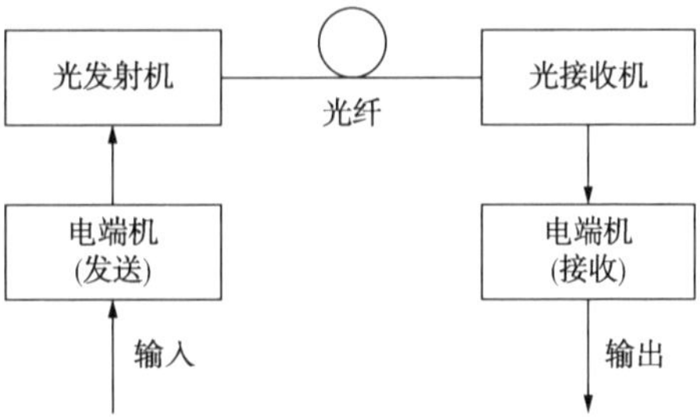

图 8.4.1　光纤通信系统

（1）光纤

光纤主要是用石英玻璃拉成的纤维丝，在光纤通信系统中，用于将信号从光发射机传送到光接收机。

（2）发射机

光发射机的作用是将电信号转变为光信号，并将光信号耦合进入传输光纤中。

（3）光接收机

光接收机的作用是将通过光纤传来的光信号恢复成原来的电信号。

2. 光缆线路工程的主要施工技术

光缆线路工程的主要施工技术包括各种程式的光缆敷设、连接、现场测量和维护。在具体施工过程中，需要遵循相应的技术标准、技术要求，如 GB 51171—2016《通信线路工程验收规范》。

二、管道光缆敷设

1. 敷设前的准备工作

① 按施工图规定路由核对管孔占用情况。

② 所用管孔的清洗，清洗方法同普通电缆布放前的管道清洗方法。

③ 塑料子管的预放。

④ 做好管道光缆布放长度的计算。

⑤ 做好管道光缆的配置即管道光缆配盘。

⑥ 对光缆的机械性能和环境性能进行测试。必须按照国家规定的标准技术（如 GB/T 7424.24—2020《光缆总规范 第 24 部分：光缆基本试验方法 电气试验方法》等）对光缆进行例行试验。

2. 管道光缆的敷设方法

管道光缆敷设主要包括机械牵引敷设法和人工牵引敷设法两种。由于管道光缆允许张力一般都不大，而且路由复杂，摩擦系数随条件如管道材料、管道内径、几何形状等变化而改变，因此采用具有超负荷自动停机功能的机械牵引方式敷设管道光缆为最佳方案。如采用人工牵引敷设法，应注意统一指挥，避免用力不匀或过猛，避免“浪涌”和打扣现象；光缆引出人孔时注意牵引力不能过大，同时注意避免光缆在引上时或人孔壁侧压过大造成光缆变形现象。

光缆敷设完毕后，一般接头重叠长度预留不少于8~10m，有时可能还要多几千米(多余长度在光缆接续时截去)。光缆端头做端头密封处理，防止光缆端头浸水。

3. 光纤的连接

光纤的连接是光纤区别于电缆的重要特征，也是光缆施工中直接影响线路传输质量和使用寿命的关键技术。光纤的连接方式在目前来讲，主要分为活动连接和固定连接。

(1) 光纤的活动连接

活动连接又称为活接头，它是通过光纤连接器实现的。光纤连接器分多模和单模，由插座、插头组成，可生产成带不同长度光纤的(单心缆)连接插头。施工中一侧接线路的光纤，另一侧与设备来的尾纤相接；用于水线倒换连接时，一侧与陆地光缆相连，另一侧与水线主用、备用缆的光纤相连接。连接器的多模和单模的主要区别是加工精度和所用的尾纤不同。

(2) 光纤固定连接

光纤固定连接即永久性连接，习惯称死接头。光纤固定连接的方法主要有熔接法、机械连接法。机械连接法中的旋转式机械(粘接)连接法、模块机械(粘接)连接法和套管式机械连接法是三种常用方法。其中旋转式机械连接法和模块机械连接法由于光纤对准后由粘接剂固定，因此又称光纤粘接法。光纤固定接头的连接损耗，会受被连接光纤本身参数以及外部工艺等因数影响。

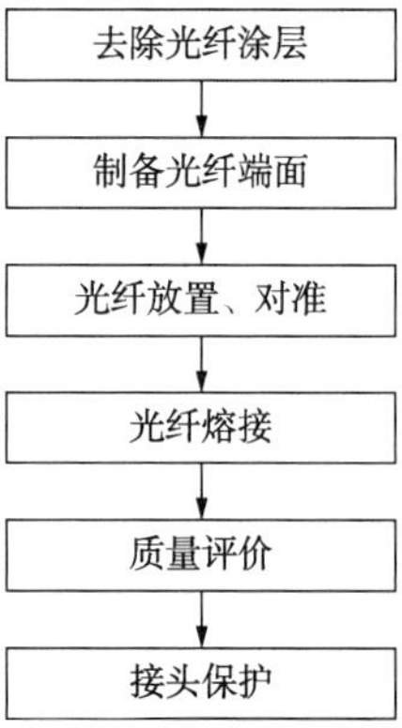

图8.4.2　光纤熔接程序图

光纤熔接法是目前应用最广泛的一种固定连接方法，它借助光纤熔接机的电极的尖端放电，其电弧所产生的高温使被连接的光纤熔为一体。此种方法具有连接性能优良、接头损耗较小、操作方便等优点。我国长途光缆工程均采用此种方法。其熔接程序如图8.4.2所示。

4. 光缆接续和安装

光缆接续是光缆线路施工中极为重要的内容，它采用光缆接头护套(又称光缆接头盒或光缆连接器)，它是完成光缆间连接、分歧和光纤接头保护的必要手段。

由于光缆敷设的方法、环境不同、选用的光缆接头护套的结构不同以及光缆程式不同等，因此光缆接续的方法和要求标准也有一定区别，但其主要连接步骤大体相同，如下列各步。

(1) 光缆准备

光缆准备，是指施工现场光缆接续必须具备的条件和连接准备。

(2) 光缆开剥

光缆开剥尺寸是根据光缆接头护套的不同结构、不同盘纤方式确定的，具体应按所选用的光缆接头护套操作规程确定。

(3) 接头护套(支架)安装

应按不同结构护套的安装顺序进行，直通式结构的护套，所有套件应预先套上光缆。

(4) 加强芯、金属护层处理

加强芯的连接方法主要是金属套管压接法。目前工程中金属层的连接方式有电气连通、不连通、引出接地、引出检测等。

(5) 铜导线接续

连接方法比较简单，可用扭绞加焊套绝缘套管或接线子接续。

(6) 光纤接续和测量评价

光纤接续可采用熔接法、机械连接法或粘接法。目前多采用熔接法。

(7) 接头护套封装

接头护套封装非常重要，它直接影响接头护套的密封效果。操作时应小心，尤其对于体积较小内部较紧的开启式护套封装，应防止夹到光纤并注意密封的清洁。

(8) 光纤接头安装、固定

光缆接头完成后应按不同敷设方式进行安装、固定和保护。施工时必须按图纸要求进行。

5. 光纤收容

光纤连接必须将光纤引至设备(如光纤熔接机)上，且便于在连接不良时重复接续以及维护维修。因此，一般光纤在接头护套内有60~100cm长度的余纤需要妥善地存放在接头护套内，这种形式就叫光纤收容。光纤收容的方式主要有盘绕式(紧套光纤)、层叠式两种。目前以层叠式为主，由大小不同的片状式光纤收容盒组成。

6. 光纤线路的工程测量

光纤线路的工程测量主要包括光缆敷设前的单盘检验测量、光缆接续的光纤接头损耗测量以及工程完工时的中继段光纤总衰减的测量等。

单盘检验，是对运至施工现场的光缆进行长度、光纤衰减常数的测量和光纤后向信号曲线的检查，以确认光缆的主要指标是否达到工程设计和合同设计的要求。测量使用的仪器一般用光时域反射仪(OTDR)。

光纤连接损耗测量是光缆施工技术中一项关键技术，现在主要采用OTDR以测量接头损耗，这种方法具有迅速、方便、重复性好以及实现单端测量等优点。

7. 光缆布线的系统测试

光缆布线的系统测试是工程验收的必要步骤，测试方法有连通性测试、端-端的损耗测试、收发功率测试、反射损耗测试等内容。测试所需的硬件包括光纤损耗测试仪(OLTS)、无线对讲机、光纤跳线、红外线显示器等。

8. 验收

光缆的验收应符合GB 51171—2016《通信线路工程验收规范》的要求。

第五节 通信设备及线路质量控制点及执行的标准

一、质量控制点

1. 施工准备阶段

特殊工种人员资质、检试验设备有效期、通信设备开箱检验、成品保护。

2. 施工阶段

线槽固定和安装、线路布设和连接、系统测试。

3. 质量验收

① 审查通信设备、材料报验资料的完整性和有效性。

② 通信线槽、线缆和设备的安装记录齐全，质量符合设计文件和质量验收标准要求。

③ 系统测试的内容和程序等符合规范和设计文件的要求。

4. 交工资料

① 核对交工资料的真实性和有效性。

② 检查各项记录资料是否齐全、清晰、准确，表格填写是否符合规范要求，签字应齐全及时。

二、执行的规范和标准

通信设备及线路工程常用的规范和标准如下：

GB 50311—2016《综合布线系统工程设计规范》

GB 50314—2015《智能建筑设计标准》

SH/T 3153—2021《石油化工电信设计规范》

GB/T 50312—2016《综合布线系统工程验收规范》

GB 50606—2010《智能建筑工程施工规范》

SH/T 3563—2017《石油化工电信工程施工及验收规范》

GB 51171—2016《通信线路工程验收规范》

GB/T 7424.24—2020《光缆总规范 第24部分：光缆基本试验方法 电气试验方法》

第九章 化工自动化仪表工程

自动化仪表是化工、炼油、食品、轻工等化工类型生产过程自动化的简称，在化工设备上，配备上一些自动化装置，代替操作人员的部分直接劳动，使生产在不同程度上自动地进行，这种用自动化装置来管理化工生产过程的办法，称为化工自动化。

20 世纪 40 年代以前，绝大多数化工生产处于手工操作状况，操作工人根据反映主要参数的仪表指示情况，用人工来改变操作条件，生产过程单凭经验进行，效率低，花费巨大。

20 世纪 50 年代到 60 年代，人们对化工生产各种单元操作进行了大量的开发工作，使得化工生产过程朝着大规模、高效率、连续生产、综合利用方向迅速发展，控制精度和速度不能满足现代化生产的需要，对化工自动控制提出较高的要求，在人工控制的基础上逐渐发展起来，出现了自动化控制系统，组成包括被控对象和自动化装置。

自动化装置主要包括变送器、控制器、调节阀等设备，控制仪表从基地式调节器(变送、指示、调节一体化的仪表)开始，经历了气动、电动单元组合仪表到计算机直接控制系统(DDC)，直到今日的分散控制系统 DCS 和现场总线控制系统 FCS(Field bus Control System)，经历了漫长的发展过程。在这过程中计算机技术的发展是一大关键，最初计算机只用于生产数据的处理和巡回检测，如今控制系统以 DCS 和 PLC 为主流，而现场总线控制系统将是发展的必然趋势。

DCS 经历了初创(1975—1980 年)、成熟(1980—1985 年)、扩展(1985 年以后)几个发展时期，在控制功能完善、信息处理能力、速度和组态软件等方面取得了令人瞩目的成就，以其高度的可靠性、方便的组态软件、丰富的控制算法、开放的联网能力等优点，得到迅速的发展，成为控制系统的主流。当今几乎每个发达国家都生产自己的 DCS。主要生产厂家集中在美国、日本、德国等多家公司。我国主要有浙大中控和和利时两家公司。PLC 以其结构紧凑、功能简单、速度快、可靠性高、价格低等优点，获得广泛应用，已成为与 DCS 并驾齐驱的另一种主流工业控制系统。

现场总线技术是 20 世纪 90 年代迅速发展起来的一种用于各种现场自动化设备与其控制系统的网络通信技术，是一种用于现场仪表(包括变送器、执行器、记录仪、单回路调节器、可编程序控制器等)与基于计算机的控制系统之间进行的数据通信系统。现场总线控制系统 FCS 可实现就地闭环控制，使控制彻底分散；使用智能仪表，便于仪表在线维护、调校和在线设备管理；由于信号传输的数字化，增强了现场信号抗干扰能力，使精度从±0.5%提高到±0.1%；可以减少一半的电缆、电缆桥架、隔离器、端子柜、I/O 终端、I/O 卡件、I/O 机柜，节约了仪表系统的建设投资。

第一节　自动控制系统分类

在研究自动控制系统时，为了便于对系统分析研究，一般都用方块图(图 9.1.1)来表示控制系统的组成。每个环节表示组成系统的一个部分，称为“环节”，两个方块之间用一条带有箭头的线条表示信号的相互关系，箭头指向、离开方块分别表示为这个环节的输入、输出，线旁的字母表示相互间的作用信号。应注意的是方块图中的线条并不代表物料联系，与工艺流程图上的代表物料从一个设备进入另一个设备不同。

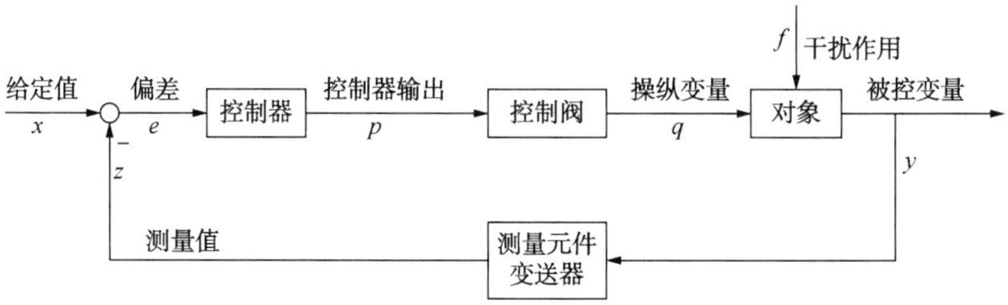

图 9.1.1　液位自动控制系统方块图

方块图中，x 指设定值、z 指输出信号、e 指偏差信号、p 指发出信号、q 指出料流量信号、y 指被控变量、f 指扰动作用。当 x 取正值、z 取负值，$e=x-z$，系统为负反馈；x 取正值，z 取正值，$e=x+z$，系统为正反馈。

自动控制系统通常是被控变量负反馈的闭环系统，若被控变量发生了变化，系统会根据被控变量的变化改变控制作用的大小和方向，从而使被控对象始终等于或接近所希望的状态。

最基本的过程控制系统分类方法如下。

一、按过程控制系统的结构特点来分类

1. 反馈控制系统

反馈控制系统是过程控制系统中的一种最基本的控制结构形式。反馈控制系统是根据系统被控量的偏差进行工作的，偏差值是控制的依据，最后达到消除或减小偏差的目的。

2. 前馈控制系统

在原理上完全不同于反馈控制系统，以不变性原理为理论基础，前馈控制系统直接根据扰动量的大小进行工作，扰动是控制的依据。由于它没有被控量的反馈，所以也称为开环控制系统。在实际自动化系统中不能单独应用。

3. 前馈-反馈控制系统

开环前馈控制的最主要优点是能针对主要扰动及时迅速克服其对被控参数的影响；对于其余次要扰动，则利用反馈控制予以克服，使控制系统能准确地使被控量控制在给定值上，将两者结合起来使用，充分利用两控制系统的优点，在反馈控制系统中引入前馈控制，它可以大大提高控制质量。前馈-反馈控制系统通常会用到单回路调节器和数学运算器。

二、按给定值信号的特点来分

1. 定值控制系统

系统被控量的给定值保持在规定值不变，或在小范围附近不变。定值控制系统是过程控制中应用最多的一种控制系统，这是因为在化工生产过程中大多要求系统被控量的给定值保持在某一定值，或在某很小范围内不变。例如过热蒸汽温度控制系统、转炉供氧量控制系统均为一个定值控制系统。

2. 程序控制系统

被控量的给定值按预定的程序变化工作，控制的目的就是使系统被控量按工艺要求规定的程序自动变化。例如同期作业的加热设备，工艺要求加热升温、保温和逐次降温等程序，给定值就按此程序自动地变化，控制系统按此给定程序自动工作，达到程序控制的目的。

3. 随动控制系统

随动控制系统是一种被控量的给定值随时间任意变化的控制系统，其主要作用是克服一切扰动，使被控量快速跟随给定值而变化。例如在加热炉燃烧过程的自动控制中，生产工艺要求空气量跟随燃料量的变化而成比例地变化，而燃料量是随生产负荷而变化的，其变化规律是任意的。随动控制系统就要使空气量跟随燃料量的变化自动控制空气量的大小，达到加热炉的最佳燃烧。

第二节　仪表基本知识

一、测量误差

1. 误差的概念

测量过程实质上是将被测参数与其相应的测量单位进行比较的过程，而测量仪表就是实现这种比较的工具。

测量仪表在检测过程中，由于环境中存在着各种各样的干扰因素，所选用的仪表精度有限，实验手段不够完善，检测技术水平的限制等因素，必然使测量值和真实值之间存在着一定的差值，这个差值称为测量误差。

2. 误差的分类

测量误差按误差的数值表示的方法，可分为绝对误差、相对误差和引用误差；按误差出现的原因和规律，可分为系统误差、随机误差和粗大误差；按仪表仪器使用条件情况，可分为基本误差和附加误差；按被测变量和时间变化的关系，可分为静态误差和动态误差等。

3. 绝对误差

被测变量的测量值(X)与实际值(T)之间的差值称为绝对误差。表示为：

$$\Delta = X - T$$

式中　X——测量值，即被测变量的仪表显示值。

　　T——真实值，在一定条件下，被测变量实际应有的数值。

绝对误差直接说明了仪表显示值(测量值)偏离实际值的大小。对同一个实际值来说，测量产生的绝对误差小，则直观地说明了测量结果比较准确。但绝对误差不能作为不同量程的同类仪表和不同类型仪表之间测量质量好坏的比较尺度，且不同量纲的绝对误差无法比较。为了更准确地描述仪表测量质量的好坏，通常将绝对误差与被测值的大小做一比较，从而引入相对误差的概念。

4. 相对误差

相对误差是被测变量的绝对误差与实际值(或测量值)比较的百分数，表示为：

$$\delta' = \frac{\Delta}{T} \times 100\% \approx \frac{\Delta}{X} \times 100\%$$

例如，用普通压力表测量 1MPa 压力时，产生的绝对读差是±0.01MPa，得到相对误差是±1.0%。用压力变送器测量 10MPa 压力时，产生的绝对误差是±0.05MPa，得到相对误差是±0.5%。可见，用绝对误差比较则普通压力表测量的准确度高，但用相对误差比较却发现，压力变送器相对于测量的实际值而言，测量结果的准确度高。

5. 引用误差

绝对误差与仪表量程比值的百分数称为引用误差，表示为：

$$\delta = \frac{\Delta}{X_{max} - X_{min}} \times 100\% = \frac{\Delta}{M} \times 100\%$$

式中 X_{max}——仪表标尺上限刻度值；

X_{mix}——仪表标尺下限刻度值；

M——仪表的量程。

在实际应用时，通常采用最大引用误差来描述仪表实际测量的质量，并把它定义为确定仪表精度的基准。表达式为：

$$\delta_m = \frac{\Delta_m}{X_{max} - X_{min}} \times 100\% = \frac{\Delta_m}{M} \times 100\%$$

式中 Δ_m——在测量范围内产生的绝对误差的最大值。

6. 系统误差

在一条件下多次测量同一值时，误差的大小和符号保持不变或按一定规律变化的误差叫系统误差。

系统误差主要是实验方法不合理、测量装置本身在使用中变形、未调到理想状态或电源电压波动等造成的。在人工测量中，操作者的操作习惯和读数方式所造成的误差都属系统误差。系统误差的特征是误差出现的规律和产生原因是可知的，因此可以通过分析、预测加以消除。

7. 随机误差

在相同条件下多次测量某一值时，误差的大小和符号以不可预定的方式变化，称为随机误差。随机误差是由许多偶然的因素所引起的综合结果。它既不能用实验方法消去，也不能简单加以修正。单次测量的随机误差没有规律，但在多次测量时总体上服从统计规律，通过统计学的数学分析来研究和估计测量结果准确的可信程度，并通过统计处理，减少影响。随机误差的大小表明对同一测量值多次重复测量的结果的分散程度。

8. 粗大误差

明显歪曲测量结果的误差，称为粗大误差。产生的原因有测量方法不当、工作条件不符合要求等，但更多的是人为因素。

9. 基本误差

在规定的工作条件下(如温度、湿度、电源电压、频率等一定)，仪表本身具有的误差叫基本误差。可用最大引用误差的计算方法来表示基本误差的大小。

10. 附加误差

当仪表的工作条件偏离正常范围时所引起的误差就是附加误差。

11. 静态误差

仪表进入一种新的平衡状态后具有的误差。这时仪表的显示值是稳定的，一般仪表的精度都由静态误差决定。

12. 动态误差

被测信号变化时，由于仪表惯性而不能准确跟踪信号变化，使显示值产生滞后误差，即为动态误差。当信号稳定下来后，动态误差最终会消失。但在动态测试、系统环节多、惯性时间长时，必须充分考虑其影响。

二、误差的分析与数据处理

1. 系统误差分析

系统误差是一种恒定不变或按一定规律变化的误差，具有确定性、重现性和修正性。通过实验对比，用高精度的测量仪表校验普通仪表时，可以发现已定系统误差；通过对误差大小和符号变化的分析，来判断未定系统误差。但是未定系统误差常常不容易从测量结果中发现并认识它的规律，因此，只能是具体问题具体分析，这在很大程度上取决于测量者的知识水平、经验和技巧。为使测量结果正确，应尽可能消除系统误差。

应当明确，系统误差是不可能完全消除的，只能减弱到对测量结果的影响忽略不计的程度，此时可认为已消除了系统误差。

2. 随机误差分析

在测量中，当系统误差被减小到可以忽略的程度，且剔除了粗大误差后，对同一被测量进行多次测量时仍然会出现读数不稳定的现象，就说明存在随机误差。随机误差的统计分布可用正态分布曲线描述。

3. 粗大误差处理

粗大误差会歪曲测量结果，因此必须剔除。目前常用的方法是统计判别法——“莱伊特法则”。它以$\pm 3\delta$为置信区间，凡超过此值的剩余误差做粗大误差处理，予以消除。

4. 自动检测系统误差的确定

无论是单变量的检测系统，还是多变量、多环节的检测系统，整个系统的误差是指系统中各环节误差的叠加。因为各环节误差是不可能同时按照相同的符号出现最大值，有时会互相抵消，因此必须按照概率统计的方法求取。

三、仪表的主要性能指标

仪表的质量指标用来衡量仪表的性能品质，指标越高，表示仪表性能越好，通常价格也越贵。因此，不同的应用场合应选用性能指标相适应的仪表。常用的指标有准确度、灵敏度和分辨率、死区和回差、重复性和再现性、线性度、响应时间、稳定性和可靠性等。

1. 精确度

指测量结果与实际值的一致程度。准确度常称为精确度(习惯上称为精度)，是仪表基本误差的最大允许值。准确度等级是仪表按照准确度高低而分成的等级，根据 GB/T 13283《工业过程测量和控制用检测仪表和显示仪表精确度等级》，仪表划分为 0.01、0.02、(0.03)、0.05、0.1、0.2、(0.25)、(0.3)、(0.4)、0.5、1.0、1.5、(2.0)、2.5、4.0、5.0 等等级，标志在仪表的铭牌或标尺上，如 1.0 级仪表，表示该仪表的最大引用误差为±1.0%。数字越小，表示仪表的准确度越高。

注：必要时，可采用括号内的精度等级。其中 0.4 级只适用于压力表。

低于 5.0 级的仪表，其精度等级可以由各类仪表的标准予以规定。

2. 灵敏度和分辨率

灵敏度是仪表对被测参数变化的灵敏程度，常以在被测参数改变时，经过足够时间仪表指示值达到稳定状态后，仪表输出变化量 ΔY 与引起此变化的输入变化量 ΔX 之比表示，通常用 K 表示：

$$K=\frac{\Delta Y}{\Delta X}$$

灵敏度有时也称为放大比，K 越大，表明仪表灵敏度越高，仪表越灵敏。灵敏度不是越高越好，灵敏度太高容易造成振荡和输出不稳定。对线性传感器而言，灵敏度为一常数；对非线性传感器而言，灵敏度随输入量的变化而变化。

分辨率是指传感器能检出被测信号的最小变化量。当被测量的变化小于分辨力时，传感器对输入量的变化无任何反应。对数字仪表而言，如果没有其他附加说明，一般可以认为该表的最后一位所表示的数值就是它的分辨力。一般分辨力小于仪表的最大绝对误差。但是若没有其他附加说明，有时也可以认为分辨力就等于它的最大绝对误差。

仪表灵敏度和仪表分辨率容易混淆。仪表灵敏限是仪表输出能响应和分辨的最小输入量；分辨率是灵敏度的一种反映，一般说仪表的灵敏度高，则其分辨率同样也高。

3. 死区和回差

仪表输入在小到一定范围后不足以引起输出的任何变化，而这一范围则称死区。如仪表传动机构的磨合间隙可使得仪表检验所得的实际上升曲线和实际下降曲线常出现不重合的情况。考虑仪表特性曲线呈线性关系的情况，其特性曲线如图 9.2.1 所示。因此，存在死区的仪表要求输入值大于某一限度才能引起输出的变化，死区也称为不灵敏区。理想情况下，不灵敏区宽度是灵敏限的 2 倍。

也可能某个仪表既具有储能效应，也具有死区效应，其综合效应将是以上两者的结合，典型的特性曲线如图 9.2.2 所示。在以上各种情况下，实际上升曲线和实际下降曲线间都存在差值，其最大的差值称为回差，亦称变差。因此，变差(回差)是仪表在上行程和下行程的测量过程中，同一被测变量所指示的两个结果之间的偏差。

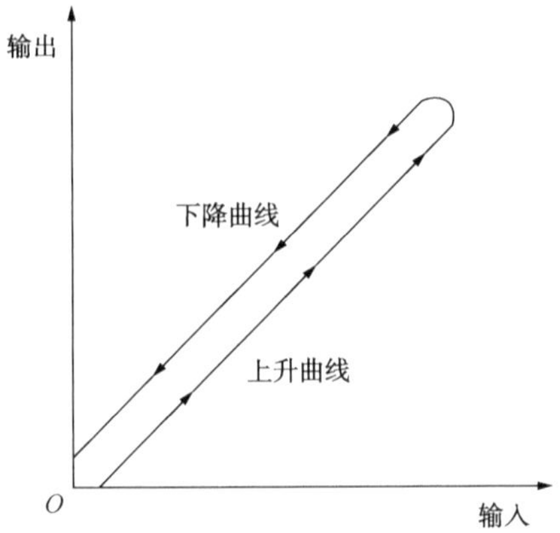

图 9.2.1　仪表死区效应

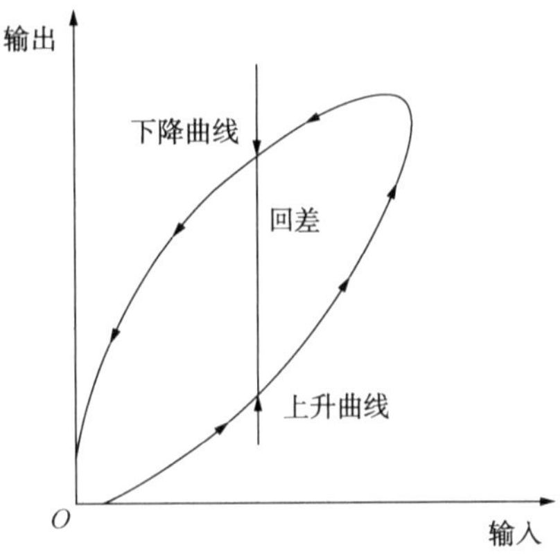

图 9.2.2　仪表综合效应

4. 重复性和再现性

在同一工作条件下，同方向连续多次对同一输入值进行测量所得的多个输出值之间相互一致的程度称为仪表的重复性，它不包括死区。例如，在图 9.2.3 中列出了在同一工作条件下测出的仪表的 3 条实际上升曲线，其重复性就是指这三条曲线在同一输入值处的离散程度。实际上，某种仪表的重复性常选用上升曲线的最大离散程度和下降曲线的最大离散程度两者中的最大值来表示。

再现性包括死区，它是仪表实际上升曲线和实际下降曲线之间离散程度的表示，常取两种曲线之间离散程度最大点的值来表示，如图 9.2.3 所示。

重复性是衡量仪表不受随机因素影响能力的指标，再现性是仪表性能稳定的一种标志，因而在评价某种仪表的性能时常同时要求其重复性和再现性。重复性和再现性优良的仪表并不一定精度高，但高精度的仪表一定有很好的重复性和再现性。

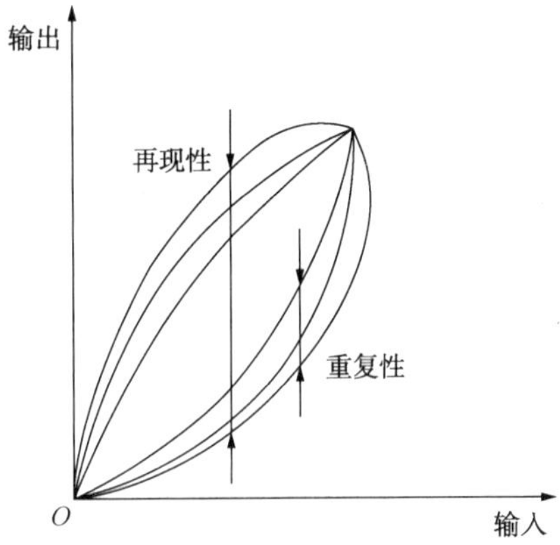

图 9.2.3　仪表重复性和再现性

5. 线性度

线性度又称非线性误差，是指传感器实际特性曲线与拟合直线(有时也称理论直线)之间的最大偏差与传感器满量程输出之百分比。

6. 响应时间

响应时间指仪表从有输入信号到稳定输出的时间间隔，也指从被测参数发生变化到仪表示值准确显示所经过的时间。响应时间越短，仪表的反应速度越快。

7. 稳定性

稳定性指在一定的使用条件下，仪表的性能保持不变的能力，或仪表的性能不随时间而变化的能力。常用零点漂移和温度漂移来衡量仪表的稳定性。

造成环境影响量的因素有温度、湿度、气压、电源电压等。在这些因素中，温度变化对仪表的影响最难克服，必须予以特别的重视。表示环境量时，必须同时写出示值偏差及造成这一偏差的因素。如 0.1μA/V±5% 表示电源电压变化±5%时，将引起示值变化 0.1μA；又如，0.2mA/℃表示环境温度每变化1℃引起示值变化 0.2mV。

8. 可靠性

可靠性是反映检测仪表在规定的条件下，在规定的时间内是否耐用的一种综合性的质量指标。常用的可靠性指标有以下几种。

① 平均故障间隔时间(*MTBF*)是指两次故障间隔的平均时间。

② 平均故障修复时间(*MTTR*)是指排除故障所花费的平均时间。

③ 故障率或失效率(λ)可用故障率变化曲线来说明。

可靠性还可用可靠度来衡量，可体现在仪表正常工作和出现故障两个方面。在正常工作方面的体现是仪表平均无故障工作时间。在出现故障方面的体现是平均故障修复时间，它表示的是仪表修复所用的平均时间，由此可从反面衡量仪表的可靠度。

综合评价仪表的可靠性，既要求平均无故障工作时间尽可能长，又要求平均故障修复时间尽可能短，引出综合性指标有效度，其定义为：

$$\text{有效度}=\frac{\text{平均无故障工作时间}}{\text{平均无故障工作时间}+\text{平均故障修复时间}}=\frac{MTBF}{MTBE+MTTR}$$

第三节　仪表识图

管道仪表流程图(PID)是借助统一规定的图形符号和文字代号，用图示的方法把化工工艺装置所需的全部设备、仪表、管道、阀门及主要管件，按其各自功能和工艺要求组合起来，起到描述工艺装置的结构和功能的作用。因此，管道仪表流程图不仅表达了生产工艺流程，更重要的是体现了对该工艺过程所实施的自动控制方案，是仪表工程设计、施工的出发点和基本依据。

正确识读管道仪表流程图，需要全面了解图中各种图例、符号的意义和表达方法。

一、仪表功能标志及位号

1. 仪表功能标志

仪表功能标志是用几个大写英文字母的组合表示对某个变量的操作要求，如 TIC、PDRCA 等。其中第一位或前两位字母称为首位字母，表示被测变量，其余一位或多位称为后继字母，表示对该变量的操作要求，各英文字母在仪表功能标志中的含义见表 9.3.1。为了正确理解功能标志，应注意如下几点。

① 功能标志只表示仪表的功能，不表示仪表的结构。如要实现 FR(流量记录)功能，可选用流量或差压变送器及记录仪。

② 功能标志的首位字母选择应与被测变量或引发变量相对应，可以不与被处理变量相符。如通过操作进出容器的气体流量来控制容器内压力回路应为压力(P)回路，而不是流量(F)回路；通过压差来检测容器内流体界面的回路应为物位(L)回路，而不是压力

(P)或压差(PD)回路。

③ 功能标志的首位字母后面可以附加一个修饰字母，使原来的被测变量变成一个新变量。如在首位字母 P、T 后面加 D，变成 PD、TD，分别表示压差、温差。

④ 功能标志的后继字母后面可以附加一个或两个修饰字母，以对其功能进行修饰。如功能标志 PAH 中，后继字母 A 后面加 H，表示压力的报警为高限报警。

2. 仪表位号

仪表位号由仪表功能标志和仪表回路编号两部分组成，如 FIC-116、TRC-158 仪表回路编号的组成有工序号(例中数字编号中的第一个 1)和顺序号(例中数字编号中的后两位 16，58)两部分。在 HG/T 20505《过程测量与控制仪表的功能标志及图形符号》中，仪表位号的规定如下。

① 仪表位号按不同的被测变量分类，同一装置(或工序)同类被测变量的仪表位号中顺序号可以是连续的，也可以是不连续的。

② 若同一仪表回路中有两个以上功能相同的仪表，可在仪表位号后附加尾缀(大写英文字母)以示区别。例如 FT-201A、FT-201B 表示该仪表回路中有两台流量变送器。

③ 仪表回路号的前缀可以是数字或字母或数字和字母的任意组合，标志回路所在位置，如工艺装置或单元。如位于 1#PP 装置的一个流量回路，可以表示为 001F-001 或 PP1-F-001。

3. 仪表功能标志字母

仪表功能标志字母的具体含义见表 9.3.1。

表 9.3.1 仪表功能标志字母的含义

字母	首位字母		后继字母		
	第 1 列	第 2 列	第 3 列	第 4 列	第 5 列
	被测变量/引发变量	修饰词	读出功能	输出功能	修饰词
A	分析		报警		
B	烧嘴、火焰		供选用	供选用	供选用
C	电导率			控制	关位
D	密度	差			偏差
E	电压(电动势)		检测元件，一次元件		
F	流量	比率			
G	可燃气体和有毒气体		视镜、观察		
H	手动				高
I	电流		指示		
J	功率		扫描		
K	时间、时间程序	变化速率		操作器	
L	物位		灯		低
M	水分或湿度				中、中间

续表

字母	首位字母		后继字母		
	第 1 列	第 2 列	第 3 列	第 4 列	第 5 列
	被测变量/引发变量	修饰词	读出功能	输出功能	修饰词
N	供选用		供选用	供选用	供选用
O	供选用		孔板、限制		开位
P	压力		连接或测试点		
Q	数量	积算、累积	积算、累积		
R	核辐射		记录		运行
S	速度、频率	安全		开关	停止
T	温度			传送(变送)	
U	多变量		多变量	多变量	
V	振动、机械监视			阀/风门/百叶窗	
W	重量、力		套管、取样器		
X	未分类	*X* 轴	附属设备、未分类	未分类	未分类
Y	事件、状态	*Y* 轴		辅助设备	
Z	位置、尺寸	*Z* 轴		驱动器、执行元件，未分类的最终控制元件	

另外，典型的回路标志字母组合与数字编号方式、后续字母中读出功能字母的允许组合形式、后续字母中输出功能字母的允许组合形式、仪表回路号和仪表位号后缀、仪表功能标志以外的常用缩写字母等，请按设计文件要求查阅相应的规范，如 HG/T 20505《过程测量与控制仪表的功能标志及图形符号》、GB/T 2625《过程检测和控制流程图用图形符号和文字代号》。

二、仪表图形符号

仪表工程图纸中的各类仪表功能除用字母和字母组合表达外，其仪表类型、安装位置、信号种类等具体意义可用相关图形符号标出，识读仪表图纸应熟知这些图形符号的含义。

表 9.3.2、表 9.3.3 仅罗列了常用的仪表基本图形符号、仪表与仪表的连接线图形符号，作为示例，其他如仪表设备与功能的图形符号、仪表一次测量元件与变送器通用图形符号、一次测量元件图形符号、测量注释、就地仪表的图形符号、辅助仪表设备和附属仪表设备的图形符号、仪表与工艺过程的连接线图形符号、仪表与仪表的连接线图形符号、最终控制元件图形符号、最终控制元件执行机构图形符号、自力式最终控制元件图形符号、控制阀能源中断时阀位的图形符号、信号处理功能图形符号、二进制逻辑图形符号、电气元件图形符号等，请按设计文件要求查阅相应的规范，如 GB/T 2625《过程检测和控

制流程图用图形符号和文字代号》、HG/T 20505《过程测量与控制仪表的功能标志及图形符号》等。

1. 基本图形符号

表 9.3.2 基本图形符号

序号	图形符号	描述
1	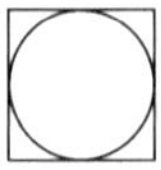	1. 首选或用于基本过程控制系统图形 2. 由细实线正方形与内切圆组成
2	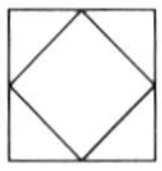	1. 备选或安全仪表系统图形 2. 由细实线正方形与内接菱形组成
3	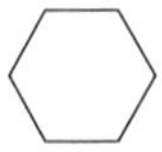	1. 计算机系统及软件图形 2. 为细实线正六边形
4	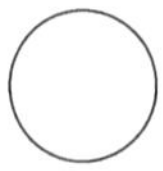	1. 单台仪表图形 2. 为细实线圆圈
5		1. 联锁逻辑系统符号 2. 为细实线菱形，菱形中标注“I”(Interlock)，在局部联锁逻辑系统较多时，应将联锁逻辑系统编号
6	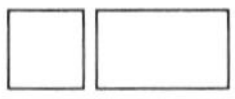	1. 信号处理功能图形 2. 为细实线正方形和矩形
7	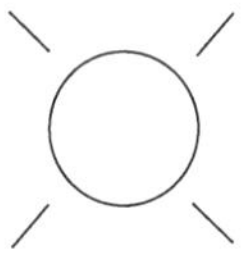	1. 指示灯图形 2. 由细实线圆圈与四条细实线射线组成
8	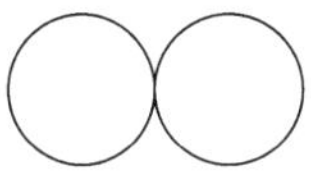	1. 处理两个或多个变量，或处理一个变量但有多个功能的复式仪表(同一壳体仪表) 2. 用相切的细实线圆圈
9	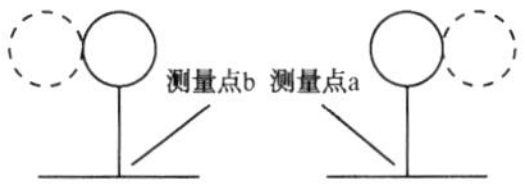	1. 当两个测量点引到一台复式仪表上，而两个测量点在图纸上距离较远或不在同一张图纸上 2. 分别用两个相切的实线圆圈和虚线圆圈

2. 仪表与仪表的连接线图形符号

表 9.3.3　仪表与工艺过程的连接线图形符号

序号	图形符号	描述
1	IA ————	IA 也可换成 PA(装置空气)、NS(氮气)、GS(任何气体) 注明供气压力，如：PA-70kPa(G)、NS-300kPa(G)等
2	ES ————	仪表电源 注明电压等级和类型，如：ES-220VAC、24VDC 等代替
3		未定义的信号、用于信号类型无关紧要的场合 用于工艺流程图(PFD)
4		气动信号
5	- - - - - - - - - - - - - -	电子或电气连续变量或二进制信号
6		共享显示、控制设备和功能之间的通信连接和系统总线 DCS、PLC、PC 的通信连接和系统总线(系统内部)
7	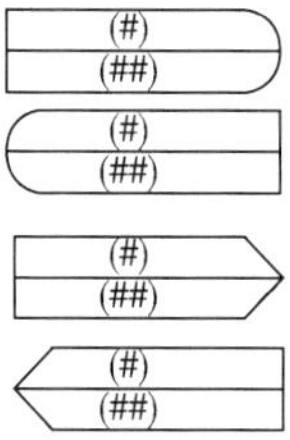	图与图之间的信号连接，信号流向 (#)：发送或接收信号的仪表位号 (##)：发送或接收信号的图号或页码

三、设计文件的识读

只有通过识读仪表设计施工图，才能了解设计人员的设计意图，并进行仪表工程施工。按施工图表达方式可以分为文字形式、表格形式和图样形式三大类。

文字形式施工图包括图纸目录、设计说明书、调节阀和节流元件的计算书；表格形式施工图包括仪表设备清单、材料表、电缆、管缆汇总表、仪表规格型号表以及电缆、管缆、接线、接管表等；图样形式施工图包括工艺流程图、各种平面布置图、各种仪表回路图、典型仪表安装图。

不同的设计单位图样形式的施工图设计、编排、绘制形式也不尽相同。

1. 图纸目录的识读方法

了解设计单位、工程名称、地点及工程编号。

2. 设计说明书的识读方法

了解设计思想、工作特点、仪表和控制设备型号、施工技术要求、施工标准规范、与其他专业的配合及界限划分、设计所使用的文字符号和图形符号的出处。

3. 仪表工艺流程图的识读方法

仪表工艺流程图主要内容有：

① 设备示意图。带位号、名称和接管口的各种设备示意图。

② 管路流程线。带编号、规格、阀门、管件及仪表控制点的各种管路流程线。

③ 标注。设备位号、名称、管线编号、控制点符号、必要的尺寸及数据等。

④ 图例。图形符号、字母代号及其他的标注说明索引等。

⑤ 标题栏。图名、图号、设计项目、设计阶段、设计时间及会签栏。

仪表工艺流程图的识读步骤如下：

① 先看标题栏，并浏览工艺流程和文字说明。

② 对照设计施工图的有关说明和图内文字要求，按照物料介质的作用，先识读主流程线，后识读副流程线；识读时先从物料介质来源的起始处，按物料介质的流向，依次详细到终了部位。

③ 掌握仪表设备的种类、数量、分布情况，分析控制方案、控制系统。

4. 仪表供电系统图的识读方法

仪表控制系统的供电包括：模拟仪表、DCS、PLC、监控计算机、分析仪表、安全联锁系统和工业电视系统等。仪表辅助设施的供电包括：仪表盘柜内照明、仪表及测量线路电伴热系统。

在仪表供电系统图中，用方框图表示出供电设备之间的连接系统，标注出供电设备的位号、型号、输入与输出的电源种类、等级和容量以及输入的电源来源等。

5. 平面布置图的识读方法

平面布置图是确定仪表设备、管路、线路安装位置的图样，包括仪表设备位置、仪表电缆桥架敷设、仪表管路敷设等平面布置图。通过对平面布置图的识别应掌握如下内容：

① 现场仪表的安装位置、规格、型号、数量，以及仪表盘、箱、柜和操作台上的仪表位置。

② 电缆桥架的敷设路径、敷设方式、始点、终点、分支、变宽，以及电缆的敷设路径。

③ 仪表管路、管缆的敷设路径、敷设方式、始点、终点、分支、坡度、转角，以及管材、管件、管路附件的规格、型号、材质、数量等。

6. 仪表回路图的识读方法

了解仪表回路由哪些检测、控制仪表组成，以及测量、控制仪表的作用。在此基础上识读端子接线图或仪表接管图，掌握仪表配线、配管关系。识读仪表回路图及接线配管图的步骤如下：

① 先看仪表回路图，再看相应的接线、配管图。弄清检测参数类别、组成控制回路的全部测量仪表类型、信号传递路径。要先识读从变送器或检测仪表到控制系统和控制系统到调节阀等连接关系，然后再识读与其他回路之间的连接关系以及与电气专业的连接关系。

② 识读仪表端子接线图。弄清各检测、控制仪表的相互关系，先重点弄清从变送器或检测仪表到控制系统，控制系统到调节阀等详细接线情况，然后查清其他各单元之间的详细接线情况，同时以仪表回路图为依据，再参照仪表说明书，核实仪表回路图的正确性。

第四节 仪表设备

石油化工生产的五大参数是温度、压力、流量、物位和成分，它直接决定生产过程的平衡关系和反应速率，化工自动化仪表必须准确检测并控制这五大参数。

一、化工自动化仪表的分类

化工自动化仪表按其功能分为现场检测仪表、现场控制仪表、现场仪表执行器、显示记录仪表、调节控制仪表等五大类，较完整的化工自动化仪表组成见表 9.4.1。

表 9.4.1　化工自动化仪表分类示意

化工自动化仪表	现场检测仪表	物位仪表	连续测量物位仪表	浮力式液位计
				电容式液位计
				激光式液位计
				超声波液体计
				雷达物位计
				直读式液位计
				外测微振式液位计
				射线式物位计
				差压式液位计
				重锤物位计
			物位开关仪表	电容式物位开关
				浮球式液位开关
				音叉式物位开关
				旋叶式物位开关
				超声波物位开关
		压力仪表		液柱式压力计
				压力/差压变送器
				压力传感器
				压力表
				压力/差压开关
		测温仪表		热电偶/热电阻
				温度变送器
				双金属温度计
				光学/辐射高温计
				非接触式温度仪表
				温度开关
		流量仪表		质量流量计
				容积式流量计
				速度式流量计
				冲板流量计
				流量开关
				明渠式流量计
				靶式流量计
				差压式流量计
				科氏力质量流量计
				热式质量流量计
				刮板流量计
				腰轮椭圆齿轮流量计
				转子流量计
				涡轮流量计
				超声波流量计
				电磁流量计
				涡街流量计
				孔板流量计

浮力式液位计 →

浮子钢带液位计
磁致伸缩液位计
光纤液位计
浮筒液位计
伺服液位计
浮球液位计
磁翻板液位计

续表

化工自动化仪表	现场检测仪表	流量仪表	喷嘴式流量计
			文丘里管式流量计
			弯管流量计
			V锥流量计
			皮托管流量计
			匀速管流量计
			楔形流量计
		液体分析仪表	水质分析仪
			液相色谱分析仪
			黏度计
			密度计
		气体分析仪表	气相质谱分析仪
			氧分析仪
			有毒气体检测仪表
			可燃气体检测仪表
			执导式分析仪
		特殊测量仪表	轴振动测量仪
			轴位移测量仪
			转速仪
			称重仪表
			厚度测量
			电涌保护器
			火焰检测仪
	现场控制仪表		气动控制仪表
			液动控制仪表
			电动控制仪表
			自力阀
	现场仪表执行器		气动薄膜调节阀
			气缸控制阀
			电气阀定位器
			电磁阀
			电动控制阀
			液动控制阀
	显示记录仪表		模拟显示仪表
			数字显示仪表
			LED显示终端
			闪光报警仪
			记录仪
	调节控制仪表		PLC报警联锁系统
			DCS过程控制系统
			FCS 现场总线系统
			ESD紧急停车系统
			SIS安全仪表系统

水质分析仪 →

pH计
电导仪
浓度仪
浊度仪
溶解氧分析仪
余氯分析仪
BOD 分析仪
COD 分析仪
磁导分析仪
电化学分析仪
红外线分析仪
紫外线分析仪
激光气体分析仪

自动化仪表分类并不是一成不变的，随着仪表技术的发展，部分产品的分类界限融合，比如总线压力变送器(同时带有 PID 控制功能)既属于现场测量仪表，又是调节控制仪表。

二、温度检测仪表

1. 温度

温度是表征物体冷热程度的物理量，温度不能直接测量，只能借助于冷热不同的物体之间的热交换，以及物体的某些物理性质随冷热程度不同而变化的特征进行间接测量。根据热平衡原理，任意两个冷热程度不同的物体相接触，必然要发生热交换现象，当两者达到热平衡状态时，选择物体与被测物体温度相等。通过对选择物体某一物理量(如液体的体积、导体的电量等)的测量，就可以定量地得出被测物体的温度数值。

2. 温标

为了保证温度量值的统一和准确，应该建立一个用来衡量温度的标准尺度，简称温标。它规定了读数的起点(零点)和测量温度的基本单位，各种温度计的刻度数值均由温标确定。现国际上常用温标有华氏(℉)、摄氏(℃)、开氏(K)，它们关系如下。

$$1℃ = K - 273.15 = 5/9(℉ - 32)$$

3. 常见温度检测方法及性能

常用的温度检测方法及性能见表 9.4.2。

表 9.4.2　常用测温仪表检测方法及性能

检测方式	仪表名称	测温原理	精度范围	特点	测量范围/℃
接触式	双金属温度计	金属热膨胀变形量随温度变化	1.0~2.5	结构简单，读数方便，精度较低，不能远传	-100~600 一般-80~600
	压力式温度计	气(汽)体、液体在定容条件下，压力随温度变化	1.0~2.5	结构简单可靠，可较远距离传送(<50m)，精度较低，受环境温度影响大	0~600 一般 0~300
	玻璃管温度计	液体热膨胀体积量随温度变化	0.1~2.5	结构简单，精度高，读数不便，不能远传	-200~600 一般-100~600
	热电阻	金属或半导体电阻随温度变化	0.5~3.0	精度高，便于远传	-258~1200 一般-200~650
	热电偶	热电效应	0.5~1.0	测温范围大，精度高，便于远传，低温精度差	-269~2800 一般-200~1800
非接触式	光学高温计	物体单色辐射强度及亮度随温度变化	1.0~1.5	结构简单，携带方便，不破坏对象温度场；外界反射、辐射会引起测量误差	200~3200 一般 600~2400
	辐射高温计	物体辐射随温度变化	1.5	结构简单，稳定性好，光路上环境介质吸收辐射，易产生测量误差	100~3200 一般 700~2000

4. 热电偶

热电偶是常用的温度检测元件，测温基本原理是将两种不同材料的导体或半导体焊接起来，构成一个闭合回路，如图 9.4.1 所示。当导体 A、B 的两个接点之间存在温差时，两者之间便产生电动势，在回路中形成电流，热电偶就是根据这种热电效应来进行测温的。常用的热电偶如表 9.4.3 所示。

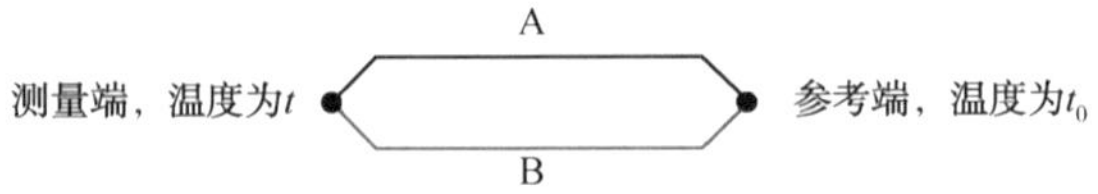

图 9.4.1 热电偶测温原理

热电动势 $E_t = e_{AB(t)} - e_{AB(t_0)}$。

表 9.4.3 常用的热电偶

序号	分度号	热电偶名称(材料)	测量范围/℃
1	S	铂铑 10-铂	0~1600
2	B	铂铑 90-铂铑 6	0~1600
3	K	镍铬-镍硅	-200~1300
4	J	铁-康铜	-210~1200
5	R	铂铑 13-铂	0~1300
6	E	镍铬-康铜	-200~900
7	F	铜-康铜	0~350

热电偶按用途不同，常制成的形式有普通型、铠装型、表面式、薄膜式、快速消耗型。

5. 热电阻

热电阻是中低温常用的温度检测元件，是基于金属导体的电阻值随温度的增加而增加这一特性来进行测温的。热电阻大多由纯金属材料制成，常用热电阻见表 9.4.4。

表 9.4.4 常用的热电阻

序号	分度号	热电阻名称(材料)	测量范围/℃	主要特点
1	Pt10	铂电阻	-200~850	测量精度高，稳定性好，可作基准仪器
2	Pt50	铂电阻	-200~850	
3	Pt100	铂电阻	-200~850	
4	Cu50	铜电阻	-50~150	稳定性好，价格低，但体积大，机械强度低
5	Cu100	铜电阻	-50~150	
6	Ni100	镍电阻	-60~180	灵敏度高，体积小，但稳定性和复制性差
7	Ni300	镍电阻	-60~180	
8	Ni500	镍电阻	-60~180	

热电阻按用途不同，常用的形式有普通型、铠装式、端面型、隔爆型。

6. 辐射温度计

物体受热后，发出各种波长的辐射能，其大小与受热体温度的四次方成正比，辐射温度计就是基于此原理工作的。同时物体在高温状态下会发光、发亮。温度越高，亮度越大，光学温度计就是通过测量物体的亮度来测量温度的。

三、压力检测仪表

1. 压力的单位

我国采用的是国际单位制(SI)，计算压力的单位是帕(Pa)，1Pa 就是 1 牛顿(N)的力垂直而均匀地作用在 1 平方米(m^2)面积上所产生的压力其表示为 N/m^2(牛顿/平方米)，压力单位除采用帕外，还可以采用千帕、兆帕，它们之间的换算关系为：

$$1MPa = 10^3 kPa = 10^6 Pa$$

由于多年的习惯，工程上仍有采用工程大气压或其他压力单位制，为了便于使用中的互相换算，几种常用的压力单位之间的换算关系见表 9. 4. 5。

表 9. 4. 5　常用压力单位换算

单位	Pa	MPa	bar	kgf/cm^2	mmH_2O	mmHg	psi
Pa	1	10^{-6}	10^{-5}	10.2×10^{-6}	101.97×10^{-3}	7.5×10^{-3}	0.15×10^{-3}
MPa	10^6	1	10	10. 2	101.97×10^3	7.5×10^3	0.15×10^3
bar	10^5	10^{-1}	1	1. 02	10.2×10^3	750. 06	14. 5
kgf/cm^2	98066. 5	98.07×10^{-3}	0. 98	1	10	735. 56	14. 22
mmH_2O	9. 806	9.807×10^{-6}	98.07×10^{-6}	10^{-4}	1	73.56×10^{-3}	1.42×10^{-3}
mmHg	133. 32	133.32×10^{-6}	1.33×10^{-3}	1.36×10^{-3}	13. 6	1	19.34×10^{-3}
psi	6894. 76	6.89×10^{-3}	68.95×10^{-3}	70.31×10^{-3}	703. 07	51. 71	1

2. 压力的表示方式

由地表大气自重所产生的压力，称作大气压力，也称气压。其值随气象情况、海拔高度和地理纬度等不同而改变。

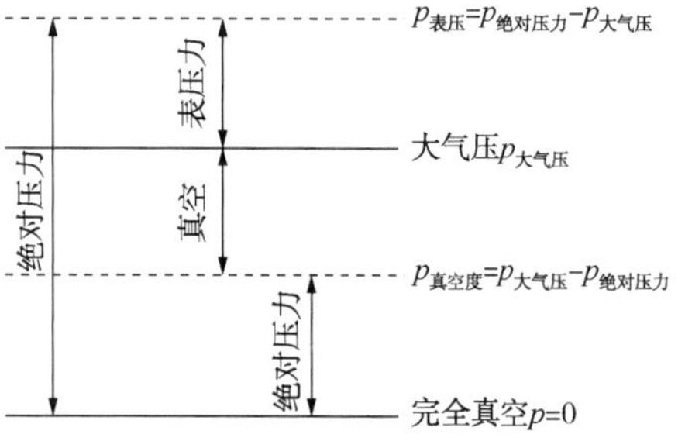

图 9. 4. 2　压力关系及其数学表达式

绝对压力是以零作为参考压力的差压；表压力是以环境大气压力作为参考压力的差压(常简称为压力)。其中，绝对压力高于大气压力的表压力叫表压，绝对压力低于大气压力的表压力叫负压，也叫真空度。大气压力、绝对压力、表压力之间的关系及其数学表达式见图 9. 4. 2。

3. 液柱式压力计

根据流体静力学原理，将被测压力转换成液柱高度进行测量，如 U 形管压力计、单管压力计等。这类压力计结构简单、使用方便，但测量范围较窄，一般用来测量较低压力、真空度或压力差。

4. 弹性式压力计

弹性式压力计是利用各种形式的弹性元件，在被测介质压力的作用下，使弹性元件受压后产生弹性变形的原理而制成的测压仪表。这类压力计具有结构简单牢固、使用可靠、读数清晰、价格低廉、测量范围宽以及有足够的精度等优点。可用来测量几百帕到数千兆帕范围内的压力。

5. 电气式压力计

电气式压力计是通过机械和电气元件将被测压力转换成电量(如电压、电流、频率等)来进行测量的仪表，包括霍尔片式、应变片式、压阻式、力矩平衡式、电容式、光导纤维。这类压力计的测量范围较广，分别可测 7×10^{-5}Pa 至 5×10^{2}MPa 的压力，误差为±0.2%。由于可以远距离传送信号，所以在化工生产过程中可以实现压力自动控制和报警。

6. 智能型压力或差压变送器

智能型压力或差压变送器是在普通压力或差压传感器的基础上增加微处理器而形成的智能型。

四、流量检测仪表

1. 流量

流量是指单位时间内流经某一截面的流体数量，流量可用体积流量和质量流量来表示，常用单位有 m^3/h、L/h、kg/h 等；累计流量是在某一段时间内流过管道的流体流量的总和，即瞬时流量在某一段时间内的累计值，常用单位有 m^3、L、t 等。

2. 流量测量方式

流量测量原理可分为速度式、容积式、质量式等。速度式流量仪表以测量流体的流速为测量依据，如叶轮式水表、孔板、靶式、转子、涡轮、超声波、电磁等流量计；容积式流量仪表以单位时间内所排除的流体的固定容积 V 的数目作为测量根据，如盘式、圆齿轮等流量计；质量式流量仪表检测流体在管道中流过的质量，其传感器振动管的结构形式一般为 U 形、Ω 形两种。

3. 差压式流量计

差压式流量计也称节流式流量计，是基于流体流动的节流原理，利用流体流经节流装置时产生的压力差而实现流量测量的。

把最常用的节流装置、孔板、喷嘴、文丘里管等标准化，称为“标准节流装置”，标准节流装置进行设计时，有统一标准的规定和通用实验数据资料，产品精度有保证，无须标定就可使用。

差压式流量计目前仍然是石油化工装置中使用最广的流量测量仪表。它的主要特点是方法简单，无可动部件，工作可靠，使用寿命长，管道内径在 50~1200mm 范围内均能应用，几乎可测量各种工况下的单相流体流量。不足之处是对小口径(小于 50mm)的流量测量有困难，压损较大，流量与差压信号呈非线性关系，测量精度不高。

4. 转子流量计

转子流量计又称面积式流量计，是一段向上扩大的圆锥形管子和密度大于被测介质并能随着被测介质流量大小上下移动的转子组成。当流体自下而上流过锥管时，位于锥管中转子受流体的冲击而向上运动，随着转子的上下移动，转子与锥形管间的环形流通面积由小增大，当流体的推力与转子的重力相平衡时，转子停留在某一位置高度，根据转子悬浮的高度就可测知流量的大小。

转子流量计可测多种介质的流量，适用于测量中小管径雷诺数较低的中小流量，压力损失小且稳定，反应灵敏，量程较宽，结构简单，维护方便，但其精度受介质的温度、密度和黏度影响，必须垂直安装。有金属和玻璃两种，玻璃管的一般为就地显示，金属管的则制成流量变送器。

5. 漩涡流量计

漩涡流量计是利用流体振荡原理来进行流量测量的。它可分为流体强迫振荡的漩涡进动型和自然振荡的卡门漩涡分离型。前者称为旋进漩涡流量计，后者被称为涡街流量计。

垂直于流体方向插入非流线形柱状物，流速达到某一数值时，其下游两侧会交替产生方向相反的漩涡，称涡街。

其特点是测量精度高，可达±1%；量程比宽，可达 100∶1；仪表内无活动部件，使用寿命长；不受温度、压力、密度、黏度及成分等影响，用水或空气标定的流量计可用于其他液体或气体的测量而不用校正，仪表的输出是与体积流量成正比例的电脉冲频率信号，易与数字式仪表及电子计算机配套使用。但当检测元件被污物黏附后，将会影响仪表的灵敏度。

6. 容积式流量计

椭圆齿轮流量计是容积式测量中较常见的一种形式，其测量部件由两个相互啮合的椭圆齿轮、轴和壳体组成。

腰轮流量计测量流量的基本原理与椭圆齿轮流量计相同，只是轮子的形状不同，腰轮流量计除能测液体流量外，还能测大流量的气体流量，由于两腰轮上无齿，所以对流体中杂质没有椭圆齿轮流量计那样敏感。

容积式流量计主要用来测量不含固体杂质的液体，如油类、冷凝液、树脂等黏稠流体的流量，适用于高黏度介质，且容积式流量计精度高，可达±0. 2%。

7. 电磁流量计

电磁流量计是电磁感应定律的具体应用，当导电的被测介质垂直于磁力线方向上流动时，与介质、磁力线都垂直的方向产生感应电动势。

当管道直径和磁感应强度不变时，体积流量与电动势成正比，因此，电磁流量计可用来测量导电的液体体积流量。该方法内部无活动部件、无压损、无机械惯性、量程比宽，且不受被测介质温度、压力、密度等影响，没有滞后现象，可测含固体颗粒、悬浮物等介质。但其使用温度、压力不能太高，不能测非导电流体；输出信号较小，满量程时仅为 2. 5~8mV，流量小时只有几微伏，对外界干扰敏感，故需对它进行单独的接地、避开磁源方可保证测量值的准确性，并要求被测介质流速不低于 0. 3m/s。安装时最好能垂直安装，并留有 5~10D 的直管段。

8. 质量流量计

质量流量是指在单位时间内，流经封闭管道截面处流体的质量。石油化工装置所用质量流量计一般为科氏力质量流量计，它是根据科里奥利加速度理论(在一个旋转体系中，具有质量 m 和角速度 ω 的物体，从里往外运动，则物体会受到一个切线方向的力，此力称为科氏力)制成的。将测量管制成 U 形、S 形或 Ω 形，通过激励线圈使测量管产生振动代替旋转，流动的流体在振动管中产生科氏力，由于测量管进出侧所受力方向相反，所以管子会产生扭曲，再通过电磁检测器或光电检测器，将测量管的扭曲程度转变为电信号，进入变送器即可知道测量值。

科氏力流量计主要由传感器(测量管)、变送器、显示仪三部分组成，能直接测量质量流量，不受温度、压力、黏度和密度的影响，测量精度高，误差仅±0.2%，常作为计量仪表，可测气体、液体和含颗粒的介质，并易于清洗，它对流体的流速分布不敏感，安装时无需直管段，在测量同时可获得密度信号。但由于测量管的刚度、材料的衰减等因素，测量管的机械振动不对称，所以当流体的流量和黏度发生变化时，内部结构不平衡会造成零位漂移，故质量流量计需阶段性地进行零位检查和校正。目前以合资产品居多，在石油化工装置控制系统中使用逐渐增多。

五、物位仪表

物位是液位、料位和相界面的总称，对物位进行测量的仪表称物位检测仪表。物料检测仪表按其工作原理可分为直读式、浮力式、差压式、电容式、雷达式、超声波式、放射性式等。

1. 直读式

利用连通器的原理，有玻璃管、玻璃板、磁翻板等液位计，可以直接读取液位。

2. 浮力式液位计

① 力矩平衡式液位计。是一种机械杠杆系统，一端连空心浮球放于被测介质中，另一端平衡锤随液位的变化而变化。这类仪表变化灵敏，但受机械杠杆长度的限制，测量范围较小。

② 浮子钢带液位计。它的浮子系在钢带上，钢带的另一端系平衡锤或钢带收放轮，当液位发生变化时浮子、钢带也随着上下移动。这类仪表测量范围较大，但易受温度等条件影响，精度不高。

③ 磁耦合浮子式液位计。它的浮子内带有永久磁铁，然后通过磁耦合传出液位的变化，如磁翻板液位计，量程较大，工作压力高，但磁性物质对温度有一定限制，在高温下易退磁。

④ 浮筒液位计。它的检测元件是沉浸在液体中的浮筒(又称沉筒)，它随液位的变化产生上下直线位移，通过扭力管转换为角位移，再利用转换元件，将角位移变为相应电或气信号。浮筒液位计除位移式的外，还有力平衡式沉筒液位计、带差动变送器的沉筒液位计。

3. 差压式液位计

差压式液位计是利用容器内的液位变化时，液柱产生的静压也相应变化的原理工作的。一般情况下，被测介质的密度和重力加速度是已知的，因此差压计测得的差压与液位的高度是成正比的，即 $\Delta p=H\rho g$，这样测液位就可以变成测量差压。

差压式液位计的特点是检测元件在容器内几乎不占空间；检测元件只有一、二根导压管，结构简单，便于安装维护；如采用法兰式变送器可解决高黏度、易凝固、易结晶、腐蚀性等液位测量中常见的问题；差压测量通用性强，可以用来测量液位外，也可测压力和流量等参数。

4. 电容式物位计

利用两电极间电容量随被测介质物位的高低变化而变化的原理构成的物位测量仪表为电容式物位计。

当液位为零时，其零点的电容为：

$$C_0=\frac{2\pi\varepsilon_0 L}{\ln\frac{D}{d}}$$

当液位上升为 H 时，电容量变为：

$$C=\frac{2\pi\varepsilon L}{\ln\frac{D}{d}}+\frac{2\pi\varepsilon_0(L-H)}{\ln\frac{D}{d}}$$

电容量的变化量为：

$$C_x=C-C_0=\frac{2\pi(\varepsilon-\varepsilon_0)H}{\ln\frac{D}{d}}=K_i H$$

电容量的变化与液位高度 H 成正比。该法是利用被测介质的介电系数 ε 与空气介电系数 ε_0 不等的原理进行工作的，$(\varepsilon-\varepsilon_0)$ 值越大，仪表越灵敏。电容器两极间的距离越小，仪表越灵敏。

5. 雷达液位计

采用高频震荡器作为微波发生器，发生器产生的微波通过波导管输送到辐射天线，通过天线向被测介质物位发射微波，当微波遇到障碍物，如被测介质时，部分被吸收，部分被反射回来，通过测量发射波与反射波间的时间参数来实现液位测量。

雷达波由天线发出到接收到由液面来的反射波的时间 t 和距离 H 为：

$$t=\frac{2H_0}{c}$$

$$H=L-\frac{c}{2}t$$

特点是无活动部件、非接触式测量，不受温度、压力、气雾和粉尘的影响，适用于黏度大、有毒、有腐蚀性介质，测量时无盲区，精度高，可达±1mm，可用于贸易结算。

6. 超声波物位计

超声波物位计是应用回声测距的原理制成的，声波从发射到接收反射波的时间间隔与物位高度成正比。

特点是无可动部件，超声波探头虽有振动，但振幅很小，仪表结构简单；不受光线、粉尘、湿度、黏度的影响，可检测液体、粉末、固体颗粒等物位，可适用于腐蚀性、有毒、高黏度的液位测量。但检测元件不耐高温，声速受介质的温度和压力影响，测量电路复杂，价格较高。

7. 放射性物位计

不同的物体、同一物体不同厚度对射线的吸收能力不同，利用物体对射线的吸收作用来检测物位的仪表就称放射性物位计，放射线吸收量与物体厚度的关系见下式。

$$I=I_0e^{-\mu H}$$

其特点是可以实现完全不接触式的测量，可用于高温高压的工况，可测量容器中高黏度、强腐蚀、易燃易爆、有毒有害介质的物位；但射线对人体危害较大，在选用上必须谨慎。

另外，还有压力、流量、温度、液位、成分和振动等值的开关测量仪表，这里不一一介绍。

六、分析仪表

分析仪表是对物质的组成和性质进行分析和测量，并直接指示物质的组分及含量的仪表，分为实验室用和工业用自动分析仪表两类。前者由人工现场采样、人工分析，分析结果较准确；后者用于连续生产过程，能自动采样、自动分析、自动指示记录，也称为在线分析仪表。自动分析仪表种类繁多，按测量原理可分为电化学式、热导式、磁导式、光学式、色谱式、射线式、物性测量等；按照功能和作用可分为质量分析仪表和安全分析仪表。安全分析仪表是指测量硫化氢、氨气、氢气、一氧化碳等有毒有害和易燃易爆物质的分析仪表。

较大型的在线分析仪表一般由自动采样装置、预处理系统、分析器、信息处理系统、显示、电源等几部分组成。采样、预处理系统的作用是从流程中取出具有代表性的样品，并使其成分符合分析检查对样品的要求，送入分析器。分析器的功能是将被分析样品的成分量转换成可以测量的量，是分析器核心组成，常用光敏电阻、热敏电阻和各种化学传感器等各种敏感元件。显示及数据处理系统将分析器信号转换成相应的电信号送入自动控制系统。电源对整个仪器提供稳定、可靠的电源。目前很多分析仪器都配有微机，用来对数据进行处理或自动补偿，组成智能分析仪器仪表。

在线分析仪表特点是专用性强，每种分析仪的适用范围都很有限，同一类分析仪，即使有相同的测量范围，但由于待测的试样的背景组成不同，并不一定都适用。常用的分析仪简介如下。

1. 色谱仪

色谱仪是一种物理化学的分析方法，特点是使被分析的混合物通过色谱柱将各组分分离，并通过检测器后输出与组分的量成比例的信号。

由气瓶提供的载气经过流量调节阀和转子流量计后进入进样阀，被测试样从进样阀注入，并随载气一起进入色谱柱。色谱柱内的固定相是一些吸附剂或吸收剂，吸附剂对不同物质有不同的吸附能力，因此当样品流过固定相表面时，样品中各组分在色谱柱中的流动速度不同，进而使各组分进入检查器的时间不一样。检测器根据样品到达的先后次序测定各组分及浓度信号，各组分的含量按色谱图中各峰波面积的相对大小来计算。

2. pH 计

pH 计又称酸度计，是能连续测量水溶液的氢离子浓度的仪器，由发送器和测量器组成。发送器中的玻璃电极和甘汞电极把被测溶液氢离子浓度(pH 值)转换成电位，用电位差计检测变成直流信号。

电位测量法基本原理是在被测溶液中插入两个不同的电极，其中一个电极的电位随溶液氢离子浓度的改变而改变，称工作电极；另一个电极具有固定的电位，称参比电极，这两个电极形成一个原电池，测得两电极间的电势即可得到被测溶液的 pH 值。

3. 氧化锆氧分析仪

在高温下，由于氧化锆管内、外氧的分压不同而产生氧离子迁移，根据迁移产生的浓差电势来进行测定。测量该电动势值，就可得知被测气体中含氧量。

4. 磁导式氧分析仪

氧气的一个特有的物理性质是它有很高的顺磁性，比其他气体高得多，而其他气体大多数具有微弱的逆磁性。磁导式分析器就是利用这一特点制造出来的。

5. 热导式气体分析仪

热导式气体分析仪是根据混合气体中待测组分含量的变化，引起混合气体总的导热系数变化这一物理特性来进行测量的。由于气体的导热率很小，直接测量困难，因此在工业上常常把导热率的变化转化成热敏元件的阻值变化，从而可由测点的电阻值的变化，确定待测组分的含量。它是一种物理式气体分析仪，其结构简单、性能稳定、价格便宜，常用来分析混合气体中某一组分的含量。

6. 红外线分析仪

红外线分析仪是根据气体(或液体、固体)对红外线吸收的原理制成的一种物理式分析仪。各种多原子气体(CO、CO_2、CH_4等)对红外线辐射能都有一定吸收能力，不同的气体吸收的红外线的波长也不同。红外线分析仪就是基于这一特性设计出来的，当红外线通过混合气体时，气体中的被测组分吸收红外线的辐射能，使混合气体因受热而压力增大，而这种温度和压力的变化与被测气体的组分浓度相关，把这种变化转换成其他形式的能量变化，就能确定被测组分的浓度了。

7. 可燃气体报警器

检测元件是催化燃烧传感器，并与两只固定电阻构成惠斯登检测桥路，当含有可燃性混合气体扩散到检测元件上时，迅速进行无焰燃烧、温度升高，使热丝电阻值增大，电桥输出一个变化的电压信号，这个电压信号的大小与可燃气体的浓度成正比。

8. 有毒气体报警器

有毒气体报警器是依据气体的电化学氧化和还原的原理制备的，原理与电池几乎相同，电化学传感器是将两个反应电极——工作电极和对比电极以及一个参比电极放置在特定电解液中，然后在反应电极之间加上足够的电压，使透过涂有重金属催化剂薄膜的待测气体进行氧化还原反应，再通过仪器中的电路系统测量气体电解时产生的电流，然后由其中的微处理器计算出气体的浓度。

七、执行器

执行器也称控制阀、调节阀，是自动调节系统的重要组成部分。它是直接安装在管道上的，接收控制系统送来的信号改变被测介质的流量，使生产按预定的要求正常进行，实现生产过程自动化，人们常把它比喻为生产过程自动化的手脚。执行器使用条件比较恶劣，往往处在高温、高压、深冷、易燃易爆、易渗透、易结晶、强腐蚀和高黏度等环境中。

按其工作能源可分为气动执行器、电动执行器和液动执行器三大类，对于电动执行器和液动执行器，由于石油化工装置使用得较少，请参阅相关书籍，本节只介绍气动执行器的有关知识。

气动薄膜调节阀是气动执行器中最常用、最典型的产品，其外形、内部构造如图 9. 4. 3 所示，上面部分叫气动执行机构，下面部分叫作调节机构，主要由膜片、弹簧、推杆、阀芯、阀座等零部件组成。气动执行器具有结构简单、动作可靠、性能稳定、价格低廉、维修方便、防火防爆等特点，广泛用于石化、冶金、电站等工业部门。

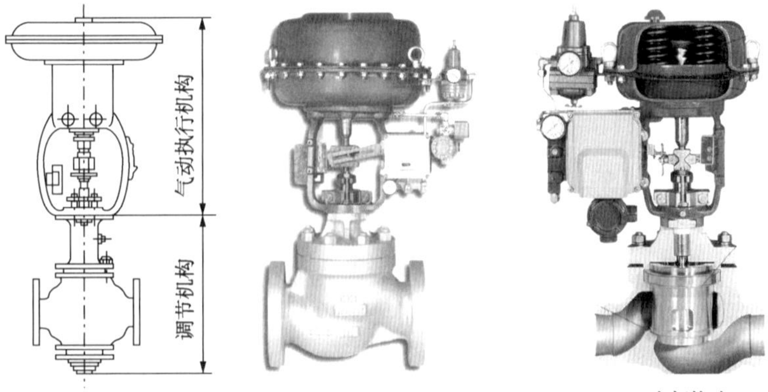

(a)外形　　(b)内部构造

图 9. 4. 3　气动薄膜调节阀外形和内部构造

1. 气动执行机构

气动执行机构是气动执行器的推动装置，按信号压力的大小产生相应的输出力，推杆产生相应的位移，带动调节机构的阀芯动作。推杆的位移也称为行程。气动执行机构分正作用和反作用两种形式，气压信号增加时推杆向下移动的叫正作用执行机构，反之，叫反作用执行机构。

2. 气动调节机构

气动调节机构是气动执行器的调节部分，其内腔与被调介质直接接触，在气动执行机构推杆位移带动阀芯移动，改变阀芯与阀座间的流通面积，被调介质的流量也就相应地发生变化，达到调节的目的。为适应生产工艺要求，阀有正装和反装两种形式，当阀芯向下移动时，阀芯与阀座之间的流通面积减小，称为正装；反之，称为反装。

3. 气动执行器的作用形式

气动执行器有气开式和气关式。信号压力增加时阀开，称为气开式(FC)；反之，称为气关式(FO)。正、反作用的执行机构和正、反装的调节机构可组合成执行器的气开或气关作用，见图 9. 4. 4。

4. 阀体部件

① 单座阀。结构如图 9. 4. 5 所示，阀体只有一个阀芯和一个阀座。结构上可分为调节型和切断型，区别是阀芯的形状，前者为柱塞型，后者为平板型。这种阀的优点是可调范围大，泄漏量小，易于严密关闭，甚至完全切断。

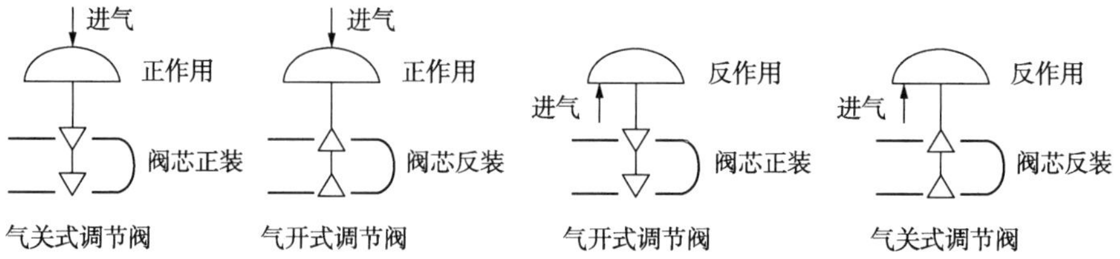

图 9.4.4　气动执行器的作用形式

② 双座阀。结构如图 9.4.6 所示，阀体内有两个阀芯、阀座。优点是可调范围大、流通能力大、不平衡力小。缺点是泄漏量大、阀体流路复杂、不适合在高黏度和含纤维介质的场合使用。

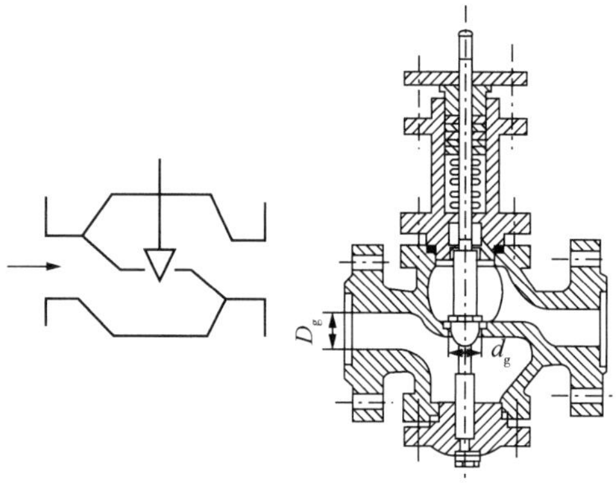

图 9.4.5　直通单座阀

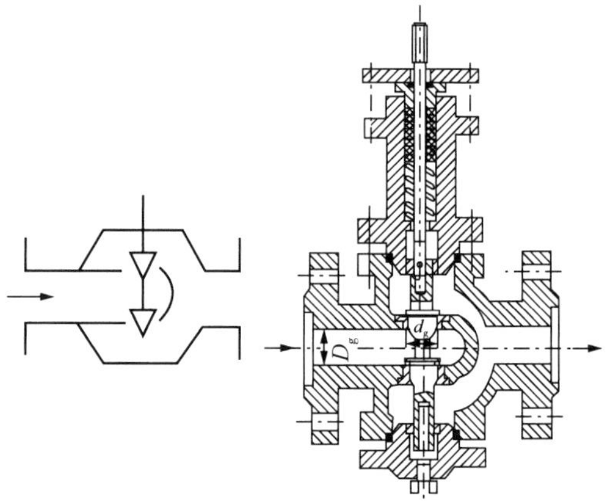

图 9.4.6　直通双座阀

③ 角形阀。结构如图 9.4.7 所示，阀体为直角形。它流路简单阻力小，适合高差压、高黏度、含有悬浮物和颗粒状介质的调节，可以避免结焦、堵塞，也便于自洁和清洗。

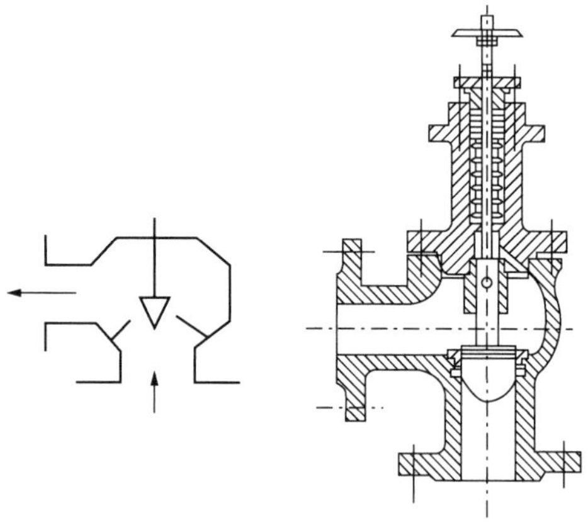

图 9.4.7　角形阀

④ 蝶阀。结构如图 9.4.8 所示，由阀体、挡板、挡板轴、密封等组成。优点是流通能力大，压力恢复系数高，价格便宜，特别适合低差压、大口径、大流量、带有悬浮物的流体调节。

⑤ 套筒阀。结构如图 9.4.9 所示，阀体和直通单座阀相似，套筒内有一个圆柱形套筒。利用套筒的导向，阀芯可在套筒中上下移动。由于这种移动改变了套筒的节流孔面积，实现流量调节。套筒阀不平衡力小，稳定性好，不易振荡，允许差压大，噪声小。当改变套筒节流形状时，就可得到所需的流量特性。

⑥ 偏心旋转阀。结构如图 9.4.10 所示，球面阀芯连在柔臂上与轮壳相接，球面阀芯的中心线与转轴中心偏离，转轴带动阀芯偏心旋转，阀芯和阀座闭合时依靠柔臂的弹性形

变自动对中，密封性好，泄漏量小，流阻小，流通能力大，流体不平衡力小，允许压差大，可耐较高温度。

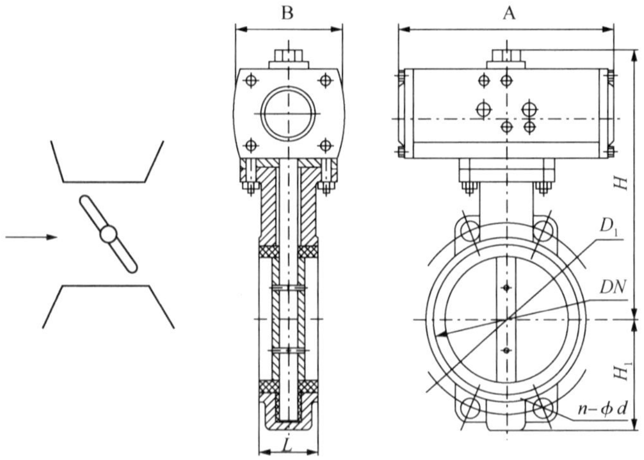

图 9.4.8　蝶阀

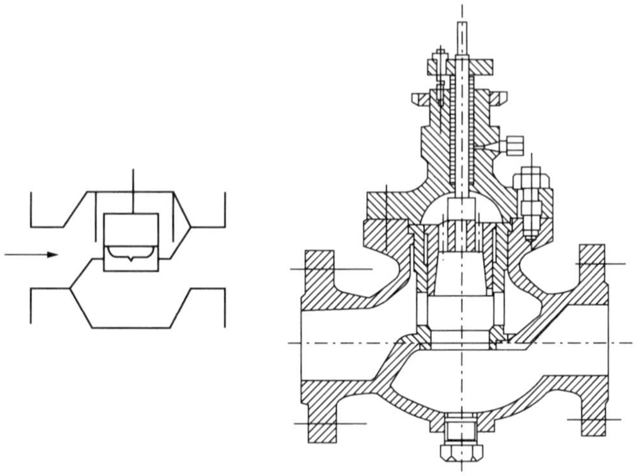
图 9.4.9　套筒阀

⑦ 隔膜阀。结构如图 9.4.11 所示，阀体采用铸铁或不锈钢材质，并衬以耐腐蚀或耐磨材料，隔膜材料有橡胶和聚四氟乙烯等。隔膜阀耐腐蚀性能强，适用于强酸、强碱等介质。结构简单，流阻小，流通能力大，泄漏量小，能用于高黏度、有悬浮物的流体调节。隔膜把流体和执行机构隔离，不需填料密封。但因隔膜和衬里的限制，耐压、耐温较差，只适用于压力 1MPa、温度 150℃以下的场合。

⑧ 高压阀。结构如图 9.4.12 所示，为角形结构，上、下阀体为锻造结构，填料箱与阀体做成整体，阀座与下阀体分开。因为不平衡力大，一般要配阀门定位器。在高压差情况下，流体对材料的冲刷和气蚀严重，阀座、阀芯一般采用硬质合金钢或渗铬，单级阀芯的高压阀寿命短，特殊场所应选用多级阀芯的高压阀。

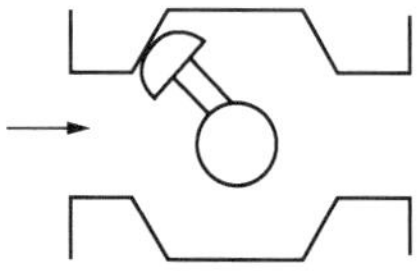

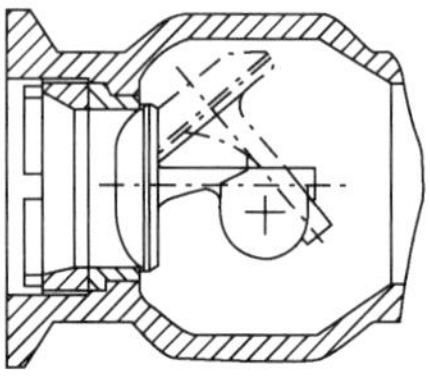

图 9.4.10　偏心旋转阀

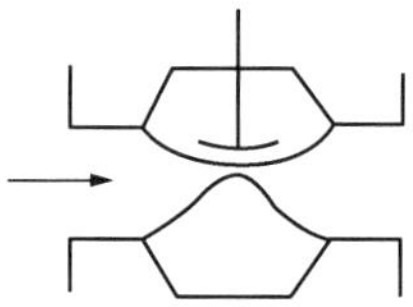

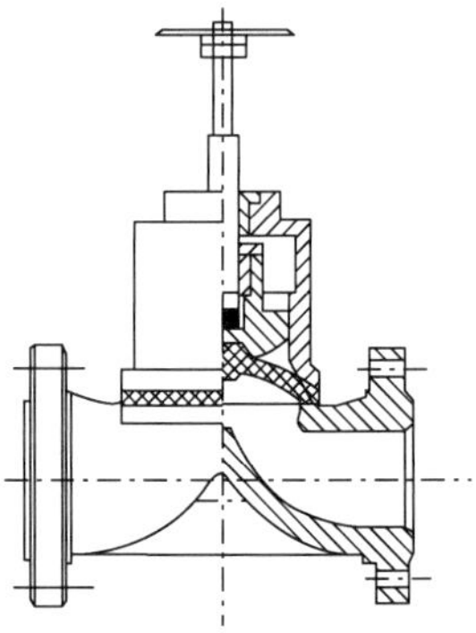

图 9.4.11　隔膜阀

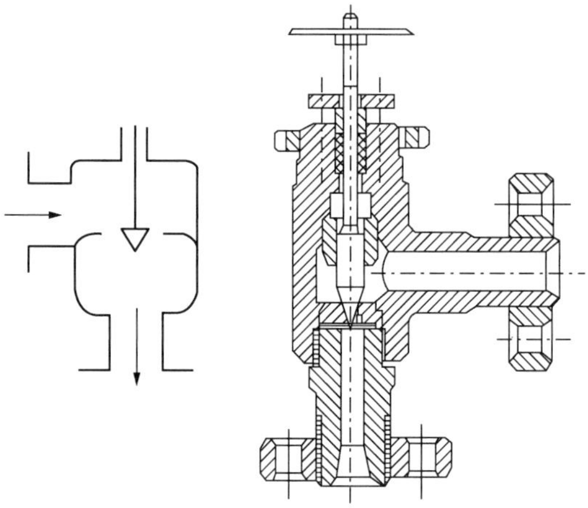

图 9.4.12　高压阀

5. 调节阀特性参数

① 流通能力。我国对调节阀流通能力 K_V 的定义是：密度为 $1g/cm^3$ 的流体通过调节阀产生压降为 0.1MPa 时的流量，流量单位是 m^3/h。

美国仪表协会对流通能力 C_V 的定义是：温度为 60℉的水，流过调节阀产生压降为 $1lb/in^2$ 时的流量，流量单位是 U.S. gal/min。

K_V 和 C_V 的关系为：$C_V = 1.167K_V$。

② 可调比。是指控制阀所能控制的最大流量 Q_{max} 与最小流量 Q_{min} 的比值，用 R 表示。

由于控制阀前后压差的变化会引起可调比的变化，将可调比分为理想可调比和实际可调比。

理想可调比是指控制阀前后压差不变时的可调比，用 R_t 表示。

$$R_t = \frac{Q_{max}}{Q_{min}} = \frac{C_{Vmax}\sqrt{\dfrac{\Delta}{\rho}}}{C_{Vmin}\sqrt{\dfrac{\Delta p}{\rho}}} = \frac{C_{Vmax}}{C_{Vmin}}$$

理想可调比等于控制阀的最大流量系数 C_{Vmax} 和最小流量系数 C_{Vmin} 之比。

R、R_t 反映了调节阀调节能力大小，使用时希望 C_{Vmax}、C_{Vmin} 小，而 R、R_t 大，并且数值稳定。

③ 调节阀的流量特性。是指被调介质流过阀门的相对流量与阀门的相对开度之间的关系。

调节阀的理想流量特性取决于阀芯的形状，不同阀芯曲面可得到不同的理想流量特性。典型的理想流量特性有快开、直线、抛物线和等百分比(对数)等。

6. 控制阀附件

① 阀门定位器。是气动执行器的主要附件，它与气动执行机构配套使用，用来提高阀位的精度，克服调节阀不平衡力和阀杆摩擦力的影响，保证阀位按调节信号实现正确定位。

② 电/气转换。把控制单元输出的电信号转换成气动信号，实现对控制阀的控制。它可以是电流对压力(I/P)的转换，也可以是电压对压力(E/P)的转换。

③ 电磁阀。通过开关实现小直径管道通断，如开、关控制阀供气或从调节阀上排气，从而实现双位操作。这种控制方案与其他方案相比电动阀门可显著地减少费用和加快响应速度。

八、控制仪表

随着计算机、网络技术高速发展，常规的气动、电动控制仪表基本被 DCS 等系统所取代，在石油化工自动化仪表中应用越来越少，本节仅介绍 DCS 系统。

1. DCS 是什么

DCS(Distributed Control System)系统是以微处理器为基础，采用控制功能分散、显示操作集中、兼顾分而自治和综合协调的设计原则而建立的集散控制系统。集数据采集、控制调节、报警输出、历史记录、报表打印等功能于一身，广泛应用于石化、热电、医药、生物能源等工控领域。

2. DCS 体系结构

① 管理层。管理层由 PC 机组成，用来进行生产的调度管理，它面对的是生产、经营管理者。

② 操作员站。主要完成人机界面的功能，采用桌面型通用计算机系统，配置与常规的桌面系统相同，但要求大尺寸的显示器和高性能的图形处理器，部分使用多屏幕，拓宽操作员观察范围。

③ 控制站。是 DCS 的核心，系统主要的控制功能由它来完成。系统的性能、可靠性等重要指标也都要依靠控制站保证，因此对它的设计、生产和安装都有很高的要求。

④ 工程师站。对 DCS 系统进行应用组态。在一个标准配置的 DCS 系统中都配有一台专用的工程师站，也有些小型系统不配置专门的工程师站，而将其功能合并到某台操作员站中，在这种情况下，系统只在离线状态具有工程师站，在线状态下就没有了工程师站的功能。

⑤ 服务器及其他功能站。在大型 DCS 系统结构中，还配有许多执行特定功能站点，

如专门记录历史数据的历史站、进行高级控制运算的高级计算站、进行生产管理的管理站，这些站需通过服务器实现数据通信交换。

⑥ 系统网络。DCS 的另一个重要的组成部分是系统网络，它是连接系统各个站的桥梁。由于 DCS 是由各种不同功能的站组成的，这些站之间必须实现有效的数据传输，以实现系统总体的功能。

⑦ 现场总线网络。现场总线出现以后现场检测和控制执行信号被数字化，因此 DCS 将成为一种全数字化的系统，系统与现场之间的连接也将通过数字通信网络实现。

⑧ 高层管理网络。DCS 已从单纯的低层控制功能，发展到了更高层次的数据采集、监督控制、生产管理等全厂范围的控制、管理，将控制功能和管理功能结合在一起的大型信息系统。

3. DCS 硬件结构

① 工程师站。主要给仪表工程师使用，作为系统设计和维护的工具。仪表工程师可在工程师站上进行系统配置、I/O 数据设定、报警和打印报表设计、操作画面设计和控制算法设计等工作。工程师站可以通过网络连入系统，在线使用，如在线进行算法仿真调试。

② 操作员站。主要给运行操作员使用，为日常值班操作的人机接口设备，监视生产运行状况、调整工艺参数。每套系统按工艺流程的要求可以配置多台操作员站。

③ 系统服务器。一般每套 DCS 系统都至少配置一台或一对冗余的系统服务器，其用途各厂家定义可能有差别，可以用作系统级的过程实时数据库，提供实时的工艺过程数据；作为 DCS 系统向其他系统提供通信接口服务并确保系统隔离和安全，如防火墙功能。

④ 输入输出 I/O 设备。用于采集现场信号或输出控制信号，主要包括模拟量输入、模拟量输出、开关量输入、开关量输出、脉冲量输入及一些特殊输入输出信号等卡件和底板。

⑤ 控制网络。用于将控制器与 I/O 设备连接起来，其主要设备包括通信线缆、终端匹配器、通信介质转换器、通信协议转换器或其他特殊功能的网络设备。

⑥ 系统网络。用于将操作员站、工程师站及系统服务器等操作层设备和控制层的主控制器连接起来。组成系统网络的主要设备有网络接口卡、集线器或交换机、路由器和通信线缆等。

⑦ 其他设备。包括电源、机柜和操作台。

4. DCS 软件结构

① 组态软件。用于设计控制系统的结构和功能，完成系统的控制编程。

② 操作软件。主要用于操作人员对控制系统进行操作参数配置、数据采集和控制任务的配置。

③ 数据库管理软件。用于管理 DCS 系统中的历史数据，设置和保存控制系统的当前参数。

④ 网络通信软件。用于实现 DCS 系统与现场设备之间的网络通信，实现对数据的采集和控制。

⑤ 防护软件。用于实现 DCS 系统的防护保护，如防火墙、加密和访问控制等。

⑥ 应用开发软件。用于实现 DCS 系统的业务逻辑和控制系统的自动化运行。

⑦ 监控软件。用于监控 DCS 系统的运行状态，可以实时检测 DCS 系统的运行状态和异常情况。

SIS、ESD、GDS 等系统与 DCS 系统工作原理相似，请参阅相关书籍。

第五节 仪表安装

一、施工准备

施工准备是仪表安装的一个重要阶段，包括技术准备、资料准备、工器具准备、物资准备和施工现场准备。

1. 技术准备

技术准备包括编制施工组织设计、施工图审查和图纸会审、编制施工技术措施、设置质量控制点、划分单位工程、进行技术交底、组织施工人员技术培训等。

2. 资料准备

表格资料主要分两类，一类是交工技术文件表格，是如实记录施工过程中工程施工情况的表格。另一类表格是质量验收表，是对施工质量进行验收的表格。常用的规范与标准主要包括：

SH/T 3503—2017《石油化工建设工程项目交工技术文件规定》

SH/T 3543—2017《石油化工建设工程项目施工过程技术文件规定》

GB 50093—2013《自动化仪表工程施工及质量验收规范》

GB/T 50252—2018《工业安装工程施工质量验收统一标准》。

3. 工器具准备

按工程实际需求提出工器具计划，明确设备名称、规格、型号、数量等。

常用的工具有电动套丝机、液压弯管机、开孔机、切割机、切管器、电子号码印字机、综合校验仪、活塞式压力计等。

常用的标准仪表有电流、电压、压力、温度、轴系标准表等。要注意标准仪表检定、校验用的有效期，基本误差的绝对值不超过被校仪表基本误差绝对值的 1/3。

4. 物资准备

物资准备是施工准备的关键。物资准备包括施工图上提及的所有仪表设备和材料的领取，包括一次仪表、二次仪表、仪表盘(柜)，材料表上所列的各种型钢、管材、电缆、电线、补偿导线、加工件、紧固件、垫片，也包括图上未提及的消耗材料和一些不可预计的材料与设备的准备。

5. 施工现场准备

大中型项目仪表工程施工应准备仪表调校室、仪表库房、加工预制场、工具房、材料堆场、办公室和休息室等。仪表调校室内要保持清洁，光线充足，通风良好，室内温度在 10~35℃、湿度不大于 85%；避开振动大、灰尘多、噪声大和有强磁场的地方；有上下水、电源和仪表气源。

二、仪表安装

1. 仪表设备及材料开箱

① 在业主、监理、施工单位等专业工程师在场情况下进行开箱检查，检查后应签署检查记录。

② 检查外包装无破损、积水，内包装的防潮、防水、防震等未失效；铭牌上的型号、规格、材质等符合设计，实物无变形、损伤、零件丢失等；装箱清单与实物一致附件，质量证明文件齐备。

③ 合金等特殊材质的仪表设备、配件及材料，应按规范要求进行 PMI 检验。

④ 开箱后，应分类入库保管，做好台账，并注意防腐、防潮、防露。

⑤ 设备由温度低于-5℃的环境移入保温库时，应在库内放置 24h 后再开箱。

2. 仪表设备及材料的保管

① 精密仪表设备，宜存放在温度为 5~40℃、相对湿度不大于 80%的保温库内。

② 执行机构、电缆和电气设备应存放在干燥的封闭库内。

③ 脱脂的仪表、控制阀、管子及管道组成件应封闭保存，并应加设标识；安装时严禁被油污染。

3. 仪表工程主要施工程序

① 仪表调校的原则：先取证后校验、先单校后联校、先单回路再复杂回路、先单点后网络。

② 仪表工程施工原则：先土建后安装、先地下后地上、先安装设备再配管布线、先两端(控制室、就地盘、现场和就地仪表)后中间(电缆槽、接线盒、保护管、电缆和仪表管道等)。

③ 仪表工程施工顺序：施工准备→配合土建安装盘柜基础→盘柜、操作台安装→接线箱安装→取源部件和仪表设备安装→电缆槽安装→电缆的检验、敷设、导通和绝缘试验、接线→测量管、气动管、伴热管敷设→控制系统、回路和系统等试验→机械交工→保运→竣工资料编制→交工验收。

4. 取源部件安装

① 取源部件的开孔和焊接，应在设备或管道的防腐、衬里和压力试验前进行。

② 取源部件安装完毕，应与设备和管道同时进行压力试验；脱脂后的脱脂件上严禁附着纤维。

③ 取源部件在管道上的取压点、方位应符合规范要求，放射性物位仪表安装现场应有警戒标识。

5. 现场仪表设备安装

包括仪表支架预制和安装，检测仪表、执行器、盘柜箱和保温箱安装，主要技术要求如下。

① 节流元件应在管道吹洗后安装。

② 双法兰式变送器等毛细管式仪表应有保护措施，敷设的弯曲半径不应小于 50mm。

③ 供电电压高于36V的现场仪表的外壳，仪表盘、柜、箱、支架、底座等应做保护接地。

④ 分析仪表的样品排放管应与排放总管连接，总管应引至安全场所。

6. 仪表线路安装

仪表线路安装包括支架的制作与安装，电缆槽、保护管、接线箱的安装，仪表电缆、电线、补偿导线、光缆的检验、敷设和接线，主要技术要求如下。

① 安装在爆炸危险环境下的仪表线路、电气仪表设备，应通过中国国家强制性产品认证(CCC认证)并取得证书，有互认的外国认证在提供防爆证书时还应提供中国机构相关互认协议证明。

② 测量电缆电线的绝缘电阻时，应将已连接上的仪表设备及部件断开。

③ 线路周围环境温度超过65℃时，应采取隔热措施；线路附近有火源时，应采取防火措施。

④ 电缆导管或电缆桥架或电缆沟道穿过不同等级爆炸危险区域时，在分隔间壁处应做密封。爆炸危险区域内线路连接应在防爆接线箱内进行，接线、接地应可靠，并应有防松和防拔脱装置。

7. 仪表管道安装

包括管材管件出库检验和防腐、阀门压力试验，管道的预制、安装、固定，主要技术要求如下。

① 仪表埋地管道应经试压和防腐后再敷设，连接应焊接；低温管及合金管下料切断后应移植标识；仪表管道引入仪表盘、柜、箱时，引入孔处应密封；不锈钢管固定时，不应与碳钢材料直接接触。

② 仪表管道应进行压力试验，气动管道应进行吹扫和检验，测量和输送易燃易爆、有毒有害介质的管道应进行泄漏试验。

8. DCS等系统硬件安装

硬件安装包括盘、柜、操作台及其型钢底座安装，控制系统设备及其电源设备的安装，各系统内、各系统间的电缆敷设和配线，主要技术要求如下。

① DCS等系统底座应按图纸和机柜厂家图纸并核对实际机柜的尺寸后下料、制作。底座安装前，应清理基础地面，找平、找正、找出机柜的安装中心线。

② DCS等系统设备搬运应勘查好转运路径，开箱时，应使用起钉器起钉子，以防损坏设备。

③ 对机柜安装的环境条件进行确认，电子设备间内的建筑装修、照明、空调、通风等工作全部结束，照明、空调系统已经投入使用，室内清洁无杂物，温度、湿度达到规定范围值。

④ 机柜安装应固定牢固，垂直度、水平度、平面度、相邻高差符合规范要求。

⑤ DCS等系统接地应按设计图纸和DCS等设备说明书要求的接地方式、接地材料，接地电阻进行。无特殊要求时控制系统的保护、工作、本安、屏蔽、防静电和电涌防护器等接地，各自在柜内汇流后，就近接到网型结构接地系统。网型结构接地系统通向室外接地装置的连接点应远离大型电机等大的噪声源，连接点应设置明显的标志。

接地应采用多芯铜质导线，外表面颜色应为黄绿色相间或绿色，截面积应符合：单台仪表 1.5~2.5mm²、机柜内汇流导轨或汇流条之间的连接 2.5~6.0mm²、机柜与网型接地排连接 6.0~16.0mm²。

⑥ DCS 等系统电缆应分类、分层敷设，DCS 等系统的信号电缆必须与动力电缆分开分层敷设。

9. DCS 等系统组态

① I/O 点整理。根据设计文件分单元整理点表，包括位号、名称、信号类型、量程、单位、报警值，统计 I/O 点数。一般整理在 EXCEL 表中，见表 9.5.1。

表 9.5.1 I/O 点统计表

序号	仪表位号	仪表用途	下限	上限	工程单位	单元	历史	HH	H	LL	L
AI0001	TT-10201A	反应器冷却温度	0	600	℃	1	1	580	550	500	510
AI0002	TT-10201B	反应器冷却温度	0	600	℃	1	1	580	550	500	510
AI0003	TT-10505A	E-1050 出口温度	0	300	℃	1	1	280	270	200	210
AI0004	TT-10505B	E-1050 出口温度	0	300	℃	1	1	280	270	200	210

信号分类。一般分为 AI、AO、DI、DO、modbus 通信五大类。AI 首先分成需要安全栅和不需要安全栅两大类，之后区分 4~20mA 两线制和四线制、RTD 和热电偶等。AO 一般配安全栅。DI、DO 一般分为继电器和非继电器。modbus 通信各厂家有各自的通信卡件和方式。

② I/O 通道分配。根据 DCS 等系统厂家提供的卡件类型分配 DCS 等系统的 I/O 通道，根据测点的类型分配到具体通道中来，见表 9.5.2。

表 9.5.2 I/O 点分配表

序号	仪表位号	仪表用途	卡件	安全栅/端子排	接线端子	组态位号	刻度范围
AI0001	TT-10201A	反应器冷却温度	SYS01F-1AIR01	BAR01F-IAIR01-01	2#01+	TICS10201A	1
AI0002	TT-10201B	反应器冷却温度	SYS01F-1AIR02	BAR01F-IAIR01-02	2#01-	TICS10201B	1
AI0003	TT-10505A	E-1050 出口温度	SYS01F-1AIR01	BAR01F-IAIR01-03	2#02+	TICS10505A	1
AI0004	TT-10505B	E-1050 出口温度	SYS01F-1AIR02	BAR01F-IAIR01-04	2#02-	TICS10505B	1

主要分类方法：把特殊的要求 I/O 点分检出来；再把带调节、带联锁等控制点按类分出来，分配到冗余卡件中；把其余点按类分配到非冗余卡件中；把相关点的卡件分配到同一控制器下。

③ DCS 等系统硬件配置包括冗余配置(电源、控制器、通信、操作站和 I/O 板卡等冗余)、插件配置(主机 CPU、电源、I/O、通信等插件设备)、机笼配置和机柜配置(电源、过程、控制、继电器等机柜)。

④ 软件安装。一般由 DCS 厂家的人员来指导安装。

⑤ 系统设备组态。通过组态软件，对硬件、系统网络上的设备进行配置。

⑥ 数据库组态。定义和编辑系统各站点的信息，这是形成整个应用系统的基础。一类是实际的物理测点，存在于现场控制站和通信站中，包含了测点类型、物理地址、信号处理和显示方式等信息；另一类是虚拟量点，与实际物理测点相比，差别仅在于没有与物

理位置相关的信息，可在控制算法组态和图形组态中使用。

⑦ 控制算法组态。用系统提供的符合 IEC1131-3 标准的五种工具：SFC、ST、FBD、LD 和 FM，将点表和相应的通道对应起来，根据控制方案组态 PID 调节回路、纯显示回路、开关量控制回路、泵的启停等单元联锁回路、顺序控制、第三方设备的 modbus 通信。

⑧ 显示控制画面组态。按 PID 流程图，调用 DCS 等系统自带图形，在系统画面组态软件中先把画面画出来，并与相应设备建立连接。

⑨ 系统下装。应用系统生成完毕后，应用系统的系统库、图形和报表文件通过网络下装在服务器和操作员站。服务器到现场控制站的下装是在现场控制站启动时自动进行的。现场控制站启动时如果发现本地的数据库版本号与服务器不一致，便会向服务器请求下装数据库和方案页。

第六节 仪表试验

仪表试验包括单台仪表的校准和试验、仪表电源设备的试验、控制系统的试验、回路试验和系统试验等。单台仪表在安装和使用前应进行检查、校准和试验，在系统投用前应进行回路试验。

一、仪表单体校验

仪表单体校验前，先对仪表的铭牌、型号、规格、材质、测量范围、刻度盘等进行外观检查，符合要求后进行仪表单体校验，试验的主要要求见表 9.6.1。

表 9.6.1 仪表单体校验要求

序号	调试项目	主要要求
1	一般要求	用手操器或在控制系统上检查智能变送器的规格、型号、位号、量程、迁移量、工程单位等缺省参数。 校验点应不少于 5 点，基本误差应小于允许误差
2	温度检测仪表	校验点不应少于 2 点，热电偶和热电阻在常温下对元件进行检测
3	压力检测仪表	校验过程中指针的上升和下降应平稳、无迟滞现象
4	流量检测仪表	现场不具备校准条件的，应对制造厂的合格证和检定证明进行验证
5	浮筒式液位计	干法的挂重质量、湿法的介质密度换算应符合使用状态的要求。 储罐液位计、料面计可在安装完成后，直接模拟物位进行校准
6	称重仪表	在安装完成后，直接均匀加载标准重量进行校准
7	机械量仪表	测量位移、振动、转速等机械量仪表应使用专用试验设备进行校准
8	分析仪表	检测、传感、转换、显示等应进行性能的试验和校准
9	变送器	输入模拟信号，验证相应输入、输出特性
10	开关量仪表	整定、校准动作值
11	控制阀	应进行气密性、压力、泄漏量、行程、行程时间、灵敏度等试验

二、仪表电源设备试验

仪表电源设备试验包括电源设备绝缘测试、电源设备输出特性检查、不间断电源切换性能试验。

三、DCS 等控制系统试验

DCS 等系统试验可划分为通电前检查、硬件调试、系统软件调试、应用软件调试等，主要调试检查、试验项目见表 9.6.2。

表 9.6.2　DCS 等控制系统试验

<table>
<tr><td rowspan="2">通电前检查</td><td colspan="2">电缆接线检查</td><td colspan="3">硬件外观检查</td><td colspan="2">接地系统测试</td><td colspan="2">UPS 电源测试</td></tr>
<tr><td>电缆绝缘电阻</td><td>接线正确牢固</td><td>型号规格</td><td>卡件位置</td><td>预设旋钮位置</td><td>系统间绝缘</td><td>接地电阻</td><td>电源电压</td><td>切换电源试验</td></tr>
<tr><td rowspan="4">硬件调试</td><td colspan="9">通电检查</td></tr>
<tr><td colspan="9">直流电压测试</td></tr>
<tr><td colspan="9">硬件运行灯测试</td></tr>
<tr><td colspan="9">程序装载检查</td></tr>
<tr><td rowspan="4">系统软件调试</td><td colspan="9">系统时间同步</td></tr>
<tr><td colspan="9">系统配置检查</td></tr>
<tr><td colspan="9">各站在线试验</td></tr>
<tr><td colspan="9">冗余试验</td></tr>
<tr><td rowspan="4">应用软件调试</td><td colspan="9">画面测试</td></tr>
<tr><td colspan="9">DCS 通道试验</td></tr>
<tr><td colspan="9">仪表二次系统联校</td></tr>
<tr><td colspan="9">单机和联动试车</td></tr>
</table>

1. 通电前检查

通过开关、拆线等方式，使 DCS 调试与现场仪表断开，避免设备状态不正常或接线错误等因素造成设备的损坏。

2. 通电试验

电源柜、操作台逐个通电，检查开关前电压，然后依次给机柜、DCS 等系统设备、现场仪表回路上电，测量各直流电压输出值；进行双电源手动/自动切换试验，检查电源故障报警装置。

3. 系统软件调试

启动工程师站、控制站、操作站程序，进行以下试验。

① 系统诊断。调出系统诊断画面，对各站、设备、网络节点等进行诊断检查。

② 冗余试验。对系统的各种冗余模件，如电源、通信、控制器、操作站、卡件，人为地模拟故障(通过切断电源、拔掉电源插头、插卡等方法)，观察备用模件能否在规定的时间内运行。

4. 应用软件调试

① 流程图画面测试。流程图画面应与 PID 图一致，画面测试包括静态显示和动态显示的检查。

画面静态显示的标题的位置、颜色、文字说明，图形的形状、大小、位置、颜色，工艺管线的宽度、位置、颜色及进出接头，测量变量的符号、文字、大小、颜色，仪表信号的箭头、宽度、位置、内容、工程单位等内容组态正确。

画面动态显示的测量变量变化可识别的精度范围，阀、泵运行状态的颜色变化，报警状态变化，给定值、控制模式(自动/手动)和手动输出等试验，功能正常。

② 总貌画面测试。检查每个区内组和单元的组态信息，确认总貌画面已按组态数据表组态。

③ 组画面调试。通过改变测量值、给定值、输出值、控制模式等试验，确认组画面中回路与总貌画面中描述的组一致。

④ 回路画面测试。键入位号，调出回路画面，确认回路类型组态正确；确认测量值、给定值、输出值等组态正确；进行改变给定值、控制模式和输出值的试验；确认可选择的功能已按设计正确组态；用工程师键盘在此画面上进行修改组态参数，如在线改变组态信息的定义、算法选择等试验。

⑤ 报警汇总画面测试。检查各报警按发生时间顺序排列，确认每个报警的操作组号、说明文字、优先级别等正确，不同优先级别报警的声光区分正确；确认消声功能正确。

⑥ 系统状态画面测试。检查通信系统上的各节点已正确组态，任一节点故障时应能报警。

⑦ 操作键盘功能试验。确认操作员功能键操作，能调出实时、历史、趋势等显示，打印功能正常；确认由键锁或口令启动的操作员键盘功能，能改变测量范围、报警值及输出信号限制等。

⑧ 系统记录仪测试。给每台记录仪添加一个输入信号，检查通道记录。

⑨ 历史趋势画面测试。确认该画面已按组态数据表组态；时间基准变更试验；通过输入信号，观察画面实时信息的更新，对变量进行历史趋势储存时间检查，一般应能保存 20~30 天。

⑩ 通道测试。经上述 DCS 组态及功能测试后，进行 100%通道测试。从 I/O 卡加输入信号，在操作站观察指示值；从操作站手动输出信号，在 I/O 卡测量输出值；通道测试过程中，同时检查记录、报警等功能。顺序控制、联锁回路也作通道测试，方法类似。

⑪ 各系统间调试。包括 DCS、PLC、SIS、GDS 等系统间的调试。

⑫ 辅助仪表盘仪表调试。如压缩机盘的紧急停车、轴瓦温度、调速、轴振动和轴位移的调试。

四、回路试验和系统试验

1. 检测回路试验

① 在变送器、转换器的输入端输入信号，回路的示值误差，不应超过回路内各单台仪表允许基本误差平方和的平方根值。

② 现场不具备模拟被测变量信号的回路，应在其可模拟输入信号的最前端输入信号进行回路试验，如温度检测回路可在检测元件的输出端向回路输入电阻值或毫伏值模拟信号。

2. 调节回路试验

① 控制器和执行器的作用方向应符合设计文件要求。

② 在操作站向执行器发送控制信号，执行器的动作方向和行程应正确，带定位器时应同时试验。

3. 报警系统试验

在报警回路的信号发生端模拟输入信号，报警动作值符合设计要求，报警的灯光、音响和屏幕显示，以及报警的消音、复位和记录功能应正确。

4. 程序控制系统和联锁系统试验

① 硬件和软件功能试验、回路试验应已完成。

② 仪表和部件的动作值应符合设计要求。

③ 联锁点多、程序复杂的系统，可先分项、分段进行试验，再进行整体检查试验。

④ 程序控制系统应按程序步骤逐步检查试验，其逻辑关系、动作时间和输出等符合设计要求。

⑤ 可采用已检验合格的仪表和报警开关的输出接点直接发出模拟条件信号。

⑥ 系统试验中应与相关的专业配合，共同确认程序运行和联锁保护条件及功能的正确性，并应对试验过程中相关设备和装置的运行状态和安全防护采取必要措施。

第七节　仪表工程交工验收

一、工程机械竣工条件

① 大型机组保护性联锁和报警等自控系统静态调试联校合格。

② 装置电气、仪表、计算机、防毒防火防爆等系统调试联校合格。

③ 对联动试车有影响的“三查四定”项目及设计变更已处理完成，其他未完施工尾项责任人、完成时间已明确。

④ 工程质量符合国家和行业标准。

二、交工验收条件

① 设计文件范围内仪表工程的取源部件，仪表设备和装置，仪表管道，仪表线路，仪表供电、供气、供液系统，已按设计文件和规范的规定安装完毕，仪表单台设备、回路试验和系统试验合格。

② 仪表工程连续 48h 运行正常后，即具备交接验收条件。

三、交工验收提交的文件

① 工程竣工图；

② 设计修改文件和材料代用文件；
③ 隐蔽工程记录；
④ 安装和质量检查记录；
⑤ 绝缘电阻测量记录；
⑥ 接地电阻测量记录；
⑦ 仪表管道脱脂、压力试验记录；
⑧ 仪表设备和材料的产品质量合格证明；
⑨ 仪表校准和试验记录；
⑩ 回路试验和系统试验记录；
⑪ 施工质量验收记录；
⑫ 仪表设备交接清单。

第八节　仪表工程质量控制要点

石油化工装置的生产对自动化仪表工程质量要求越来越高，工程技术人员不仅需对上述章节仪表基础知识有一个充分的了解和认识，还应掌握以下仪表工程质量控制的重点。

1. 检查仪表调校室和仪表库房

检查仪表调校室、阀门试压站和仪表库房环境，及其配备的仪器和设备。

2. 仪表设备材料的检验和校验

① 开箱检验、收发和保管记录。

② 质量证明文件的收集验证和材料复验报告。

③ 压力管道组成件如孔板及法兰、调节阀及法兰、温度保护套管、压力表等规格型号、材质，合金钢材质光谱分析报告。

④ 防爆设备的防爆等级、防爆合格证书，为强制性认证产品范围防爆设备应取得国家授权的防爆认证机构颁发的防爆电气类产品国家强制性产品认证(CCC 认证)证书。

⑤ 仪表设备校验记录。

3. 仪表接地系统

① 仪表接地系统不应存在串联现象。

② 仪表及控制系统的保护接地、工作接地、本质安全接地、屏蔽接地、防静电接地和防雷接地的连接方式和接地电阻值。

4. 仪表安装质量

① 取源部件的材质、安装位置、节流元件前后直管段长度符合设计图纸要求，取源部件的取源方位、严密性及耐压符合规范标准要求。安装取源部件时，不应在焊缝及其热影响区上开孔及焊接，取源部件安装完毕后，应随同设备和管道进行压力试验。

② 仪表不应安装在有振动、潮湿、易受机械损伤、有强电磁场干扰、高温、温度变化剧烈和有腐蚀性气体的位置；仪表安装后应牢固、平正。仪表与设备、管道或构件的连接及固定部位应受力均匀，不应承受非正常的外力。

③ 仪表盘、柜、操作台的安装位置和平面布置应按设计文件施工，固定牢固、垂直度和水平度允许偏差符合规范要求。

④ 电缆电线敷设前，应进行外观检查和导通检查。

⑤ 仪表线路应按最短路径集中敷设，横平竖直、整齐美观，不应交叉。敷设线路时，应使线路不受损伤；线路不应敷设在易受机械损伤、有腐蚀性物质排放、潮湿以及有强磁场和强静电场干扰的位置，当无法避免时，应采取防护或屏蔽措施；线路不宜敷设在高温设备和管道的上方，也不应敷设在内有腐蚀性液体的设备和管道的下方。

⑥ 测量管道、气源管道、气动信号管道、仪表伴热的规格、材质符合设计，其压力试验符合规范。

⑦ 测量管道安装路径应避开易受机械损伤、腐蚀、振动、工艺介质排放、高温和火灾危险的位置或环境。

5. 仪表系统试验

① 综合控制系统上电前，建设单位、监理单位、总承包单位、施工单位和制造商应进行条件确认。

② 仪表回路试验应作为一个系统进行测试，对回路的完整性、准确度和功能进行检查和调试，验证其是否符合设计文件要求。

③ 仪表回路试验记录完整。

第九节　仪表工程质量监督执行的主要标准规范

仪表工程质量监督执行的主要标准规范如下。

GB 50093—2013《自动化仪表工程施工及质量验收规范》

GB 15577—2018《粉尘防爆安全规程》

GB/T 50252—2018《工业安装工程施工质量验收统一标准》

GB/T 3836.1—2021《爆炸性环境 第1部分：设备 通用要求》

GB/T 3836.2—2021《爆炸性环境 第2部分：由隔爆外壳“d”保护的设备》

GB/T 3836.3—2021《爆炸性环境 第3部分：由增安型“e”保护的设备》

GB/T 3836.4—2021《爆炸性环境 第4部分：由本质安全型“i”保护的设备》

GB/T 3836.5—2021《爆炸性环境 第5部分：由正压外壳“p”保护的设备》

GB/T 3836.8—2021《爆炸性环境 第8部分：由“n”型保护的设备》

GB 3836.14—2014《爆炸性环境 第14部分：场所分类 爆炸性气体环境》

GB 3836.15—2024《爆炸性环境 第15部分：电气装置设计、选型安装规范》

GB/T 3836.18—2024《爆炸性环境 第18部分：本质安全电气系统》

GB/T 3836.35—2021《爆炸性环境 第35部分：爆炸性粉尘环境场所分类》

GB/T 4208—2017《外壳防护等级(IP代码)》

GB/T 26480—2011《阀门的检验和试验》

GB/T 4213—2008《气动调节阀》

SH/T 3551—2024《石油化工仪表工程施工及验收规范》

SH/T 3104—2013《石油化工仪表安装设计规范》
SH/T 3569—2020《石油化工电缆桥架施工及验收规范》
GB/T 30372—2024《火力发电厂分散控制系统验收导则》
GB/T 36285—2018《火力发电厂汽轮机电液控制系统技术条件》
GB/T 38921—2020《火力发电厂汽轮机安全保护系统技术条件》
DL/T 1083—2019《火力发电厂分散控制系统技术条件》
DL/T 1091—2018《火力发电厂锅炉炉膛安全监控系统技术规程》
DL/T 1393—2014《火力发电厂锅炉汽包水位测量系统技术规程》
DL/T 5428—2023《火力发电厂热工保护系统设计规程》
GBZ 125—2009《含密封源仪表的放射卫生防护要求》

第十章 LNG 储罐

低温液化天然气(LNG)储罐因占地少、储存效率高、规模大等优点被广泛地应用在液化天然气(LNG)接收站、天然气液化厂和城市燃气调峰系统中。我国 LNG 储罐是通过引进国外技术后逐渐发展成熟的。2004 年中国海洋石油集团有限公司引进了我国第一个 LNG 接收站的全套工艺技术，2006 建成了 2 台 160000m^3 预应力混凝土全容罐，开启了国内预应力混凝土全容罐建设的篇章。近 10 多年来，预应力混凝土全容罐建造技术开始全面推广，设计和建造基本实现国产化，目前国内共计建成投产的液化天然气接收站 28 座。国内容积最大预应力混凝土全容罐($27\times10^4m^3$)于 2023 年 11 月 2 日在中国石化青岛液化天然气接收站投产，由中国石化工程建设有限公司自主设计，中石化第十建设有限公司建造，该储罐国产化率达到 95%，标志着国内建造 LNG 储罐的水平已趋于成熟。

本章主要介绍 LNG 储罐的结构形式、施工工艺技术、施工质量控制等，对 LNG 储罐建设质量管理具有一定的参考意义。

第一节 大型 LNG 储罐结构形式

低温液化天然气(LNG)的陆上储存采用 LNG 储罐进行储存。LNG 储罐按照操作时的最高工作压力可划分为大型常压储罐和压力储罐，大型常压 LNG 储罐最高工作压力约为 20kPa，LNG 压力储罐的最高工作压力约为 0.1MPa。大型常压 LNG 储罐按设置方式分为地下储罐和地上储罐，按结构形式分为球形罐、单容罐、双容罐、全容罐及薄膜罐。其中单容罐、双容罐、全容罐及薄膜罐为平底、立式、圆筒形的双层储罐，具有储存效率高、占地少、储存规模易于大型化等优点，在液化天然气(LNG)接收终端站、天然气液化厂和城市燃气调峰系统中得到了越来越广泛的应用。

一、单容罐

单容罐(图 10.1.1 和图 10.1.2)可分为单壁罐和双壁罐，是 LNG 储罐最初建造的形式。考虑到安全和绝热性能，单壁罐仅在 LNG 初期发展阶段建造，目前很少使用。双壁储罐的外罐用普通碳钢制成，它不能承受低温介质，主要起到固定和保护隔热层的作用，中间为隔热层，内壁罐为耐低温的 9%Ni 钢或不锈钢，直接与 LNG 接触。单容式储罐投资相对低，施工周期短，但容易泄漏，安全性相对也低，近年来在接收站储罐设计中已很少使用。为了保证安全，每个单容罐的周围应筑有围堰，以容纳可能泄漏的产品。

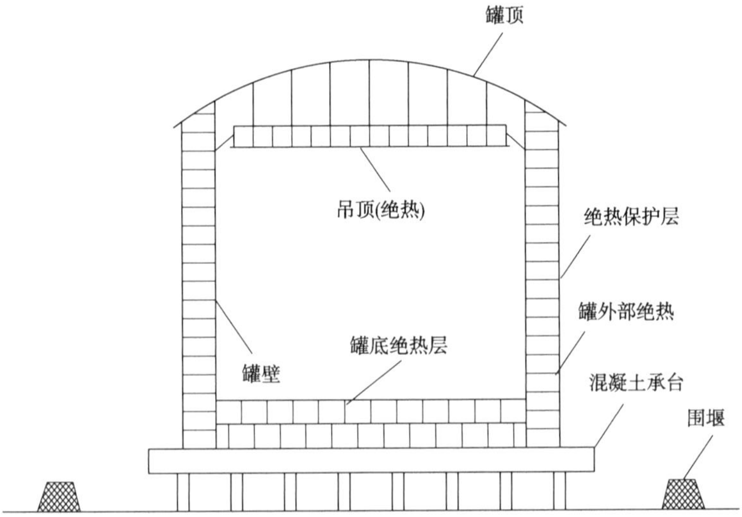

图 10.1.1 不带蒸发气储罐的单容罐(单壁单容罐)

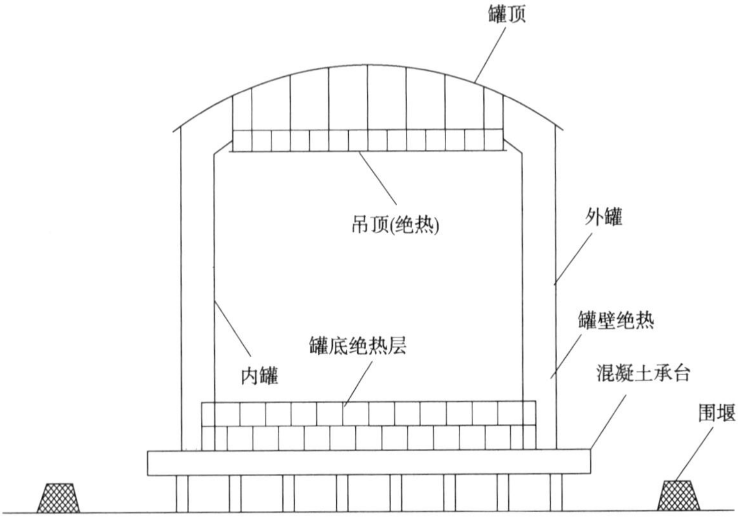

图 10.1.2 带蒸发气储罐的单容罐(双壁单容罐)

二、双容罐

双容罐由内罐和外罐组成，可分为由钢制内罐与钢制外罐组成的双容罐(图 10.1.3)和由钢制内罐与预应力混凝土外罐组成的双容罐(图 10.1.4)。双容罐的内罐和外罐均能单独包容低温液体，一旦内罐泄漏，气体会外泄，而液体将由外罐包容不会泄漏，安全性较单容罐高。吊顶上、下的气相空间通过吊顶上的孔洞相连接，外罐不能控制泄漏气体的排放。双容罐安全性较单容罐高，造价也高。

三、全容罐

全容罐由外罐和内罐组成，可分为由钢制内罐与钢制外罐组成的全容罐(图 10.1.5)

和由钢制内罐与预应力混凝土外罐组成的全容罐(图 10.1.6)。全容罐与双容罐不同，内外储罐并非独立存在，二者共同构成一个完整的储罐。内罐用于储存低温液体，外罐可作为 BOG 的主容器，当内罐泄漏时，外罐可储存全部的泄漏液体，并保持结构上的气密性，避免低温液体和 BOG 泄漏至周围环境中，其安全防护距离较小。

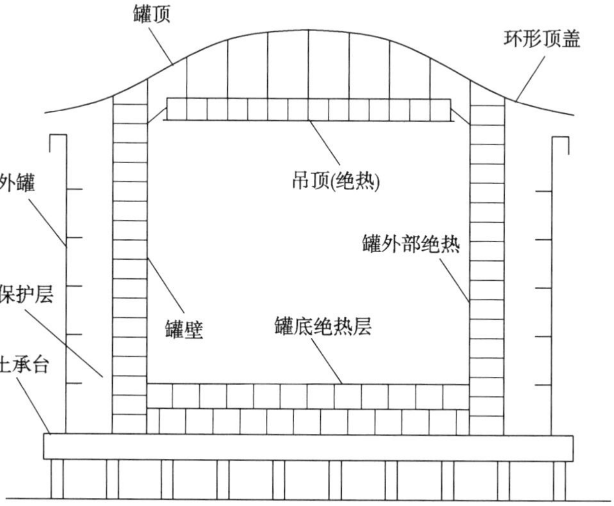

图 10.1.3　钢制外储罐的双容罐

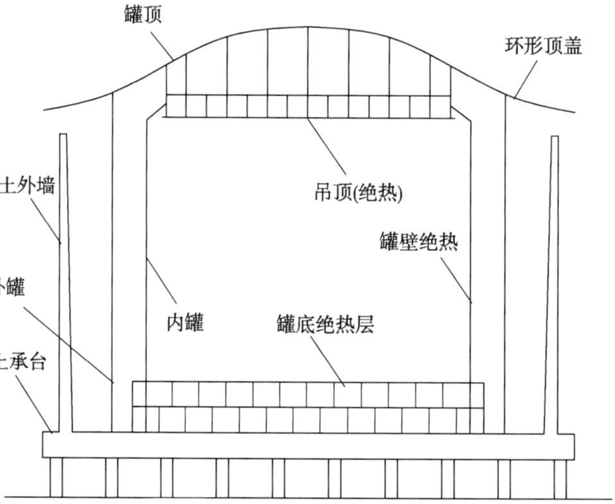

图 10.1.4　预应力混凝土外储罐的双容罐

全容罐的造价最高，但安全性也最好，所以在近年来得到了广泛的应用，目前国内接收站建设的储罐基本全部属于预应力混凝土全容罐，储存容积分别有 $16\times10^4m^3$、$20\times10^4m^3$、$22\times10^4m^3$、$27\times10^4m^3$，国内已投产的首台最大容积的预应力混凝土储罐为山东液化天然气接收站内的 $27\times10^4m^3$ 储罐。内陆调峰站建设的容积大于 $5\times10^4m^3$ 的大多为预应力混凝土储罐，小于 $5\times10^4m^3$ 储罐大多为双层金属全容罐。本书只对石油化工行业建造形式最多的预应力混凝土储罐施工技术做介绍。

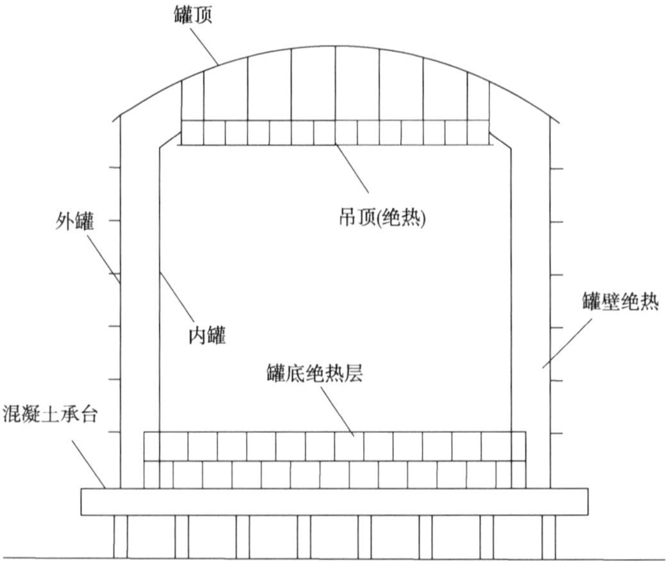

图 10.1.5　钢制外储罐的全容罐

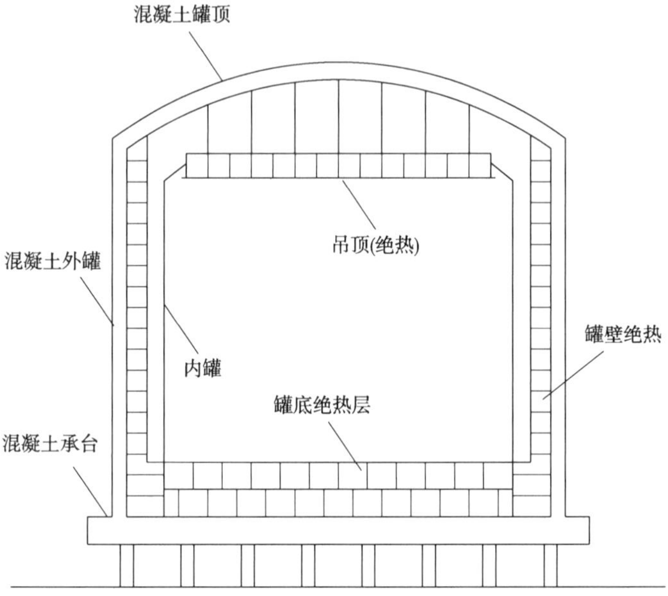

图 10.1.6　预应力混凝土外储罐的全容罐

四、薄膜罐

薄膜罐(见图 10.1.7)由一个薄的钢质主储罐(即薄膜，材质为 36%Ni 钢或 L304 不锈钢)、绝热层和一个预应力混凝土罐组成，构成一个整体的复合结构用于储存低温液体。作用在薄膜上的全部静压荷载及其他荷载均通过绝热层传递至预应力混凝土罐上，蒸发气体储存在储罐顶部，顶部既可以是类似的复合结构，也可以由气密拱顶和吊顶上的绝热材料构成。

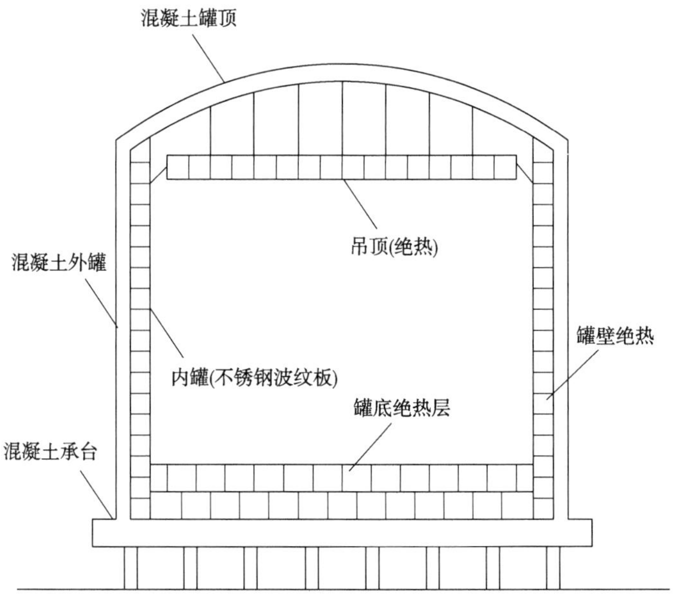

图 10.1.7　薄膜罐

第二节　预应力混凝土 LNG 储罐结构

预应力混凝土全容罐安全性较高、技术成熟、规模大，适应了 LNG 存储越来越大型化和更高安全性的要求，成为近年来全球应用广泛的储罐形式。

自 2006 年广东大鹏国内第一个液化天然气接收站建成投产起，我国 LNG 接收站建造的 LNG 储罐几乎全部为预应力混凝土全容罐。预应力混凝土全容罐结构采用 9%Ni 钢内罐、预应力混凝土外罐，罐顶设置悬挂式绝热材料支撑平台，内外罐之间采用泡沫玻璃砖、弹性玻璃纤维、膨胀珍珠岩等材料进行绝热。其最大设计压力为 30kPa，操作压力 2～26kPa，最低设计温度为-170℃。由于全容罐的外罐可以承受内罐泄漏的 LNG 及其气体，不会向外界泄漏，安全性能更高，一旦内罐泄漏，仍能保持安全运行，满足停产处理需求。典型预应力混凝土全容罐如图 10.2.1 所示。

一、内罐

内罐板材为含镍质量分数为 9%的合金钢板(9%Ni 钢)，壁板分层安装，分层数量根据内罐高度和板宽确定，$16\times10^4m^3$ 以上储罐一般分为 10 层以上，常见板厚 3～4m、板厚 12～36mm，并在罐壁内侧设置罐壁加强圈。

罐底设置两层含镍质量分数为 9%的合金钢板，厚度为 6mm 和 5mm。底板外圈为环形板，两层底板之间为保温玻璃砖、混凝土环梁、沥青毡和素混凝土(或干砂)。

内罐罐顶为悬挂的铝合金吊顶，用于支撑顶部玻璃棉绝热层。目前铝合金吊顶结构形式分为焊接和装配式两种类型。

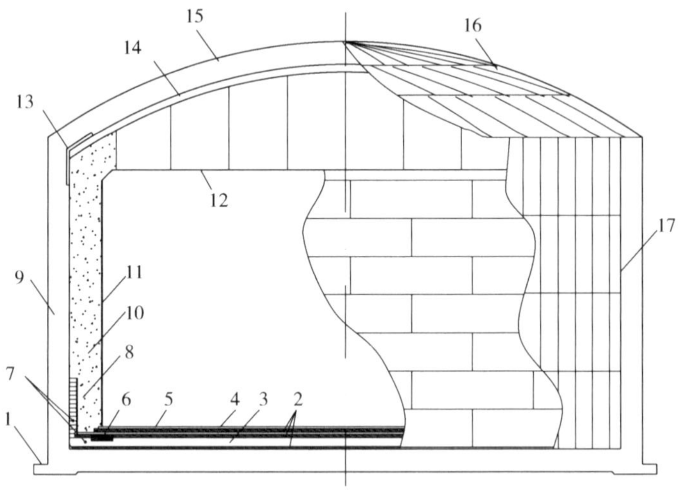

图 10.2.1 预应力混凝土全容罐

1—基础；2—找平层；3—罐底衬板；4—二次底板；5—内罐底板；6—环梁；7—保冷结构；8—热角保护系统；9—外罐壁；10—罐壁绝热；11—内罐壁板；12—吊顶(绝热)；13—承压圈；14—穹顶；15—外罐顶；16—穹顶衬板；17—罐壁衬板

二、外罐

外罐基础分为架空型和落地型，落地型基础施工时间短，但因直接坐落在地面上，为了防止罐内低温使土壤冻胀，落地型基础需要设置加热系统，隔断或减少冷能传导。而架空型基础靠空气自然对流，隔断或减少了冷能传导，不设置加热系统。

外罐墙壁采用预应力钢筋混凝土浇筑而成，沿高度方向分层浇筑，罐壁外侧钢筋采用高强度热轧钢筋，内侧能接触低温的部位采用低温钢筋。墙体浇筑过程中内表面预埋锚固件，以焊接防潮板和罐顶承压环，防潮板与钢穹顶板组成整体防止 BOG 蒸发气渗漏。墙体内设置环形和竖向预应力后张束钢绞线。

外罐穹顶为钢筋混凝土结构球面顶，内侧钢制穹顶施工时作为外部混凝土穹顶支撑模板，运行过程中作为衬板，防止 BOG 蒸发气渗漏。外侧混凝土多采用分区，施工段间采用免拆钢网支挡施工缝。

第三节 LNG 储罐施工

近几年来，我国 LNG 储罐建造已取得了丰富的经验和成果，设计、材料和施工技术也日渐成熟，罐壁混凝土、内罐组装焊接、绝热结构等方面的施工工艺不断改良。以预应力混凝土全容罐施工为例，主要施工可分为土建施工和储罐安装。

一、施工内容

1. 土建施工

土建施工主要包括下列内容：

① 储罐场地勘察、测量、平整；
② 储罐土方、垫层施工；
③ 储罐桩基施工；
④ 防震垫安装(如有)；
⑤ 储罐承台基础施工；
⑥ 储罐预应力钢筋混凝罐壁施工；
⑦ 钢筋混凝土穹顶施工；
⑧ 罐底混凝土找平层施工；
⑨ 混凝土环梁(或珍珠岩混凝土砌块)施工；
⑩ 储罐预应力施工。

2. 储罐安装施工

储罐安装施工主要包括下列内容：
① 储罐预制施工；
② 拱顶及接管、吊顶、抗压环及衬板施工；
③ 内罐安装、焊接；
④ 罐本体配套工程施工；
⑤ 储罐充水试验；
⑥ 内罐壁外侧弹性毡施工；
⑦ 环隙空间膨胀珍珠岩填充；
⑧ 吊顶保冷层和接管保冷施工；
⑨ 罐内置换及干燥。

二、主要施工工艺

石油化工行业建造形式最多的是预应力混凝土全容罐，其通常的施工工艺流程如图 10.3.1 所示。

三、主要施工特点

预应力混凝土全容罐，最外层采用预应力钢筋混凝土，顶部设置钢制穹顶，钢制穹顶上部浇筑钢筋混凝土，外罐混凝土壁内侧有一层碳钢防潮衬板，内罐罐壁为 9%Ni 钢板，储罐顶部空间设置铝合金吊顶，铝合金吊顶通过吊杆与拱顶骨架连接，铝吊顶上铺设玻璃纤维棉绝热材料。罐底由三层钢板及保冷层组成，最下层底板为碳钢防潮衬板，二次底板和内罐底板均为 9%Ni 钢板，每两层底板之间铺设泡沫玻璃砖保冷层。内外罐壁之间约 1m 及以上，之间的环形空间在内罐外侧悬挂弹性毡，夹层填充珍珠岩绝热材料。储罐罐壁无接管口，所有管线都由罐顶开孔与罐内连通。施工具有以下特点：

① 储罐的结构复杂，施工难度大。

② 外罐钢穹顶工作量大，工期长，需要采用气顶升安装就位，是施工过程中关键的控制点。

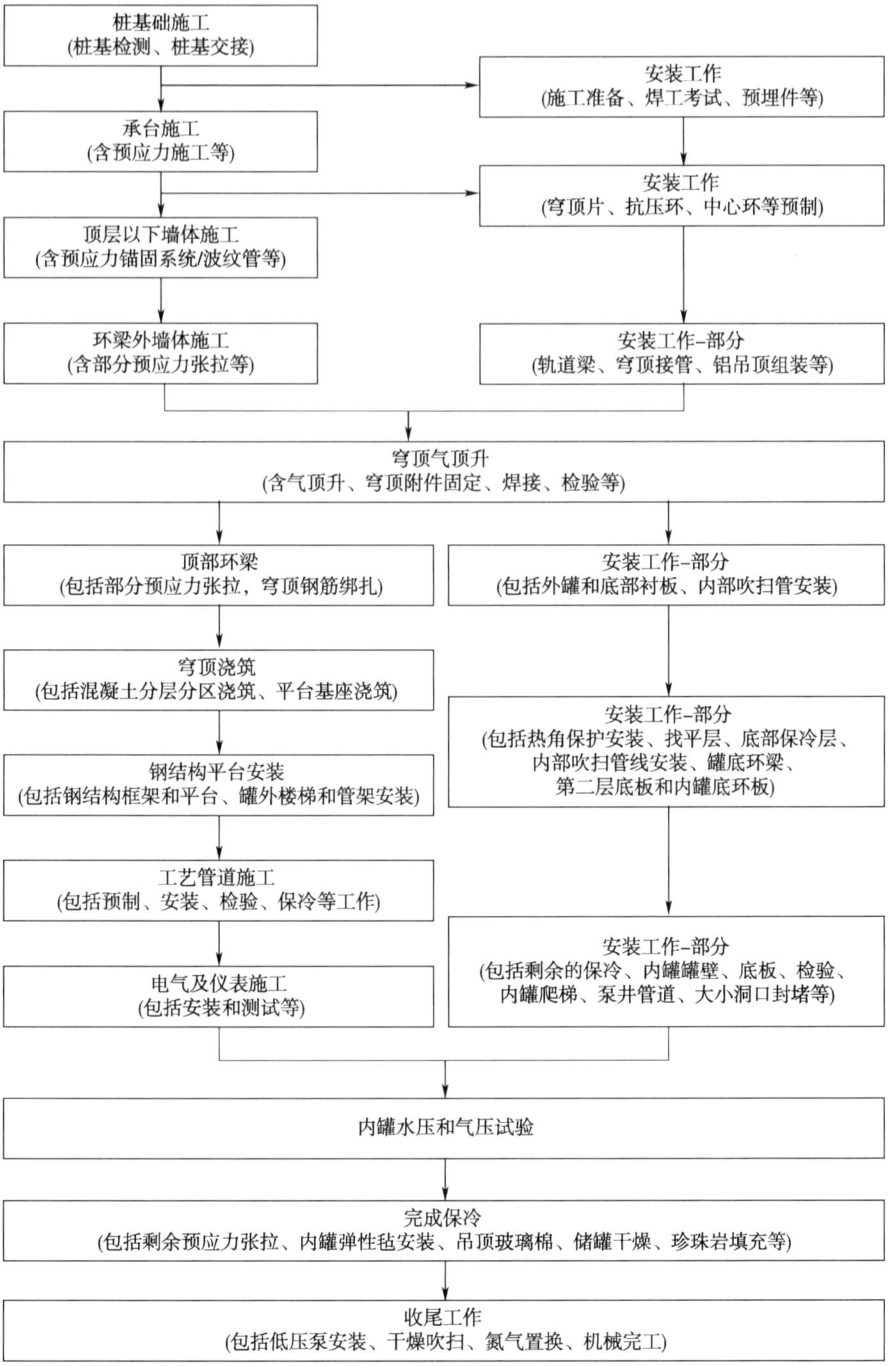

图 10.3.1 预应力混凝土全容罐的施工工艺流程

③ 采用的金属材料种类多、成分复杂；焊接量大、焊接方法多、使用的焊接设备多；焊接工艺评定项目多、要求高。

④ 内罐焊接质量要求高，内罐边缘板对接缝、壁板环缝和纵缝要求 100%射线探伤，罐底焊缝要求 100%真空气密检测。

⑤ 罐内施工区域空间较小，大型设备较多。

⑥ 土建、安装相互协调的工作较多，土建施工阶段，安装就已经穿插进行，从而形成了不同工种交叉作业，工序交叉施工多，设备运输和吊装受限制，施工组织难度较大。

⑦ 储罐基础施工、外罐罐壁施工、外罐罐顶浇筑、内罐的预制、内罐的安装、充水试验、保冷工作、氮气置换等工作质量要求特别高，所以质量控制措施必须到位。

⑧ 建设地点一般在码头，远离市区，依托条件差，施工组织管理难度大。

四、外罐施工

1. 基础施工

预应力混凝土全容罐不允许不均匀沉降，对基础要求高，因此必须对建设场地进行详细勘察，对地质条件较差的地基还需进行加固以满足承载应力要求。为使基础具备良好的整体性，钢筋混凝土底板要有足够厚度。为防止大体积混凝土因水化反应的热应力产生裂缝，施工中采用分区跳仓浇注和由中心向边缘浇注的方法。

2. 外罐壁施工

外罐壁浇筑是混凝土工作量最大的部分。通常按照钢筋混凝土施工程序，布置钢筋、安装预应力护态、预埋件和模板后，进行混凝土浇筑、养护。因罐壁厚度一般在40mm左右，需要分层由下至上逐层浇筑，倒模或滑模施工。

3. 预应力施工

罐壁逐层过程中需预埋垂直预应力套管及水平预应力套管。预应力套管为镀锌半硬式涡卷型套管，一般现场预制，各套管衔接采用热收缩套黏合。混凝土罐壁浇筑、养护完成后，进行钢绞线穿束作业，采用液压千斤顶施加预应力，气初顶升前应按设计文件完成指定环向预应力张拉和灌浆工作；全部外罐浇筑、养护完成后应按设计文件规定的顺序完成剩余预应力张拉和灌浆。

4. 承压环施工

承压环安装在最上层外罐壁上，浇筑最上层外罐壁之前，将承压环F形支撑提前浇筑在下一层的外罐壁内，然后安装并组对焊接承压环与F形支撑，组焊完成后最上层外罐壁分两次浇筑。钢穹顶顶升前浇筑最上一层的外罐壁的下部分，顶升完成后钢穹顶与承压环全部组装焊接完成，检验合格后进行剩余混凝土浇筑。

5. 钢穹顶气顶升施工

储罐顶部首先安装钢结构半球形的穹顶，采用大型鼓风机进行压缩空气顶升法施工。钢制穹顶在罐外分片预制，完成后在罐底组装焊接完成。钢穹顶与外罐内壁之间安装临时柔性密封，钢穹顶内部对穿钢丝绳平衡系统，然后使用鼓风机鼓风，在压缩空气的作用下，匀速平稳地升至罐顶承压环，然后将钢制穹顶顶升与承压环固定焊接。

6. 罐内吊顶施工

钢穹顶在罐底组装的同时进行铝合金吊顶的组装，当前铝合金吊顶分为焊接式和装配式两种结构形式，后者工厂预制完成罐内仅需要螺栓和铆钉连接，不需要焊接，安装方便、效率高，但属于专利产品。铝合金吊顶通过吊顶杆使用螺栓连接于罐顶梁上，钢穹顶气顶升施工时与其一起升顶就位。

7. 罐顶施工

整个罐顶由钢筋混凝土和钢穹顶组成，钢穹顶顶升就位后作为混凝土罐顶浇筑的支撑模板，钢穹顶顶板上焊接预埋螺钉和绑扎钢筋后，分次进行罐顶混凝土浇筑，为避免浇筑的混凝土超过罐顶载荷，浇筑过程中罐内还应根据设计给定的数值进行保压作业。

五、内罐施工

1. 衬板施工

衬板是安装在混凝土外罐内侧与埋件焊接的起气密封作用的一层5~6mm厚的钢板，分为罐底衬板及罐壁衬板，与钢制穹顶的罐顶板组成一个完成的混凝土衬板层。

罐底衬板由储罐中心向外边缘铺设，先焊钢板短边，再焊钢板长边。所有焊缝必须进行100%真空气密检测。

罐壁衬板以热角保护埋件为界分为两部分，下半部分安装采用临时固定夹具固定环板，确保焊接时其曲率与混凝土罐一致。上半部分一般在罐底将安装的衬板组焊成条状，通过安装在罐顶轨道梁上的电动葫芦将其吊装就位，与混凝土罐壁内侧预埋件搭接焊接。所有焊缝必须进行100%真空气密检测。

2. 热角保护系统施工

热角保护保冷泡沫玻璃砖砌筑施工完成后，经检验合格，开始护角热角保护壁板的安装。安装中使用背杠调节已安装壁板的垂直度，确保壁板与保冷墙紧贴，使用球罐器具组对调节已安装壁板间焊缝的组对间隙。热角保护钢板为9%Ni钢，采用手工电弧焊。

3. 罐底施工

内罐底部有两层9%Ni钢底板，按照从上而下、由内而外，先施工边缘板再施工中幅板的顺序施工。先进行低温环梁下罐底边缘板的施工，完成后再进行其他部位底板铺设。底板焊接顺序是防止焊接变形的重要因素，通常采取的焊接顺序：边缘板焊缝→中幅板短焊缝→中幅板长焊缝→边缘板与中幅板之间的焊缝。

4. 内罐壁施工

内罐壁由罐壁板、加强圈组成，施工顺序由下而上，采用逐圈或双块壁板一起组焊方法进行。壁板的预制在预制场内完成坡口加工、辊制弧板及加强圈的分段焊接。第1圈应先在内罐底板边缘板上划出罐壁内侧轮廓线，每隔约1m焊接一组限位块，用于固定内罐壁板，同时辅助球罐卡具及丝杠，确保组对间隙和安装垂直度。检查合格后可进行纵缝的焊接，纵缝采用手工电弧焊或纵缝自动焊工艺。采用吊车和罐顶电动葫芦逐圈安装其他壁板，当第2圈壁板焊接完成后，可进行第1圈与第2圈壁板之间环缝的焊接，环缝采用埋弧自动焊工艺焊接。第1圈壁板与罐底边缘板之间的T形角焊缝应至少在第3层壁板组焊完成后方可进行。

5. 绝热施工

液化天然气的低温特性要求储罐的日蒸发率控制在0.05%以内，能否保证此运行指标的关键在于储罐绝热性能是否达到设计要求。通常内罐和外罐之间的环形空间填充膨胀珍珠岩。内层罐壁的外侧安装弹性毡，弹性毡通过弹性补偿泡沫珍珠岩因温度变化而产生的收缩，防止泡沫珍珠岩的沉降。珍珠岩矿石经过专用加热设备发泡，通过罐顶填充口进行填充和高度测定，填充过程中注意防潮分层振捣密实，并记录松散密度、振实密度、粒度分布、日填充量等。

吊顶安装绝热材料由玻璃棉毡、铝箔、不锈钢丝等构成，施工后的玻璃棉毡总厚度应不小于设计厚度，一般为1000mm左右，分层铺设，层与层之间呈90°交错。

储罐底部绝热层，除了保温性能外还应有足够的机械强度以承受上部的液体载荷。保温层采用泡沫玻璃砖，每层缝隙交错排列。泡沫玻璃砖之间的铺沥青毡，中间部分采用对接形式，混凝土找平层和环梁下方的沥青毡采用搭接的形式，搭接缝做防水措施。

6. 罐内置换与干燥

置换与干燥是通过向罐内通入氮气循环的方式，将罐内各区域空间内氧气和水分去除，防止在投料运行期间水汽或游离状态水预冷结成的冰对罐内低温泵、保冷结构等造成破坏。国家标准和行业标准一般将预应力混凝土全容罐的干燥置换分为A、B、C、D四个区域，各区域要求为：A区、B区含氧量不大于4%，C区、D区无要求；干燥A区-20℃，B区-10℃，C区-10℃，D区无要求。

第四节　LNG储罐质量控制要点

LNG预应力混凝土全容罐主要分为土建部分和安装部分，土建部分主要由承台、混凝土罐壁、混凝土穹顶组成，其中承台形式有落地式和架空式。安装部分主要由罐底、罐壁、罐顶及罐体附属结构等部分组成。储罐结构复杂、施工难度大，采用的材料种类多且比较特殊，焊接量大、采用的焊接方法多、使用的焊接设备多，对焊接的质量要求高，土建、安装相互协调、工序交叉较多，施工组织、管理难度大。

一、土建部分

1. 低温混凝土工程

应对水、水泥、细骨料、粗骨料、外加剂和掺合料等原材料进行检查和控制。

配合比设计，按其在常温环境下的立方体抗压强度标准值确定低温环境混凝土强度等级，低温环境混凝土配合比设计、调整应符合国家标准GB 51081的要求。

生产及运输，低温环境混凝土拌合物运送到现场后每100m^3随机抽检应不少于一次。检验内容应包括测定坍落度、扩展度和温度，观察有无分层、离析、泌水及评定匀质性，有含气量要求的还应测定其含气量。

浇筑及养护包括混凝土浇筑和混凝土养护。

2. 低温钢筋工程

材料包括低温钢筋、低温钢筋套筒。低温钢筋制作应符合GB 50204中的规定。

钢筋安装连接方式应满足设计要求，严禁采用焊接连接，当采用机械接头连接方式时，应符合 JGJ 107 的相关规定。

3. 预应力工程

材料包括预应力钢绞线、预应力锚具、孔道灌浆料、预应力成孔管道。

制作及安装后应进行预应力筋张拉，最大张拉应力应不大于 GB 50666 中的相关规定。

预应力孔道灌浆应进行试验，试验包括泌水试验和体积变化试验、灌浆料流动性试验、抗压强度试验。

4. 模板工程质量控制

模板的设计和制作应符合国家规范 JGJ 162 的相关规定，并应按图加工、制作。模板系统的组装应符合 GB 50204 的相关规定。模板拆除应按照现行行业标准 JGJ 162 的相关规定执行，高架式承台底模混凝土强度达到设计要求方可拆模，当设计无要求时应满足 GB 50666 的要求。

二、安装部分

1. 金属构件工程

对钢板、钢管、型材和焊接材料及保护气体进行验收检查。

预制的壁板、穹顶等预制件的直线度、弧度等几何尺寸应采用样板进行检查。

预埋件应按材料规格进行排板下料。

钢穹顶预制，组装完成的穹顶片各部位几何尺寸允许偏差应符合 SH/T 3561 的要求。

吊顶预制应按技术文件或采购合同完成所有试验和检验，包装运输和标识应满足合同的要求。

罐底板预制应按设计文件要求及钢板尺寸绘制排板图。

附件罐壁加强圈宜采用钢板组焊成型。

2. 组装

包括穹顶组装、吊顶组装、衬板组装、热角保护结构组装、金属罐底板组装、金属罐壁组装和附件组装。

3. 检验

（1）通用要求

① 焊缝外观检查合格后方可进行无损检测。

② 9%Ni 钢焊接接头检测前宜将焊缝余高打磨至不大于 2mm。

③ 9%Ni 钢焊缝宜采用双胶片进行射线检测。

④ 9%Ni 钢不得采用任何磁性物质进行射线胶片固定。

⑤ 9%Ni 钢不得采用磁粉检测的方式。

⑥ 射线检测技术等级应不低于 NB/T 47013.2 中的 AB 级要求，超声检测技术等级应不低于 NB/T 47013.3 中的 B 级要求。

（2）无损检测要求

① 所有的无损检测均按照 NB/T 47013 的规定进行等级评定。

② 钢穹顶、预埋件、附属钢结构、承压圈、衬板及铝吊顶焊缝无损检测要求应按表10.4.1的规定执行。

表10.4.1 钢穹顶、预埋件、附属钢结构、承压圈、衬板及铝吊顶焊缝无损检测要求

罐体部位	焊缝型式	检测要求		
		检测方法	检测比例	合格级别
钢穹顶	穹顶梁之间翼缘板对接焊缝	UT	100%	Ⅱ级
	穹顶梁之间腹板对接焊缝	UT	20%	Ⅱ级
	施工单轨连接板与穹顶梁之间的角焊缝	PT	100%	Ⅰ级
	施工单轨梁之间的对接焊缝	PT	100%	Ⅰ级
预埋件	预埋件之间的对接焊缝	PT	20%	Ⅰ级
承压圈	承压圈竖板之间的对接焊缝	UT	100%	Ⅱ级
		PT	100%	Ⅰ级
	承压圈环板之间的对接焊缝	UT	100%	Ⅱ级
		PT	100%	Ⅰ级
	承压圈环板与竖板之间的角焊缝	PT	100%	Ⅰ级
衬板	衬板转角板所有焊缝	PT	100%	Ⅰ级
	顶部罐壁衬板之间的对接焊缝	PT	100%	Ⅰ级
铝吊顶	吊杆吊耳与穹顶梁之间的角焊缝	PT	100%	Ⅰ级
	吊顶板T形焊接接头(三层搭接处)沿三个方向各500mm范围内最初焊道和最终焊道	PT	100%	Ⅰ级
	吊杆之间拼接焊缝、吊杆与连接板以及连接板与加强环之间的角焊缝	PT	每一圈吊杆各取10%，且不少于2个	Ⅰ级
	吊顶通气孔、人孔以及保冷套管与吊顶板之间的角焊缝	PT	100%	Ⅰ级
	T形加强环位于吊杆处两侧各300mm范围的自身角焊缝	PT	100%	Ⅰ级
	所有加强环位于吊杆处两侧各150mm范围与吊顶板之间的角焊缝	PT	100%	Ⅰ级
	T形加强环和加强环的立缝，最初焊道和最终焊道	PT	20%	Ⅰ级

③ 内罐各部位焊缝无损检测要求应按表10.4.2的规定执行。

表10.4.2 内罐各部位焊缝无损检测要求

罐体部位	焊缝型式	检测要求		
		检测方法	检测比例	合格级别
二次底板	边缘板之间的对接焊缝	RT	100%	Ⅱ级
	底板T形焊接接头(三层搭接处)沿三个方向各200mm范围内的根部焊道	PT	100%	Ⅰ级
	边缘板径向边缘及外边缘150mm范围内	UT	100%	Ⅰ级

续表

罐体部位	焊缝型式	检测要求		
		检测方法	检测比例	合格级别
热角保护结构	热角保护顶板之间的对接焊缝	RT	100%	Ⅱ级
	热角保护结构所有焊缝	PT	100%	Ⅰ级
内罐底板	边缘板之间的对接焊缝	RT	100%	Ⅱ级
		PT	根部及最终焊道 100%	Ⅰ级
	底板 T 形焊接接头(三层搭接处)沿三个方向各 200mm 范围内的根部焊道	PT	100%	Ⅰ级
	边缘板径向边缘及外边缘 150mm 范围内	UT	100%	Ⅰ级
内罐壁板	纵向对接焊缝	RT	100%	Ⅱ级
		PT	背面清根后 100%	Ⅰ级
	环向对接焊缝	RT	100%	Ⅱ级
		PT	背面清根后 100%	Ⅰ级
	壁板与底板之间 T 形焊接接头根部焊道、背面清根后以及最终焊道	PT	100%	Ⅰ级
	所有附件支架、垫板与壁板之间的角焊缝	PT	100%	Ⅰ级
	壁板上所有临时工装的焊疤点	PT	100%	Ⅰ级
加强圈	加强圈之间的对接焊缝	RT	100%	Ⅱ级
	加强圈与壁板之间的角焊缝	PT	100%	Ⅰ级

④ 罐内接管及套管焊缝无损检测要求应按表 10.4.3 的规定执行。

表 10.4.3 罐内接管及套管焊缝无损检测要求

罐体部位	焊缝型式	检测要求		
		检测方法	检测比例	合格级别
套管	套管纵向对接焊缝	RT	每条焊缝的长度 20%	Ⅱ级
	套管环向对接焊缝	RT	每条焊缝的长度 20%	Ⅱ级
	套管在穹顶以上部位与所有连接件之间角焊缝	PT	100%	Ⅰ级
	套管与穹顶板之间角焊缝	PT	100%	Ⅰ级
输送及储存液相介质的接管	接管纵向对接焊缝	RT	100%	Ⅱ级
	接管环向对接焊缝(在吊顶以上至罐外第一片法兰对接口)	RT	100%	Ⅱ级
		PT	100%	Ⅰ级
	接管环向对接焊缝(在吊顶以下的部分)	RT	每条焊缝的长度 20%	Ⅱ级

续表

罐体部位	焊缝型式	检测要求		
		检测方法	检测比例	合格级别
输送及储存气相介质的接管	接管纵向对接焊缝	RT	100%	Ⅱ级
	接管环向对接焊缝(在吊顶以上至罐外第一片法兰对接口)	RT	100%	Ⅱ级
	接管环向对接焊缝(在吊顶以上至罐外第一片法兰对接口)	PT	100%	Ⅰ级
管支架	所有管支架与罐壁垫板之间的角焊缝	PT	100%	Ⅰ级

三、绝热工程

① 通用要求;
② 罐底绝热安装;
③ 环隙空间绝热安装;
④ 吊顶绝热安装。

四、试验、干燥与置换

① 真空试漏及气密试漏;
② 内罐充水试验;
③ 沉降观测;
④ 气压试验。

第五节 执行的规范和标准

国内建造的 LNG 储罐的设计、制造、施工及验收，应符合中国法律规范的要求，LNG 储罐建设初期国内因缺少规范，大多采用国际标准和规范，随着 LNG 储罐建设越来越成熟，从设计、材料、施工等各方面基本实现了国产化，所用到的标准和规范已经实现了本土化。以下列出了 LNG 储罐建造用到的主要国际及国内规范。

一、国际标准规范

EN 14620《现场组装操作温度介于 0~165℃的立式圆筒平底低温液化气钢制储罐的设计与制造》

EN 1473《液化天然气装置和设备　岸上装置设计》

API 620《大型焊接低压储罐设计与建造》

API 650《钢质焊接石油储罐》

二、国内标准规范

GB/T 50938《石油化工钢制低温储罐技术规范》

GB/T 20368《液化天然气(LNG)生产、储存和装运》
GB/T 26978《现场组装立式圆筒平底钢质低温液化气储罐的设计与建造》
GB/T 22724《液化天然气设备与安装　陆上装置设计》
SH/T 3537《立式圆筒形低温储罐施工技术规程》
SH/T 3560《石油化工立式圆筒形低温储罐施工质量验收规范》
SH/T 3561《液化天然气(LNG)储罐全容式钢制内罐组焊技术规范》
SH/T 3564《全容式低温储罐混凝土外罐施工及验收规范》
SY/T 6711《液化天然气接收站技术规范》
SY/T 7349《低温储罐绝热防腐技术规范》

第十一章 焊　　接

第一节 概　　述

焊接是指通过适当的物理化学过程(加热、加压或两者并用)使两个分离的固态物体产生原子(分子)间结合力而连接成一体的连接方法。被连接的两个物体可以是各种同类或不同类的金属、非金属(石墨、陶瓷、玻璃、塑料等),也可以是一种金属与一种非金属。

石油化工工程中常见的焊接方法有焊条电弧焊(SMAW)、埋弧焊(SAW)、钨极氩弧焊(GTAW)、熔化极气体保护电弧焊(GMAW)和药芯焊丝电弧焊(FCAW)。

一、常见焊接方法

1. 焊条电弧焊(SMAW)

焊条电弧焊是利用焊条与焊件之间的电热弧,将焊条及部分焊件熔化而形成焊缝的焊接方法。焊接过程中焊条药皮熔化分解生成气体和熔渣,在气体和熔渣的共同保护下,有效地排除了周围空气对熔化金属的有害影响。通过高温下熔化金属与熔渣间的冶金反应,还原并净化焊缝金属,从而得到优质的焊缝。图 11.1.1 所示为焊条电弧焊的过程。

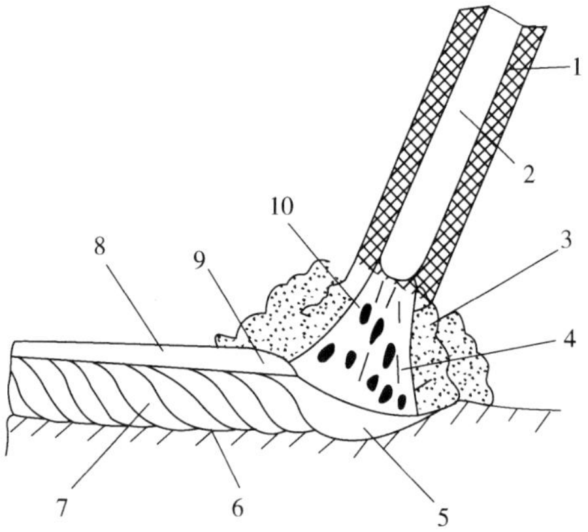

图 11.1.1　焊条电弧焊的过程

1—药皮;2—焊芯;3—保护气;4—电弧;5—熔池;6—母材;7—焊缝;8—渣壳;9—熔渣;10—熔滴

焊条电弧焊设备简单,便于操作,适用于室内外各种位置的焊接,可以焊接碳钢、低合金钢、耐热钢、不锈钢等各种材料,应用十分广泛。

焊条电弧焊的缺点是生产效率低,劳动强度大,对焊工的技术水平及操作要求较高。

2. 埋弧焊(SAW)

埋弧焊是目前焊缝金属熔敷效率较高的一种典型焊接方法。埋弧焊用实芯焊丝连续送进,焊丝产生的电弧完全被颗粒状的焊剂层所覆盖,因此被命名为"埋弧"焊(见图 11.1.2、图 11.1.3)。

与焊条电弧焊相比,埋弧焊有下列优点:

① 埋弧自动焊能采用大的焊接电流,电弧热量集中,熔深大,焊丝可连续送进而不像焊条那样频繁更换,因此其生产效率比焊条电弧焊高 5~10 倍。

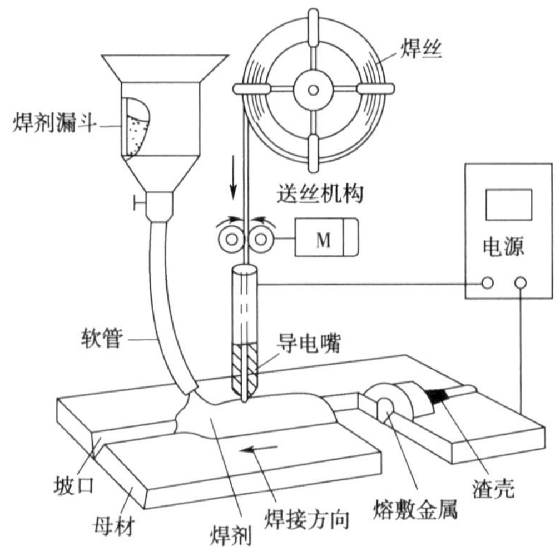

图 11.1.2 埋弧焊过程示意

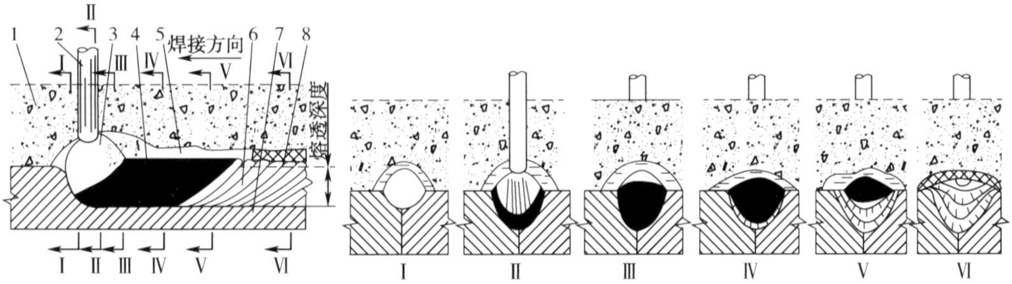

图 11.1.3 埋弧焊电弧和焊缝的形成

1—焊剂；2—焊丝；3—电弧；4—熔池；5—熔渣

② 由于焊剂和熔渣严密包围着焊接区，空气难于侵入；高的焊速减小了热影响区的尺寸；焊剂和熔渣的覆盖减慢了焊缝的冷却速度，这些都有利于使焊接接头获得良好的组织与性能。同时，自动操作使焊接规范参数稳定，焊缝成分均匀，外形光滑美感，因而焊接质量良好、稳定。

③ 埋弧自动焊热量集中，焊接金属没有飞溅损失，没有废弃的焊条头，工件厚度小时还可以不开坡口，从而可以节省金属材料和电能。

④ 埋弧自动焊施焊中看不到弧光，焊接烟雾也很少，又是机械自动操作，因而劳动条件得到了很大改善。

埋弧自动焊的局限性是，设备比较复杂昂贵；由于电弧不可见，因而对接头加工与组对要求严格；焊接位置一般是平焊。

3. 钨极氩弧焊(GTAW)

钨极氩弧焊以钨棒作电极，在氩气保护下，靠钨棒与工件间产生的电弧热，熔化母材金属进行焊接(见图 11.1.4)。在焊接过程中钨极不发生明显的熔化和消耗，只起发射电子引燃电弧及传导电流的作用。钨极氩弧焊电弧稳定，可使用小电流焊接薄工件，并可单面焊双面成型。特别是采用钨极氩弧焊打底，然后用焊条电弧焊或其他焊接方法形成焊缝，可以避免根部未焊透等缺陷，提高焊接质量。

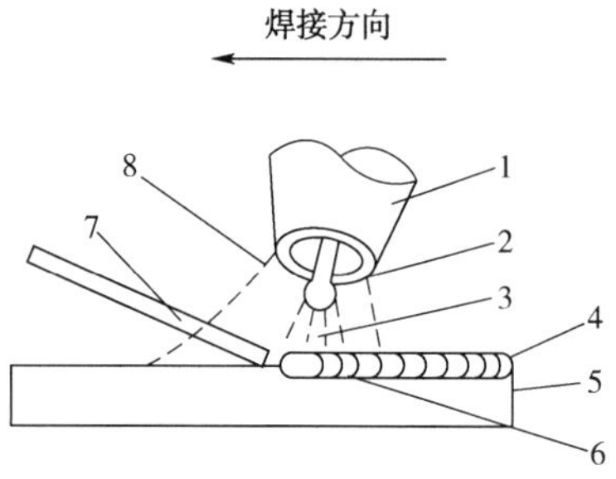

图 11.1.4 钨极惰性气体保护焊示意

1—喷嘴；2—钨极；3—电弧；4—焊缝；5—工件；6—熔池；7—填充焊丝；8—惰性气体

综合来说，钨极氩弧焊有下列优点：

① 适于焊接各种钢材、有色金属及合金，焊接质量优良。

② 电弧和熔池用气体保护，清晰可见，便于实现全位置自动化焊接。

③ 电弧在保护气流压缩下燃烧，热量集中，熔池较小，焊接速度较快，热影响区较小，工件焊接变形较小。

④ 电弧稳定，飞溅小，焊缝致密，成型美观。

钨极氩弧焊特有的缺陷是夹钨，夹钨是由钨极上掉下的小块钨熔入焊缝金属所造成的。其他的缺点是，氩气成本较昂贵，钨极氩弧焊的设备和控制系统比较复杂，钨极氩弧焊的生产效率较低。

4. 熔化极气体保护电弧焊(GMAW)

熔化极气体保护电弧焊(见图 11.1.5)可用于半自动工艺、机械化和自动化工艺，因此很适合于焊接机器人来操作。熔化极气体保护电弧焊是通过焊枪连续不断的送丝，由焊丝和工件之间产生的电弧的热量将母材和焊丝熔化，从而达到焊接的目的。

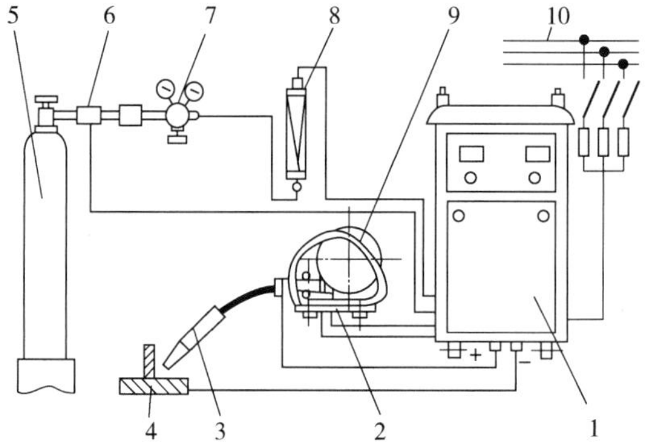

图 11.1.5 熔化极气体保护电弧焊示意

1—控制箱(含焊接电源)；2—送丝机构；3—焊枪；4—工件；5—气体钢瓶；6—预热器；7—减压器；8—流量计；9—焊丝盘；10—电网

由于没有焊后必须去除的焊渣，GMAW 非常适合自动化和机器人焊接，或其他高效生产情况。这是这种工艺的主要优点之一。由于焊后极少或没有清理要求，总的生产效率得到极大的提高。连续的焊丝送进，不需要像使用单根焊条的焊条电弧焊那样经常更换。所以节约下来的时间可以用于完成更多的焊接生产。

熔化极气体保护电弧焊的优势在于它没有使用焊剂，没有焊渣，熔池比较干净；另一个优点是明弧，焊工能够很容易地观察电弧和熔池的情况。

因为气体是焊接过程中保护和净化熔池的主要方法，GMAW 对气流和风特别敏感，它们会将保护气体吹开，留下未保护的金属。过大的气体流量会导致气体紊乱，并增大气孔产生的可能性，这是因为过分增大气体流量实际上可能将空气带入焊接区，这是气体保护焊的一个缺点。气体保护焊的另一个缺点是设备要求比焊条电弧焊的设备复杂。

5. 药芯焊丝电弧焊(FCAW)

药芯焊丝电弧焊与 GMAW 非常相似，差别在于 FCAW 用的是中间包着颗粒状焊剂的管状焊丝，而 GMAW 用的是实芯焊丝。FCAW 进一步分为 FCAW-G(气体保护)和 FCAW-S(自保护)。FCAW 使用的设备与 GMAW 的基本一致。所不同的是 FCAW 可能需要承载电流更高的焊枪和电源。对于自保护型焊丝和送丝机构，不需要附带保护气体装置。

FCAW 工艺在许多场合取代了 SMAW 和 GMAW。主要用于焊接黑色金属。在室内和室外的焊接应用中均能获得满意的效果。

FCAW 有许多优点。可能最主要的优点是它能提供很高的生产效率。这是由于焊丝盘提供连续不断的焊丝，同 GMAW 一样增加了燃弧时间。该工艺另一个特点是有比较大的熔深，这有助于减少未熔合缺陷的可能性。由于该方法主要用于半自动工艺，其操作技能要求远低于焊条焊接方法的要求。无论有无保护气体的辅助，FCAW 因有粉剂，它比 GMAW 对母材污染要求低。

该工艺也有它的局限性。首先，由于有粉剂，所以在后续焊道焊接前和外观检查前必须去除这层固体焊渣。由于存在粉剂，在焊接过程中会产生大量的烟。长时间暴露在没有通风条件的地方会危害焊工的健康。在焊接过程中，这些烟还会降低焊工对电弧的能见度，给正确操作带来困难。虽然可以采用排烟系统，但要在焊枪上加附件，这会增加其重量并阻碍焊工的视线。

FCAW 自身存在一些问题。首先是与粉剂有关，由于粉剂的存在，在层间清理不当或操作技术不当时，会有焊渣残留在焊缝金属中的可能性。FCAW 同样会产生包括未焊透、夹渣和气孔在内的典型缺陷。

二、焊接接头形式

焊接接头是指用焊接方法连接的接头(简称接头，如图 11.1.6 所示)。焊接接头包括焊缝(OA)、熔合区(AB)、热影响区(BC)。焊缝是焊接接头的主体部分。焊接接头的种类和形式很多，可以从不同的角度将它们加以分类。例如，根据所采用的焊接方法不同，焊接接头可以分为熔焊接头、压焊接头和钎焊接头三大类。根据接头的构造形式不同，焊接接头又可以分为对接接头、T 形(十字)接头、搭接接头、角接接头四种。如图 11.1.7 所示。在形式选择时，主要根据焊件的结构形式、钢材厚度和对强度的要求，以及施工条件等情况而定。因此，要选择好接头形式，就应熟悉各种接头的优缺点。

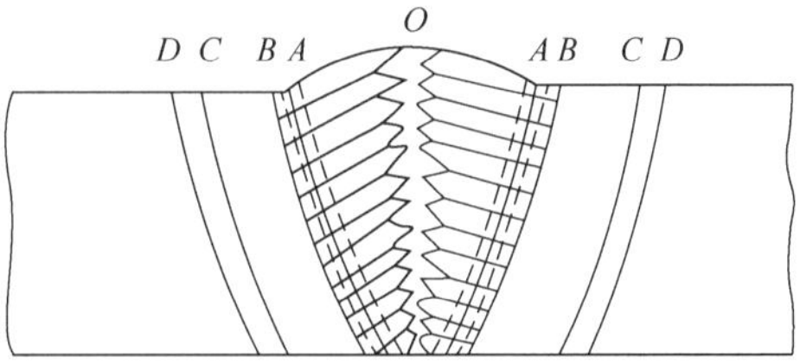

图 11.1.6 焊接接头组成示意

① 对接接头。在同一平面上，两板件端面相对焊接而形成的接头称为对接接头，如图 11.1.7(a)所示。

② 搭接接头。两板件部分重叠在一起进行焊接而形成的接头称为搭接接头，如图 11.1.7(b)所示。

③ T 形接头。板件与另一板件相交构成直角或近似直角的接头称为 T 形接头，如

图 11.1.7(c)所示。

④ 角接接头。两板件端面构成直角或近似直角的连接接头称为角接接头，如图 11.1.7(d)所示。

另外还有十字接头、端接接头、套管接头、斜对接接头、卷边接头、锁底接头等。

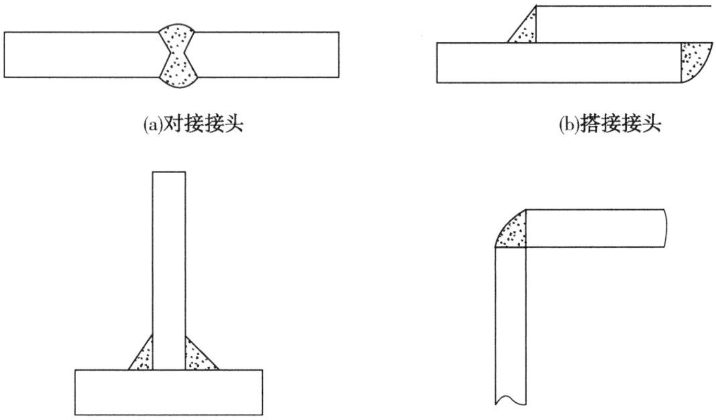

(a)对接接头　(b)搭接接头　(c)T形接头　(d)角接接头

图 11.1.7　焊接接头的基本形式

第二节　金属材料及焊后热处理

一、金属材料力学性能

金属材料的力学性能是指在力或能的作用下，材料所表现出来的一系列力学特性，如强度、塑性、硬度、韧性和疲劳强度等力学性能指标，反映了金属材料在各种形式外力作用下抵抗变形或破坏的某些能力，它们是选用金属材料的重要依据。

1. 强度

强度是指材料在外力作用下抵抗塑性变形和破裂的能力。

(1) 屈服强度

钢材在拉伸过程中当载荷不再增加甚至有所下降时，仍继续发生明显的塑性变形现象，这一现象叫“屈服”，材料开始发生屈服时所对应的应力，称为屈服强度。用符号 σ_s 表示，单位为 MPa(N/mm^2)。有些金属材料(如高碳钢、铸钢等)没有明显的屈服现象。测定 σ_s 很困难，在此种情况下，规定以试样长度方向产生 0.2%塑性变形时的应力作为材料的“条件屈服强度”，或称屈服极限。用 $\sigma_{0.2}$ 表示。

(2) 抗拉强度

拉伸试验时，材料在拉断前所承受的最大应力，称为抗拉强度，以符号 σ_b 表示。计算式如下：

$$\sigma_b = \frac{F_b}{S_o}$$

式中 F_b——试样拉断前承受的最大载荷，N；

S_o——试样原始横截面积，mm^2；

σ_b——抗拉强度，MPa。

抗拉强度是材料重要的力学性能指标，当材料所受应力达到σ_b时，将引起破坏。工程上不仅希望材料具有较高的屈服点，而且要求σ_b比σ_s大一些，即具有适当的屈强比(σ_b/σ_s)。屈强比小，说明材料的塑性储备较高，即使应力超过σ_b，也不会马上断裂破坏。但屈强比过小，则会降低材料的有效利用率。

2. 塑性

塑性是金属材料在外力作用下(断裂前)发生永久变形的能力，常以金属断裂时的最大相对塑性变形来表示，如拉伸时的断后伸长率和断面收缩率。

(1) 伸长率

金属材料在拉伸试验时，试样被拉断后其标距部分所伸长的长度与原始标距长度的百分比，称为断后伸长率，也叫伸长率，用δ表示。计算式如下：

$$\delta=\frac{L_1-L_0}{L_0}\times100\%$$

式中 L_1——试样拉断后的标距长度，mm；

L_0——试样原始标距长度，mm；

δ——伸长率,%。

(2) 断面收缩率

金属试样在拉断后，其缩颈处横截面积的最大缩减量与原始横截面积的百分比，称为断面收缩率，以符号ψ表示。计算式如下：

$$\psi=\frac{S_0-S_1}{S_0}\times100\%$$

式中 S_0——试样原始横截面积，mm^2；

S_1——试样拉断后缩颈处的最小横截面积，mm^2；

ψ——断面收缩率,%。

3. 硬度

材料抵抗局部变形，特别是塑性变形、压痕或划痕的能力称为硬度。硬度是衡量钢材软硬的一个指标，根据测量方法不同，其指标可分为布氏硬度(HBS)、洛氏硬度(HR)、维氏硬度(HV)。依据硬度值可近似地确定抗拉强度值。

4. 冲击韧性

金属材料抗冲击载荷不致被破坏的性能，称为韧性。它的衡量指标是冲击韧性值。冲击韧性值指试样冲断后缺口处所消耗的功，用符号A_k表示。金属的韧度通常随加载速度提高、温度降低、应力集中程度加剧而减少。

二、常用钢材的牌号

1. 强度用钢

强度用钢通常是碳钢和碳锰钢，其牌号由代表屈服点的拼音字母“Q”、屈服点数值组成，表示方法为Q235，Q355。

Q表示屈服强度的“屈”字；数值235、355表示屈服强度最低值(MPa)。

2. 优质碳素结构钢

优质碳素钢主要用于制造重要的机器零件、结构，其钢号用两位数字表示。两位数字表示该钢种平均含碳量的万分率，如20、45钢，分别表示钢中平均含碳量为0.2%、0.45%的优质碳素结构钢。高级优质碳素钢在钢号后附加“高”或“A”字，含锰量较高的优质碳素钢，应将锰元素标出，如15Mn、60Mn等。常见的钢材：20Mn，16Mn合金结构钢。

合金结构钢牌号由两部分组成，第一部分是碳含量，用两位阿拉伯数字表示平均碳含量(以万分之几计)；第二部分是合金元素含量，用化学元素符号和阿拉伯数字表示，平均含量小于1.5%时，只标元素不标含量，平均含量为1.5%~2.49%，2.5%~3.49%，3.5%~4.49%……合金元素符号后分别标注2，3，4……

常见的牌号：12CrMo，15CrMo，12Cr1MoV，12Cr2Mo，12Cr5Mo，12Cr9Mo。

常见的ASTM牌号：P11，P22，P5，P9，P91。

3. 不锈钢

碳含量，用两位或三位阿拉伯数字表示碳含量的最佳控制值(以万分之几或十万分之几计)。只规定碳含量上限时，以其上限的3/4表示碳含量；对超低碳不锈钢，用三位阿拉伯数字表示碳含量的最佳控制值；规定上下限者，用平均含碳量X100表示。

合金元素含量，用化学元素符号和阿拉伯数字表示，表示方法和合金结构钢的表示方法相同，钢中有意加入的合金元素，即使含量很低，也在牌号中标出。

常见的牌号：06Cr19Ni10，022Cr19Ni10，16Cr17Ni12Mo2，022Cr17Ni12Mo2，06Cr18Ni11Ti，06Cr18Ni11Nb。

常见的ASTM牌号：304，304L，316，316L，321，347。

三、焊后热处理

1. 铁碳合金的基本组织

(1) 铁素体

碳溶解在α-Fe中形成的间隙固溶体为铁素体。α-Fe是体心立方晶格，晶格间隙较小，碳在α-Fe中溶解度较低，并随温度降低而减少。铁素体的性能与纯铁相似，即具有良好的塑性和韧性，强度和硬度也较低。

(2) 奥氏体

碳溶解在γ-Fe中所形成的间隙固溶体，称为奥氏体，γ-Fe是面心立方晶格。奥氏体的强度和硬度不高，没有磁性，具有良好的塑性，碳钢在高温时是奥氏体，奥氏体不锈钢在室温时是奥氏体。

(3) 渗碳体

渗碳体是铁与碳的金属化合物。其分子式为Fe_3C，渗碳体的硬度很高，塑性很差，是一种硬而脆的组织。

(4) 珠光体

珠光体是铁素体和渗碳体的机械混合物。珠光体的力学性能介于铁素体和渗碳体之间，其硬度适中、强度比铁素体高，但脆性并不大，同时具有良好的塑性和韧性。

（5）马氏体

马氏体是碳溶于 α-Fe 中形成的过饱和固溶体。奥氏体发生转变时，如果冷却速度快，使碳原子来不及析出而被迫固溶于晶格中，呈过饱和状态，即形成马氏体，有较高硬度和强度，但塑性和韧性低。高碳淬火马氏体(也称片状马氏体)具有很高的硬度和强度，但很脆；低碳回火马氏体(也称条状马氏体)则具有相当高的强度和较好的韧性。

（6）贝氏体

贝氏体是介于珠光体和马氏体之间的一种组织，是在铁素体基体上沉淀较细的碳化物(渗碳体)的混合组织，属于中温转变产物，分为上贝氏体、下贝氏体，上贝氏体的韧性差，下贝氏体具有良好的综合力学性能。下贝氏体的性能比片状马氏体好，而上贝氏体的性能则不如片状马氏体。

2. 热处理

热处理是钢在固态下加热，保温和冷却以改变其内部结构，从而改变钢的性能的一种工艺方法。

钢的热处理的工艺特点是：把钢在固态下加热到预定的温度，保温预定的时间，然后以预定的方式冷却下来。通过这样一个工艺过程，使钢的性能发生预期的变化。

热处理的主要目的在于改变钢的性能，即改善钢的工艺性能和提高钢的使用性能。钢的组织决定钢的性能，热处理改变钢的性能，是通过改变钢的组织来实现的。钢中组织转变的规律，就是热处理的原理。根据热处理原理制定的温度、时间、介质等参数，就是热处理工艺。

3. 焊后热处理

热处理的种类很多，主要分为退火、正火、淬火、回火，见图 11. 2. 1。热处理工艺曲线示意见图 11. 2. 2。

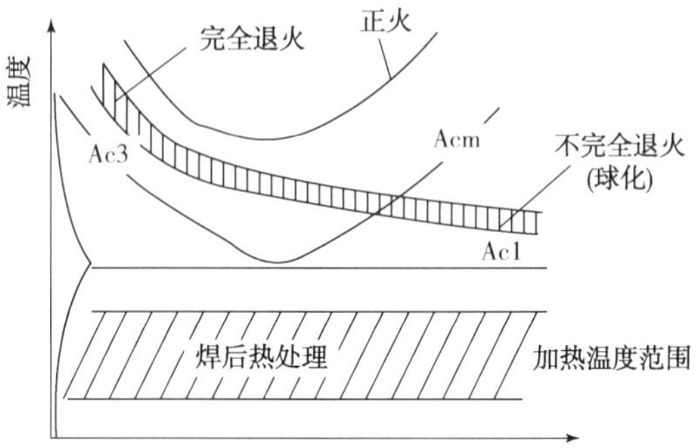

图 11. 2. 1　热处理的种类

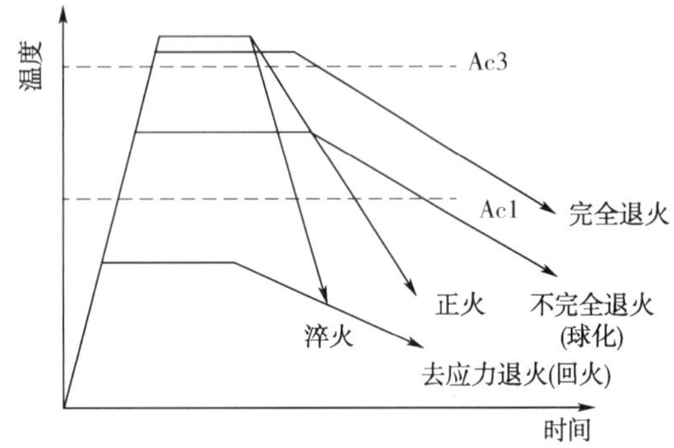

图 11. 2. 2　热处理工艺曲线

铁素体钢的焊后热处理一般在 Ac1 线以下温度进行，对于每一种钢是 Ac1 点，一般情况下，焊后热处理温度低于 Ac1 是很重要的。

焊后热处理的主要目的是消除焊接残余应力，改善焊接接头组织。

利用高温时材料的屈服强度下降和蠕变现象，达到松弛焊接残余应力的目的；同时加热对焊接接头组织起到了类似于回火作用，改善焊接接头的性能，提高其塑性。

需要注意的是，焊后热处理也有不利的一面，例如焊后热处理一般会引起强度的下降，温度越高，时间越长，降低越多；对于焊缝韧性的影响，C 钢和 C-Mn 钢影响不大，提高 Cr-Mo 钢的韧性，降低抗拉强度 700MPa 以上钢的韧性；即使是 Cr-Mo 钢，过高温度、过长时间的热处理也会造成焊接接头不可逆脆化。

第三节　焊接工艺评定和焊工考试

一、焊接工艺评定

1. 基本概念

焊接工艺评定是指为验证所拟定的焊件焊接工艺的正确性而进行的试验过程及结果评价。

通过焊接工艺评定应该得到指导生产的焊接工艺，它是制定焊接工艺规程的重要依据。所以凡是重要的焊接结构如锅炉、压力容器、压力管道、桥梁、重要的建筑结构等，在制定焊接工艺规程之前都要进行焊接工艺评定。本节仅介绍 NB/T 47014—2023《承压设备焊接工艺评定》。

2. 焊接工艺评定的目的

（1）验证施焊单位拟定的焊接工艺的正确性

焊接工艺评定试验要求和替代规则仅涉及焊接接头的力学性能、弯曲性能；所做焊接工艺评定可以根据需要增加其他试验，但不适用于本标准规定的替代规则。

（2）评定施焊单位焊制焊接接头的使用性能符合设计要求的能力

焊接工艺评定不允许从外单位“输入”。但这项规定常常会由于种种因素而突破。

3. 焊接工艺评定的判定规则（替代准则）

（1）重要因素

影响焊接接头力学性能（冲击韧性除外）和弯曲性能的因素，如焊接方法、焊接材料、母材等。当变更任何一个重要因素而又超出替代范围时，都要重新评定焊接工艺。

（2）补加因素

影响焊接接头冲击韧性的因素，如焊接位置、线能量等。当焊接接头有冲击韧性要求时，变更任何一个补加因素时，都要重新进行焊接工艺评定，也可按变更补加因素以后的焊接工艺，增焊冲击韧性试件进行补充试验。

（3）次要因素

对要求测定的力学性能和弯曲性能无明显影响的因素，如坡口形式、背面清根方式等。当焊接接头无冲击韧性要求时，补加因素也变为次要因素。当变更次要因素时，不需要重新评定焊接工艺，但需重新编制焊接工艺规程（WPS）。

4. 评定规则

所有的焊接工艺评定标准对焊接工艺评定规则都做了规定，这些评定规则包括焊接方法、母材类别、焊后热处理类别、焊件厚度有效范围等。

(1) 焊接方法

焊接方法不同，其冶金过程、热输入等均不同，对焊接接头的力学性能所产生的影响也不同，因此，所选用的焊接方法是重要因素之一，当改变焊接方法时，需要重新评定。此外，当同一条焊缝使用两种或两种以上焊接方法时，可按每种焊接方法分别进行评定或使用两种或两种以上焊接方法焊接试件进行组合评定。

标准中对每种焊接方法的重要因素、补加因素、次要因素都进行了详细的规定，这些评定因素中包含以下几个类别：接头、填充材料、焊接位置、预热及后热、气体、电特性和技术措施等，每个类别中又列出了多种焊接条件。每种焊接方法的重要因素、补加因素、次要因素不同，有些条件对一种焊接方法来说可能是重要因素或补加因素，而对另一种焊接方法来说可能是次要因素，所以在进行焊接工艺评定前，应首先弄清楚各类别中的焊接条件对于所用的焊接方法属于哪种因素。

(2) 母材类别和组别

为了减少焊接工艺评定数量，依据焊接工艺评定标准原理，从母材的化学成分、使用性能和焊接性能出发，将它们分类分组并规定出替代原则。

(3) 试件厚度与焊件厚度(均包括母材和焊缝金属厚度)

实践表明，利用焊缝试件按照有关标准评定合格的焊接工艺，适用于具有相同厚度范围内的其他工件母材和焊缝金属。这主要是因为在这个范围内，工件的传热速度变化不大，不足以影响焊缝金属的结晶组织，工件焊接接头的使用性能能够保证，因此，对评定合格的焊缝试件的焊接工艺，适用于焊件母材厚度的有效范围和焊缝金属厚度的有效范围进行了规定，即不必对每一种厚度的焊件都做焊接工艺评定，从而减少焊接工艺评定的数量。

(4) 焊后热处理

焊后热处理的目的是降低焊接残余应力，或者改善接头的组织和性能。当焊后热处理类别改变了，焊接接头的组织和性能随之发生变化，因此需要重新评定焊接工艺。

二、焊工考试

焊工直接操作焊接设备与材料进行焊接作业，焊工素质的高低，是决定焊接质量的关键因素之一。对于所有的焊工均应进行焊工考试，根据所施焊的产品不同，有不同的焊工考试规则，以使每名焊工在正式施焊之前，取得与工程实际相符的上岗资格。在施工之前质量监督人员应该抽查焊工是否取得相应的上岗操作资格，在施工过程中，还应该对焊工进行动态的监督管理。

2010 年 11 月 4 日，由国家质检总局批准颁布实施了 TSG Z6002—2010《特种设备焊接操作人员考核细则》(以下简称《考核细则》)。

1.《考核细则》中对焊工考试的规定

焊工考试包括基本知识考试和焊接操作技能考试两部分。

(1) 基本知识考试

首次申请考试、改变焊接方法、改变或者增加母材种类(如钢、铝、钛等)或被吊销《特种设备作业人员证》的焊工重新申请考试的应当进行相应基本知识考试。

(2) 焊接操作技能考试

焊接操作技能考试采用施焊试件并且进行检验评定的方法。

焊接方法，每种焊接方法都可以表现为手工焊、机动焊、自动焊等操作方式；金属材料类别；填充金属类别；试件位置，焊缝位置基本上由试件位置决定。衬垫，板材对接焊缝试件、管材对接焊缝试件和管板角接头试件，分为带衬垫和不带衬垫两种；试件和焊件的双面焊、角焊缝，焊件不要求焊透的对接焊缝和管板角接头，均视为带衬垫；焊接工艺因素。

2. 项目代号应用举例

① 厚度为14mm的Q345R钢板对接焊缝平焊试件带衬垫，使用J507焊条手工焊接，试件全焊透。项目代号为SMAW-FeⅡ-1G(K)-14-Fef3J。

② 壁厚为8mm、外径为60mm的20#钢管对接焊缝水平固定试件，背面不加衬垫，用手工钨极氩弧焊打底，背面没有保护气体，填充金属为实芯焊丝，采用直流电源，正接施焊，焊缝金属厚度为3mm，然后采用J427焊条手工焊填满坡口。项目代号为GTAW-FeⅠ-5G-3/60-FefS-02/11/13和SMAW-FeⅠ-5G(K)-5/60-Fef3J。

③ 板厚为10mm的Q345R钢板对接焊缝立焊试件无衬垫，采用半自动CO_2气体保护焊，填充金属为药芯焊丝，背面无气体保护，采用喷射弧施焊，试件全焊透。项目代号为FCAW-FeⅡ-3G-10-FefS-11/15。

④ 管材对接焊缝无衬垫水平固定试件，壁厚为8mm，外径为70mm，钢号为16Mn，采用机动熔化极气体保护焊，使用实芯焊丝，脉冲弧施焊，实施遥控，在自动跟踪条件下进行多道焊，试件全焊透。项目代号为GMAW-5G-06/09/20。

第四节　焊接应力及变形

一、焊接残余变形和焊接残余应力

焊接残余变形是焊接后残存于结构中的变形，在实际的焊接结构中，由于结构形式的多样性，焊缝数量与分布的不同，焊接顺序和方向的不同，产生的焊接变形是比较复杂的。常见的残余变形有，纵向收缩变形和横向收缩变形，角变形，弯曲变形，失稳变形，扭曲变形，或者是这几种变形的组合。

焊接应力是在无外力作用下，由焊接引起的在构件范围内互相平衡的内应力。焊接残余应力是焊后残留在焊件内部的应力。

产生焊接残余应力和残余变形的主要原因是焊接过程中，对焊件进行局部不均匀的加热。局部加热时，焊缝区熔化，高温区材料热膨胀受限制，产生不均匀的压缩塑性变形；在冷却过程中，已发生塑性变形的这部分材料又受到周围条件的制约，不能自由收缩，产生了应力和变形。

焊接残余应力和残余变形既同时存在，又相互制约。如果使残余变形减小，残余应力会增大；如果使残余应力减小，残余变形会增大。

二、焊接残余应力和变形的危害

1. 降低装配质量

焊件的焊接变形不仅影响结构尺寸精度和外观质量，而且使组装件的装配质量下降，造成焊接错边和棱角度。

2. 降低结构的承载能力

焊接变形在外载作用下会引起局部应力集中和附加应力，使结构的承载能力下降。焊接残余应力的叠加，也直接影响焊件的强度和稳定性，并使构件疲劳强度降低，甚至导致脆断事故。

3. 影响焊件加工精度和尺寸稳定性

随时间的变化，焊接残余应力，会直接影响焊件尺寸的稳定性，内应力是否稳定与材料的组织有关。材料中不稳定组织随时间的变化而发生金相转变(如残余奥氏体转变为马氏体，淬火马氏体转变为回火马氏体)，使焊件在焊后机械加工或使用过程中发生变形。因此对焊后机械加工精度要求较高的焊件，以及使用中对尺寸稳定性要求高的结构，必须采取消除残余应力的措施，以提高结构的尺寸稳定性。

4. 产生裂纹，加速蠕变和应力腐蚀开裂

过大的焊接变形和残余应力，还会使该处的焊接缺陷开裂形成裂纹，并不断扩展，直至失效。对于接触腐蚀介质的结构，由于拉伸残余应力作用，促进应力腐蚀的开裂和扩展。对于高温容器，拉伸残余应力有加速蠕变的作用。

5. 增加制造成本，降低接头性能

部件的焊接变形使组装变得困难，需经矫形后方可装配。有的焊接结构因存在过大的残余应力，必须经消除残余应力才能使用。这些附加工序都将使生产率下降，制造成本增加。矫形和加载法消除焊接残余应力都会使该部位的性能下降，消耗掉一部分材料的塑性。

三、焊接应力和变形的控制及消除

焊接残余变形以预防控制为主，焊接残余应力以消除应力为主。

1. 控制焊接变形的措施

(1) 合理的设计

在保证结构的承载能力的条件下，设计时应尽量减少焊缝数量和长度，尽量采用较小的焊缝尺寸。厚板接头应选取工艺上焊缝金属少的坡口形式。

设计焊接结构时，应尽量应用型钢、冲压件代替板材接焊，以便减少不必要的拼缝，增加平板的刚性和稳定性，从而减少变形。

(2) 工艺措施

① 预留收缩余量。在工件备料时加一定的收缩余量。

② 反变形法。这是生产中常用的方法。

③ 选择合理的焊接方法和规范。

④ 刚性固定法。当焊件刚性较小时，利用外加刚性约束以减小焊件焊后变形的方法，称为刚性固定法。

⑤ 采用合理的装配焊接顺序。

⑥ 热调整法。该法是利用减少焊接线能量，缩小加热区，或使不均匀加热或冷却尽可能均匀化，以达到减少和控制焊接变形的目的。

2. 消除焊接残余应力的方法

为了减小焊接残余应力，可以从设计和焊接工艺调整两方面采取措施，但应力的峰值(一般达到材料的屈服强度)还是存在的，因此对于有要求的焊缝要采用消除残余应力的方法，主要是降低残余应力的峰值。

焊接残余应力的调整和松弛方法有热处理法和加载法两类。

(1) 热处理法

采用各种加热方法及不同的工艺程序，利用高温时材料的屈服强度下降和蠕变现象，达到松弛焊接残余应力的目的，同时还可以改善焊接接头的性能，提高其塑性。

生产中常用整体高温回火和局部高温回火两种方式。对于有回火脆性的材料，或有再热裂纹倾向的材料，应注意慎重选择加热温度和加热速度，避免产生脆化和再热裂纹。

(2) 加载法

用力使焊接接头拉伸，残余应力区产生塑性变形，而达到松弛残余应力的目的。生产上一般采用机械拉伸法、温差拉伸法和振动法。

第五节　金属材料焊接

一、金属焊接性定义

金属材料在限定的施工条件下，焊接成按规定设计要求的构件，并满足预定服役要求的能力。即材料对焊接加工的适应性和使用的可靠性。因此，焊接性的具体内容，可分为工艺焊接性和使用焊接性。

所谓工艺焊接性，是指在一定焊接工艺条件下，能否获得优质、无缺陷的焊接接头的能力。对于一般熔焊焊接来讲，焊接过程都要经历加热熔化、冶金反应和随后冷却过程。

所谓使用焊接性是指焊接接头或整体结构满足各种使用性能的程度，其中包括常规的力学性能、低温韧性、抗脆断性能、高温蠕变、疲劳性能、持久强度，以及抗腐蚀性能等。总之，结构的使用条件甚为复杂、苛刻，所要求的焊接接头性能也各有不同。因此，焊接技术必须满足不同使用条件下各种性能的要求。

二、低碳钢及碳-锰钢的焊接

1. 低碳钢及碳-锰钢的焊接性

这类钢中 C、Mn、Si 含量少，所以，通常情况下不会因焊接而引起严重硬化组织或淬火组织。这种钢材的塑性和冲击韧度也很好，焊接时，一般不需预热、控制层间温度和后热，焊后也不必采用热处理改善组织，可以说，整个焊接过程中不需要特殊的工艺措施，其焊接性优良。

2. 焊接材料的选用

焊接材料的选用见表 11.5.1、表 11.5.2。

表 11.5.1 低碳钢焊接选用焊条举例

钢号	焊条选用				施焊条件
	一般结构		焊接动载荷、复杂和厚板结构、重要受压容器以及低温下焊接		
	国标型号	牌号	国标型号	牌号	
Q235	E4313，E4303，E4301，E4320，E4311	J421，J422 J423，J424，J425	E4316，E4315 （E5016，E5015）	J426，J427 （J506，J507）	一般不预热
Q255					
Q275	E5016，E5015	J506，J507	E5016，E5015	J506，J507	厚板结构预热 150℃以上
16Mn					
A106					

注：表中括号内表示可以代用。

表 11.5.2 碳钢埋弧焊常用焊材选择举例

钢号	材料选用		
	焊丝	焊剂	
		牌号	国际型号
Q235	H08A	HJ430，HJ431	HJ401-H08A
Q255	H08A		
Q275	H08MnA		
16Mn		HJ430，HJ431，HJ330	HJ401-H08A HJ301-H10Mn2
A106			

3. 低碳钢在低温下的焊接

在严寒冬天或类似的气温条件下焊接低碳钢结构，焊接接头冷却速度较快，从而裂纹倾向增大，特别是焊接大厚度或大刚度结构更是如此。其中，多层焊接的第 1 道焊缝开裂倾向比其他层大。为避免裂纹，可以采取以下措施：

① 焊前预热，焊时保持层间温度；

② 采用低氢或超低氢焊接材料；

③ 点固焊时加大电流，减慢焊速，适当增大点固焊缝截面和长度，必要时进行预热；

④ 整条焊缝连续焊完，尽量避免中断；

⑤ 不在坡口以外的母材上打弧，熄弧时，弧坑要填满；

⑥ 弯板、矫正和装配时，尽可能不在低温下进行；

⑦ 尽可能改善严寒环境下劳动生产条件。

三、低合金高强钢的焊接

本节所述低合金高强钢是在热轧、控轧控冷及正火(或正火加回火)供货状态下焊接和使用的低合金高强度结构钢。这类钢包含的种类比较多，长输管道及炼化工程的设备使用得比较多，但在炼化工程的管道上使用得较少。

1. 低合金高强度钢的焊接性

(1) 焊接热影响区的组织与性能

依据焊接热影响区被加热的峰值温度不同，焊接热影响区可分为熔合区(1350~1450℃)、粗晶区(1000~1300℃)、细晶区(800~1000℃)、不完全相变区(700~800℃)及回火区(500~700℃)。不同部位热影响区组织与性能取决于钢的化学成分和焊接时加热和冷却速度。对于某些低合金钢，如果焊接冷却速度控制不当，焊接热影响区局部区域将产生淬硬或脆性组织，导致抗裂性或韧性降低。

(2) 冷裂纹敏感性

焊接氢致裂纹(通常称焊接冷裂纹或延迟裂纹)是低合金高强度钢焊接时最容易产生、而且是危害最为严重的工艺缺陷，它常常是焊接结构失效破坏的主要原因。低合金高强度钢焊接时产生的氢致裂纹主要发生在焊接热影响区，有时也出现在焊缝金属中。根据钢种的类型、焊接区氢含量及应力水平的不同，氢致裂纹可能在焊后100℃以下立即产生，或在焊后一段时间内产生。对一般低合金高强度钢，为防止氢致裂纹的产生，焊接热影响区硬度应控制在350HV以下。

强度级别较低的热轧钢，由于其合金元素含量少，钢的淬硬倾向比低碳钢稍大，快速冷却可能出现淬硬的马氏体组织，冷裂倾向增大。由于热轧钢的碳当量比较低，通常冷裂倾向不大，但在环境温度很低或钢板厚度大时应采取措施防止冷裂纹的产生。

控轧控冷钢碳含量和碳当量都很低，其冷裂纹敏感性较低。除超厚焊接结构外，490MPa级的控轧控冷钢焊接时一般不需要预热。

(3) 热裂纹敏感性

低合金高强钢的C、S含量较低，且Mn含量较高，其热裂纹倾向较小，但有时也会在焊缝中出现热裂纹，如厚壁压力容器焊接生产中，在多层多道埋弧焊焊缝的根部焊道或靠近坡口边缘的高稀释率焊道中易出现焊缝金属热裂纹；另外，焊接热裂纹也常常在低碳的控轧控冷管线钢根部焊缝中出现，这种热裂纹的产生与根部焊缝基材的稀释率大及焊接速度较快有关。

(4) 再热裂纹敏感性

低合金钢焊接接头中的再热裂纹亦称消除应力裂纹，出现在焊后消除应力热处理过程中。再热裂纹属于沿晶断裂，一般都出现在热影响区的粗晶区，有时也在焊缝金属中出现。Mn-Mo-Nb和Mn-Mo-V系低合金高强度钢对再热裂纹的产生有一定的敏感性，这些钢在焊后热处理时应注意防止再热裂纹的产生。

2. 低合金高强钢的焊接工艺

(1) 焊接方法的选择

低合金高强度钢可采用焊条电弧焊、熔化极气体保护焊、埋弧焊、钨极氩弧焊、气电立焊等所有常用的熔焊方法焊接。具体选用何种焊接方法取决于所焊产品的结构、板厚、对性能的要求及生产条件等。

（2）焊接材料的选择

焊接材料的选择首先应保证焊缝金属的强度、塑性、韧性达到产品的技术要求，同时还应该考虑抗裂性及焊接生产效率等。由于低合金高强度钢氢致裂纹敏感性较强，因此，选择焊接材料时应优先采用低氢焊条和碱度适中的埋弧焊焊剂。另外，为了保证焊接接头具有与母材相当的冲击韧度，正火钢与控轧控冷钢焊接材料优先选用高韧度焊材。各种低合金高强度钢焊接材料选用见表 11.5.3。

表 11.5.3　热轧及正火钢常用焊接材料示例

<table>
<tr><th rowspan="2">钢号</th><th rowspan="2">手弧焊焊条</th><th colspan="2">埋弧自动焊</th></tr>
<tr><th>焊丝</th><th>焊剂</th></tr>
<tr><td rowspan="2">15MnV
15MnTi
16MnNb
15MnVRe</td><td rowspan="2">J502
J503
J506
J507
J556
J557</td><td>H10Mn2
H10MnSi
H08Mn2Si</td><td>HJ431</td></tr>
<tr><td>厚板深坡口
H08MnMoA</td><td>HJ350
HJ250</td></tr>
<tr><td>15MnVN
15MnVTiRe</td><td>J556
J557
J606
J607</td><td>H08MnMoA
H04MnVTiA</td><td>HJ350</td></tr>
<tr><td>14MnMoV
18MnMoNb</td><td>J606
J607
J707
J707Ni</td><td>H08Mn2MoA
H08Mn2MoVA
H08Mn2NiMoA</td><td>HJ350
HJ250</td></tr>
</table>

（3）焊接热输入的控制

焊接热输入的变化将改变焊接冷却速度，从而影响焊缝金属及热影响区的组织组成，并最终影响焊接接头的力学性能及抗裂性。屈服强度不超过 500MPa 的低合金高强度钢焊缝金属，如能获得细小均匀针状铁素体组织，其焊缝金属则具有优良的强韧性。而针状铁素体组织的形成需要控制焊接冷却速度。因此为了确保焊缝金属的韧性，不宜采用过大的焊接热输入。焊接操作上尽量不用横向摆动和挑弧焊接，推荐采用多层窄焊道焊接。

热输入对焊接热影响区的抗裂性及韧性也有显著的影响。低合金高强度钢热影响区组织的脆化或软化都与焊接冷却速度有关。由于低合金高强度钢的强度及板厚范围都较宽，合金体系及合金含量差别较大，焊接时钢材的状态各不相同，很难对焊接热输入做出统一的规定。各种低合金高强度钢焊接时应根据其自身的焊接性特点，结合具体的结构形式及板厚，选择合适的焊接热输入。

含 V、Nb、Ti 微合金化元素的钢种，为降低热影响区粗晶区的脆化，确保焊接热影响区具有优良的低温韧性，应选择较小的焊接热输入。

控冷控轧钢的碳含量和碳当量均较低，对氢致裂纹不敏感，为了防止焊接热影响区的软化，提高热影响区韧性，应采用较小的热输入焊接，使焊接冷却时间 $t_{8/5}$ 控制在 10s 以内。

（4）预热及焊道间温度

预热可以控制焊冷却速度，减少或避免热影响区中淬硬马氏体的产生，降低热影响区硬度，同时预热还可以降低焊接应力，并有助于氢从焊接接头的逸出。因此，预热是防止低合金高强度钢焊接氢致裂纹产生的有效措施。但预热常常恶化劳动条件，使生产工艺复杂化，不合理的、过高的预热和焊道间温度还会损害焊接接头的性能。

预热温度的确定取决于钢材的成分、板厚、焊件结构形状和拘束度、环境温度以及所采用的焊接材料的含氢量等。对于厚板多道多层焊，为了促进焊接区氢的逸出，防止焊接过程中氢致裂纹的产生，应控制焊道间温度不低于预热温度和进行必要的中间消氢热处理。

焊前是否进行预热以及预热温度的选择应根据标准中的规定进行。

（5）焊后消除应力热处理

厚壁高压容器、要求抗应力腐蚀的容器以及要求尺寸稳定性的焊接结构，焊后需要进行消除应力处理。此外，对于冷裂纹倾向大的高强钢，也要求焊后及时进行消除应力处理。

消除应力热处理是最常用的松弛焊接残余应力的方法，该方法是将焊件均匀加热到 Ac1 点以下某一温度，保温一段时间后，随炉冷到 300~400℃，最后焊件在炉外空冷。合理的消除应力热处理工艺可以起到消除内应力并改善接头的组织与性能的目的。

焊后是否进行消除应力热处理以及热处理温度、保温时间等的选择应根据标准中的规定确定。

四、铬钼耐热钢的焊接

铬钼耐热钢是指含有 1%~9%的 Cr，0.5%~1% Mo 的系列合金。主要用于热强度、抗高温氧化、抗高温硫腐蚀和抗高温高压氢腐蚀的环境。

常见的国产牌号：12CrMo，15CrMo，12Cr1MoV，12Cr2Mo，12Cr5Mo，12Cr9Mo，10Cr9Mo1VNbN。

常见的 ASTM 牌号：P11，P22，P5，P9，P91。

其中 P91 和 10Cr9Mo1VNbN 的焊接更复杂，本节不予介绍，可以参考相关文献。

1. 铬钼耐热钢的焊接特点

① 按其合金含量的不同具有不同程度的淬硬倾向；钢的淬硬性取决于它的碳含量、合金成分及其含量。低合金耐热钢中的主要合金铬和钼等都能显著地提高钢的淬硬性。为防止裂纹的形成并保证接头的韧性，预热温度一般不应低于 200℃。

② 控制焊接区组织转变的进程是焊接质量控制的关键。在焊接过程中严格控制焊件的层间温度，使其保持在预热温度或更高的温度是首要的任务。其次要十分注意从层间温度冷却至焊后热处理开始的时间间隔，必要时进行后热。

③ 12CrMo，15CrMo，12Cr1MoV，12Cr2Mo，P11，P22 具有不同程度的再热裂纹（亦

称消除应力裂纹）敏感性。

④ 12Cr2Mo，P22 当有害的残余元素总含量超过容许极限时会出现回火脆性或长时脆变，即铬钼钢及其焊接接头在 370~565℃温度区间长期运行过程中发生渐进的脆变现象。

⑤ 铬钼合金钢焊接接头在焊后状态均为高硬度的不稳定组织，焊后必须做相应的热处理。

2. 低合金铬钼耐热钢的焊接工艺

（1）焊接方法

铬钼耐热钢由于淬硬和裂纹倾向较高，在选择焊接方法时，应优先采用低氢的焊接方法，如钨极氩弧焊和熔化极气体保护焊等。在厚壁焊件中，可选择焊条电弧焊和埋弧焊，但必须采用低氢碱性药皮焊条和焊剂。

（2）焊前准备

铬钼耐热钢热切割之前，必须将切割边缘 200mm 宽度内预热到 150℃以上。切割面应采用磁粉探伤检查是否存在裂纹。焊接坡口应机械加工，坡口面上的热切割硬化层应清除干净，必要时应做表面硬度测定加以鉴别。

（3）焊接材料的选择

铬钼耐热钢焊接材料的选择原则是焊缝金属的合金成分与强度性能应基本符合母材标准规定的下限值或应达到产品技术条件规定的最低性能指标。

铬钼耐热钢焊接材料的选用见表 11.5.4。

表 11.5.4 铬钼耐热钢焊接材料的选用

钢号		焊条电弧焊		埋弧焊
国标	ASTM	牌号	型号	牌号
12CrMo		R202 R207	E5503-B1 E5515-B1 E8015-B1(AWS)	H10MoCrA+HJ350
15CrMo	A335-P11，P12	R302 R307 R306Fe R307H	E5503-B2 E5515-B2 E5518-B2 E8018-B2(AWS) E8015-B2(AWS)	H08CrMoV+HJ350
12Cr1MoV		R312 R316Fe R317	E5503-B2-V E5518-B2-V E5515-B2-V	H08CrMoA+HJ350
12Cr2Mo	A213-T22 A335-P22	R406Fe R407	E6018-B3 E6015-B3 E9015-B3(AWS)	H08Cr3MoMnA+HJ350 (SJ101)
1Cr5Mo	A213-T5 A335-P5	R507	E5MoV-15 E801Y-B6(AWS)	
	A213-T9 A335-P9	R717A	E505-15 E801Y-B8(AWS)	

（4）焊接热规范

① 预热。预热是防止铬钼耐热钢焊接接头冷裂纹和再热裂纹的有效措施之一。铬钼耐热钢焊接时，预热是不可缺少的重要工序。

预热温度的选择应根据标准中的规定进行。

② 热输入。铬钼耐热钢具有高的空淬倾向，焊后状态的焊缝金属和热影响区均为马氏体组织，但焊接热输入对接头的性能仍产生一定的影响。如采用太高的热输入焊接这类中合金钢，则将严重降低接头的高温持久强度。因此，焊接时，应选择适中的热输入，控制焊道厚度。

③ 焊后热处理。铬钼耐热钢焊件的焊后热处理目的在于改善焊缝金属及其热影响区的组织，使淬火马氏体转变成回火马氏体，降低接头各区的硬度，提高其韧性、变形能力和高温持久强度并消除内应力。

焊后热处理温度以及保温时间的选择应根据标准中的规定进行。

五、奥氏体不锈钢的焊接

不锈钢是指主加元素铬含量能使钢处于钝化状态、又具有不锈特性的钢。不锈钢 Cr 含量应高于 12%。通常所说的不锈钢实际是不锈钢和耐酸钢的总称，不锈钢一般指在大气、水等弱腐蚀介质中耐蚀的钢，耐酸钢则是指在酸、碱、盐等强腐蚀介质中耐蚀的钢。不锈钢不一定耐酸，而耐酸钢一般具有良好的不锈性能。一般将不锈钢和耐酸钢简称为不锈钢。不锈钢按照金相组织可分为奥氏体不锈钢、铁素体型不锈钢、马氏体型不锈钢、双相不锈钢和沉淀硬化型不锈钢。在石油化工行业中，铁素体、马氏体和沉淀硬化型不锈钢不用于受压件的焊接，双相不锈钢近年来使用越来越多，焊接限制也更多，本节不予介绍，可以参阅相关文献。本节只介绍奥氏体不锈钢的焊接。

奥氏体不锈钢大致可分为 Cr18-Ni8 型、Cr25-Ni20 型、Cr25-Ni35 型。

与其他不锈钢相比，奥氏体不锈钢的焊接比较容易。在焊接过程中，对于不同类型的奥氏体不锈钢，奥氏体从高温冷却到室温时，随着 C、Cr、Ni、Mo 含量的不同、金相组织转变的差异及稳定化元素 Ti、Nb+Ta 的变化，焊接材料与工艺的不同，焊接接头各部位可能出现下述一种或多种问题。

1. 焊接接头的热裂纹

（1）热裂纹的一般特征

与其他不锈钢相比，奥氏体不锈钢具有较高的热裂纹敏感性，在焊缝及近缝区都有产生热裂纹的可能。热裂纹通常可分为凝固裂纹、液化裂纹和高温失塑裂纹三大类，由于裂纹均在焊接过程的高温区发生，所以又称高温裂纹。凝固裂纹主要发生在焊缝区，最常见的弧坑裂纹就是凝固裂纹。液化裂纹多出现在靠近熔合线的近缝区。在多层多道焊缝中，层道间也有可能出现液化裂纹。对于高温失塑裂纹，通常发生在焊缝金属凝固结晶完了的高温区。

（2）产生热裂纹的基本原因

奥氏体不锈钢的物理特性是热导率小、线膨胀系数大，因此在焊接的局部加热和冷却条件下，焊接接头部位的高温停留时间较长，焊缝金属及近缝区在高温承受较高的拉伸应力与拉伸应变，这是产生热裂纹的基本条件之一。

对于奥氏体不锈钢焊缝，通常产生结晶形成方向性很强的粗大柱状晶组织，在凝固结晶过程中，一些杂质元素及合金元素，如 S、P、Sn、Sb、B、Nb 易于在晶间形成低熔点的液态膜，因此造成焊接凝固裂纹，对于奥氏体不锈钢母材，当上述杂质元素的含量较高时，将易产生近缝区的液化裂纹。

(3) 避免奥氏体型不锈钢焊接热裂纹的途径

焊缝金属中增添一定数量的铁素体组织，使焊缝成为奥氏体-铁素体双相组织，能很有效地防止焊缝热裂纹的产生。

在焊缝金属中严格限制硼、硫、磷、硒等有害元素的含量，以防止热裂纹的产生。对于不允许存在铁素体的纯奥氏体焊缝，可以加入适当的锰，少许的碳、氮，同时减少硅的含量。

焊接时应选用小的热输入(即小电流快速焊)，形成凸型焊道，收弧要慢且要填满弧坑。

2. 焊接接头的耐蚀性

(1) 晶间腐蚀

根据不锈钢及其焊缝金属化学成分、所采用的焊接工艺方法，焊接接头可能在三个部位出现晶间腐蚀，包括焊缝的晶间腐蚀、紧靠熔合线的过热区“刀蚀”及热影响区敏化温度区的晶间腐蚀。

① 防止焊缝金属发生晶间腐蚀的措施。对于焊缝金属，根据贫铬理论，在晶界上析出碳化铬，造成贫铬的晶界是晶间腐蚀的主要原因。因此，防止焊缝金属发生晶间腐蚀的措施有：

a. 选择合适的超低碳焊接材料，保证焊缝金属为超低碳的不锈钢；

b. 选用含有稳定化 Nb 或 Ti 的低碳焊接材料，一般要求焊缝金属中 Nb 或 Ti 含量为 $1.0 \leq Nb \leq 8\% \sim 10\%$；

c. 选用合适的焊接材料使焊缝金属中含有一定的数量的 δ 铁素体(4%~12%)。

② 防止焊接接头产生晶间腐蚀的措施。

a. 防止焊接接头晶间腐蚀的工艺措施。

(a) 首先要选用适当的焊接方法，使输入焊接熔池的热量最小，让焊接接头尽可能地缩短在敏化温度区段下停留时间，降低危险温度对它的影响。

(b) 应使焊接熔池停留时间最短。在保证焊缝质量的前提下，用小的焊接电流、最快的焊接速度，来达到这一目的。

(c) 操作方面尽量采用窄焊缝，多层多道焊。

(d) 强制焊接区快速冷却。

(e) 进行稳定化处理或固溶处理。

这是行之有效的方法，即焊后将整个焊接构件进行热处理，可以减少或避免晶间腐蚀倾向。

b. 防止焊缝晶间腐蚀的冶金措施。

(a) 使焊缝金属具有奥氏体-铁素体双相组织，其铁素体的体积分数应超过 3%~5%，直至 12%。

(b) 在焊缝金属中渗入比铬更容易与碳结合的稳定化元素，如钛、铌、钽和锆等。

(c) 最大限度地降低碳在焊缝金属中的含量，达到低于碳在 18-8 型不锈钢中室温溶解极限值以下，使碳不可能与铬生成铬的碳化物，从而从根本上消除晶界的贫铬区。碳的质量分数在焊缝金属中小于 0.03%时，就能提高焊缝金属的抗晶间腐蚀能力。

③ 过热区的“刀蚀”。发生在由 Nb 或 Ti 稳定化的奥氏体不锈钢热影响区的过热区，其原因是当过热区的加热温度超过 1200℃时，大量的 NbC 或 TiC 固溶于奥氏体晶界内，峰值温度越高，固溶量越大，冷却时将有部分活泼的碳原子向奥氏体晶界扩散并聚集，Nb 或 Ti 原子因来不及扩散，使碳原子在奥氏体晶界处于过饱和状态，再经过敏化温度区加热后，在奥氏体晶界将析出碳化铬，造成贫铬的晶界，形成晶间腐蚀，而且越靠近熔合线，腐蚀越严重，形成像刀痕一样的腐蚀沟，俗称“刀蚀”。

防止焊缝金属晶间腐蚀的措施有，选用稳定化的低碳奥氏体不锈钢或超低碳奥氏体不锈钢，在焊接工艺上，采用较小的焊接热输入，加快冷却速度。

(2) 应力腐蚀开裂

奥氏体不锈钢焊接接头的应力腐蚀开裂是焊接接头比较严重的失效形式，通常表现为无塑性变形的脆性破坏，危害严重，它也是最为复杂和难以解决的问题之一。影响奥氏体应力腐蚀开裂的因素有焊接残余拉应力，焊接接头的组织变化，焊前的各种热加工、冷加工引起的残余应力，酸洗处理不当或在母材上随意打弧，焊接接头设计不合理造成应力集中或腐蚀介质的局部浓度提高，等等。

第六节　焊接质量控制要点和常用焊接标准

一、控制要点

焊接专业的质量主要应控制下列项目：

① 焊工资格审查，配备培训考核合格、具备相应资格的焊工等作业人员。

② 焊接工艺评定及施工方案审查，严格按设计图纸、标准规范、编制施工技术文件。焊接工艺评定应按照设计文件及标准规范的要求进行。焊接工艺规程应结合工程实际情况，根据焊接工艺评定进行编制，并应能指导焊接工作。焊接应进行技术交底并形成记录。

③ 焊材二级库检查，施工单位焊材二级库内应设置烘干箱和保温箱，配备温湿度调节设备及温湿度监控仪表。焊材二级库专职管理员，管理员应具备一定的焊接专业知识，熟知现场焊接材料的性能、用途和储存方法，掌握电焊条烘干箱、保温箱的使用和维护等技能。

④ 材料验收，合金钢管道组成件，按照设计文件、标准规范的规定，对主要合金元素含量进行验证性检验，并做好记录和标识。现场制作的合金设备母材(包括接管和管件)的主要合金元素含量进行验证性检验，每批(同炉批号)抽检 10%，且不少于 1 件。合金焊接材料按照牌号和批次抽取焊丝对其合金元素进行验证性检验；焊条堆焊后对其合金元素

进行验证性检验。

⑤ 焊接工艺检查，对焊口预热、层间温度、后热情况、焊工携带焊接材料情况、焊材使用的正确性、打底焊接工艺的执行情况、焊口标识情况进行检查确认。

⑥ 焊接线能量检查，低温钢、不锈钢、镍基合金、锆合金、钛合金等对于焊接线能量敏感的材料焊接时，应抽查焊接线能量与焊接工艺的一致性。

⑦ 焊缝外观检查，焊接质检员应对每条焊缝的外观进行检查确认。

⑧ 热处理报告检查，对热处理曲线图、热处理报告进行审查。

⑨ 焊缝返修检查，对焊缝返修方案、焊工资格等进行审核，返修过程中进行检查。

⑩ 交工文件审查，交工技术文件应符合 SH/T 3503 的要求。

二、常用规范

SH/T 3558—2016《石油化工工程焊接通用规范》

SH/T 3520—2015《石油化工铬钼钢焊接规范》

SH/T 3523—2020《石油化工铬镍不锈钢、铁镍合金、镍基合金及不锈钢复合钢焊接规范》

SH/T 3525—2015《石油化工低温钢焊接规范》

SH/T 3526—2015《石油化工异种钢焊接规范》

SH/T 3502—2021《钛和锆管道施工及验收规范》

SH/T 3554—2013《石油化工钢制管道焊接热处理规范》

第十二章　大型设备吊装

随着国民经济的不断发展，我国各行各业方兴未艾，尤其是石油化工、煤化工、核工业、电力等大型建设项目高速发展，项目建设规模越来越大，设备单体也越来越重、越来越高，而项目建设周期要求越来越短。为了追求更高效率和效益，工程施工中大量采用了工厂化预制和模块化安装，设备整体吊装工程日趋普遍。伴随吊装市场需求，大型吊装机械近些年也有了迅猛的发展，2600t 级全路面起重机、4500t 级履带式起重机、4800t 级液压顶升/提升装置陆续投入现场施工，对吊装技术、装备、安全、操作等提出了更高的要求，这些趋势对大型设备吊装工艺技术产生了新的需求，促进了设备吊装技术和工艺方法向更加先进、更加科学的方向发展。为此国内吊装用起重设备由过去单一桅杆逐步发展成为以高性能、更安全可靠的大型移动式起重机为核心的吊装设备，国内吊装技术也由过去的桅杆组合吊装方式发展到单机多机抬吊、递送、滑移等多样化吊装工艺。

大型设备吊装一般是指质量≥100t 或高度(长度)≥60m 的设备、构件、模块等的吊装。

第一节　吊装工程

一、吊装机械

常用的吊装机械有：轮式起重机、履带式起重机、钢制桅杆式起重机等。

轮式起重机包括汽车起重机、越野轮胎起重机和全地面起重机。

汽车起重机是装在普通汽车底盘或特制汽车底盘上的一种起重机，其行驶驾驶室与起重操作室一般分开设置。优点是机动性好，转移迅速，其底盘性能等同于同样整车总重的载重汽车，符合公路车辆的技术要求，因而可在各类公路上通行无阻。

越野轮胎起重机是作业部分安装在特制的轮胎式底盘上，具有越野性能，不用支腿吊重及吊重行驶功能的起重机。

全地面起重机是装在有油气悬架、多轴转向、多轴驱动和蟹行等特点的特制轮式底盘上，能在公路上行驶，且作业场地具有比汽车起重机更高的机动性的流动式起重机。

履带式起重机是一种下车底盘为履带行走机构，靠履带行走的吊车，起重量大，可以吊重行走，具有较强的吊装能力，但拆装麻烦，适合在大型厂区内工作。一般履带式起重机根据操作结构可划分为履带行走、回转盘、提升、变幅等功能。

钢制桅杆式起重机是指用于工件吊装作业立置使用的钢制柱状结构的统称，钢制桅杆属于轴心压杆或压弯构件。一般由金属结构、起升系统、稳定系统和动力系统组成。

二、吊装工艺

常用的吊装工艺有：提吊递送法、滑移法、旋转法、扳倒法、联合吊装法等，内容详见本章第四节。

第二节 吊　　耳

吊耳是安装在设备之上用于提升或牵引设备的吊点结构。吊耳结构的选择、尺寸的确定与制作、吊耳安装位置和吊耳数量的确定，是设备安装中的一项重要环节，对设备安全顺利吊装、作业人员作业强度与便捷性等起着十分重要的作用，为此必须高度重视吊耳的设计、制作、检验并正确使用。

在起重吊装作业中，特别是大型静置设备，如塔类、罐类，它们往往是本体上焊有吊耳，以作为吊装时的吊点。有些设备上的吊耳在出厂时已经焊好，有些设备的吊耳是根据现场施工吊装要求焊上的。但无论属于哪种情况，吊耳本身的受力状况是影响吊装作业安全的一个重要因素。因此，使用设备上的吊耳时，要进行必要的受力核算，以确保吊装安全。

吊耳设计时应以安全、经济、使用方便、不影响被吊装的设备为基本原则，要综合考虑材料、吊装所使用的机械情况、吊装作业人员的操作水平、吊装作业环境、吊装工艺方法、吊耳制作质量、焊接吊耳位置设备本身的局部强度等因素的影响。

一、吊耳设置与选用

在设备吊装工程中，常用的吊耳有板孔式吊耳(包括顶部板式吊耳和侧壁板式吊耳)、轴式吊耳(包括管轴式和实心轴式)、提升盖式吊耳、吊环等，部分设备吊装则不设置吊耳，而是采用背杠、直接捆绑法、在废旧设备上直接割孔等方法作为吊装吊点。

1. 吊耳的设置

吊耳的设置应根据设备的特点及吊装工艺确定，大型立式设备的吊耳多选用轴式吊耳，设备就位后高空摘取绳索比较方便。当薄壁结构的塔设备补强比较困难时可考虑采用侧壁板孔式吊耳。反应器类等设备不允许在其本体上安装吊耳时通常采用提升盖作为其吊装的主吊耳。

工程实践中技术人员应根据所吊设备焊接吊耳位置的材质、厚度、吊装绳索设置以及设备结构尺寸等具体情况进行吊耳选型及强度和稳定性核算，确保满足设备的安全吊装要求。

设备吊耳位置应符合下列规定：

① 有利于设备吊装平稳及就位，且使吊装机具处于合理的工作状态。

② 满足设备强度与结构稳定的要求。

③ 使吊装索具有足够的空间，并便于吊后索具的拆除作业。

④ 负荷分配满足吊装要求。

2. 吊耳的选用

吊耳的选型应考虑到设备就位吊装绳索拆除的便利性，并满足下列要求：

① 选用的吊耳位置和数量应有利于保证设备的稳定与平衡。

② 如果设备上已经设置有吊耳，使用前应确认是否为设备吊装而设，并核算是否满足强度要求，若满足要求，则应利用，一般不再另外设置吊耳。要在确认设备上已经有的吊耳、吊钩、板孔和吊环螺钉等是否为吊装设备整体而设，还是为吊装部分或仅仅为吊装某个零部件而设后才可以利用，否则应进行相应的校核计算。

③ 所选的吊耳位置应确保不会因设备的自重而引起塑性变形或破坏。

④ 吊耳设置的位置应尽量避开设备的精加工表面，不锈钢及有色金属区、变径变厚区以及内部衬有混凝土等非金属区域。

⑤ 在起吊过程中，受力变化的吊耳，应按其最大受力进行计算、选择和设计。

⑥ 细长设备采用多吊点吊装时，各吊点间应设置平衡装置，使各吊点间受力自动平衡。

二、通用技术要求

设备吊耳应由施工单位提出技术条件，设计单位确认。制作吊耳的材料应有质量证明文件，不得有影响吊耳力学性能及使用的材料缺陷。制作吊耳时宜选用塑性材料。吊耳材料应与设备材质相同或相近，其屈服强度下限值一般不低于235MPa。根据标准规定，其通用的技术要求有：

① 吊耳应能满足最大吊装载荷下自身强度和设备局部强度、稳定性的要求。

② 有热处理要求的设备，其吊耳应在热处理前完成焊接，并一同热处理，消除焊接应力。

③ 吊耳制作、焊接前应确定焊接和制作要求，明确焊接工艺要求，按规定进行下料与焊接。

④ 设备吊装就位后，若需将吊耳切割拆除时，应采取保护措施，不得损伤设备本体或其他构件。

⑤ 吊耳材料可根据制造单位的实际情况选用，制作吊耳的材料应符合相关标准的规定。

⑥ 吊耳焊缝应尽量避开设备焊缝，所有焊缝焊后均应进行外观检查和必要的无损检测，并出具检测报告。

⑦ 吊耳垫板、补强板应与设备壳体紧密贴合，间隙不大于1mm。补强板上应设置透气孔。

⑧ 吊耳各部件的切割表面不允许存在裂纹、毛刺等缺陷。

⑨ 吊耳垫板材料应与同垫板相焊接的壳体的材料相同或相近。

⑩ 不锈钢和有色金属设备的吊耳补强板应与设备材质相同；其余材质设备的吊耳补强板的材质应与设备材质相同或接近。

⑪ 设备吊装过程应平稳，不得有冲击现象。考虑到吊装安全性，吊耳设计时应考虑一定裕量。设计时应考虑动载、不均衡等因素的影响，设计系数宜不小于1.5。该系数不

包括吊耳强度校核时应考虑的材料本身的安全系数和焊缝系数。

三、提升盖

在安装工程中，常会遇到一些特殊设备，比如反应器、热高压分离器、冷低压分离器等，其具有壁厚、体积小但重量较大，而且都经过焊后整体热处理，一般不允许在壳体上焊接吊装用吊耳，而是专门设计一个与设备顶部法兰相匹配的盲法兰式提升盖作为此类设备的吊装主吊点。提升盖适用于作为顶部中心设有大接管法兰类设备吊装的主吊耳。

提升盖由法兰盲板和吊耳两部分组成，法兰盲板为与设备顶部法兰相匹配且用双头螺柱与设备进行连接固定的承重结构，吊耳为连接吊装索具的承重结构。工程中常用的提升盖典型结构有(见图 12. 2. 1)：

① 板型提升盖吊耳和法兰盲板均为单板结构；

② 管板组合型提升盖吊耳为管板组合焊接而成，法兰盲板为由钢板组焊而成。

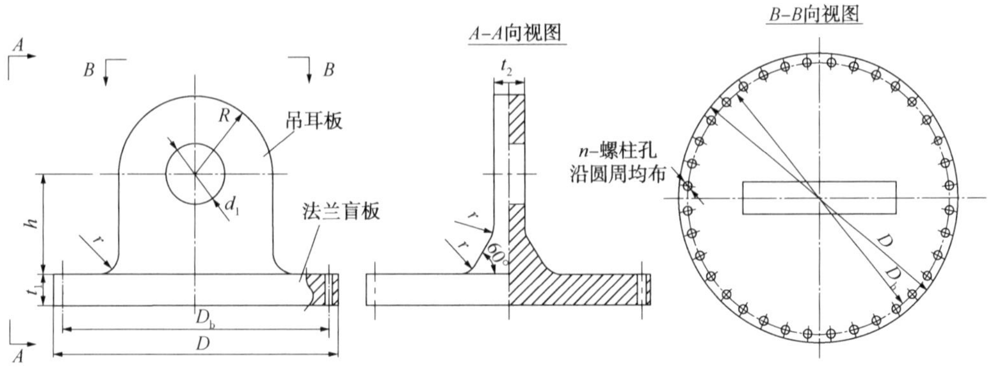

(a)板型

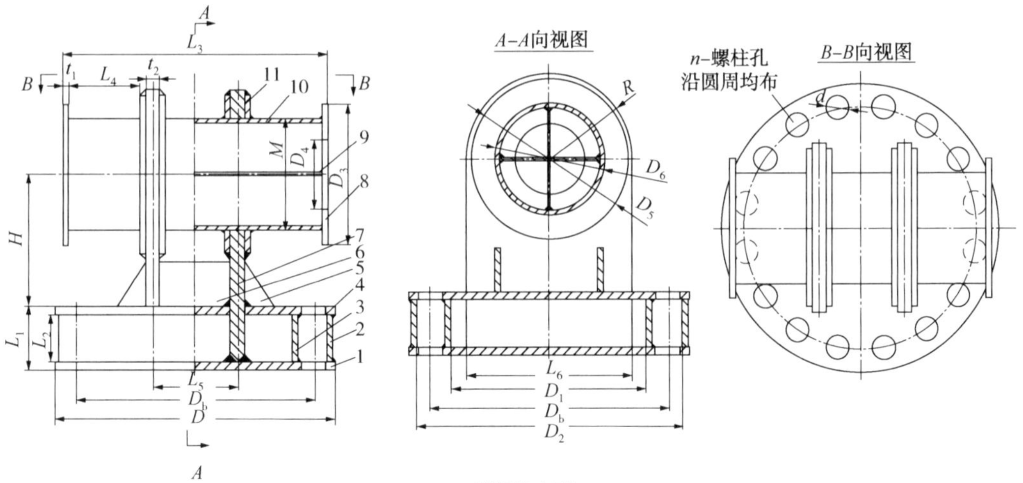

(b)管板组合型

1—下盖板；2—外圈板；3—内圈板；4—上盖板；5、6—外筋板；
7—主耳板；8—挡板；9—内筋板；10—管轴；11—补强板

图 12. 2. 1　提升盖典型结构示意

在工程实际中，根据法兰盲板和吊耳的不同形状，此两种形式的提升盖还可以派生出其他多种结构形式，如吊耳为单板结构而法兰盲板为钢板组合焊接结构、吊耳为双板结构而法兰盲板为钢板组合焊接结构、吊耳为管板组合结构而法兰盲板为单板结构、吊耳为双板结构而法兰盲板为单板结构，总之，提升盖结构有多种不固定形式，用户可根据具体情况确定。

提升盖技术要求应符合相关规范。

四、轴式吊耳

在石油化工设备的吊装工程中，轴式吊耳具有吊装过程中绳索受力较好、不易损坏吊装绳索，绳索穿绕简便及设备就位后吊装绳索解除方便的显著优点，故是石油化工设备（尤其是立式设备）吊装中较为常用的一种吊耳。立式设备的主吊耳宜采用管轴式吊耳。

轴式吊耳又可细分为管轴式和实心轴式两种。实心轴式吊耳由实心圆钢与钢板组件焊接而成，但由于圆钢轴与设备壳体焊接焊透较困难，吊耳组件重量较大、吊耳实心轴与壳体接触点集中致使设备壳体应力过大，所以实心轴式吊耳较适宜作为非压力容器类设备（如冷箱、电机、桥梁等）的吊装吊耳，而不适宜作为压力容器类设备的吊装吊耳。实心轴式吊耳结构较为简单，在石油化工设备吊装中也较少使用，故不对其作详细介绍，仅对管轴式吊耳作详细介绍，故下文所列的轴式吊耳也都指的是管轴式吊耳。

管轴式吊耳由一定壁厚和长度的圆形钢管轴与外挡圈两个基本构件组成，一般作为设备吊装的主吊耳，常用在设备需要吊装回转的场合。根据被吊装设备焊接吊耳位置、设备壳体的应力、设备上障碍物、吊耳管轴的受压稳定性等情况，可以考虑在设备壳体上设置补强板，在吊耳管轴内设置加强环板或筋板，在吊耳管轴外围设置内挡圈以及筋板。还可考虑在管轴外周设置套筒或增加其他润滑措施，以改善吊装回转及减小对吊装索具的磨损。

五、板孔式吊耳

在吊装工程中，板孔式吊耳制作简单、使用方便，是吊装工程中较为常见的一种吊耳形式，适用于较小负荷的吊装。此吊耳的缺点是设备吊装就位后，吊装绳索的拆除较烦琐。它常用作立式设备吊装时的溜尾吊耳、钢结构等构件的吊装吊耳。

板孔式吊耳主要部件为一带圆孔的吊耳板。根据被吊装构件焊接吊耳位置的材质和局部应力、吊耳的受力状态、吊耳板选材的限制、吊耳的安装位置等具体情况，可以增设补强板、垫板、筋板、支撑板等附属部件。

常用的板孔式吊耳主要有以下类型，工程中可根据实际情况选用。

1. 侧壁板孔式吊耳（顶部型）

侧壁板孔式吊耳（顶部型）结构如图 12.2.2 所示。此吊耳适用于较重型设备的吊装，使用此吊耳时，设备壳体主要承受剪应力的作用，所以特别适宜用作薄壁设备的吊装吊耳。作为立式塔类设备吊装的主吊耳时，它设置于顶部封头位置，对称布置两个。为了改善吊耳的受力，它宜承受竖向载荷。但是实际工程中，往往很难保证它只承受竖向载荷，而是有一定的角度，即除了承受竖向载荷外，还承受一定的侧向载荷。

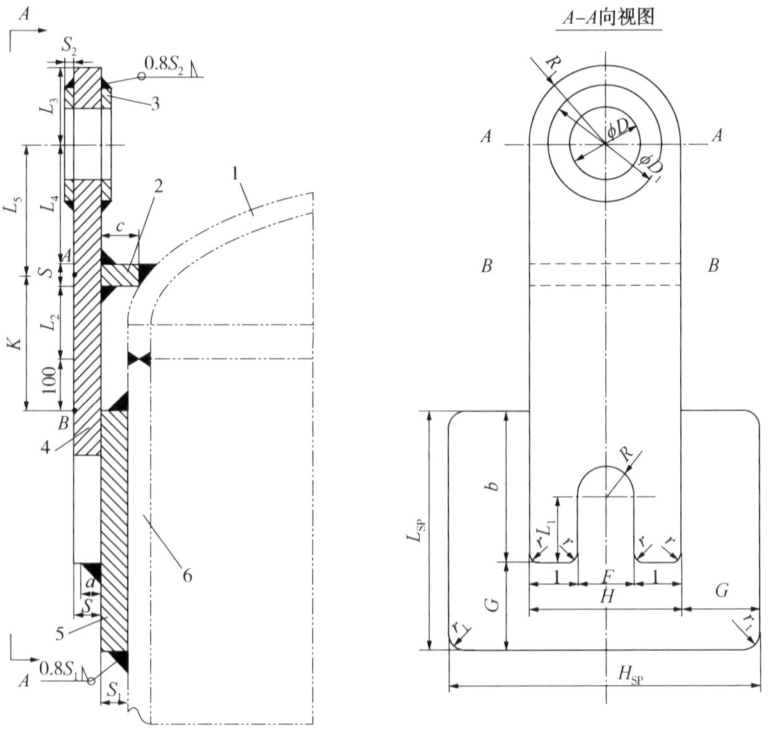

图 12.2.2　侧壁板孔式吊耳(顶部型)

1—设备封头；2—支撑板；3—补强板；4—吊耳板；5—垫板；6—设备壳体

2. 侧壁板孔式吊耳(中部型)

侧壁板孔式吊耳(中部型)结构如图 12.2.3 所示。此型吊耳可安装在设备中部，作为立式设备的吊装主吊耳时，若合理安排其位置，可显著减小吊装时的溜尾力。吊耳垫板与设备壳体之间的连接形式以焊接形式为主，对于某些非压力类容器设备，也可考虑采用螺栓连接形式固定在设备上，以便于设备吊装就位后吊耳的拆卸。

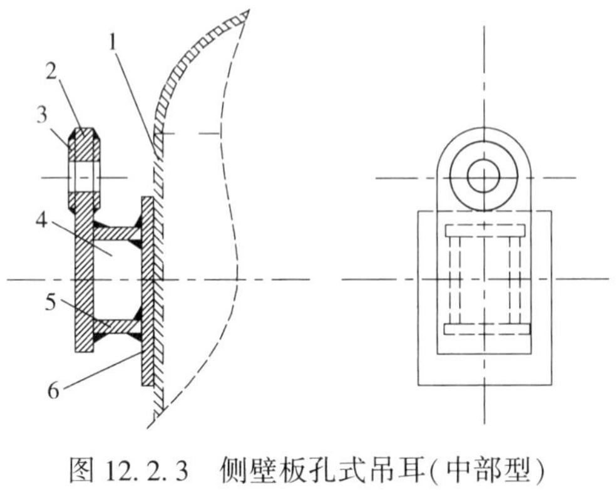

图 12.2.3　侧壁板孔式吊耳(中部型)

1—设备壳体；2—吊耳板；3—补强板；4—立筋板；5—支撑板；6—垫板

3. 常规板孔式吊耳

常规板孔式吊耳结构如图 12.2.4 所示。图 12.2.4(a)为无筋板、垫板和补强板的最简单的结构形式，吊耳板直接与设备壳体焊接。图 12.2.4(b)为有筋板、垫板和补强板的最复杂的结构形式，一般在吊耳板要承受侧向力(即吊耳受力方向不平行于吊耳板板面)、吊耳板材质与设备壳体材质不同、吊耳板开孔处局部应力较大、安装吊耳处设备壳体局部应力较大等情况时使用。根据实际情况，还可采用以下六种组合形式：吊耳板、筋板组合；吊耳板、垫板组合；吊耳板、补强板组合；吊耳板、补强板、垫板组合；吊耳板、筋板、垫板组合；吊耳板、筋板、补强板组合。在有垫板时，垫板上也可以开槽，使吊耳板与设备壳体直接焊接。

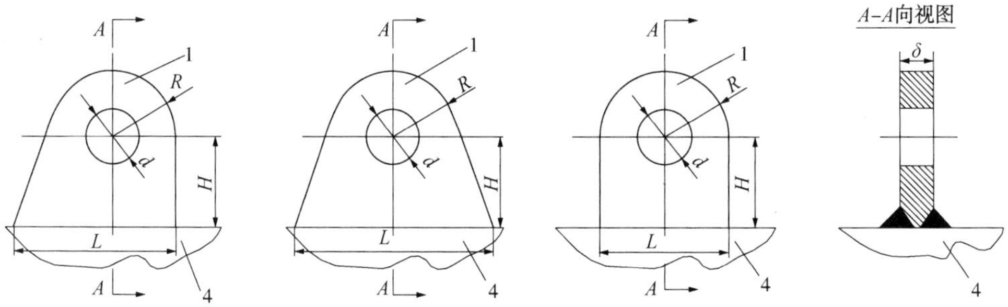

(a)无筋板、无垫板、无补强板

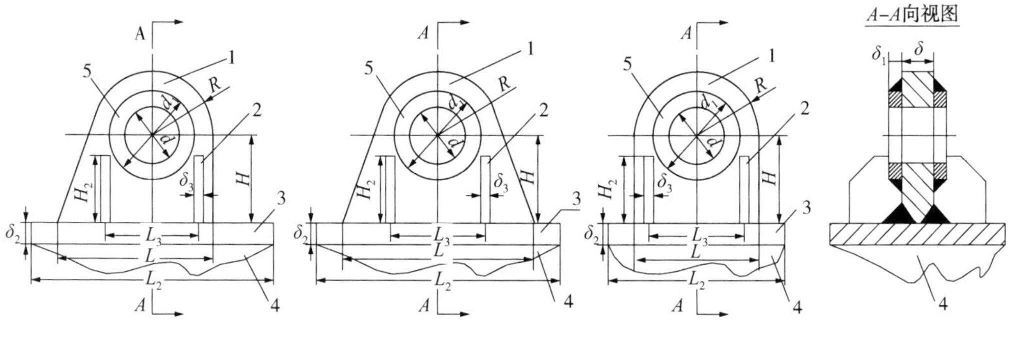

(b)有筋板、有垫板、有补强板

图 12.2.4　常规板孔式吊耳

1—吊耳板；2—筋板；3—垫板；4—设备壳体；5—补强板

第三节　平　衡　梁

在大型设备吊装作业中，为了改善设备或构件的受力状态、保持被吊设备的平衡、缩短吊装绳索的高度、避免吊装绳索受设备影响、分配或平衡各吊点的受力或者弥补被吊装设备或构件刚性的不足等，经常利用平衡梁作为吊装的辅助机具。平衡梁作为吊装机具的重要组成部分，在吊装工程中被广泛应用。平衡梁的制作质量、使用方法及其承载能力是影响吊装作业安全的重要因素。因此，对于平衡梁，应正确设计并进行必要的核算，严格控制制造质量并正确使用，以确保设备或构件的吊装安全。

根据平衡梁的结构形式及受力状态划分，常用的有板孔式有弯矩平衡梁、板孔式无弯矩平衡梁、滑轮式无弯矩平衡梁、支撑式无弯矩平衡梁、桁架式平衡梁、十字形平衡梁、拉板式平衡梁及箱型平衡梁等。实际上，平衡梁的形式还远不止这几种。工程中应根据所吊装设备或构件的结构特点、受力状态、吊装机械选用及吊装工艺等因素确定平衡梁的结构、尺寸及数量。

一、板孔式有弯矩平衡梁

板孔式有弯矩平衡梁是现场最常用的形式之一，其制作简单，使用方便。此种平衡梁吊耳板板孔相对支撑梁中心有一偏心距，与平衡梁上方的吊装绳索不呈平行设置，而是有一夹角，吊装绳索会对平衡梁吊耳板施加一个与支撑梁中心线平行的水平分力，该分力相对支撑梁中心会产生弯矩的作用，故称为板孔式有弯矩平衡梁，因弯矩对支撑梁的承载有很大不利，故此种平衡梁常用于较轻型设备的吊装中。

该平衡梁结构示意见图 12. 3. 1。它由一根支撑梁与两端的吊耳板组成，吊耳板通常采用焊接形式固定在支撑梁上。使用时，支撑梁通常呈水平状态，平衡梁上方两吊耳通过卸扣连接吊装绳索后挂在起重机械吊钩上，下方两吊耳通过卸扣连接吊装绳索与被吊装的设备或构件上的吊耳相连。

支撑梁可用钢管、工字钢、槽钢等制成，也可用钢板焊接拼装而成，在工程中，可根据实际情况选择支撑梁的制作材料。支撑梁可做成固定长度，也可制成用法兰连接的可调长度形式，或者做成多吊耳板的形式，以满足不同尺寸设备或构件的吊装使用要求。

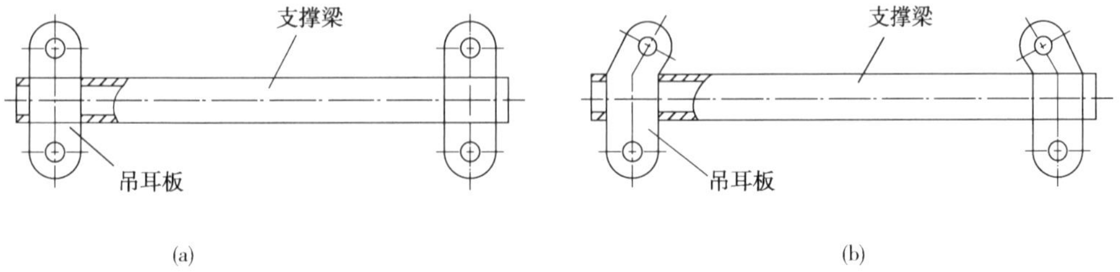

图 12. 3. 1　板孔式有弯矩平衡梁结构示意

二、板孔式无弯矩平衡梁

板孔式无弯矩平衡梁制作简单，使用方便，结构与板孔式有弯矩平衡梁基本相似，不同之处在于有两个吊耳板圆孔中心位于支撑梁中心线上，这样，这两个吊耳孔相对支撑梁中心无偏心距，那么，与这两个圆孔连接的吊装绳索即使不成平行设置，而是有一夹角时，吊装绳索对平衡梁吊耳板施加的水平分力相对支撑梁中心就不会产生弯矩的作用，故称为板孔式无弯矩平衡梁。从板孔式有弯矩平衡梁结构看出，弯矩产生的应力较大，若无弯矩作用对支撑梁承载能力的影响，则支撑梁承载能力会大大提高，故此种平衡梁在重型设备的吊装中发挥了重要作用。

对该平衡梁而言，无弯矩是相对而言的，是有条件的，取决于平衡梁使用时吊耳板的受力状态，若将该平衡梁颠倒使用，将位于支撑梁中心线上的两圆孔与相互平行的两吊装绳索相连，不位于支撑梁中心线上的两圆孔与成夹角的两吊装绳索相连，吊装绳索就会对支撑梁产生弯矩，这时就不属于无弯矩平衡梁。

该平衡梁结构示意见图 12.3.2。它由一根支撑梁与两端的吊耳板组成，吊耳板通常采用焊接形式固定在支撑梁上。使用时，支撑梁呈水平状态，平衡梁上方两吊耳孔通过卸扣连接吊装绳索后挂在起重机械吊钩上，下方两吊耳孔通过卸扣连接吊装绳索与被吊装的设备或构件上的吊耳相连。使用方法如图 12.3.3 所示。

支撑梁可用钢管、工字钢、槽钢等制成，也可用钢板焊接拼装而成，在工程中，可根据实际情况选择支撑梁的制作材料。与板孔式有弯矩平衡梁一样，其支撑梁可做成固定长度，也可制成用法兰连接的可调长度形式，以满足不同尺寸设备或构件的吊装使用要求。

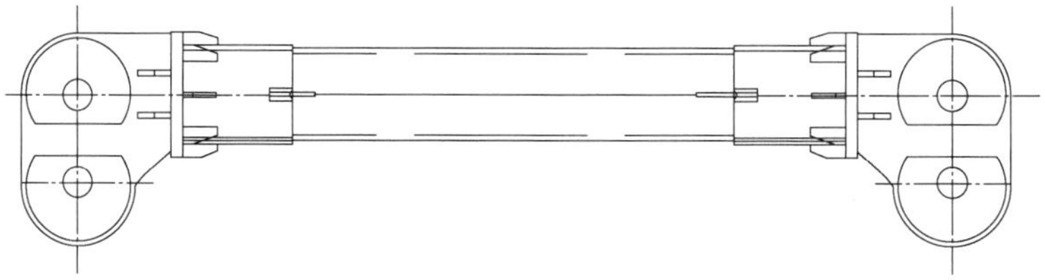

图 12.3.2 板孔式无弯矩平衡梁结构示意

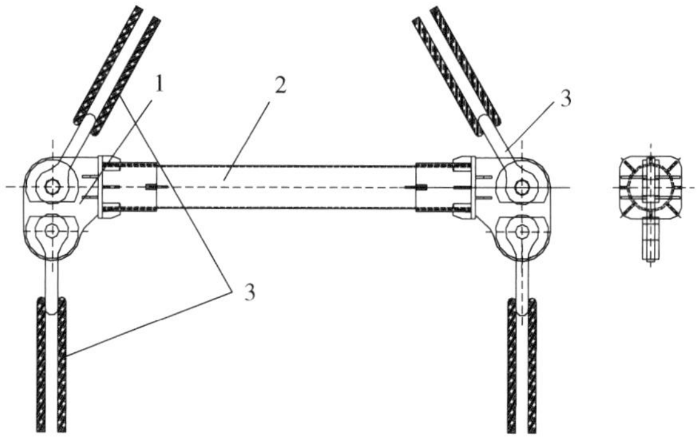

图 12.3.3 孔式无弯矩平衡梁使用方法示意

1—平衡梁端部连接件；2—支撑梁；3—吊装绳索及卸扣

三、滑轮式无弯矩平衡梁

滑轮式无弯矩平衡梁原理与板孔式无弯矩平衡梁相同，不同之处在于连接吊装绳索的结构改成滑轮，加大了吊装绳索的曲率半径，从而起到保护吊装绳索的作用，并且通过滑轮的作用，使各股吊装绳索受力更均匀，此种平衡梁在超重型设备的吊装以及呈框钢结构的吊装中发挥了重要作用。

该平衡梁结构示意见图 12.3.4。它由一根支撑梁、两端的连接件 1 和连接件 2 组成，连接件上设置滑轮，有利于均衡分布吊装绳索多圈使用时各股绳索的受力。使用时，支撑梁呈水平状态，平衡梁上方两端的滑轮穿绕吊装绳索后挂在起重机械吊钩上，下方两端的滑轮穿绕吊装绳索后与被吊装的设备或构件上的吊耳相连。

支撑梁可用钢管、工字钢、槽钢等制成，也可用钢板焊接拼装而成，在工程中，可根据实际情况选择支撑梁的制作材料。与板孔式无弯矩平衡梁相同，其支撑梁可做成固定长度，也可制成用法兰连接的可调长度形式，以满足不同尺寸设备或构件的吊装使用要求。

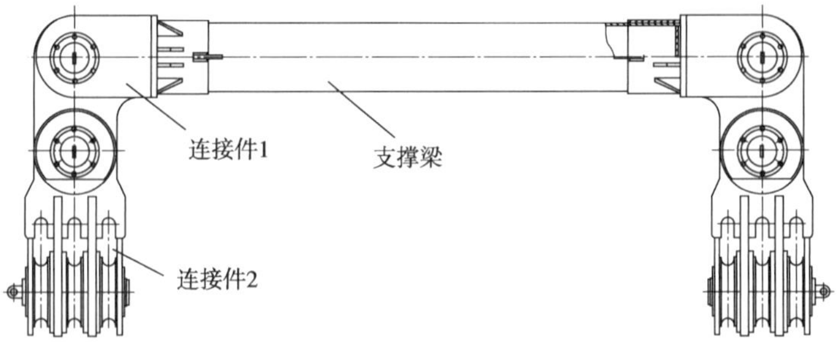

图 12.3.4 滑轮式无弯矩平衡梁结构示意

四、支撑式无弯矩平衡梁

支撑式无弯矩平衡梁结构示意见图 12.3.5。它由一根支撑梁、两端的支撑件组成，支撑件上设置圆弧板，有利于保护吊装绳索及分布吊装绳索的受力。使用时，支撑梁呈水平状态，吊装绳索绕过平衡梁两端的支撑件后，上端与起重机械吊钩连接，下端与设备或构件上的吊耳相连接。

支撑梁可用钢管、工字钢、槽钢等制成，也可用钢板焊接拼装成箱型，在工程中，可根据实际情况选择支撑梁的制作材料。同样地，支撑梁可做成固定长度，也可制成用法兰连接的可调长度形式，以满足不同尺寸设备或构件的吊装使用要求。

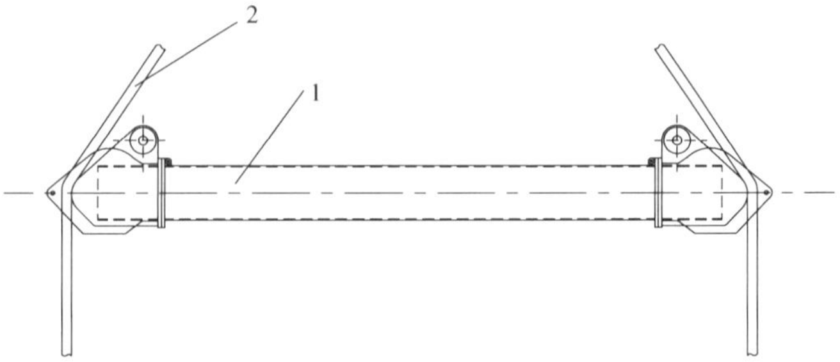

图 12.3.5 支撑式无弯矩平衡梁结构示意

1—支撑梁；2—吊装绳索

五、其他形式的平衡梁

除上述各型平衡梁外，工程中还有为解决刚性较差问题而设计的结构模块吊装、圆筒体立式组对吊装以及针对某些重型设备吊装使用的桁架式平衡梁、十字形平衡梁以及拉板式平衡梁等结构。

第四节 吊装工艺技术

吊装工艺方法因所用吊装机具的种类、数量和配置方法的不同以及吊装工艺原理的差异而分成许多种，过去较常采用的桅杆吊装，其工艺就有双桅杆旋转法、直立单桅杆夺吊法、直立单桅杆扳吊法、直立桅杆双侧吊装、单桅杆滑移法、双桅杆散装设备正装倒装法、双桅杆整体滑移法、双桅杆整体旋转法等多种方法，近年来，随着吊装大型机械的发展和安装工艺的改进，桅杆吊装已逐渐被取代。

移动式起重机由于作业灵活性强、吊装工艺简单，安全可靠等特点，在大型设备吊装施工中被广泛应用。近年随着我国吊装技术水平，生产工艺及设备制造业的发展，逐步引进、开发了一些能力大、功能多、性能优良、安全可靠的门式液压顶升/提升吊装系统等专业吊装机械。如5000t级门式液压桅杆提升吊装系统、4800t级门式液压顶升桅杆系统。这些大型吊装机械及吊装工艺在施工生产中应用广泛、成熟可靠，但缺点是吊装周期长，占地面积大。

移动式起重机费用高、周期短，在实际吊装过程中选用何种方法，还要根据实际情况进行合理选择。在设计设备的吊装工艺方法时，一般可考虑如下几个方面：

① 工艺选用原则：安全可靠，经济可行。

② 吊装现场环境：地下环境、地面道路环境、空间环境等是否满足吊装机械和吊装工艺方法。

③ 所吊设备状况：设备特性和特点，如直径、高度、已有吊耳高度、总质量、设备重心位置、设备的刚度、裙座的结构等。

④ 吊装机具状况：现有吊装机具的起重能力、种类、数量、机械资源保证情况及经济性评估。

⑤ 工期要求与技术状况：企业自身具备的吊装机械和技术实力、大型设备吊装工期的要求等。

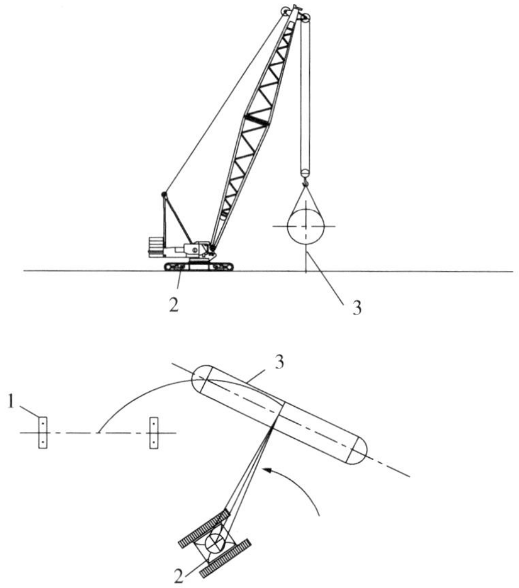

图12.4.1　单机旋转法(卧式设备)

1—设备安装基础；2—起重机；3—被吊装设备

一、单机旋转法

单机旋转法主要是通过单台起重机旋转、平移等使设备达到就位状态，然后将设备就位。主要应用在卧式设备吊装。卧式设备单机旋转法吊装工艺较为简单，设备位于起重机起吊半径范围内，提升设备到一定高度，然后通过起重机移动或旋转，将设备就位。图12.4.1所示单机旋转吊装卧式设备。

二、单机/双机滑移法

单机滑移法是在设备端部设置拖排、滚杠并铺设滑道，在设备预装配和运输时，将吊点布置在基础中心附近，并使绑扎点和基础中心同在起重机的回转半径上。单机提升设备头部，尾排前后控制递送，直至设备垂直吊离地面。

双机抬吊滑移法：平面布置如图12.4.2所示，其起吊点应尽量靠近基础，其吊装顺序为：①两台起重机站在基础两旁，并使两机回转中心连线过基础中心。②两台起重机的吊点应在设备同一截面上的两对称点上，设备尾部应加设尾排，滚杠和走道木。③两机保持垂直提升，设备底部逐渐向前滑移(最好前牵后溜)，直至设备垂直吊离地面。④在同一指挥下，两机以相同的运行速度向设备基础方向移动或升降吊臂，直到被吊设备到达基础的正上方。然后两台起重机同时缓慢落钩，使设备在基础上就位，用仪器找正、找平后将其固定。⑤拆卸吊具，吊装完成。

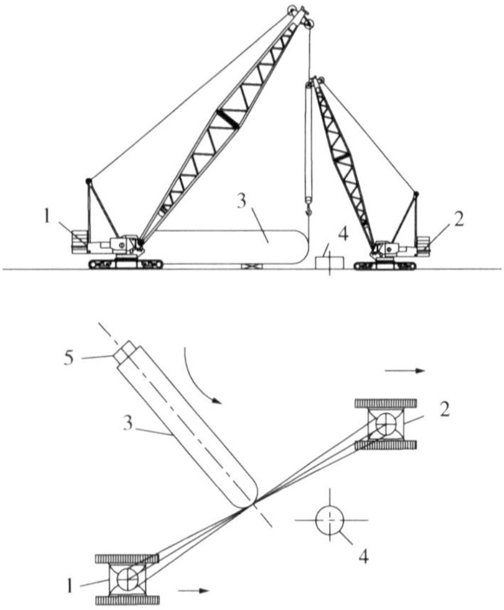

图 12.4.2　双机抬吊滑移法

1、2—主起重机；3—设备；4—基础；5—尾排

此种抬吊方法应采用两台性能相同或相近的起重机。两机停在基础中心线和设备吊点连线的两侧，两机吊装时的运行方向与此连线平行。在设备重心以上设置吊耳，吊装前设置起重机吊钩于设备吊耳之间的连接系统，统称为主吊系统；设备底部置于钢质尾排之上，并设专用回转铰支座；尾部运行通道根据地基情况和设备的重量级别进行处理和铺设；设备底部前后分别设牵引和溜放设施，以控制设备底部运行，适应提升要求。吊装时，设备抬头，通常称为始吊阶段；继续提升，安放在设备裙座之下的滑移尾排在前牵引滑轮组的牵引下相应前移，设备由平卧状态逐渐过渡到接近自由回转状态，完成提升滑移阶段；这之后，在提升、前牵引和后溜尾的协调控制下脱排，完成脱排阶段；在设备脱排悬空后，起重机回转，至设备基础上空对中就位，最后完成设备的吊装工作。

单起重机或两台起重机负重以相同速度向基础方向移动或升降臂杆，应注意移动和变幅不可同时进行，将设备吊至基础正上方，两起重机缓缓落钩，使设备就位于基础之上。

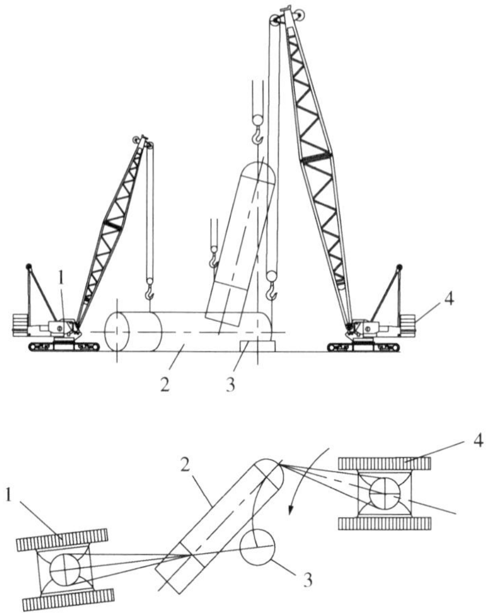

图 12.4.3　单机主吊抬吊递送法

1—辅助起重机；2—塔；3—基础；4—主吊起重机

三、单主机递送法

单主机递送法是设备斜置于基础旁，主机转杆时，其杆顶可到达基础中心正上方。辅机在基础的对面，其臂杆和起重机的前进方向均对正基础。用主辅两台起重机配合吊装。主机边吊装边转杆，辅机边吊装边负重前行(辅机应为履带式起重机)，将塔移送到基础上方并就位。如图 12.4.3 所示。

四、双主机抬吊递送法

双主机抬吊递送法是三台起重机中两台主吊起重机性能应相同或相近，三台起重机的站位方法因设备的高度不同而有所区别。设备较低时，两主吊起重机对称站在基础的正后方，臂杆斜置，吊钩在基础中心正上方，吊装时两主吊起重机同时起钩，而吊于塔尾部的辅吊起重机则配合将设备向前送进。最后由两台主吊起重机将设备直立着吊起并放于设备基础之上。用此种吊装方法两台主吊起重机臂杆不变幅不转杆。

如设备较高，则用图 12.4.4 所示的方法吊装，设备置于基础的正上方，两主吊起重机站于垂直设备的基础两侧，其吊钩分别吊于塔侧向的两个吊耳上。辅吊起重机立于塔的侧后方，其吊钩吊于塔的尾部。吊装时两台主吊起重机起钩，辅起重机用转杆法配合向基础方向送进设备。最后由两台主吊起重机将设备吊起立直并落在基础上。此种三机抬吊方法，可吊装比起重机臂杆高的设备。两主吊起重机臂杆不变幅不转杆。

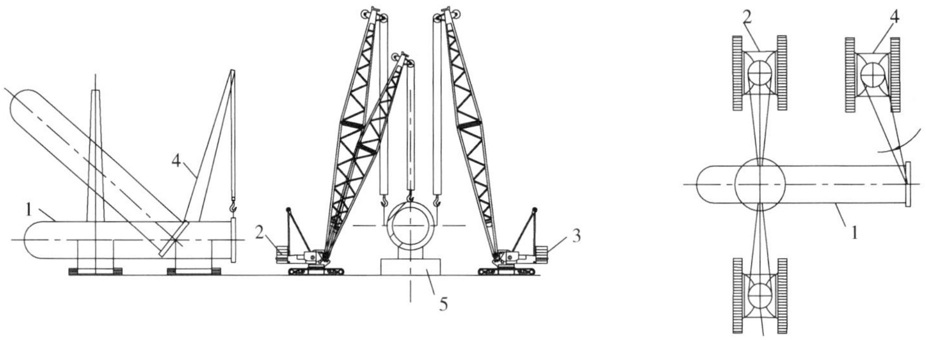

图 12.4.4　双主机抬吊递送法

1—塔；2、3—主吊起重机；4—溜尾起重机；5—基础

双主机吊装工艺应注意吊装动作同步，在吊装作业中，两台起重机起吊速度快慢不一致，吊臂回转的不协调，均会造成起重机载荷分配的不均匀，从而发生事故，所以在采用双机抬吊时，宜选择两台同类型起重机，且起重机的负载率不超过 80%。如现场条件限制，当选用不同类型的起重机时，应采用平衡梁的方法，对两台起重机进行合理的载荷分配。在操作过程中，两台起重机的动作应同步。

五、多机抬吊法

多台主吊机协同吊装(图 12.4.5)是指使用三台或三台以上的起重机，根据载荷分配，尾部设置一台起重机或拖排以配合设备的提升逐渐跟进递送(如需直立设备)，共同完成一项起重吊装作业。由于近年来大型吊装机械的快速发展及多台吊装机械的高风险性，目前大型设备吊装已很少采用此类方法，主要用于吊装大型桁架结构。多机协同吊装可以较好突破桁架结构在吊装工程中易出现的刚度、强度、空间位置等方面的局限。

图 12.4.5　多机吊装

多台起重机协同吊装的注意事项：由于多台起重机协同吊装作业，所选择的起重机类型、结构、性能等不一定相同，有时候会相差很多。操作起重机具的人员的动作也不可能

完全一致。因此，多台起重机协同吊装作业时，应注意以下几点：

① 统一指挥，步调一致。指挥信号明确。操作起重机的人员必须服从统一指挥，精力集中，动作尽量保持一致。

② 为保证吊装作业吊装能力，一般都采用平衡装置，如平衡梁、平衡滑车等来分配载荷。

③ 选择起重机承载能力时，留有余量。例如：多机抬吊时，每台起重机允许承载能力是额定承载能力的75%。

④ 在选择起重机具的容绳量和起升速度时，尽量使用相同类型的机具。并且需要调整预拉受力，使每台起重机具受力均匀平衡。

⑤ 应采用电子测力仪和拉力表等装置，监测索具的受力状况。

⑥ 在被吊设备上设置重锤式指示器，用经纬仪或其他观测手段，可以直接反映整体平衡情况，给协调平衡的指挥者提供可靠的控制数据。

⑦ 选用平衡梁或平衡轮等吊装专用索具，可以达到多台起重机具自平衡吊装作业状态。

⑧ 在穿挂滑轮组等吊装索具时，采用串联方式进行穿挂，可以达到自平衡吊装作业状态。

⑨ 当选用卷扬机等起重机具时，可以采用集中控制方法，对平衡吊装作业会起很大作用。

⑩ 多台起重机吊装时，应尽量保持垂直吊装作业状态。双机抬吊细高设备时，设置的轴线与垂直线，最大角度不宜超过3°。

六、固定尾排吊转法

固定尾排吊转法(图12.4.6)是在推举法、扳转法、尾排滑移法的基础上，通过改造和创新形成的一种工艺方法。在设备的尾部设置固定的转轴(通常采用铰支座)和固定的防倾设施构成固定尾排溜尾系统；主吊起重机吊钩通过吊装索具(钢丝绳和平衡梁等)连接设备主吊点(吊耳或吊装提升盖等)构成主吊系统；以起重机起杆、回转、移动和升钩功能作为吊装所需的动力源，克服转轴摩擦力和设备重力使设备绕固定转轴系统转动逐渐直立，当设备直立到临界角位置时，设备尾部接触防倾设施，继续转动直到设备完全直立，继续提升起重机吊钩，设备脱离固定尾排，旋转起重机臂杆到设备基础上方，调整设备方位后，设备就位。

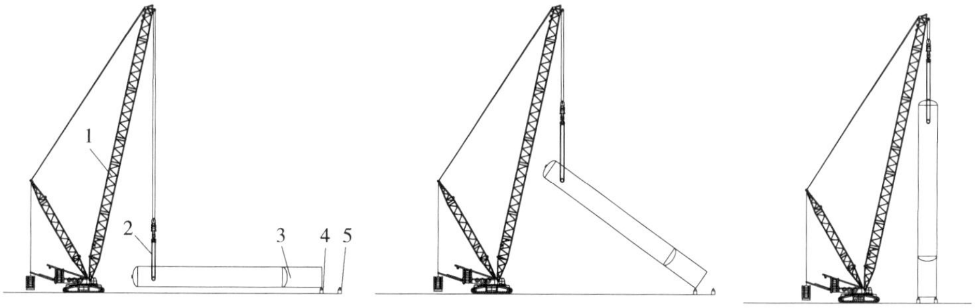

图12.4.6　固定尾排吊转法

1—起重机；2—吊装索具；3—设备；4—固定转轴系统；5—防倾设施

七、桅杆式起重机回转扳吊法

1. 吊装工艺原理

回转扳吊法有单吊法(吊装机具不动，吊物回转扳起)和双转法(吊装机具和吊物均回转扳起)之分，还有无铰点、有铰点和共用铰点的不同。

单转法有铰点扳吊的工艺原理：吊装机具不动，其扳吊滑车组吊于塔的头部，塔的尾部裙座与基础间设铰接，当收紧扳吊滑车组时，设备以铰接点为回转轴，由抬头、斜立到直立。

双回转共铰点扳吊的工艺原理：塔平直于基础和垫木上，人字桅杆呈略前倾态骑跨在设备底部上方，塔与桅杆共用一个铰点。前方，桅杆顶与设备吊耳间以吊索相连接；后方，桅杆顶设扳吊滑车组，牵引绳由卷扬机牵引。当收紧扳吊滑车组时，人字桅杆与设备始终保持其相对状态不变，共同绕一个铰接点回转，设备则由抬头、斜立到直立，人字桅杆由前倾、直立到后倾，直至结束吊装过程。如果人字桅杆较短，当人字桅杆后倾到一定程度以后，则吊索与扳吊滑车组呈一直线，此后，人字桅杆将失去作用，由吊索与扳吊滑车组继续扳吊。用此种吊装方式，吊索与扳吊滑车组应通过一个装置(既能卡在桅杆顶又可脱开的装置)连接在一起。如桅杆较高，则由始至终均由桅杆进行扳吊。

双转法扳吊还有塔与桅杆均不设铰点，或塔设铰点桅杆不设铰点以及桅杆设铰点塔不设铰点等 3 种情况。而且桅杆可呈向前微倾骑跨在塔身的下部，也可以倾斜状态立于塔的后方，这些由双转法派生出的方法，各自应用于不同的吊装条件。

2. 吊装特点

① 最大的起扳力发生在扳吊的起始时刻，此时，吊装机索具承受最大负荷，随着设备逐渐扳起，受力渐减。因此，扳吊法吊装有较大的安全性。

② 可用较低的桅杆扳起高大的设备，此种吊装方法适用于既高又柔，需多点吊装的格构塔类，如电视塔、微波塔和输电塔等。

③ 在整个扳吊过程中塔裙座的铰接处或裙座与基础接触的部位(无铰接点时)要承受巨大的水平推力，其最大值发生在设备扳吊的起始时刻，另外，扳吊滑车的主地锚也承受巨大拉力。

④ 当设备扳立至 70°左右时，如塔的重心线越过铰接点或旋转支点时，塔会因自重而自行回转，因此，要在设备扳立至一定角度后，收紧前方的制动滑车组，在设备超过自倾角后，用放松制动滑车组的方法，使设备平稳地自倾回转至立直。

⑤ 在整个吊装过程中设备始终支压在铰接点或地面上，不需用起重机索具将塔吊离地面，从而减少了起重机索具的负荷(与滑移法相比，减少 30%左右)。

⑥ 对吊装场地无特殊要求，在较狭窄且复杂的吊装场地也可进行吊装。

⑦ 扳吊法不适用于高基础塔类设备的吊装。

另外由回转扳吊法演变发展成的一种吊装方法是无锚点吊装法，此方法要求门架滑车组在设备上的吊点和门架底座铰接点在同一立面内，由吊升滑车组支撑门架呈略倾斜状，当牵引吊升滑车组时，门架以底部铰链为轴向后倾倒，设备则由抬头到斜立。再拉牵引滑车组，使门架进一步倾倒，塔被拉起至立直。

对照回转扳吊法，它具有以下不同的吊装特点：

① 不用设置缆风绳和地锚，因此，可节省大量的机索具和设置它们的工作量。

② 吊装作业占地面积小；起吊机具用量较少，不用铺设轨道。

③ 要求精心设计吊装方案，合理地决定有关尺寸和吊装参数。

④ 要求有比较高的吊装技术和操作能力。

⑤ 门架的回转铰链受力较大。

⑥ 一旦门架脚处下沉将失去吊装系统的稳定性。因此，无锚点吊装法不宜吊装超过 60m 的塔类设备。

回转扳吊法如图 12.4.7 所示。

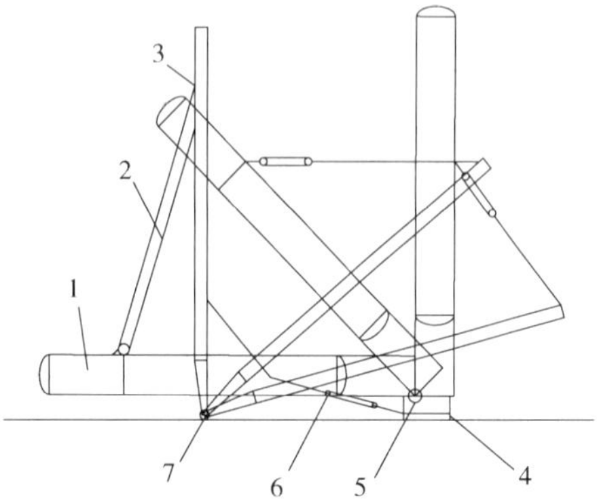

图 12.4.7 回转扳吊法

1—塔；2—吊升滑车组；3—门架；4—基础；5—塔铰点；6—牵引滑车组；7—门架铰点

八、液压提升或顶升吊装法

1. 吊装工艺原理

门式液压顶升吊装系统通过千斤顶沿着方钢上爬提升物体，以通过不同的组合方式，如单门型、双门型等形式；每根桅杆可以根据需要安装 1 台、2 台或是 3 台 400t 的顶升式液压千斤顶，以达到不同的吊装能力，从而满足不同重量的设备吊装要求；2500t/120m 液压提升系统基本构成包括门式桅杆系统、液压主提升系统、牵索系统、自装卸系统、自动控制系统、旋转平衡梁等。2500t 级/120m 门式液压吊装系统由两根直立桅杆及横梁组成，是吊装系统的主承重结构，有变幅和水平移动功能。最大有效吊装高度 120m，最大吊装能力为 2500t，吊装过程中可实现带负荷行走。

吊装系统具有以下特点：

① 能够满足超重、超高、高基础的大型设备吊装作业的需要，具有超强的安全性能，并且安装简单快捷。

② 对地基的要求低、操作简便精确、设备进场费和使用费用低。

③ 具有广泛的用途和很强的适应性，适用于石油、化工、冶金、电力和船舶等行业的超大型设备、钢结构的吊装，大型龙门吊装组焊以及桥梁、机场、大型建筑等项目的结构工程吊装和设备平移等，在超高超大型设备、超高超大型结构的吊装上，具有独特的吊装技术优势和能力。

④ 具有良好的吊装能力拓展功能，如欲吊升 80m 以上、设备重量在 1000t 以上、设备直径在 5m 以上的整体设备，在市场需要的情况下，可以将吊装能力提升到 5000t/80m 的能力甚至更高。

⑤ 吊装周期较长，对现场空间要求较高。

液压顶升或提升系统主要溜尾起重机吊装工艺有滑移法和起重机溜尾法。其结构图和常见吊装工艺如图 12.4.8 和图 12.4.9 所示。

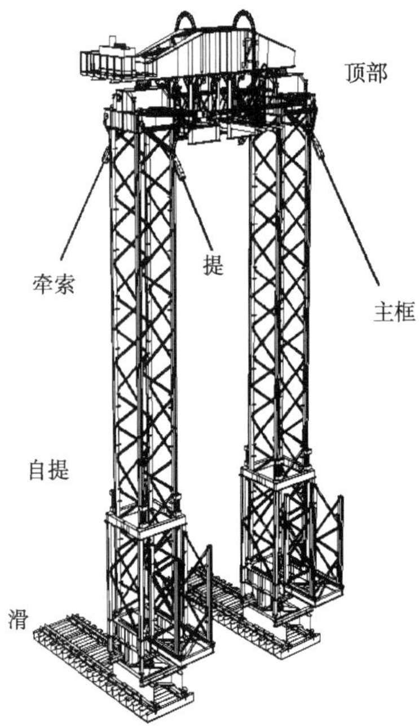

图 12.4.8　液压提升结构示意

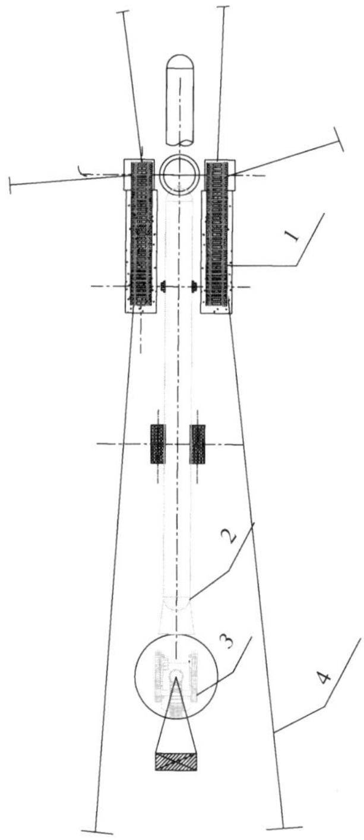

图 12.4.9　液压提升吊装工艺平面
1—液压提升系统；2—设备；3—溜尾机械；4—固定系统

2. *起重机溜尾*

起重机溜尾有轮式起重机溜尾、履带式起重机溜尾等形式，吊装时由溜尾起重机配合主吊机械将设备递送完成由水平至垂直的过程，履带式起重机溜尾时可以边递送边行走。

3. *尾排滑移法溜尾*

尾排滑移溜尾是指设备底部置于回转铰支座，回转铰支座固定在拖排上。尾部运行通道根据地基情况和设备的重量级别进行处理和铺设；设备底部前后分别设牵引和溜放设施，以控制设备底部运行，适应提升要求。吊装时，设备抬头，通常称为始吊阶段，继续提升，安放在设备裙座之下的滑移尾排在前牵引滑轮组的牵引下相应前移，设备由平卧状态逐渐过渡到接近自由回转状态，完成提升滑移阶段。这之后，在提升、前牵引和后溜尾的协调控制下完成脱排。

设备吊装前摆放场地按要求进行处理，如为混凝土地基，则可直接铺设钢板。如可能的话在设备进场之前设置好，当设备进场并摆放好之后，即可安装尾排。否则应先在设备尾部铺设枕木或路基板，再铺钢板。尾排通常以箱形钢结构排子作为拖排，以厚壁钢管或圆钢作为滚杠，以箱形钢结构排子作为滚排，尾部加上回转铰支座，构成滑移设施。设备裙座在吊装过程中下部承受两个集中的支反力，在提升滑移阶段其大小变化不大，但是在脱排阶段其大小有可能发生较大的变化，与提升力的控制水平密切相关。

4. *固定尾排溜尾*

固定尾排溜尾是在尾排滑移溜尾的基础上，通过改造和创新形成的一种新的溜尾方法，在设备的尾部设置固定转轴(通常采用铰支座)和固定的防倾设施构成固定尾排溜尾系统；主吊机械使设备绕固定转轴转动逐渐直立，当设备直立到临界角时，设备尾部接触防倾设施，继续转动直到设备完全直立。

5. *其他溜尾形式*

在工程施工中，也出现了一些特殊的溜尾形式，如图 12.4.10 所示。其工艺原理综合了上述几种方法的部分特点，或是其变形形式，通过独特装置形成了自身特点。一般都是利用主起重机抬吊构件头部，特殊溜尾装置承受尾部重量，主起重机经过回转、起杆、爬杆过程，尾部装置随之缓慢移动，实现将设备直立，最终由主起重机将设备就位。常见的有油缸推进式溜尾系统、平板车溜尾装置系统。

图 12.4.10　特殊溜尾形式

第五节　大型设备吊装对场地地基的要求及地基处理

地基处理是改善或加固地基的天然状态，使之符合工程需要的技术措施。大型设备吊装作业地基具有一次性作用，承载时间短，载荷动态变化等特点，应采取经济合理的地基处理方法，确保地基承载力满足设备吊装的需要。地基处理工程的设计和施工质量直接关系大型设备的吊装安全，如处理不当，往往会发生工程事故，且事后补救大多比较困难。

地基处理主要分为基础工程措施和岩土加固措施。选定适当的基础形式，不需改变地基的工程性质就可以满足要求的地基称为天然地基；反之，已进行加固的地基称为人工地基。

一、大型设备吊装对场地地基的要求

① 起重机站位及行走区域地基的承载能力应满足起重机吊装作业的要求。

② 移动式起重机吊装作业，应按作业工况条件下起重机支腿或履带板对地面的压力要求，进行作业地面的地基处理。

③ 同一起重机的多条支腿或履带板下应采用相同的方法进行地基处理。起重机站位及行走区域地基应平整、坚实，必要时，可以在表面浇筑混凝土、铺设钢板或者铺设起重机专用路基箱。

④ 对于重大吊装作业，起重机站位及行走区域地基处理完成后，使用前，应根据起重机对地面的压力要求进行地基承载能力测试，测试合格后方可使用。

二、地基处理的方法

地基处理的方法有换填垫层法、预压法、桩基法、钢筋混凝土承力板法、强夯法和强夯置换法等。本节仅对较常用的地基处理方法做简要说明，其他地基处理方法可参见JGJ 79—2012《建筑地基处理技术规范》中相关内容。

1. 换填垫层法

换填垫层法是挖去地表浅层弱土层或不均匀层，回填坚硬、较粗粒径的材料并夯压密实，形成垫层的地基处理方法。

2. 预压法

预压法是对地基进行堆载或真空预压，使地基土固结的地基处理方法。

3. 强夯法

强夯法是反复将夯锤提到高处使其自由落下，给地基以冲击和振动能量，将地基土夯实的地基处理方法。

4. 强夯置换法

强夯置换法是将重锤提到高处使其自由落下形成夯坑，并不断夯击坑内回填的砂石、钢渣等硬粒料，使其形成密实的墩体的地基处理方法。

三、地基处理方法的选择

在选择地基处理方法时，应考虑上部结构、基础和地基的共同作用，并经过技术经济比较，选用处理地基或加强上部结构与处理地基相结合的方案。

① 根据结构类型、荷载大小及使用要求，结合地形地貌、地层结构、土质条件、地下水特征、环境情况和对邻近建筑物的影响等因素进行综合分析，选定地基处理方法。

② 对已选定的地基处理方法，宜按建筑物地基基础设计等级和场地复杂程度，在有代表性的场地上进行相应的现场试验或试验性施工，并进行必要测试，以检验处理方法和处理效果。如达不到预期要求，应查明原因，修改或调整地基处理方法。

第六节　大型设备吊装质量控制点及执行的标准

一、质量控制点

① 大型设备吊装工程中，施工单位应根据装备资源、人力资源、现场环境、工件的外形尺寸、重量和安装标高等方面的条件选择吊装机械和吊装工艺。

② 大型设备吊装应编制吊装方案，并按规定进行审批，方案变更应按原审批程序进行审批。

③ 吊装作业前应由吊装方案编制人向所有相关作业人员进行吊装方案交底并记录，作业人员应熟知吊装方案、指挥信号、安全技术要求及应急措施。

④ 大型设备正式吊装前应进行试吊。

⑤ 联合检查确认后，设备吊装准备工作符合吊装方案要求，由吊装总指挥签署“吊装命令书”，方可进行吊装作业。

⑥ 吊装作业应设置警戒区域，与吊装作业无关的人员不得进入该区域。

二、执行的规范和标准

SH/T 3515—2017《石油化工大型设备吊装工程施工技术规程》

LD 48《起重机械吊具与索具安全规程》

SY 6279《大型设备吊装安全规程》

SH/T 3536—2011《石油化工工程起重施工规范》

Q/SY 1248《移动式起重机吊装作业安全管理规范》

GB 6067. 1《起重机械安全规程　第 1 部分：总则》

TSG Q5001《起重机械使用管理规则》

GB/T 5082—2019《起重吊手势信号》

第十三章　无损检测

检测可分为无损检测和破坏性检测。破坏性检测是指损坏或毁灭被检试件后进行试验或鉴定的方法，如金属材料的拉伸试验、冲击试验、化学成分分析等。由于进行过破坏性检测的被检试件会局部或完全丧失原有的使用价值，故只能用于对产品的抽样检验。而无损检测是指在不损坏被检试件的前提下，以物理或化学方法为手段，借助先进的技术和设备器材，对被检试件的内部及表面质量进行检查和测试的方法。其不但可以用于对产品的抽样检验，还可以用于对产品进行逐件检验。

无损检测是石油化工建设工程安装质量控制的重要手段之一，虽然它本身的活动不构成工程实体的质量特征，但因其具有对缺陷检测的应用范围广、灵敏度高、检测结果可靠性高等特点，可以探测到肉眼无法看到的工件内部缺陷，验证工程实体的质量是否符合标准规范和设计文件的要求、是否能够安全使用，从而保证了工程的质量。随着科技的发展和建设工程质量管控力度的加大，无损检测在建设工程中的作用将日益凸显。通过应用无损检测技术，还可以进一步优化焊接和制造工艺，降低施工成本。

常规的无损检测方法有射线检测(RT)、超声检测(UT)、磁粉检测(MT)、渗透检测(PT)、涡流检测(ECT)五种。这五种方法各有自身的针对性和局限性，它们之间存在着相互补充的关系，不能相互取代。在实际工作中应根据受检工件的材质、结构、制造方法、工作介质、使用条件和失效模式，预计可能产生的缺陷种类、形状、部位和方向，选择适宜的无损检测方法。除了上述几种常用的无损检测方法外，在工程上运用的还有衍射时差法超声检测(TOFD)、相控阵超声检测(PA)、声发射检测(AE)、漏磁检测(MFL)、磁记忆检测(MMT)等无损检测新技术。

射线检测能确定缺陷平面投影的位置、大小，可获得缺陷平面图像并能据此判定缺陷的性质。射线检测适用于金属材料制工件熔化焊对接接头的检测，用于制作对接焊接接头的金属材料包括碳素钢、低合金钢、不锈钢、铜及铜合金、铝及铝合金、钛及钛合金、镍及镍合金。射线检测不适用于锻件、管材、棒材的检测。T形焊接接头、角焊缝以及堆焊层的检测一般也不采用射线检测。

超声检测通常能确定缺陷的位置和相对尺寸。超声检测适用于板材、复合板材、碳钢和低合金钢锻件、管材、棒材、奥氏体不锈钢锻件等原材料和零部件的检测；也适用于对接焊接接头、T形焊接接头、角焊缝以及堆焊层等的检测。

磁粉检测通常能确定表面和近表面缺陷的位置、大小和形状。磁粉检测适用于铁磁性材料制板材、复合板材、管材以及锻件等表面和近表面缺陷的检测；也适用于铁磁性材料对接焊接接头、T形焊接接头以及角焊缝等表面和近表面缺陷的检测。磁粉检测不适用非铁磁性材料的检测。

渗透检测通常能确定表面开口缺陷的位置、尺寸和形状。渗透检测适用于金属材料和非金属材料板材、复合板材、锻件、管材和焊接接头表面开口缺陷的检测。渗透检测不适用多孔性材料的检测。

涡流检测通常能确定表面及近表面缺陷的位置和相对尺寸。涡流检测适用于导电金属材料和焊接接头表面和近表面缺陷的检测。

无损检测方法选择的基本原则是：

检测内部缺陷时可选用射线检测、超声检测、衍射时差法超声检测和相控阵超声检测；检测铁磁性材料制工件表面和近表面缺陷时应选用磁粉检测，确因材质、结构形状等不能使用磁粉检测时，方可采用渗透检测；检测非多孔性金属材料和非金属材料制承压设备的表面开口缺陷时可选用渗透检测；检测导电金属材料制工件表面和近表面缺陷时可选用涡流检测。

金属结构焊缝内部缺陷检测时，对有特殊要求的可采用射线检测、衍射时差法超声检测和相控阵超声检测；对无特殊要求的焊缝可用超声检测。

管道设备对接焊缝的内部缺陷检测，既可采用射线检测，也可采用超声检测，但通常都因射线检测能准确判断缺陷的性质且人为影响因素少，而优先选择射线检测。除设计文件另有规定外，管道壁厚小于或等于 30mm 的对接环焊缝应采用射线检测或相控阵超声检测；壁厚度大于 30mm 的碳钢、铬钼合金钢对接环焊缝可采用超声检测或衍射时差法超声检测代替；当采用不可记录的脉冲反射法超声检测时，还应对已检焊缝进行射线或相控阵或衍射时差法超声抽样检测。当设计文件规定的无损检测方法改用其他检测方法时，应征得设计单位和建设单位的同意。

当采用两种或两种以上的检测方法对工件的同一部位进行检测时，应按各自的方法评定级别。采用同种检测方法按不同检测工艺进行检测时，如果检测结果不一致，应以危险度大的评定级别为准。

第一节 无损检测的基本条件

一、检测人员

① 从事特种设备无损检测工作的人员应当按 TSG Z8001—2019《特种设备无损检测人员考核规则》进行考核，取得国家市场监督管理总局统一颁发的证书并经执业注册后方能合法执业，不得同时在 2 个及以上单位执业。

② 特种设备无损检测人员的级别分为：Ⅰ级（初级）、Ⅱ级（中级）、Ⅲ级（高级）。且只能从事与其证书所注明的方法与级别相适应的无损检测工作，其中：

a. Ⅰ级人员可按照无损检测操作指导书进行无损检测操作，记录检测数据，整理检测资料。

b. Ⅱ级人员可编制和审核无损检测工艺规程（限持Ⅱ级资格 4 年以上的人员），编制无损检测操作指导书，评定检测结果，编制或审核检测报告。

c. Ⅲ级人员可编制和审核无损检测工艺规程，对无损检测结果进行分析、评定或者解释，负责无损检测工程的技术管理、无损检测装备性能和人员技能评价。

③ 检测人员证有效期为5年，持证人员证书到期后，如继续从事持证项目的无损检测工作，应当在有效期满的6个月前、18个月内向发证机关提出换证申请(年龄满65周岁以上者的申请，不再予以受理)。换证分为免考换证和考试换证两种方式，除Ⅰ级人员以外的免试换证和考试换证可交替实施，不能连续实施免试换证。证书失效期间，禁止从事相关检测工作。

二、检测仪器设备

1. 无损检测仪器的种类

无损检测仪器分为：射线检测设备、超声检测设备、磁粉检测设备、渗透检测设备、涡流检测设备以及其他检测设备(包括超声波测厚仪、膜层检测仪、TOFD检测设备、相控阵超声检测设备、声发射检测设备、红外检测设备、磁记忆检测设备等)。

2. 仪器的基本要求

检验检测设备及其软件应当达到要求的准确度，并且符合检验检测相应的规范要求。检测仪器设备在投入工作前应当进行检定(校准)、核查，以验证其能够满足检验检测的需要。

射线检测单位还应取得省级及以上环境保护部门颁发的许可证。当放射性同位素需转移到外省、自治区、直辖市使用时，应持许可证复印件向使用地省、自治区、直辖市环境保护部门备案。

仪器的操作应严格按照使用说明书和操作规程进行；每次使用后，应及时对仪器进行维护保养，以确保仪器始终处于完好状态。

3. 仪器设备的检定、校准、校验

凡列入《中华人民共和国强制检定的工作计量器具明细目录》，并直接用于贸易结算、安全防护、医疗卫生、环境监测的属于《计量法》规定的检测仪器设备必须严格依法定点、定期送有资格的法定计量检定机构(国家、省、市各级计量院/所)进行强制检定，并要有检定证书。对于未列入强制检定目录的检测仪器设备，可以检定也可以校准。校准溯源可由有授权或认证的检定或校准技术机构进行，也可由检测单位开展自校准。

检测单位开展自校准时，应按照国家现有的检定规程或校准方法制定“自校准方法”。“自校准方法”的制定应参考JJF 1002《国家计量检定规程编写规则》，并能提供试验、比对验证技术报告，证明“自校准方法”的正确性、可靠性和可行性。同时自校准采用的工作标准或工作基准应能溯源到国际标准或国家标准。

对于非强制检定或无需校准溯源的检测仪器设备，需要定期校准或核查其工作状态或功能是否满足相关检测标准要求。如NB/T 47013要求对下列设备进行定期校准或核查：射线设备的曝光曲线每年核查一次；黑度计每6个月核查一次；超声检测仪与探头组合性能中的水平线性、垂直线性、灵敏度余量、分辨率等每年至少要进行一次校准，并按规定期限分别进行运行核查；磁粉检测仪电磁轭的提升力至少每半年核查一次，电流表至少每半年校准一次；黑光灯、黑光辐照度计、荧光亮度计和照度计等仪器应按相关规定进行定期校准等。

三、管理体系

无损检测单位应有独立的企业法人资格，能够独立、公正地开展无损检测工作；应建立、实施、保持并持续改进与其检测活动相适应的质量管理体系，根据项目检测任务的规模配备足够的管理、专业技术和持证检测人员。质量管理体系中，应当明确以各自独立工程项目方式开展检测项目时的技术与质量的控制要求，包括针对项目管理的指令流程与方式、项目检测资源与相关责任人的配置规则、技术与质量管理的方式与控制手段(含检测过程的控制、质量监督机制、过程检测结果的审核与通知方式、检测报告的出具等内容)。

无损检测单位设有非法人资格的分公司或分支机构时，应在提出核准申请时注明全部的分支机构，核准后颁发的《核准证》中注明分公司或分支机构的名称和地址。具有独立法人地位的子公司或事业单位的分支机构，应当单独提出核准申请。

各种方法的无损检测工作都必须有一定数量的无损检测人员和仪器设备才能开展。每种检测方法Ⅱ级及以上资格人员不少于两名，仪器设备的数量和性能应能够满足相应工程检测工作的需要。

无损检测技术负责人应有工程师及以上职称，并持有所从事检测方法中一项检测方法的Ⅲ级资格证，或者有所从事的所有检测方法的Ⅱ级资格证 4 年以上。熟悉特种设备无损检测相关的法律、法规和检测业务，具有岗位需要的业务水平和组织能力。

无损检测质量负责人至少应持有所从事检测方法中一项检测方法的Ⅱ级或以上资格证。具备从事特种设备无损检测相关管理工作经历，接受过质量体系标准或者管理方面的专门培训，熟悉质量管理工作，具有岗位需要的业务水平和组织能力。

无损检测责任师应持有与所担任项目相对应的检测方法的Ⅲ级资格证；或者持有与所担任项目相对应的检测方法的Ⅱ级资格证 4 年以上。

检测单位/项目部应有专人承接由检测委托方填写的检测委托单并对委托单的正确性和可执行性进行评审。每次检测工作都应有一名具有相应检测方法的Ⅱ级及以上资格的人员组织实施，检测结果应及时通知委托方，检测报告应由相应检测方法的Ⅱ级及以上资格的人员审核并由检测单位负责人或最高管理者授权的技术负责人签发。

无损检测单位的技术负责人和质量负责人可以由不同的人担任，在能满足有效开展工作的情况下也可由一个人兼任。但无论采取何种形式，都应保证技术负责人和质量负责人的岗位职责得到落实。对关键管理岗位(如项目负责人、质量负责人、技术负责人、检测责任师等)，要指定代理人。当管理人员不在岗时，代理人能代为履行管理人员职责，确保质量管理体系有效运行。

第二节 射线检测

一、基本原理

1. X 射线的发生

X 射线是高速运动的电子与物体碰撞时产生的。工业用 X 射线一般是借助 X 射线管

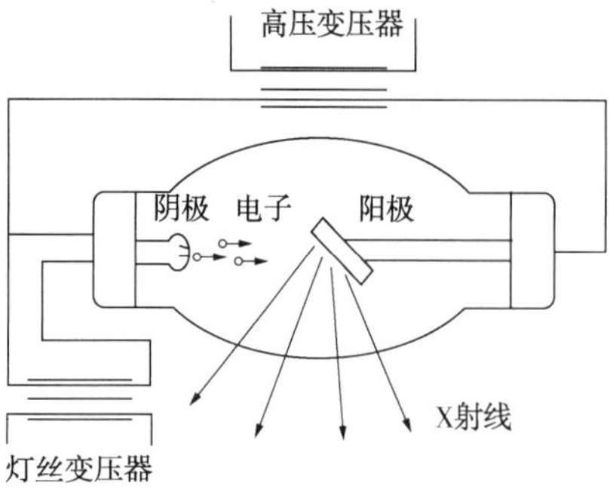

图 13.2.1 X射线产生的原理

而获得的。X射线管内的真空度很高，管的一端有一个阴极，另一端有一个阳极，在阴极和阳极间施加高电压(工业通常采用150~420kV)，使阴极灯丝产生的电子在高电压形成的静电场下以极高的速度射向阳极靶，因阳极靶材料的原子阻挡，电子速度骤然下降，失去动能，电子的动能除大部分(约99%)转变成热能外，一小部分(约1%)转变成X射线能，形成X射线束。X射线产生的原理见图13.2.1。

2. 高能X射线的发生

加速电压在1MeV以上的设备所产生的X射线叫作高能X射线。能产生高能X射线的设备有电子回旋加速器、直线加速器。加速器中X射线产生的机理和一般工业用X射线装置是相同的，只是为了获得高能电子，而采用的加速方法不同。

3. γ射线的产生

射线检测中使用的γ射线源，一般都是采用人工放射性同位素，常用的γ射线源有^{60}Co、^{75}Se和^{192}Ir。这些同位素是不稳定的，在原子衰变的过程中，产生以带电粒子形式释放能量所形成的α射线和β射线，以及以电磁辐射形式释放能量所形成的γ射线。γ射线具有很大能量和穿透能力。

4. 射线检测原理

当射线穿透工件中有缺陷和无缺陷的部位后，由于物质对射线的吸收衰减作用，致使透过工件的射线剂量(强度)也就不同了，形成了一个射线剂量(强度)的分布图，当透射过工件的射线照射到照相胶片时，会与普通光线一样，使胶片乳胶膜上的溴化银感光，在胶片上形成潜影，经过显影和定影处理后，成为底片。

照射到胶片上的射线剂量(强度)不同，则在底片上形成的黑度也不同。在观片灯下，观察与分析底片上不同黑度区域的影像，从而可以直观地判定工件内部缺陷的性质和大小。X射线检测的原理见图13.2.2。

通过射线检测能发现铸件中的气孔、疏松、缩孔、针孔、溶剂夹渣、氧化夹渣、夹砂、金属夹杂物、冷隔偏析、燃烧裂纹；焊件的焊缝中的气孔、夹渣、未焊透、未熔合、裂纹等一切在射线透照方向上有一定尺寸的缺陷。

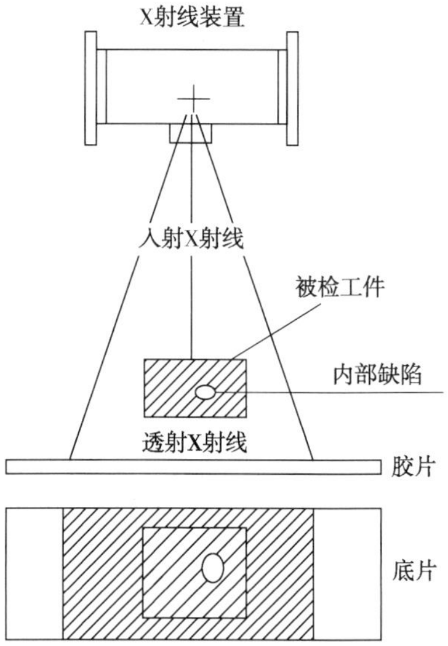

图 13.2.2 X射线探伤原理

二、射线检测的特点

1. 优点

① 射线检测是最常用的检测工件内部缺陷的无损检测方法。适用于几乎所有材料，而且对试件形状及其表面粗糙度均无严格要求，在锅炉压力容器、管道和其他结构的焊缝

和铸件检测方面的应用十分广泛。

② 能直观地显示缺陷影像，便于对缺陷的定性、定量与定位。

③ 射线底片能长期存档备查，便于事故分析。

2. 局限性

① 由于射线能量的限制，目前的射线检测一般只能检测250mm以下厚度的工件，要检测更大厚度的工件必须采用特殊的高能射线装置。

② 由于在照射方向上几乎没有厚度差，射线检测对于裂纹那样的面状缺陷，只有当射线束的入射方向与裂纹的延伸方向一致或小于一定角度时，才能检测出来。

③ 检测速度慢、效率低，检测成本高。

④ 射线的生物效应会损伤人体的正常组织，超辐射剂量就可能引起放射性损伤。所以在射线检测中，需做特殊的防护。

三、适用范围

① 适用于厚度≤400mm，材质为钢、镍及镍基合金，以及厚度≤80mm，材质为铜及铜合金的承压设备焊接接头射线检测结果评定和质量分级(NB/T 47013.2)。

② 适用于厚度为2~80mm，材质为铝及铝合金的承压设备焊接接头射线检测结果评定和质量分级(NB/T 47013.2)。

③ 适用于厚度为2~50mm，材质为钛及钛合金的承压设备焊接接头射线检测结果评定和质量分级(NB/T 47013.2)。

④ 适用于壁厚$T \geqslant 2$mm，材质为钢、镍及镍合金、铜及铜合金的承压设备管子及压力管道熔化焊环向对接焊接接头射线检测和质量分级(NB/T 47013.2)。

⑤ 适用于壁厚$T \geqslant 2$mm，材质为铝及铝合金的承压设备管子及压力管道熔化焊环向对接焊接接头射线检测和质量分级(NB/T 47013.2)。

⑥ 适用于壁厚$T \geqslant 2$mm，材质为钛及钛合金的承压设备管子及压力管道熔化焊环向对接焊接接头射线检测和质量分级(NB/T 47013.2)。

⑦ 适用于厚度≤200mm，材质为钢、铜、镍及其合金熔化焊对接接头射线检测结果评定和质量分级(DL/T 821)。

⑧ 适用于厚度为2~80mm，材质为铝及铝合金熔化焊对接接头射线检测结果评定和质量分级(DL/T 821)。

⑨ 适用于厚度为2~50mm，材质为钛及钛合金熔化焊对接接头射线检测结果评定和质量分级(DL/T 821)。

⑩ 适用于公称厚度为2~100mm的金属管道对接焊接接头、支管连接焊接接头的射线检测与质量评定(SH/T 3545)。

⑪ 适用于壁厚为2~50mm，材质为低碳钢、低合金钢，以及不锈钢的管道环向对接接头X射线、γ射线检测及评定(SY/T 4109)。

⑫ 适用于壁厚为2~50mm，材质为低碳钢、低合金钢，以及不锈钢的管道环向对接接头X射线数字成像、X射线计算机辅助成像检测及评定(SY/T 4109)。

⑬ 适用于壁厚为2~175mm的金属管子及管道的环向对接接头。对焊制管件(三通、弯头)、焊管(纵缝、螺旋缝)焊接接头也可参照使用。不适用于摩擦焊、闪光焊等机械方法施焊的对接接头(GB/T 12605)。

四、射线检测设备

射线检测设备可分为X射线设备、高能X射线设备和γ射线源三大类。

1. X射线设备

X射线设备可分为便携式、移动式和固定式三类。

移动式和固定式均用于透照室内的射线检测，它具有较高的管电压和管电流，多采用水冷和油冷的方式对射线管在工作中产生的大量的热量进行冷却，设备重量大。高压发生装置、冷却装置与X射线机头都分别独立安装，X射线机头通过高压电缆与高压发生装置连接。机头可通过带有轮子的支架在小范围内移动，也可固定在支架上。此类设备的最高电压目前不超过500kV，常用的是400kV或420kV射线机，最大穿透厚度不超过100mm(钢)。

便携式X射线机主要用于现场射线照相，其高压发生器和射线管在一起组成机头，通过低压电缆与控制箱连接。此类设备多采用气体绝缘和冷却形式(老式的采用油冷形式的此类设备多已淘汰)，体积小、重量轻，大大降低了工人现场工作的劳动强度，但所具有的管电压和管电流较小，常用的便携式X射线机一般按额定管电压分为200kV、250kV、300kV等几种型号(不同厂家设备编号的方法略有不同)，额定管电压越大的设备，重量越大。此类设备的最高电压一般不超过320kV，最大穿透厚度在60mm(钢)左右。

由于工频X射线机存在体积与重量大、输出波形纹波系数大、X射线剂量不稳定、软射线成分较多、曝光参数的准确性和重复性较差等弱点，目前已有通过直流逆变技术，将高压发生器的工作电源由工频(50Hz或60Hz)提高到中、高频的中、高频X射线机。随着技术的发展，中频X射线机也将逐步被高频X射线机取代。由于变频的矩形脉冲频率为100~300Hz，比工频大得多，可减小高压变压器的铁芯，且去掉了灯丝变压器，从而大大减轻了X射线发生器的重量，便于现场使用。

2. 高能X射线检测设备

为了满足大厚度工件的要求，从20世纪40年代以来，设计制造了各种高能X射线检测装置，如电子感应加速器、直线加速器和电子回旋加速器。其中直线加速器可产生大剂量射线，提高了检测效率和透照厚度，目前运用最多。射线检测用的直线加速器的能量一般在20MeV以内，最大穿透厚度可达500mm(钢)。此类设备体积和重量很大，而且对放射性防护的要求很高，故只能在透照室内使用。

随着便携式加速器的出现，便携式高能X射线装置也应运而生，这类设备具有重量轻(X射线发生器重量在50kg内、控制器重量在5kg左右)、能量高(一般在0.9~2.0MeV之间)、焦点小(1.5mm左右)、穿透能力强(能穿透100mm左右的钢)等特点。

3. γ射线源

γ射线源因有射线源体积小，可在狭窄场地、高空、水下工作，并可全景曝光等特点，已成为射线检测的重要组成部分。

常用的 γ 源有^{60}Co、^{192}Ir、^{75}Se 三种。γ 源由不锈钢外壳严密封装，与操作机构的导索有牢固连接，通过电动或手动机构拖动导索进退，实现对 γ 源由存储容器到工作位置的传递。γ 源容器一般用铅或贫化铀制成，以避免处于非工作状态的 γ 源对人体和照相工作的影响。^{60}Co 的最大穿透厚度约 200mm(钢)，^{192}Ir 的最大穿透厚度约 100mm(钢)，^{75}Se 的最大穿透厚度约 40mm(钢)。

五、焊缝检测工艺要求

1. 透照方式

按射线源、工件和胶片三者间的相互位置关系，透照方式分为纵缝透照法、环缝外透法、环缝内透法、双壁单影法和双壁双影法等五种。

2. 表面要求

焊缝的表面质量包括焊缝余高，应经外观检查合格。表面的不规则状态在底片上的图像应不掩盖焊缝中的缺陷或与之相混淆，否则应做适当的修理。

3. 定位标记和识别标记

焊缝透照部位应有搭接标记(↑)和中心标记(↑→)等定位标记，以及产品编号、部位编号和透照日期、返修透照的返修标记 R1、R2、……(其数码 1、2 指返修次数)等铅质识别标记，扩探透照标识 K1、K2，固定焊口标记 G 等。

定位标记和识别标记均应放在胶片的适当位置，并离焊缝边缘至少 5mm。搭接标记的安放位置应根据透照的几何特点合理布置，以确保不漏检为原则。

4. 像质计

像质计灵敏度是指底片上黑度均匀部位能够清晰识别出长度不小于 10mm 的连续金属丝影像的最细金属丝线编号，它反映底片的像质优劣。线型像质计金属丝的材料应与被透照工件的材料一致或相近，线型像质计的型号和规格应符合 JB/T 7902—2015《无损检测 线型像质计通用规范》和 GB/T 23901.1—2019《无损检测 射线照相检测图像质量 第 1 部分：丝型像质计像质值的测定》的规定。

线型像质计原则上应放在射线源一侧的工件表面上被检焊缝区的一端(被检区长度的 1/4 部位)，金属丝应横跨焊缝，细丝置于外侧。当一张胶片上同时透照多个焊接接头时，像质计应放置在透照区最边缘的焊缝处。

5. 射线检测技术等级

射线检测技术等级选择应符合制造、安装及在用等有关标准、设计图样规定。承压设备对接焊接接头的射线检测，一般应采用 AB 级射线检测技术进行检测。对重要设备、结构、特殊材料和特殊焊接工艺制作的对接焊接接头，可采用 B 级技术进行检测。

受结构、环境条件、射线设备等方面限制，检测条件不能满足 AB 级(或 B 级)射线检测技术的要求时，经检测方技术负责人批准，在采取有效补偿措施(例如选用更高类别的胶片)的前提下，若底片的像质计灵敏度达到了 AB 级(或 B 级)射线检测技术的规定，则可认为按 AB 级(或 B 级)射线检测技术进行了检测；当不能满足 AB 级射线检测技术的要求而采用 A 级技术进行射线检测时，应同时采用其他无损检测方法进行补充检测。

6. 几何条件

① 射线源焦距应满足几何不清晰度和透照条件的要求。

② 一次透照长度是指采用分段曝光时，每次曝光所检测的焊缝长度。一次透照长度应以不同级别射线检测技术和不同类型对接焊接接头的透照厚度比 K 进行控制。

③ 透照时射线束中心一般应垂直指向透照区中心，需要时也可选用有利于发现缺陷的方向透照。

7. 射线能量的选择

射线能量的选择取决于透照工件厚度及材料种类，有时也根据设备条件而定。为保证底片的对比度，在能够穿透工件的前提下，应尽可能选择较低的射线能量进行透照。

8. 曝光

① 应根据设备、胶片、增感屏和其他具体条件制作或选用合适的曝光曲线，并以此确定曝光条件。

② 为达到规定的底片黑度，防止用短焦距和高电压所引起的不良影响，采用 X 射线照相且焦距为 700mm 时，曝光量的推荐值为：A 级和 AB 级射线检测技术不小于 15mA · min；B 级射线检测技术不小于 20mA · min；当焦距改变时可按平方反比定律对曝光量的推荐值进行换算。采用 γ 射线源透照时，总的曝光时间应不少于输送源往返所需时间的 10 倍。但对于小口径管焊缝可适当选择高电压、短时间的曝光条件。

9. 胶片处理

经过曝光的胶片在暗室中应及时进行显影、停显、定影、冲洗和干燥等工序处理。

胶片应按胶片的使用说明书或公认的有效方法处理。可采用自动冲洗或手工冲洗方式。处理溶液应保持在良好的状态中，应注意温度、时间和抖动对冲洗效果的影响。自动冲洗时，还应精确控制传送速度及药液的补充。

10. 底片质量

① 底片上，定位和识别标记影像应显示完整、位置正确。

② 底片评定范围内的黑度 D 应符合下列规定：

A 级：$1.5 \leqslant D \leqslant 4.5$；

AB 级：$2.0 \leqslant D \leqslant 4.5$；

B 级：$2.3 \leqslant D \leqslant 4.5$。

用 X 射线透照小管径或其他截面厚度变化大的工件时，AB 级最低黑度允许降至 1.5；B 级最低黑度可降至 2.0。

采用多胶片方法时，单片观察的黑度应符合以上要求；叠加观察时，单片的黑度应不低于 1.3。

③ 底片的像质计灵敏度。底片上必须显示出的最小线径应符合不同透照方法标准规定的要求。

④ 底片评定范围内不应存在干扰缺陷影像识别的水迹、划痕、斑纹等伪缺陷影像。

11. 评片要求

① 评片一般应在专用的评片室进行。评片室应整洁、安静，温度适宜，光线应暗且柔和。

② 评片人员在评片前应经历一定的暗适应时间。从阳光下进入评片室的暗适应时间一般为 5~10min；从一般的室内进入评片室的暗适应时间应不少于 30s。

③ 评片时，底片评定范围内的亮度应符合下列规定：

当底片评定范围内的黑度 $D \leqslant 2.5$ 时，透过底片评定范围内的亮度应不低于 $30cd/m^2$；

当底片评定范围内的黑度 $D>2.5$ 时，透过底片评定范围内的亮度应不低于 $10cd/m^2$。

④ 底片评定范围的宽度一般为焊缝本身及焊缝两侧 5mm 宽的区域。

六、缺陷等级评定

碳素钢、低合金钢、不锈钢、铝及铝合金、钛及钛合金材料制锅炉压力容器、钢管以及钢结构对接焊缝射线透照检测的缺陷等级评定应按照设计文件指定的相应标准执行。

七、检测报告

报告至少应包括以下内容：

① 委托单位、被检工件名称、编号；

② 被检工件材质*、规格*、焊接方法和热处理状况；

③ 检测设备的名称、型号；

④ 检测规范*：技术等级、透照布置、胶片、增感屏、射线能量、曝光量、焦距、暗室处理方式和条件等；

⑤ 透照部位及布片草图(或示意图)*；

⑥ 检测结果*、缺陷等级评定*及检测标准*、验收等级*；

⑦ 返修情况*；

⑧ 检测人员*和责任人员*签字及其技术资格*；

⑨ 检测日期。

在报告审查中，应对打*号的报告内容予以重点关注。

八、射线防护

X 射线和 γ 射线对人体有不良影响，会引起病变，严重的会导致死亡，因此操作时要非常谨慎。另外，射线透照时，被检物、墙壁、地板、天花板都会发出散射线，对这些散射线也要进行防护。

射线的安全防护主要是采用时间防护、距离防护和屏蔽防护。

时间防护：尽量缩短人体与射线接触的时间。

距离防护：增加人体到射线源的距离。人体受到的射线照射量与人体到射线源距离的平方成反比。

屏蔽防护：在人体与射线源之间隔一层屏蔽物，以阻挡射线。

在现场进行射线检测时应按 GBZ 117、GBZ 132 的规定划定控制区和监督区，在相应的边界设置明显的警告标志。检测工作人员应佩戴个人剂量计，并携带剂量报警仪。

第三节　超声检测

一、基本原理

超声波是一种超出人听觉范围的高频率机械波。超声波可以分为纵波、横波、表面波等多种波型。超声波在同一介质中传播时速度不变，传播方向也不变，如果传播过程中遇到异质介面，就会发生发射、折射或绕射现象。钢材等金属材料可视为均匀介质，如果内部存在缺陷，则缺陷会使超声波产生反射现象，根据反射波幅的大小、方位，就能判定和测定缺陷的存在。

A 型显示脉冲反射超声检测原理：同步电路产生周期性的同步脉冲信号，一方面它触发发射电路，产生一个持续时间极短的电脉冲加到探头内的压电晶片换能器上，激励晶片产生脉冲超声波。另一方面，同步脉冲经扫描延迟，在时间上适当延迟后控制扫描发生器产生线性较好的锯齿波，经 x 轴放大器放大后加到显示屏 x 轴偏转板上，使光点从左到右随时间做线性移动。超声波透过耦合剂射入工件，在工件内传播的超声波遇到界面或缺陷时会产生反射，这种超声回波可由探头压电晶片接收转变成电脉冲输入高频放大器，经检波电路再由视频放大器进一步放大后加到显示屏的 y 轴偏转板上。这时，光点不仅在水平线上按时间做线性移动而且还要受 y 轴偏转板上电压的影响做垂直运动，在扫描线上出现波形。根据反射回波在扫描线上的位置可确定工件中界面或缺陷与换能器间的距离，显示屏上显示的波高一般与压电晶片换能器接收到的超声声压成正比，故可据以评定反射回波的声压大小。超声检测原理见图 13. 3. 1。

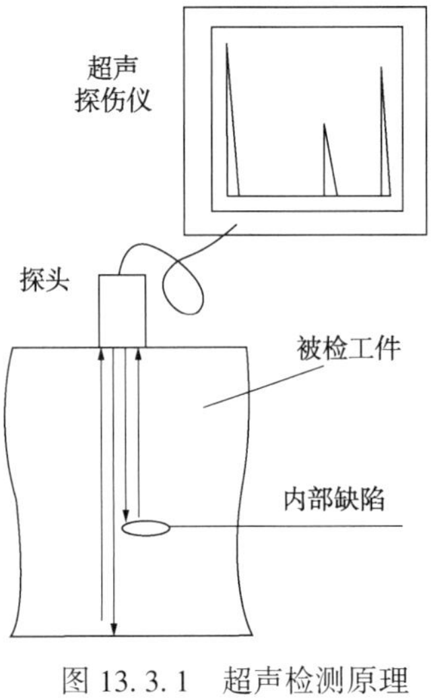

图 13. 3. 1　超声检测原理

与传统的 A 型脉冲式超声检测仪不同，数字化超声检测仪在电路上有重大改变，数字信号处理是通过计算机程序来实现的。通常，首先要进行的处理是去除接收到的信号中的噪声，其次将已经去除噪声的信号进行超声检测所需的处理，包括增益控制、衰减补偿、求信号包路线等。超声信号经接收部分放大后，由模数转换器变为数字信号传给计算机，压电晶片换能器的位置(探头位置)也变为数字传给计算机。计算机再把随时间和位置变化的超声波形进行适当处理，得出进一步控制检测系统的结论，进而设置有关参数或将处理结果波形、图形等在屏幕上显示、打印出来或给出光、声识别及报警信号。

通过超声检测能发现铸件中的气孔、缩孔、疏松和裂纹，锻件中的夹层、折叠、白点、裂纹，焊缝中的气孔、夹渣、未熔合、未焊透等在垂直于声束的方向上有一定面积的缺陷。

二、超声检测的特点

1. 优点

① 超声检测设备体积小，重量轻，便于携带到现场检测；检验速度快、检测成本低。

② 在较厚的工件中，面积型缺陷反射面积大而体积型缺陷反射面积小，所以面积型缺陷的检出率高。实践中，对较厚(30mm 以上)焊缝的裂纹和未熔合缺陷检测，超声检测确实比射线检测灵敏；但在较薄的焊缝中，这一结论不一定成立。

③ 相对射线检测而言，对缺陷在工件厚度方向上的定位较准确，可对发现的缺陷定位。

④ 检测距离大。在超声波检测中，如果被检物金属组织晶粒较细，超声波可以传到相当远的距离。因此，对直径为几米的大型锻件也能进行内部检测，这是其他无损检测方法不能比拟的。

⑤ 应用范围广，可用于各种工件。超声检测应用范围包括对接焊缝、角焊缝、T 形焊缝、板材、管材、棒材、锻材以用复合材料，等等。

2. 局限性

① 由于超声波的局限性，目前对粗晶材料(如铸件和奥氏体钢)，因为晶粒粗大、各向异性，检验方法尚不成熟。

② 超声检测技术较为复杂，缺陷图形不直观，不如射线底片直观、易懂；被检工件的检测面需要修整，不平或粗糙的表面会影响耦合和扫查，从而影响检测精度和可靠性。

③ 超声检测定性困难、定量精度不高。对于缺陷当量和指示长度的测定，只是根据声压反射特点进行的。当量和测定长值并非缺陷的实际值，缺陷定性目前以检验者的实践经验为主，受人为因素影响较大。

④ 超声检测结果无直接见证记录。由于不能像射线检测那样留下直接见证记录，超声检测的真实性、直观性、全面性和可追溯性都比不上射线检测。超声检测的可靠性在很大程度上受检测人员责任心和技术水平的影响，对其检测结果的审核和复查也很困难。虽然已有便携式数字式超声仪能记录波形，但其只能记录局部的检测数据，还不能记录所检测对象的全部超声波形并回放。

⑤ 适合检测较大厚度的工件，不适合检测较薄的工件。对厚度小于 8mm 的焊缝和 6mm 的板材，由于上下表面回波与缺陷波不容易区分，还有超声检测时存在的盲区以及脉冲宽度影响纵向分辨率，难以识别缺陷。另外，对一些细小的裂纹和未熔合缺陷也会有漏检的情况。对厚焊缝中的未熔合缺陷反射面如果较光滑，单探头检测时也可能会产生漏检。

⑥ 超声检测还受工件的几何形状影响，对于曲率过大的工件检验受到限制。

三、检测范围

① 适用于工件厚度大于或等于为 6mm 的碳素钢、低合金钢制承压设备用板材的超声检测方法和质量等级评定；中合金钢、高合金钢(含铁素体型、铁素体-奥氏体型、奥氏体型、高锰奥氏体型等)、铝及铝合金、钛及钛合金、镍及镍合金、铜及铜合金等板材的超声检测参照执行 NB/T 47013.3。

② 适用于基板厚度大于或等于 6mm 的承压设备用不锈钢-钢、镍-钢、钛-钢、铜-钢等复合板的基材与覆层界面状态的超声检测和质量等级评定(NB/T 47013.3)。

③ 适用于承压设备用碳素钢、低合金钢锻件的超声检测和质量等级评定；中合金钢、铁素体型高合金钢锻件的超声检测参照执行 NB/T 47013.3。

④ 适用于承压设备用碳素钢、低合金钢制环形和筒形锻件超声斜探头轴向检测和内外径之比大于或等于 40%环形和筒形锻件的超声斜探头周向检测和质量等级评定；中合金钢、铁素体型高合金钢制环形和筒形锻件的超声检测参照执行 NB/T 47013.3。

⑤ 适用于对直径大于或等于 M36 的承压设备用碳素钢和低合金钢钢螺栓坯件的超声检测和质量等级评定；高合金钢钢螺栓坯件的超声检测参照执行 NB/T 47013.3。

⑥ 适用于承压设备用奥氏体型、奥氏体-铁素体型不锈钢锻件的超声检测和质量等级评定；镍基合金锻件的超声检测参照执行 NB/T 47013.3。

⑦ 适用于承压设备用奥氏体型、奥氏体-铁素体型不锈钢制环形和筒形锻件超声斜探头轴向检测和内外径之比大于或等于 40%环形和筒形锻件的超声斜探头周向检测和质量等级评定；也适用于镍合金钢制环形和筒形锻件的超声斜探头检测(NB/T 47013.3)。

⑧ 适用于外径为不小于 12mm 的承压设备用碳素钢、低合金钢无缝钢管的超声检测和质量等级评定；中、高合金钢无缝钢管的超声检测参照执行；不适用于分层类缺陷的超声检测(NB/T 47013.3)。

⑨ 适用于工件厚度为 6~500mm 的碳素钢、低合金钢制承压设备焊接接头的超声检测和质量等级评定。其他细晶各向同性和低声衰减金属材料、铁素体型中合金和高合金高制承压设备焊接接头、与承压设备有关的碳素钢、低合金钢制支承件和结构件焊接接头的超声检测参照执行；A 级适用于工件厚度 6~40mm、B 级适用于工件厚度 6~200mm、C 级适用于工件厚度 6~500mm(NB/T 47013.3)。

⑩ 适用于承压设备用奥氏体型不锈钢、铁素体-奥氏体型双相不锈钢、镍合金等堆焊层内缺陷，堆焊层与基材未接合缺陷和堆焊层层下缺陷的超声检测和质量等级评定(NB/T 47013.3)。

⑪ 适用于厚度大于或等于 8~80mm 的铝及铝合金及钛制承压设备对接接头的超声检测和质量等级评定；不适用于外径小于 159mm 环向对接接头、外径小于或等于 250mm 且内外径之比小于 60%的纵向焊接接头的超声检测(NB/T 47013.3)。

⑫ 适用于工件厚度 6~100mm 承压设备奥氏体型不锈钢及镍基合金焊接接头(奥氏体型不锈钢焊接接头、奥氏体焊接接头、奥氏体-铁素全型不锈钢焊接接头、异种钢焊接接头、镍基合金焊接接头)的超声检测和质量等级评定；超出范围的奥氏体型不锈钢及镍基合金焊接接头参照执行(NB/T 47013.3)。

⑬ 适用于常压钢质储罐厚度为 4~32mm 的对接和 T 形焊接接头的超声检测。搭接接头的超声检测可参照附录。不适用于铸钢、奥氏体不锈钢的超声检测(JB/T 9212)。

⑭ 适用于电力行业制作、安装和检修设备时钢制管道的焊接接头的手工 A 型脉冲反射法超声波检验。不适用于铸钢、壁厚大于 18mm 奥氏体不锈钢等粗晶材料的焊接接头、内外径之比小于 80%的中厚壁管管道纵向焊接接头超声波检验，也不适用于奥氏体和珠光体的异种钢焊接接头(DL/T 820.2)。

⑮ 适用于集箱管座接管外径 25~89mm，壁厚 4~16mm 的管座角焊缝的手工 A 型脉冲反射超声检测；其他规格的接管管座角焊缝的超声检测可参照执行 DL/T 1105.2。

⑯ 适用于公称厚度大于或等于6mm、外径大于108mm的碳钢和非奥氏体不锈钢制管道对接焊接接头的超声检测与质量评定(SH/T 3545)。

⑰ 适用于壁厚为5~50mm，管道直径大于或等于57mm低碳钢、低合金钢等金属材料的管道环向对接接头超声检测与质量评定(SY/T 4109)。

四、超声检测设备

1. 仪器的分类

(1) 按超声波的连续性分类

① 脉冲波检测仪。这种仪器通过探头向工件周期性地发射不连续、频率不变的超声波，根据超声波的传播时间及幅度判断工件中缺陷位置和大小，是目前使用最广泛的检测仪。

② 连续波检测仪。这种仪器通过探头向工件发射连续且频率不变(或在小范围内周期性变化)的超声波，根据透过工件的超声波强度变化判断工件中有无缺陷及缺陷大小。这种仪器灵敏度低，且不能确定缺陷位置，因而已大多被脉冲波检测仪所代替，但在超声显像及超声共振测厚等方面仍有应用。

③ 调频波检测仪。这种仪器通过探头向工件中发射连续的频率周期性变化的超声波，根据发射波与反射波的差频变化情况判断工件中有无缺陷，但由于只适宜检查与检测面平行的缺陷，所以这种仪器也大多被脉冲波检测仪所代替。

(2) 按缺陷显示方式分类

① A型显示检测仪。A型显示是一种波形显示，检测仪荧光屏的横坐标代表声波的传播时间(或距离)，纵坐标代表反射波的幅度。由发射波的位置可以确定缺陷的位置，由反射波的幅度可以估算缺陷的大小。

② B型显示检测仪。B型显示是一种图像显示，检测仪荧光屏的横坐标是靠机械扫描来代表探头的扫查轨迹，纵坐标是靠电子扫描来代表声波的传播时间(或距离)，因而，可直观地显示出被检工件任一纵截面上缺陷的分布及缺陷的深度。

③ C型显示检测仪。C型显示也是一种图像显示，检测仪荧光屏的横坐标和纵坐标都是靠机械扫描来代表探头在工件表面的位置。探头接收信号幅度以光点辉度表示，因而，当探头在工件表面移动时，荧光屏上便显示出工件内部缺陷的平面图像(即从探头方向看的投影)，但不能显示缺陷的深度。

(3) 按检测仪的通道分类

① 单通道检测仪。这种仪器由一个或一对探头单独工作，是目前超声波检测中应用最广泛的仪器。

② 多通道检测仪。这种仪器由多个或多对探头交替工作，每一通道相当于一台单通道检测仪，适用于自动化检测。

2. A型脉冲反射式超声波检测仪

这种类型的超声波检测仪是超声波检测中最常用的仪器，新型的超声波检测仪采用了数字处理技术，场致发光显示技术或液晶显示技术等新型显示技术，使仪器的体积、重量大为缩小，而功能大大增强。这种仪器能预先设定检测参数，自动绘制距离-波幅曲线，接收信号的数字化使超声检测的储存、记录、再现十分方便，改变了传统超声检测缺乏永久记录的缺点。同时也方便了信号的分析与处理，从而可从接收的超声信号中得到更多的量化信息。与专用的探头扫查装置配合，能进行简单的B型和C型显示的检测，更加适合现场的超声波检测工作。但因其模-数转换器的采样频率、数据长度、显示器的分辨率、刷新速度等带来的信号失真，可能对检测信号的评价带来一定的影响，在使用时应对这些因素加以考虑，以免造成缺陷的漏检、误检等问题。

五、一般要求

1. 仪器的技术要求

采用A型脉冲反射式超声波检测，其常用的工作频率范围为0.5~10MHz，技术指标应符合相关标准规范的要求。

超声检测常用探头有单直探头、单斜探头、双晶探头、水浸探头、可变角度探头和聚焦探头等。

超声检测仪和探头的系统性能应按JB/T 9214的规定测试，并应满足相关标准的要求。

2. 试块的要求

试块应采用与被检工件声学性能相同或近似的材料制成。该材料用直探头检测时，不得有大于ϕ2mm平底孔当量直径的缺陷。

校准用反射体可采用长横孔、短横孔、横通孔、平底孔、线切割槽和V形槽等。校准时，探头主声束应与反射体的反射面相垂直。

试块的外形尺寸应能代表被检工件的特征，试块厚度应与被检工件的厚度相对应。应优先选用标准中规定的试块。现场检测时，也可采用其他形式的等效试块。

3. 检测准备

检测面和检测范围的确定原则上应保证检查到工件被检部分的整个体积。对于钢板、锻件、钢管、螺栓件，应检查到整个工件，而对熔接焊缝则应检查到整条焊缝。

检测面应经外观检查合格，所有影响超声检测的锈蚀、飞溅和污物都应予以清除；其表面粗糙度应符合要求，表面的不规则状态不得影响检测结果的正确性和完整性。

去除余高的焊缝，应将余高打磨到与邻近母材平齐；保留余高的焊缝，如果焊缝表面有咬边、较大的隆起和凹陷等也应进行适当的修磨，并作圆滑过渡以免影响检验结果的评定。

4. 仪器和探头系统的复核

① 检测过程中，遇有下述情况应对系统进行复核：

a. 校准后的探头、耦合剂和仪器调节旋钮发生改变时；

b. 检测人员怀疑扫描量程或扫查灵敏度有变化时；

c. 连续工作4h以上时；

d. 工作结束时。

② 每次检测结束前，应对扫描量程进行复核。如果任意一点在扫描线上的偏移超过扫描线该点读数的10%或全扫描量程的5%(取最大值)，则扫描量程应重新调整，并对上一次复核以来所有的检测部位进行复检。

③ 每次检测结束前，应对扫查灵敏度进行复核。一般对距离-波幅曲线的校核不应少

于 3 点。如曲线上任何一点幅度下降 2dB，则应对上一次复核以来所有的检测部位进行复检；如幅度上升 2dB，则应对所有的记录信号进行重新评定。

④ 校准、复核和对仪器进行线性检测时，任何影响仪器线性的控制器(如抑制或滤波开关等)都应放在“关”的位置或处于最低水平上。

六、焊缝超声检测

1. 一般原则

在选择检测面和探头时应考虑到各种类型缺陷的可能性，并使声束尽可能垂直于该结构焊缝中的主要缺陷。

2. 超声检测技术等级

超声检测技术等级分为 A、B、C 三个检测级别。超声检测技术等级选择应符合制造、安装、在用等有关规范、标准及设计图样规定。

B 级检测当因结构等条件受限探头无法按照 NB/T 47013.3 附录 N 的要求进行单面双侧、双面单侧或双面双侧扫查时，应将检测面的焊接接头余高磨平，并补充单晶或双晶斜探头做近检测面缺陷检测；C 级检测应将焊接接头余高磨平。

3. 检测方法

探头扫查面等具体要求应符合 NB/T 47013.3 附录 N 的规定，B 级、C 级检测应进行横向缺陷的检测。

为确定缺陷的位置、方向和形状，观察缺陷动态波形和区分缺陷信号或伪缺陷信号，可采用前后、左右、转角、环绕等四种探头基本扫查方式。

4. 缺陷定量检测

灵敏度应调到定量线灵敏度。对所有反射波幅超过定量线的缺陷，均应确定其位置、最大反射波幅和缺陷当量。缺陷位置测定应以获得缺陷最大反射波的位置为准，根据缺陷最大反射波幅确定缺陷当量直径或缺陷指示长度。

5. 缺陷评定

超过评定线的信号应注意其是否具有裂纹等危害性缺陷特征，如有怀疑时，应采取改变探头 K 值、增加检测面、观察动态波形并结合焊接工艺等进行综合分析。如对波形不能判断时，应辅以其他检测方法做综合判定。

相邻两缺陷在一直线上，其间距小于其中较小的缺陷长度时，应作为一条缺陷处理，以两缺陷长度之和作为其指示长度(不考虑间距)。

6. 缺陷等级评定

钢制(碳素钢、低合金钢、不锈钢)、铝制、钛制锅炉压力容器、钢管以及钢结构对接焊缝和奥氏体不锈钢、镍合金等堆焊层超声检测的缺陷等级评定应按照设计文件指定的相应标准执行。

七、无缝钢管超声波检测

1. 检测方法

钢管的检测主要是针对纵向缺陷。若要对横向缺陷进行检测应由供需双方协商解决。

利用横波脉冲反射法对钢管做周向旋转和轴向移动的状态下，可根据钢管规格选用液浸法或接触法检测。

检测纵向缺陷时超声波束应由钢管横截面中心线一侧倾斜入射，在管内沿周向呈锯齿形传播。检测横向缺陷时超声波速应沿轴向倾斜入射呈锯齿形传播。

探头相对钢管螺旋进给的螺距应保证超声波对钢管进行100%扫查，并有不小于15%的覆盖率。

自动检测应保证动态时的检测灵敏度，且内外槽的最大反射波幅差不超过2dB。

每根钢管应从管子两端沿相反方向各检测一次。

2. 设备的要求

检测设备由超声波检测仪、探头、机械传动装置和其他必要的辅助装置组成。检测频率为2.5~5MHz。

液浸法检测使用线聚焦点或点聚焦探头。接触法检测使用与钢管表面吻合良好的斜探头或聚焦斜探头。单个探头压电晶片长度或直径不大于25mm。

3. 结果评定

若缺陷回波幅度等于或大于对比试块人工缺陷回波，则判为不合格；不合格品允许重新处理，处理后仍按原标准进行超声检测和等级评定。

4. 验收要求

无缝钢管的判废要求按相应的技术文件规定。

八、报告

报告至少应包括以下内容：

① 委托单位、报告编号；

② 工件名称、编号、材质*、规格*、坡口型式、焊接方法、热处理状态*、检测表面的粗糙度；

③ 检测仪、探头、试块；

④ 检测规范：技术等级、探头K值、探头频率、检测面和检测灵敏度；

⑤ 检测部位应在草图上予以标明，如有因几何形状限制而检测不到的部位，也应加以说明*；

⑥ 缺陷的类型*、尺寸*、位置和分布*；

⑦ 检测结果*、缺陷等级评定*及检测标准名称*；

⑧ 检测人员*和责任人员*签字及其技术资格*；

⑨ 检测日期。

在报告审查中，应对打*号的报告内容予以重点关注。

第四节　磁粉检测

一、基本原理

磁粉检测是利用铁磁性粉末——磁粉作为磁场的传感器，利用漏磁场吸附磁粉形成的磁痕(磁粉聚集形成的图像)来显示不连续性的位置、大小、形状和严重程度。这些不连续性显示可能是缺陷也可能是非相关显示。

磁粉检测的基础是缺陷处的漏磁场与磁粉相互作用的结果。它利用了铁磁性材料表面和近表面缺陷磁导率与材料磁导率的差异，磁化后这些材料不连续处的磁场发生畸变，形成部分磁通泄漏出工件表面产生漏磁场，从而吸引磁粉形成缺陷处的磁粉堆积——磁痕，在适当的光照条件下，显示出缺陷的位置和形状。对这些磁粉的堆积加以观察和解释，并按照设计文件指定的相应标准进行评定，从而实现了磁粉检测。磁粉检测原理见图 13.4.1。

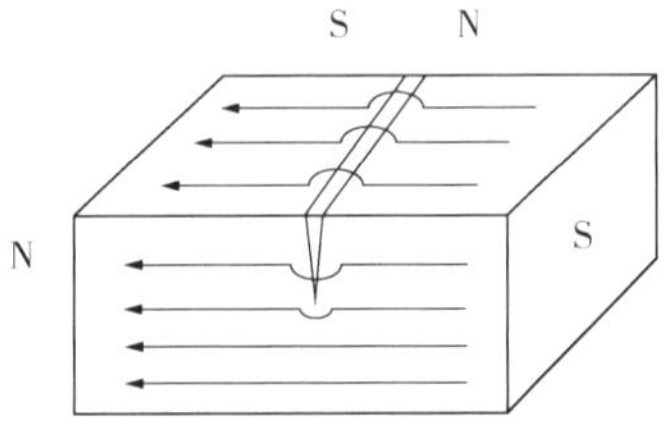

图 13.4.1 磁粉检测原理

通过磁粉检测能发现焊缝中表面和近表面的裂纹、未熔合、气孔、夹渣；铸件中的裂纹、缩孔；锻件中的锻造折叠和断裂，以及在役设备上出现的疲劳裂纹等表面和近表面缺陷。

二、磁粉检测的特点

1. 优点

① 可检测出铁磁性材料表面和近表面(开口和不开口)的缺陷。

② 能直观地显示出缺陷的位置、形状、大小和严重程度。

③ 具有很高的检测灵敏度，可检测微米级宽度的缺陷。

④ 单个工件检测速度快，工艺简单，成本低廉，污染少。

⑤ 采用合适的磁化方法，几乎可以检测到工件表面的各个部位，基本上不受工件大小和几何形状的限制。

⑥ 缺陷检测重复性好。

⑦ 可检测受腐蚀的表面。

2. 局限性

① 只能检测铁磁性材料，不能检测奥氏体不锈钢材料和奥氏体不锈钢焊缝及其他非铁磁性材料。

② 只能检测表面和近表面缺陷，不能检出埋藏较深的内部缺陷；可检测的内部缺陷埋藏深度一般不超过 2mm，且缺陷埋藏越深，检测灵敏度越低。

③ 检测时的灵敏度与磁化方向有很大的关系。若缺陷方向与磁化方向近似平行或缺陷与工件夹角小于 20°，缺陷就难以发现。另外，表面浅而宽的划伤、锻造皱褶也不易发现。

④ 受几何形状的影响，易产生非相关磁痕显示。

⑤ 若工件表面有覆盖层，将对磁粉检测有不良影响。用通电法和角头法磁化时，易产生电弧，烧伤工件。

⑥ 部分磁化后具有较大剩磁的工件需进行退磁处理。

三、检测范围

① 适用于铁磁性材料制板材、复合板材、管材、管件和锻件等表面或近表面缺陷的

检测，以及铁磁性材料对接接头、T形焊接接头和角接接头等表面或近表面缺陷的检测，不适用非铁磁性材料的检测(NB/T 47013.4)。

② 适用于铁磁性材料的表面和近表面缺陷磁粉检测与质量评定(SH/T 3545)。

③ 适用于铁磁性材料的管道焊接接头表面、近表面缺欠的检测及评定(SY/T 4109)。

四、磁粉检测设备

磁粉检测设备通常按其使用方法分为固定式、移动式和便携式三类。

1. 固定式磁粉检测仪

固定式磁粉检测仪的体积和重量都比较大，额定磁化电流一般为1000~10000A。这类检测仪能进行通电法、中心导体法、感应电流法、线圈法、磁轭法整体磁化或复合磁化等，磁化后可进行退磁，检测功能较为齐全。

2. 移动式磁粉检测仪

这种设备可借助小车等运输工具在工作场地自由移动，体积、重量都远小于固定式设备，有良好的机动性和适应性。受体积、重量的限制，这类设备能提供的磁化电流要比固定式小，一般在500~8000A范围。移动式磁粉检测仪通常都配有一对与电缆连接的支杆，可对工件实施局部磁化，也可采用绕电缆法对工件进行磁化。移动式装置的磁化电流种类通常限于交流和半波整流。

3. 便携式磁粉检测仪

便携式设备体积小，重量轻，机动性、适应性最强，可用于各种现场作业，如锅炉、压力容器的内、外部检测，立体管道的检测，乃至高空、水下作业，额定磁化电流一般为500~2000A。便携式检测仪类型很多，主要有下列三种：

(1) 支杆型

磁化电源通过电缆与支杆相连，可采用局部磁化和绕电缆法磁化，功用与移动式基本相同，只是仪器更为轻便。受体积限制，磁化电流较移动式小，常用于几百安电流范围。

(2) 电磁轭型

便携式电磁轭是将线圈缠绕在U形铁芯上，使用时磁轭置于工件上并给线圈通电，对工件实施局部磁化。要检测工件上不同方向的缺陷时，采用在同一位置实施两次互相垂直的交叉换位磁化方法，进行检查。磁轭两极的间距通常都是可调的，可以适应不同工件被检面的宽度。电磁轭有直流、交流电励磁两种。电磁轭性能指标通常都是以磁轭的提升力表示。当极间距为75~170mm时，直流磁化，提升力应大于177N，交流磁化应大于44N。电磁轭设备小巧轻便，不会烧损工件，对工件表面没有通电法那样的要求，因此得到了广泛的应用。如在检测条件苛刻的锅炉、压力容器焊缝的检测环境中，更能体现它的优越性。

(3) 交叉磁轭型

对交叉磁轭的两组绕组分别通以幅值相同，相位差为$\pi/2$的工频交流电，在磁轭中心处的工件上会产生一个大小不变，方向随时间不断变化的圆形旋转磁场，可对工件实施复合磁化，发现各个方向上的缺陷。为方便连续检测，四个磁极上装有小滚轮，可在工件上方便地滚动。这种设备特别适用于大型钢结构件的平面检测及平板焊缝的检测，如锅炉、压力容器焊缝等。

交叉磁轭的主要技术指标：激励磁动势不低于 1300AT ×2；四个磁极端面与被检面之间的间隙不超过 1.5mm；跨越宽度不大于 100mm；用于连续行走检测时速度要力求均匀，一般不大于 5mm/s。

4. 辅助器材

（1）可见光源

用于普通磁粉检测的可见光源可以是自然光、白炽灯、日光灯，只要满足照度即可。国内多个标准要求可见光照度不低于 1000lx；对于较大的缺陷，可见光照度在 700～1000lx 已经足够；对于非常小的缺陷，可见光照度应达到 1500lx，但照度过高，会加剧视力疲劳。现场检测时由于条件所限，可见光照度可以适当降低，但不得低于 500lx。

（2）紫外线光源

紫外线光源用于荧光磁粉检测，要求发出的紫外线波谱主峰在 365nm（3650Å）左右，这是激发荧光磁粉发光所需要的波长。伴随紫外线产生的可见光和红外线等检测中不需要的光线，由紫外线灯的滤色玻璃罩壳滤去。

紫外线灯随使用时间的延长发光强度会逐渐降低，应采用紫外线辐照计定期测定其辐照能量。磁粉检测中要求在距离光源 380mm 处辐照能量不低于 $1000\mu W/cm^2$。另外，荧光磁粉检测应在黑暗场所进行，可见光应低于 20lx。

（3）高斯场强计

高斯场强计是根据某些半导体材料的霍尔效应原理工作的磁粉检测中经常使用的磁场测量仪，用于测量工件表面的磁场强度。

（4）袖珍式磁强计

袖珍式磁强计是利用力矩原理制成的简易测磁仪，常用于测量工件的剩磁。

五、一般工艺要求

1. 磁粉

磁粉是显示缺陷的重要材料，应具有高磁导率、低矫顽力和低剩磁，并应与被检工件表面颜色有较高的对比度。磁粉粒度和性能的其他要求应符合 JB/T 6063 的规定。磁粉的种类很多，分类方法也不同。常用的分类方法有两种，一是根据磁痕显示光源的不同分为荧光磁粉和非荧光磁粉；二是根据分散剂的不同，分为干式磁粉和湿式磁粉。

（1）非荧光磁粉和荧光磁粉

非荧光磁粉又称普通磁粉，用于在可见光下观察磁痕图像。为了提高磁粉与工件表面的色泽对比度，非荧光磁粉具有黑色、红色、银白色等不同色泽。

荧光磁粉是将荧光物质黏结在磁性铁粉表面制成，在紫外线灯下，磁痕会发出色泽鲜艳的黄绿色荧光，与工件表面本底形成明显的对比，使缺陷的能见度大为提高。

（2）干式磁粉和湿式磁粉

干式磁粉适用于干法检测，使用时以空气为分散剂施加在被检工件表面。湿式磁粉用于湿法检测，使用时，需要以油或水作分散剂，配制成磁悬液，然后施加在工件表面。

2. 标准试片

标准试片主要用于检验磁粉检测设备、磁粉和磁悬液的综合性能，了解被检工件表面有效磁场强度和方向、有效检测区以及磁化方法是否正确。标准试片有 A_1型、C 型、D 型和 M_1型。

磁粉检测时一般应选用 A_1-30/100 型标准试片。当检测焊缝坡口等狭小部位，由于尺寸关系，A_1型标准试片使用不便时，一般可选用 C-15/50 型标准试片。为了更准确地推断出被检工件表面的磁化状态，当用户需要或技术文件有规定时，可选用 D 型或 M_1型标准试片。

当标准试片表面有锈蚀、褶皱或磁特性发生改变时不得继续使用。标准试片适用于连续磁化法，使用时，应将试片无人工缺陷的面朝外。为使试片与被检面接触良好，可用透明胶带将其平整粘贴在被检面上，并注意胶带不能覆盖试片上的人工缺陷。

其他标准试件还有磁场指示器和中心导体磁化方法标准试块。

3. 检测方法

按磁化方法分为：纵向磁化(包括线圈法和磁轭法)、周向磁化(包括轴向通电法、触头法、中心导体法和偏置芯棒法)、复合磁化(交叉磁轭法、交叉线圈法)。

按施加磁粉的时机分：连续法、剩磁法。

按施加磁粉的载体分：干法(荧光、非荧光)、湿法(荧光、非荧光)。

4. 表面准备

被检工件表面不得有油脂、铁锈、氧化皮或其他黏附磁粉的物质。表面的不规则状态不得影响检测结果的正确性和完整性，否则应做适当的修理。如打磨，则打磨后被检工件的表面粗糙度 $R_a \leq 25\mu m$。如果被检工件表面残留有涂层，当涂层厚度均匀不超过 0.05mm，且不影响检测结果时，经合同各方同意，可以带涂层进行磁粉检测。

采用轴向通电法和触头法磁化时，为了防止电弧烧伤工件表面和提高导电性能，应将工件和电极接触部分清除干净，必要时应在电极上安装接触垫。

若工件有盲孔和内腔，宜加以封堵。

为增强对比度，可以使用反差增强剂。

5. 检测时机

焊接接头的磁粉检测应安排在焊接工序完成之后进行。对于有延迟裂纹倾向的材料，磁粉检测应根据要求至少在焊接完成 24h 后进行。除另有要求，对于紧固件和锻件的磁粉检测应安排在最终热处理之后进行。

6. 基本程序

磁粉检测的基本程序：预处理→磁化→施加磁悬液或磁粉→磁痕的观察与记录→缺陷评级→退磁→后处理。

7. 复验

当出现下列情况之一时，应进行复验：

① 检测结束时，用标准试片或标准试块验证检测灵敏度不符合要求；

② 发现检测过程中操作方法有误或技术条件改变时；

③ 合同各方有争议或认为有必要时；
④ 对检测结果有怀疑时。

六、缺陷等级评定

焊缝、加工件、原材料磁粉检测的缺陷等级评定应按照设计文件指定的相应标准执行。

七、报告

报告至少应包括以下内容：
① 委托单位、被检工件名称、编号；
② 被检工件材质*、规格、热处理状态及表面状态；
③ 检测设备的名称、型号；
④ 磁粉种类及磁悬液浓度；
⑤ 施加磁粉的方法；
⑥ 磁化方法及磁化规范；
⑦ 检测灵敏度校验及试片名称；
⑧ 磁痕记录及工件草图(或示意图)*；
⑨ 检测结果及缺陷等级评定*、检测标准名称*和验收等级；
⑩ 检测人员和责任人员签字*及其技术资格*；
⑪ 检测日期。
在报告审查中，应对打*号的报告内容予以重点关注。

第五节 渗透检测

一、基本原理

将含有染料的渗透剂涂覆在工件上，由于毛细作用，经过一段时间后，液体就会渗透入表面缺陷的开口中。然后将工件表面上的多余渗透剂清洗掉。再在工件表面涂覆上薄薄一层显像剂，将缺陷中残留的渗透剂吸附上来，于是形成了比缺陷开口宽得多的显示，使之在白光下用肉眼即可观察到缺陷，如果渗透剂中含有荧光材料，则可在黑光灯下观察。渗透检测原理见图 13. 5. 1。

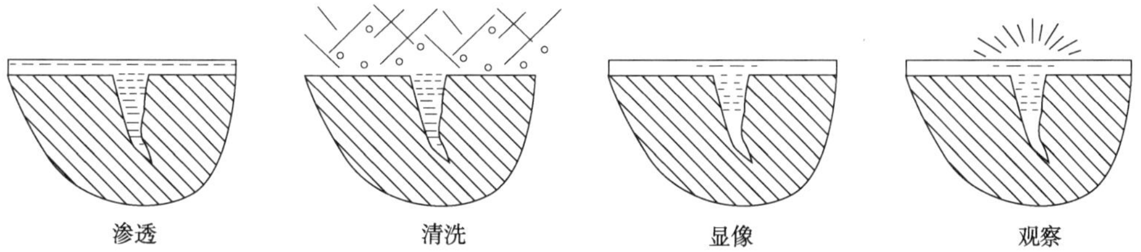

图 13. 5. 1　渗透检测原理

渗透检测能发现任何非多孔材料的焊缝中表面开口的裂纹、气孔、夹渣；铸件中的裂纹、缩孔、冷隔；锻件中的锻造折叠、分层、裂纹，以及在役设备出现的疲劳裂纹等表面开口的缺陷。

二、渗透检测的特点

1. 优点

① 不受被检物的形状、大小、组织结构、化学成分和缺陷方向的限制，一次检验可以查出被检物表面各方向的开口缺陷。

② 操作简单，检验人员经短期培训即可独立工作。

③ 不需要特殊的复杂的设备，携带式喷罐着色渗透检测，十分便于现场使用。

④ 缺陷显示直观，检验灵敏度较高。

2. 局限性

① 只能查出工件表面开口型缺陷，对表面过于粗糙或多孔型材料无法检验。

② 不能判断缺陷的深度和缺陷在工件内部的走向，难以定量控制。

③ 受检件表面粗糙度影响大，操作者的熟练程度对检测结果影响很大。

④ 检测工序多，速度慢，与磁粉检测相比，检测灵敏度低、缺陷显示重复性差。

⑤ 检测原材料较贵，检测成本较高。

三、检测范围

① 适用于非多孔性金属材料制承压设备在制造、安装及使用中产生的表面开口缺陷的检测(NB/T 47013.5)。

② 适用于表面开口缺陷的渗透检测与质量评定(SH/T 3545)。

③ 适用于金属材料的管道焊接接头表面开口缺欠的检测与验收(SY/T 4109)。

四、渗透检测设备

渗透检测不需要特殊的检测设备，现场的渗透检测多采用成套的商品喷罐进行。只需要辅助器材：可见光源(着色渗透检测)和紫外线光源(荧光渗透检测)，要求与磁粉检测相同。

渗透检测试块有铝合金试块(A 型对比试块)和镀铬试块(B 型试块)两种。铝合金试块主要用于检验渗透检测剂能否满足要求，以及比较两种渗透检测剂性能的优劣和对用于非标准温度下的渗透检测方法作出鉴定；镀铬试块主要用于检验渗透检测剂系统灵敏度及操作工艺正确性。着色渗透检测用的试块不能用于荧光渗透检测，反之亦然。当发现试块有阻塞或灵敏度有所下降时，必须及时修复或更换。

五、一般要求

1. 检测材料

渗透检测剂一般包括渗透剂、乳化剂、清洗剂和显像剂，其质量控制必须符合相关标准的要求。

渗透检测剂必须具有良好的检测性能，对工件无腐蚀，对人体基本无毒害作用。

对于镍基合金材料，一定量检测剂蒸发后残渣中的硫元素含量的质量分数不得超过1%。对于奥氏体钢和钛及钛合金材料，一定量检测剂蒸发后残渣中的氯、氟元素含量的质量分数不得超过1%。

检测剂应根据工件和现场的具体情况进行选用。对于同一检测工件，不能混用不同类型的检测剂。

2. 表面准备

工件表面不得有铁锈、氧化皮、焊接飞溅、铁屑、毛刺以及各种防护层。

被检工件机加工表面粗糙度 $R_a \leqslant 12.5\mu m$；被检工件非机加工表面的粗糙度可适当放宽，但不得影响检验结果。

局部检测时，准备工作范围应从检测部位四周向外扩展25mm。

3. 基本程序和操作

渗透检测基本程序：预清洗→施加渗透剂→乳化处理→清洗多余的渗透剂→干燥处理→施加显像剂→观察→后处理。

渗透检测的具体操作严重影响渗透检测的灵敏度，检测人员必须严格按照标准规定的基本程序和操作规程进行检测工作。

4. 观察

观察显示应在干粉显像剂施加后或湿式显像剂干燥后开始，在显像时间内连续进行。如显示迹痕的大小不发生变化，也可超过上述时间。对于溶剂悬浮显像剂应遵照说明书的要求或试验结果进行观察。

着色渗透检测时，缺陷显示的评定应在白光下进行。通常工件被检面处白光照度应大于或等于1000lx；当现场采用便携式设备检测，由于条件所限无法满足时，可见光照度可以适当降低，但不得低于500lx。

荧光渗透检测时，缺陷显示的评定应在暗室或暗处进行，暗室或暗处白光照度应不大于20lx。检测人员进入暗区，至少经过5min的黑暗适应后，才能进行荧光渗透检测。检测人员不能戴对检测有影响的眼镜。

辨认细小显示时可用5~10倍放大镜进行观察。必要时应重新进行处理、检测。

5. 复验

当出现下列情况之一时，需进行复检：

① 检测结束时，用试块验证检测灵敏度不符合要求；

② 发现检测过程中操作方法有误或技术条件改变时；

③ 合同各方有争议或认为有必要时；

④ 对检测结果有怀疑时。

当决定进行复验时，必须对被检面进行彻底清洗，以去除前次检测时所留下的迹痕。必要时，应用有机溶剂进行浸泡。当确认清洗干净后，按照基本程序的要求进行复验。

6. 后处理

检测结束后，为防止残留的显像剂腐蚀被检工件表面或影响其使用，应清除残余显像剂。可用刷洗、水洗、布或纸擦除等方法。

六、缺陷显示迹痕等级评定

焊缝及其他部件渗透检测的缺陷等级评定应按照设计文件指定的相应标准执行。

七、报告

报告至少应包括以下内容：

① 委托单位、工件名称、编号、规格、材质及热处理状态；

② 检测部位*、检测比例*、渗透剂牌号；

③ 检测方法，包括渗透剂类型、显像方式；

④ 操作条件，包括渗透温度、渗透时间、乳化时间、水压及水温、干燥温度和时间、显像时间；

⑤ 操作方法，包括预清洗方法、渗透剂施加方法、乳化剂施加方法、清洗方法、

⑥ 干燥方法、显像剂施加方法、观察方法和后清洗方法；

⑦ 检测结果及缺陷等级评定*、检测标准名称*和验收等级；

⑧ 渗透显示记录及工件草图(或示意图)*；

⑨ 检测人员、责任人员签字*及其技术资格*；

⑩ 检测日期。

在报告审查中，应对打*号的报告内容予以重点关注。

第六节　涡流检测

一、基本原理

涡流检测是把通有交流电的线圈接近被检工件时，由线圈建立交变磁场通过工件并与之发生电磁感应作用，在工件导体内建立涡流。工件中的涡流也会产生自己的磁场，涡流磁场的作用改变了原磁场的强弱，进而导致线圈电压和阻抗的改变。当被检工件表面或近表面出现缺陷时，将影响涡流的强度和分布，涡流的变化又引起了检测线圈电压和阻抗的变化。根据这一变化，就可以间接地知道工件内缺陷的存在。涡流检测原理见图13.6.1。

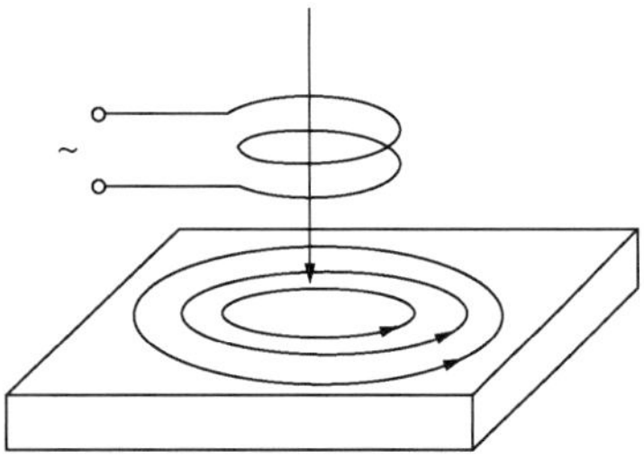

图13.6.1　涡流的产生

涡流检测能检测出试件表面及近表面的裂纹、折叠、气孔、夹杂等缺陷；能检测出试件的各种尺寸、涂膜厚度、腐蚀状况和变形状况；能测量电导率、磁导率、晶粒大小、热处理状况、硬度的差异；能分选金属材料，检查其成分、显微组织和其他物理性质的差异等。

二、涡流检测的特点

1. 优点

① 适用于各种导电材料工件的检测，包括各种钢、钛、镍、铝、铜及其合金。

② 检测时，线圈不需要接触工件，也无需耦合介质，所以检测速度快。

③ 对工件表面或近表面的缺陷有较高的检出灵敏度，且在一定的范围内具有良好的线性指示，可用作质量管理与控制。

④ 可在高温状态、工件的狭窄区域、深孔壁(包括管壁)进行检测。

⑤ 能测量金属覆盖层或非金属涂层的厚度。

⑥ 可检验能感生涡流的非金属材料，如石墨等。

⑦ 检测信号为电信号，可进行数字化处理，便于存储、再现及进行数据比较和处理，容易实现自动化检测。

2. 局限性

① 不能用于不导电的材料，只适用于检测导电材料的表面缺陷。

② 对形状复杂的工件很难应用，一般只用于检测管材、板材等轧制型材。

③ 不能显示缺陷图形，无法从显示信号中判断出缺陷的性质。

④ 检测干扰因素较多，容易引起杂乱信号。

三、适用范围

① 适用于外径≥4mm 的承压设备用无缝钢管、镍及镍合金、焊接钢管(埋弧焊钢管除外)等管材产品(NB/T 47013.6)。

② 适用于外穿过式线圈检测系统，外径为 ϕ3~160mm、壁厚为 0.20~6.0mm 的铜及铜合金无缝管；外径≤38mm、壁厚≤2mm 的铝及铝合金管；外径 ϕ4~65mm、壁厚 0.5~4.5mm 的钛及钛合金管(NB/T 47013.6)。

③ 适用于采用放置式线圈检测由导电性材料制成的零部件，以及铁磁性材料(焊缝、热影响区、母材)表面开口和近表面平面型缺陷(NB/T 47013.6)。

④ 适用于外径不小于 4mm 无缝和焊接(埋弧焊除外)钢管的涡流检测(GB/T 7735)。

⑤ 适用于直径为 2~100mm 圆钢(含钢丝)的表面和近表面缺陷的涡流检测(GB/T 11260)。

四、涡流检测设备

涡流检测系统一般包括涡流检测仪、检测线圈及辅助装置(如磁饱和装置、机械传动装置、记录装置、退磁装置等)。检测仪器应具有可显示检测信号幅度和相位的功能，仪器的激励频率调节和增益范围应满足检测要求。检测线圈的形式和有关参数应与所使用的检测仪器、检测对象和检测要求相适应。磁化装置应能连续对检测线圈通过的被检件或其局部进行饱和磁化处理。若被检件不允许存在剩磁，磁化装置还应配备退磁装置，该装置应能有效去除被检件的剩磁。机械传动装置应能保证被检件与检测线圈之间以规定的方式平稳地做相对运动，且不应造成被检件表面损伤，不应有影响检验信号的振动。记录装置应能及时、准确记录检测仪器的输出信号。

对铁磁性材料进行涡流检测时，检测设备的磁饱和装置应能对所检测的区域施加强磁场，使其磁导率趋于常数。检测仪器应包含 1~500kHz 的工作频率范围。

五、表面准备

被检件表面应清洁、无毛刺，不应有影响实施涡流检测的粉尘及其他污物，特别是铁磁性粉屑；如不满足要求，应加以清除，清除时不应损坏被检件表面。被检件表面粗糙度、尺寸公差、弯曲度等参数应满足相关产品技术条件要求。

六、检测方法与运用

① 穿过式线圈用于检测管、棒、线材；
② 内插式线圈用于检测管内壁、钻孔；
③ 探头式线圈用于检测板、棒、管、机械零件。

七、对比试样

对比试样主要用于调节涡流检测仪检测灵敏度、确定验收水平和保证检测结果准确性。对比试样应与被检对象具有相同或相近规格、牌号、热处理状态、表面状态和涡流性能。对比试样上加工的人工缺陷应采用适当的方法进行测定，并满足相关标准或技术条件的要求。对比试样上人工缺陷的尺寸不应解释为检测设备可以探测到的缺陷的最小尺寸。

八、复验

在下列情况下，应使用对比试样对涡流检测设备的灵敏度进行检查和复验：
① 每次检测开始前和结束后；
② 怀疑检测设备运行不正常时；
③ 检测对象规格发生变化时；
④ 连续检测时，每 2h 检查和复验 1 次；
⑤ 合同各方有争议或认为有必要时。

九、缺陷结果评定

被检工件经检验如未出现缺陷信号或缺陷信号小于对比试样上的人工缺陷信号，则判为涡流检验合格。

工件在检验中如出现大于或等于人工缺陷的信号，则判为涡流检验不合格或可疑品。可疑品经重复涡流检验或其他检验方法检验后，如确认不存在对使用有害的缺陷可判为合格品；否则应判为不合格品。

对工件的缺陷信号应准确标记，并在检测报告中记录缺陷的数量。

十、报告

检验报告至少应包括下列内容：
① 委托单位、被检工件名称、编号、规格、材质和热处理状况；
② 涡流检测仪及探头型号(差动、绝对)，名称、型号和源尺寸；
③ 检测使用的参数(频率、速度)，对比试样的牌号、规格及编号；

④ 工件检测部位应在草图上予以标明，如有因检测方法或几何形状限制而检测不到的部位，也应加以说明；

⑤ 检测结果及缺陷等级评定*、检测标准名称*和验收等级；

⑥ 检测人员、责任人员签字*及其技术资格*；

⑦ 检测日期。

在报告审查中，应对打*号的报告内容予以重点关注。

第七节 衍射时差法(TOFD)检测

一、基本原理

TOFD检测是利用衍射现象的基本物理原理，依靠从待检试件内部结构(主要是指缺陷)的“端角”和“端点”处得到的衍射能量来检测缺陷的方法，主要用于缺陷的检测、定量和定位。

TOFD技术采用一发一收两个宽带窄脉冲探头进行检测，探头相对于焊缝中心线对称布置。发射探头产生非聚焦纵波波束以一定角度入射到被检工件中，其中部分波束沿近表面传播被接收探头接收，部分波束经底面反射后被探头接收，当存在缺陷时将在缺陷尖端发生迭加到正常反射波上的衍射波，接收探头通过接收缺陷尖端的衍射信号及其时差来确定缺陷的位置和自身高度。TOFD检测原理见图13.7.1。

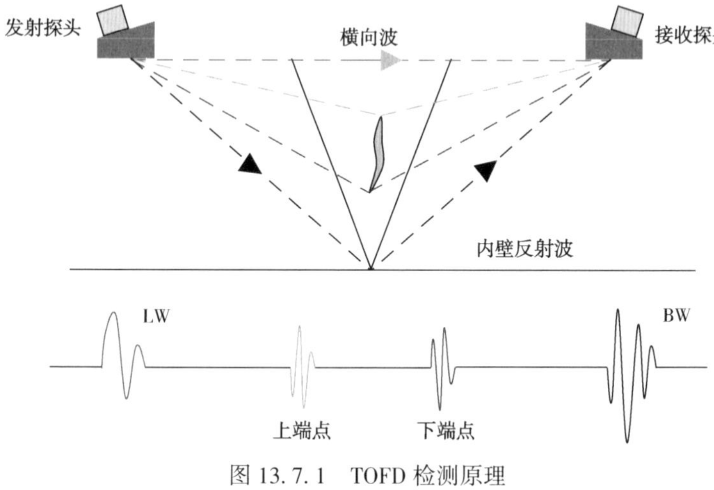

图13.7.1 TOFD检测原理

二、检测特点

1. 优点

① TOFD检测检出缺陷衍射信号与其角度无关，具有较高的缺陷检出率。

② TOFD检测定位、定量的误差与信号的幅度无关，定位、定量的精度远远高于常规超声检测。

③ 一次扫查几乎能够覆盖整个焊缝区域(除上下表面盲区)，检测速度快。

④ 图谱包含的信息比 A 显示多，缺陷判读比常规超声检测更加直观。

⑤ TOFD 检测系统通常配有自动或半自动扫查装置及高性能数字化仪器，检测结果稳定性好。

2. 局限性

① 近表面存在盲区，对该区域检测可靠性不够。

② 横向缺陷检出比较困难。

③ 对复杂几何形状的工件比较难测量。

④ 对粗晶材料和各向异性的材料，检出比较困难。

⑤ 对缺陷定性比较困难，对图像判读需要丰富经验。

三、检测范围

① 适用于材料为碳素钢或低合金钢且全焊透结构的对接接头，工件公称厚度在 12~400mm 之间。与承压设备有关的支撑件和结构件的 TOFD 检测，可参照使用；对于其他细晶各向同性和低声衰减金属材料，也可参照使用，但应考虑声速变化(NB/T 47013.10)。

② 适用于公称厚度为 16~100mm、外径大于等于 273mm 的碳钢和奥氏体不锈钢管道对接接头的衍射时差法超声检测与质量评定(SH/T 3545)。

③ 适用于公称厚度不小于 6mm 的管道对接接头的衍射时差法超声波检测(DL/T 820.3)。

四、TOFD 检测设备

TOFD 检测设备包括仪器、探头、扫查装置和附件。检测仪器至少应具有超声波发射、接收、放大、数据自动采集、记录、显示和分析功能。按超声波发射和接收的通道数检测仪器可分为单通道和多通道仪器。检测设备的基本性能应满足标准的要求。

检测仪器应至少具有超声波发射、接收、放大、数据自动采集、记录、显示和分析功能。

检测仪器和探头的组合性能包括水平线性、垂直线性、灵敏度余量、组合频率、-12dB 声束扩散角和信噪比。

扫查装置包括探头夹持部分、驱动部分和导向部分，并安装位置传感器。

检测人员在实际检测时应选择满足被检工件的壁厚和结构形式等要求的设备实施检测。

五、一般要求

1. 仪器的技术要求

检测仪器和探头组合的水平线性不大于 1%、垂直线性不大于 5%，灵敏度余量不小于 42dB、组合频率与探头标称频率偏差不大于±10%。

2. 试块的要求

试块应采用与被检工件声学性能相同或近似的材料制成。试块的外形尺寸应能代表被检工件的特征，试块厚度应与被检工件的厚度相对应。检测曲面工件的纵缝时，试块应有与工件相近的曲率。

3. 检测准备

检测面应经外观检查合格，所有影响检测的铁屑、飞溅和污物都应予以清除；其表面粗糙度应符合要求，表面的不规则状态不得影响检测结果的正确性和完整性。

去除余高的焊缝，应将余高打磨到与邻近母材平齐；保留余高的焊缝，如果焊缝表面有咬边、较大的隆起和凹陷等也应进行适当的修磨，并做圆滑过渡以免影响检验结果的评定。

4. 扫查基本要求

① TOFD 探头组应与工件耦合良好，在不平整的表面可以通过探头的调整仍保持在扫查过程中与表面良好接触；

② 扫查架有足够刚度，能保证在扫查中探头间距不变；

③ 保证沿规定的路径进行扫查，实际扫查路径与拟扫查路径的偏差不应超过探头中心间距的 10%；

④ 每次扫查区长度不应超过 2m，各扫查区段的重叠区至少为 20mm。

5. 检测系统的复核

遇有下述情况应对系统进行复核：

① 检测过程中检测设备开停机或更换部件时；

② 检测人员有怀疑时；

③ 检测结束时。

六、焊缝 TOFD 检测

1. 一般原则

在选择检测面和探头时应考虑到各种类型缺陷的可能性，并使声束尽可能垂直于该结构焊缝中的主要缺陷。进行 TOFD 检测时，需要对扫查面进行表面无损检测，并优先采用磁粉检测。

2. TOFD 检测技术等级

TOFD 检测技术等级分为 A、B、C 三个级别。检测技术等级选择应符合制造、安装、在用等有关规范、标准及设计图样规定。

当检测技术等级为 A 或 B 级时，宜选择外表面作为扫查面。当检测技术等级为 C 级时，应进行双面扫查；由于结构原因无法双面扫查时，可对无法双面扫查部位进行 B 级检测，但应进行模拟试块验证，且仍应进行双面的表面无损检测。

3. 检测方法

初始扫查方式一般分为非平等扫查、偏置非平等扫查和斜向扫查，通过初始扫查确定初始扫查面盲区高度和检测方式。

扫查时应保证扫查速度小于或等于最大扫查速度，并密切注意波幅变化，当发现直通波、底面反射波、材料晶粒噪声或波形转换波的波幅降低 12dB 以上或怀疑契合不良时，应重新扫查整段区域。

4. 缺陷信号和数据评定

缺陷评定前应对图谱检测数据的有效性进行评价，当A扫描信号丢失量超过问题的5%或相邻A扫描信号连续丢失长度超过扫查步进值的2倍时应不予评定并重新进行检测。缺陷信号按照表面开口型(扫查面开口型、底面开口型、穿透型)、埋藏型(点状显示、线状显示、条状显示)进行分类。并对缺陷的位置、长度、自身高度和偏离焊缝中心线位置进行测定。

5. 缺陷评定和质量分级

不允许存在开口型缺陷，当可判断为裂纹或坡口未熔合等危害性缺陷时，直接评为Ⅲ级。

相邻两个或多个缺陷在一直线上，其间距小于其中较小的缺陷长度且深度方向间距小于较小缺陷的自身高度时，应作为一条缺陷处理。

缺陷的等级评定应按照设计文件指定的相应标准执行。

七、报告

报告至少应包括以下内容：

① 委托单位、报告编号；

② 工件名称、编号、材质*、规格*、坡口型式、焊接方法、热处理状态*、检测表面的粗糙度；

③ 检测仪、探头*、扫查装置、试块；

④ 检测操作指导书编号、检测面*、探头设置*、扫查方式*；

⑤ 检测部位应在草图上予以标明，如有因几何形状限制而检测不到的部位，也应加以说明*；

⑥ 缺陷的类型*、尺寸*、位置和分布*；

⑦ 检测结果*、缺陷等级评定*及检测标准名称*；

⑧ 检测人员*和责任人员*签字及其技术资格*；

⑨ 检测日期。

在报告审查中，应对打*号的报告内容予以重点关注。

第八节　相控阵超声检测

一、基本原理

相控阵超声检测技术是采用许多个很小的压电晶片(例如36、64甚至多达128个晶片组装在一个探头壳体内)来产生和接收超声波束，通过电子方法控制压电晶片阵列各激发脉冲的相位，使其在检测对象中产生的超声场相互干涉叠加，从而得到预先希望的波束入射角度和焦点位置，即可控制的超声波辐射场形状。因此，相控阵超声检测技术实质上是利用超声波相位可控的换能器阵来实现的。相控阵检测原理见图 13.8.1。

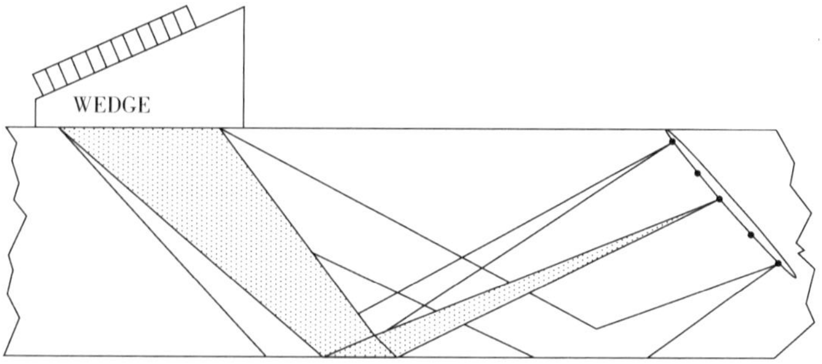

图 13.8.1 相控阵检测原理

通过软件控制，在不同的时间内相继激发阵列式探头的各个单元，可以将超声波的波前聚焦并控制到一个特定的方向。另外，从电子技术上为一个阵列确定相位顺序和相继激发的速度可以使固定在一个位置上的探头发出的超声波束在受检工件中动态地“扫描”通过一个选定的波束角范围或者一个检测区域，而不需要对探头进行人工操作。

相控阵成像技术是通过控制换能器阵列中各阵元的激励(或接收)脉冲的时间延迟，改变由各阵元发射(或接收)声波到达(或来自)物体内某点时的相位关系，实现聚焦点和声束方位的变化，完成声成像的技术。

二、相控阵超声检测特点

1. 优点

① 检测效率高。由于相控阵超声检测探头可实现多角度扫查，一个探头便可代替以往多个不同角度和不同焦点(焦距)的探头，从而大大缩短了检测时间。

② 使用灵活。相控阵检测探头可以随意控制聚焦深度、偏转角度、波束宽度。另外，实施纵波检测、横波检测的相控阵探头可以是同一种探头，在检测中可根据需要随意设置检测扫查方式，不同的检测模式之间可灵活变换，无需进行任何机械变换和调整。

③ 检测可靠。相控阵检测探头中多晶片的快速顺序激励，其辐射声场相当于单晶片探头的连续机械位移和转向，大大提高了检测的可靠性。

④ 功能强大。超声波束的聚焦增加了检测信噪比；在扇形扫查中，许多难以辨别的缺陷均可被检测出；大量 A 扫数据增加了各角度缺陷的分辨率。

⑤ 操作简便。相控阵检测用电子扫查代替机械扫查，既减少了探头的磨损，又避免了设备机构的调整。

2. 局限性

① 相控阵超声检测对象、检测范围以及检测能力除了受应用软件的限制外，还受相控阵阵列的频率、压电元件的尺寸和间距以及加工精度的限制。

② 在检测过程中，与常规超声检测一样受诸如工件表面粗糙度、耦合质量、被检测材料冶金状态、探测面选择等工件因素影响，仍然需要有对比试块来校准。

③ 仪器的调节过程复杂，调节准确性对检测结果影响大。

三、检测范围

① 适用于板厚为6~250mm的碳素钢、低合金钢制承压设备用板材的相控阵超声检测和质量分级；铝及铝合金板材、钛及钛合金板材、镍及镍合金板材、铜及铜合金板材和奥氏体不锈钢板材、奥氏体-铁素体型双相不锈钢板材的相控阵超声检测，对比试块改用相应材质的专用对比试块，可参照执行(NB/T 47013.15)。

② 适用于基板厚度大于或等于6mm的承压设备用不锈钢-钢、钛-钢、铝-钢、镍-钢及铜-钢复合板的相控阵超声检测和质量分级(NB/T 47013.15)。

③ 适用于承压设备用碳钢、低合金钢锻件的相控阵超声检测和质量分级；不适用于内外半径之比小于85%的环形和筒形锻件的周向横波斜入射检测(NB/T 47013.15)。

④ 适用于公称直径不小于M10，最大检测长度不大于800mm的碳钢和低合金钢钢螺栓的相控阵超声检测和质量分级；其他材质和尺寸螺栓的相控阵超声检测经验证后可参照执行(NB/T 47013.15)。

⑤ 适用于直径大于或等于M36的承压设备用碳钢和低合金钢钢螺栓坯件的相控阵超声检测和质量分级；奥氏体不锈钢螺栓坯件的相控阵超声检测参照执行(NB/T 47013.15)。

⑥ 适用于承压设备用奥氏体钢锻件、奥氏体-铁素体型双相不锈钢锻件的相控阵超声检测和质量分级；镍基合金锻件相控阵超声检测参照执行(NB/T 47013.15)。

⑦ 适用于外径为不小于12mm且壁厚与外径比小于0.2的承压设备用碳钢、低合金钢、奥氏体不锈钢及奥氏体-铁素体型双相不锈钢无缝钢管的相控阵超声检测和质量分级；对于壁厚与外径比大于或等于0.2的无缝钢管，通过对比试块验证达到检测要求的，可参照执行(NB/T 47013.15)。

⑧ 适用于工件厚度为3.5~500mm的铁素钢制承压设备全熔化焊焊接接头的相控阵超声检测和质量分级。其他细晶各向同性和低声衰减金属材料的相控阵超声检测参照执行；A级适用于工件厚度3.5~40mm、B级适用于工件厚度3.5~200mm、C级适用于工件厚度6~500mm(NB/T 47013.15)。

⑨ 适用于工件厚度10~80mm奥氏体不锈钢对接接头的相控阵超声检测和质量分级；4~10mm的奥氏体不锈钢对接接头可参照执行，但应考虑材料声学特性的变化(NB/T 47013.15)。

⑩ 适用于工件厚度为6~150mm的碳钢、低合金钢以及工件厚度为6~80mm的奥氏体不锈钢制承压设备焊接接头的全聚焦相控阵超声检测，对于与承压设备有关的支撑件和结构件的检测可参照执行(NB/T 47013.15)。

⑪ 适用于工件厚度为6~50mm的等壁厚钢制石油天然气长输管道，环向对接接头采用多通道、声聚焦、分区扫查及TOFD技术相结合的全自动相控阵分区聚焦超声检测与质量分级；不适用于管径小于100mm的钢质管道环向对接接头的检测(NB/T 47013.15)。

⑫ 适用于公称直径为40~400mm、公称厚度为3.6~36.4mm的聚乙烯管道电熔接头相控阵超声检测和质量分级(NB/T 47013.15)。

⑬ 适用于公称厚度为3.5~60mm、外径大于57mm的碳钢和非奥氏体不锈钢制管道对接焊接接头的相控阵超声检测与质量评定；奥氏体不锈钢管道对接接头的相控阵超声检测

参照执行(SH/T 3545)。

⑭ 适用于壁厚为5~50mm，管道直径大于或等于20mm，材料为低碳钢、低合金钢的管道对接接头相控阵超声检测与评定，弯头与直管、带颈法兰与直管、回弯头与直管等仅单侧具有直边的对接接头及角接接头可参照进行(SY/T 4109)。

⑮ 适用于钢制焊接接头的相控阵超声检测和质量分级，不适用于粗晶粒和奥氏体不锈钢焊接接头的检测(DL/T 1718)；

四、检测仪器

相控阵超声检测仪器系统与常规超声检测仪器系统的单元组件相似，都是单通道或多路脉冲回波的单元组件，主要的区别在于相控阵超声检测系统通过激发相控阵探头各个阵元产生微弱声波并经相位干涉后形成超声发射脉冲。仪器系统通常由数据采集单元、脉冲发生单元、电机驱动单元、相控阵探头、工业计算机、显示器等组成。每个相控阵探头由一系列单独引线阵元组成，并通过采用可编程时间延迟法则单独激活。根据不同的探头设计，可用电子方式改变使用的阵元数和至每个脉冲之间的延迟时间、入射角度、焦距、声束，通过阵元接收声能、采用与发射时相一致的时间延迟法则合成信号，由计算机系统储存并在屏幕上显示，完成对被检工件的扫查、实时显示和结果评判。

相控阵超声检测仪器系统应能提供足够的检测通道，来保证扫查时对整个对接接头体积进行检测。仪器具有在探头不移动的情况下使各阵元产生的声束通过线扫描、扇扫描和动态聚焦等方式在被检工件检测区域中移动的功能，并可实现A型(脉冲显示)、B型(YOZ平面投影)、C型(XOY平面投影)、D型(XOZ平面投影)、S型(探头声束扇形图像)、V型(三维空间)显示信号的波幅。

五、一般要求

1. 仪器和探头的组合性能

包括垂直线性、水平线性、衰减器精度、组合频率，以及扇扫成像横向分辨力、纵向分辨力和扇扫角度分辨力。组合性能应符合标准的要求，新购置仪器、维修或更换主要部件后、有怀疑时应测定组合性。

2. 试块的要求

分通用对比试块、专用对比试块、模拟试块。通用对比试块形状、尺寸、反射体设置应符合标准要求，专用对比试块应与被检工件的材料、外形尺寸、制造工艺相同或相近，模拟试块除满足以上要求外应有模拟缺陷。除反射体或模拟缺陷外，以上试块均不能有大于或等于$\phi 2$平底孔当量直径的缺陷。

3. 检测准备

检测工艺参数的设置应根据被检工件的类型、材质、结构尺寸、检测面以及检测方式综合选择探头(契块)和检测区域覆盖方式等。一般应采用带传感装置的机械扫查方式并应设定扫查步进值。

检测面应平整、不得影响探头的移动。要保证沿规定的路径进行扫查，实际扫查路径与拟扫查路径的偏差不应超过探头前端距的5%。

4. 检测系统的复核

遇有下述情况应对系统进行复核：

① 检测过程中更换部件时；

② 检测人员有怀疑时；

③ 连续工作 4h 及以上；

④ 检测结束时。

六、焊缝相控阵超声检测

1. 检测技术等级

相控阵超声检测扫查面、扫查方向、扫查次数按照不同的检测技术等级确定。相控阵超声检测技术等级分为 A、B、C 三个级别。制造安装阶段的焊接接头宜采用 B 级。

当采用检测技术等级为 B 级检测时，应保证相控阵声束对检测区域实现 2 次全覆盖。要求进行单面双侧检测的焊接接头，因条件受限可在双面单侧进行检测；但只能进行单面单侧检测时，应将焊缝余高磨平，在焊缝中心线处增加一次扇扫描+纵向垂直扫查，并采用至少一个方向的锯齿形扫查对整个检测区域进行扫查。

2. 检测方法

焊接接头的扫查优先采用扇扫描，实际扫查速度不应超过最大扫查速度；显示方式可选择声程显示或几何结构显示成像。

3. 缺陷信号和数据评定

缺陷评定前应对图谱检测数据的有效性进行评价，当 A 扫描信号丢失量超过问题的 5%或相邻 A 扫描信号连续丢失长度超过扫查步进值的 2 倍时应不予评定并重新进行检测。对回波幅度达到或超过评定线的缺陷，应确定其深度、波幅和指示长度、高度等。如有需要，可采用各种聚焦方法提高定量精度。

4. 缺陷评定和质量分级

相邻两个或多个缺陷在一直线上，其间距小于其中较小的缺陷长度且深度方向间距小于较小缺陷的自身高度时，应作为一条缺陷处理。

缺陷的等级评定应按照设计文件指定的相应标准执行。

七、报告

报告至少应包括以下内容：

① 委托单位、报告编号；

② 工件名称、编号、材质*、规格*、坡口型式、焊接方法、热处理状态*、检测表面的粗糙度；

③ 检测技术等级、检测记录编号*；

④ 检测仪、探头*、契块、扫查装置；

⑤ 检测部位应在草图上予以标明，如有因几何形状限制而检测不到的部位，也应加以说明*；

⑥ 缺陷的类型*、尺寸*、位置和分布*；
⑦ 检测结果*、缺陷等级评定*及检测标准名称*；
⑧ 检测人员*和责任人员*签字及其技术资格*；
⑨ 检测日期。
在报告审查中，应对打*号的报告内容予以重点关注。

第九节 测 厚

一、金属测厚

1. 基本原理

利用超声波传播到工件的底面会产生反射的现象，通过测量超声波脉冲在材料中往返传播的时间 t，在已知声速 c 的条件下，可以求得材料的厚度 $H=\frac{1}{2}ct$。

2. 适用范围

① 适用于锅炉、压力容器筒体、封头、接管及堆焊层等厚度的超声测量，也适用于压力管道厚度的超声测量(NB/T 47013.3)。

② 适用于能使超声波以一恒定速度在其内部传播，并能得到和分辨背面反射的各种材料的厚度测量(GB/T 11344)。

3. 基本要求

① 测量前，应对仪器在与被测材料声速相同或相近的试块上进行校准。

② 表面粗糙度会影响测量灵敏度，一般应做局部修磨，以便声耦合良好。应以一个测量点为中心，在直径 30mm 圆内做多点测量，把显示的最小值作为测量结果。对异常的厚度显示值，应辅以 A 扫描超声检测仪来验证测量值。

③ 进行高温测厚时，需用特殊高温探头和耦合剂并对测量值进行经验修正。

④ 测定曲面工件厚度时，应使用同一曲率的试块，或对平面试块加以修正。

⑤ 测量小径管时，应将双晶探头分割线与管子轴线垂直，以降低测量误差。

⑥ 堆焊层厚度测量一般使用 A 型脉冲反射超声检测仪，可从基层侧进行测量(单晶直探头)，也可从堆焊层侧进行测量(双晶直探头且表面允许进行处理)。

4. 复核

在下列情况下，应对仪器进行复核：
① 厚度连续测量超过 1h 时；
② 探头线更换时；
③ 测量材料类型发生改变时；
④ 工件表面温度变化时(变化量超过±14℃)；
⑤ 对测量数值有怀疑时；
⑥ 测量结束时。

若复核读数偏差超过仪器允许误差，则对测量开始或上次复核以来的全部测量数据予以复测。

二、金属基体上的膜层测厚

1. 基本原理

膜层测厚的方法主要有涡流法、电磁感应法和显微镜法三种。

① 涡流法厚度测量的原理：利用涡流检测中的提离效应，当载流线圈放置在带有不同膜层厚度的试件上时，试件中产生的涡流是随不同膜层厚度而变化的，只要检出不同间距下检测线圈的阻抗，就能依据其规律对金属材料上的膜层进行厚度测量了。

② 磁性法厚度测量的原理：当把磁化的电磁轭放置到试件的表面上时，电磁轭与基体材料构成磁回路，当磁化磁场一定时，磁路中的磁通量与磁路中的膜层厚度有关，膜层越厚，磁路磁阻越大，磁通量越低；反之磁通量越高，通过对磁通量变化的检测，并建立磁通量变化与膜层的对应关系，就可以检测出膜层的厚度。

③ 显微镜法涂层厚度测量方法：从待测件上切割一块试样，镶嵌后，采用适当的技术对横断面进行研磨、抛光和浸蚀等，通过显微镜上校正过的标尺测量覆盖层(或涂层各层)横断面的厚度。

2. 适用范围

① 适用于厚度范围在 200μm 以下的铁磁性基体表面非铁磁性覆盖层磁性法厚度测量，包括非导电的非铁磁性覆盖层(如漆层、搪瓷层等)和导电的非铁磁性覆盖层(如镀锌、镀铬层等)，不适用于带有磁性覆盖层(如镀镍层和掺有铁粉的表面功能镀层等)厚度测量(NB/T 47013. 6)。

② 适用于厚度范围在 300μm 以下的非铁磁性基体表面非导电覆盖层涡流法厚度测量(NB/T 47013. 6)。

③ 规定了使用磁性测厚仪无损测量磁性和非磁性基体上镍电镀层厚度的方法。适用于磁性和非磁性基体上镍电镀层厚度的检验。不适用于自动催化(非电镀)镍镀层(GB/T 13744)。

④ 规定了使用磁性测厚仪无损测量磁性基体金属上非磁性覆盖层(包括釉瓷和搪瓷层)厚度的方法。仅适用于在适当平整的试样上的测量。非磁性基体上的镍覆盖层厚度测量优先采用 GB/T 13744 规定的方法(GB/T 4956)。

⑤ 规定了使用涡流测厚仪无损测量非磁性基体金属上非导电覆盖层厚度的方法。适用于测量大多数阳极氧化膜的厚度；但它不适用于一切的转化膜，有些转化膜因为太薄而不能用这种方法测量(GB/T 4957)。

⑥ 规定了复合防腐涂层各层厚度破坏性测量的测量方法，该方法通过用显微镜观察在防腐涂层上切割的精确角形切割面来测量防腐涂层的各层厚度。适用于厚度小于 1. 3mm 的复合防腐涂层，如复合防腐涂层的总厚度大于 1. 3mm，可以去除表层防腐涂层，达到测量范围要求，来测量内层防腐涂层厚度。不适用于受压时易变形的复合防腐涂层和连续各层之间的颜色无明显区分界面的复合防腐涂层(SY/T 4107)。

3. 基本要求

① 校准试块应具有与被测工件相同或相近的电磁特性，或直接在被检试件上校准。

② 对于复杂形状和表面不平整的工件不能采用仪器的自动校准，应进行人工校准。

③ 工件上的被测部位和仪器的探头表面必须保持干净，没有灰尘、油污等。

三、测厚报告

报告至少应包括以下内容：

① 工件名称、材质、编号、委托单位；

② 仪器型号、探头、试块、测定方法；

③ 测量部位和数据*、测量部位草图*、测量数据的最大值和最小值*；

④ 操作人员*、校核人员*；

⑤ 测定日期。

在报告审查中，应对打*号的报告内容予以重点关注。

第十节　其他检测新技术

一、声发射检测

1. 基本原理

材料或结构受外力或内力作用产生塑性变形、相变或裂缝扩展，以弹性波形式释放应变能的现象称为声发射。声发射检测就是通过接收和分析材料的声发射信号来评定材料性能或结构完整性的无损检测方法。材料的范性形变、马氏体相变、裂纹扩展、应力腐蚀以及焊接过程产生裂纹和飞溅等，都有声发射现象。声发射信号经高灵敏度传感器接收后，经过全波列数字采集变为数字信号，再进行数字信号处理，最后把信号输入计算机。通过软件设计，对检测缺陷进行定位和定量。

声发射检测可以连续监视材料内部变化的整个过程，是一种动态无损检测方法。

由于声发射信号来自缺陷本身，因此，用声发射法可以判断缺陷的严重性。一个同样大小、同样性质的缺陷，当它所处的位置和所受的应力状态不同时，对结构的损伤程度也不同，所以它的声发射特征也有差别。明确了来自缺陷的声发射信号，就可以长期连续地监视缺陷的安全性。

2. 声发射检测仪器

声发射检测系统包括传感器、前置放大器、系统主机、显示和存储等单元。声发射仪除了能进行声发射参数实时测量和声发射源定位外，还可直接进行声发射波形的观察、显示、记录和频谱分析。

声发射检测仪器分单通道和多通道两种。单通道声发射仪比较简单，主要用于实验室材料试验。多通道声发射仪是大型声发射检测仪器，有很多个检测通道，可以确定声发射源位置，根据来自各个声源的声发射信号强度，判断声源的活动性，实时评价大型构件的安全性。主要用于大型构件的现场试验。

声发射检测仪器应满足有关方法标准规定的要求，并应定期进行性能校准。

3. 声发射检测范围

适用于在制和在用金属承压设备活性缺陷的声发射检测与监测，不适用于泄漏声发射检测与监测(NB/T 47013.9)。

适用于金属压力容器受载荷作用时的声发射检测及结果评价方法，锅炉、压力管道及其他金属构件也可参照执行(GB/T 18182)。

适用于工件介质为气体或液体、工作压力为常压或小于0.1MPa的低压新制造和在用地上金属立式储罐壁板与底板的声发射检测(JB/T 10764)。

4. 声发射检测特点

(1) 声发射检测的优点

① 能够检测出活动的缺陷，即材料的断裂和裂纹的扩展，从而为使用安全性评价提供依据。

② 可远距离操作，长期监控设备允许状态和缺陷扩展情况。

③ 可用于对各种不同材料，如钢铁、有色金属、非金属、复合材料等的检测与监测。

④ 可对被检件进行100%监测，可在设备运行状态下进行结构监测。

⑤ 对材料结构内缺陷的扩展和变化比已存在的静态缺陷更敏感。

⑥ 可对应力作用下不连续的生长进行动态实时监测。

⑦ 可预防结构的破坏性失效和控制加载的影响。

(2) 声发射检测的局限性

① 无法探测静态缺陷。

② 设备价格昂贵。

③ 检测过程中干扰因素较多；对噪声敏感，在声发射检测前，检查潜在噪声源非常重要。

④ 声发射检测完成后，一般需要常规无损检测方法(UT)复验。

二、漏磁检测

1. 基本原理

对被检试件进行局部磁化，当材料表面出现裂纹或坑点等缺陷时，形成缺陷表面局部区域的漏磁场，漏磁信号随缺陷几何形状的不同而变化，采用像霍尔器件这样的磁传感器组成的检测电路来检测漏磁场的变化，根据测得的漏磁信号就可判别缺陷情况。漏磁无损检测包括正演和反演。正演即缺陷漏磁场分析，是通过已知源和缺陷形状求磁场的分布；反演指缺陷的重构，由给定的漏磁场数据评估缺陷的形状参数，从而实现缺陷检测的定量化进而可视化。国内外有关漏磁检测原理的研究工作主要有漏磁检测的正演计算模型、漏磁信号的预处理和漏磁检测的反演计算模型。

2. 漏磁检测设备

检测设备应至少包括磁化装置、磁场探头、信号显示和机械扫描装置，具有对发现的缺陷位置和深度显示的功能。仪器应具有足够的通道数，可采用手动或电动的方式进行扫查；可采用指示灯或屏幕的方式显示缺陷的深度，当发现缺陷时能以声或光的形式报警；报警水平应能根据需要可调。

3. 漏磁检测范围

适用于有涂层或无涂层的铁磁性材料承压设备与元件母材内外表面产生的腐蚀和存在的机械损伤等体积性缺陷的漏磁检测，被检工件厚度一般不超过 30mm，管件直径不小于 9mm。承压设备的裂纹检测和常压储罐漏磁检测可参照执行(NB/T 47013.12)。

适用于工作压力为常压或小于 0.1MPa 的低压地上铁磁性金属储罐底板、壁板、顶板母材不连续的漏磁检测。不适用于储罐焊缝的检测(JB/T 10765)。

4. 漏磁检测特点

(1) 漏磁检测的优点

① 检测速度快、准确可靠、操作方便。

② 穿透力强，可以准确对整个储罐底板上、下表面的腐蚀情况或者进行全面检测；可同时对厚度在 30mm 内的管道进行内外壁缺陷检测。

③ 检测结果具有很好的定量性、客观性和可记录性。

④ 对检测现场清洁程度要求低。

⑤ 漏磁检测中信号不用磁粉显示，对环境无污染。

⑥ 检测结果直接以电信号输出，容易与计算机连接实现数字处理；检测结果可存储和再现，便于检测信号的分析以及检测结果的趋势分析。

(2) 漏磁检测的缺点

① 只适用于铁磁材料。

② 检测灵敏度低。

③ 缺陷的量化粗略。

④ 受被检测工件的形状限制，不适合检测形状复杂的试件。

⑤ 不适合开裂很窄的裂纹，尤其是闭合型裂纹。

三、磁记忆检测

1. 基本原理

在环境磁场中，铁磁性金属材料或焊缝由于制造、冷却或工作载荷形成的应力集中或损伤产生不可逆的残余磁性现象。磁记忆检测的原理就是在不施加人工激励磁场的条件下，通过传感器扫查被检件表面磁场来获取磁场分量(常用法向分量，也可为多维分量)的变化，经过适当的数据处理和分析，来发现被检件上存在的损伤、材料劣化或应力集中区域。所以，磁记忆检测是一种以对铁磁性金属材料或焊缝表面的自有漏磁场进行分析为基础，确定金属和焊缝的应力集中或损伤区域为目的的无损检测方法。

2. 磁记忆检测仪器

磁记忆检测仪器应至少具备能探测被检对象表面的磁通密度、能消除外部环境磁场的影响、能实时显示磁通密度值随时间与空间变化的曲线、能存储检测数据，并能传输到计算机上等功能。检测分析软件应有与仪器配套的计算机用分析软件，并至少有对采集到的磁记忆信号进行检测后分析、处理和结果输出的功能。

3. 磁记忆检测范围

磁记忆检测可在制造过程检测、在役检测和在线检测与监测。主要用于应力集中区域的检测及评价、早期损伤区域的探测、疲劳裂纹的检测和焊接缺陷可能存在区域的检测。

适用于经各方同意的各种类型铁磁性管道、容器、设备和金属结构产品的焊接接头检测(GB/T 26641)。

适用于在役电站锅炉集箱小口径接管座角焊缝磁记忆检测，也可适用于其他形式规格接管座角焊缝的检测(DL/T 1105.4)。

适用于在役电站锅炉、压力容器、压力管道等承压设备焊接接头的金属磁记忆检测(DL/T 370)。

4. 磁记忆检测特点

(1) 磁记忆检测的优点

① 对应力集中和早期损伤敏感;

② 检测仪器轻便，不需要专门的磁化设备;

③ 可带涂层或非接触检测;

④ 不需要对被检件表面进行特殊处理;

⑤ 对被检件的形状没有特殊要求;

⑥ 检测速度快，操作简单。

(2) 磁记忆检测的局限性

① 不适用于非铁磁性材料;

② 难以确定材料内缺陷的性质和尺寸;

③ 易受人工磁化影响。

金属磁记忆检测技术已经在俄罗斯、乌克兰、保加利亚、澳大利亚、波兰等国家的锅炉、管道、汽轮机叶片强度与可靠度方面得到广泛应用。俄罗斯与欧盟也制定了相关的检测标准。在国内也已经将该项技术应用于汽轮机叶片、压缩机、机车、锅炉、钻杆等方面，检测原理和机理等都取得了重大进步。目前只能定性地解释磁记忆效应的机理，对于磁参数和应力分布之间的定量关系还需要深入研究。磁记忆检测只能够对构件曲线或应力集中及潜在缺陷进行定位分析，还不能对其进行定性、定量分析，这也是今后研究工作的重点。

第十一节　无损检测质量控制要点

一、质量控制要点

对无损检测工程进行的质量管控应以无损检测单位在工程项目现场组建的检测项目部为主体，从以下几个方面开展。

1. 质量行为管控

① 检测单位的资质是否符合要求;

② 项目部检测人员的资格是否符合要求；

③ 现场项目部人员配置是否与所承接的检测项目规模相匹配，主要管理人员是否由检测单位任命；

④ 检测单位是否对项目部进行例行检查，项目部是否对项目部人员的质量行为进行抽查；

⑤ 项目部配备的检测设备是否符合要求；

⑥ 检测方案和检测工艺卡是否有针对性，是否按规定程序进行了审批；

⑦ 项目部是否对检测委托进行了登记管理和评审；

⑧ 检测信息的传递是否通畅；

⑨ 各检测方法执行工艺纪律情况；

⑩ 检测分包合规情况。

2. 记录资料管控

① 检测工艺卡的格式是否符合要求、内容填写是否正确；

② 检测原始记录的格式是否符合要求、内容填写是否正确；

③ 检测报告的格式是否符合要求、内容填写是否正确；

④ 检测资料(包括射线底片)的保存、保管是否符合要求。

3. 实体质量管控

① 根据项目的规模，确定设备、管道和钢结构等工程实体的抽检部位，以验证合格率的符合性；

② 根据已检测的工作量，确定设备、管道和钢结构等工程实体现场复位的部位，以验证检测部位的符合性；

③ 审查射线底片，检查底片质量和缺陷评定情况。

4. 虚假检测行为的认定

监管过程中发现检测单位有以下行为时，可认定其存在虚假检测行为：

① 没有按照监理/质量检查员指定位置进行检测的；

② 故意隐瞒已发现的超标缺陷或焊缝返修过程的；

③ 在现场不具备检测条件的情况下完成检测任务的；

④ 没有进行检测就出具检测结果(结论)的；

⑤ 故意不按照标准规定的程序进行检测操作的；

⑥ 篡改检测记录，试图掩盖检测不规范行为的。

二、标准依据

无损检测所涉及的标准规范除施工质量验收规范和产品制造标准中所涉及的无损检测内容外，还有如下几类：

1. 通用标准

GB/T 5097—2020《无损检测 渗透检测和磁粉检测 观察条件》

GB/T 5616—2014《无损检测 应用导则》

GB/T 12604.1—2020《无损检测 术语 超声检测》

GB/T 12604.2—2005《无损检测 术语 射线照相检测》

GB/T 12604.3—2013《无损检测 术语 渗透检测》

GB/T 12604.4—2005《无损检测 术语 声发射检测》

GB/T 12604.5—2020《无损检测 术语 磁粉检测》

GB/T 12604.6—2021《无损检测 术语 涡流检测》

GB/T 12604.9—2021《无损检测 术语 红外检测》

GB/T 12604.10—2023《无损检测 术语 第10部分：磁记忆检测》

GB/T 12604.13—2023《无损检测 术语 第13部分：阵列超声检测》

GB/T 15822.1—2005《无损检测 磁粉检测 第1部分：总则》

GB/T 15822.2—2005《无损检测 磁粉检测 第2部分：检测介质》

GB/T 15822.3—2005《无损检测 磁粉检测 第3部分：设备》

GB/T 18851.1—2012《无损检测 渗透检测 第1部分：总则》

GB/T 18851.2—2008《无损检测 渗透检测 第2部分：渗透材料的检验》

GB/T 18851.3—2008《无损检测 渗透检测 第3部分：参考试块》

GB/T 18851.4—2005《无损检测 渗透检测 第4部分：设备》

GB/T 18851.5—2014《无损检测 渗透检测 第5部分：温度高于50℃的渗透检测》

GB/T 18851.6—2014《无损检测 渗透检测 第6部分：温度低于10℃的渗透检测》

GB/T 20737—2006《无损检测 通用术语和定义》

GB/T 26641—2021《无损检测 磁记忆检测 总体要求》

GB/T 26644—2011《无损检测 声发射检测 总则》

2. 检测方法标准

GB/T 3323.1—2019《焊缝无损检测 射线检测 第1部分：X和伽玛射线的胶片技术》

GB/T 3323.2—2019《焊缝无损检测 射线检测 第2部分：使用数字化探测器的X和伽玛射线技术》

GB/T 4956—2003《磁性基体上非磁性覆盖层 覆盖层厚度测量 磁性法》

GB/T 4957—2003《非磁性基体金属上非导电覆盖层 覆盖层厚度测量 涡流法》

GB/T 5126—2013《铝及铝合金冷拉薄壁管材涡流探伤方法》

GB/T 5248—2016《铜及铜合金无缝管涡流探伤方法》

GB/T 5777—2019《无缝和焊接(埋弧焊除外)钢管纵向和/或横向缺欠的全圆周自动超声检测》

GB/T 7734—2015《复合钢板超声检测方法》

GB/T 7735—2016《无缝和焊接(埋弧焊除外)钢管缺欠的自动涡流检测》

GB/T 11260—2023《圆钢涡流检测方法》

GB/T 11343—2008《无损检测 接触式超声斜射检测方法》

GB/T 11344—2021《无损检测 超声测厚》

GB/T 11345—2023《焊缝无损检测 超声检测 技术、检测等级和评定》

GB/T 12605—2008《无损检测 金属管道熔化焊环向对接接头射线照相检测方法》

GB/T 15830—2008《无损检测 钢制管道环向焊缝对接接头超声检测方法》

GB/T 18182—2012《金属压力容器声发射检测及结果评价方法》
GB/T 20490—2023《钢管无损检测 无缝和焊接钢管分层缺欠的自动超声检测》
GB/T 22131—2022《筒形锻件内表面超声波检测方法》
GB/T 23900—2009《无损检测 材料超声速度测量方法》
GB/T 23904—2009《无损检测 超声表面波检测方法》
GB/T 23908—2009《无损检测 接触式超声脉冲回波直射检测方法》
GB/T 23912—2009《无损检测 液浸式超声纵波脉冲反射检测方法》
GB/T 26641—2024《无损检测 金属磁记忆 焊接接头检测》
GB/T 26951—2011《焊缝无损检测 磁粉检测》
GB/T 26952—2011《焊缝无损检测 焊缝磁粉检测 验收等级》
GB/T 26953—2011《焊缝无损检测 焊缝渗透检测 验收等级》
GB/T 26954—2024《焊缝无损检测 基于复平面分析的焊缝涡流检测》
GB/T 28705—2012《无损检测 脉冲涡流检测方法》
GB/T 29711—2023《焊缝无损检测 超声检测 焊缝内部不连续的特征》
GB/T 29712—2023《焊缝无损检测 超声检测 验收等级》
JB/T 10764—2023《无损检测 常压金属储罐声发射检测及评价方法》
JB/T 10765—2023《无损检测 常压金属储罐漏磁检测方法》
JB/T 9212—2010《无损检测 常压钢质储罐焊缝超声检测方法》
JB/T 6440—2008《阀门受压铸钢件射线照相检验》
NB/T 4730. 1—2015《承压设备无损检测 第 1 部分：通用要求》
NB/T 4730. 2—2015《承压设备无损检测 第 2 部分：射线检测》
NB/T 4730. 3—2023《承压设备无损检测 第 3 部分：超声检测》
NB/T 4730. 4—2015《承压设备无损检测 第 4 部分：磁粉检测》
NB/T 4730. 5—2015《承压设备无损检测 第 5 部分：渗透检测》
NB/T 4730. 6—2015《承压设备无损检测 第 6 部分：涡流检测》
NB/T 47013. 7—2012《承压设备无损检测 第 7 部分：目视检测》
NB/T 47013. 8—2012《承压设备无损检测 第 8 部分：泄漏检测》
NB/T 47013. 9—2012《承压设备无损检测 第 9 部分：声发射检测》
NB/T 47013. 10—2015《承压设备无损检测 第 10 部分：衍射时差法超声检测》
NB/T 47013. 11—2023《承压设备无损检测 第 11 部分：数字射线成像检测》
NB/T 47013. 12—2015《承压设备无损检测 第 15 部分：漏磁检测》
NB/T 47013. 13—2015《承压设备无损检测 第 13 部分：脉冲涡流检测》
NB/T 47013. 14—2023《承压设备无损检测 第 14 部分：射线计算机辅助成像检测》
NB/T 47013. 15—2021《承压设备无损检测 第 15 部分：相控阵超声检测》
DL/T 330—2021《水电水利工程金属结构及设备焊接接头衍射时差法超声检测》
DL/T 370—2010《承压设备焊接接头金属磁记忆检测》
DL/T 820. 1—2020《管道焊接接头超声波检测技术规程 第 1 部分 通用技术要求》
DL/T 820. 2—2019《管道焊接接头超声波检测技术规程 第 2 部分 A 型脉冲反射法》

DL/T 820.3—2020《管道焊接接头超声波检测技术规程 第3部分 衍射时差法》

DL/T 820.4—2020《管道焊接接头超声波检测技术规程 第4部分 在役检测》

DL/T 821—2017《金属熔化焊对接接头射线检测技术和质量分级》

DL/T 1105.1—2020《电站锅炉集箱小口径接管座角焊缝 无损检测技术导则 第1部分：通用要求》

DL/T 1105.2—2020《电站锅炉集箱小口径接管座角焊缝 无损检测技术导则 第2部分：超声检测》

DL/T 1105.3—2020《电站锅炉集箱小口径接管座角焊缝 无损检测技术导则 第3部分：涡流检测》

DL/T 1105.4—2020《电站锅炉集箱小口径接管座角焊缝 无损检测技术导则 第4部分：磁记忆检测》

SH/T 3545—2020《石油化工管道工程无损检测标准》

SY/T 0480—2010《管道、储罐渗漏检测方法标准》

SY/T 4109—2020《石油天然气钢质管道无损检测》

SY/T 4107—2005《复合防腐涂层各层厚度破坏性测量方法》

3. 检测设备、材料标准

GB/T 18694—2002《无损检测 超声检验 探头及其声场的表征》

GB/T 18852—2020《无损检测 超声检验 测量接触探头声束特性的参考试块和方法》

GB/T 19348.1—2014《无损检测 工业射线照相胶片 第1部分：工业射线照相胶片系统的分类》

GB/T 19348.2—2003《无损检测 工业射线照相胶片 第2部分：用参考值方法控制胶片处理》

GB/T 19799.1—2015《无损检测 超声检测 1号校准试块》

GB/T 19799.2—2012《无损检测 超声检测 2号校准试块》

GB/T 19800—2005《无损检测 声发射检测 换能器的一级校准》

GB/T 19801—2005《无损检测 声发射检测 声发射传感器的二级校准》

GB/T 19802—2005《无损检测 工业射线照相观片灯 最低要求》

GB/T 19803—2005《无损检测 射线照相像质计 原则与标识》

GB/T 19937—2005《无损检测 渗透探伤装置 通用技术要求》

GB/T 19938—2005《无损检测 焊缝射线照相和底片观察条件 像质计推荐型式的使用》

GB/T 23901.1—2019《无损检测 射线照相检测图像质量 第1部分：丝型像质计像质值的测定》

GB/T 23901.2—2019《无损检测 射线照相检测图像质量 第2部分：阶梯孔型像质计像质值的测定》

GB/T 23901.3—2019《无损检测 射线照相检测图像质量 第3部分：像质分类》

GB/T 23901.4—2019《无损检测 射线照相检测图像质量 第4部分：像质值和像质表的实验评价》

GB/T 23901.5—2019《无损检测 射线照相检测图像质量 第5部分：双线型像质计图像

不清晰度的测定》

GB/T 23905—2009《无损检测 超声检测用试块》

GB/T 23906—2009《无损检测 磁粉检测用环形试块》

GB/T 23907—2009《无损检测 磁粉检测用试片》

GB/T 23910—2009《无损检测 射线照相检测用金属增感屏》

GB/T 23911—2009《无损检测 渗透检测用试块》

GB/T 26837—2011《无损检测仪器 固定式和移动式工业 X 射线探伤机》

GB/T 26838—2011《无损检测仪器 携带式工业 X 射线探伤机》

JB/T 6063—2006《无损检测 磁粉检测用材料》

JB/T 6064—2015《无损检测 渗透试块通用规范》

JB/T 6065—2004《无损检测 磁粉检测用试片》

JB/T 6066—2004《无损检测 磁粉检测用环形试块》

JB/T 6220—2011《无损检测仪器 射线探伤用密度计》

JB/T 6870—2005《携带式旋转磁场探伤仪 技术条件》

JB/T 7523—2010《无损检测 渗透检测用材料》

JB/T 7902—2015《无损检测 线型像质计通用规范》

4. 安全防护法规、标准

GB 18871—2002《电离辐射防护与辐射源安全基本标准》

GBZ 117—2022《工业探伤放射防护标准》

GBZ 207—2016《外照射个人剂量系统性能检验规范》

GBZ/T 208—2008《基于危险指数的放射源分类》

GBZ 235—2011《放射工作人员职业健康监护技术规范》

5. 人员资格鉴定标准、规定

GB/T 9445—2015《无损检测 人员资格鉴定与认证》

TSG Z8001—2019《特种设备无损检测人员考核规则》

6. 特种设备标准、规程

TSG 11—2020《锅炉安全技术规程》

TSG 21—2016《固定式压力容器安全技术监察规程》

TSG D0001—2009《压力管道安全技术监察规程——工业管道》

TSG R0005—2011《移动式压力容器安全技术监察规程》

TSG Z7001—2021《特种设备检验机构核准规则》

TSG Z7002—2022《特种设备检测机构核准规则》